预制混凝土柱-钢梁混合结构理论与应用

Theory and Applications of
Precast Concrete Column-Steel Beam Hybrid Structures

张锡治　章少华　李星乾◎著

中国建筑工业出版社

图书在版编目（CIP）数据

预制混凝土柱-钢梁混合结构理论与应用 = Theory and Applications of Precast Concrete Column-Steel Beam Hybrid Structures / 张锡治，章少华，李星乾著. — 北京：中国建筑工业出版社，2024.5
ISBN 978-7-112-29776-4

Ⅰ. ①预… Ⅱ. ①张… ②章… ③李… Ⅲ. ①钢筋混凝土柱 - 预制结构 - 钢梁 - 框架结构 - 研究 Ⅳ. ①TU375.3

中国国家版本馆 CIP 数据核字（2024）第 082989 号

责任编辑：李静伟
责任校对：赵 力

预制混凝土柱 - 钢梁混合结构理论与应用
Theory and Applications of Precast Concrete Column-Steel Beam Hybrid Structures
张锡治 章少华 李星乾 著
*
中国建筑工业出版社出版、发行（北京海淀三里河路 9 号）
各地新华书店、建筑书店经销
国排高科（北京）信息技术有限公司制版
建工社（河北）印刷有限公司印刷
*
开本：787 毫米 × 1092 毫米 1/16 印张：27¼ 字数：629 千字
2024 年 5 月第一版 2024 年 5 月第一次印刷
定价：**119.00** 元
ISBN 978-7-112-29776-4
（42875）

前　言

钢筋混凝土柱-钢梁（简称RCS）混合框架结构是钢结构和钢筋混凝土结构的一种继承和发展，以钢筋混凝土柱代替钢柱，提高了结构稳定性、耐火性和耐久性；采用钢梁作为水平构件，充分发挥钢结构强度高、自重轻的特点，是一种高性价比的结构形式。传统RCS框架采用现浇的混凝土框架柱，梁柱节点处预埋钢牛腿，通过钢牛腿连接钢梁，结构分层施工，施工效率低，节点构造复杂，钢牛腿预埋精度控制困难，并且节点处贯穿的钢牛腿影响框架柱钢筋布置，这些问题阻碍了RCS框架结构的推广应用。

为解决上述问题，天津大学建筑设计规划研究总院自2014年①开展了预制混凝土柱-钢梁混合框架结构研究，历经10年，开发出离心预制混凝土组合柱和钢套箍梁柱连接节点等新型构件和节点。离心预制混凝土组合柱可借助管桩厂流水线生产，预制柱连续多层一模生产，梁柱节点处预埋钢套箍，由于不设钢牛腿，模具不受层高、梁高影响，实现了模具标准化，提高了生产效率，大幅降低生产成本。离心的预制管柱重量轻，便于运输和吊装，安装完毕后在现场浇筑芯部混凝土，形成预制混凝土组合柱。

研发团队从构件、节点到框架不同层次开展试验研究和理论分析，提出基于钢节点连接预制混凝土构件及连接节点区的构造和承载性能分析方法。研究了预制混凝土组合柱在复合受力状态下的力学性能和抗震性能，揭示了预制混凝土组合柱的组合受剪机理和协同工作机制，提出了预制混凝土组合柱的斜截面受剪和正截面压弯承载力计算理论；对预制混凝土柱-钢梁组合节点的连接传力机理、抗震性能和设计理论开展了系统的研究，揭示了预制构件连接节点的受力机理，确定了组合节点的震损机制和失效模式，构建了组合节点变形和恢复力计算模型，提出了承载力计算方法；通过多榀预制混凝土管组合柱-钢梁装配式混合框架抗震性能试验研究，提出RCS框架设计方法。根据上述研究成果，建成多个示范项目。实践表明，该体系具有工业化建造特征，符合我国建筑工业化发展要求和当今“建筑业低碳减排”的政策导向。

本书是对上述研究工作的总结，内容共分6章，主要包括：绪论、预制管组合柱受力

注：①书中引用标准为试验时现行标准。

性能、预制管组合柱-钢梁连接节点受力性能、预制管组合柱-钢梁混合框架抗震性能、预制柱-钢梁混合框架设计、工程实例。

本书编写过程中，天津大学建筑设计规划研究总院的同事和科研院所的同行给予许多很好的建议，对他们的支持表示感谢！课题组的马相、邸尧、赵有山、董泊君、鞠杰、刘瑞珩、贡雪健、牛四欣、张佳玮、段东超、李青正、徐高栋、郝家树、张天鹤、张玉鑫、渠桂金等博士、硕士研究生做了大量的试验研究、数值模拟或理论分析工作。他们的工作丰富了本书的内容，在此对他们的辛勤工作表示感谢！

本书的研究工作先后得到国家自然科学基金项目（No.51578369）、天津市科技计划项目（No.17AXCXSF00080）、天津市科技计划项目（No.19YDLYSN00120）、住房和城乡建设部科学技术计划项目、国家自然科学基金项目（No.52278203）及天津市住建委科研项目的资助；还得到来自中铁建大桥局装配科技有限公司、中建六局绿建科技公司等企业的支持和帮助，特此致谢！

本书是我们2023年初出版的《钢节点连接装配式框架试验、理论与应用》的姊妹篇，前者重点介绍混凝土构件间的钢节点连接方式，本书预制混凝土柱的连接也要用到钢节点连接技术，相关技术要求读者可参考《钢节点连接装配式框架试验、理论与应用》这本书。

由于作者学识水平和阅历所限，书中难免存在不当或不足、甚至错误之处，我们期待广大读者不吝给予批评指正，帮助我们对这些阶段性成果进行完善和发展，以期为推进装配式建筑事业的发展尽我们的绵薄之力。

著者

目　录

第 1 章
绪　论

1.1 引 言

装配式建筑是指在工厂制造的部品和部件，在施工现场通过组装和连接而成的建筑。发展装配式建筑能够节约资源、减少污染、提高生产效率和质量安全水平，是建造方式的重大变革。2016 年以来，我国密集出台多项政策，发布多个文件，从国家层面部署装配式建筑推广工作，对发展装配式建筑提出了明确的目标任务，切实推动了我国建筑产业化进程。党的二十大报告指出要加快发展方式绿色转型，推动形成绿色低碳的生产方式。中国城镇化发展从“高速推进”转向“品质提升”的新阶段，以发展装配式建筑为重点的新型建筑工业化是关键抓手之一，是推动可持续发展，实现碳达峰、碳中和目标的有效途径。

随着装配式建筑的迅速发展，装配式建筑在抗震防灾方面面临严峻考验。2022 年 1 月，住房和城乡建设部印发的《“十四五”建筑发展规划》[1]指出“要大力发展装配式建筑，加大高性能混凝土、高强钢筋集成应用，推广绿色建造方式和提升工程抗震防灾能力”。因此，面对新时代地震灾害风险挑战，加强装配式建筑抗震防灾研究，研发与经济社会发展相适应的装配式建筑结构体系，提升装配式建筑应对不确定地震风险的综合防范能力，成为工程结构抗震与防灾领域的关键科学问题，是建筑业实现高质量发展亟需开展的重要基础性工作。

根据广义组合结构[2]的概念，钢-混凝土组合结构（Composite structures）和混合结构（Hybrid structures）分别指在构件和体系层面进行优化组合的结构形式，在设计时将不同材料和构件的性能纳入整体考虑，以最有效地发挥各自的优点，规避各自的缺点，获得优异的结构性能和综合效益[3]。钢筋混凝土柱-钢梁（Reinforced Concrete Column-Steel Beam，简称 RCS）混合结构利用了钢和混凝土构件各自在抗弯、抗压、刚度、延性和功能适用性等方面的优势，充分发挥材料性能，是一种低成本、高效率的组合结构形式[4,5]。与钢筋混凝土结构相比，它增加了建筑空间利用率，减轻了结构自重，钢梁优良的耗能能力使该体系具有强度高、自重轻和延性好的优点；与钢柱相比，钢筋混凝土柱抗压性能好，刚度大，提高了结构的稳定性、耐久性和耐火性，节约了钢材用量。该体系具有装配化建造特性，符合建筑产业化发展要求。

目前国内外学者针对现浇 RCS 混合结构开展了大量研究工作，研究重点集中于节点构造形式及其抗震性能。装配式 RCS 混合结构因其制作、施工方法不同，使之与现浇 RCS 混合结构在节点构造、受力性能等方面有所差异，虽近年来得到国内外学者一定关注，但研究和应用尚不完善，在一定程度上制约了装配式 RCS 混合结构的发展。

为更好地促进我国新型建筑工业化发展和建筑业转型升级，实现建筑业高质量发展，亟需开展装配式 RCS 混合结构体系创新研究，研发新型装配式构件和连接节点，提高预制柱构件标准化程度，提升现场装配安装效率，降低建造成本，保证装配式建筑抗震安全，助力建筑产业现代化发展。

1.2　RCS 混合结构体系研究概述

RCS 混合结构由钢筋混凝土柱和钢梁组成，钢筋混凝土柱能够提供较大的抗侧刚度，钢梁具有良好的抗震性能，符合现代施工技术工业化的要求。20 世纪 80 年代初美国率先在传统钢筋混凝土框架结构、钢结构和钢骨混凝土结构的基础上开发了 RCS 混合框架结构体系，并成功应用于中高层建筑中。日本 1975 年版 AIJ 混凝土规范中对钢骨截面抗弯强度实施强制性条文：$0.4 \leqslant {}_{cs}M_A / {}_{bs}M_A \leqslant 2.5$，其中，${}_{cs}M_A$、${}_{bs}M_A$ 分别为钢骨混凝土柱和梁中钢骨的抗弯强度。显然，对 RCS 混合框架结构而言，${}_{cs}M_A / {}_{bs}M_A = 0$，因此限制了该结构的应用[6]。直到 20 世纪 80 年代末，日本才逐渐认识到 RCS 混合框架结构的优越性，从而开发了若干梁柱节点构造（图 1.2-1）。1993 年，美日联合开始共同研究 RCS 混合框架结构的受力性能，历时 7 年完成了大量试验，积累了丰富的试验数据[7,8]。由于时间和经费限制，美日联合研究计划中研究对象均为构件和节点，缺乏整体结构试验。2002—2003 年台北地震工程研究中心（NCREE）完成了足尺模型抗震性能试验，为推动该体系工程应用奠定了基础。我国第一个 RCS 混合框架结构是位于北京亦庄绿色工业开发区的吉普扰民搬迁项目涂装车间，该工程由北京市工业设计院根据英国 HADEN 公司资料设计，于 2005 年竣工，清华大学土木系配合完成了原型 1/2 缩尺节点模型拟静力试验[9]。

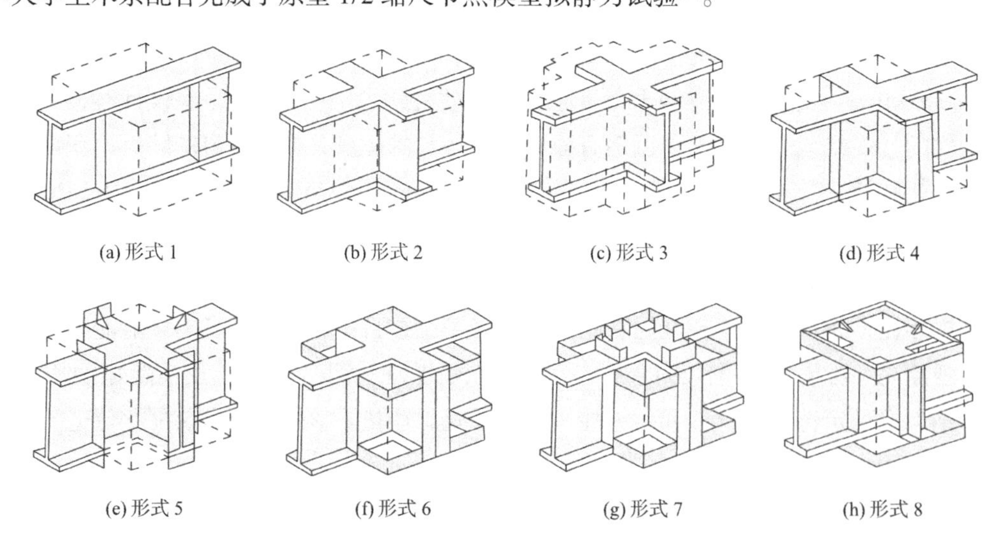

(a) 形式 1　(b) 形式 2　(c) 形式 3　(d) 形式 4

(e) 形式 5　(f) 形式 6　(g) 形式 7　(h) 形式 8

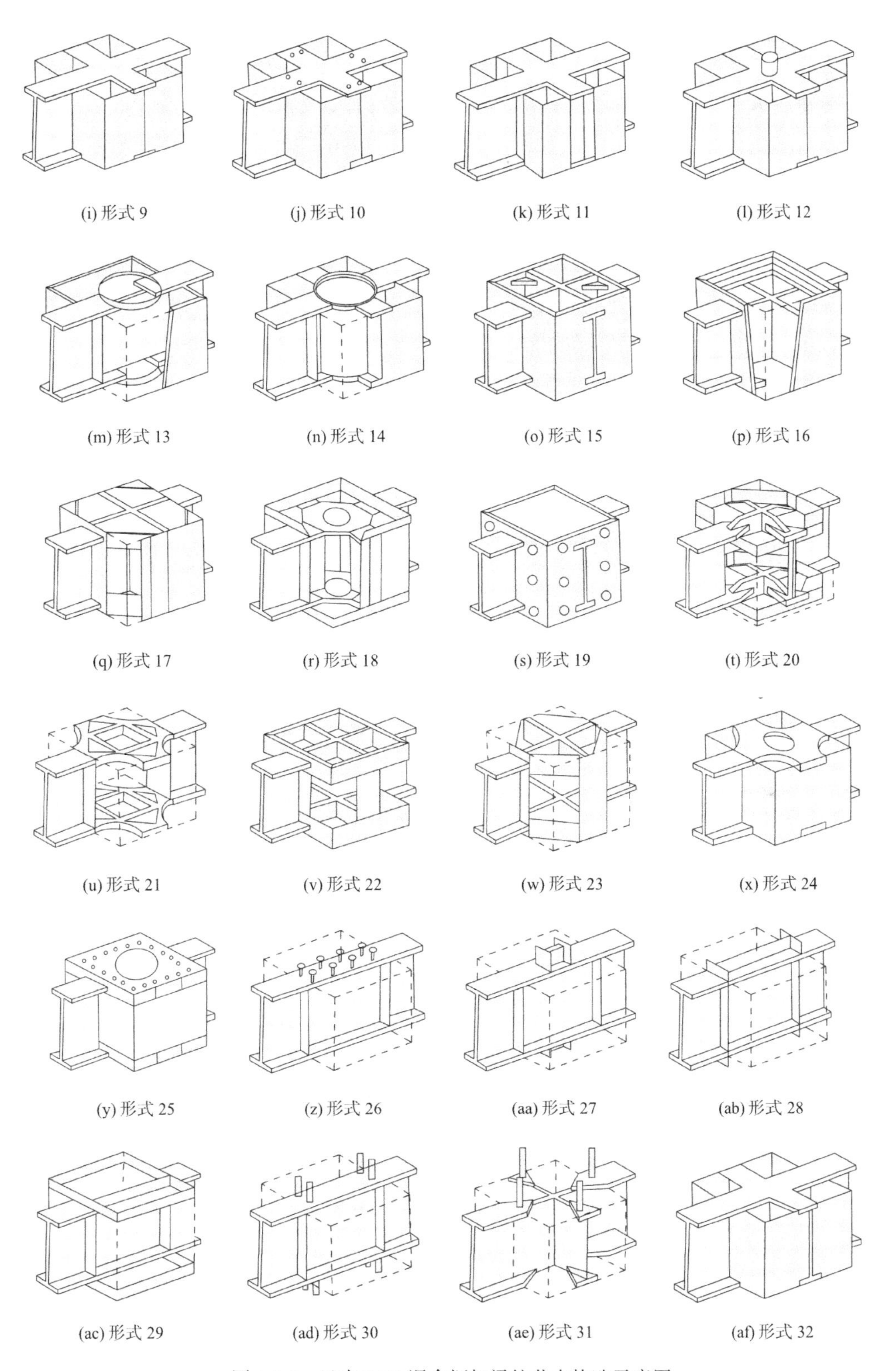

图 1.2-1　日本 RCS 混合框架梁柱节点构造示意图

为深入了解 RCS 混合框架结构的研究现状和未来发展趋势，有必要对现有研究成果进行系统性梳理与分析。以中国知网（CNKI）和 Web of Science（WoS）数据库文献为数据源，设定若干关键词，选取主题检索策略逐一检索，时间范围为 1980—2022 年，然后通过阅读文献进行人工筛选，最终确定了 141 篇相关文献，有效文献时间跨度为 1988—2022 年。按年份整合国内外相关研究文献，如图 1.2-2 所示。1996—2003 年文献发表量基本稳定，2004 年发文量达到最大值，2005—2022 年保持了较为稳定的文献发表量（2010 年除外）。表明国内外学者对该领域研究持续关注。

文献作者所属国家能够反映研究领域在该国的热点水平、发展趋势和应用前景。按国别对相关文献进行分类，得到其分布情况如图 1.2-3 所示。由图 1.2-2 和图 1.2-3 可知，早期研究以美国和日本为主，我国在 2001 年之后研究开始增加并逐渐占研究主体；韩国的研究时间历程与我国接近；伊朗则在 2013 年后开始给予了大量关注，近年来研究文献数量逐步增加；此外，澳大利亚、委内瑞拉和越南也开展了相关研究。总体来说，美国和日本的研究呈现系统化趋势，研究内容经历了从平面节点到考虑楼板作用的空间节点，从节点静力性能到抗震性能，从基于强度的设计方法到基于变形的设计方法，从节点构造、梁柱节点到整体结构的研究历程。国内研究相较于国外早期呈现追赶趋势，近年来得到快速发展，创新性地提出了多种适于工业化建造的节点形式，并开始关注楼板作用、新型结构体系研发及设计方法研究。

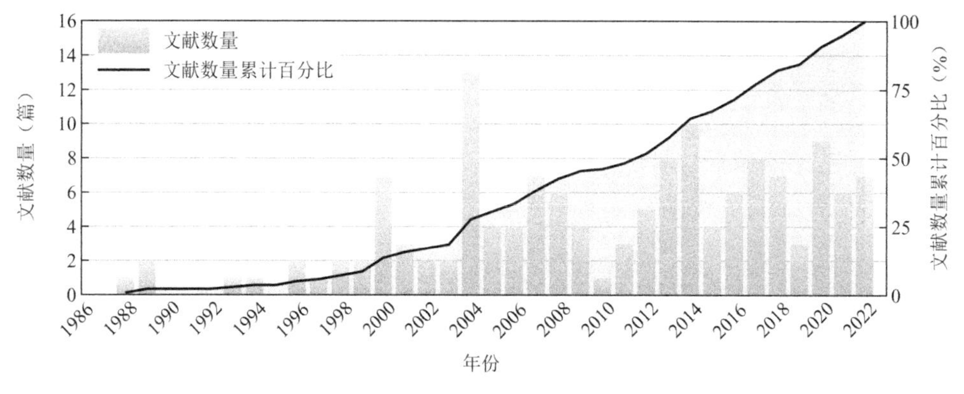

图 1.2-2　1988—2022 年 RCS 结构研究文献发表趋势

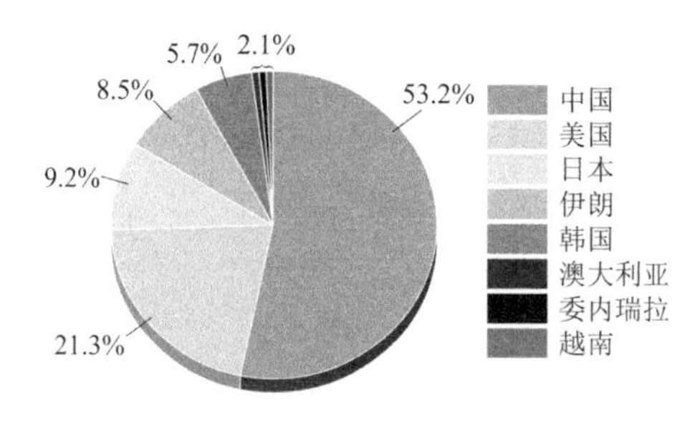

图 1.2-3　RCS 结构文献作者国家分布图

虽然美国和日本都研发了 RCS 混合框架结构体系，并在实际工程中得到了广泛应用，但两国的设计理念有所不同。美国将其视为中高层钢框架结构的一种延伸，用 RC 柱替代钢柱，其优势包括：（1）增大结构整体刚度，减小结构侧移；（2）提升较大轴向力下竖向构件稳定性，经济指标好；（3）降低钢结构防腐防火处理成本。日本则将 RCS 混合框架结构视为低层 RC 框架结构的一种变新，用钢梁替代 RC 梁，其优势包括：（1）易满足结构大跨度要求，增加可使用功能空间；（2）减小结构自重，降低地震作用；（3）节省楼盖混凝土浇筑模板及支撑。

由于设计理念不同，两国所采用的节点构造也存在差异。美国多采用梁贯通式节点，可免除梁柱节点现场焊接作业，缩短施工工期；日本多采用柱贯通式节点，可实现柱预制生产，加快施工进度，降低施工成本。典型的 RCS 节点如图 1.2-4 所示。其中，图 1.2-4（a）～图 1.2-4（c）为梁贯通式节点，图 1.2-4（d）、图 1.2-4（f）为带约束构造的梁贯通式节点，图 1.2-4（g）～图 1.2-4（i）为柱贯通式节点。梁贯通式节点的钢梁连续穿过 RC 柱，可通过增设约束构造（面承板、钢板带等）提高节点强度；柱贯通式节点的钢梁不整体连续穿过 RC 柱，通过设置柱面钢板提高节点强度。图 1.2-5 给出了关于梁贯通式和柱贯通式 RCS 节点文献数量的分布情况，可以看出梁贯通式 RCS 节点的相关研究较多。

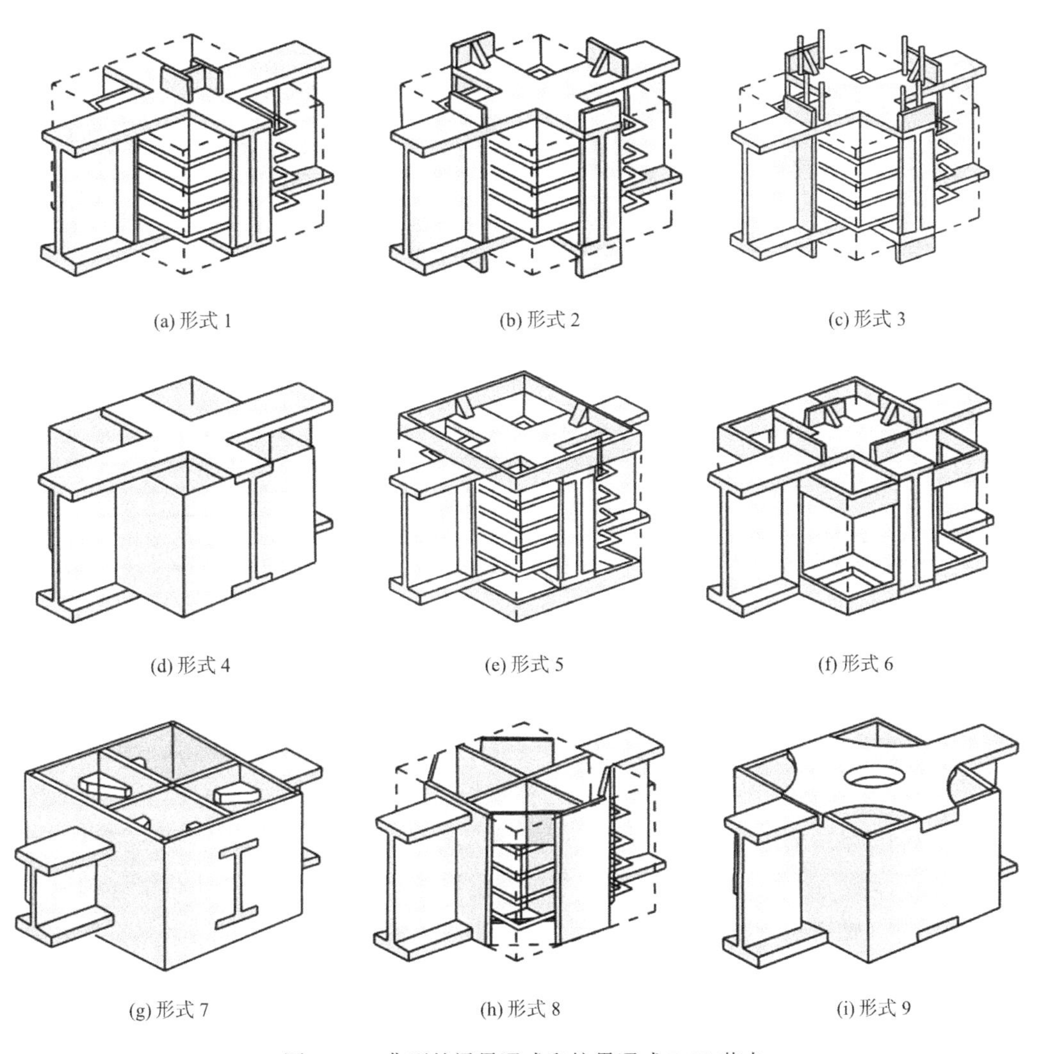

图 1.2-4 典型的梁贯通式和柱贯通式 RCS 节点

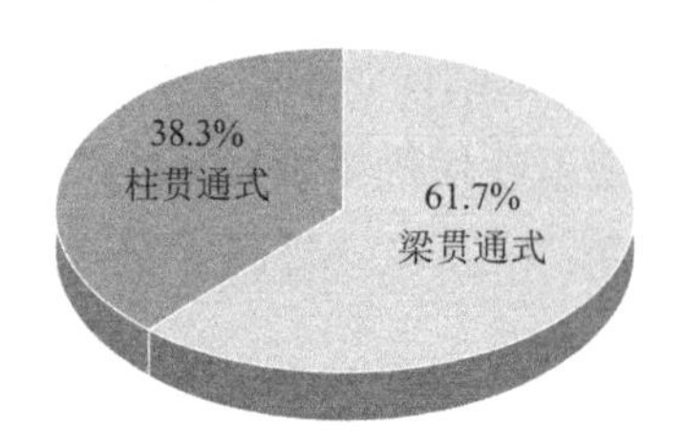

图 1.2-5　不同构造形式 RCS 节点文献分布图

按研究方法分别对梁贯通式和柱贯通式 RCS 节点的相关文献聚类，如图 1.2-6 和图 1.2-7 所示。两种节点形式的研究均以模型试验为主，中节点往往是优先选择对象。ABAQUS 由于具有良好的前后处理程序及高性能非线性求解器[10]，在数值模拟中成为首选的有限元分析软件。在模型试验和数值模拟的基础上，研究者们建立了相应的抗震设计方法，但总体来说理论层面的研究仍然匮乏。为全面了解 RCS 混合框架结构的研究现状，下面对国内外学者取得的一些主要成果和研究进展进行归纳和总结。

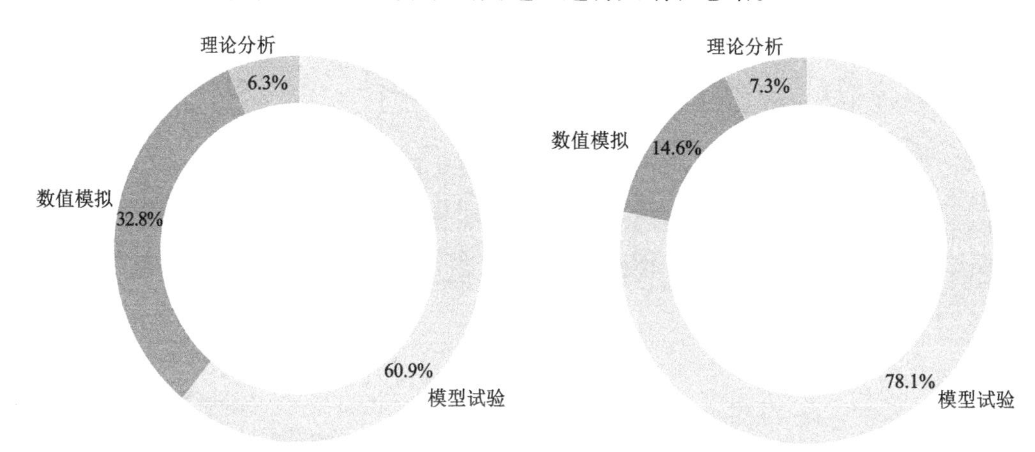

图 1.2-6　梁贯通式 RCS 节点研究情况分布图　　图 1.2-7　柱贯通式 RCS 节点研究情况分布图

1.2.1　RCS 节点静力性能

申红侠[11]通过有限元分析了梁贯通式 RCS 边节点的受力性能，探讨了不同构造、混凝土强度、柱轴力及构件截面尺寸等因素的影响。研究结果表明：（1）节点核心区混凝土主要受斜向主压应力，角部混凝土主压应力较大，内部混凝土主压应力普遍高于外部，所形成的斜压杆机制比外部混凝土明显；（2）节点核心区变形由剪切变形和承压变形组成，最终发生承压破坏，剪切变形相对较小；（3）面承板、U 形钢筋、架立钢柱、延伸面承板、柱面钢板和钢板带适当地组合能够提高节点承载力和变形能力；（4）当柱轴压比大于 0.3 时，会对节点承载力产生不利影响。以上结论对梁贯通式 RCS 节点的受力性能影响规律具有广泛适用性，轴压比 0.3 在混合连接梁柱节点研究中也常被作为保证节点具有良好受力性能的上限值[12]。RCS 节点的破坏模式与构造关系密切，1993 年由美国 Cornell 大学 Kanno[13]完成的 11 组大比例尺节点试验结果表明，承压破坏是梁贯通式 RCS 节点的一种典型破坏模式。节点承压来自柱和梁的弯矩和剪力，当混凝土强度较低、纵筋强度较低或配筋率较小时易发生承压破坏，破坏时通常表现为钢梁翼缘对角上下方混凝土的局部压碎，属于脆性破坏，在实际工程中应采取构造措施加以避免。Sheikh 等[14]指出，在节点区上下柱端部设置钢板带能够有效减小承压破坏程度。杨建江等[15]建议设置钢筋网片和承压钢筋避免承压破坏。Sakaguchi[16]则认为设置柱面钢板的 RCS 节点在抗震设计时仅需考虑节点核心区剪切破坏模式，承压破坏可忽略不计，柱面钢板可直接提供节点核心区抗剪强度，并对节点核心区混凝土起到约束作用。

1.2.2 RCS 节点抗震性能

节点的抗震性能一般通过低周反复加载试验加以考察。文献[17]～[22]对梁贯通式 RCS 边节点进行了拟静力试验，参数包括节点核心区约束构造、节点核心区是否配置箍筋等。结果表明：（1）节点在同一加载级下刚度基本无退化，当位移角大于 2%时节点承载力仍保持继续增长；（2）箍筋体积配箍率 0.9%即可提供足够约束作用，当采用纤维混凝土或增设柱面钢板时可减小配箍率甚至不配置箍筋；（3）合理构造的梁贯通式 RCS 节点具有良好的承载性能和耗能能力，可用于中高烈度抗震设防区。Pan 等[21,22]通过在节点区外伸钢牛腿和钢梁连接处设置盖板和黄铜片摩擦耗能，验证了震损可更换半刚性 RCS 节点及结构的抗震性能。Yang 等[23]提出了带可更换屈曲约束阻尼器的自复位 RCS 节点，通过拟静力试验考察了节点的可恢复性能。

研究者们还对梁贯通式 RCS 中节点进行了拟静力试验研究[24-34]。试验参数包括节点构造、有无楼板、楼板宽度、柱内钢骨截面尺寸、柱轴压比等。结果表明：（1）构造措施对节点受力性能影响较大，采用面承板 + 架立钢柱 + 节点区柱端箍筋加密的梁贯通式 RCS 节点具有良好的承载能力和延性，可以避免柱端混凝土局部承压破坏，设置延伸面承板、合理设计钢梁翼缘伸入节点区长度能够显著改善节点受力性能[13,24,27,28,34]；（2）由于架立钢柱不连续，过大的轴压力对节点受力不利，节点受剪承载力计算时不能忽略轴压力对钢梁腹板抗剪能力的降低影响[30]。文献[31]的试验结果表明，发生节点核心区剪切破坏的试件滞回曲线呈反 S 形，耗能能力差，承压破坏试件滞回曲线呈弓形，前期承载性能良好，后期承载力退化较快。Cheng 和 Chen[29]报道了 2 个带楼板的梁贯通式 RCS 中节点在低周反复荷载作用下的试验结果，研究了节点核心区钢梁腹板贯通和设置栓钉对抗震性能的影响，并提出了无下降段的骨架曲线计算方法。以楼板宽度为参数，门进杰等[34]研究了钢梁腹板贯通、翼缘部分切除 RCS 节点的抗震性能，试验结果表明节点最终表现为梁铰破坏、扁钢箍开裂和柱端混凝土局压破坏的混合破坏模式，增加楼板宽度使梁端出铰时间推迟，影响“强柱弱梁”破坏机制的实现。Fargier-Gabaldón 和 Parra-Montesinos[35]进行了梁贯通式 RCS 顶层中节点的低周反复加载试验，研究了柱纵筋锚固措施对节点破坏模式、承载能力、变形性能等的影响。结果表明：当柱纵筋采用机械锚固（锚固长度为 20 倍纵筋直径）于节点核心区内时节点表现出良好的抗震性能，刚度维持能力和耗能能力较好，且节点损伤程度较小。此外，文献[9]还以工程为背景研究了梁贯通式 RCS 顶层角节点的抗震性能。

梁贯通式 RCS 节点能够有效避免焊接带来的诸多问题，但构造措施较为复杂、节点核心区混凝土浇筑困难、柱纵筋施工操作复杂等问题使其难以应用于建筑装配化施工模式。相比之下，柱贯通式RCS节点具有良好的装配化特征，近年来得到了研究者的广泛关注。文献[36]～[39]对柱贯通式RCS边节点进行了拟静力试验。试验参数包括梁柱连接形式（栓焊混合连接、端板螺栓连接）、钢梁是否采用狗骨式（RBS）构造等。结果表明：（1）栓焊混合连接节点通常发生钢梁翼缘与连接板之间的焊缝断裂；（2）端板螺栓连接RCS节点的钢梁翼缘与端板连接处也存在焊缝断裂风险；（3）端板厚度影响节点刚度，采用塑性设计方法的螺栓过早发生脆性断裂，采用T形件法设计的螺栓受力性能良好；（4）RBS构造能够有效控制钢梁屈曲集中在削弱区段，实现梁端塑性铰外移；（5）楼板的存在会导致节点承载力提高，影响损伤时序发展。由于加工和安装误差，端板螺栓连接RCS节点的端板与柱面往往存在间隙，工程中通常采用填板或高强灌浆料进行填充。张锡治等[39]通过试验研究发现灌浆层的损伤导致节点变形性能和耗能能力降低，降低幅度与灌浆层厚度呈正相关，增加灌浆层厚度可以在一定幅度内提高节点初始刚度。

研究者们也对柱贯通式RCS中节点进行了抗震性能试验研究[40-51]。试验参数包括节点区构造（柱面钢板、抗剪键类型）、柱轴压比、节点核心区约束构造、柱梁受弯承载力比、强节点系数等。文献[40]～[45]、[48]的节点形式均为钢套箍，具体细部构造有所区别。钢套箍节点利用钢管和混凝土两种材料在受力过程中的相互作用[52]，即钢管对节点混凝土的约束作用，使混凝土处于三轴应力状态下，以及混凝土对钢管屈曲的抑制作用，保证钢材材料性能的充分发挥，钢套箍内侧焊接抗剪栓钉时能够增强钢套箍与节点核心区混凝土的协同工作性能，大幅提高节点的承载能力和变形性能[41,42,45,47,51]。栓钉作为一种柔性抗剪键，在外力作用下会发生变形，引起结构内力重分布，当采用槽钢等刚性抗剪键时节点受力性能会有所提高[46]。文献[50]试验结果表明，强节点系数$\eta_j = 1.69$～1.89时发生梁铰破坏，$\eta_j = 0.80$～0.98时发生柱铰破坏，$\eta_j = 0.74$～0.85发生节点剪切破坏；钢套箍的存在使节点屈服后有较长的塑性发展阶段，且承载力退化不明显。章少华等[47]的试验结果也表明，节点核心区剪切破坏仍具有良好的变形性能和耗能能力，钢套箍厚度对节点承载力影响显著，增加钢套箍延伸高度可减小节点损伤程度。Li等[48]提出了卡槽式、楔形端板连接和柱角端板连接三种可拆卸式RCS节点，拟静力试验结果表明，卡槽式节点延性和耗能能力较好，楔形端板连接节点抗弯能力不佳，柱角端板连接节点的连接处焊缝断裂导致节点提前失效。

在数值模拟方面，研究者们采用不同的有限元软件，对模拟RCS节点弹塑性力学行为取得了一定进展。郭智峰[31]、Alizadeh等[53]采用ABAQUS软件验证了采用各向同性强化与双线性随动硬化模型模拟钢材材料性能，以及采用塑性损伤模型模拟混凝土材料力学性能的可行性，分析了节点承压应力、剪力及受剪机理，揭示了柱轴压比、混凝土强度及构造对节点受力性能的影响。Mirghaderi和Eghbali[54]指出混凝土斜压杆提供的承载力占节点总剪力的55%，采用刚性抗剪键能够保证柱面钢板与节点核心区混凝土共同工作。张锡治等[55]研究了节点核心区受力全过程工作机理及各关键组件的相互作用，揭示了节点核心区由钢套箍“拉力带”和核心混凝土“主次斜压杆”共同组成的受剪机理。王书磊等[56]对T形钢螺栓连接柱贯通式RCS节点进行了单调静力分析，研究了T形钢翼缘厚度、腹板角钢及预埋筋直径对节点受力性能的影响，分析了 T 形钢的震后修复及更换的可行性。Alizadeh 等[32]指出柱贯通式 RCS 节点的受力性能在 OpenSEES 平台下节点核心区采用转动弹簧，柱与节点核心区接触部位采用零长度单元可取得较好的模拟结果。申红侠[11]、李贤[36]采用 ANSYS 软件分别对梁贯通式和柱贯通式 RCS 节点的力学性能进行了有限元分析。Tao 等[57]采用 DIANA 软件对 Khaloo 和 Doost[46]完成的梁贯通式 RCS 节点试件进行了有限元分析，重点研究了节点核心区剪切破坏机理，指出柱轴压比小于 0.2 时，节点受剪承载力随轴压比的增大而提高，当柱轴压比大于 0.4 时节点变形和承载能力迅速降低。Cheng 和 Chen[29]采用 DRAIN-2DX 软件模拟了带楼板梁贯通式 RCS 节点的抗震性能，指出钢梁、柱与节点核心区之间采用弹簧单元可取得较好的模拟结果。

1.2.3 RCS 混合结构受力性能

对整体结构受力性能的研究是 RCS 混合框架结构体系研究的重要内容。通过整体结构试验和数值模拟，对明确结构破坏形态、损伤路径、薄弱部位，检验和改进相应的设计方法，推动 RCS 混合框架工程应用具有重要意义。

在数值模拟方面，Chou 和 Chen[58]利用 PISA 软件分析了单层两跨预应力自复位 RCS 混合框架的抗震性能，评估了滞回性能、损伤演化过程以及正交梁的影响。郭智峰[31]利用 ABAQUS 软件对一榀两层两跨带楼板的 RCS 混合框架进行了推覆分析。Noguchi 和 Uchida[59,60]通过有限元分析了两榀两层两跨 RCS 混合框架分别采用梁贯通式和柱贯通式节点在单调荷载作用下的受力性能，重点研究了混凝土单元之间的应力-应变关系、节点各组件抗剪贡献及变形特征。表 1.2-1 对国内外已完成的 RCS 混合框架抗震性能试验研究进行了总结。

国内外已完成的 RCS 混合框架抗震性能试验 **表 1.2-1**

学者	试件及节点形式	缩尺比	基本尺寸	试验方法
Iizuka[61]	一榀二层二跨/柱贯通式 一榀二层二跨/梁贯通式	1：2	跨度 2m，层高 0.9m	拟静力
Baba 和 Nishimura[62]	一榀二层二跨/梁贯通式	1：2	跨度 2.1m，一层层高 1.475m，二层层高 1.350m	拟静力
Yamamoto[63]	一榀三层二跨/梁贯通式	1：1	跨度 5.5m，层高 2.8m	拟静力
蔡克铨[64]；Chen[65]；Cordova[66]	一榀三层三跨/梁贯通式	1：1	跨度 7m，层高 4m	拟动力
Chou 和 Chen[58]	一榀单层二跨/后张法预应力连接	1：1	跨度 5m，层高 3.92m	拟动力
郭智峰[31]	一榀二层二跨/腹板贯通翼缘部分切除	1：3	跨度 2m，层高 1.2m	拟静力
Li 等[67]	2 个单层单跨/梁贯通式	1：3	跨度 1.4m，层高 0.9m	拟静力

在试验和数值模拟研究的基础上，日本制定了 RCS 混合框架结构设计指南[68]，给出了设计基本规定、设计流程和节点受剪承载力计算方法。1994 年，美国土木工程师协会钢-混凝土组合结构标准委员会基于大量的 RCS 中节点试验结果，制定了适用于梁贯通式 RCS

混合框架结构的设计方法，对节点受剪承载力计算及构造措施作出了详细规定[69]。2015年，美国斯坦福大学 Deierlein[70]指出 RCS 混合框架可应用于高烈度抗震设防地区，为推广 RCS 混合框架的应用，制定了 RCS 组合特殊抗弯框架结构设计标准（ASCE Pre-Standard, ASCE-2015）。

目前，我国尚无 RCS 混合框架结构系统的标准、规范和规程，关于 RCS 混合框架结构的设计概念和构造措施仅零星分布于几部地方标准或团体标准[71-74]中，未形成系统的抗震设计方法。门进杰等[75]根据已完成的梁贯通式 RCS 混合框架结构试验，提出了基于性能的抗震设计方法，并提出以层间位移角和塑性铰状态作为性能化指标用于抗震设计。

为研究 RCS 混合框架的抗连续倒塌性能，唐红元等[76,77]先后完成了一榀非对称梁贯通式和柱贯通式 RCS 梁柱子结构的抗连续倒塌性能试验和有限元分析。结果表明，梁贯通式 RCS 梁柱子结构受力薄弱部位位于长跨侧梁上翼缘，前期梁的抗弯机制贡献较大，后期悬链线机制逐渐增强，钢梁腹板屈曲导致悬链线机制难以充分发挥；柱贯通式 RCS 梁柱子结构在整个受力过程以梁机制为主，后期悬链线效应基本失效。Liu 等[78]完成了一个 1/2 缩尺 2 榀二层二跨装配式 RCS 空间框架结构的连续倒塌试验，结果表明，采用车辆曳引法移除一根底层中柱后结构处于弹性受力阶段，倒塌极限荷载承载力为结构设计荷载值的 10.25倍。

1.3 预制管组合柱-钢梁混合结构体系

基于预制混凝土构件设计和生产标准化理念，充分发挥钢结构连接便捷的优势，本书提出了预制管组合柱-钢梁混合框架结构体系，如图 1.3-1 所示。该体系主要由预制管组合柱、钢梁和楼板等部件组成。其中预制管组合柱可由离心法、抽芯法或充气法等工艺生产的预制混凝土管和芯部后浇混凝土叠合而成，预制混凝土管采用高强混凝土并配置纵筋和高强螺旋箍筋，在施工现场往管内灌注普通强度混凝土形成组合柱，共同作为竖向受力构件。预制混凝土管制作时在梁柱节点处预埋钢套箍，通过外环板或内隔板节点构造可实现与钢梁的快速装配化连接。楼板可选用预制混凝土叠合板、钢筋架楼承板或钢-混凝土组合楼板等多种形式。

预制管组合柱-钢梁混合框架结构体系兼顾结构性能、装配效率和经济性，符合建筑产业化发展要求，具有以下优势：（1）预制管组合柱多层一次预制生产，在楼层处连续不断开，有效保证了框架节点质量，既提高了施工效率又节省了造价；（2）梁柱节点处钢套箍增强了对节点核心区混凝土的约束作用，大幅提高了梁柱节点域的抗剪承载力，更易实现“强节点”抗震设计理念；（3）预制混凝土管重量轻，便于运输和吊装，既是施工时芯部混凝土的模板，也是施工荷载支撑体系的一部分，施工过程中无需支模、拆模和设置临时支撑。钢梁与预制管组合柱装配连接，施工高效。

对位于高烈度区的建筑，可在预制管组合柱-钢梁混合框架结构中设置偏心钢支撑来提高整体结构的抗侧刚度和抗震性能，如图 1.3-2 所示。偏心支撑提供较为适宜的抗侧刚度，易于满足侧移要求；地震下塑性变形集中于消能梁段，通过消能梁段的剪切屈服耗散部分地震能量，为主体结构提供附加阻尼，减轻了主体结构的损伤，提高了整体结构的抗震性能。

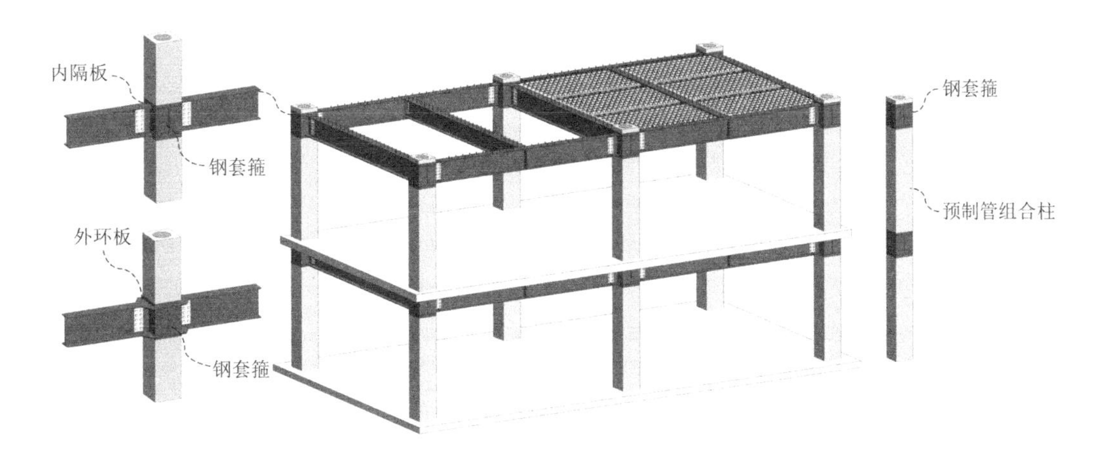

图 1.3-1 预制管组合柱-钢梁混合框架结构体系示意图

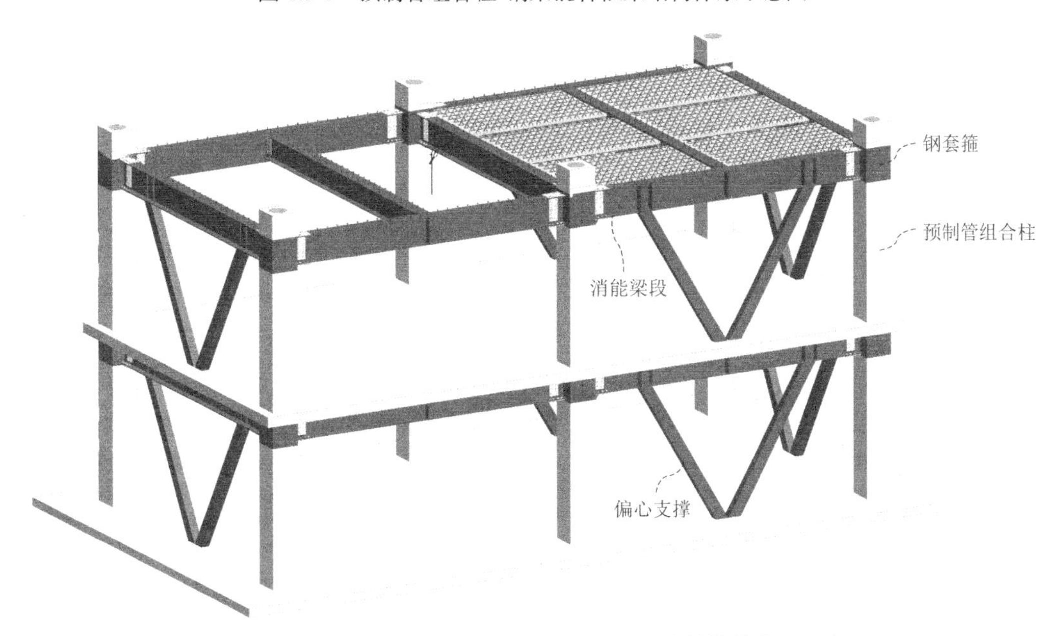

图 1.3-2 预制管组合柱-钢梁混合框架 + 偏心支撑结构体系示意图

参考文献

[1] 中华人民共和国住房和城乡建设部."十四五"建筑业发展规划, 2022.

[2] 聂建国, 樊健生. 广义组合结构及其发展展望[J]. 建筑结构学报, 2006(6): 1-8.

[3] 滕锦光. 新材料组合结构[J]. 土木工程学报, 2018, 51(12): 1-11.

[4] Sheikh T M, Deierlein G G, Yura J A, et al. Beam-column moment connections for composite frames: part 1[J]. Journal of Structural Engineering, 1989, 115(11): 2859-2896.

[5] Nishiyama I, Kuramoto H, Noguchi H. Guidelines: Seismic design of composite reinforced concrete and steel buildings[J]. Journal of Structural Engineering, 2004, 130(2): 336-342.

[6] 高立人. 钢梁-混凝土柱组合框架结构在国外的发展[J]. 建筑结构, 2002(5): 34-37.

[7] Subhash C G, Tsai K C. Overview of international cooperative research on seismic performance of composite and hybrid structures[C]//ASCE Structures Congress, United States, 2004: 1-7.

[8] Deierlein G G, Noguchi H. Overview of U. S. -Japan research on the seismic design of composite reinforced concrete and steel moment frame structures[J]. Journal of Structural Engineering, 2004, 130(2): 361-367.

[9] 赵作周, 钱稼茹, 杨学斌, 等. 钢梁-钢筋混凝土柱连接节点试验研究[J]. 建筑结构, 2006(8): 69-73.

[10] Hibbitt, Karlsson, Sorensen. ABAQUS/Standard User Subroutines Reference Manual[M]. USA: The Pennsylvania State University, 1998: 1-200.

[11] 申红侠. 钢梁-钢筋混凝土柱节点静力性能研究[D]. 西安: 西安建筑科技大学, 2007.

[12] Kulkarni S A, Li B, Yip W K. Finite element analysis of precast hybrid-steel concrete connections under cyclic loading[J]. Journal of Constructional Steel Research, 2008, 64(2): 190-201.

[13] Kanno R. Strength, deformation and seismic resistance of joints between steel beams and reinforced concrete columns[D]. New York: Cornell University, 1993.

[14] Sheikh T M, Deierlein G G, Yura J A, et al. Beam-column moment connections for composite frames: Part 1[J]. Journal of Structural Engineering, 1989, 115(11): 2858-2876.

[15] 杨建江, 郝志军. 钢梁-钢筋混凝土柱节点在低周反复荷载作用下受力性能的试验研究[J]. 建筑结构, 2001(7): 35-38.

[16] Sakaguchi N. Shear capacity of beam-column connection between steel beams and reinforced concrete columns[J]. Journal of Structural Construction Engineering of Architectural Institute of Japan, 1991, 428: 69-78[in Japanese].

[17] Parra-Montesinos G, Wight J K. Seismic response of exterior RC column-to-steel beam connections[J]. Journal of Structural Engineering, 2000, 126(10): 1113-1121.

[18] Liang X M. Seismic behavior of RCS beam-column subassemblies and frame systems designed following a joint deformation-based capacity design approach[D]. Michigan: University of Michigan, 2003.

[19] Chou C C, Uang C M. Effects of continuity plate and transverse reinforcement on cyclic behavior of SRC moment connections[J]. Journal of Structural Engineering, 2007, 133(1): 96-104.

[20] Nguyen X H, Le D D, Nguyen Q H, et al. Seismic performance of RCS beam-column joints using fiber reinforced concrete[J]. Earthquake and Structures: an International Journal, 2020, 18: 599-607.

[21] Pan Z H, Si Q, Zhou Z B, et al. Experimental and numerical investigations of seismic performance of hybrid joints with bolted connections[J]. Journal of Constructional Steel Research, 2017, 138: 867-876.

[22] Pan Z, Si Q, Zhu Y, et al. Seismic performance of prefabricated semi-rigid RCS structures[J]. Structures. 2022, 43: 1369-1379.

[23] Yang Y, Yang P, Shu Y, et al. Experimental study on seismic behavior of the self-centering RCS joint with replaceable buckling restrained dampers[J]. Engineering Structures, 2022, 261: 114288.

[24] Deierlein G G. Design of moment connections for composite framed structures[D]. Texas: The University of Texas at Austin, 1988.

[25] Bracci J M, Jr W P M, Bugeja M N. Seismic design and constructability of RCS special moment frames[J]. Journal of Structural Engineering, 1999, 125(4): 385-392.

[26] Bugeja M N, Bracci J M, Moore Jr W P. Seismic behavior of composite RCS frame systems[J]. Journal of Structural Engineering, 2000, 126(4): 429-436.

[27] Chou C C, Uang C M. Cyclic performance of a type of steel beam to steel-encased reinforced concrete column moment connection[J]. Journal of Constructional Steel Research, 2002, 58: 637-663.

[28] Parra-Montesinos G J, Liang X, Wight J K. Towards deformation-based capacity design of RCS beam-column connections[J]. Engineering Structures, 2003, 25(5): 681-690.

[29] Cheng C T, Chen C C. Seismic behavior of steel beam and reinforced concrete column connections[J]. Journal of Constructional Steel Research, 2005, 61(5): 587-606.

[30] 易勇. 钢梁-钢筋混凝土柱组合框架中间层中节点抗震性能试验研究[D]. 重庆: 重庆大学, 2005.

[31] 郭智峰. 钢筋混凝土柱-钢梁混合框架抗震性能及设计方法研究[D]. 西安: 西安建筑科技大学, 2014.

[32] Alizadeh S, Attari N K A, Kazemi M T. Experimental investigation of RCS connections performance using self-consolidated concrete[J]. Journal of Constructional Steel Research, 2015, 114: 204-216.

[33] Lee H J, Park H G, Hwang H J, et al. Cyclic Lateral Load Test for RC Column-Steel Beam Joints with Simplified Connection Details[J]. Journal of Structural Engineering, 2019, 145(8): 04019075.

[34] 门进杰, 熊礼全, 雷梦珂, 等. 楼板对钢筋混凝土柱-钢梁空间组合体抗震性能影响研究[J]. 建筑结构学报, 2019, 40(12): 69-77.

[35] Fargier-Gabaldón L B, Parra-Montesinos G J. Behavior of reinforced concrete column-steel beam roof level T-connections under displacement reversals[J]. Journal of Structural Engineering, 2006, 132(7): 1041-1051.

[36] 李贤. 端板螺栓连接钢-混凝土组合节点的抗震性能研究[D]. 长沙: 湖南大学, 2009.

[37] Wu Y T, Xiao Y, Anderson J C. Seismic behavior of PC column and steel beam composite moment frame with posttensioned connection[J]. Journal of Structural Engineering, 2009, 135(11): 1398-1407.

[38] 王书磊. 装配式钢筋混凝土柱-钢梁节点抗震性能研究[D]. 长沙: 湖南大学, 2018.

[39] 张锡治, 章少华, 徐盛博, 等. 端板与柱间灌浆层对端板连接 RCS 节点抗震性能影响的试验研究[J]. 天津大学学报(自然科学与工程技术版), 2020, 53(7): 674-684.

[40] Kuramoto H, Nishiyama I. Seismic performance and stress transferring mechanism of through-column-type joints for composite reinforced concrete and steel frames[J]. Journal of Structural Engineering, 2004, 130(2): 352-360.

[41] 郭子雄, 朱奇云, 刘阳, 等. 装配式钢筋混凝土柱-钢梁框架节点抗震性能试验研究[J]. 建筑结构学报, 2012, 33(7): 98-105.

[42] 刘阳, 郭子雄, 戴镜洲, 等. 不同破坏机制的装配式RCS框架节点抗震性能试验研究[J]. 土木工程学报, 2013, 46(3): 18-28.

[43] Kim J H, Cho Y S, Lee K H. Structural performance evaluation of circular steel bands for PC column-beam connection[J]. Magazine of Concrete Research, 2013, 65(23): 1377-1384.

[44] Mirghaderi S R, Eghbali N B, Ahmadi M M. Moment-connection between continuous steel beams and reinforced concrete column under cyclic loading[J]. Journal of Constructional Steel Research, 2016, 118: 105-119.

[45] Zhang X Z, Zhang J W, Gong X J, et al. Seismic performance of prefabricated high-strength concrete tube column-steel beam joints[J]. Advances in Structural Engineering, 2018, 21(5): 658-674.

[46] Khaloo A, Doost R B. Seismic performance of precast RC column to steel beam connections with variable joint configurations[J]. Engineering Structures, 2018, 160: 408-418.

[47] 章少华, 张锡治, 张天鹤, 等. 预制混凝土管组合柱-钢梁连接节点抗震性能试验研究[J]. 建筑结构学报, 2022, 43(7): 143-155.

[48] Li W, Ye H, Wang Q, et al. Experimental study on the seismic performance of demountable RCS joints[J]. Journal of Building Engineering, 2022, 49: 104082.

[49] Ou Y C, Nguyen N V B, Wang W R. Seismic shear behavior of new high-strength reinforced concrete column and steel beam (New RCS) joints[J]. Engineering Structures, 2022, 265: 114497.

[50] Yang Y, Yang P, Tuo X, et al. Experimental study on a self-centering RCS interior joint endowed with replaceable dampers[J]. Journal of Constructional Steel Research, 2022, 196: 107390.

[51] Chen H, Guo Z X, Basha S H, et al. Seismic behavior of RCS frame joints applied with high-strength bolts-end plate connection[J]. Journal of Building Engineering, 2023, 63: 105455.

[52] 韩林海. 钢管混凝土结构: 理论与实践[M]. 北京: 科学出版社, 2016.

[53] Alizadeh S, Attari N K A, Kazemi M T. The seismic performance of new detailing for RCS connections[J]. Journal of Constructional Steel Research, 2013, 91: 76-88.

[54] Mirghaderi S R, Eghbali N B. Analytical investigation of a new through column-type joint for composite reinforced concrete and steel frames[C]//The 2013 World Congress on Advances in Structural Engineering and Mechanics(ASEM13). Jeju, Korea, 2013: 3158-3170.

[55] 张锡治, 李星乾, 章少华, 等. 预制混凝土管组合柱-钢梁节点核心区受力性能分析[J]. 天津大学学报(自然科学与工程技术版), 2022, 55(4): 428-440.

[56] 王书磊, 王法承, 刘艳芝, 等. 装配式钢筋混凝土柱-钢梁节点抗弯性能有限元分析[J]. 铁道科学与工程学报, 2018, 15(8): 2014-2022.

[57] Tao Y, Zhao W, Shu J, et al. Nonlinear Finite-Element Analysis of the Seismic Behavior of RC Column-Steel Beam Connections with Shear Failure Mode[J]. Journal of Structural Engineering, 2021, 147(10): 04021160.

[58] Chou C C, Chen J H. Tests and analyses of a full-scale post-tensioned RCS frame subassembly[J]. Journal of Constructional Steel Research, 2010, 66(11): 1354-1365.

[59] Noguchi H, Uchida K. Finite element method analysis of hybrid structural frames with reinforced concrete columns and steel beams[J]. Journal of Structural Engineering, 2004, 130(2): 328-335.

[60] Noguchi H, Uchida K. FEM analysis of hybrid structural frames with R/C columns and steel beams[C]// Proceedings of 6th ASCCS conference. Los Angle: ASCCS-6 Secretariat, 2000, 1: 99-100.

[61] Iizuka S, Kasamatsu T, Noguchi H. Study on the aseismic performances of mixed frame structures[J]. J Struct Constr Eng Archit Inst Japan, 1997, 497: 189-96. (in Japanese)

[62] Baba N, Nishimura Y. Seismic performance of S beam-RC column moment frames[C]// Summaries of Technical Papers of Annual Meeting, Architectural Institute of Japan, 1998 Structures II. 1998.

[63] Yamamoto T, Ohtaki T, Ozawa J. An experiment on elasto-plastic behavior of a full-scale three-story two-bay composite frame structure consisting of reinforced concrete columns and steel beams[J]. J Technol Des Archit Inst Japan, 2000, 10: 111-116.

[64] 蔡克铨, 赖纹淇, 陈垂欣. 实尺寸三层楼三跨度钢梁接钢筋混凝土柱复合框架之实验与分析[R]. 台北: 台北地震工程研究中心, 2013.

[65] Chen C H, Lai W C, Cordova P, et al. Pseudo-dynamic test of full-scale RCS frame: part I-design, construction, testing[J]. Structures. 2004: 1-15.

[66] Cordova P, Chen C H, Lai W C, et al. Pseudo-dynamic test of fullscale RCS frame: part II-analysis and design implications[C]//Proceedings of the 2004 Structures Congress. 2004: 1-15.

[67] Li W, Xiong J, Wu L, et al. Experimental study and numerical analysis on seismic behavior of composite RCS frames[J]. Structural Concrete, 2020, 21(5): 2044-2065.

[68] Nishiyama I, Kuramoto H, Noguchi H. Guidelines: seismic design of composite reinforced concrete and steel buildings[J]. Journal of Structural Engineering, 2004, 130(2): 336-342.

[69] ASCE Task Committee on Design Criteria for Composite Structures in Steel and Concrete. Guidelines for design of joints between steel beams and reinforced concrete columns[J]. Journal of Structural Engineering, 1994, 120(8): 2330-2357.

[70] Kathuria D, Miyamoto International Inc, Yoshikawa H, Nishimoto S, Kawamoto S, Taisei Corp., Deierlein GG. Design of composite RCS special moment frames. Report NO.189[R]. The John A. Blume Earthquake Engineering Center, Stanford University; 2015.

[71] 中国工程建设标准化协会. 高层建筑钢-混凝土混合结构设计规程: CECS 230: 2008[S]. 北京: 中国计划出版社, 2008.

[72] 中国工程建设标准化协会. 约束混凝土柱组合梁框架结构技术规程: CECS 347: 2013[S]. 北京: 中国建筑工业出版社, 2013.

[73] 广东省住房和城乡建设厅. 高层建筑钢-混凝土混合结构技术规程: DBJ/T 15—128—2017[S]. 北京: 中国城市出版社, 2017.

[74] 河北省住房和城乡建设厅. 装配整体式混合框架结构技术规程: DB13(J)/T 184—2015[S]. 北京: 中国建材工业出版社, 2015.

[75] 门进杰, 周婷婷, 张雅融, 等. 钢筋混凝土柱-钢梁组合框架结构基于性能的抗震设计方法和量化指标[J]. 建筑结构学报, 2015, 36(S2): 28-34.

[76] 唐红元, 邓雪智, 熊进刚. 柱贯通梁柱节点非对称钢筋混凝土柱-钢梁框架结构抗连续倒塌性能研究[J]. 建筑结构学报, 2021, 42(4): 92-102.

[77] Tang H, Deng X, Jia Y, et al. Study on the progressive collapse behavior of fully bolted RCS beam-to-column connections[J]. Engineering Structures, 2019, 199: 109618.

[78] Liu Y, Xiong J, Wen J, et al. Research on collapse ultimate load of fabricated reinforced concrete column and steel beam composite frame structure[J]. Scientific Reports, 2022, 12(1): 1-16.

第 2 章

预制管组合柱受力性能

预制管组合柱由外部高强度混凝土预制管和芯部现浇混凝土组合而成，是一种新型的组合构件。受剪性能和抗震性能是预制管组合柱的重要力学性能。由于预制管组合柱由不同强度的混凝土组合而成且配置高强度连续螺旋箍筋，其受剪破坏形态、受剪机理、抗震性能以及整体协同工作性能尚不明确。因此，本章先后开展了预制管空心柱和组合柱的单调加载受剪、往复加载受剪和抗震性能的研究，在试验研究和数值模拟分析的基础上，对预制管组合柱的受剪和抗震性能进行了系统和深入的研究。

2.1 短柱单调加载受剪性能

2.1.1 试验概况

1. 试件设计

设计并制作了 20 个试件，包括 8 个预制管空心柱（编号：HPCT1～HPCT8）和 12 个预制管组合柱（编号：CFPCT1～CFPCT12）。试件几何尺寸和截面配筋构造如图 2.1-1 所示。试件采用倒 T 形，由柱和地梁组成。各试件截面尺寸均为 400mm × 400mm，中空部分直径（d_c）为 250mm，空心率 31%；地梁宽 550mm，高 450mm，长 1400mm。各试件纵筋均采用 8 根直径为 25mm 的 HRB400 级热轧钢筋，箍筋为直径 5mm 的高强度热处理钢筋，采用四边形连续螺旋箍筋；试件保护层厚度为 20mm。主要试验参数为剪跨比（$\lambda =$ 1.5、2.0、2.25）、轴压比（$n = 0$、0.15、0.20）、配箍率（$\rho_{sv} = 0.28\%$、0.36%、0.17%、0.22%）以及芯部混凝土强度（$f_{cu,f} = 38.7$MPa、48.2MPa）。为研究预制管空心柱及组合柱的受剪性能，各试件均按“强弯弱剪”原则设计以确保发生受剪破坏。试件主要参数见表 2.1-1。

试件主要参数　　表 2.1-1

试件编号	H_n（mm）	λ	n	n_d	N（kN）	箍筋	ρ_{sv}（%）	$f_{cu,p}$（MPa）	$f_{cu,f}$（MPa）
HPCT1	600	1.5	0	0	0	ϕ5@130	0.28	66.9	—
HPCT2	600	1.5	0.15	0.40	940	ϕ5@130	0.28	66.9	—
HPCT3	600	1.5	0.20	0.55	1250	ϕ5@130	0.28	66.9	—

续表

试件编号	H_n（mm）	λ	n	n_d	N（kN）	箍筋	ρ_{sv}（%）	$f_{cu,p}$（MPa）	$f_{cu,f}$（MPa）
HPCT4	800	2.0	0	0	0	ϕ5@130	0.28	66.9	—
HPCT5	800	2.0	0.15	0.40	940	ϕ5@130	0.28	66.9	—
HPCT6	800	2.0	0.20	0.55	1250	ϕ5@130	0.28	66.9	—
HPCT7	900	2.25	0.15	0.40	940	ϕ5@130	0.28	66.9	—
HPCT8	800	2.0	0.15	0.40	940	ϕ5@100	0.36	66.9	—
CFPCT1	600	1.5	0	0	0	ϕ5@130	0.17	66.9	38.7
CFPCT2	600	1.5	0.15	0.40	1150	ϕ5@130	0.17	66.9	38.7
CFPCT3	600	1.5	0.20	0.54	1550	ϕ5@130	0.17	66.9	38.7
CFPCT4	800	2.0	0	0	0	ϕ5@130	0.17	66.9	38.7
CFPCT5	800	2.0	0.15	0.40	1150	ϕ5@130	0.17	66.9	38.7
CFPCT6	800	2.0	0.20	0.54	1550	ϕ5@130	0.17	66.9	38.7
CFPCT7	900	2.25	0.15	0.40	1150	ϕ5@130	0.17	66.9	38.7
CFPCT8	900	2.25	0.20	0.54	1550	ϕ5@130	0.17	66.9	38.7
CFPCT9	800	2.0	0.15	0.40	1200	ϕ5@130	0.17	66.9	48.2
CFPCT10	800	2.0	0.20	0.54	1600	ϕ5@130	0.17	66.9	48.2
CFPCT11	600	1.5	0.15	0.40	1150	ϕ5@100	0.22	66.9	38.7
CFPCT12	800	2.0	0.15	0.40	1150	ϕ5@100	0.22	66.9	38.7

注：H_n为加载点至柱底的距离；λ为剪跨比；n为试验轴压比；n_d为设计轴压比；N为试验时施加于柱顶的轴压力；ρ_{sv}为配箍率。

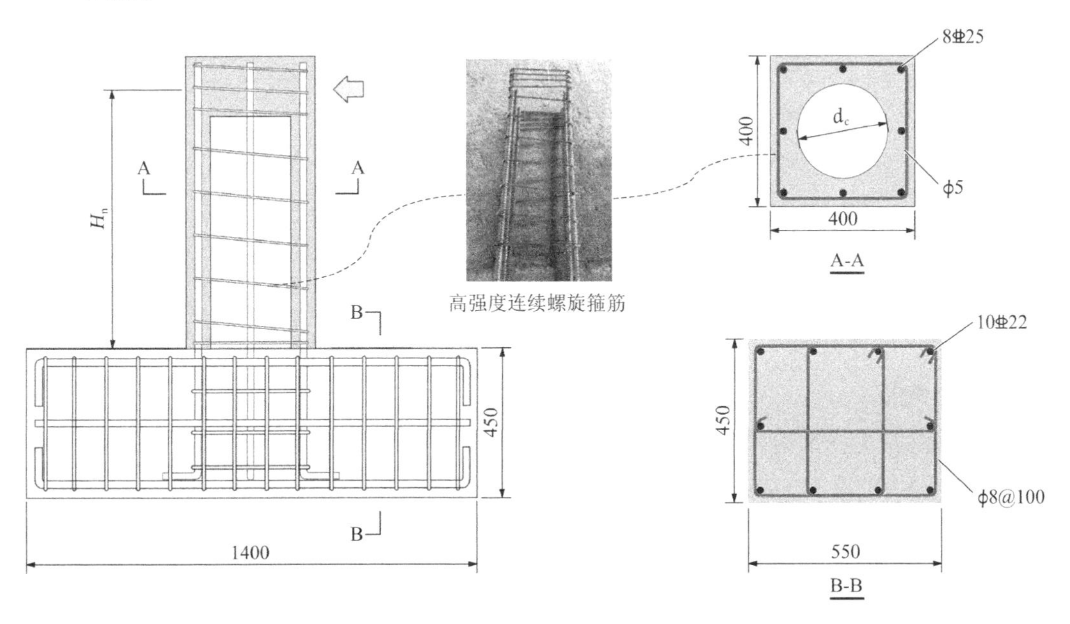

(a) 预制管空心柱试件

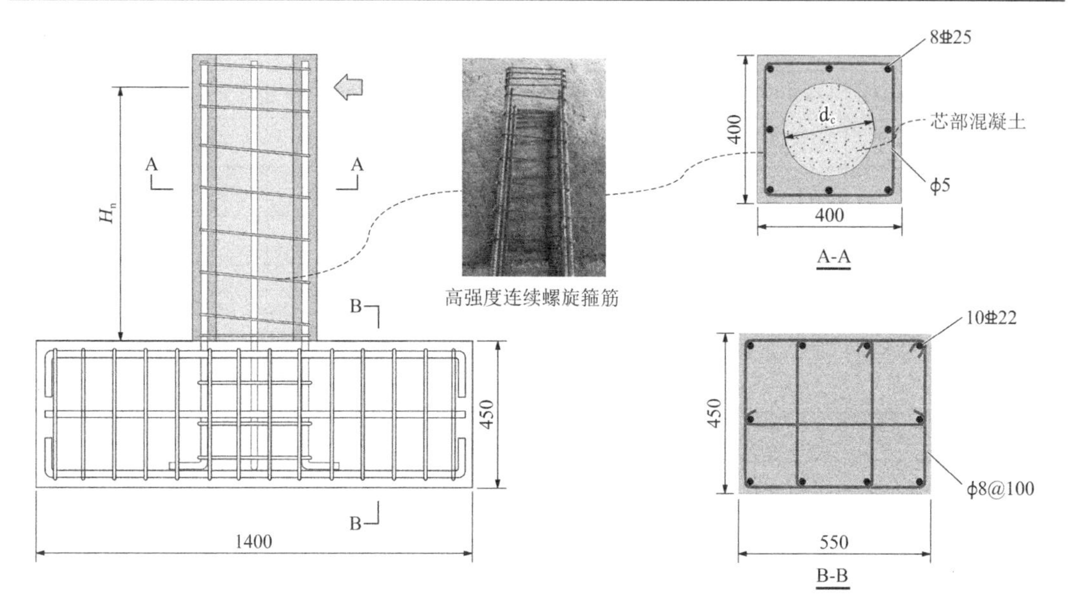

(b) 预制管组合柱试件

图 2.1-1　试件几何尺寸及截面配筋构造（单位：mm）

各试件试验时施加的轴压力（N）见表 2.1-1，表 2.1-1 中试验轴压比（n）和设计轴压比（n_d）分别按式(2.1-1)和式(2.1-2)进行计算。

$$n=\frac{N}{\alpha_{\mathrm{c1}}f_{\mathrm{cu,p}}A_\mathrm{p}+\alpha_{\mathrm{c1}}f_{\mathrm{cu,f}}A_\mathrm{f}} \tag{2.1-1}$$

$$n_\mathrm{d}=\frac{N_\mathrm{d}}{f_{\mathrm{c,p}}A_\mathrm{p}+f_{\mathrm{c,f}}A_\mathrm{f}} \tag{2.1-2}$$

式中：$f_{\mathrm{cu,p}}$——外部预制管混凝土标准立方体抗压强度平均值；

A_p——外部预制管截面面积；

$f_{\mathrm{cu,f}}$——芯部混凝土标准立方体抗压强度平均值；

A_f——芯部混凝土截面面积；

α_{c1}——混凝土棱柱体与立方体的抗压强度比值，具体取值见文献[1]；

N_d——考虑地震作用组合的轴压力设计值，近似取N_d =1.22N[2]；

$f_{\mathrm{c,p}}$——外部预制管混凝土轴心抗压强度设计值；

$f_{\mathrm{c,f}}$——芯部混凝土轴心抗压强度设计值；

$f_{\mathrm{c,p}}$与$f_{\mathrm{cu,p}}$以及$f_{\mathrm{c,f}}$与$f_{\mathrm{cu,f}}$间换算公式见文献[3]。

2. 材料性能

试验中混凝土按预制和现浇两部分工序制作，所有试件外部预制管混凝土强度等级均为 C60，为同一批混凝土制作；芯部混凝土强度等级有 C30 和 C40 两种。试件制作时所有批次混凝土均预留 6 个边长为 150mm 的标准混凝土立方体试块，并与试件同条件自然养护。试验当天依据《普通混凝土力学性能试验方法标准》GB/T　50081—2002[4]进行试块的抗压强度测试，实测混凝土立方体抗压强度平均值见表 2.1-1。依据标准拉伸试验方法[5]对钢筋进行材料性能试验，测得的钢筋力学性能指标如表 2.1-2 所示，图 2.1-2 给出了材料性能试验得到的高强度箍筋名义应力-应变曲线。

钢筋力学性能 表 2.1-2

类型	直径（mm）	屈服强度（MPa）	抗拉强度（MPa）	伸长率（%）
纵筋	25	441	592	29
箍筋	5	1457	1672	11

(a) 试验装置

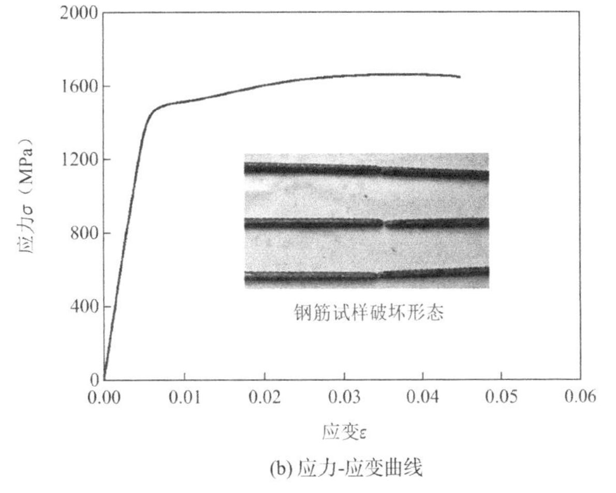

(b) 应力-应变曲线

图 2.1-2 高强度箍筋材料性能试验

3. 加载装置及加载方案

试验加载装置如图 2.1-3 所示。试验中，首先在柱顶施加预定的竖向轴压力，并在加载过程中保持恒定，然后通过 100t 水平千斤顶在试件顶部施加单调递增的水平荷载。根据《混凝土结构试验方法标准》GB/T 50152—2012[1]规定，试验加载方案为：正式加载前先进行预加载，以检查各类仪表是否正常工作，确保试验各部分接触良好；正式加载采用分级加载，每级荷载增量 5kN 直至试件开裂，开裂后每级荷载增量变为 20kN，每级荷载加载完成后的持荷时间为 3min；试件达到峰值荷载后，进行持续慢速加载直至试件破坏，加载终止。

图 2.1-3 试验加载装置

4. 量测内容及测点布置

试件的荷载-位移关系曲线由柱端加载点处力传感器和位移计测量得到，布置位移计 LVDT2 和 LVDT3 测量柱的剪切变形。此外，在地梁上设置 3 个位移计以监测加载过程中地梁的水平位移和转动。试件的位移计布置如图 2.1-4 所示。为了解加载过程中柱内纵筋和箍筋的应变发展规律以及测量管壁混凝土的应变值，在柱内纵筋和箍筋以及柱表面的相应位置布置应变片或应变花，如图 2.1-5 所示。试验数据通过数据采集系统自动采集和记录。

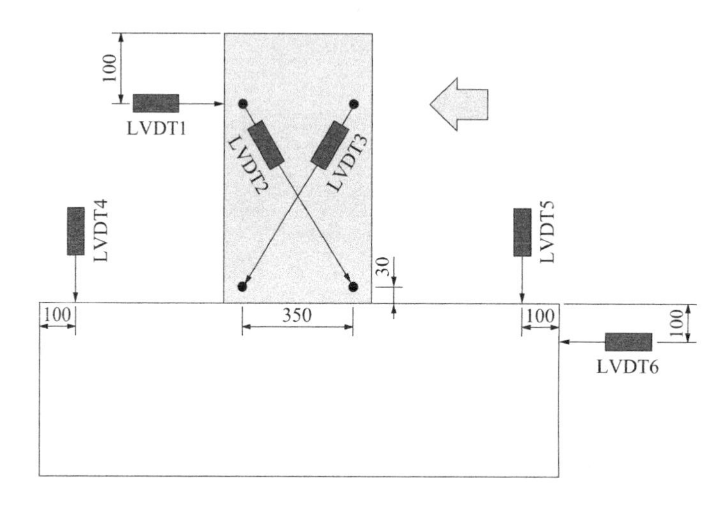

图 2.1-4　位移计布置示意图（单位：mm）

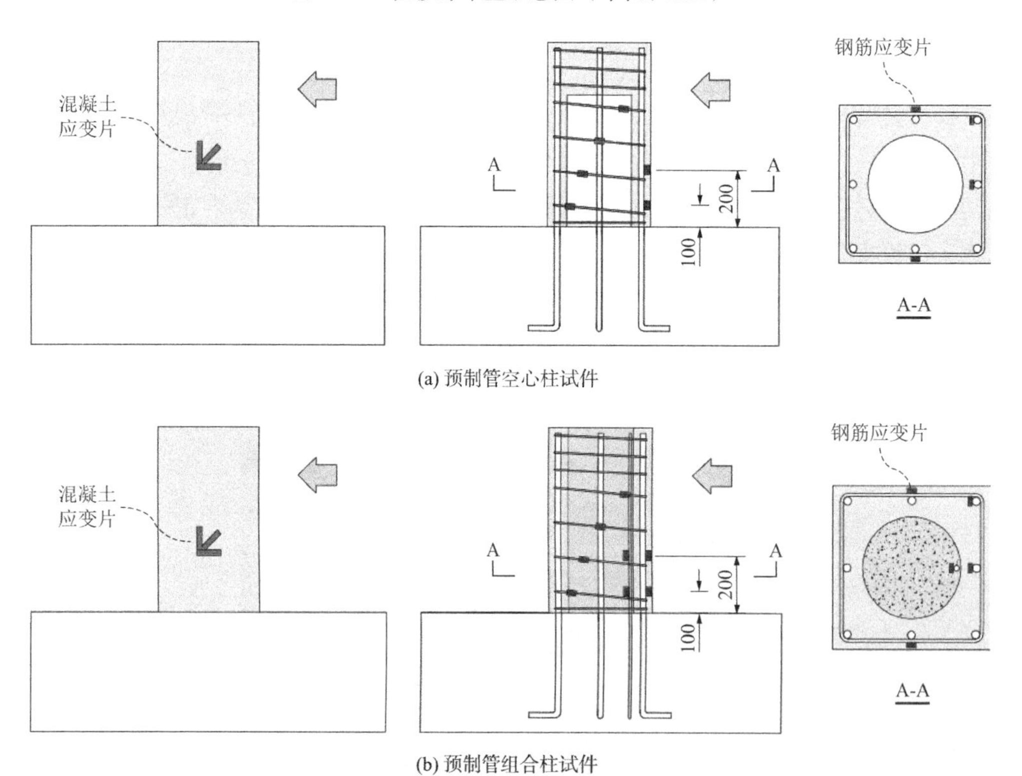

图 2.1-5　应变片布置示意图（单位：mm）

2.1.2 预制管空心柱试验结果及分析

1. 试验现象及破坏模式

8 个预制管空心柱试件（HPCT1～HPCT8）在竖向轴压力和单向水平力作用下的破坏过程基本相似。通过对各试件破坏过程的分析，可将预制管空心柱的受力全过程划分为三个阶段：初始开裂阶段（Ⅰ阶段）、斜裂缝开展阶段（Ⅱ阶段）和破坏阶段（Ⅲ阶段）。图 2.1-6 为试件的典型剪力-位移角曲线，三个阶段的划分和分界点如图 2.1-6 所示。位移角（θ_s）定义为柱端加载点处位移与加载点至柱底距离的比值。图 2.1-7 给出了各试件的破坏过程。

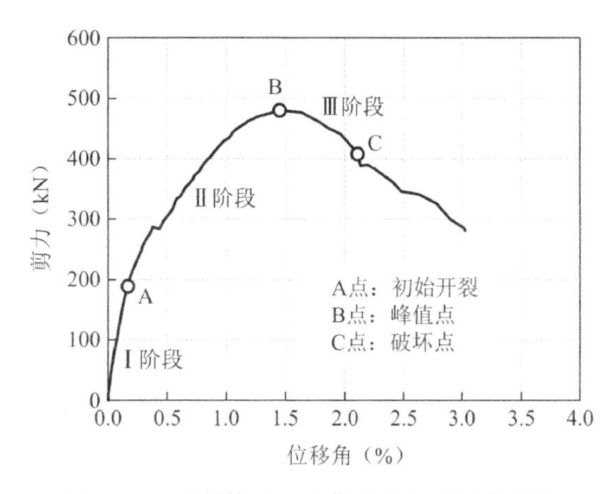

图 2.1-6 预制管空心柱典型剪力-位移角曲线

（1）初始开裂阶段（Ⅰ阶段）

该阶段从开始加载至柱中出现第一条裂缝。各试件剪力-位移角曲线呈线性变化，初始裂缝极细，承载力和刚度无退化，试件处于弹性工作状态。初始开裂时，试件 HPCT1～HPCT8 的位移角分别为 0.10%、0.17%、0.20%、0.17%、0.18%、0.19%、0.19%和 0.18%。各试件开裂荷载约为峰值荷载的 20%～40%。

（2）斜裂缝开展阶段（Ⅱ阶段）

该阶段从初始裂缝形成至剪力达到峰值。试件开裂后，刚度逐渐减小，剪力-位移角曲线开始出现转折。随着荷载的增加，柱中不断出现新斜裂缝；加载至峰值荷载的 40%～60%时，柱中出现沿对角方向的剪切斜裂缝；继续加载，柱中沿对角方向的剪切斜裂缝不断开展，裂缝宽度增加并向柱底受压区域和加载点延伸，形成主斜裂缝；在此过程中，柱中主斜裂缝附近不断出现与之平行的新斜裂缝。当剪力达到峰值时，柱底受压区域混凝土保护层出现轻微剥落现象。试件 HPCT1～HPCT8 剪力达到峰值时的位移角分别为 1.87%、1.44%、1.41%、2.75%、2.02%、1.45%、2.35%和 1.41%。

（3）破坏阶段（Ⅲ阶段）

该阶段从剪力达到峰值至试件破坏。剪力达到峰值后，试件承载力开始下降；随着荷载的增加，沿对角线方向主斜裂缝的宽度继续增加，主斜裂缝中部区域混凝土开始剥落，柱底剪压区混凝土逐渐被压碎，承载力下降明显；最后，柱底剪压区混凝土压溃，承载力迅速降低，试件破坏。柱底剪压区混凝土压溃主要集中在距柱底 100mm 高度的范围内。承载力下降至峰值荷载的 85%时，试件 HPCT1～HPCT8 的位移角分别为 2.92%、1.60%、1.56%、3.33%、3.02%、2.11%、2.83%和 2.26%。各试件最终破坏模式如图 2.1-8 所示。由图可知：各试件均发生剪切型破坏，其破坏模式为剪切受压破坏，剪切斜裂缝与柱纵轴线夹角在 29°～41°之间。

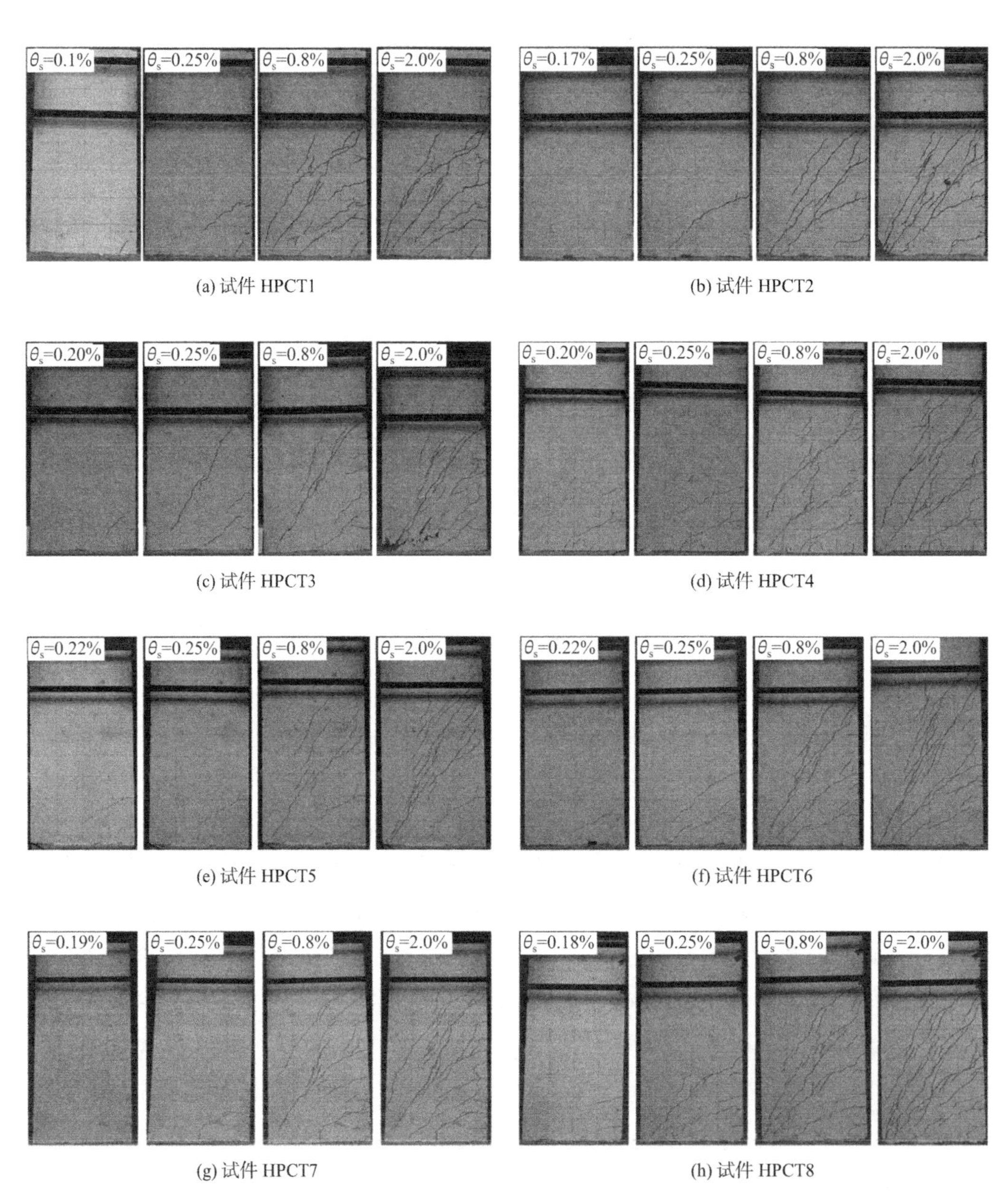

(a) 试件 HPCT1　(b) 试件 HPCT2

(c) 试件 HPCT3　(d) 试件 HPCT4

(e) 试件 HPCT5　(f) 试件 HPCT6

(g) 试件 HPCT7　(h) 试件 HPCT8

图 2.1-7　各试件破坏过程

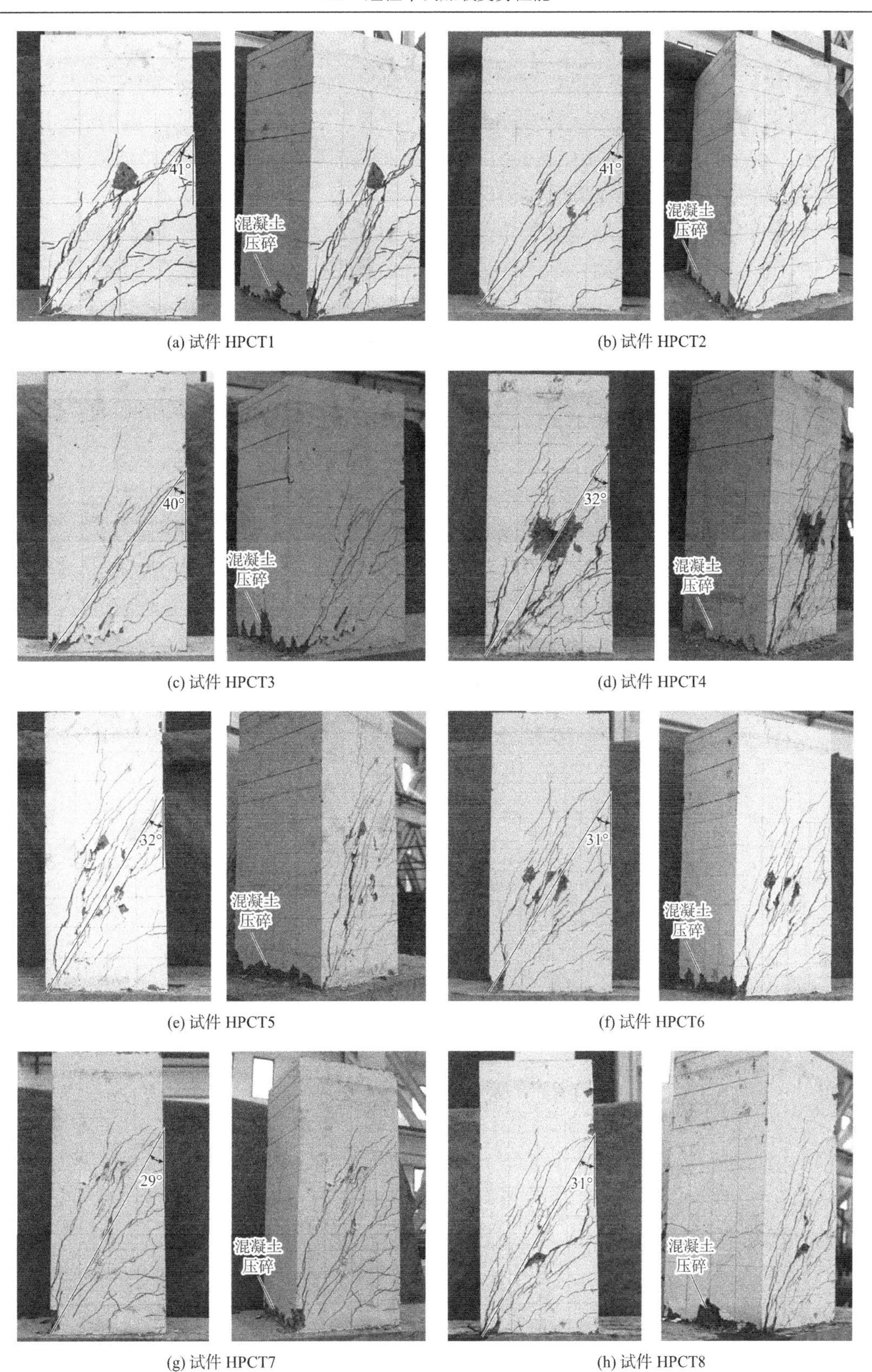

(a) 试件 HPCT1　(b) 试件 HPCT2

(c) 试件 HPCT3　(d) 试件 HPCT4

(e) 试件 HPCT5　(f) 试件 HPCT6

(g) 试件 HPCT7　(h) 试件 HPCT8

图 2.1-8　各试件最终破坏模式

2. 破坏模式分析

（1）轴压比的增加延缓了初始裂缝的出现，抑制了加载过程中斜裂缝的开展。与轴压比较小的试件相比，轴压比较大的试件出现斜裂缝后，斜裂缝数量较少且很快形成主斜裂缝，破坏过程较快；此外，轴压比较大试件的剪压区范围大且混凝土压应力高，破坏时剪压区混凝土的损伤范围大、损伤程度更严重。

（2）随着剪跨比的增加，弯曲效应逐渐增强，加载过程中裂缝数量增多，裂缝开展较为充分，变形能力有明显提高；剪跨比较大的试件破坏时，其剪压区混凝土的损伤更严重。

（3）与配箍率较小的试件相比，在受力过程中，配箍率较大试件中的裂缝数量明显增多且间距较密，裂缝开展范围较大，最终破坏模式无明显差异。

（4）剪跨比对剪切斜裂缝与柱纵轴夹角的影响较大，而对轴压比和配箍率的影响不明显；剪切斜裂缝与柱纵轴夹角随剪跨比的增大而减小，剪跨比为 1.5、2.0 和 2.25 时，其夹角分别约为 41°、32°和 29°。

3. 剪力-位移角曲线

试件 HPCT1～HPCT8 的剪力-位移角曲线如图 2.1-9 所示。由图可知，各试件剪力-位移角曲线在开裂前呈线性变化，柱位移角增长缓慢。开裂后，剪力-位移角曲线出现转折，试件进入斜裂缝发展阶段，柱位移角增长加快。在不同参数的影响下，各试件剪力-位移角曲线在开裂后呈现出明显的差异。

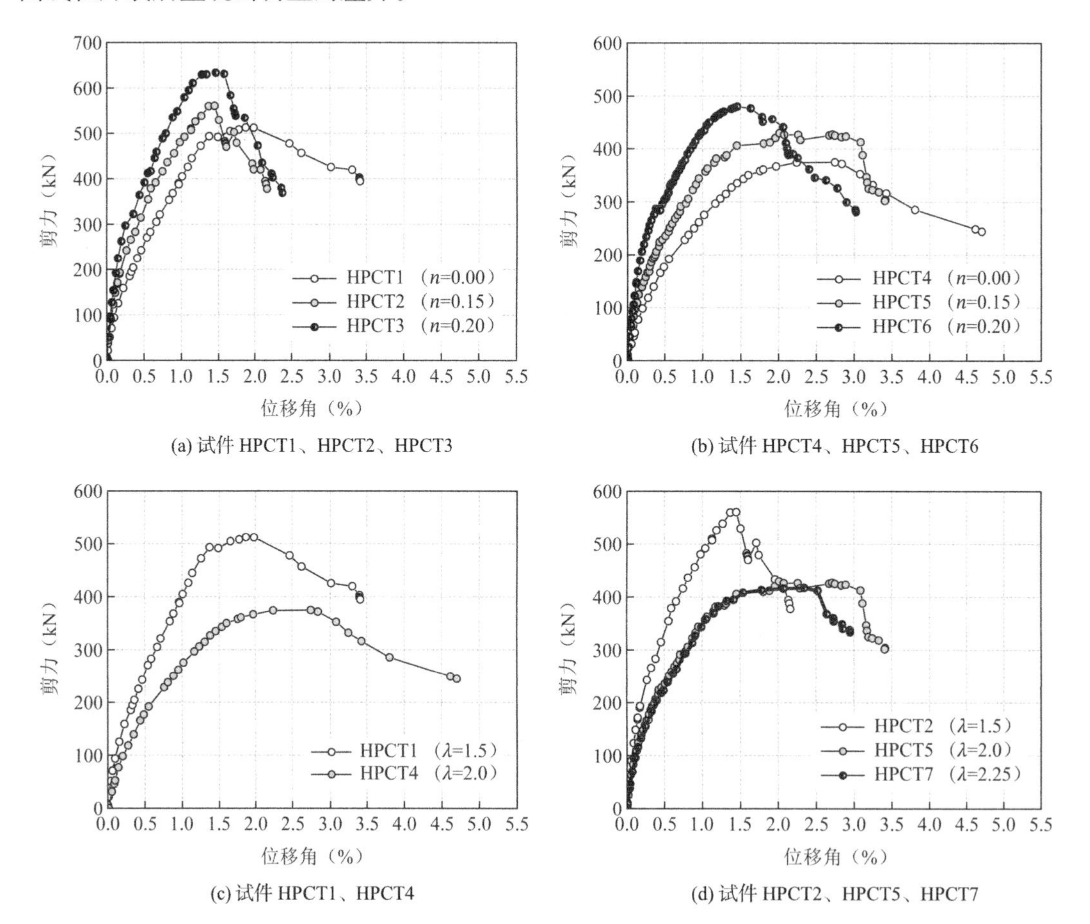

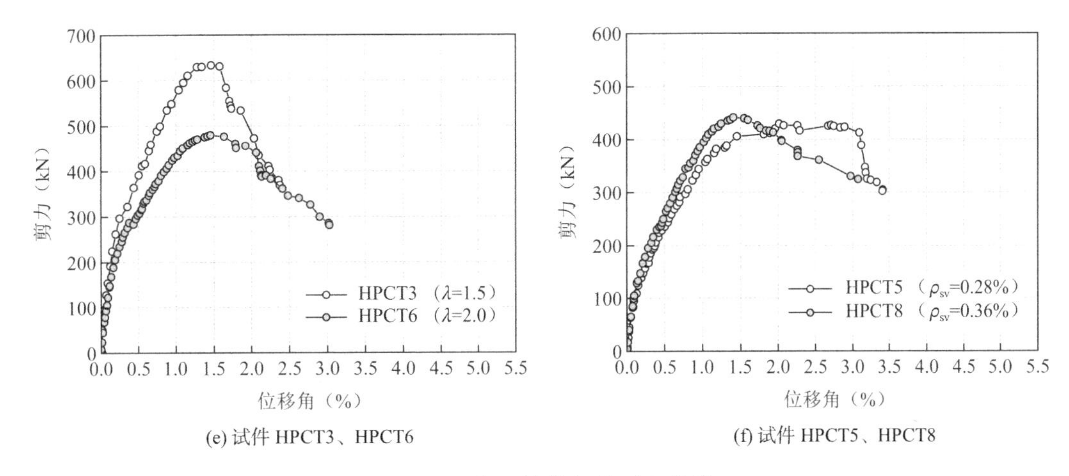

(e) 试件 HPCT3、HPCT6　　　　(f) 试件 HPCT5、HPCT8

图 2.1-9　各试件剪力-位移角曲线

由图 2.1-9（a）和图 2.1-9（b）可知，轴压比对预制管空心柱的承载能力和变形性能影响较大。随着轴压比的增加，柱初始刚度增大，峰值荷载显著提高，但增加轴压比降低了柱在峰值后阶段的变形能力，轴压比越高，剪力-位移角曲线下降段越陡，变形性能越差。对剪跨比为 1.5 的试件，其初始刚度和峰值荷载均较剪跨比为 2.0 和 2.25 的试件有较大提高，但剪力-位移角曲线下降段较陡，变形能力较差，如图 2.1-9（c）～图 2.1-9（e）所示。随着剪跨比的增加，柱初始刚度和峰值荷载降低，剪力-位移角曲线下降段变缓，峰值后变形能力提高，可见预制管空心柱的变形性能随剪跨比的增加而提高。由图 2.1-9（f）可知，不同配箍率试件的剪力-位移角曲线在开裂前基本重合，随着配箍率的增加，峰值荷载有一定程度的提高，但初始刚度基本保持不变。对配箍率较大的试件，由于箍筋对管壁混凝土的约束作用有限且箍筋强度较高，在箍筋应力达到屈服前，柱中斜裂缝间的混凝土更易出现受压破坏，其破坏形态向脆性特征更加明显的剪切斜压破坏转变。因此，与配箍率较小的试件相比，其剪力-位移角曲线的下降段较陡，变形能力降低。

4. 剪力-斜裂缝宽度曲线

图 2.1-10 给出了试件 HPCT1～HPCT8 所受剪力与斜裂缝宽度的关系曲线。由图可知：试件开裂后，斜裂缝宽度与剪力呈线性增长关系，斜裂缝宽度发展较为缓慢。当剪力达到峰值荷载的 50%～60%时，剪力-斜裂缝宽度曲线出现转折，斜裂缝宽度增长加快。剪力达到峰值时，试件 HPCT1～HPCT8 的最大斜裂缝宽度分别为 1.0mm、0.7mm、0.9mm、1.5mm、1.0mm、1.2mm、1.6mm 和 0.8mm。由图 2.1-10（a）和图 2.1-10（b）可知，轴压比的增加抑制了斜裂缝宽度的增长，在同一剪力水平下，轴压比较大试件的斜裂缝宽度要明显小于轴压比较小的试件，轴压比对预制管空心柱中斜裂缝宽度的发展有显著影响。随着剪跨比的增加，斜裂缝宽度的增长加快，在同一剪力水平下，斜裂缝宽度随剪跨比的增加而增大，如图 2.1-10（c）～图 2.1-10（e）所示。由图 2.1-10（f）可知，随着配箍率的增加，斜裂缝宽度的增长变缓，斜裂缝宽度随着配箍率的增加而减小。

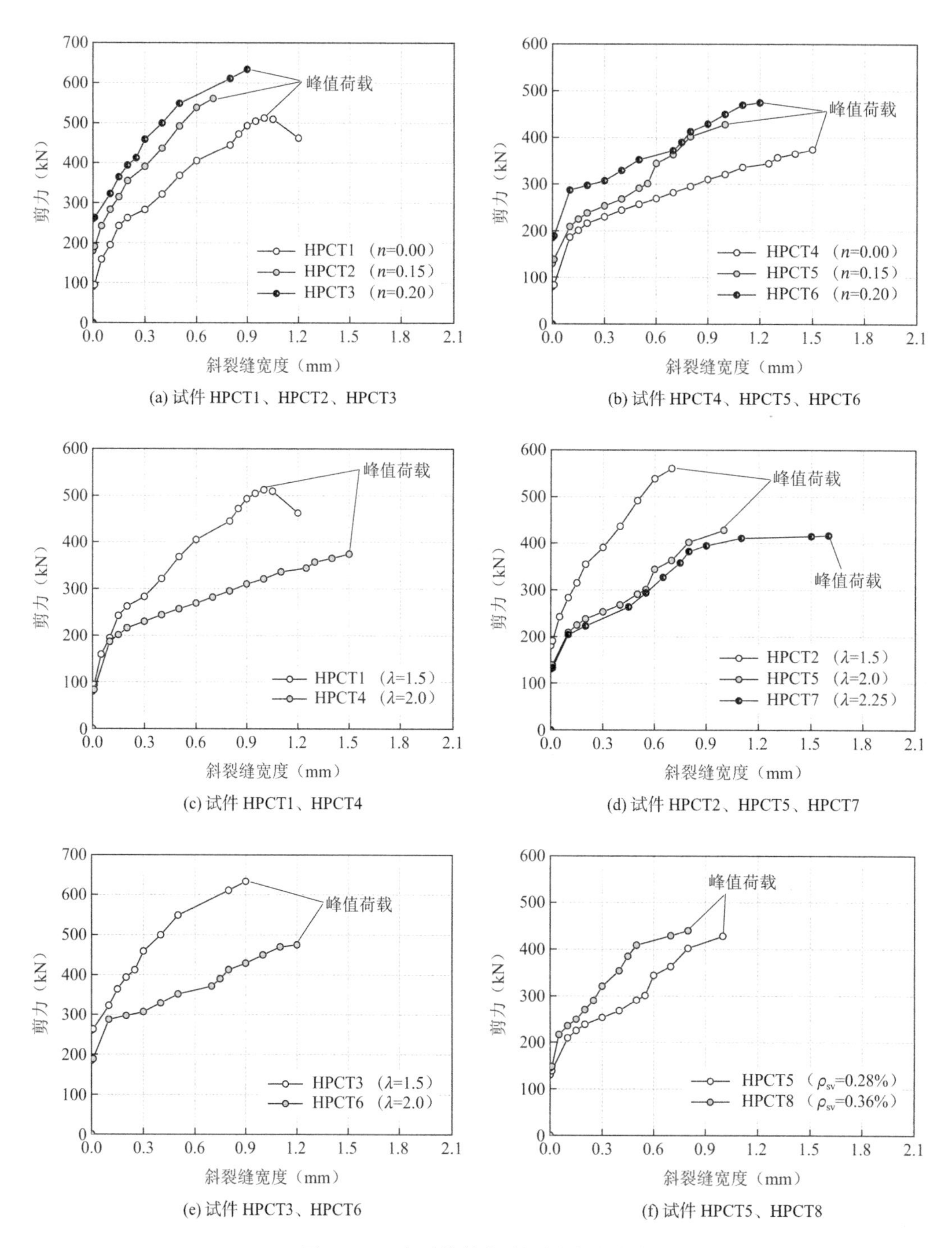

(a) 试件 HPCT1、HPCT2、HPCT3　(b) 试件 HPCT4、HPCT5、HPCT6

(c) 试件 HPCT1、HPCT4　(d) 试件 HPCT2、HPCT5、HPCT7

(e) 试件 HPCT3、HPCT6　(f) 试件 HPCT5、HPCT8

图 2.1-10　各试件剪力-斜裂缝宽度曲线

5. 承载力

各试件主要阶段试验结果见表 2.1-3。表 2.1-3 中V_{cr}为开裂剪力，$V_{0.2}$为柱中斜裂缝宽度达到 0.2mm 时所对应的剪力，V_y为屈服剪力，θ_{sy}为屈服位移角，V_m为峰值剪力，θ_{sm}为峰值位移角，θ_{su}为极限位移角，μ为延性系数。其中，峰值剪力定义为预制管空心柱的受剪承载力，极限位移角定义为剪力下降至峰值剪力 85%时的位移角。屈服剪力和屈服位移角通过 Park 法[6]确定。不同参数对预制管空心柱开裂剪力和受剪承载力的影响分别如图 2.1-11 和图 2.1-12 所示。

预制管空心柱试件主要阶段试验结果 **表 2.1-3**

试件编号	V_{cr}（kN）	$V_{0.2}$（kN）	V_y（kN）	θ_{sy}（%）	V_m（kN）	θ_{sm}（%）	θ_{su}（%）	μ	$V_{0.2}/V_m$
HPCT1	93.8	262.2	463.0	1.29	512.3	1.87	2.92	2.27	0.51
HPCT2	190.2	354.6	442.1	0.87	560.7	1.44	1.60	1.83	0.63
HPCT3	262.7	393.5	539.9	0.97	633.7	1.46	1.72	1.79	0.62
HPCT4	83.3	216.2	307.3	1.27	374.9	2.75	3.33	2.62	0.58
HPCT5	138.4	238.7	373.8	1.16	429.5	2.02	3.02	2.59	0.56
HPCT6	188.8	297.3	411.1	0.92	479.9	1.45	2.11	2.28	0.62
HPCT7	132.3	222.8	348.7	1.08	417.5	2.35	2.83	2.63	0.53
HPCT8	147.6	270.1	388.9	1.00	441.7	1.41	2.26	2.26	0.61

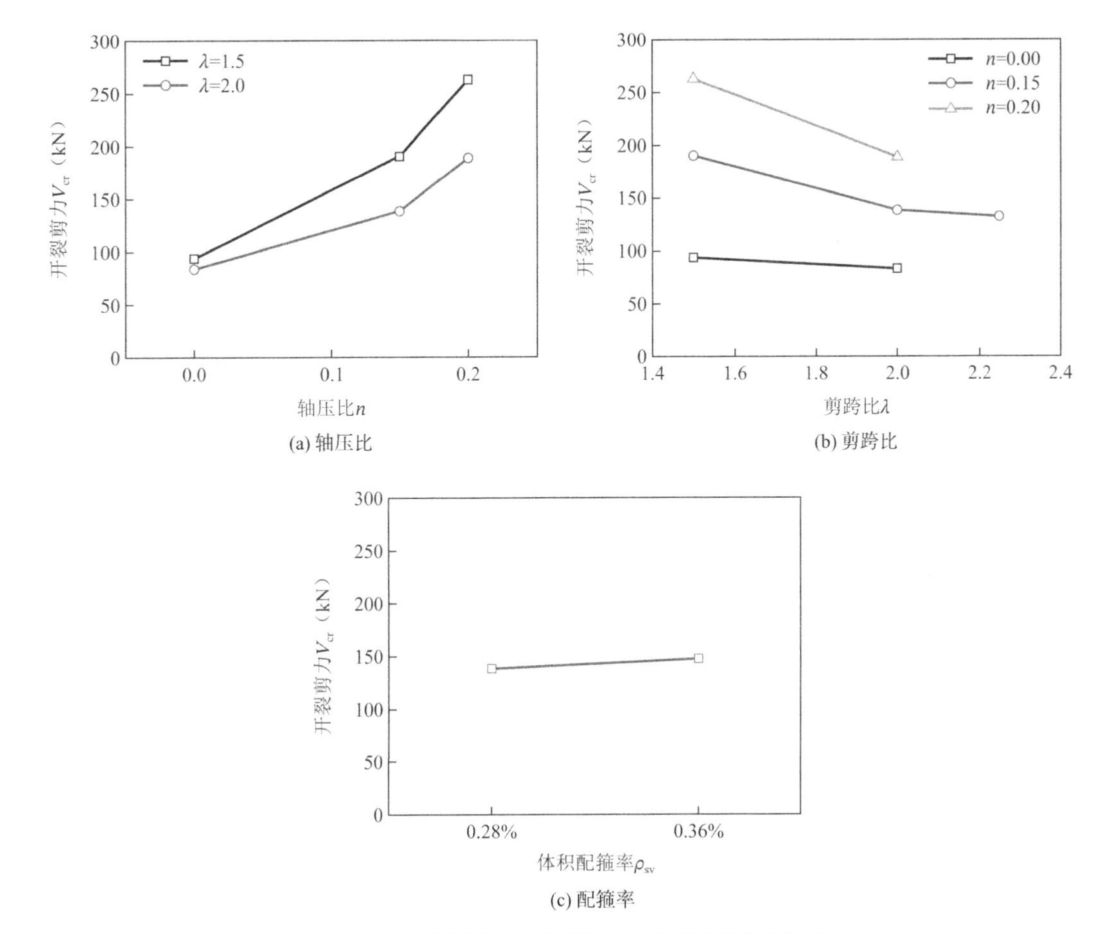

(a) 轴压比

(b) 剪跨比

(c) 配箍率

图 2.1-11 不同参数对预制管空心柱开裂剪力的影响

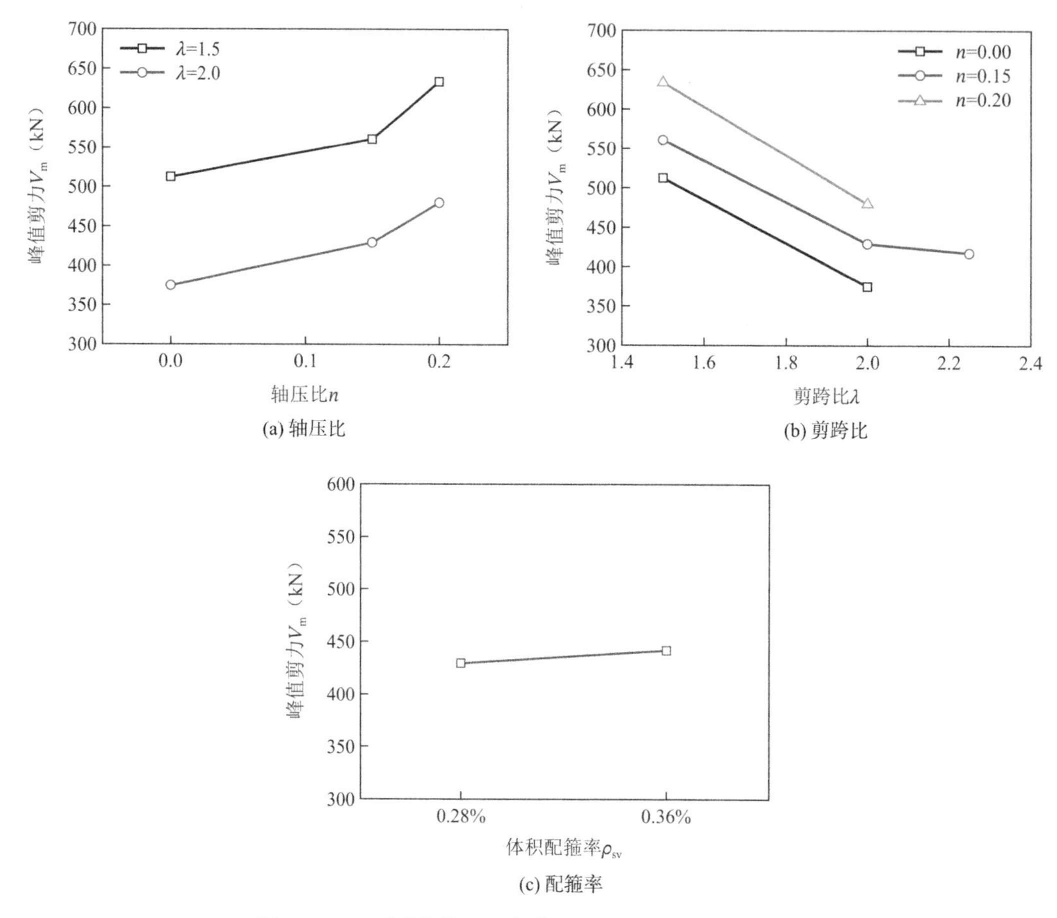

图 2.1-12 不同参数对预制管空心柱受剪承载力的影响

由表 2.1-3、图 2.1-11 和图 2.1-12 可知：（1）预制管空心柱的开裂剪力和峰值剪力均随轴压比的增加而提高；剪跨比为 1.5 时，轴压比由 0 增加至 0.15，开裂剪力提高 102.7%，峰值剪力提高 9.5%，轴压比由 0.15 增加至 0.20，开裂剪力提高 38.1%，峰值剪力提高 13%；剪跨比为 2.0 时，轴压比由 0 增加至 0.15，开裂剪力提高 66.1%，峰值剪力提高 14.6%，轴压比由 0.15 增加至 0.20，开裂剪力提高 36.4%，峰值剪力提高 11.7%；表明轴压比对预制管空心柱受剪承载力具有一定的影响，由于轴压力抑制了柱斜裂缝的开展，增强了斜裂缝间骨料咬合力并增大了剪压区高度，故随着轴压比的增加，预制管空心柱受剪承载力有一定程度的提高。（2）剪跨比对预制管空心柱受剪承载力有显著的影响；轴压比为 0 时，剪跨比由 1.5 增加至 2.0，开裂剪力降低 11.2%，峰值剪力降低 26.8%；轴压比为 0.15 时，剪跨比由 1.5 增加至 2.0，开裂剪力降低 27.2%，峰值剪力降低 23.4%，剪跨比由 2.0 增加至 2.25，开裂剪力降低 4.4%，峰值剪力降低 2.8%；轴压比为 0.20 时，剪跨比由 1.5 增加至 2.0，开裂剪力降低 28.1%，峰值剪力降低 24.3%；剪跨比反映了弯矩对构件的作用程度，对受剪承载力的影响较大，随着剪跨比的增加，预制管空心柱的受剪承载力降低。（3）随着配箍率的增加，预制管空心柱开裂剪力和受剪承载力均有一定程度的提高；配箍率由

0.28%增加至 0.36%，开裂剪力和峰值剪力分别提高 6.6%和 2.8%；由于箍筋对管壁混凝土的约束作用有限，配箍率对预制管空心柱受剪承载力的影响较小。（4）斜裂缝宽度达到 0.2mm 时所对应的剪力（$V_{0.2}$）约为峰值剪力（V_m）的 50%～60%。

6. 变形能力分析

延性是指构件超过弹性极限后，在承载能力无显著降低的情况下承担非弹性变形的能力，是反映构件塑性变形能力的重要指标[7]。通常采用延性系数（μ）来评价构件的延性，其计算表达式为[8]：

$$\mu = \theta_{su}/\theta_{sy} \tag{2.1-3}$$

式中：θ_{su}——极限位移角；

θ_{sy}——屈服位移角。

试验所得的预制管空心柱的延性系数和极限位移角见表 2.1-3。对于钢筋混凝土构件，可根据延性系数的大小划分为高延性（$\mu \geqslant 4.0$）、中等延性（$4.0 > \mu \geqslant 3.0$）、低延性（$3.0 > \mu \geqslant 2.0$）以及无延性（$2.0 > \mu \geqslant 1.0$）四个等级[9]。试验中 8 个试件的延性系数介于 1.79～2.63 之间，除试件 HPCT2 和 HPCT3 处于无延性水平等级外，其他试件均处于低延性水平等级。因此，对预制管空心柱，设计中应避免使用短柱（$\lambda \leqslant 2.0$），尤其是极短柱（$\lambda \leqslant 1.5$），以防止柱出现延性性能较差的剪切破坏模式。对比分析表 2.1-3 中各试件的延性系数和极限位移角可知：

（1）轴压比对预制管空心柱的延性和变形能力影响显著。随着轴压比的增加，延性系数降低。剪跨比为 1.5 时，当轴压比由 0 分别增加至 0.15 和 0.20 时，延性系数分别降低 19.4%和 21.1%；剪跨比为 2.0 时，当轴压比由 0 分别增加至 0.15 和 0.20 时，延性系数分别降低 1.2%和 13.0%。轴压比对极限位移角的影响规律与延性系数相似，表明预制管空心柱的变形能力随轴压比的增加而降低。

（2）在不同轴压比水平下，延性系数随剪跨比的增加而提高。轴压比为 0 时，当剪跨比由 1.5 增加至 2.0 时，延性系数提高 15.4%；轴压比为 0.15 时，当剪跨比由 1.5 分别增加至 2.0 和 2.25 时，延性系数分别提高 41.5%和 43.7%；轴压比为 0.20 时，当剪跨比由 1.5 增加至 2.0 时，延性系数提高 27.4%。随着剪跨比的增加，预制管空心柱受弯矩的影响增大，极限位移角增加，变形能力提高明显。

（3）配箍率的增加降低了延性系数和极限位移角。相比试件 HPCT5，试件 HPCT8 的延性系数降低 12.7%，极限位移角降低 25.2%。分析其原因为箍筋不能对管壁混凝土形成有效约束，且由于箍筋强度较高，在箍筋应力达到屈服前，柱中斜裂缝间的混凝土更易出现受压破坏，其破坏模式由剪切受压破坏向剪切斜压破坏过渡，从而导致预制管空心柱变形能力降低。

（4）除试件 HPCT2 和 HPCT3 外，其他试件极限位移角介于 2.11%～3.33%之间，满足框架结构弹塑性层间位移角限值要求，即$\theta_{su} > 1/50$。因此，为确保预制管空心柱具有一定的变形能力，应避免使用剪跨比不大于 2 的短柱，并从严控制较小剪跨比柱的轴压比。

7. 刚度分析

在水平荷载作用下，预制管空心柱在开裂前以弹性变形为主，开裂后，随着斜裂缝的开展，塑性变形不断增加，刚度逐渐退化。为分析预制管空心柱在水平荷载作用下的刚度变化情况，采用割线刚度来评价其刚度退化特性，割线刚度计算式如下[10]：

$$K_i = V_i/\Delta_i \tag{2.1-4}$$

式中：K_i——第i级加载时的割线刚度；

V_i、Δ_i——第i级加载时的剪力值和位移值。

试件 HPCT1～HPCT8 的割线刚度见表 2.1-4。表中K_{i0}为初始刚度，K_{cr}为开裂刚度，$K_{0.2}$为柱中斜裂缝宽度达到 0.2mm 时的刚度，K_m为峰值刚度，K_u为极限刚度。各试件在加载过程中的刚度退化情况如图 2.1-13 所示。由表 2.1-4 和图 2.1-13 可知：

（1）轴压比和剪跨比对预制管空心柱的初始刚度影响较大。随着轴压比的增加，初始刚度增大。剪跨比为 1.5 时，当轴压比由 0 分别增加至 0.15 和 0.20 时，初始刚度分别增大 25.5%和 67.0%；剪跨比为 2.0 时，当轴压比由 0 分别增加至 0.15 和 0.20 时，初始刚度分别增大 57.6%和 122.1%。而随着剪跨比的增加，初始刚度降低。轴压比为 0 时，当剪跨比由 1.5 增加至 2.0 时，初始刚度降低 56.7%；轴压比为 0.15 时，当剪跨比由 1.5 分别增加至 2.0 和 2.25 时，初始刚度分别降低 45.6%和 58.8%；轴压比为 0.2 时，当剪跨比由 1.5 增加至 2.0 时，初始刚度降低 42.5%。相比轴压比和剪跨比对初始刚度的显著影响，配箍率的变化对初始刚度的影响不明显。

（2）各试件刚度退化趋势基本相似。试件开裂后刚度退化较快，达到峰值荷载后，其刚度退化变缓。随着轴压比的增加，刚度退化呈加快趋势，而随着剪跨比的增加，刚度退化呈减缓趋势。此外，增加配箍率在一定程度上减缓了刚度的退化速率。

（3）在水平荷载作用下，预制管空心柱具有一定的刚度维持能力。当柱中斜裂缝宽度达到 0.2mm 时，其刚度可保持初始刚度的 40%～50%；达到峰值荷载时，其刚度约为初始刚度的 20%～30%；极限荷载时，其刚度仍可维持初始刚度的 15%左右。

预制管空心柱试件割线刚度　　　　表 2.1-4

试件编号	K_{i0}（kN/mm）	K_{cr}（kN/mm）	$K_{0.2}$（kN/mm）	K_m（kN/mm）	K_u（kN/mm）
HPCT1	181.9	156.4	83.5	45.6	24.9
HPCT2	228.2	184.6	106.2	64.7	48.1
HPCT3	303.8	220.4	129.3	72.3	51.8
HPCT4	78.7	68.1	34.6	19.7	13.1
HPCT5	124.1	101.1	58.3	26.6	15.1
HPCT6	174.8	139.9	79.1	41.3	24.2
HPCT7	94.0	78.8	47.4	19.8	13.9
HPCT8	130.9	107.1	62.1	39.3	20.7

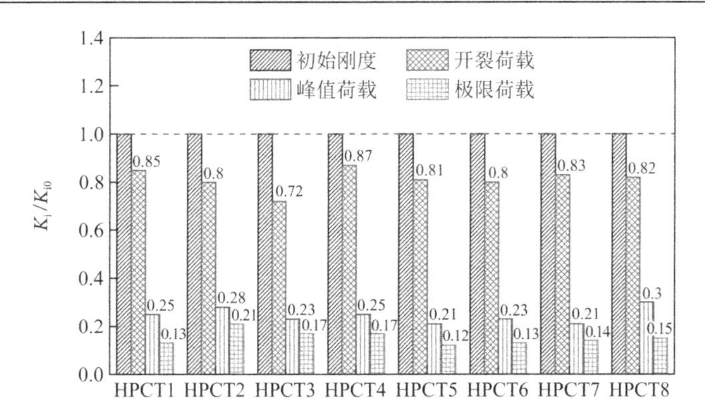

图 2.1-13 预制管空心柱试件刚度退化图

8. 变形组成分析

通过对水平荷载作用下的预制管空心柱进行变形组成分析，可进一步明确其受力特性。预制管空心柱的柱顶总位移主要由弯曲变形产生的位移（Δ_f）和剪切变形产生的位移（Δ_s）两部分组成，如图 2.1-14（a）所示。利用试验过程中安装在各试件表面的斜向位移计 LVDT2 和 LVDT3（图 2.1-4）所量测的数据，可得到剪切变形产生的位移在加载过程中的变化情况。柱剪切变形示意图如图 2.1-14（b）所示，其剪切变形产生的位移可由式(2.1-5)计算得到[11]。

$$\Delta_s = \frac{d_1}{2b_1}(\delta_3 - \delta_2) \tag{2.1-5}$$

式中：d_1、b_1——取值见图 2.1-14（b）；

δ_2、δ_3——位移计 LVDT2 和 LVDT3 所量测的柱对角线长度变化量。

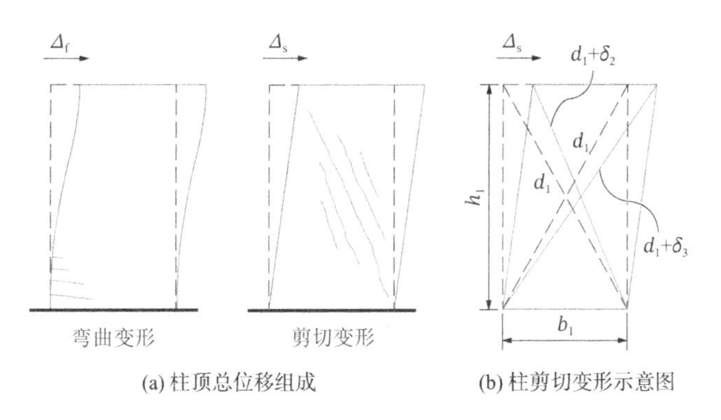

(a) 柱顶总位移组成　　(b) 柱剪切变形示意图

图 2.1-14 柱顶总位移组成及柱剪切变形示意图

图 2.1-15 给出了各试件弯曲变形和剪切变形所产生位移占柱顶总位移比例随位移角的变化规律。通过对比分析可知：

（1）各试件初始开裂前，弯曲变形对柱顶总位移的贡献比例在 85%以上，剪切变形对柱顶总位移的贡献比例相对较小；开裂后，随着位移角的增大，剪切变形对柱顶总位移的贡献比例逐步增加，各试件柱顶总位移组成因试件参数的差异呈现出不同的变化规律。

（2）剪跨比对加载过程中柱剪切变形所占比例影响显著。随着剪跨比的增加，剪切变形所占比例显著减小。轴压比为 0 时，当剪跨比由 1.5 增加至 2.0 时，剪切变形所占比例在峰值位移角下由 26.8%降低至 17.9%，在极限位移角下由 38.7%降低至 26%；轴压比为 0.15 时，当剪跨比由 1.5 分别增加至 2.0 和 2.25 时，剪切变形所占比例在峰值位移角下由 36.1%分别降低至 19.4%和 18.5%，在极限位移角下由 39.6%分别降低至 31.8%和 30.7%；轴压比为 0.20 时，当剪跨比由 1.5 增加至 2.0 时，剪切变形所占比例在峰值位移角下由 39.8%降低至 24.1%，在极限位移角下由 51.7%降低至 35.4%。总体而言，在峰值位移角时，对剪跨比为 1.5 的试件，其剪切变形所占比例约为 25%～40%；对剪跨比为 2.0 的试件，其剪切变形所占比例约为 15%～25%；对剪跨比为 2.25 的试件，其剪切变形所占比例约为 18%。剪跨比反映了弯矩对柱的作用程度，对剪跨比较小的预制管空心柱，剪切变形对其受力性能的影响更显著。

（3）剪切变形对柱顶总位移的贡献比例随轴压比的增加而增大。剪跨比为 1.5 时，当轴压比由 0 分别增加至 0.15 和 0.20 时，剪切变形所占比例在峰值位移角下由 26.8%分别增加至 36.1%和 39.8%，在极限位移角下由 38.7%分别增加至 39.6%和 51.7%；剪跨比为 2.0 时，当轴压比由 0 分别增加至 0.15 和 0.20 时，剪切变形所占比例在峰值位移角下由 17.9%分别增加至 19.4%和 24.1%，在极限位移角下由 26%分别增加至 31.8%和 35.4%。分析其原因为轴压力在一定程度上抑制了柱弯曲变形的发展，导致弯曲变形所占比例下降。

（4）对比相同条件下不同配箍率的试件可知，相同位移角下配箍率较大的试件，其剪切变形所占比例相对较小，但差别不显著。

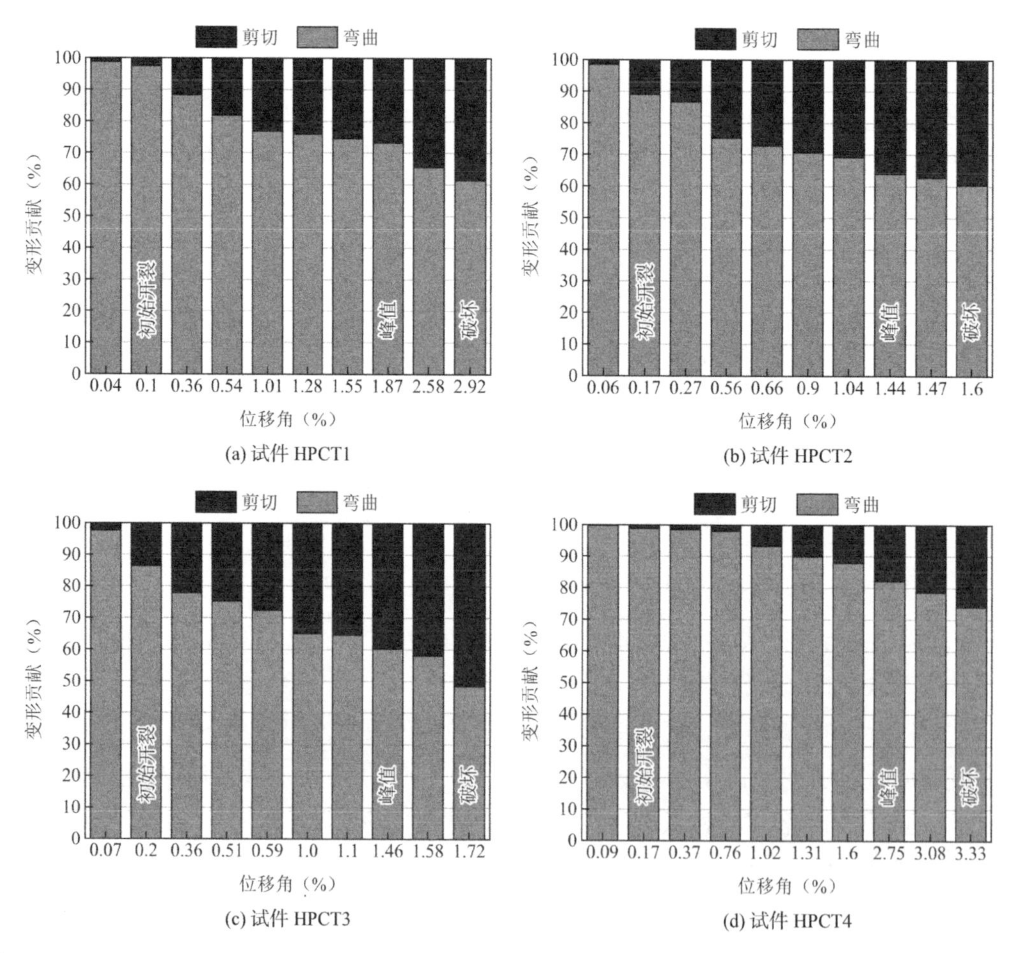

(a) 试件 HPCT1　(b) 试件 HPCT2

(c) 试件 HPCT3　(d) 试件 HPCT4

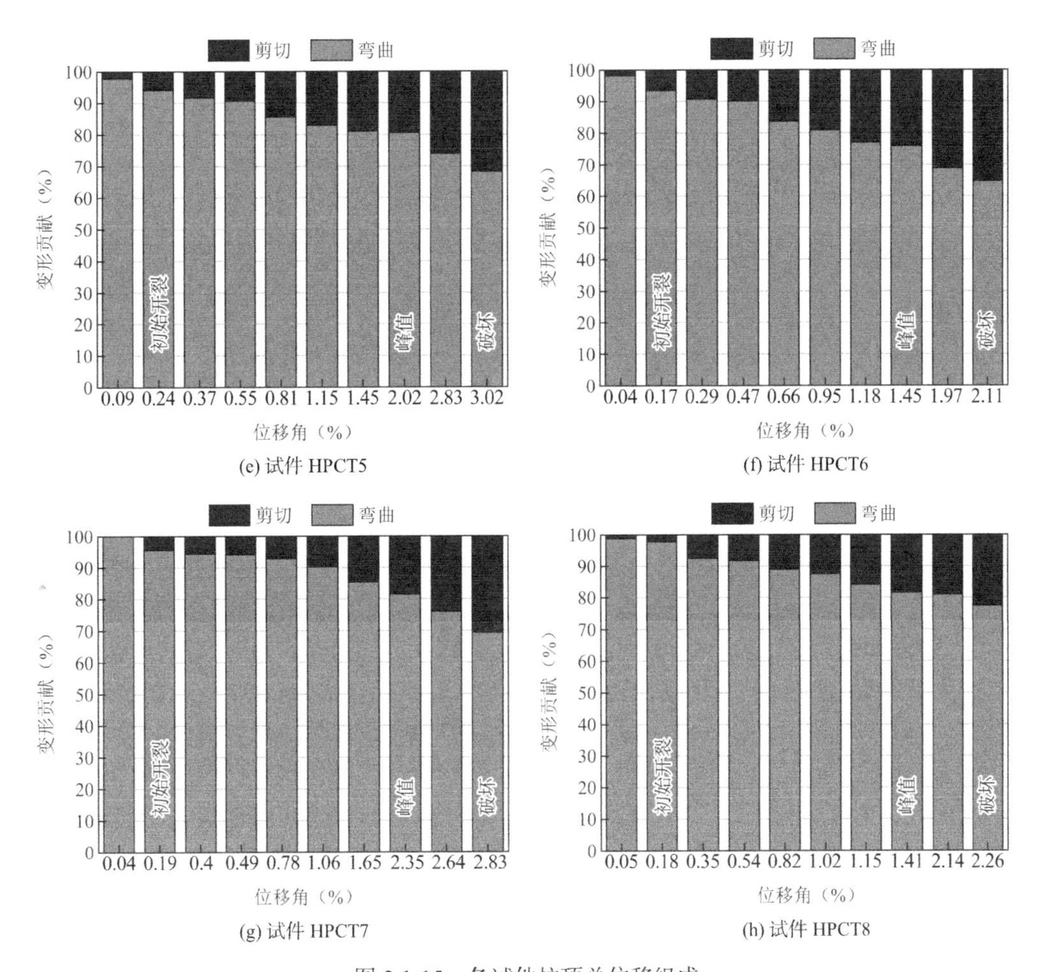

图 2.1-15　各试件柱顶总位移组成

9. 应变分析

（1）混凝土应变分析

为分析预制管空心柱管壁混凝土在水平荷载作用下的应变发展规律，试验时在柱中部设置 0°、45°和 90°的三向混凝土应变花来量测加载过程中混凝土的应变，应变花布置见图 2.1-5。基于所量测的应变数据，柱中测点处混凝土主应变可由式(2.1-6)～式(2.1-8)计算得到[12]。

$$\varepsilon_1=\frac{1}{2}\left[(\varepsilon_0+\varepsilon_{90})+\sqrt{(\varepsilon_0-\varepsilon_{90})^2+(2\varepsilon_{45}-\varepsilon_0-\varepsilon_{90})^2}\right] \tag{2.1-6}$$

$$\varepsilon_2=\frac{1}{2}\left[(\varepsilon_0+\varepsilon_{90})-\sqrt{(\varepsilon_0-\varepsilon_{90})^2+(2\varepsilon_{45}-\varepsilon_0-\varepsilon_{90})^2}\right] \tag{2.1-7}$$

$$\tan 2\alpha_0=\frac{2\varepsilon_{45}-\varepsilon_0-\varepsilon_{90}}{\varepsilon_0-\varepsilon_{90}} \tag{2.1-8}$$

式中：ε_1、ε_2——主拉应变、主压应变；

α_0——主拉应变与 0°方向的夹角；

ε_0、ε_{45}、ε_{90}——0°、45°和 90°方向实测混凝土应变。

各试件剪力-管壁混凝土主应变关系曲线如图 2.1-16 所示。由图可知：

①各试件剪力-主应变曲线在开裂前呈线性增长关系，主应变增长较为缓慢，开裂后，主应变增长逐渐加快。试件开裂时测点处混凝土主拉应变范围在 0.039×10^{-3}～0.085×10^{-3} 之间，对角斜裂缝形成时，测点处混凝土主拉应变范围在 0.093×10^{-3}～0.116×10^{-3} 之间。

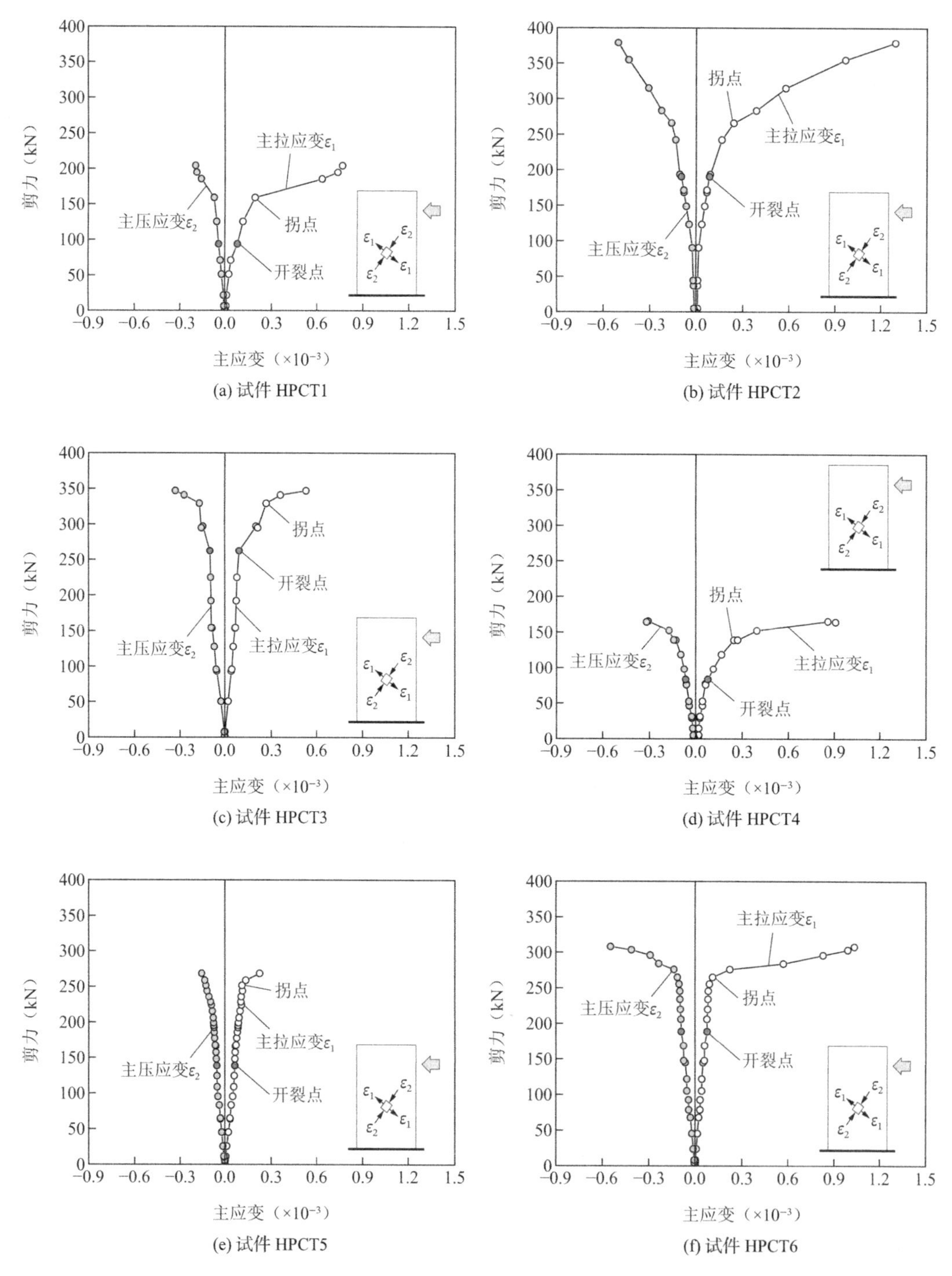

(a) 试件 HPCT1

(b) 试件 HPCT2

(c) 试件 HPCT3

(d) 试件 HPCT4

(e) 试件 HPCT5

(f) 试件 HPCT6

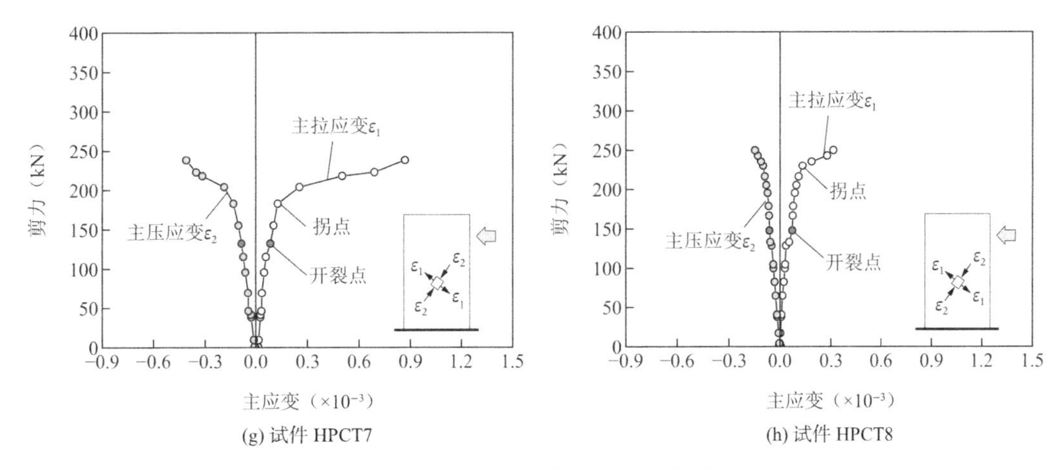

(g) 试件 HPCT7　　(h) 试件 HPCT8

图 2.1-16　各试件剪力-主应变曲线

②各试件主拉应变曲线均存在一个明显的拐点，在拐点之前，混凝土主拉应变增长缓慢，在拐点之后，混凝土主拉应变随剪力的增加迅速增长；各试件在拐点处所对应的剪力介于V_{cr}和$V_{0.2}$之间，其拐点处所对应剪力与$V_{0.2}$的比值平均为 0.80，因此就控制斜裂缝宽度开展而言，可近似将$V_{0.2}$作为预制管空心柱的临界斜裂缝剪力。

③与轴压比较小的试件相比，轴压比较大试件的主拉应变开展更为缓慢，这与试验观测到的裂缝开展规律一致，进一步表明轴压比的增大能抑制斜裂缝的开展。对比相同条件下不同剪跨比的试件可知，随着剪跨比的增加，混凝土主应变增长加快，在相同剪力作用下，剪跨比较大试件的主拉应变和主压应变均比剪跨比较小的试件大。不同配箍率试件的剪力-主应变曲线基本一致，配箍率对预制管空心柱混凝土主应变发展的影响不明显。

④由式(2.1-8)可计算得到主拉应变与 0°方向的夹角，该角度即等于剪切斜裂缝与柱纵轴线的夹角。对试件 HPCT1～HPCT8，计算得到的夹角分别为 42.3°、39.8°、39.2°、30.3°、31.6°、31.2°、26.8°和 30.5°，试验中量测得到的剪切斜裂缝与柱纵轴线夹角分别为 41°、40°、40°、32°、32°、31°、29°和 31°，计算值与实测值基本吻合。

（2）箍筋应变分析

为分析水平荷载作用下预制管空心柱中箍筋应变的发展规律、分布特点以及箍筋强度的发挥程度，试验中沿柱高在剪切斜裂缝预期发展位置设置箍筋应变片，如图 2.1-5 所示。试件 HPCT1～HPCT8 在各级荷载作用下沿柱高箍筋应变分布如图 2.1-17 所示，图 2.1-18 给出了各试件特征点处剪跨区范围内箍筋的平均应力。分析图 2.1-17 和图 2.1-18 可知：①开裂前各试件箍筋应变较小，剪力主要由混凝土承担，斜裂缝出现后，箍筋应变显著增加，表明由混凝土承担的剪力已转由与斜裂缝相交的箍筋承担。②各试件位于剪跨区中部区域的箍筋应变发展较快，箍筋应变在屈服荷载后随荷载的增加继续增大，达到峰值荷载时，剪跨区中部约 0.5 倍柱截面高度范围内的箍筋已屈服，而位于柱端区域的箍筋始终未达到屈服，分析其原因为剪切斜裂缝先于剪跨区中部形成，随着荷载增加逐渐向柱底受压区域和加载点延伸，因此位于剪跨区中部区域的箍筋应变发展较快，而柱端区域箍筋应变发展相对较缓。③峰值荷载时，箍筋平均应力在 1094～1381MPa 之间，箍筋应力发挥程度约为箍筋抗拉强度的 65%～80%。

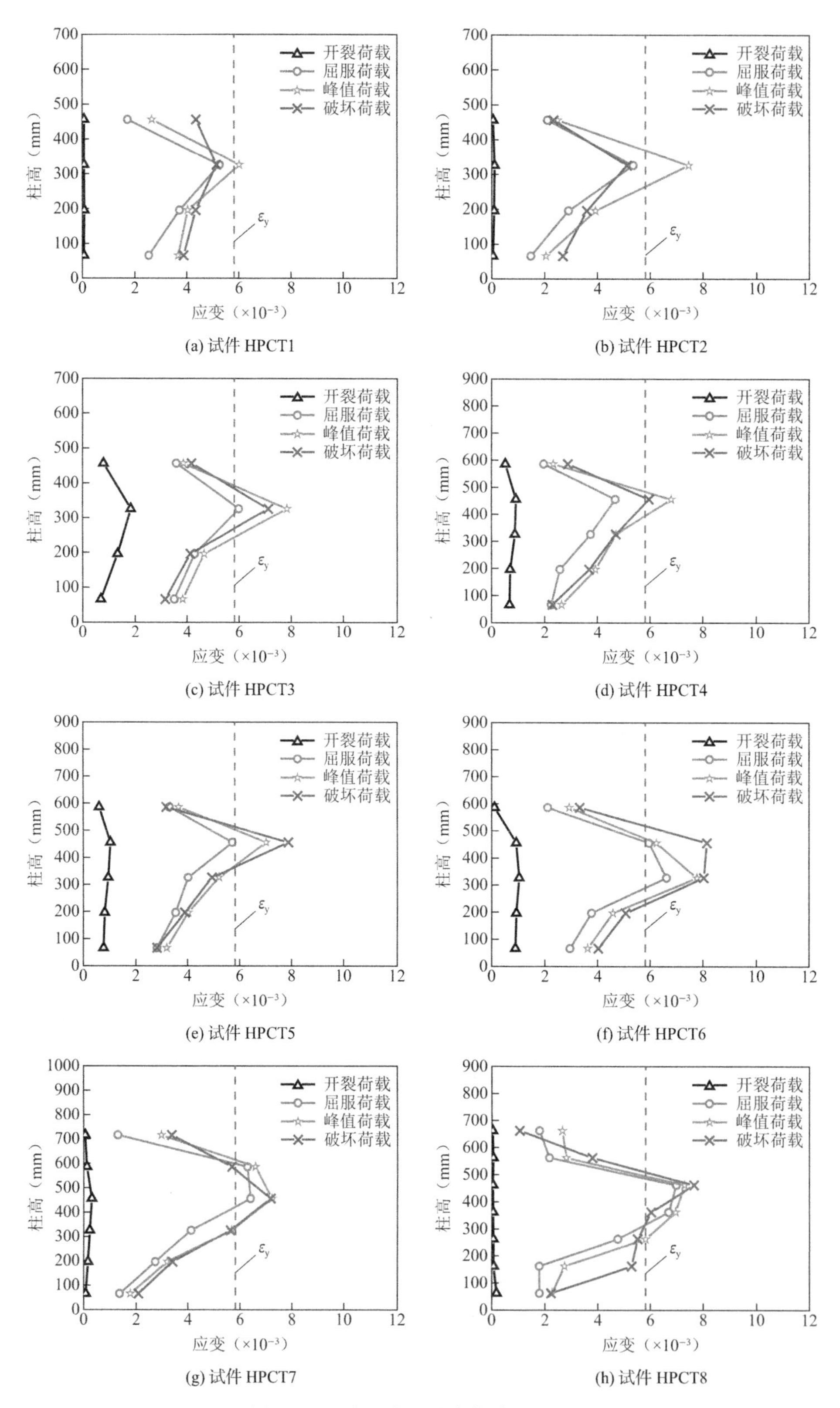

图 2.1-17　各试件沿柱高箍筋应变分布

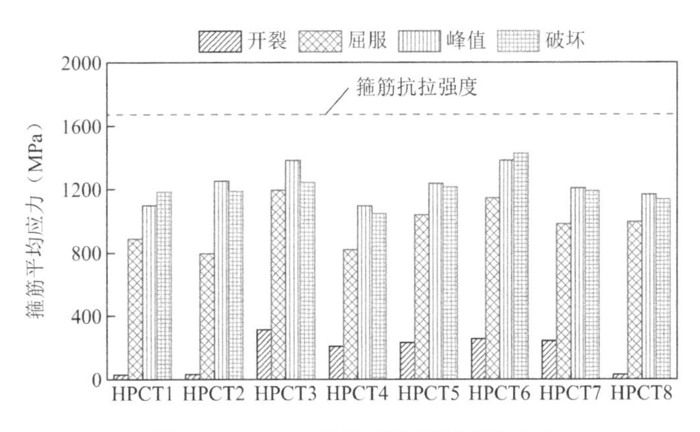

图 2.1-18 各试件特征点箍筋平均应力

2.1.3 预制管组合柱试验结果及分析

1. 试验现象及破坏模式

12 个预制管组合柱试件（CFPCT1～CFPCT12）在竖向轴压力和单向水平力作用下的破坏过程基本相似。通过对各试件破坏过程的分析，可将预制管组合柱的受力全过程划分为三个阶段：初始开裂阶段（Ⅰ阶段）、斜裂缝开展阶段（Ⅱ阶段）和破坏阶段（Ⅲ阶段）。图 2.1-19 为试件的典型剪力-位移角曲线，三个阶段的划分和分界点如图 2.1-19 所示。图 2.1-20 给出了各试件破坏过程。

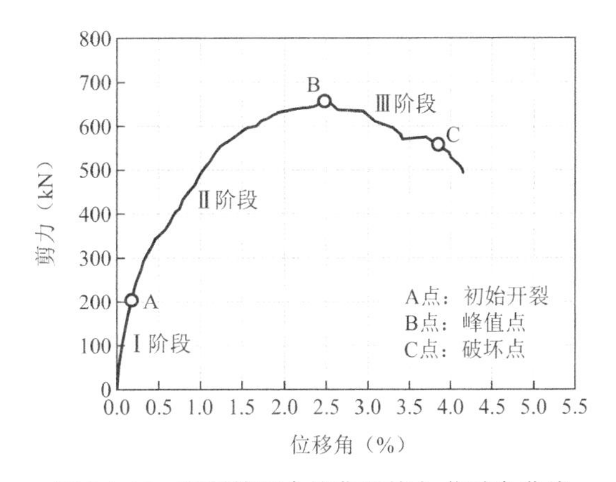

图 2.1-19 预制管组合柱典型剪力-位移角曲线

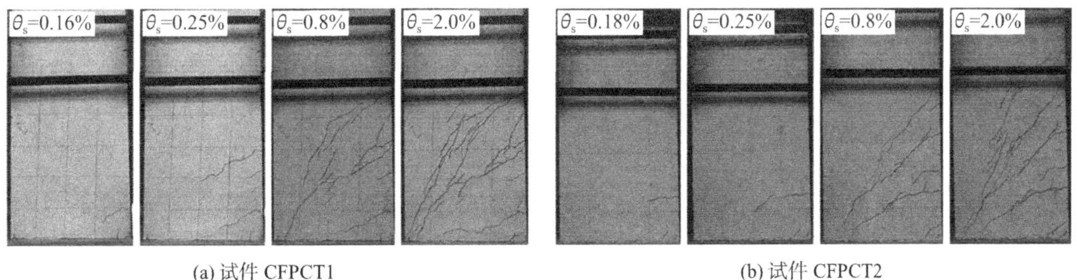

(a) 试件 CFPCT1　　　　(b) 试件 CFPCT2

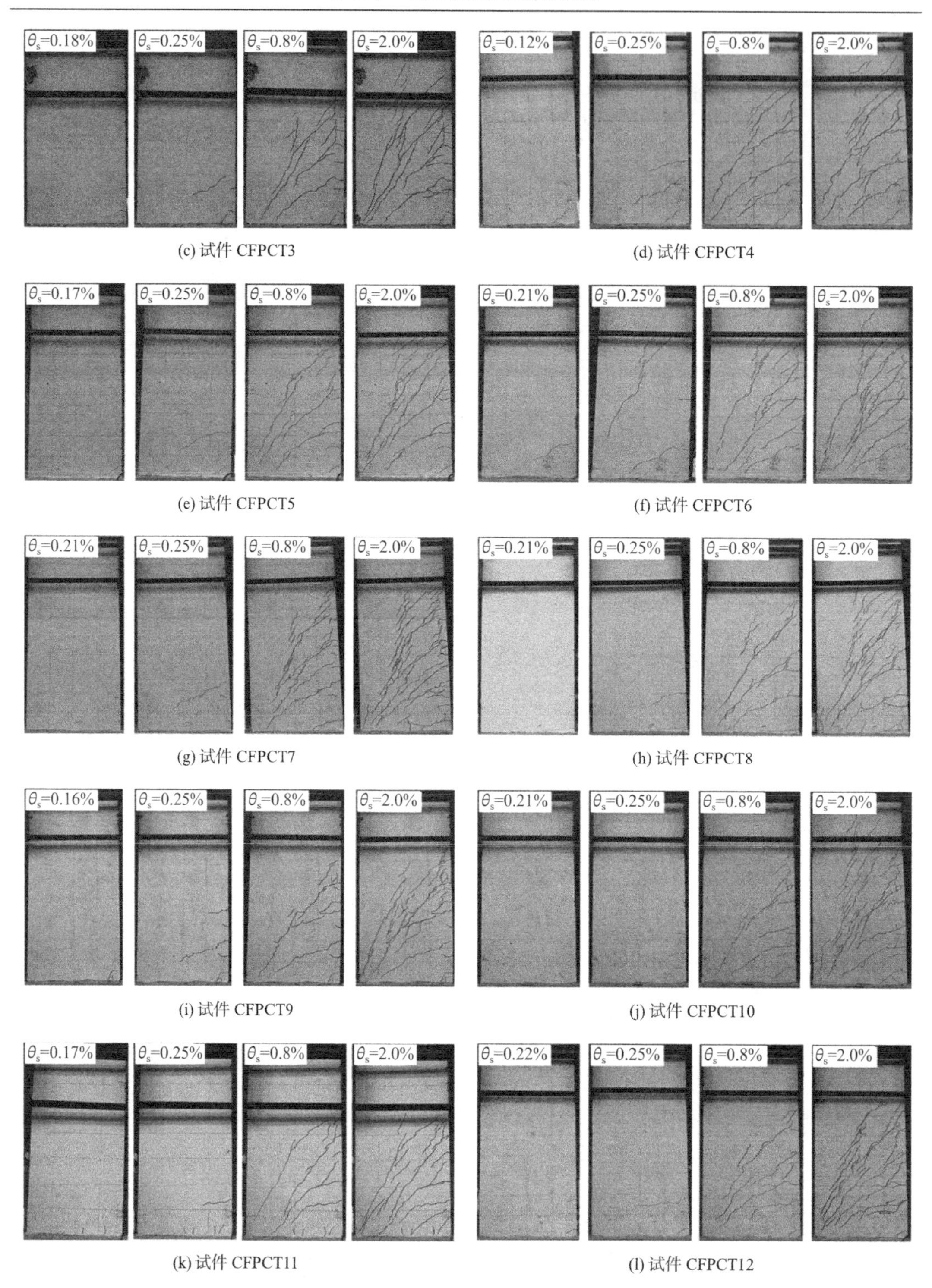

(c) 试件 CFPCT3　　(d) 试件 CFPCT4

(e) 试件 CFPCT5　　(f) 试件 CFPCT6

(g) 试件 CFPCT7　　(h) 试件 CFPCT8

(i) 试件 CFPCT9　　(j) 试件 CFPCT10

(k) 试件 CFPCT11　　(l) 试件 CFPCT12

图 2.1-20　各试件破坏过程

（1）初始开裂阶段（Ⅰ阶段）

该阶段从开始加载至柱中出现第一条裂缝。各试件剪力-位移角曲线呈线性变化，初始裂缝极细，承载力和刚度无退化，试件处于弹性工作状态。初始开裂时，试件 CFPCT1～

CFPCT12 的位移角分别为 0.16%、0.18%、0.18%、0.12%、0.17%、0.21%、0.21%、0.21%、0.16%、0.21%、0.25%和 0.22%。各试件开裂荷载约为峰值荷载的 25%～40%。

（2）斜裂缝开展阶段（Ⅱ阶段）

该阶段从初始裂缝形成至剪力达到峰值。试件开裂后，刚度逐渐减小，剪力-位移角曲线开始出现转折。随着荷载的增加，柱中不断出现新斜裂缝；加载至峰值荷载的 50%～80%时，柱中出现沿对角方向的剪切斜裂缝，轴压比越大，对角斜裂缝出现得越早；继续加载，柱中沿对角方向的剪切斜裂缝不断开展，裂缝宽度增加并向柱底受压区域和加载点延伸，形成主斜裂缝；在此过程中，柱中主斜裂缝附近不断出现与之平行的新斜裂缝。当加载至峰值荷载的 95%左右时，柱底受压区域混凝土保护层出现轻微剥落现象。试件 CFPCT1～CFPCT12 剪力达到峰值时的位移角分别为 2.57%、2.48%、1.97%、3.09%、2.23%、2.14%、2.08%、2.4%、2.45%、2.45%、2.58%和 3.44%。

（3）破坏阶段（Ⅲ阶段）

该阶段从剪力达到峰值至试件破坏。剪力达到峰值后，试件承载力开始缓慢下降。随着荷载的增加，沿对角线方向主斜裂缝的宽度继续增加，主斜裂缝中部区域混凝土开始剥落，柱底剪压区混凝土逐渐被压碎，承载力下降明显；最后，柱底剪压区混凝土压溃，承载力迅速降低，试件破坏。柱底剪压区混凝土压溃主要集中在距柱底约 150mm 高度的范围内。承载力下降至峰值荷载的 85%时，试件 CFPCT1～CFPCT12 的位移角分别为 3.77%、3.85%、3.62%、5.59%、5.15%、3.99%、6.46%、5.31%、5.01%、3.8%、5.48%和 6.18%。各试件最终破坏模式如图 2.1-21 所示。由图可知：各试件均发生剪切型破坏，其破坏模式为剪切受压破坏，剪切斜裂缝与柱纵轴线夹角在 28°～41°之间。

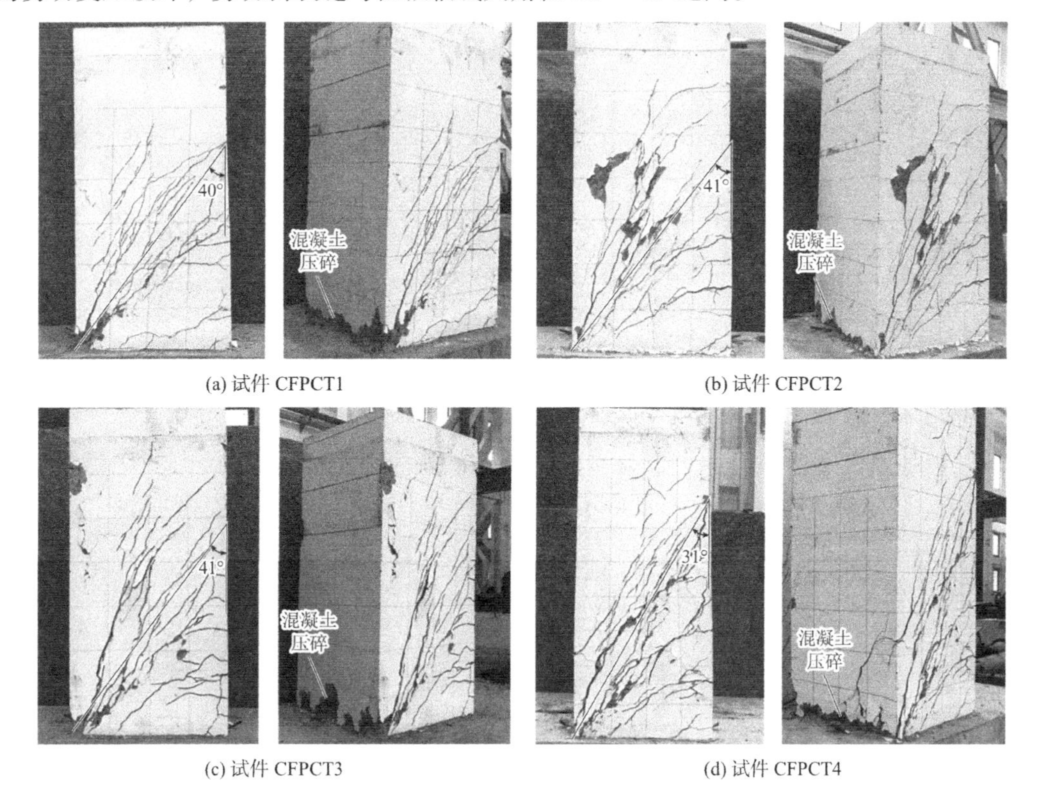

(a) 试件 CFPCT1　　(b) 试件 CFPCT2

(c) 试件 CFPCT3　　(d) 试件 CFPCT4

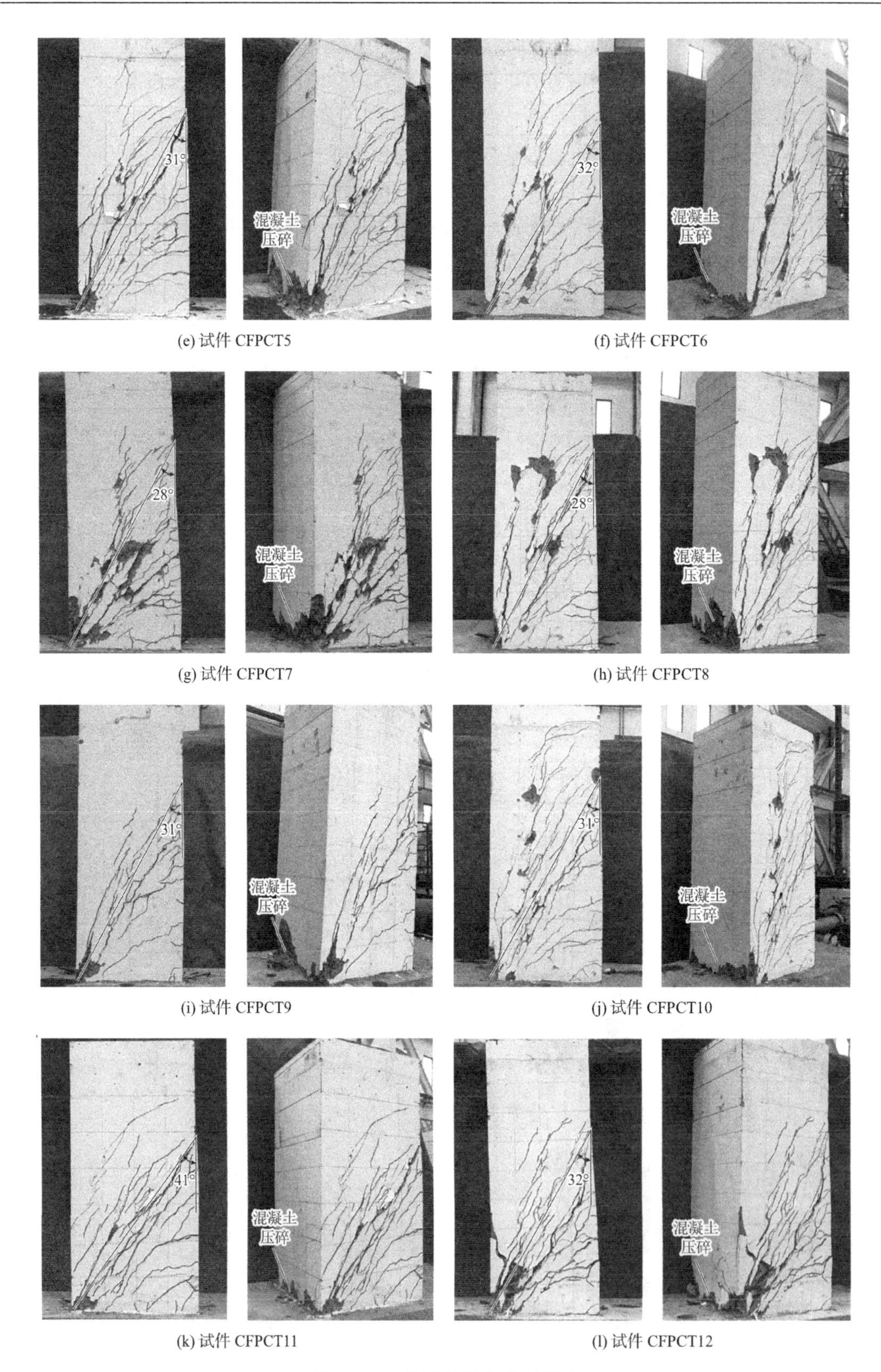

(e) 试件 CFPCT5　(f) 试件 CFPCT6

(g) 试件 CFPCT7　(h) 试件 CFPCT8

(i) 试件 CFPCT9　(j) 试件 CFPCT10

(k) 试件 CFPCT11　(l) 试件 CFPCT12

图 2.1-21　各试件最终破坏模式

为了解芯部混凝土的工作性能，试验后选取部分具有典型破坏模式的试件，通过凿开外部预制管壁分析破坏时芯部混凝土的裂缝模式和破坏形态，如图 2.1-22 所示。由图可知：（1）对剪跨比为 1.5 的试件［图 2.1-22（a）、图 2.1-22（b）和图 2.1-22（g）］，芯部混凝土在剪跨区被一条主斜裂缝分成两部分，呈现出明显的整体剪切破坏特征，除主斜裂缝外，其他部位未见裂缝，芯部混凝土整体形状保持较完整，未与外部预制管壁分离；（2）对剪跨比为 2.0 的试件［图 2.1-22（c）、图 2.1-22（f）和图 2.1-22（h）］，芯部混凝土在剪跨区发生明显的剪切破坏，受压侧混凝土出现局部压碎现象，芯部混凝土整体形状保持较完整，呈现出弯剪破坏特征；（3）对剪跨比为 2.25 的试件［图 2.1-22（d）和图 2.1-22（e）］，芯部混凝土呈现出弯剪破坏特征，其中弯曲特征较为明显，随着轴压比的增加，受压侧混凝土压碎范围变大，剪切斜裂缝逐渐减少，受拉侧由弯曲变形产生的裂缝成为主裂缝；（4）各试件芯部混凝土与外部预制管壁接触界面保持完好，未出现滑移现象，表明芯部填充混凝土与外部预制管壁之间的粘结滑移较小，两者间变形基本协调。

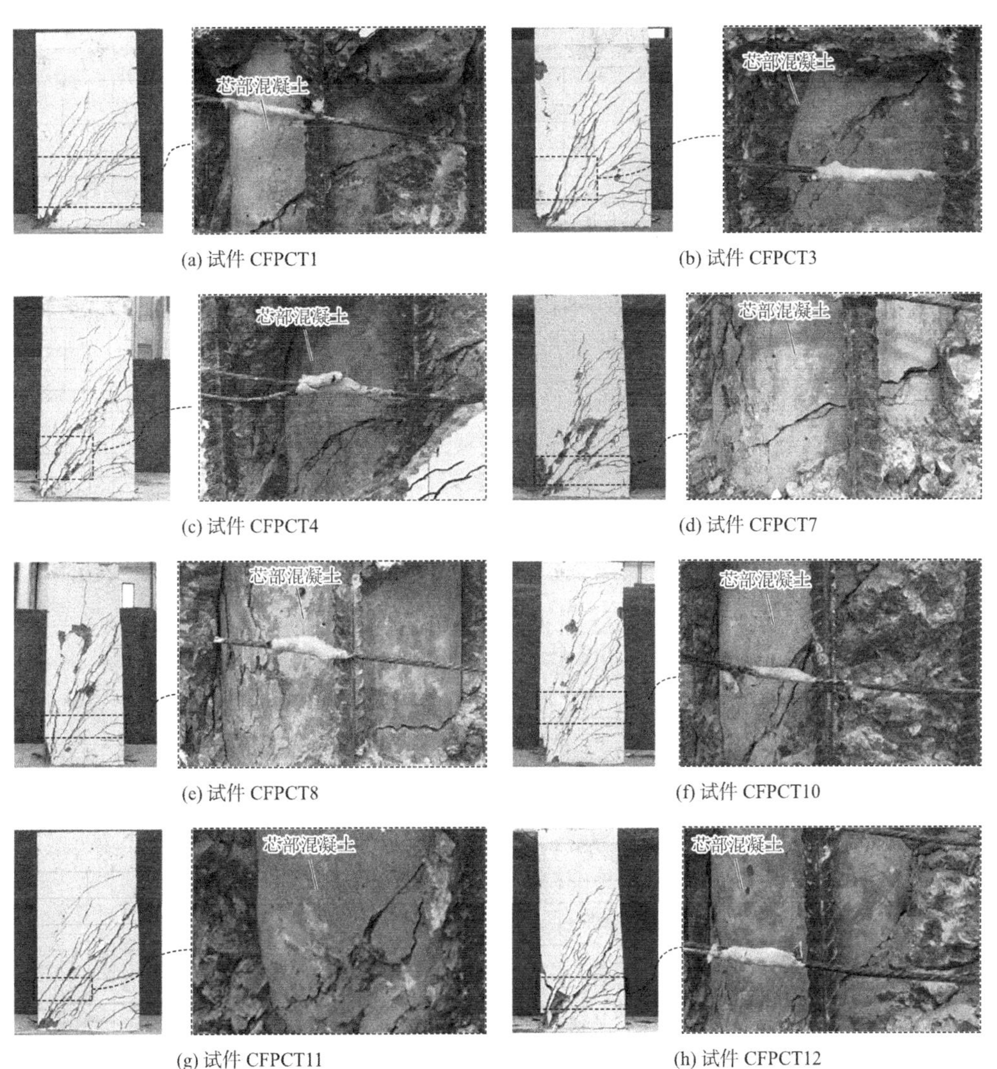

(a) 试件 CFPCT1　(b) 试件 CFPCT3

(c) 试件 CFPCT4　(d) 试件 CFPCT7

(e) 试件 CFPCT8　(f) 试件 CFPCT10

(g) 试件 CFPCT11　(h) 试件 CFPCT12

图 2.1-22　芯部混凝土破坏形态

2. 破坏模式分析

（1）轴压比的增加延缓了初始裂缝的出现，抑制了加载过程中斜裂缝的开展。与轴压比较小的试件相比，轴压比较大的试件出现斜裂缝后，斜裂缝数量较少且很快形成主斜裂缝，破坏过程较快；此外，轴压比较大试件的剪压区范围大且混凝土压应力高，破坏时剪压区混凝土的损伤范围大、损伤程度更严重。

（2）随着剪跨比的增加，弯剪破坏特征逐渐明显，弯曲效应的增加导致加载过程中柱身裂缝数量增多，裂缝开展较为充分，变形能力明显提高；对剪跨比较大的试件，破坏时其剪压区混凝土的损伤更严重。

（3）与配箍率较小的试件相比，在加载过程中，配箍率较大试件的裂缝数量明显增多且间距较密，裂缝开展范围较大，破坏时，配箍率较大试件的剪压区混凝土损伤更严重。

（4）在加载过程中，芯部混凝土强度差异对预制管组合柱的裂缝开展规律影响较小，最终破坏模式无显著差异。

（5）剪跨比对剪切斜裂缝与柱纵轴线夹角的影响较大，而对轴压比、配箍率和芯部混凝土强度的影响不明显；剪切斜裂缝与柱纵轴线夹角随剪跨比的增大而减小，剪跨比为 1.5、2.0 和 2.25 时，其夹角分别约为 41°、31°和 28°。

（6）对预制管组合柱，芯部混凝土受力性能在外部预制管约束下得到一定程度的改善，整体构件受剪承载力提高，相比预制管空心柱，其塑性变形能力有显著提高。

3. 剪力-位移角曲线

试件 CFPCT1～CFPCT12 的剪力-位移角曲线如图 2.1-23 所示。由图可知：各试件剪力-位移角曲线在开裂前呈线性变化，柱位移角增长缓慢，试件基本处于弹性受力状态。开裂后，剪力-位移角曲线出现转折，试件进入斜裂缝开展阶段，柱位移角增长加快。峰值剪力后，柱位移角加速增长，受剪承载力缓慢降低。在不同参数影响下，各试件剪力-位移角曲线在开裂后呈现出明显的差异。

由图 2.1-23（a）～图 2.1-23（d）可知，轴压比对预制管组合柱的承载能力和变形性能影响较大。随着轴压比的增加，柱初始刚度增大，峰值荷载提高，但增加轴压比降低了柱在峰值后阶段的变形能力，轴压比越高，剪力-位移角曲线下降段越陡，变形能力越差。对剪跨比为 1.5 的试件，其初始刚度和峰值荷载均较剪跨比为 2.0 和 2.25 的试件有较大提高且提高幅度在较大轴压比条件下更显著，但剪力-位移角曲线下降段较陡，变形能力降低，如图 2.1-23（e）～图 2.1-23（h）所示。总体来说，随着剪跨比的增加，柱初始刚度和峰值荷载降低，剪力-位移角曲线下降段变缓，峰值后变形能力提高，可见剪跨比对预制管组合柱受剪性能的影响显著，其变形性能随剪跨比的增加而提高。由图 2.1-23（i）和图 2.1-23（j）可知，不同配箍率试件的剪力-位移角曲线在屈服前基本重合，随着配箍率的增加，峰值荷载有一定程度的提高，但初始刚度基本保持不变。由于预制管组合柱中芯部混凝土的存在，箍筋可对管壁混凝土和芯部混凝土形成有效约束，从而提高了受剪承载力。因此，与预制管空心柱不同，预制管组合柱的配箍率越大，其剪力-位移角曲线下降段越平缓，变形性能越好。对比分析图 2.1-23（k）和图 2.1-23（l）可知，对不同芯部混凝土强度的试件，其剪力-位移角曲线基本相似，提高芯部混凝土强度可在一定程度上提高预制管组合柱的受剪承载力。

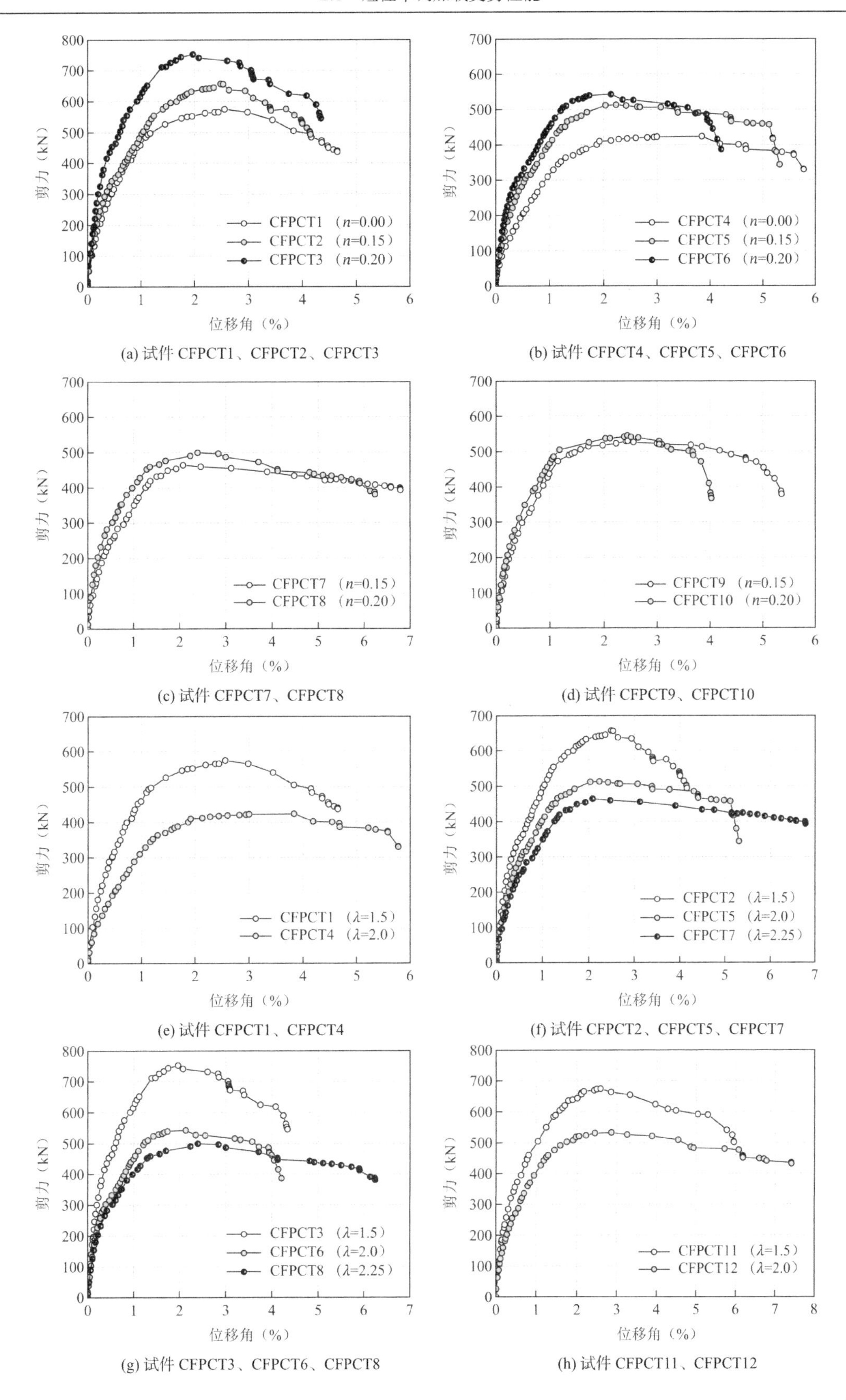

(a) 试件 CFPCT1、CFPCT2、CFPCT3

(b) 试件 CFPCT4、CFPCT5、CFPCT6

(c) 试件 CFPCT7、CFPCT8

(d) 试件 CFPCT9、CFPCT10

(e) 试件 CFPCT1、CFPCT4

(f) 试件 CFPCT2、CFPCT5、CFPCT7

(g) 试件 CFPCT3、CFPCT6、CFPCT8

(h) 试件 CFPCT11、CFPCT12

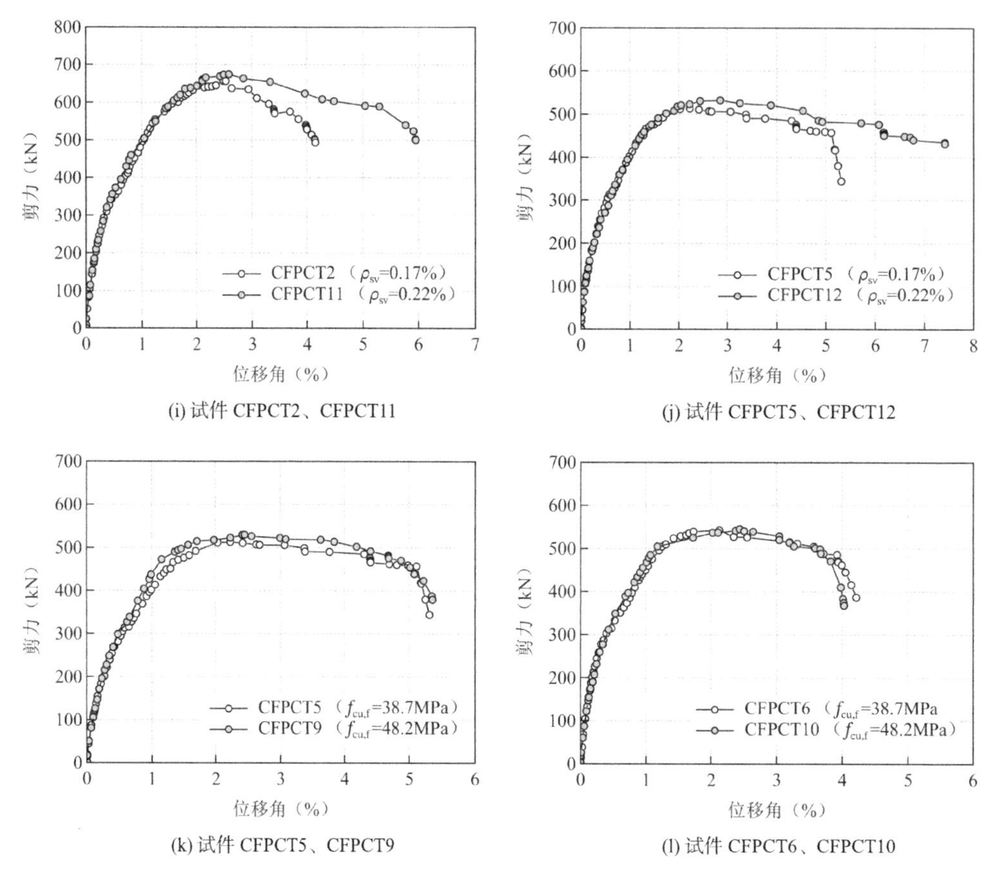

(i) 试件 CFPCT2、CFPCT11　　(j) 试件 CFPCT5、CFPCT12

(k) 试件 CFPCT5、CFPCT9　　(l) 试件 CFPCT6、CFPCT10

图 2.1-23　各试件剪力-位移角曲线

4. 剪力-斜裂缝宽度曲线

图 2.1-24 给出了试件 CFPCT1～CFPCT12 所受剪力与斜裂缝宽度的关系曲线。由图可知：试件开裂后，斜裂缝宽度与剪力呈线性增长关系，斜裂缝宽度发展较为缓慢。当剪力达到峰值荷载的 50%～70%时，剪力-斜裂缝宽度曲线出现转折，斜裂缝宽度增长加快。剪力达到峰值时，试件 CFPCT1～CFPCT12 的最大斜裂缝宽度分别为 1.2mm、0.95mm、1.2mm、1.2mm、1.25mm、0.9mm、0.95mm、1.35mm、0.9mm、0.95mm、1.1mm 和 1.1mm。

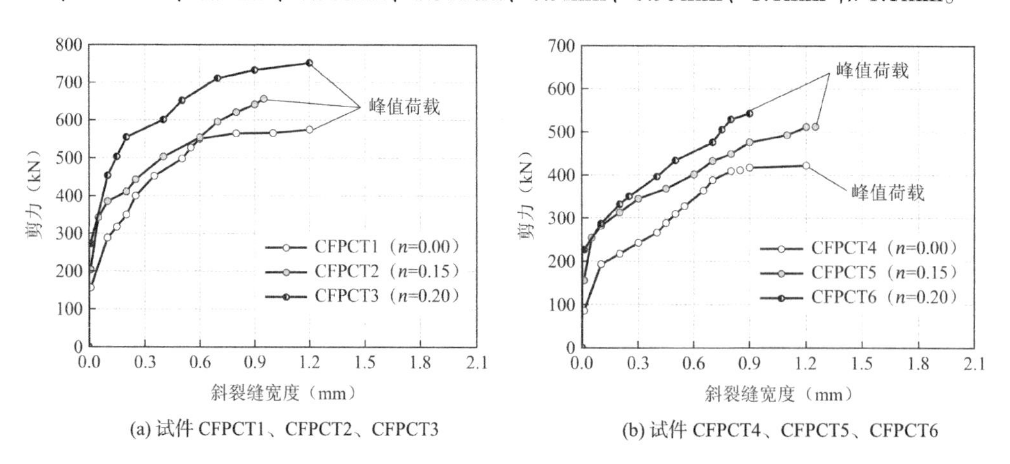

(a) 试件 CFPCT1、CFPCT2、CFPCT3　　(b) 试件 CFPCT4、CFPCT5、CFPCT6

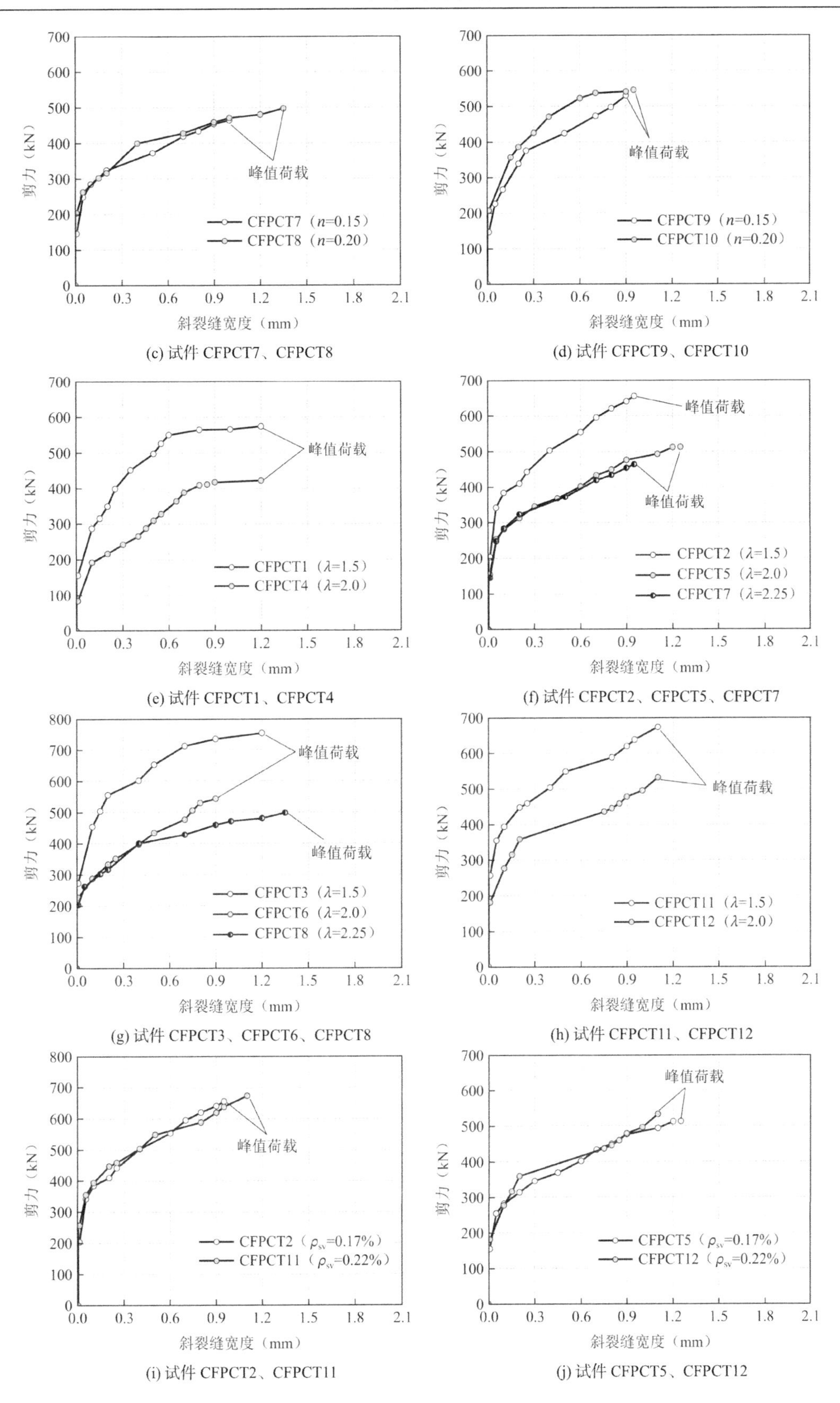

(c) 试件 CFPCT7、CFPCT8

(d) 试件 CFPCT9、CFPCT10

(e) 试件 CFPCT1、CFPCT4

(f) 试件 CFPCT2、CFPCT5、CFPCT7

(g) 试件 CFPCT3、CFPCT6、CFPCT8

(h) 试件 CFPCT11、CFPCT12

(i) 试件 CFPCT2、CFPCT11

(j) 试件 CFPCT5、CFPCT12

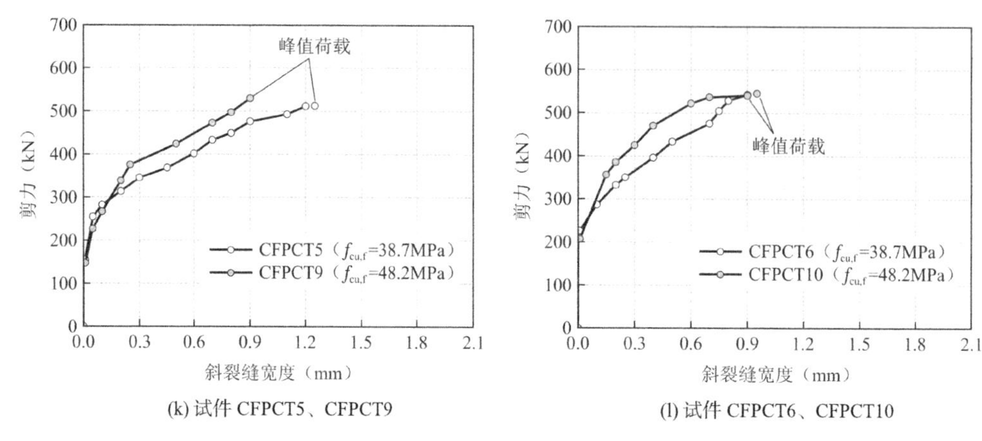

(k) 试件 CFPCT5、CFPCT9　　(l) 试件 CFPCT6、CFPCT10

图 2.1-24　各试件剪力-斜裂缝宽度曲线

由图 2.1-24（a）～图 2.1-24（d）可知，在同一剪力水平下，轴压比较大试件的斜裂缝宽度要明显小于轴压比较低的试件，其主要原因是轴压比的增加增大了柱中压应力，减少了由外荷载引起的主拉应力，从而抑制了斜裂缝宽度的增长，轴压比对预制管组合柱中斜裂缝宽度的开展有显著影响。随着剪跨比的增加，斜裂缝宽度的增长加快，在同一剪力水平下，斜裂缝宽度随剪跨比的增加而增大，如图 2.1-24（e）～图 2.1-24（h）所示。由图 2.1-24（i）和图 2.1-24（j）可知，不同配箍率试件的剪力-斜裂缝宽度曲线基本重合，增加配箍率可减小加载过程中斜裂缝的宽度，但减小的幅度有限。分析图 2.1-24（k）和图 2.1-24（l）可知，柱中最大斜裂缝宽度达到约 0.2mm 之前，不同芯部混凝土强度试件的剪力-斜裂缝宽度曲线基本重合；最大斜裂缝宽度达到 0.2mm 后，不同芯部混凝土强度试件的剪力-斜裂缝宽度曲线呈现出明显差异，芯部混凝土强度较高试件斜裂缝宽度的增长要明显慢于芯部混凝土强度较低的试件，分析其原因为柱变形的增加导致芯部混凝土与外部预制管相互作用增强，芯部混凝土分担的内力逐步增加，故其强度越高越有利于延缓斜裂缝宽度的增长。

5. 承载力

预制管组合柱试件主要阶段试验结果见表 2.1-5。其中，峰值剪力定义为预制管组合柱的受剪承载力。不同参数对预制管组合柱开裂剪力和受剪承载力的影响分别如图 2.1-25 和图 2.1-26 所示。结合表 2.1-5 的试验结果，分析图 2.1-25 和图 2.1-26 可知：

预制管组合柱试件主要阶段试验结果　　表 2.1-5

试件编号	V_{cr}（kN）	$V_{0.2}$（kN）	V_y（kN）	θ_{sy}（%）	V_m（kN）	θ_{sm}（%）	θ_{su}（%）	μ	$V_{0.2}/V_m$
CFPCT1	156.1	349.5	489.9	1.15	574.7	2.57	3.77	3.28	0.61
CFPCT2	203.8	410.7	563.4	1.36	656.7	2.48	3.85	2.83	0.63
CFPCT3	271.9	554.7	695.7	1.41	751.9	1.97	3.67	2.57	0.74
CFPCT4	84.9	237.2	364.3	1.38	424.7	3.09	5.59	4.05	0.51
CFPCT5	154.9	313.1	453.3	1.30	512.6	2.23	5.15	3.96	0.61
CFPCT6	226.3	332.2	462.9	1.12	542.6	2.14	3.99	3.56	0.61
CFPCT7	145.6	295.6	414.5	1.35	464.1	2.08	6.46	4.78	0.64

续表

试件编号	V_{cr}（kN）	$V_{0.2}$（kN）	V_y（kN）	θ_{sy}（%）	V_m（kN）	θ_{sm}（%）	θ_{su}（%）	μ	$V_{0.2}/V_m$
CFPCT8	203.3	315.6	419.2	1.16	498.9	2.40	5.31	4.57	0.63
CFPCT9	146.6	338.1	471.2	1.15	529.8	2.45	5.01	4.36	0.64
CFPCT10	217.3	385.9	478.8	1.05	545.3	2.45	3.80	3.62	0.71
CFPCT11	257.1	448.2	576.9	1.40	673.6	2.58	5.48	3.91	0.67
CFPCT12	181.4	359.1	450.5	1.33	532.1	2.86	6.18	4.65	0.67

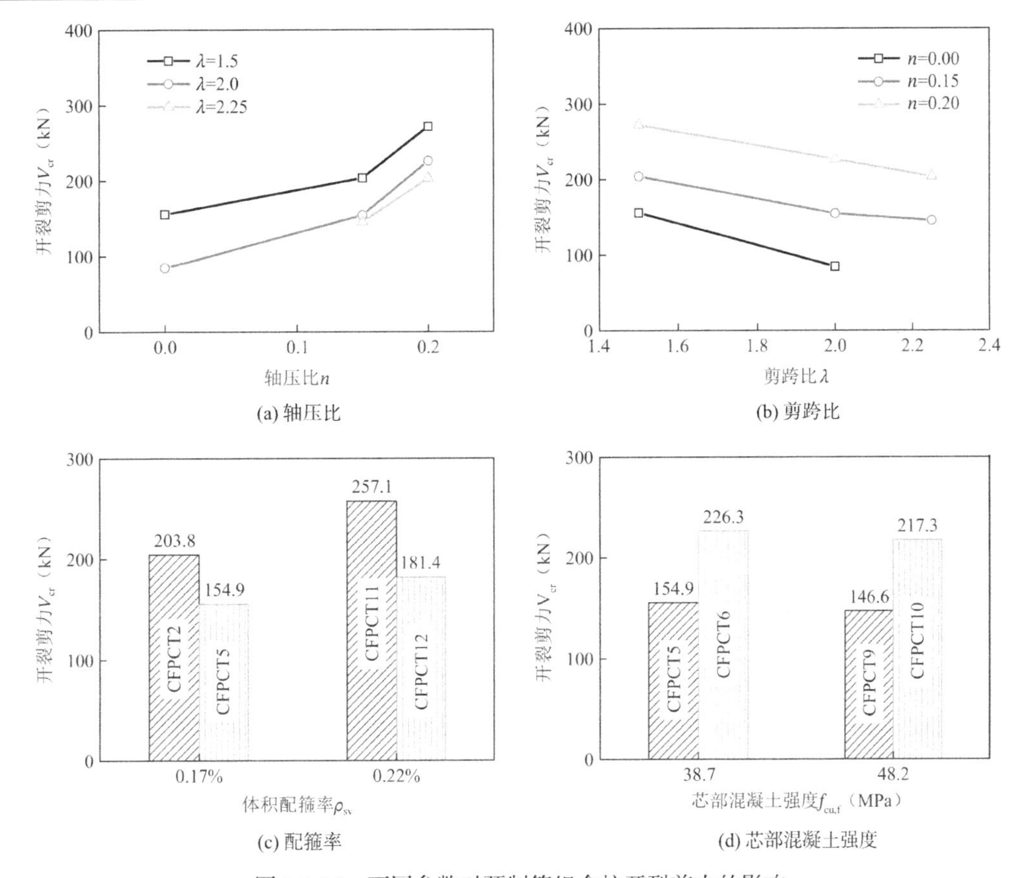

图 2.1-25 不同参数对预制管组合柱开裂剪力的影响

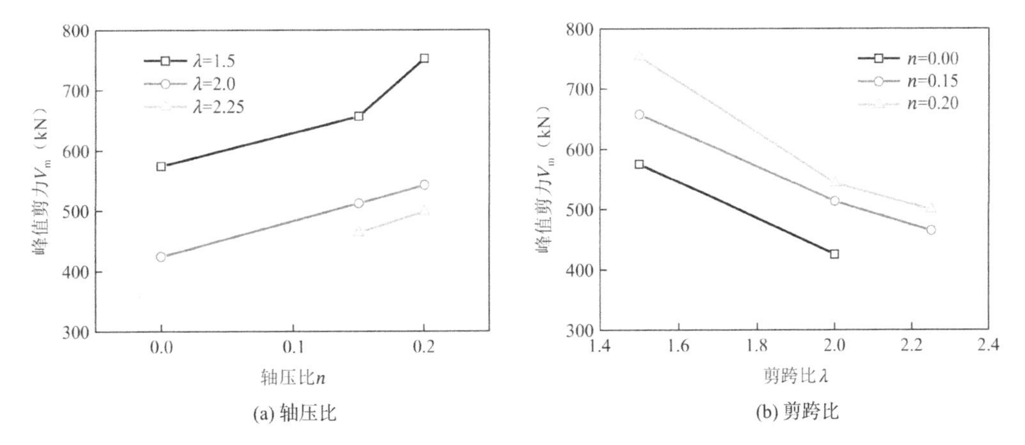

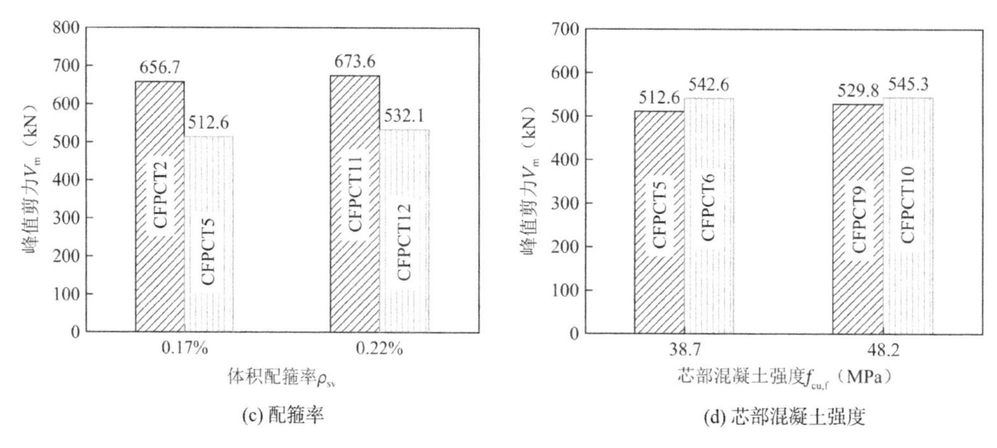

(c) 配箍率　　(d) 芯部混凝土强度

图 2.1-26　不同参数对预制管组合柱受剪承载力的影响

（1）预制管组合柱的开裂剪力和峰值剪力均随轴压比的增加而提高；剪跨比为 1.5 时，轴压比由 0 增加至 0.15，开裂剪力提高 30.6%，峰值剪力提高 14.3%，轴压比由 0.15 增加至 0.20，开裂剪力提高 33.4%，峰值剪力提高 14.5%；剪跨比为 2.0 时，轴压比由 0 增加至 0.15，开裂剪力提高 82.4%，峰值剪力提高 20.7%，轴压比由 0.15 增加至 0.20，开裂剪力提高 46.1%，峰值剪力提高 5.9%；剪跨比为 2.25 时，轴压比由 0.15 增加至 0.20，开裂剪力提高 39.6%，峰值剪力提高 7.5%；综上，轴压比对预制管组合柱受剪承载力具有一定的影响，由于轴压力抑制了柱斜裂缝的开展，增强了斜裂缝间骨料咬合力并增大了柱剪压区高度，故随着轴压比增加，预制管组合柱受剪承载力有一定程度的提高。

（2）剪跨比对预制管组合柱受剪承载力有显著的影响；轴压比为 0 时，剪跨比由 1.5 增加至 2.0，开裂剪力降低 45.6%，峰值剪力降低 26.1%；轴压比为 0.15 时，剪跨比由 1.5 增加至 2.0，开裂剪力降低 24%，峰值剪力降低 21.9%，剪跨比由 2.0 增加至 2.25，开裂剪力降低 6%，峰值剪力降低 9.5%；轴压比为 0.20 时，剪跨比由 1.5 增加至 2.0，开裂剪力降低 16.8%，峰值剪力降低 27.8%，剪跨比由 2.0 增加至 2.25，开裂剪力降低 10.2%，峰值剪力降低 8.1%。剪跨比反映了弯矩对构件的作用程度，对受剪承载力的影响较大。总体来说，增加剪跨比在一定程度上降低了预制管组合柱的受剪承载力，随着剪跨比的增加，对受剪承载力的影响程度逐渐减弱。

（3）对比试件 CFPCT2 和 CFPCT11，配箍率由 0.17%增加至 0.22%，开裂剪力提高 26.2%，峰值剪力提高 2.6%；对比试件 CFPCT5 和 CFPCT12，配箍率由 0.17%增加至 0.22%，开裂剪力提高 17.2%，峰值剪力提高 3.8%。随着配箍率的增加，预制管组合柱的开裂剪力和受剪承载力均有一定程度的提高。

（4）对比试件 CFPCT5 和 CFPCT9，CFPCT6 和 CFPCT10，当芯部混凝土强度由 38.7MPa 提高至 48.2MPa 时（提高约 25%），其开裂剪力和峰值剪力的变化幅度均在 6%以内。由此可见，在使用普通强度混凝土的情况下，芯部混凝土强度的变化对预制管组合柱开裂剪力和受剪承载力的影响较小。

（5）柱中最大斜裂缝宽度达到 0.2mm 时，预制管组合柱的剪力$V_{0.2}$约为峰值剪力V_m的

50%～75%。

6. 变形能力分析

试验所得的预制管组合柱的延性系数和极限位移角见表 2.1-5。试验中 12 个试件的延性系数介于 2.57～4.78 之间，根据钢筋混凝土构件延性系数的划分等级[9]，试件 CFPCT2 和 CFPCT3 处于低延性水平等级，试件 CFPCT1、CFPCT5、CFPCT6、CFPCT10 和 CFPCT11 处于中等延性水平等级，试件 CFPCT4、CFPCT7、CFPCT8、CFPCT9 和 CFPCT12 处于高延性水平等级。因此，对预制管组合柱，设计中应避免使用短柱（$\lambda \leqslant 2.0$），尤其是极短柱（$\lambda \leqslant 1.5$），以防止柱出现延性性能较差的剪切破坏模式。对比分析表 2.1-5 中各试件的延性系数和极限位移角可知：

（1）轴压比对预制管组合柱的延性和变形能力影响显著。随着轴压比的增加，延性系数降低。剪跨比为 1.5 时，当轴压比由 0 分别增加至 0.15 和 0.20 时，延性系数分别降低 13.7%和 21.6%；剪跨比为 2.0 时，当轴压比由 0 分别增加至 0.15 和 0.20 时，延性系数分别降低 2.2%和 12.1%；剪跨比为 2.25 时，当轴压比由 0.15 增加至 0.20 时，延性系数降低 4.4%。轴压比对极限位移角的影响规律与延性系数相似，表明预制管组合柱的变形能力随轴压比的增加而降低。

（2）在不同轴压比水平下，随着剪跨比的增加，预制管组合柱的延性系数和极限位移角均有显著提高。轴压比为 0 时，当剪跨比由 1.5 增加至 2.0 时，延性系数提高 23.5%，极限位移角提高 48.3%；轴压比为 0.15 时，当剪跨比由 1.5 分别增加至 2.0 和 2.25 时，延性系数分别提高 40%和 68.9%，极限位移角分别提高 33.7%和 67.8%；轴压比为 0.20 时，当剪跨比由 1.5 分别增加至 2.0 和 2.25 时，延性系数分别提高 38.5%和 77.8%，极限位移角分别提高 8.7%和 44.7%。随着剪跨比的增加，预制管组合柱受弯矩的影响增大，延性系数和极限位移角增加，变形能力提高明显。

（3）配箍率的增加提高了延性系数和极限位移角。与试件 CFPCT2 相比，试件 CFPCT11 的延性系数和极限位移角分别提高 38.2%和 42.3%；与试件 CFPCT5 相比，试件 CFPCT12 的延性系数和极限位移角分别提高 17.4%和 20%。分析其原因为预制管组合柱中填充了芯部混凝土，箍筋可对管壁混凝土和芯部混凝土形成有效约束，故与预制管空心柱不同，其变形能力随配箍率的增加而提高。

（4）随着芯部混凝土强度的提高，预制管组合柱的延性系数有一定程度的提高，相比试件 CFPCT5，试件 CFPCT9 的延性系数提高约 10%；相比试件 CFPCT6，试件 CFPCT10 的延性系数提高约 2%；极限位移角随芯部混凝土强度的提高出现一定程度的降低，但降低幅度在 5%以内。由此可见，芯部混凝土强度对预制管组合柱变形性能的影响不明显。

（5）试件 CFPCT1～CFPCT12 的极限位移角介于 3.67%～6.46%之间，满足框架结构弹塑性层间位移角限值要求，即$\theta_{su} > 1/50$。

综上，为确保预制管组合柱具有较好的变形能力，应尽量避免使用剪跨比不大于 2 的短柱，对剪跨比较小的预制管组合柱，应严格控制轴压比限值，同时可采取增大柱配箍率等措施来提高其变形性能。

7. 刚度分析

在水平荷载作用下，预制管组合柱在开裂前以弹性变形为主，开裂后随着斜裂缝的开展，塑性变形不断增加，刚度逐渐退化。为分析预制管组合柱在水平荷载作用下的刚度变化情况，采用割线刚度来评价其刚度退化特性。试件 CFPCT1～CFPCT12 的割线刚度见表 2.1-6。各试件在加载过程中的刚度退化情况如图 2.1-27 所示。分析表 2.1-6 和图 2.1-27 可知：

（1）轴压比和剪跨比对预制管组合柱的初始刚度影响较大。随着轴压比的增加，初始刚度显著提高。剪跨比为 1.5 时，当轴压比由 0 分别增加至 0.15 和 0.20 时，初始刚度分别增大 26.6%和 69.1%；剪跨比为 2.0 时，当轴压比由 0 分别增加至 0.15 和 0.20 时，初始刚度分别增大 43.8%和 81.7%；剪跨比为 2.25 时，当轴压比由 0.15 增加至 0.20 时，初始刚度提高 53.4%。而随着剪跨比的增加，初始刚度降低。轴压比为 0 时，当剪跨比由 1.5 增加至 2.0 时，初始刚度降低 48%；轴压比为 0.15 时，当剪跨比由 1.5 分别增加至 2.0 和 2.25 时，初始刚度分别降低 40.9%和 59.2%；轴压比为 0.20 时，当剪跨比由 1.5 分别增加至 2.0 和 2.25 时，初始刚度分别降低 44.2%和 53.1%。相比轴压比和剪跨比对初始刚度的显著影响，配箍率以及芯部混凝土强度的变化对初始刚度的影响较小。

（2）各试件刚度退化趋势基本相似。试件开裂后刚度退化较快，达到峰值荷载后，其刚度退化变缓。随着轴压比的增加，刚度退化呈加快趋势；而随着剪跨比的增加，刚度退化呈减缓趋势。增加配箍率以及提高芯部混凝土强度对刚度的退化规律影响不明显。

（3）在水平荷载作用下，预制管组合柱具有一定的刚度维持能力。当柱中斜裂缝宽度达到 0.2mm 时，其刚度可保持初始刚度的 40%～55%；达到峰值荷载时，其刚度约为初始刚度的 15%～20%；极限荷载时，其刚度仍可维持初始刚度的 10%左右。

预制管组合柱试件割线刚度　　表 2.1-6

试件编号	K_{i0}（kN/mm）	K_{cr}（kN/mm）	$K_{0.2}$（kN/mm）	K_m（kN/mm）	K_u（kN/mm）
CFPCT1	185.3	167.8	96.5	37.4	21.6
CFPCT2	234.5	199.8	91.5	45.3	24.2
CFPCT3	313.3	264.0	125.2	63.7	30.2
CFPCT4	96.3	86.6	47.9	17.2	8.1
CFPCT5	138.5	114.7	67.3	28.3	10.6
CFPCT6	175.0	130.8	79.3	31.8	14.4
CFPCT7	95.7	77.9	42.1	24.8	6.8
CFPCT8	146.8	102.2	57.6	23.1	8.9
CFPCT9	137.1	111.9	64.0	27.0	11.2
CFPCT10	173.1	122.7	71.1	27.9	15.2
CFPCT11	236.3	164.8	96.8	43.4	17.4
CFPCT12	143.8	100.2	56.8	19.4	9.1

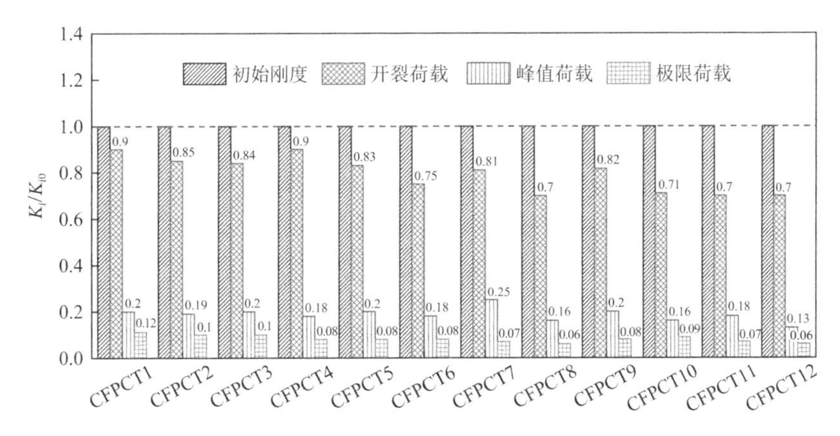

图 2.1-27 预制管组合柱试件刚度退化图

8. 变形组成分析

通过对水平荷载作用下的预制管组合柱进行变形组成分析，可进一步明确其受力特性。预制管组合柱的柱顶总位移主要由弯曲变形产生的位移和剪切变形产生的位移两部分组成。利用试验过程中安装在各试件表面的斜向位移计 LVDT2 和 LVDT3（图 2.1-4）所量测的数据，可得到剪切变形产生的位移在加载过程中的变化情况。图 2.1-28 给出了各试件弯曲变形和剪切变形所产生位移占柱顶总位移比例随位移角的变化规律。通过对比分析可知：

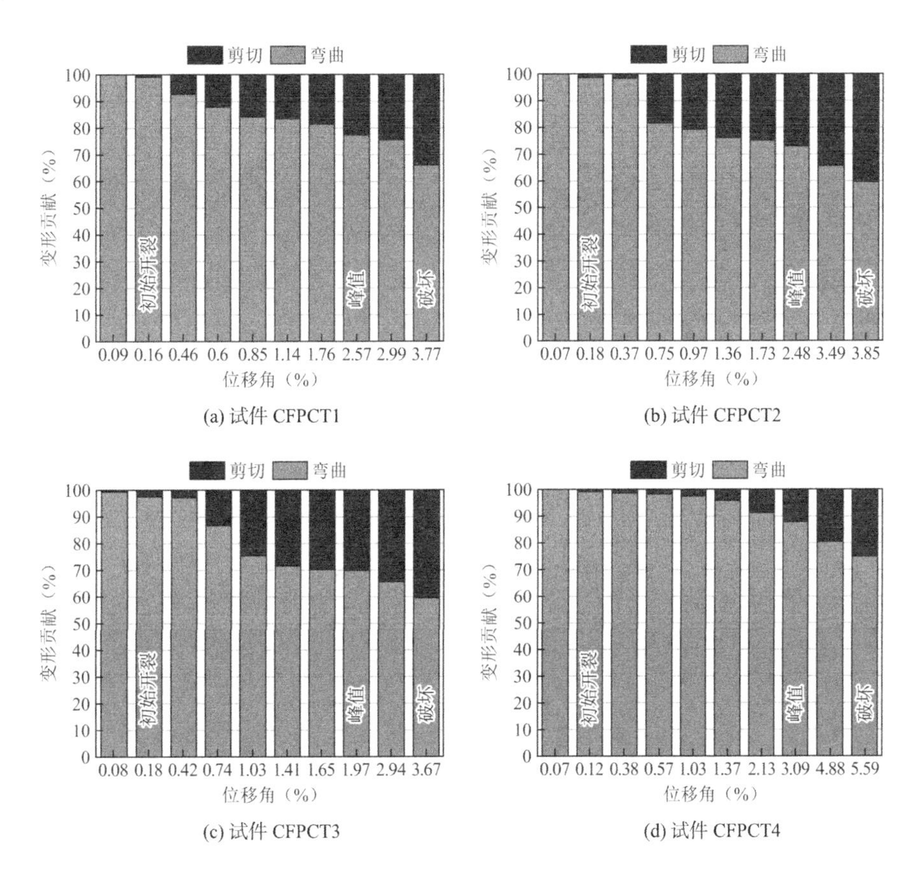

(a) 试件 CFPCT1

(b) 试件 CFPCT2

(c) 试件 CFPCT3

(d) 试件 CFPCT4

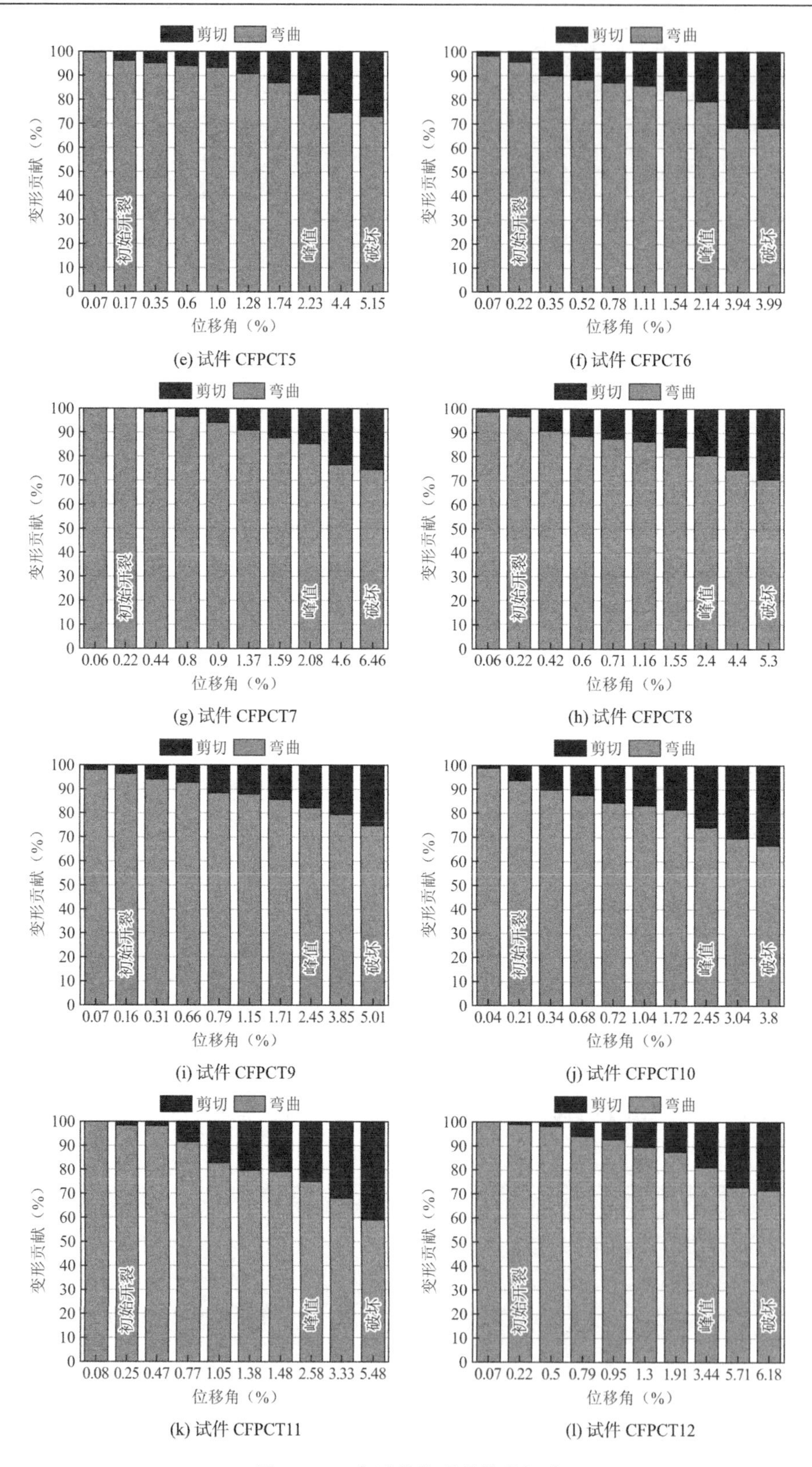

(e) 试件 CFPCT5

(f) 试件 CFPCT6

(g) 试件 CFPCT7

(h) 试件 CFPCT8

(i) 试件 CFPCT9

(j) 试件 CFPCT10

(k) 试件 CFPCT11

(l) 试件 CFPCT12

图 2.1-28　各试件柱顶总位移组成

（1）各试件初始开裂前，弯曲变形对柱顶总位移的贡献比例在95%以上，剪切变形对柱顶总位移的贡献比例相对较小；开裂后，随着位移角的增大，剪切变形对柱顶总位移的贡献比例逐步增加，各试件柱顶总位移组成因试件参数的差异呈现出不同的变化规律。

（2）剪跨比对加载过程中柱剪切变形所占比例有显著影响。随着剪跨比的增加，剪切变形所占比例显著减小。轴压比为0时，当剪跨比由1.5增加至2.0时，剪切变形所占比例在峰值位移角下由22.6%降低至12.1%，在极限位移角下由33.9%降低至25%；轴压比为0.15时，当剪跨比由1.5分别增加至2.0和2.25时，剪切变形所占比例在峰值位移角下由26.9%分别降低至17.9%和14.7%，在极限位移角下由40.3%分别降低至26.9%和25.5%；轴压比为0.20时，当剪跨比由1.5分别增加至2.0和2.25时，剪切变形所占比例在峰值位移角下由30.1%分别降低至20.6%和19.3%，在极限位移角下由41.4%分别降低至31.7%和29.4%。总体而言，在峰值位移角时，对剪跨比为1.5的试件，其剪切变形所占比例约为20%～30%；对剪跨比为2.0的试件，其剪切变形所占比例约为10%～25%；对剪跨比为2.25的试件，其剪切变形所占比例约为15%～20%。剪跨比反映了弯矩对柱的作用程度，对剪跨比较小的预制管组合柱，剪切变形对其受力性能的影响更显著。

（3）剪切变形对柱顶总位移的贡献比例随轴压比的增加而增大。剪跨比为1.5时，当轴压比由0分别增加至0.15和0.20时，剪切变形所占比例在峰值位移角下由22.6%分别增加至26.9%和30.1%，在极限位移角下由33.9%分别增加至40.3%和41.4%；剪跨比为2.0时，当轴压比由0分别增加至0.15和0.20时，剪切变形所占比例在峰值位移角下由12.1%分别增加至17.9%和20.6%，在极限位移角下由25%分别增加至26.9%和31.7%；剪跨比为2.25时，当轴压比由0.15增加至0.20时，剪切变形所占比例在峰值位移角下由14.7%增加至19.3%，在极限位移角下由25.5%增加至29.4%。分析其原因为轴压力在一定程度上抑制了柱弯曲变形的发展，导致弯曲变形所占比例下降。

（4）对比相同条件下不同配箍率的试件（CFPCT2和CFPCT11，CFPCT5和CFPCT12）可知，柱剪切变形所占比例随配箍率增加有一定程度的降低，但降低幅度不明显，表明增加配箍率可在一定程度上抑制预制管组合柱剪切变形的发展。此外，对比试件CFPCT5和CFPCT9，CFPCT6和CFPCT10可发现，芯部混凝土强度的变化对加载过程中柱剪切变形所占比例影响较小。

9. 应变分析

（1）混凝土应变分析

为分析预制管组合柱管壁混凝土在水平荷载作用下的应变发展规律，试验时在柱中部设置0°、45°和90°的三向混凝土应变花来量测加载过程中混凝土的应变，应变花布置见图2.1-5。各试件剪力-管壁混凝土主应变关系曲线如图2.1-29所示。对比分析各图可知：

①各试件剪力-主应变曲线在开裂前呈线性增长关系，主应变增长较为缓慢，开裂后，主应变增长逐渐加快。试件开裂时测点处混凝土主拉应变范围在0.023×10^{-3}～0.075×10^{-3}之间，对角斜裂缝形成时，测点处混凝土主拉应变范围在0.068×10^{-3}～0.112×10^{-3}之间。

②各试件主拉应变曲线均存在一个明显的拐点，在拐点之前，混凝土主拉应变增长缓慢，在拐点之后，混凝土主拉应变随剪力的增加迅速增长；各试件在拐点处所对应的剪力介于V_{cr}和$V_{0.2}$之间，其拐点处所对应剪力与$V_{0.2}$的比值平均为 0.85，因此就控制斜裂缝宽度开展而言，可近似将$V_{0.2}$作为预制管组合柱的临界斜裂缝剪力。

③与轴压比较小试件相比，轴压比较大试件的主拉应变开展更为缓慢，这与试验观测到的裂缝开展规律一致，进一步表明轴压比的增大能抑制斜裂缝的开展。对比相同条件下不同剪跨比的试件可知，随着剪跨比的增加，混凝土主应变增长加快，在相同剪力作用下，剪跨比较大试件的主拉应变和主压应变均比剪跨比较小试件的大。

④不同配箍率试件的剪力-主应变曲线基本一致，配箍率对预制管组合柱混凝土主应变发展的影响不明显。对比相同条件下不同芯部混凝土强度的试件可知，随着芯部混凝土强度的提高，混凝土主应变增长呈减缓趋势，在相同剪力作用下，芯部混凝土强度较大试件的主应变要略小于芯部混凝土强度较小的试件，提高芯部混凝土强度可在一定程度上延缓混凝土主应变的发展。

⑤由式(2.1-8)可计算得到主拉应变与 0°方向的夹角，该角度即等于剪切斜裂缝与柱纵轴线的夹角。对试件 CFPCT1～CFPCT12，计算得到的夹角分别为 40.1°、39.5°、40.3°、31.5°、31.2°、32.1°、24.6°、23.3°、31.9°、28.8°、40.5°和 30.8°，试验中量测得到的剪切斜裂缝与柱纵轴线夹角分别为 40°、41°、41°、31°、31°、32°、28°、29°、31°、31°、41°和 32°，计算值与实测值基本吻合。

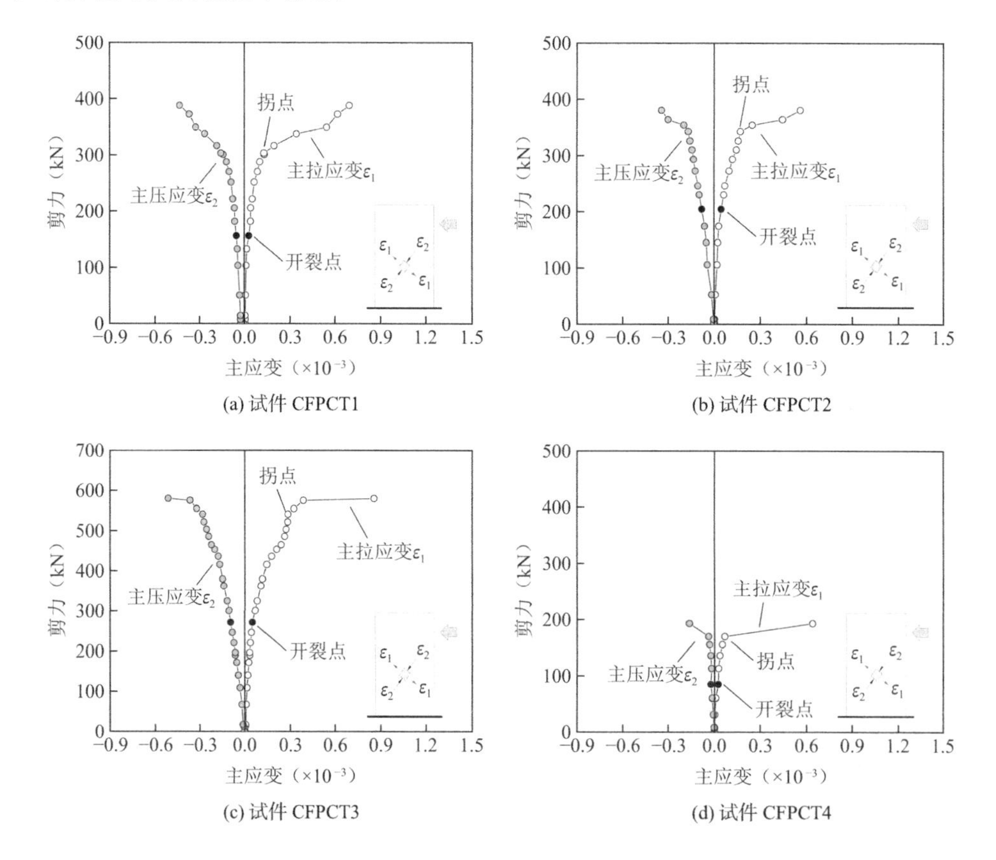

(a) 试件 CFPCT1　(b) 试件 CFPCT2

(c) 试件 CFPCT3　(d) 试件 CFPCT4

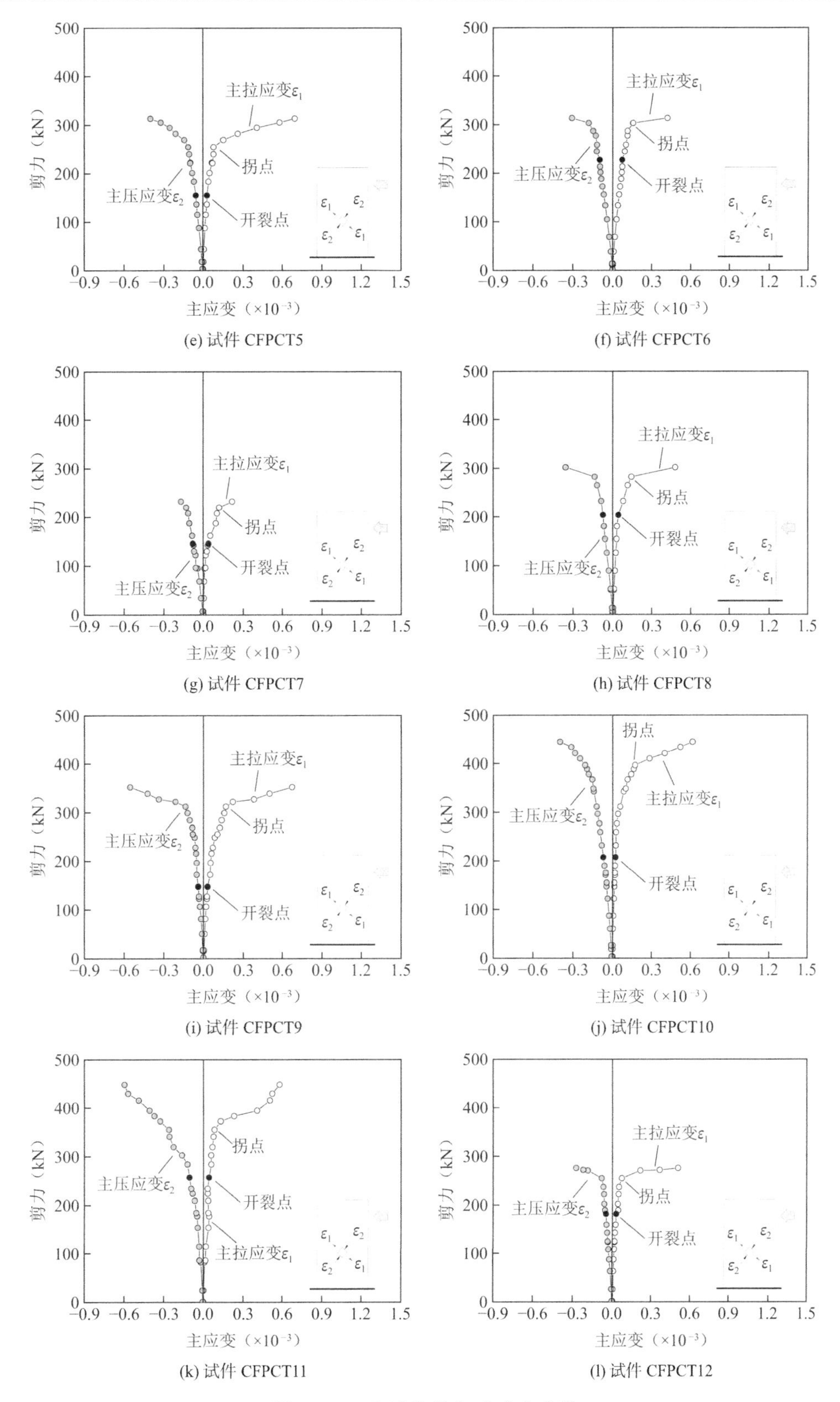

图 2.1-29 各试件剪力-主应变曲线

（2）箍筋应变分析

为分析水平荷载作用下预制管组合柱中箍筋应变的发展规律、分布特点以及箍筋强度的发挥程度，试验中沿柱高在剪切斜裂缝预期发展位置设置箍筋应变片，如图 2.1-5 所示。试件 CFPCT1～CFPCT12 在各级荷载作用下沿柱高箍筋应变分布如图 2.1-30 所示，图 2.1-31 给出了各试件特征点处剪跨区范围内箍筋的平均应力。其中试件 CFPCT3 和 CFPCT4 因部分应变测点退出工作而缺失部分数据。分析图 2.1-30 和图 2.1-31 可知：①开裂前各试件箍筋应变较小，剪力主要由混凝土承担，斜裂缝出现后，箍筋应变显著增加，表明由混凝土承担的剪力已转由与斜裂缝相交的箍筋承担。②各试件位于剪跨区中部区域的箍筋应变发展较快，在屈服荷载时已接近或达到屈服应变，箍筋应变在屈服荷载后随荷载增加继续增大，峰值荷载时，剪跨区中部约 0.5 倍柱截面高度范围内的箍筋已屈服，而位于柱端区域的箍筋应变发展缓慢，始终未进入屈服，分析其原因为剪切斜裂缝先于剪跨区中部形成，随着荷载增加逐渐向柱底受压区域和加载点延伸，因此位于剪跨区中部区域的箍筋应变发展较快，而柱端区域箍筋应变发展相对较缓。③峰值荷载时，箍筋平均应力在 1031～1397MPa 之间，箍筋应力发挥程度约为箍筋抗拉强度的 60%～80%。

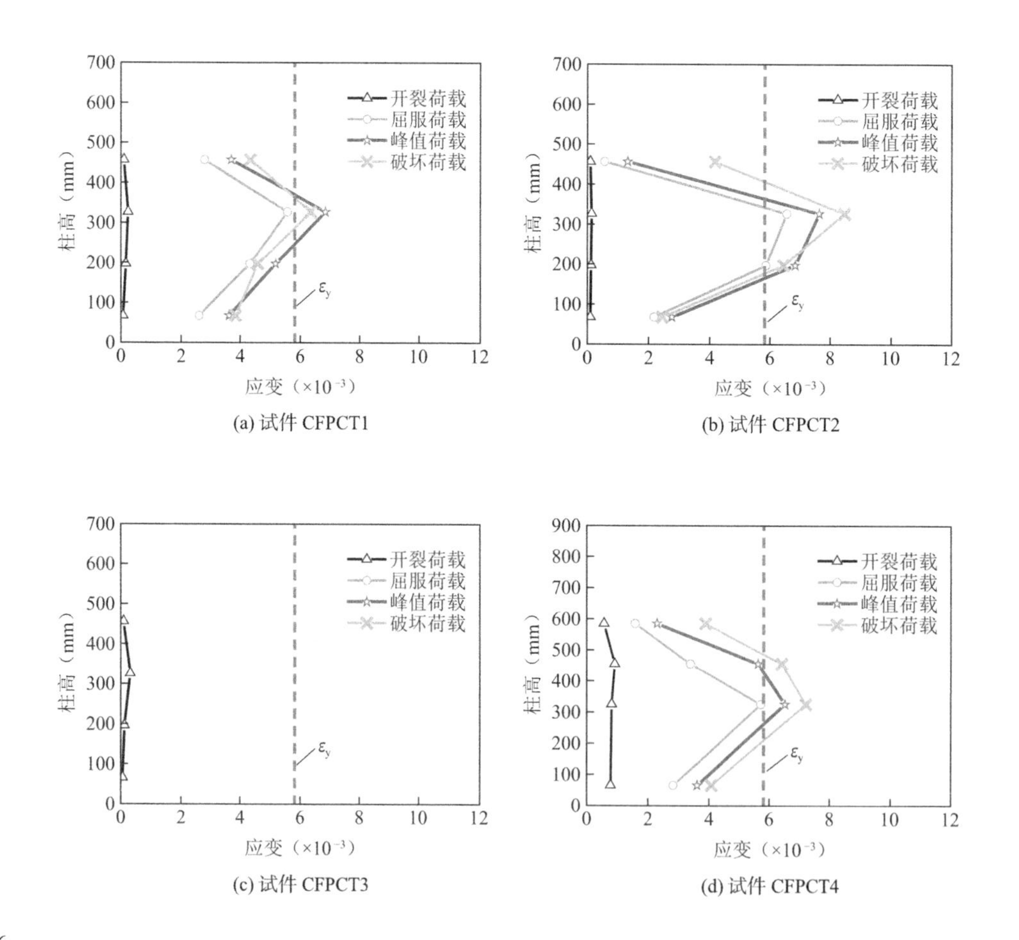

(a) 试件 CFPCT1

(b) 试件 CFPCT2

(c) 试件 CFPCT3

(d) 试件 CFPCT4

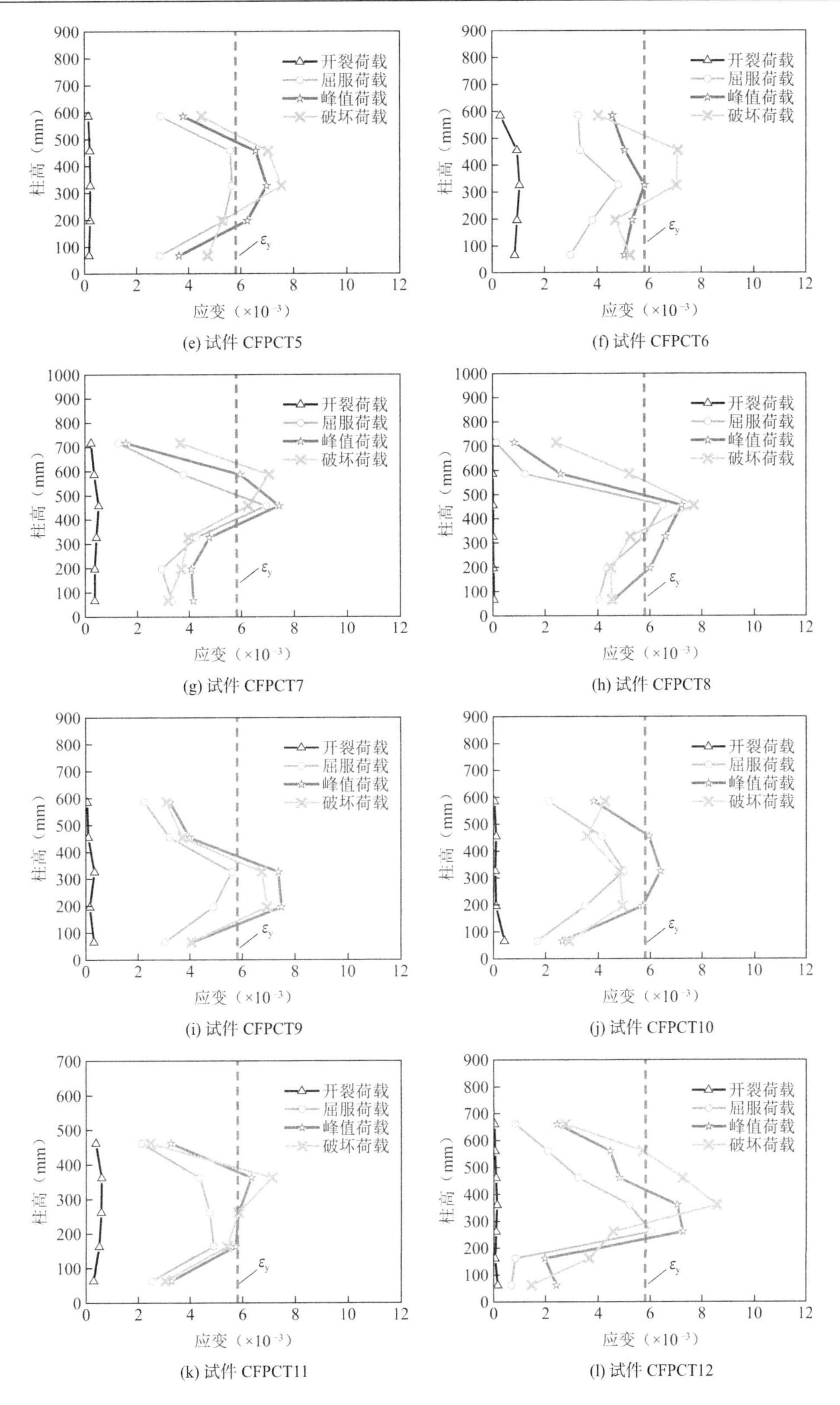

图 2.1-30　各试件沿柱高箍筋应变分布

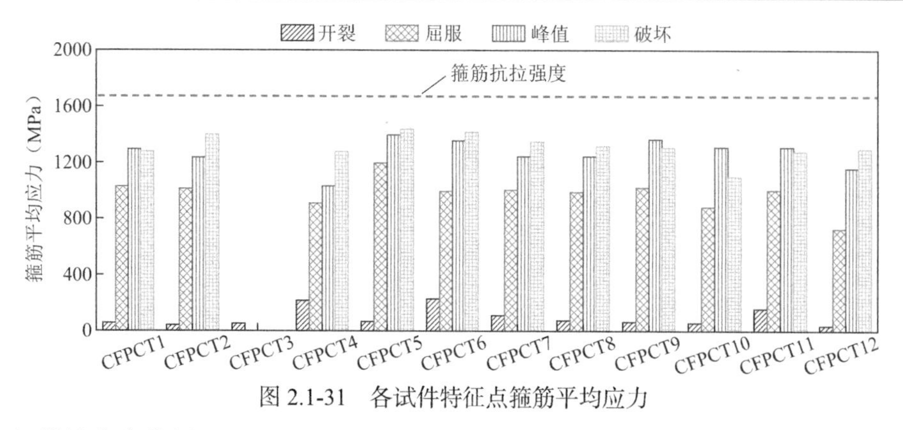

图 2.1-31　各试件特征点箍筋平均应力

（3）纵筋应变分析

为研究预制管组合柱的整体协同工作性能，试件制作时在芯部混凝土边缘与外部预制管中部纵筋对应位置处预埋纵筋（直径 8mm），并在距柱底 100mm 和 200mm 位置处设置纵筋应变片，如图 2.1-5（b）所示。基于所量测的预制管和芯部混凝土纵筋应变数据，可分析外部预制管与芯部混凝土间的协同工作性能。

图 2.1-32 给出了部分试件在加载过程中预制管和芯部混凝土纵筋的应变发展曲线。由图 2.1-32 可知，各试件预制管和芯部混凝土纵筋的应变均随位移角的增加而逐步增大，峰值荷载后，随着剪压区混凝土的压碎，试件发生剪切破坏，纵筋应变呈现下降趋势。总体来看，各试件预制管和芯部混凝土纵筋的应变发展规律基本一致，表明外部预制管与芯部混凝土在加载过程中能够协同工作、共同受力。基于上述分析并结合试验现象，可知预制管组合柱在水平荷载作用下具有较好的整体协同工作能力。

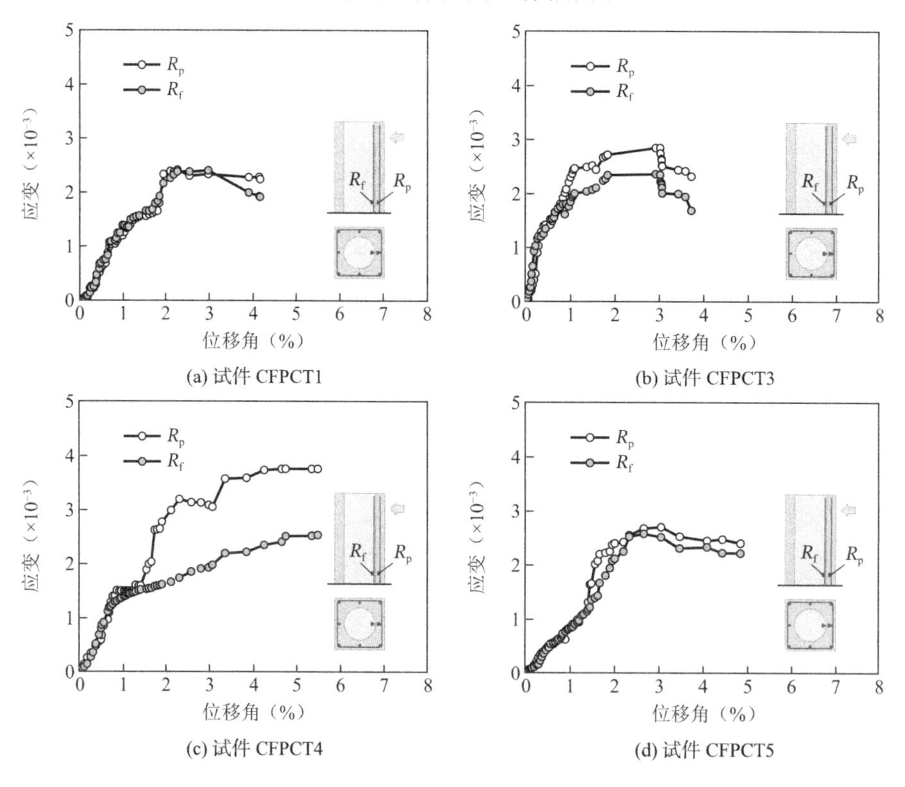

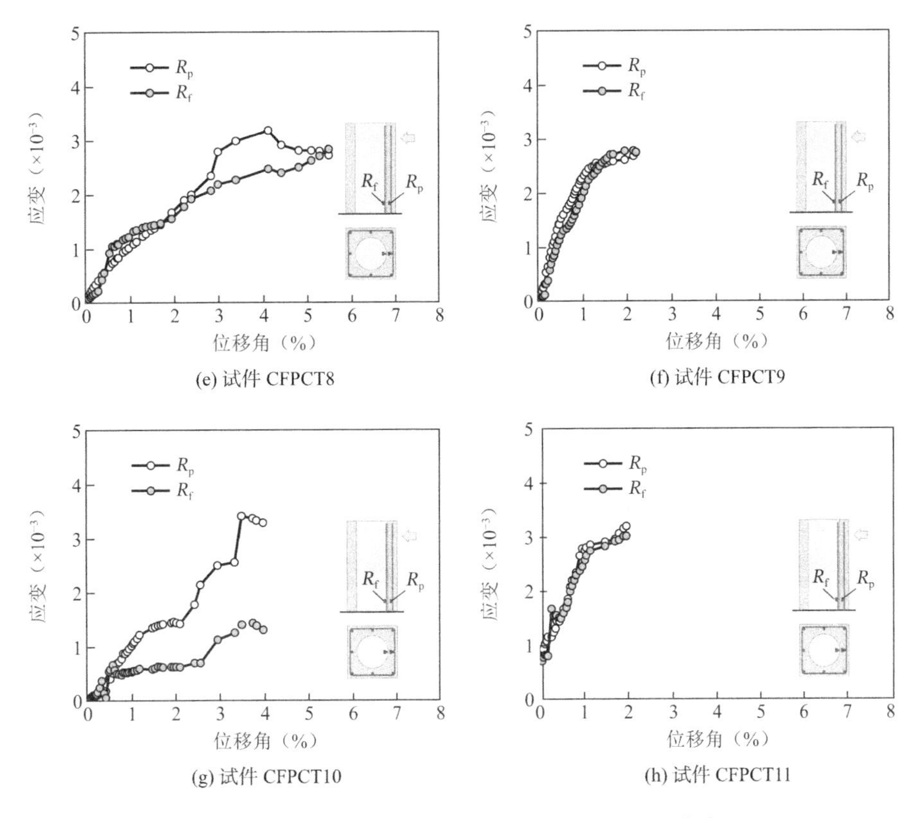

图 2.1-32 预制管和芯部混凝土纵筋应变发展曲线

2.1.4 预制管组合柱受剪机理分析

1. 预制管空心柱与组合柱受力性能比较

为分析预制管组合柱在水平荷载作用下的受剪机理，试验中设计了预制管空心柱和组合柱的对比试件。预制管空心柱和组合柱对比试件的主要信息列于表 2.1-7。各对比组中，对比试件间的差异仅为预制管组合柱中设置了芯部混凝土，其他参数均相同。以下将通过各对比组试件受力性能的比较，深入分析芯部混凝土对预制管组合柱受剪性能的影响，揭示其组合受剪机理。

预制管空心柱与组合柱对比试件主要信息 表 2.1-7

对比组编号	试件编号	λ	n	箍筋	$f_{cu,p}$（MPa）	$f_{cu,f}$（MPa）
对比组 1	HPCT1	1.5	0	ϕ5@130	66.9	无
	CFPCT1	1.5	0	ϕ5@130	66.9	38.7
对比组 2	HPCT2	1.5	0.15	ϕ5@130	66.9	无
	CFPCT2	1.5	0.15	ϕ5@130	66.9	38.7
对比组 3	HPCT3	1.5	0.20	ϕ5@130	66.9	无
	CFPCT3	1.5	0.20	ϕ5@130	66.9	38.7

续表

对比组编号	试件编号	λ	n	箍筋	$f_{cu,p}$（MPa）	$f_{cu,f}$（MPa）
对比组 4	HPCT4	2.0	0	ϕ5@130	66.9	无
	CFPCT4	2.0	0	ϕ5@130	66.9	38.7
对比组 5	HPCT5	2.0	0.15	ϕ5@130	66.9	无
	CFPCT5	2.0	0.15	ϕ5@130	66.9	38.7
	CFPCT9	2.0	0.15	ϕ5@130	66.9	48.2
对比组 6	HPCT6	2.0	0.20	ϕ5@130	66.9	无
	CFPCT6	2.0	0.20	ϕ5@130	66.9	38.7
	CFPCT10	2.0	0.20	ϕ5@130	66.9	48.2
对比组 7	HPCT7	2.25	0.15	ϕ5@130	66.9	无
	CFPCT7	2.25	0.15	ϕ5@130	66.9	38.7
对比组 8	HPCT8	2.0	0.15	ϕ5@100	66.9	无
	CFPCT12	2.0	0.15	ϕ5@100	66.9	38.7

（1）剪力-位移角曲线

预制管空心柱与组合柱的剪力-位移角曲线对比如图 2.1-33 所示。由图可知：①预制管空心柱和组合柱的剪力-位移角曲线在开裂荷载前基本重合，曲线呈线性变化；开裂荷载后，剪力随位移角的增加而迅速增大，二者的剪力-位移角曲线发展趋势基本一致，至 A 点时，预制管空心柱达到峰值剪力，而预制管组合柱由于芯部混凝土的存在，其剪力仍呈增长趋势，至 B 点时，预制管组合柱达到峰值剪力，而预制管空心柱承载力降低明显，已接近或达到破坏状态。B 点之后，预制管组合柱剪力-位移角曲线开始缓慢下降，说明芯部混凝土可以有效提高其变形能力，改善预制管空心柱的脆性破坏特性。②与预制管空心柱相比，由于芯部混凝土的贡献，预制管组合柱的承载能力和变形能力显著提高。因此，对于预制管组合柱，芯部混凝土可以有效提高其在水平荷载作用下的受剪性能。

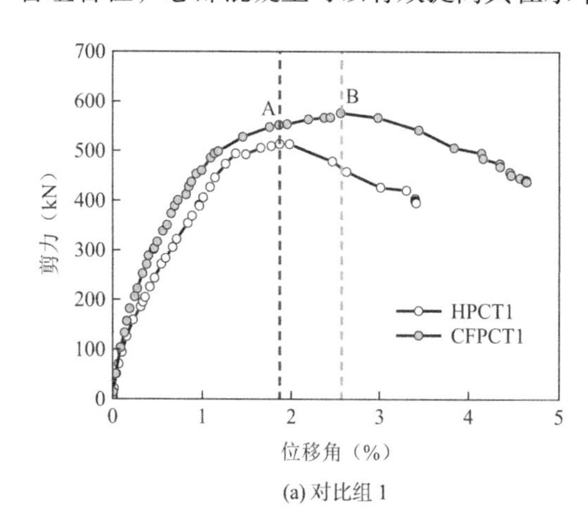

(a) 对比组 1

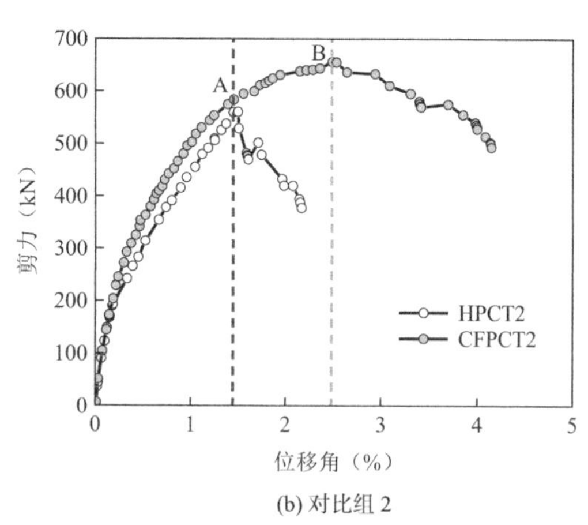

(b) 对比组 2

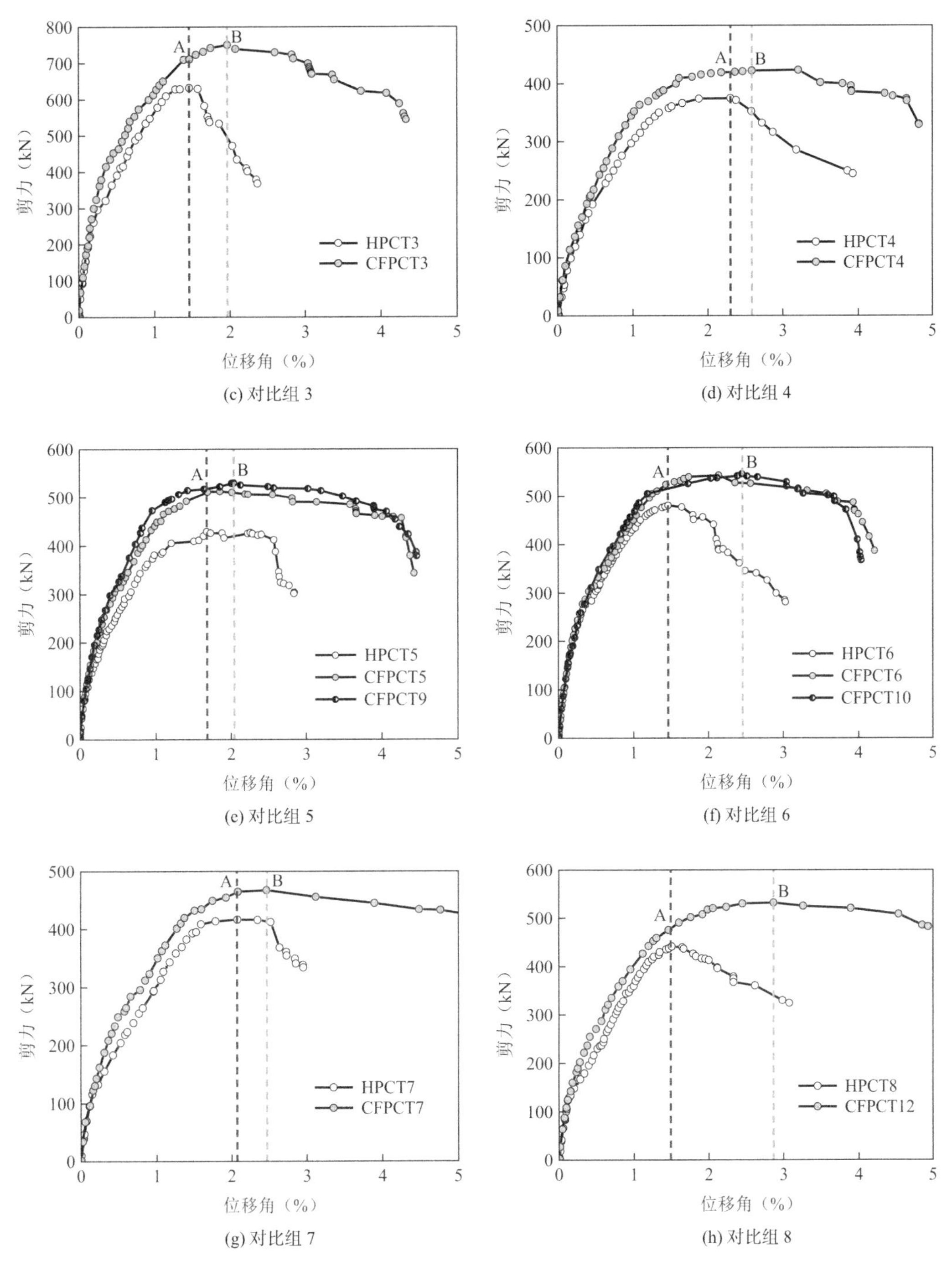

(c) 对比组 3

(d) 对比组 4

(e) 对比组 5

(f) 对比组 6

(g) 对比组 7

(h) 对比组 8

图 2.1-33 剪力-位移角曲线对比

（2）剪力-斜裂缝宽度曲线

预制管空心柱与组合柱的剪力-斜裂缝宽度曲线及混凝土主拉应变曲线对比如图 2.1-34 所示。为进一步分析斜裂缝宽度的发展规律，图中给出了相应的混凝土主拉应变发展曲线。由图可知：

①各对比试件的剪力-斜裂缝宽度曲线与混凝土主拉应变曲线的发展规律基本一致。开裂前，混凝土主拉应变发展缓慢，开裂后，预制管空心柱混凝土主拉应变增长较快，斜裂缝宽度增加明显，而对于预制管组合柱，由于芯部混凝土的贡献，其外部预制管混凝土主拉应变仍保持较缓慢的增长趋势，斜裂缝宽度处于稳定增长阶段；随着剪力继续增大，混凝土主拉应变曲线出现明显拐点后，预制管组合柱斜裂缝宽度进入快速增长阶段。

②在水平荷载作用下，预制管组合柱斜裂缝宽度的开展比预制管空心柱慢，在相同剪力水平下，预制管组合柱的斜裂缝宽度明显小于预制管空心柱。

③提高芯部混凝土强度可进一步抑制外部预制管混凝土主拉应变的发展，从而延缓预制管组合柱斜裂缝的开展，如图 2.1-34（e）和图 2.1-34（f）所示。

综上，对于预制管组合柱，在受力过程中，芯部混凝土可分担部分剪力。由于芯部混凝土的贡献，外部预制管混凝土主拉应变的发展受到抑制，其斜裂缝的开展较预制管空心柱更缓慢，表明芯部混凝土的存在有利于延缓外部预制管斜裂缝的开展。相比预制管空心柱，预制管组合柱的斜裂缝宽度开展过程更稳定。

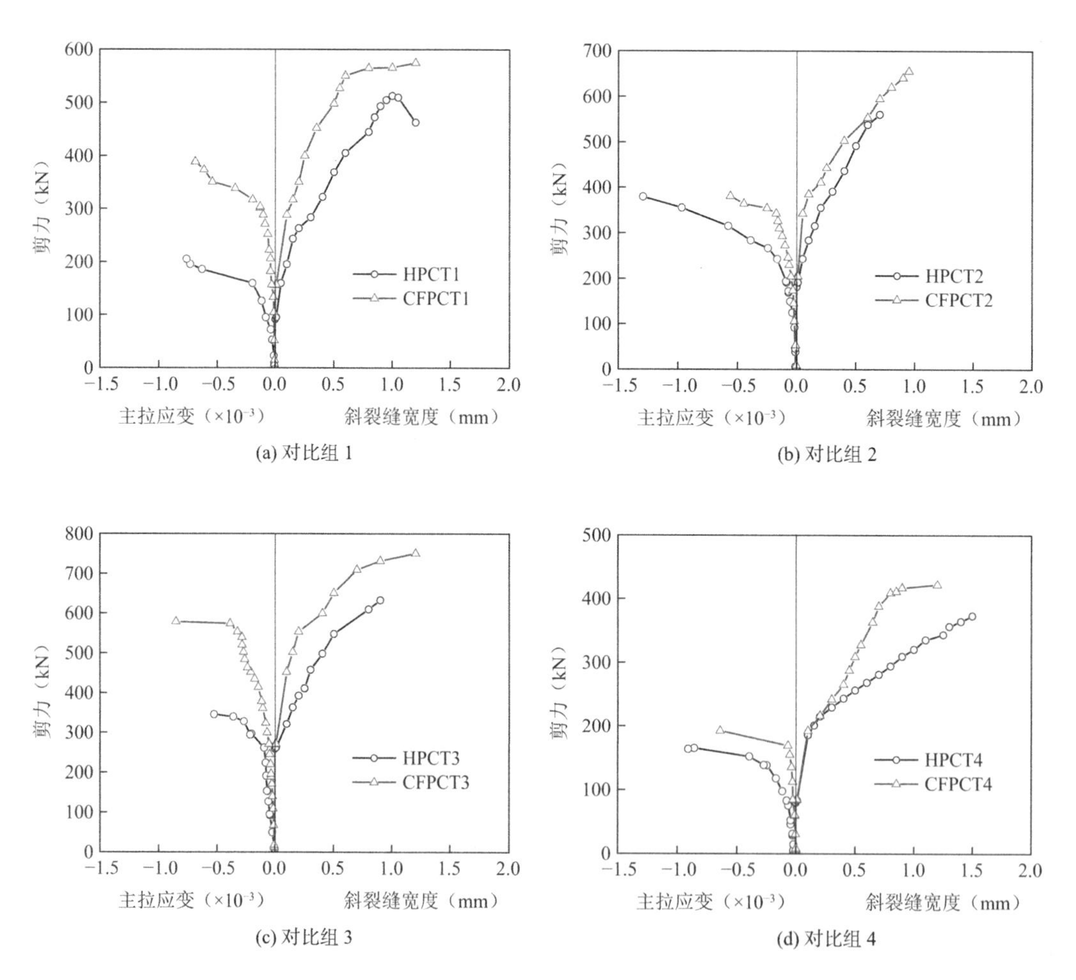

(a) 对比组 1　(b) 对比组 2

(c) 对比组 3　(d) 对比组 4

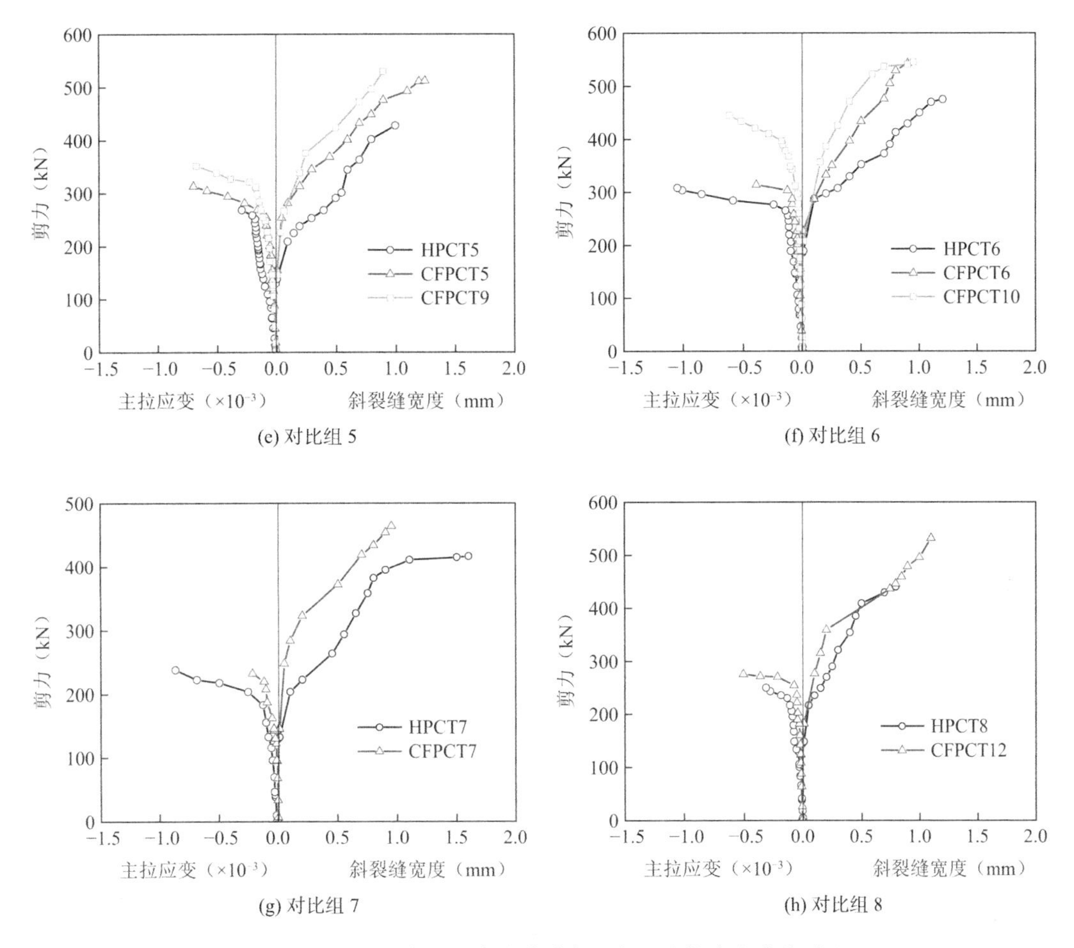

(e) 对比组 5

(f) 对比组 6

(g) 对比组 7

(h) 对比组 8

图 2.1-34　剪力-斜裂缝宽度曲线与混凝土主拉应变曲线对比

（3）承载力

预制管空心柱与组合柱的承载力对比如图 2.1-35 所示。由图可知：与预制管空心柱相比，由于芯部混凝土的贡献，不同参数影响下的预制管组合柱承载力（V_{cr}、$V_{0.2}$和V_m）均有不同程度的提高。

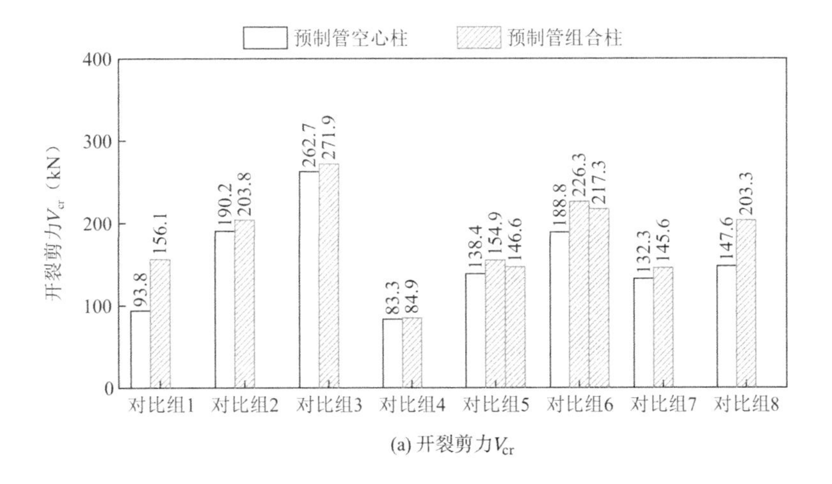

(a) 开裂剪力V_{cr}

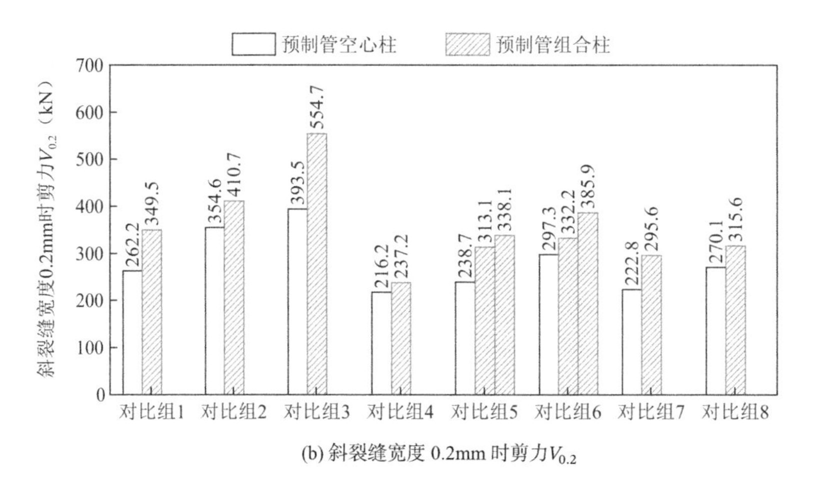

(b) 斜裂缝宽度 0.2mm 时剪力$V_{0.2}$

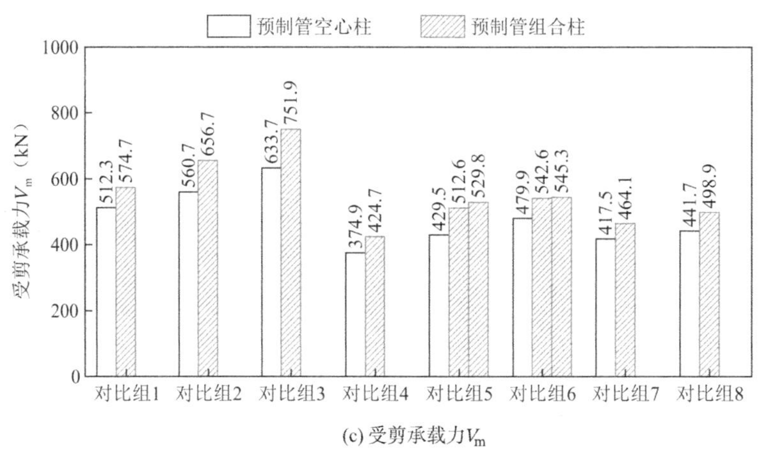

(c) 受剪承载力V_m

图 2.1-35　预制管空心柱与组合柱的承载力对比

对开裂剪力（V_{cr}），芯部填充混凝土强度为 38.7MPa 时，对比组 1～8 中预制管组合柱的开裂剪力较预制管空心柱分别提高 66.4%、7.2%、3.5%、1.9%、11.9%、19.9%、10.1%和 37.7%，如图 2.1-35（a）所示。由此可知，芯部混凝土在受力初期已开始与外部预制管共同承担外荷载，由于芯部混凝土分担了柱中部分剪应力，其开裂剪力较预制管空心柱有一定程度的提高。

预制管组合柱开裂后，柱中内力重分布，芯部混凝土分担的内力随柱变形增加逐步增大，柱中斜裂缝宽度达到 0.2mm 时，芯部混凝土已承担了柱中一定比例的内力。因此，相比预制管空心柱，其斜裂缝宽度达到 0.2mm 时的剪力$V_{0.2}$有明显提高，在芯部混凝土强度为 38.7MPa 的情况下，对比组 1～8 中$V_{0.2}$的提高幅度分别为 33.3%、15.8%、41%、9.7%、31.2%、11.7%、32.7%和 16.8%，如图 2.1-35（b）所示。

对比分析图 2.1-35（c）可知，预制管组合柱受剪承载力V_m较预制管空心柱有较大提高。在芯部填充混凝土强度为 38.7MPa 的情况下，与预制管空心柱相比，对比组 1～8 中预制管组合柱受剪承载力V_m的提高幅度分别为 12.2%、17.1%、18.7%、13.3%、19.3%、

13.1%、11.2%和 12.9%，平均增幅约为 15%。此外，预制管组合柱受剪承载力的提高幅度随轴压比增加呈增大趋势，而随剪跨比的增加呈降低趋势；增大芯部混凝土强度可进一步提高预制管组合柱的受剪承载力，但提高幅度有限。上述对比分析结果表明，在水平荷载作用下，芯部混凝土的存在可以有效提高预制管组合柱的整体性和承载能力。

（4）延性

图 2.1-36 给出了预制管空心柱与组合柱的延性系数对比。由图可知：由于芯部混凝土的贡献，预制管组合柱的延性系数较预制管空心柱有显著提高。与预制管空心柱相比，在芯部混凝土强度为 38.7MPa 的情况下，对比组 1～8 中预制管组合柱延性系数的提高幅度分别为 44.5%、54.6%、43.6%、54.6%、52.9%、56.1%、81.7%和 102.2%，平均增幅约为 60%，表明芯部混凝土对预制管组合柱的延性性能影响较大。根据上述分析并结合预制管空心柱与组合柱剪力-位移角曲线的对比，可知预制管组合柱在外部预制管出现破坏后，其芯部混凝土仍能与外部预制管共同工作，继续承担较大的非弹性变形，同时承载力无显著降低甚至有所增加，芯部混凝土对变形能力的提高在外部预制管达到峰值荷载后更显著。因此，与预制管空心柱相比，由于芯部混凝土的存在，预制管组合柱具有更好的延性性能和变形能力。

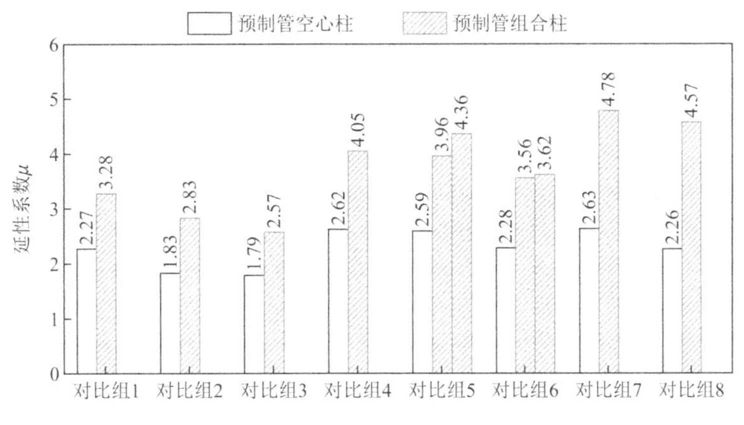

图 2.1-36 预制管空心柱与组合柱的延性系数对比

（5）刚度

图 2.1-37 给出了预制管空心柱和组合柱的初始刚度对比，各对比组刚度退化曲线如图 2.1-38 所示，图中各对比组均采用归一化刚度。由图 2.1-37 可知，预制管空心柱与组合柱的初始刚度差异不大，在芯部混凝土强度为 38.7MPa 的情况下，对比组 1～8 中预制管组合柱的初始刚度较预制管空心柱分别提高 1.9%、2.8%、3.1%、22.3%、11.6%、0.1%、1.8%和 9.9%，芯部混凝土对初始刚度的影响不明显。分析图 2.1-38 可知，预制管空心柱与组合柱的刚度退化趋势基本相同，总体趋势为加载初期的刚度退化较快，随着位移角的增大而逐渐趋于平缓。预制管组合柱总体上表现出比离心预制管空心柱

更稳定的刚度退化特性。此外，各对比组中预制管组合柱试件的刚度退化速度较为均匀，未出现明显的刚度突变，说明预制管组合柱具有较好的整体协同工作性能。在极限位移角时，预制管空心柱和组合柱均可维持 10%左右的初始刚度，具有一定的刚度维持能力。

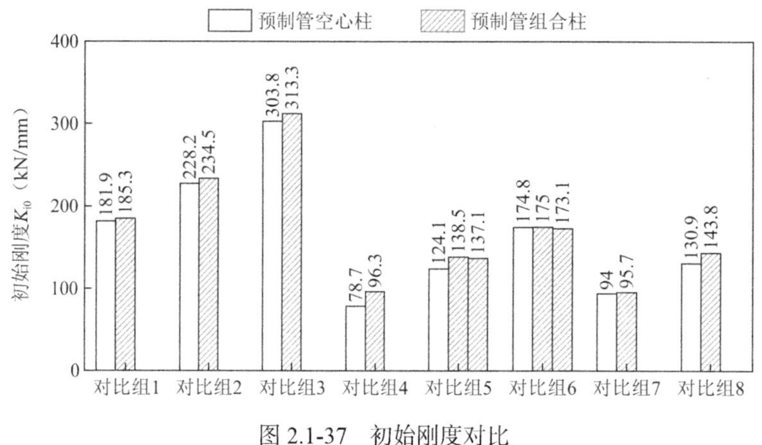

图 2.1-37　初始刚度对比

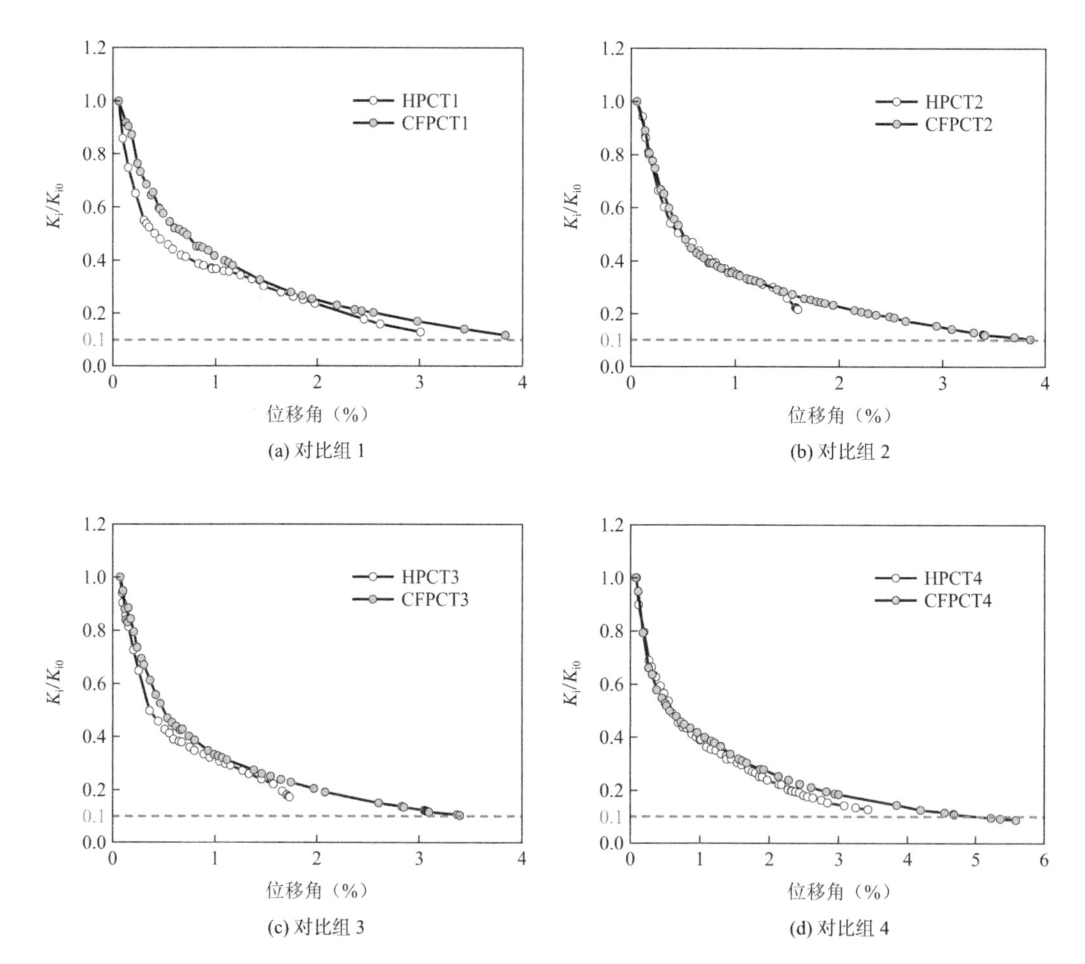

(a) 对比组 1　(b) 对比组 2

(c) 对比组 3　(d) 对比组 4

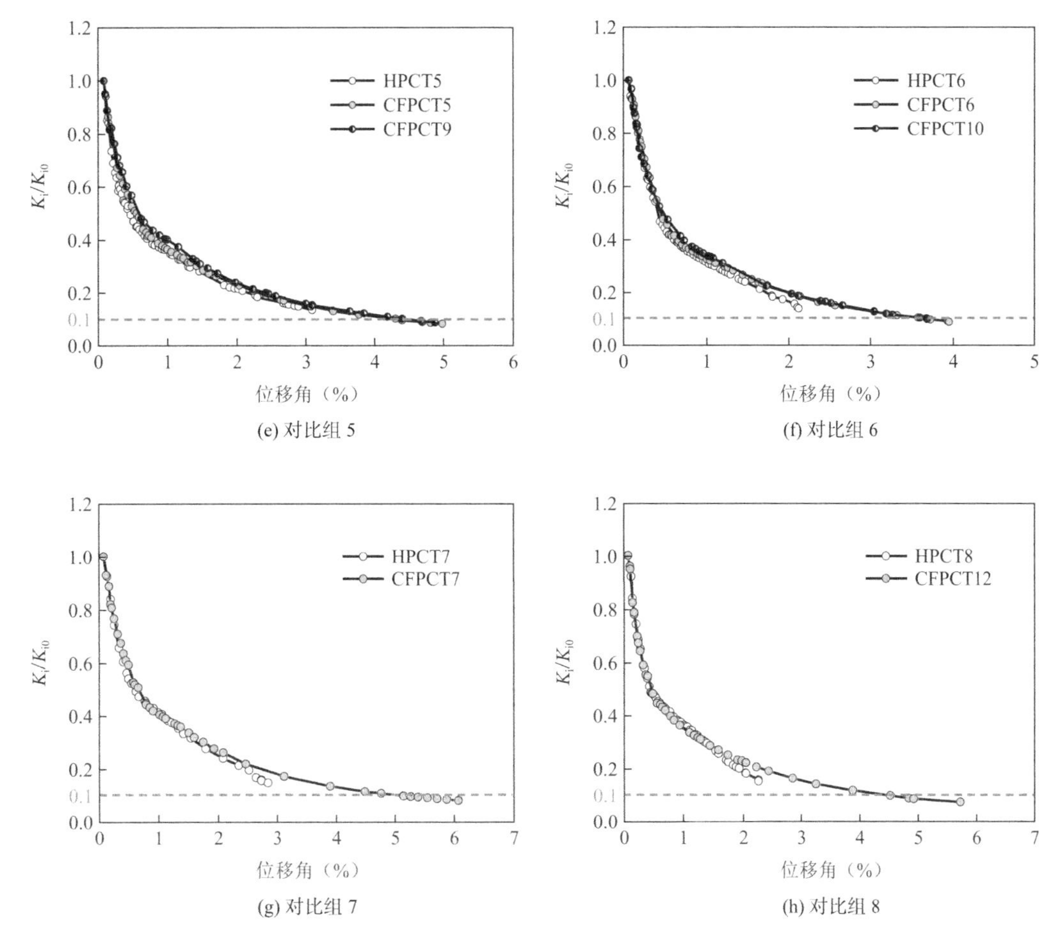

(e) 对比组 5

(f) 对比组 6

(g) 对比组 7

(h) 对比组 8

图 2.1-38 刚度退化曲线对比

（6）剪切变形-位移角曲线

预制管空心柱与组合柱的剪切变形-位移角曲线对比如图 2.1-39 所示，图中剪切变形（Δ_s）为加载过程中柱剪切变形所产生的柱顶位移。由图 2.1-39 可知，剪切变形所产生的柱顶位移（Δ_s）随位移角的增加而逐步增大。加载过程中，预制管组合柱的剪切变形发展要慢于预制管空心柱，在相同位移角水平下，其剪切变形所产生的柱顶位移小于预制管空心柱，表明芯部混凝土与外部预制管能够整体协同工作，芯部混凝土在一定程度上能抑制柱剪切变形的发展，减轻剪切效应对预制管组合柱受剪性能的不利影响。

通过对比分析图 2.1-39 并结合表 2.1-3 可发现，预制管空心柱与组合柱的剪切变形-位移角曲线在某一特定位移角前发展趋势较为一致，差异较小，在此之后，曲线差异逐步变大，具体表现为预制管空心柱的剪切变形随位移角增加迅速增大，在相同位移角水平下，其剪切变形要明显大于预制管组合柱。对比组 1～8 中确定的特定位移角分别约为 1.9%、1.3%、1.4%、2.7%、2.4%、1.5%、2.1%和 1.6%，该特定位移角与各对比组中预制管空心柱的峰值位移角接近，如图 2.1-39 所示。综合上述分析可知，芯部混凝土对柱剪切变形的抑制作用在加载初期较小，在柱进入弹塑性阶段后，尤其是外部预制管达到峰值荷载后，其作用开始显著增强，预制管组合柱剪切变形的发展得到进一步有效抑制；由于剪切变形的减小，柱剪切效应减弱，预制管组合柱的延性性能得到提高，受剪性能得以改善。

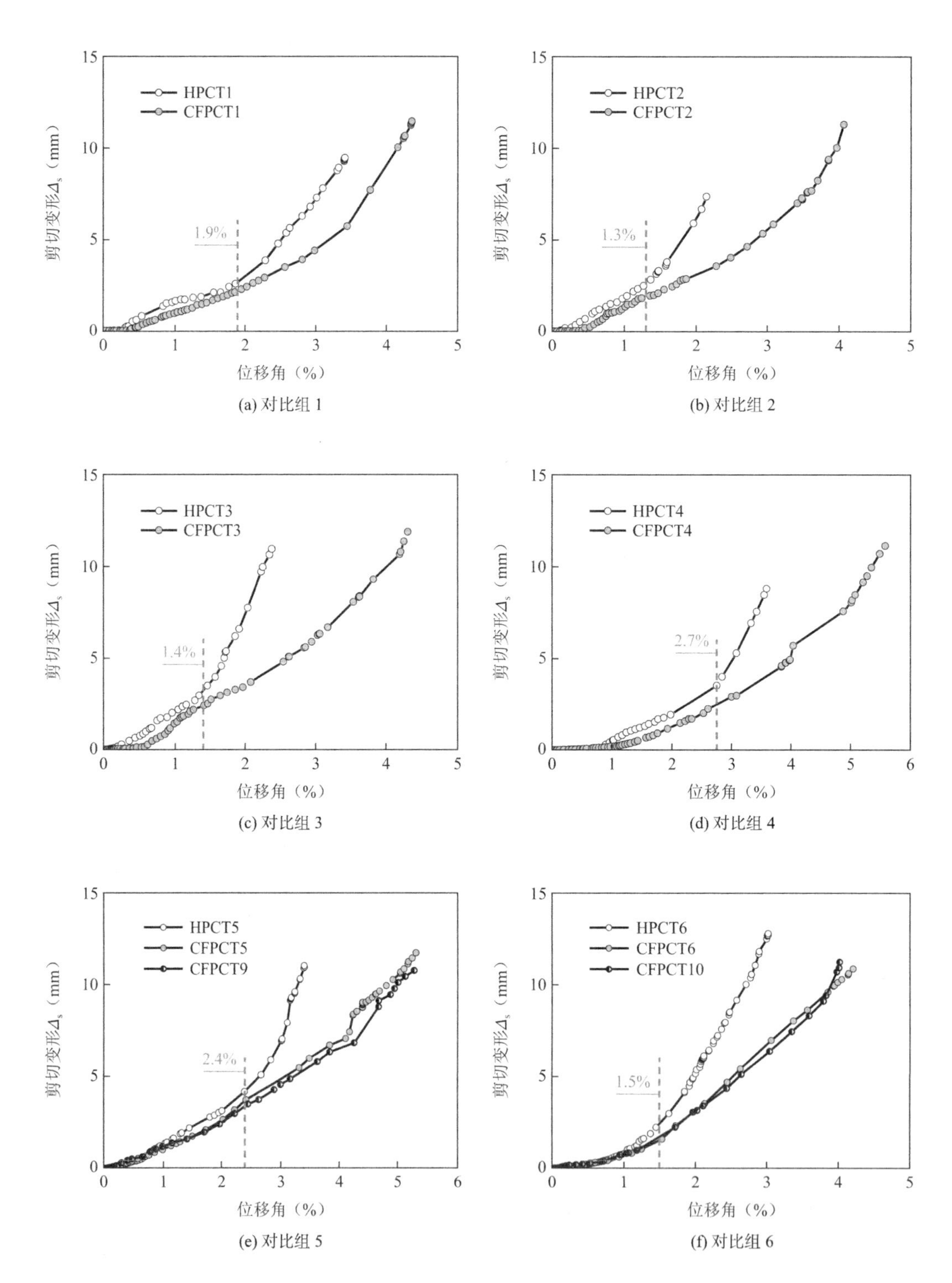

(a) 对比组 1

(b) 对比组 2

(c) 对比组 3

(d) 对比组 4

(e) 对比组 5

(f) 对比组 6

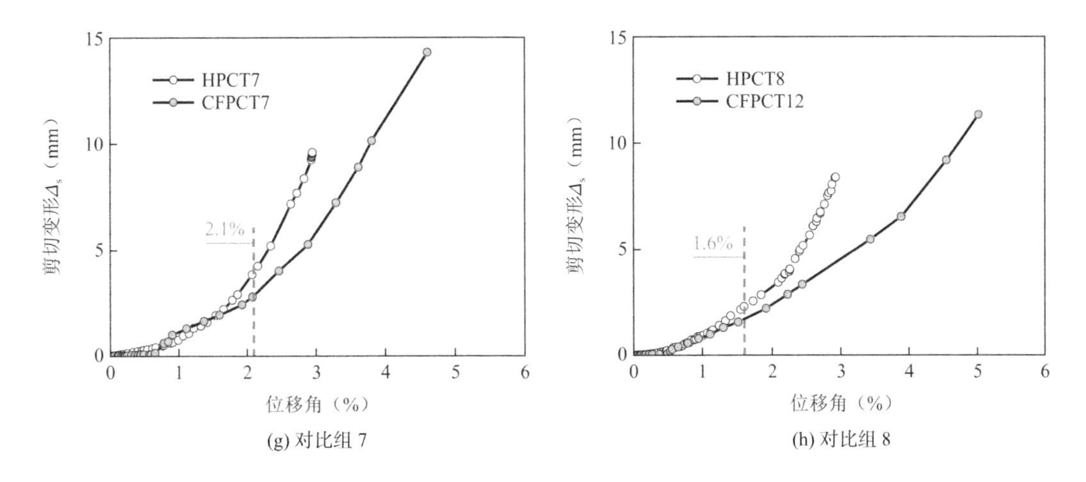

(g) 对比组 7　　(h) 对比组 8

图 2.1-39　预制管空心柱与组合柱的剪切变形-位移角曲线对比

2. 内力分配

预制管组合柱是由外部预制管和芯部混凝土组合形成的预制组合构件，其内力组分可划分为外部预制管剪力（V_H）和芯部混凝土剪力（V_f），总剪力$V_C = V_H + V_f$。受力过程中，由于外部预制管混凝土以及芯部混凝土的开裂和压碎，柱内将产生内力重分布，图 2.1-40 给出了预制管组合柱在受力过程中各内力组分的发展规律。图 2.1-40 是以对比组 4 中试件 HPCT4 和试件 CFPCT4 的试验数据为基础绘制，其中总剪力-位移角曲线采用试件 CFPCT4 的剪力-位移角曲线。由于试件 CFPCT4 比试件 HPCT4 仅多设置了芯部混凝土，其他参数均相同，因此采用试件 HPCT4 的剪力-位移角曲线替代试件 CFPCT4 的外部预制管剪力-位移角曲线，芯部混凝土贡献内力$V_f = V_C - V_H$。图中箍筋应变采用试件 CFPCT4 的试验数据，测点位置位于柱高中部。对比组 1～8 在受力过程中的内力分配情况见表 2.1-8，表中对比组 5 采用试件 HPCT5 和试件 CFPCT5 的试验数据，对比组 6 采用试件 HPCT6 和 CFPCT6 的试验数据。

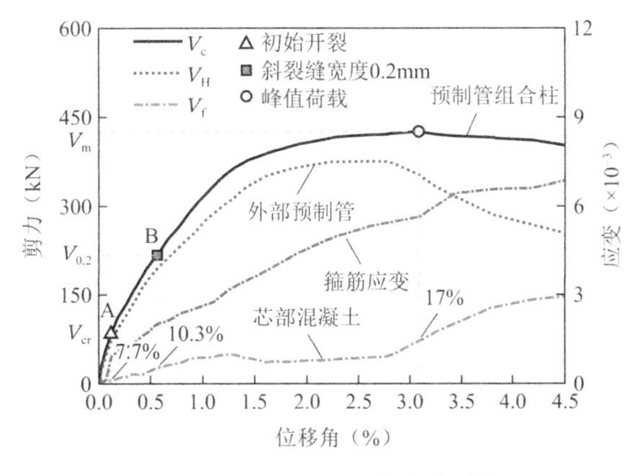

图 2.1-40　受力过程各内力分析

各对比组受力过程内力分配　　表 2.1-8

对比组编号	内力分配					
	A 点		B 点		C 点	
	V_H/V_C	V_f/V_C	V_H/V_C	V_f/V_C	V_H/V_C	V_f/V_C
对比组 1	0.89	0.11	0.82	0.18	0.80	0.20
对比组 2	0.95	0.05	0.86	0.14	—	—
对比组 3	0.89	0.11	0.88	0.12	0.66	0.34
对比组 4	0.92	0.08	0.90	0.10	0.83	0.17
对比组 5	0.89	0.11	0.82	0.18	0.79	0.21
对比组 6	0.96	0.04	0.93	0.07	0.72	0.28
对比组 7	0.95	0.05	0.91	0.09	0.88	0.12
对比组 8	0.91	0.09	0.88	0.12	0.64	0.36

分析图 2.1-40 可知，加载初期，柱处于弹性阶段，箍筋应变及芯部混凝土贡献内力较小。至初始开裂点 A 时，柱中内力出现重分布，箍筋应变突然增大，此时芯部混凝土贡献内力为 7.7%。初始开裂后，随着柱位移角增加，箍筋应变及芯部混凝土贡献内力逐步增大，至柱斜裂缝宽度达到 0.2mm 时，芯部混凝土贡献内力增长至 10.3%。B 点之后，芯部混凝土贡献内力有所增长，但整体趋于稳定，箍筋应变呈线性增长。接近峰值荷载点时，外部预制管内力开始快速下降，芯部混凝土贡献内力开始快速增加，至峰值点 C 时，芯部混凝土贡献内力已升至 17%。C 点之后，外部预制管剪压区混凝土逐步压碎，其内力继续快速下降，芯部混凝土贡献内力快速增加，由于芯部混凝土的存在，箍筋应变呈继续增长趋势。总体来看，在整个受力过程中，外部预制管承担了大部分剪力，芯部混凝土在弹性受力阶段发挥作用较小，主要在弹塑性阶段发挥作用。各对比组在受力过程中的内力分配均呈现出相似的发展规律，如表 2.1-8 所示。此外，由表 2.1-8 可发现，在峰值荷载点 C 时，芯部混凝土贡献内力随轴压比的增加呈增长趋势，而随剪跨比的增加呈下降趋势。

3. 组合受剪机理

根据预制管空心柱与组合柱受剪性能的对比分析结果和图 2.1-40 所示的典型内力分配过程，同时结合预制管空心柱与组合柱的试验现象及破坏模式，可分析预制管组合柱在水平荷载作用下的受剪机理，具体如下：

在加载初期，剪力-位移角曲线基本呈线性增长，外部预制管混凝土表面未出现裂缝，柱处于弹性受力阶段，该阶段箍筋应变较小，外部预制管混凝土主拉应变随剪力增加呈线性增长关系，柱内剪力基本由外部预制管混凝土承担，芯部混凝土作用较小。

随着变形的增加，柱底部出现首条细微斜裂缝（柱初始开裂），随后斜裂缝逐渐增多并开展延伸，柱开始进入非线性变形阶段。初始开裂后，柱中出现内力重分布，外部预制管混凝土承担的部分剪力逐步由箍筋和芯部混凝土分担，导致箍筋应变在初始开裂点（图 2.1-40 中 A 点）出现突变。从柱初始开裂至柱中斜裂缝宽度达到 0.2mm 前（图 2.1-40

中B点），柱中剪力主要由外部预制管混凝土和箍筋承担，芯部混凝土承担的剪力仍较小，其在B点时承担的剪力占比约为10%。

柱中斜裂缝宽度达到0.2mm后，随着柱变形的继续增大，外部预制管中主斜裂缝宽度快速开展，并不断有新斜裂缝形成，至剪力达到峰值前，柱中斜裂缝开展整体较为稳定。在柱中斜裂缝宽度达到0.2mm至剪力达到峰值前的阶段，箍筋应变基本呈线性增长趋势，其承担的剪力增长较快；该阶段芯部混凝土分担的剪力随外部预制管混凝土损伤的发展有所增加，但总体上趋于稳定，其分担的剪力占比平均约为13%，外部预制管仍承担了主要的剪力。加载至峰值剪力的95%时，柱剪压区混凝土已出现轻微剥落，外部预制管承担剪力开始减少，芯部混凝土作用开始增大。

超过峰值剪力点（图2.1-40中C点）后，预制管组合柱的剪力-位移角曲线进入下降阶段。柱剪压区混凝土的压溃使得外部预制管逐步退出工作，其承担的剪力迅速降低，在下降阶段，芯部混凝土拱效应逐步增强，其分担的剪力呈快速增长趋势，在一定程度上承担了部分外部预制管降低的剪力，从而使剪力-位移角曲线在峰值点后呈缓慢下降趋势，有效改善了预制管组合柱在峰值后阶段的变形性能。此外，由图2.1-40可知，峰值点后，在外部预制管混凝土逐步压溃并退出工作的情况下，箍筋应变仍呈继续增长趋势，说明芯部混凝土与外部预制管在峰值后阶段仍具有较好的整体协同工作性能。最终，在竖向和水平荷载组合作用下，产生了如图2.1-21和图2.1-22所示的破坏形态，外部预制管斜裂缝开展充分，剪压区混凝土压溃明显，相比之下，芯部混凝土仅出现1～2条主裂缝，其他部位未见裂缝开展。

综上所述，在整个受力过程中，外部预制管承担了主要剪力，芯部混凝土在弹性受力阶段发挥作用较小，主要在弹塑性阶段发挥作用；芯部混凝土在一定程度上延缓了柱损伤的发展，既提高了承载力，又显著地改善了柱在峰值后阶段的变形性能。因此，与预制管空心柱相比，预制管组合柱的受剪性能有明显提高。

2.1.5 预制管空心柱与组合柱受剪承载力计算

1. 预制管空心柱受剪承载力计算

目前，国内外对钢筋混凝土柱受剪性能的研究较为充分，提出了许多适用钢筋混凝土柱的受剪承载力计算模型，但大多数研究主要针对实心截面的钢筋混凝土柱，而对空心截面钢筋混凝土柱的研究较少。由于缺少足够的研究数据，许多国家的设计规范尚未给出针对空心截面钢筋混凝土柱的受剪承载力计算公式。本节总结了相关规程和文献中有关空心截面钢筋混凝土柱受剪承载力的计算方法，并使用其计算公式对预制管空心柱的受剪承载力进行预测，通过与试验数据对比，分析各计算方法对预制管空心柱的适用性。

1）相关规程及文献计算方法分析

（1）ACI 318-11[16]建议的计算方法

美国混凝土协会 ACI 318-11 建议的空心截面钢筋混凝土柱受剪承载力V_n计算公式如下：

$$V_n = V_c + V_s \tag{2.1-9}$$

$$V_c = 0.167\left(1 + \frac{P}{14A_g}\right)\sqrt{f_c'}b_w d \tag{2.1-10}$$

$$V_s = \frac{A_v f_{yh} d}{s} \tag{2.1-11}$$

式中：V_c——混凝土提供的受剪承载力；

V_s——箍筋提供的受剪承载力；

P——轴向荷载；

A_g——柱截面面积；

f_c'——混凝土抗压强度；

f_{yh}——箍筋屈服强度；

s——箍筋间距；

b_w——腹板宽度，对矩形空心截面，b_w等于柱截面宽度减去空心部分的宽度，对圆形空心截面，b_w等于外径与内径之差的 0.886 倍；

d——截面有效高度；

A_v——箍筋面积。

（2）Aschheim 等[17]建议的计算方法

针对空心截面的钢筋混凝土柱，Aschheim 等建议的受剪承载力计算公式如下：

$$V_n = V_c + V_s \tag{2.1-12}$$

$$V_c = 0.29\left(k + \frac{P}{14A_g}\right)\sqrt{f_c'}A_e \tag{2.1-13}$$

$$V_s = \frac{A_v f_{yh} d}{s\tan 30^\circ} \tag{2.1-14}$$

$$0 \leqslant k = \frac{4 - \mu_\Delta}{3} \leqslant 1 \tag{2.1-15}$$

式中：V_c——混凝土提供的受剪承载力；

V_s——箍筋提供的受剪承载力；

P——轴向荷载；

A_g——柱截面面积；

f_c'——混凝土抗压强度；

f_{yh}——箍筋屈服强度；

s——箍筋间距；

d——截面有效高度；

A_v——箍筋面积；

A_e——有效受剪截面面积，取 $0.8A_g$；

μ_Δ——位移延性系数。

（3）Shin 等[18]建议的计算方法

针对矩形截面的钢筋混凝土空心柱，Shin 等建议的受剪承载力计算公式如下：

$$V_{\mathrm{n}} = V_{\mathrm{c}} + V_{\mathrm{s}} \tag{2.1-16}$$

$$V_{\mathrm{c}} = (\alpha\beta\gamma)0.5\sqrt{f_{\mathrm{c}}'}\sqrt{1+\frac{P}{0.5\sqrt{f_{\mathrm{c}}'}A_{\mathrm{g}}}}A_{\mathrm{e}} \tag{2.1-17}$$

$$V_{\mathrm{s}} = \frac{A_{\mathrm{v}} f_{\mathrm{yh}} d}{s} \tag{2.1-18}$$

$$\alpha = 1.35 - 0.3\frac{l}{h}\left(1.5 \leqslant \frac{l}{h} \leqslant 3\right) \tag{2.1-19}$$

$$\beta = 0.5 + 20\rho_{\mathrm{solid}} \leqslant 1.0 \tag{2.1-20}$$

$$\gamma = \frac{8-\mu_{\Delta}}{6}(2 \leqslant \mu_{\Delta} \leqslant 5) \tag{2.1-21}$$

式中：V_{c}——混凝土提供的受剪承载力；

V_{s}——箍筋提供的受剪承载力；

f_{c}'——混凝土抗压强度；

P——轴向荷载；

A_{g}——柱截面面积；

A_{e}——有效受剪截面面积，反复荷载作用下取 $0.8A_{\mathrm{g}}$，静力荷载作用下取A_{g}；

A_{v}——箍筋面积；

f_{yh}——箍筋屈服强度，

d——截面有效高度；

s——箍筋间距；

μ_{Δ}——位移延性系数；

l——柱高；

h——柱截面高度；

ρ_{solid}——按实心截面计算的纵筋配筋率。

（4）《混凝土结构设计规范》GB 50010—2010[19]建议的计算方法

《混凝土结构设计规范》GB 50010—2010 中没有直接给出矩形截面钢筋混凝土空心柱的受剪承载力计算公式，通过将矩形截面钢筋混凝土空心柱等效为 I 形截面钢筋混凝土实心柱，则可利用《混凝土结构设计规范》GB 50010—2010 中相关公式对其受剪承载力进行计算，对 I 形截面的钢筋混凝土柱，其受剪承载力计算公式如下：

$$V = \frac{1.75}{\lambda+1} f_{\mathrm{t}} b h_0 + f_{\mathrm{yv}} \frac{A_{\mathrm{sv}}}{s} h_0 + 0.07N \tag{2.1-22}$$

式中：f_{t}——混凝土轴心抗拉强度；

b——柱截面宽度；

h_0——柱截面有效高度；

f_{yv}——箍筋抗拉强度；

A_{sv}——箍筋截面面积；

s——箍筋间距；

λ——剪跨比，小于 1.0 时，取 1.0，大于 3.0 时，取 3.0；

N——轴压力，大于 $0.3f_cA$时，取 $0.3f_cA$，其中f_c为混凝土轴心抗压强度，A为柱截面面积。

（5）不同计算方法的对比分析

为研究预制管空心柱的受剪承载力，运用 ACI 318-11、Aschheim 等、Shin 等以及《混凝土结构设计规范》GB 50010—2010 建议的计算方法对第 2 章不同参数的预制管空心柱的受剪承载力进行预测，并与试验数据对比分析，其结果见表 2.1-9。图 2.1-54 给出了各计算方法预测值与试验值的比值分析，同时表 2.1-9 和图 2.1-41 均给出了上述比值的平均值和变异系数。预制管空心柱的受剪承载力取试验得到的峰值剪力V_m，在运用各计算方法进行受剪承载力预测时，箍筋强度取各试件在峰值剪力时箍筋的平均应力。

对比分析表 2.1-9 和图 2.1-41 可知，ACI 318-11 建议的计算公式严重低估了预制管空心柱的受剪承载力，其V_{c1}/V_m比值的平均值为 0.44，变异系数为 0.14，预测结果偏于保守。相比之下，Aschheim 等以及 Shin 等建议的计算公式则高估了预制管空心柱的受剪承载力，尤其是 Shin 等建议的计算公式，由于计算公式中有效受剪面积取空心柱全截面面积，而不是受剪腹板的截面面积，其预测结果整体偏高，V_{c3}/V_m比值的平均值为 1.45，变异系数为 0.15，预测结果偏于不安全。采用我国《混凝土结构设计规范》GB 50010—2010 对预制管空心柱受剪承载力计算的结果偏低，其V_{c4}/V_m比值的平均值为 0.68，变异系数为 0.12，预测结果整体偏于保守，但离散性相对较小。

预制管空心柱受剪承载力预测值与试验值对比　　表 2.1-9

试件序号	试件编号	V_m（kN）	ACI 318-11		Aschheim 等		Shin 等		《混凝土结构设计规范》GB 50010—2010	
			V_{c1}（kN）	V_{c1}/V_m	V_{c2}（kN）	V_{c2}/V_m	V_{c3}（kN）	V_{c3}/V_m	V_{c4}（kN）	V_{c4}/V_m
1	HPCT1	512.3	188.1	0.37	457.8	0.89	523.8	1.02	281.1	0.55
2	HPCT2	560.7	210.9	0.38	576.9	1.03	820.4	1.46	349.1	0.62
3	HPCT3	633.7	225.3	0.36	647.4	1.02	900.4	1.42	378.6	0.60
4	HPCT4	374.9	177.1	0.47	438.7	1.17	448.3	1.20	248.9	0.66
5	HPCT5	429.5	211.7	0.49	578.6	1.35	711.2	1.66	328.9	0.77
6	HPCT6	479.9	224.2	0.47	626.4	1.31	776.6	1.62	356.3	0.74
7	HPCT7	417.5	197.7	0.47	554.4	1.33	641.8	1.54	306.8	0.73
8	HPCT8	441.7	230.6	0.52	611.4	1.38	730.1	1.65	347.9	0.79
平均值				0.44		1.18		1.45		0.68
变异系数				0.14		0.15		0.15		0.12

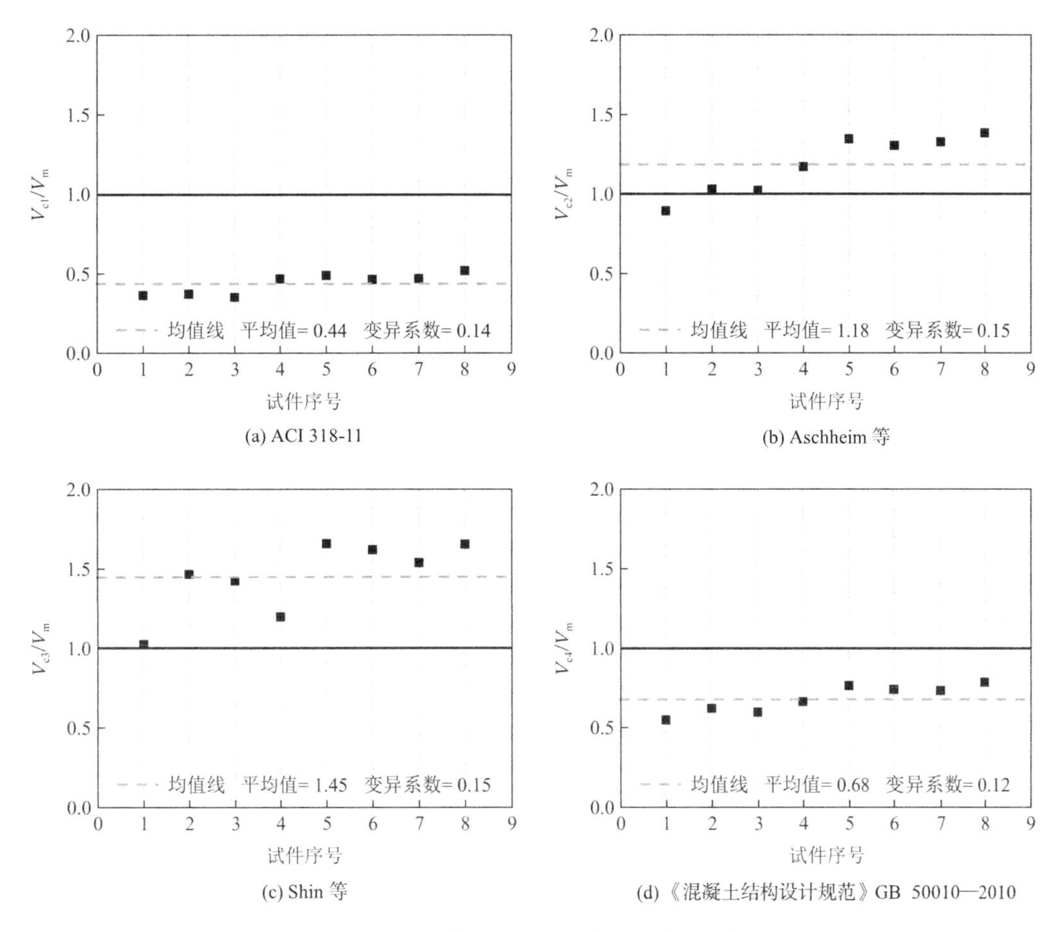

(a) ACI 318-11　　(b) Aschheim 等

(c) Shin 等　　(d)《混凝土结构设计规范》GB 50010—2010

图 2.1-41　各计算方法预测值与试验值的比值分析

2）预制管空心柱受剪承载力公式推导

在试验研究基础上，为分析预制管空心柱的受剪承载力，假定箍筋和纵筋只承受拉力，不考虑混凝土的受拉作用，将混凝土作为斜腹杆或上弦杆。同时，为简化计算，将预制管空心柱外方内圆的截面偏于安全地简化为外方内方的截面，其内方形截面边长取内圆直径（d_c），见图 2.1-42。基于桁架-拱模型理论，预制管空心柱受剪承载力由桁架机构和拱机构两部分承载力叠加组成，如图 2.1-42 所示。

（1）桁架机构

预制管空心柱受剪桁架机构计算简图如图 2.1-42（a）所示。根据力平衡条件，取图 2.1-42（a）中桁架机构右侧隔离体进行受力分析，见图 2.1-43（a），可得到桁架机构的受剪承载力为：

$$V_t = \sum A_{sv}\sigma_{sv}\sin\alpha = \frac{A_{sv}\sigma_{sv}h_j}{s}\sin\alpha\cot\varphi \tag{2.1-23}$$

式中：A_{sv}——柱截面内箍筋各肢的全部截面面积；

σ_{sv}——箍筋强度；

h_j——截面纵筋间中心距；

s——箍筋间距；

α——箍筋与柱纵轴线夹角；

φ——斜压杆倾角。

对图 2.1-42（a）中桁架机构左侧隔离体进行受力分析，见图 2.1-43（b），可得：

$$\left(\sum A_{sv}\sigma_{sv}\sin\alpha\right)^2(1+\cot^2\varphi)=\left(2\sigma_c h_j t\cos\varphi\right)^2 \tag{2.1-24}$$

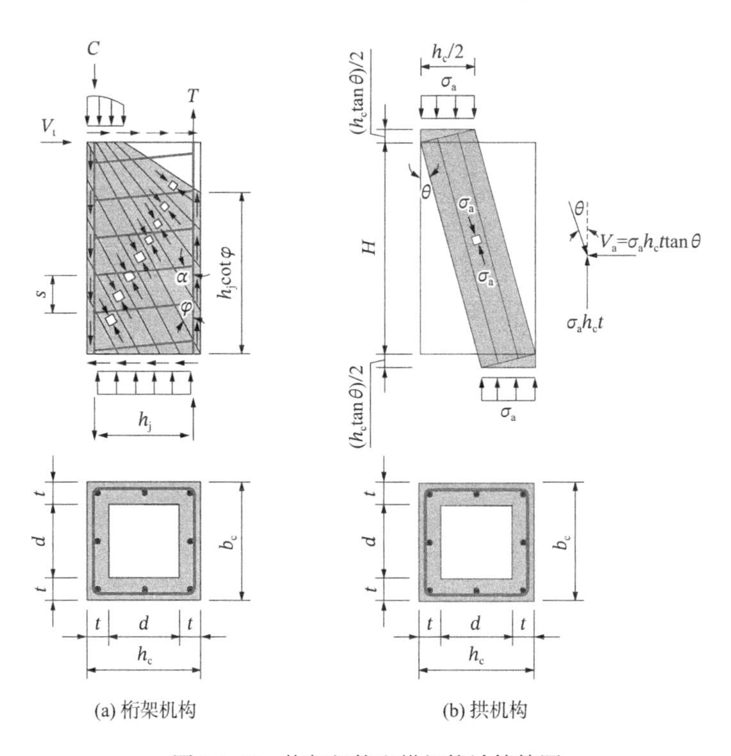

(a) 桁架机构　　(b) 拱机构

图 2.1-42　桁架机构和拱机构计算简图

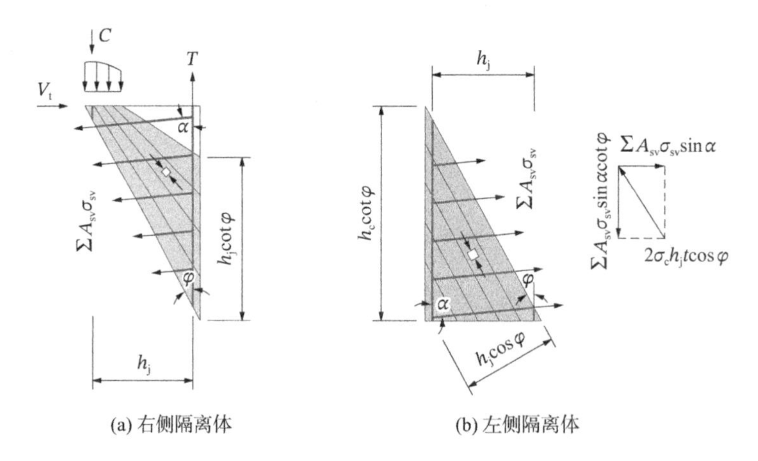

(a) 右侧隔离体　　(b) 左侧隔离体

图 2.1-43　桁架机构隔离体受力简图

将式(2.1-23)代入式(2.1-24)，根据三角函数关系$1+\cot^2\varphi=1/\sin^2\varphi$，并考虑桁架机构

中混凝土压应力$\sigma_c \leqslant \gamma_c f_{c,p}$，可得：

$$\cot\varphi \leqslant \sqrt{\frac{2\gamma_c f_{c,p} ts}{A_{sv}\sigma_{sv}\sin\alpha} - 1} \tag{2.1-25}$$

式中：$f_{c,p}$——混凝土轴心抗压强度；

γ_c——混凝土软化系数，根据已有研究成果[20-22]，$\gamma_c = 1.0 - f_{c,p}/133$。

当斜压杆倾角（φ）取值较小时，导致与斜裂缝正交的压力增大，引起应力不易传递，φ的上限取$\cot\varphi = 2.0$[23]。因此，$\cot\varphi$的取值为：

$$\cot\varphi = \min\left(\sqrt{\frac{2\gamma_c f_{c,p} ts}{A_{sv}\sigma_{sv}\sin\alpha} - 1}, 2\right) \tag{2.1-26}$$

将式(2.1-26)代入式(2.1-23)，可得到桁架机构受剪承载力为：

$$V_t = \min\begin{cases}(2A_{sv}\sigma_{sv}h_j\sin\alpha)/s \\ \dfrac{A_{sv}\sigma_{sv}h_j\sin\alpha}{s}\sqrt{\dfrac{2\gamma_c f_{c,p} ts}{A_{sv}\sigma_{sv}\sin\alpha} - 1}\end{cases} \tag{2.1-27}$$

（2）拱机构

预制管空心柱的拱机构计算简图如图 2.1-42（b）所示。由于拱机构与桁架机构中混凝土斜压杆的角度不同，近似取拱机构中受压混凝土高度为柱截面高度的一半[23]，可得拱机构的受剪承载力为：

$$V_a = \sigma_a h_c t\tan\theta \tag{2.1-28}$$

$$\sigma_a = (1-\beta)\gamma_c f_{c,p} \tag{2.1-29}$$

$$\beta = \frac{A_{sv}\sigma_{sv}\sin\alpha(1+\cot^2\varphi)}{2ts\gamma_c f_{c,p}} \tag{2.1-30}$$

式中：V_a——拱机构的受剪承载力；

σ_a——拱机构中混凝土压应力；

h_c——柱截面高度。

由图 2.1-42（b）中的几何关系以及$\tan\theta$与柱剪跨比（λ）的关系，可得：

$$\tan\theta = \sqrt{(1.8\lambda)^2 + 1} - 1.8\lambda \approx \frac{1}{4\lambda} \tag{2.1-31}$$

将式(2.1-29)和式(2.1-31)代入式(2.1-28)中，可得拱机构的受剪承载力为：

$$\begin{cases}V_a = \dfrac{(1-\beta)\gamma_c f_{c,p} h_c t}{4\lambda} \\ \beta = \dfrac{A_{sv}\sigma_{sv}\sin\alpha(1+\cot^2\varphi)}{2ts\gamma_c f_{c,p}}\end{cases} \tag{2.1-32}$$

受剪承载力计算公式及验证

由桁架-拱模型，并以下限塑性理论为基础，预制管空心柱的受剪承载力等于桁架机构和拱机构受剪承载力之和。轴压力（N）对受剪承载力的提高作用通过系数ζ_{n}反映，$\zeta_{\mathrm{n}} = 1 + N/(f_{\mathrm{c,p}}A_{\mathrm{p}})$，当$N > 0.3f_{\mathrm{c,p}}A_{\mathrm{p}}$时，取$0.3f_{\mathrm{c,p}}A_{\mathrm{p}}$，其中$A_{\mathrm{p}}$为预制管空心柱截面面积。因此，可得到预制管空心柱的受剪承载力计算公式，如式(2.1-33)所示。

$$V_{\mathrm{H}} = \frac{A_{\mathrm{sv}}\sigma_{\mathrm{sv}}h_{\mathrm{j}}}{s}\sin\alpha\cot\varphi + (1-\beta)\zeta_{\mathrm{n}}\frac{\gamma_{\mathrm{c}}f_{\mathrm{c,p}}h_{\mathrm{c}}t}{4\lambda} \tag{2.1-33}$$

式中，$\cot\varphi$和β分别按式(2.1-26)和式(2.1-30)计算。

采用式(2.1-33)对不同参数的预制管空心柱的受剪承载力进行计算，并与试验数据对比分析，其结果见表 2.1-10。图 2.1-44 给出了本书推导公式的计算值与试验值的比较。预制管空心柱的受剪承载力取试验得到的峰值剪力（V_{m}），受剪承载力计算时箍筋强度取各试件在峰值剪力时箍筋的平均应力。由表 2.1-10 和图 2.1-44 可知，计算值与试验值比值的平均值为 0.89，变异系数为 0.09，计算值与试验值吻合较好，计算结果整体偏于安全且离散性较小。因此，对发生剪切受压破坏模式的预制管空心柱，可采用本书推导的公式对其受剪承载力进行预测。

预制管空心柱受剪承载力计算值与试验值对比　　**表 2.1-10**

试件序号	试件编号	λ	N（kN）	ρ_{sv}（%）	V_{m}（kN）	V_{H}（kN）	$V_{\mathrm{H}}/V_{\mathrm{m}}$
1	HPCT1	1.5	0	0.28	512.3	422.4	0.83
2	HPCT2	1.5	940	0.28	560.7	450.5	0.81
3	HPCT3	1.5	1250	0.28	633.7	468.3	0.74
4	HPCT4	2.0	0	0.28	374.9	370.2	0.99
5	HPCT5	2.0	940	0.28	429.5	409.6	0.95
6	HPCT6	2.0	1250	0.28	479.9	423.8	0.88
7	HPCT7	2.25	940	0.28	417.5	375.3	0.90
8	HPCT8	2.0	940	0.36	441.7	436.6	0.99
平均值							0.89
变异系数							0.09

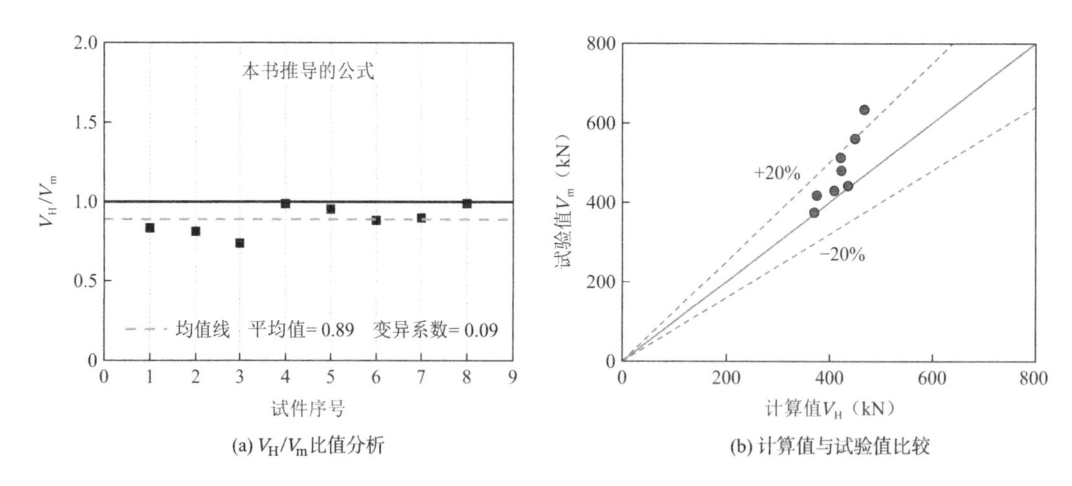

(a) $V_{\mathrm{H}}/V_{\mathrm{m}}$比值分析　　(b) 计算值与试验值比较

图 2.1-44　预制管空心柱受剪承载力计算值与试验值比较

3）考虑正常使用极限状态要求的受剪承载力计算公式

由上述分析可知，对预制管空心柱，使用式(2.1-33)可以较好地预测其受剪承载力。对本书的8个预制管空心柱试件，其计算值与试验值比值的平均值为0.89，变异系数为0.09。虽然式(2.1-33)可以较好地预测预制管空心柱的极限受剪承载力（即峰值剪力），但是在工程结构设计中，除了要考虑承载能力极限状态时构件的极限承载力，还要考虑正常使用极限状态时的要求，如裂缝宽度控制等。由试验结果可知，预制管空心柱达到峰值剪力时，柱中斜裂缝宽度约为0.7～1.6mm。因此，使用式(2.1-33)进行预制管空心柱受剪承载力设计时，其斜裂缝宽度难以满足在正常使用极限状态下的裂缝宽度限值要求。已有研究成果[24-26]表明，对使用高强箍筋的结构构件，为满足正常使用极限状态下裂缝宽度限值要求，可采用设定箍筋强度上限值的方法来实现。具体方法为：材料强度取标准值，利用式(2.1-33)计算不同箍筋强度上限值时的受剪承载力（V_H），然后将得到的V_H与试验得到的斜裂缝宽度达到0.2mm时所对应剪力（$V_{0.2}$）进行对比，最后通过对比分析$V_H/V_{0.2}$比值确定合理的箍筋强度上限值。根据该方法，利用式(2.1-33)计算得到了各试件在不同箍筋强度上限值时的受剪承载力值（V_H），并与试验值$V_{0.2}$进行对比，其结果列于表2.1-11。

考虑正常使用极限状态要求的受剪承载力计算值与试验值对比　　表2.1-11

试件编号	$V_{0.2}$（kN）	$\sigma_{sv}=400$MPa		$\sigma_{sv}=450$MPa		$\sigma_{sv}=500$MPa		$\sigma_{sv}=550$MPa		$\sigma_{sv}=600$MPa	
		V_{H1}（kN）	$V_{H1}/V_{0.2}$	V_{H2}（kN）	$V_{H2}/V_{0.2}$	V_{H3}（kN）	$V_{H3}/V_{0.2}$	V_{H4}（kN）	$V_{H4}/V_{0.2}$	V_{H5}（kN）	$V_{H5}/V_{0.2}$
HPCT1	262.2	237.4	0.91	244.8	0.93	252.2	0.96	259.7	0.99	267.1	1.02
HPCT2	354.6	270.9	0.76	277.8	0.78	284.7	0.80	291.6	0.82	298.5	0.84
HPCT3	393.5	281.9	0.72	288.6	0.73	295.3	0.75	302.0	0.77	308.7	0.78
HPCT4	216.2	197.9	0.92	206.0	0.95	214.0	0.99	222.1	1.03	230.1	1.06
HPCT5	238.7	223.1	0.93	230.7	0.97	238.4	1.00	246.0	1.03	253.7	1.06
HPCT6	297.3	231.3	0.78	238.8	0.80	246.3	0.83	253.8	0.85	261.4	0.88
HPCT7	222.8	207.1	0.93	215.0	0.97	222.9	1.00	230.9	1.04	238.8	1.07
HPCT8	270.1	241.6	0.89	251.6	0.93	261.5	0.97	271.5	1.01	281.5	1.04
平均值			0.85		0.88		0.91		0.94		0.97
变异系数			0.10		0.10		0.10		0.11		0.11

对比分析表2.1-11可知，对预制管空心柱，当箍筋强度上限值取500MPa时，其$V_{H3}/V_{0.2}$比值的平均值为0.91，变异系数为0.10，计算结果均小于试验结果且离散性较小。因此，对使用高强箍筋的预制管空心柱，在利用式(2.1-33)进行受剪承载力计算时，将箍筋强度上限值设定为500MPa（对应箍筋强度设计值约为450MPa）是合理的，可以满足正常使用极限状态下裂缝宽度限值要求。

基于上述分析结果，对使用高强箍筋的预制管空心柱，本书建议其受剪承载力可按式

(2.1-33)计算，计算时高强箍筋强度可取 500MPa（对应箍筋强度设计值取 450MPa）。

2. 预制管组合柱受剪承载力计算

1）预制管组合柱受剪承载力公式推导

在试验研究基础上，为分析预制管组合柱的受剪承载力，假定箍筋和纵筋只承受拉力，不考虑混凝土的受拉作用，将混凝土作为斜腹杆或上弦杆，外部预制管与芯部混凝土粘结良好，不产生滑移，预制管组合柱所受剪力由外部预制管和芯部混凝土共同承担。同时，为简化计算，将预制管组合柱中圆形的芯部混凝土截面偏于安全地简化为方形截面，其截面边长取圆形截面直径（d_c），见图 2.1-45 和图 2.1-47。基于桁架-拱模型理论，预制管组合柱受剪承载力由桁架机构和拱机构两部分承载力叠加组成，如图 2.1-45 和图 2.1-47 所示。

（1）桁架机构

预制管组合柱受剪桁架机构计算简图如图 2.1-45 所示。根据力平衡条件，取图 2.1-45 中桁架机构右侧隔离体进行受力分析，见图 2.1-46（a），可得到桁架机构的受剪承载力为：

$$V_t = \sum A_{sv}\sigma_{sv}\sin\alpha = \frac{A_{sv}\sigma_{sv}h_j}{s}\sin\alpha\cot\varphi \tag{2.1-34}$$

式中：A_{sv}——柱截面内箍筋各肢的全部截面面积；

σ_{sv}——箍筋强度；

h_j——截面纵筋间中心距；

s——箍筋间距；

α——箍筋与柱纵轴线夹角；

φ——斜压杆倾角。

对图 2.1-45 中桁架机构左侧隔离体进行受力分析，见图 2.1-46（b），可得：

$$\left(\sum A_{sv}\sigma_{sv}\sin\alpha\right)^2(1+\cot^2\varphi) = \left[(1-\eta_1)\sigma_c h_j h_c\cos\varphi\right]^2 \tag{2.1-35}$$

将式(2.1-34)代入式(2.1-35)，根据三角函数关系$1+\cot^2\varphi = 1/\sin^2\varphi$，并考虑桁架机构中混凝土压应力$\sigma_c \leqslant \gamma_{c1}f_{c,p}$，可得：

$$\cot\varphi \leqslant \sqrt{\frac{(1-\eta_1)\gamma_{c1}f_{c,p}h_c s}{A_{sv}\sigma_{sv}\sin\alpha} - 1} \tag{2.1-36}$$

式中：$f_{c,p}$——外部预制管混凝土轴心抗压强度；

η_1——系数，$\eta_1 = d/h_c$；

h_c——柱截面高度；

γ_{c1}——混凝土软化系数，根据已有研究成果[20-22]，$\gamma_{c1} = 1.0 - f_{c,p}/133$。

当斜压杆倾角（φ）取值较小时，导致与斜裂缝正交的压力增大，引起应力不易传递，φ的上限取$\cot\varphi = 2.0$[23]。因此，$\cot\varphi$的取值为：

$$\cot\varphi = \min\left(\sqrt{\frac{(1-\eta_1)\gamma_{c1}f_{c,p}h_c s}{A_{sv}\sigma_{sv}\sin\alpha}-1}, 2\right) \tag{2.1-37}$$

将式(2.1-37)代入式(2.1-34)，可得到桁架机构受剪承载力为：

$$V_t = \min\begin{cases} 2A_{sv}\sigma_{sv}h_j\sin\alpha/s \\ \dfrac{A_{sv}\sigma_{sv}h_j\sin\alpha}{s}\sqrt{\dfrac{(1-\eta_1)\gamma_{c1}f_{c,p}h_c s}{A_{sv}\sigma_{sv}\sin\alpha}-1} \end{cases} \tag{2.1-38}$$

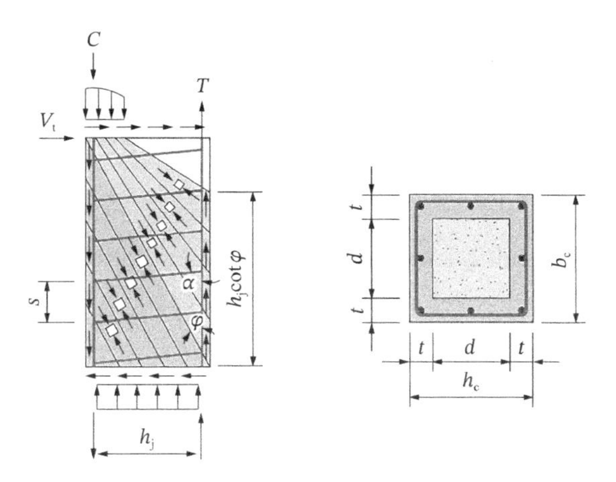

图 2.1-45　桁架机构计算简图

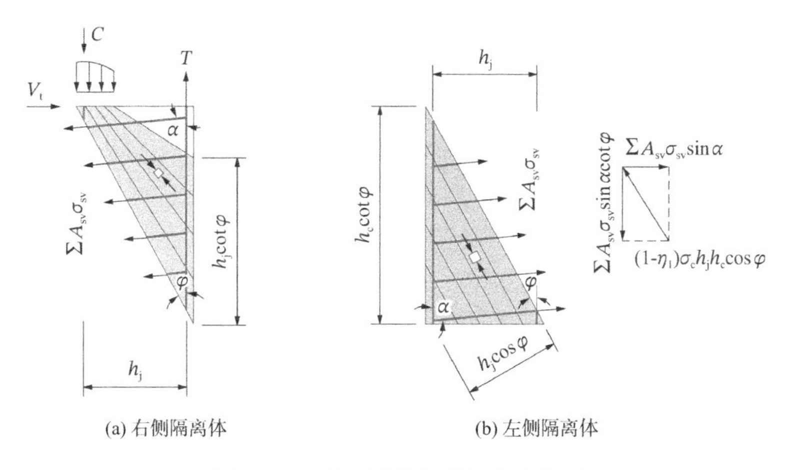

图 2.1-46　桁架机构隔离体受力简图

（2）拱机构

预制管组合柱的拱机构计算简图如图 2.1-47 所示。由于拱机构与桁架机构中混凝土斜压杆的角度不同，近似取拱机构中受压混凝土高度为柱截面高度的一半[23]，可得拱机构的受剪承载力为：

$$V_a = \frac{1}{2}(1-\beta)(1-\eta_1)\gamma_{c1}f_{c,p}h_c^2\tan\theta_1 + \frac{1}{2}\gamma_{c2}f_{c,f}(\eta_1 h_c)^2\tan\theta_2 \tag{2.1-39}$$

$$\beta = \frac{A_{sv}\sigma_{sv}\sin\alpha\,(1+\cot^2\varphi)}{(1-\eta_1)h_c s\gamma_{c1}f_{c,p}} \tag{2.1-40}$$

式中：V_a——拱机构的受剪承载力；

$f_{c,p}$——芯部混凝土轴心抗压强度；

γ_{c2}——混凝土软化系数，$\gamma_{c2}=1.0-f_{c,p}/133$。

由图 2.1-47 中的几何关系以及$\tan\theta$与柱剪跨比（λ）的关系，可得：

$$\tan\theta_1=\sqrt{(1.8\lambda)^2+1}-1.8\lambda\approx\frac{1}{4\lambda} \tag{2.1-41}$$

$$\tan\theta_2=\sqrt{\left(\frac{1.8\lambda}{\eta_1}\right)^2+1}-\frac{1.8\lambda}{\eta_1} \tag{2.1-42}$$

将式(2.1-41)和式(2.1-42)代入式(2.1-39)中，可得拱机构的受剪承载力为：

$$\begin{cases} V_a=\dfrac{(1-\beta)(1-\eta_1)\gamma_{c1}f_{c,p}h_c^2}{8\lambda}+\dfrac{1}{2}\gamma_{c2}f_{c,f}(\eta_1 h_c)^2\left[\sqrt{\left(\dfrac{1.8\lambda}{\eta_1}\right)^2+1}-\dfrac{1.8\lambda}{\eta_1}\right] \\ \beta=\dfrac{A_{sv}\sigma_{sv}\sin\alpha\,(1+\cot^2\varphi)}{(1-\eta_1)h_c s\gamma_{c1}f_{c,p}} \end{cases} \tag{2.1-43}$$

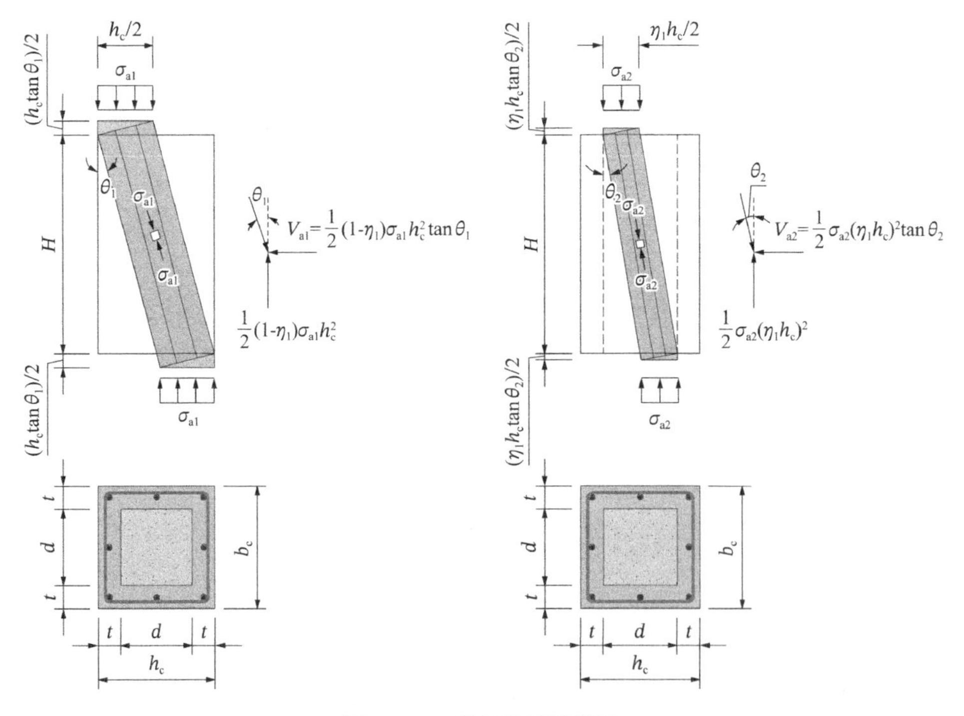

图 2.1-47　拱机构计算简图

（3）受剪承载力计算公式及验证

由桁架-拱模型，并以下限塑性理论为基础，预制管组合柱的受剪承载力等于桁架机构和拱机构受剪承载力之和。轴压力（N）对受剪承载力的提高作用通过系数ζ_n反映，$\zeta_n = 1 + N/[(1-k)f_{c,p}b_c h_c + kf_{c,f}b_c h_c]$，当$N > 0.3[(1-k)f_{c,p} + kf_{c,f}b_c h_c]$时，取$0.3[(1-k)f_{c,p} + kf_{c,f}]b_c h_c$，其中$k$为空心率，$b_c$和$h_c$分别为预制管组合柱截面的宽度和高度。因此，可得到预制管组合柱的受剪承载力计算公式，如式(2.1-44)所示。

$$V_C = \frac{A_{sv}\sigma_{sv}h_j \sin\alpha \cot\varphi}{s} + \frac{(1-\beta)(1-k)(1-\eta_1)\zeta_n\gamma_{c1}f_{c,p}h_c^2}{8\lambda} + \frac{1}{2}k\zeta_n\gamma_{c2}f_{c,f}(\eta_1 h_c)^2\left[\sqrt{\left(\frac{1.8\lambda}{\eta_1}\right)^2 + 1} - \frac{1.8\lambda}{\eta_1}\right] \tag{2.1-44}$$

式中：$\cot\varphi$和β分别按式(2.1-37)和式(2.1-40)计算。

预制管组合柱受剪承载力计算值与试验值对比 表 2.1-12

试件序号	试件编号	λ	N（kN）	ρ_{sv}（%）	$f_{c,p}$（MPa）	V_m（kN）	V_C（kN）	V_C/V_m
1	CFPCT1	1.5	0	0.17	38.7	574.7	495.7	0.86
2	CFPCT2	1.5	1150	0.17	38.7	656.7	546.3	0.83
3	CFPCT3	1.5	1550	0.17	38.7	751.9	566.6	0.75
4	CFPCT4	2.0	0	0.17	38.7	424.7	394.1	0.93
5	CFPCT5	2.0	1150	0.17	38.7	512.6	484.0	0.94
6	CFPCT6	2.0	1550	0.17	38.7	542.6	493.3	0.91
7	CFPCT7	2.25	1150	0.17	38.7	464.1	436.9	0.94
8	CFPCT8	2.25	1550	0.17	38.7	498.9	446.5	0.90
9	CFPCT9	2.0	1200	0.17	48.2	529.8	494.0	0.93
10	CFPCT10	2.0	1600	0.17	48.2	545.3	496.3	0.91
11	CFPCT11	1.5	1150	0.22	38.7	673.6	600.3	0.89
12	CFPCT12	2.0	1150	0.22	38.7	532.1	501.4	0.94
平均值								0.90
变异系数								0.06

采用式(2.1-44)对预制管组合柱的受剪承载力进行计算，并与试验数据对比分析，其结果见表 2.1-12。图 2.1-48 给出了本书推导公式的计算值与试验值的比较。预制管组合柱的受剪承载力取试验得到的峰值剪力（V_m），受剪承载力计算时箍筋强度取各试件在峰值剪力时箍筋的平均应力。由表 2.1-12 和图 2.1-48 可知，计算值与试验值比值的平均值为 0.90，变异系数为 0.06，计算值与试验值吻合较好，计算结果整体偏于安全且离散性较小。因此，对发生剪切受压破坏模式的预制管组合柱，可采用本书推导的公式对其受剪承载力进行预测。

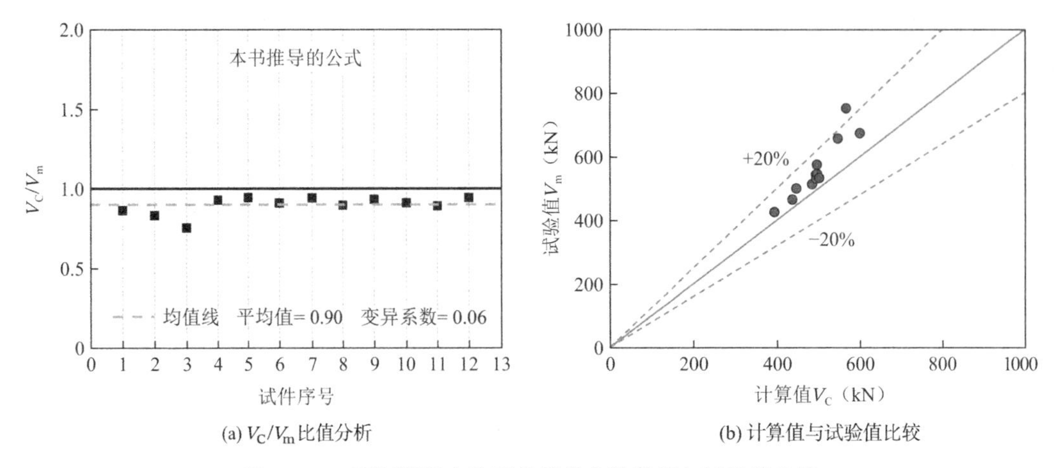

(a) V_C/V_m 比值分析　　(b) 计算值与试验值比较

图 2.1-48　预制管组合柱受剪承载力计算值与试验值比较

2）考虑正常使用极限状态要求的受剪承载力计算公式

由上述分析可知，对预制管组合柱，使用式(2.1-44)可以较好地预测其受剪承载力。对本书的 12 个预制管组合柱，其计算值与试验值比值的平均值为 0.90，变异系数为 0.06。虽然式(2.1-44)可以较好地预测预制管组合柱的极限受剪承载力（即峰值剪力），但是在工程结构设计中，除了要考虑承载能力极限状态时构件的极限承载力，还要考虑正常使用极限状态时的要求，如裂缝宽度控制等。由试验结果可知，预制管组合柱达到峰值剪力时，柱中斜裂缝宽度约为 0.9～1.35mm。因此，使用式(2.1-44)进行预制管组合柱受剪承载力设计时，其斜裂缝宽度难以满足在正常使用极限状态下的裂缝宽度限值要求。为此，采用设定箍筋强度上限值的方法来确保满足正常使用极限状态下裂缝宽度限值要求。根据该方法，利用式(2.1-44)计算得到了各试件在不同箍筋强度上限值时的受剪承载力（V_C），并与试验值$V_{0.2}$进行对比，其结果列于表 2.1-13。

对比分析表 2.1-13 可知，对预制管组合柱，当箍筋强度上限值取 500MPa 时，其$V_{C2}/V_{0.2}$比值的平均值为 0.91，变异系数为 0.08，计算结果均小于试验结果且离散性较小。因此，对使用高强箍筋的预制管组合柱，在利用式(2.1-44)进行受剪承载力计算时，将箍筋强度上限值设定为 500MPa（对应箍筋强度设计值约为 450MPa）是合理的，可以满足正常使用极限状态下裂缝宽度限值要求。

基于上述分析结果，对使用高强箍筋的预制管组合柱，本书建议其受剪承载力可按式(2.1-44)计算，计算时高强箍筋强度可取 500MPa（对应箍筋强度设计值取 450MPa）。

考虑正常使用极限状态要求的受剪承载力计算值与试验值对比　　表 2.1-13

试件编号	$V_{0.2}$（kN）	$\sigma_{sv}=400$MPa		$\sigma_{sv}=500$MPa		$\sigma_{sv}=550$MPa		$\sigma_{sv}=600$MPa		$\sigma_{sv}=650$MPa	
		V_{C1}（kN）	$V_{C1}/V_{0.2}$	V_{C2}（kN）	$V_{C2}/V_{0.2}$	V_{C3}（kN）	$V_{C3}/V_{0.2}$	V_{C4}（kN）	$V_{C4}/V_{0.2}$	V_{C5}（kN）	$V_{C5}/V_{0.2}$
CFPCT1	349.5	313.8	0.90	328.7	0.94	336.2	0.96	343.6	0.98	351.1	1.00
CFPCT2	410.7	360.9	0.88	374.9	0.91	382.0	0.93	389.0	0.95	396.1	0.96
CFPCT3	554.7	377.2	0.68	391.0	0.70	397.9	0.72	404.9	0.73	411.8	0.74
CFPCT4	237.2	224.1	0.94	238.2	1.00	248.3	1.05	256.3	1.08	264.4	1.11

续表

试件编号	$V_{0.2}$（kN）	$\sigma_{sv}=400$MPa		$\sigma_{sv}=500$MPa		$\sigma_{sv}=550$MPa		$\sigma_{sv}=600$MPa		$\sigma_{sv}=650$MPa	
		V_{C1}（kN）	$V_{C1}/V_{0.2}$	V_{C2}（kN）	$V_{C2}/V_{0.2}$	V_{C3}（kN）	$V_{C3}/V_{0.2}$	V_{C4}（kN）	$V_{C4}/V_{0.2}$	V_{C5}（kN）	$V_{C5}/V_{0.2}$
CFPCT5	313.1	291.0	0.93	306.6	0.98	314.3	1.00	322.1	1.03	329.9	1.05
CFPCT6	332.2	303.3	0.91	318.6	0.96	326.3	0.98	334.0	1.01	341.7	1.03
CFPCT7	295.6	267.6	0.91	283.7	0.96	291.7	0.99	299.7	1.01	307.7	1.04
CFPCT8	315.6	278.6	0.88	294.4	0.93	302.4	0.96	310.3	0.98	318.2	1.01
CFPCT9	338.1	298.5	0.88	314.0	0.93	321.8	0.95	329.5	0.97	337.3	1.00
CFPCT10	385.9	310.6	0.80	325.9	0.84	333.6	0.86	341.2	0.88	348.9	0.90
CFPCT11	448.2	377.8	0.84	396.1	0.88	405.3	0.90	414.4	0.92	423.6	0.95
CFPCT12	359.1	309.7	0.86	329.9	0.92	340.0	0.95	350.1	0.97	360.2	1.00
平均值			0.87		0.91		0.94		0.96		0.98
变异系数			0.08		0.08		0.09		0.09		0.09

2.1.6 小结

（1）预制管空心柱的破坏模式为剪切受压破坏，剪切斜裂缝与柱纵轴线夹角在29°～41°之间。剪跨比对剪切斜裂缝与柱纵向线夹角的影响较大，其夹角随剪跨比的增大而减小，相比之下，轴压比和配箍率的影响不明显。

（2）轴压比和剪跨比是影响预制管空心柱承载能力和变形能力的两个重要因素。随着轴压比的增加，柱承载能力提高，但变形能力降低；柱承载能力随剪跨比的增加而降低，但其变形能力显著提高。预制管空心柱中斜裂缝宽度达到0.2mm时，$V_{0.2}$约为峰值剪力的50%～60%。

（3）预制管空心柱的延性系数介于1.79～2.63之间，除试件HPCT2和HPCT3处于无延性水平等级外，其他试件均处于低延性水平等级。因此，在实际工程中应避免短柱的出现，以确保柱具有较好的延性性能。

（4）变形组成分析结果表明，剪跨比和轴压比对加载过程中剪切变形所占比重影响显著；随着剪跨比的减小，剪切变形所占比重显著增大，对剪跨比较小的预制管空心柱，剪切变形对其受力性能的影响显著；由于轴压力在一定程度上抑制了柱弯曲变形的发展，其剪切变形所占比重随轴压比增加而增大。

（5）预制管组合柱的破坏模式为剪切受压破坏，剪切斜裂缝与柱纵轴线夹角在28°～41°之间。剪跨比对剪切斜裂缝与柱纵轴线夹角的影响较大，其夹角随剪跨比的增大而减小；相比之下，轴压比、配箍率和芯部混凝土强度的影响不明显。

（6）由试验现象和应变分析结果可知，预制管组合柱中芯部混凝土与外部预制管壁接触界面保持完好，未出现滑移现象，两者变形基本协调，具有较好的整体协同工作性能。

（7）随着轴压比的增加，预制管组合柱的受剪承载力提高，但其变形能力降低；增加剪跨比在一定程度上降低了柱的受剪承载力，随着剪跨比的增加，其对柱受剪承载力的影响程度逐渐减弱。预制管组合柱的受剪承载力随配箍率和芯部混凝土强度的增加而提高。预制管组合柱中斜裂缝宽度达到 0.2mm 时，其剪力$V_{0.2}$约为峰值剪力的 50%～75%。

（8）预制管组合柱的延性系数介于 2.57～4.78 之间，试件 CFPCT2 和 CFPCT3 处于低延性水平等级，试件 CFPCT4、CFPCT7～9 和 CFPCT12 处于高延性水平等级，其他试件处于中等延性水平等级；因此，对预制管组合柱，设计中应避免使用短柱，尤其是剪跨比不大于 1.5 的极短柱，以防止柱发生延性性能较差的剪切破坏。

（9）变形组成分析结果表明，剪跨比和轴压比对加载过程中剪切变形所占比重影响显著；随着剪跨比的减小，剪切变形所占比重显著增大，对剪跨比较小的预制管组合柱，剪切变形对其受力性能的影响显著；由于轴压力在一定程度上抑制了柱弯曲变形的发展，其剪切变形所占比重随轴压比的增加而增大；增加配箍率可在一定程度上抑制柱剪切变形的发展，但其影响程度较小。

（10）通过对预制管空心柱及组合柱裂缝发展规律和混凝土应变的分析，建议将$V_{0.2}$作为柱的临界斜裂缝剪力，以控制柱中斜裂缝的开展，使其能更好地满足正常使用极限状态下的裂缝宽度要求。

（11）在峰值荷载时，预制管空心柱中箍筋的应力发挥程度约为抗拉强度的 65%～80%，预制管组合柱中箍筋的应力发挥程度约为抗拉强度的 60%～80%。

（12）对预制管组合柱受剪机理的分析可知，在整个受力过程中，外部预制管承担了主要剪力，芯部混凝土在弹性阶段发挥作用较小，主要在弹塑性阶段发挥作用，芯部混凝土在一定程度上延缓了柱损伤的发展，既提高了承载力，又显著地改善了柱在峰值后阶段的变形性能；总体来说，与预制管空心柱相比，预制管组合柱的受剪性能提高显著。

（13）总结了相关规程和文献中有关空心截面钢筋混凝土柱受剪承载力的计算方法，并使用其计算公式对预制管空心柱的受剪承载力进行了预测。各计算方法预测值与试验值的对比分析结果表明，ACI 318-11 建议的计算公式严重低估了预制管空心柱的受剪承载力，预测结果偏于保守。相比之下，Aschheim 等以及 Shin 等建议的计算公式则高估了预制管空心柱的受剪承载力，预测结果偏于不安全。采用我国《混凝土结构设计规范》GB 50010—2010 对预制管空心柱受剪承载力计算的结果偏低，预测结果整体偏于保守，但离散性相对较小。

（14）在试验研究和理论分析的基础上，基于桁架-拱模型理论分别推导了适用于预制管空心柱和预制管组合柱的受剪承载力计算公式，并利用所推导公式对相应试件的受剪承载力进行了预测。对预制管空心柱，所推导公式的预测值与试验值比值的平均值为 0.89，变异系数为 0.09；对预制管组合柱，所推导公式的预测值与试验值比值的平均值为 0.90，变异系数为 0.06。总体而言，预测结果与试验结果吻合较好，且偏于安全，离散性较小。因此，对发生剪切受压破坏模式的预制管空心柱或预制管组合柱，本书所建立的计算公式可以较好地预测其受剪承载力。

（15）为使预制管空心柱和预制管组合柱在正常使用阶段满足裂缝宽度限值要求，结合试验数据确定了高强箍筋强度上限值的取值。在高强箍筋强度上限值取 500MPa（对应箍筋强度设计值取 450MPa）的条件限制下，利用本书所建议计算公式进行受剪承载力设计的预制管空心柱或预制管组合柱，其裂缝宽度可以满足正常使用极限状态下裂缝宽度限值要求。

2.2 短柱反复加载受剪性能

单调加载忽略了模拟地震反复荷载产生的损伤累积效应和循环退化效应，不能准确反映地震作用下的真实受力特征。美国 PEER/ATC 72-1 规范[28]和 NIST GCR 10-917-5 规范[29]明确指出基于单调试验建立的分析模型须考虑反复荷载影响。相关试验[30-32]结果也表明，RC 柱的破坏模式与加载方式具有强相关性。与单调加载相比，反复加载下剪切效应更显著，主要表现为承载力降低、峰值荷载后变形能力劣化和破坏时极限位移降低等，总体上更易于发生剪切破坏。

本节通过 7 个预制管空心短柱、12 个预制管组合短柱和 1 个 RC 短柱（对比）试件的低周反复加载试验，分析剪跨比、轴压比和配箍率、芯部混凝土强度、预制管与芯部混凝土界面粘结性能等参数对破坏形态、受剪承载力、变形性能和耗能能力的影响。在此基础上，基于桁架-拱模型，建立适用于预制管空心柱和预制管组合柱的抗震受剪承载力计算方法，以期为工程应用提供理论依据。

2.2.1 试验概况

1. 试件设计与制作

为确保柱发生剪切破坏，按"强弯弱剪"（压弯承载力大于受剪承载力）原则设计了 20 个试件，包括 7 个预制管空心柱（编号：HC1～HC7）、12 个预制管组合柱（编号：CC1～CC12）和 1 个 RC 柱（编号：RC）。试件几何尺寸及配筋构造如图 2.2-1 所示。试验参数包括剪跨比（$\lambda=1.5$、1.75、2.0）、轴压比（$n=0.1$、0.2）、配箍率（空心柱：$\rho_{sv}=0.29\%$、0.38%、0.47%、0.75%；组合柱：$\rho_{sv}=0.11\%$、0.14%、0.18%、0.28%）、芯部混凝土强度等级（C25、C30、C50）和界面粘结性能（有粘结、无粘结）。试件截面尺寸均为 400mm × 400mm，除试件 RC 外，其余试件中空部分直径（d_c）为 250mm，空心率为 30.7%。根据剪跨比不同，加载点至柱底的距离（H_n）分别为 600mm、700mm 和 800mm。基础梁尺寸为 1400mm（长）× 550mm（宽）× 450mm（高）。各试件纵筋采用直径 25mm 的 HRB400 级钢筋，箍筋采用直径 6mm 的高延性高强冷轧带肋钢筋[33,34]，牌号为 CRB600H，布置形式为单层四边形螺旋式。柱纵筋锚入基础梁内，并附加三道箍筋。柱保护层厚度为 20mm。为避免空心柱施加水平荷载时发生局压破坏，在加载端高度范围内（300mm）填充与预制管强度相同的芯部混凝土并设置附加钢筋。在所有试件柱顶设置钢筋网片，防止轴压力使其发生局压破坏。

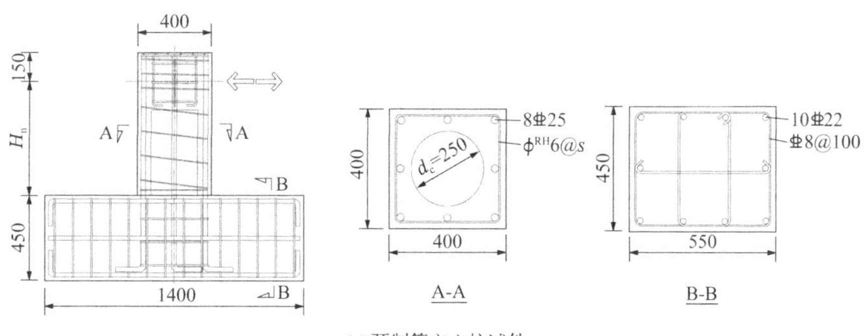

(a) 预制管空心柱试件

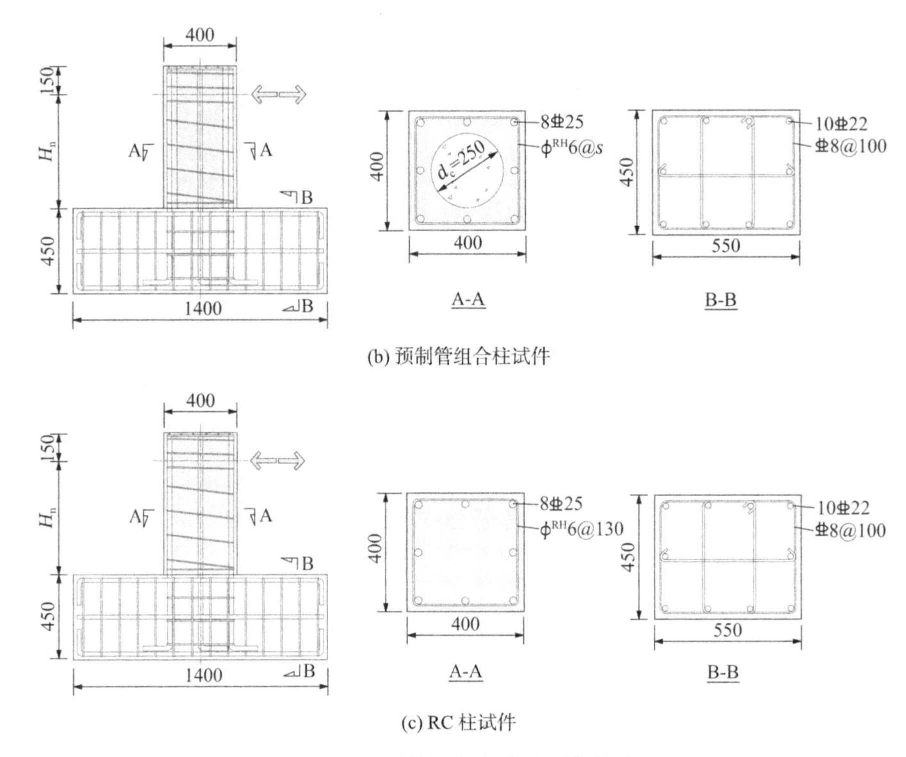

(b) 预制管组合柱试件

(c) RC 柱试件

图 2.2-1　试件几何尺寸和配筋构造

试件设计参数见表 2.2-1。其中，试件编号第一个字母 H 代表空心，C 代表组合，后续字母 C 代表柱，s为箍筋间距，M_c为柱压弯承载力。

试件设计参数　　　　**表 2.2-1**

试件编号	H_n（mm）	λ	n	n_d	N（kN）	s（mm）	ρ_{sv}（%）	预制管/芯部混凝土强度等级	界面粘结	M_c（kN·m）
HC1	600	1.5	0.1	0.23	454	130	0.29	C50/—	—	389.31
HC2	600	1.5	0.2	0.46	908	130	0.29	C50/—	—	456.70
HC3	700	1.75	0.1	0.23	454	130	0.29	C50/—	—	389.31
HC4	800	2.0	0.1	0.23	454	130	0.29	C50/—	—	389.31
HC5	600	1.5	0.1	0.23	454	100	0.38	C50/—	—	389.43
HC6	600	1.5	0.1	0.23	454	80	0.47	C50/—	—	390.59
HC7	600	1.5	0.1	0.23	454	50	0.75	C50/—	—	391.18
CC1	600	1.5	0.1	0.23	567	130	0.11	C50/C25	有	410.42
CC2	600	1.5	0.2	0.47	1134	130	0.11	C50/C25	有	477.34
CC3	700	1.75	0.1	0.23	567	130	0.11	C50/C25	有	410.42
CC4	700	1.75	0.2	0.47	1134	130	0.11	C50/C25	有	477.34
CC5	800	2.0	0.1	0.23	567	130	0.11	C50/C25	有	410.42
CC6	800	2.0	0.2	0.47	1134	130	0.11	C50/C25	有	477.34

续表

试件编号	H_n（mm）	λ	n	n_d	N（kN）	s（mm）	ρ_{sv}（%）	预制管/芯部混凝土强度等级	界面粘结	M_c（kN·m）
CC7	600	1.5	0.1	0.23	574	130	0.11	C50/C30	有	410.53
CC8	600	1.5	0.1	0.23	649	130	0.11	C50/C50	有	420.79
CC9	600	1.5	0.1	0.23	567	100	0.14	C50/C25	有	410.53
CC10	600	1.5	0.1	0.23	567	80	0.18	C50/C25	有	410.65
CC11	600	1.5	0.1	0.23	567	50	0.28	C50/C25	有	411.35
CC12	600	1.5	0.1	0.23	649	130	0.11	C50/C50	无	420.79
RC	600	1.5	0.1	0.23	654	130	0.11	C50	—	421.84

柱压弯承载力采用纤维模型法计算，计算时遵循以下假定：（1）截面应变沿截面高度直线分布；（2）截面上任一点纵向应力仅取决于该点纵向纤维应变；（3）预制管与芯部混凝土变形协调；（4）钢材应力-应变关系采用双线性模型，强化段弹性模量取 $0.01E_s$；（5）不考虑混凝土的抗拉强度；（6）柱保护层混凝土采用非约束混凝土本构模型，极限压应变按《混凝土结构设计规范》GB 50010—2010[19]取值，箍筋约束混凝土受压应力-应变关系采用 Mander 模型[35]。计算得到各试件N-M相关曲线如图 2.2-2 所示，M_c列于表 2.2-1 中。

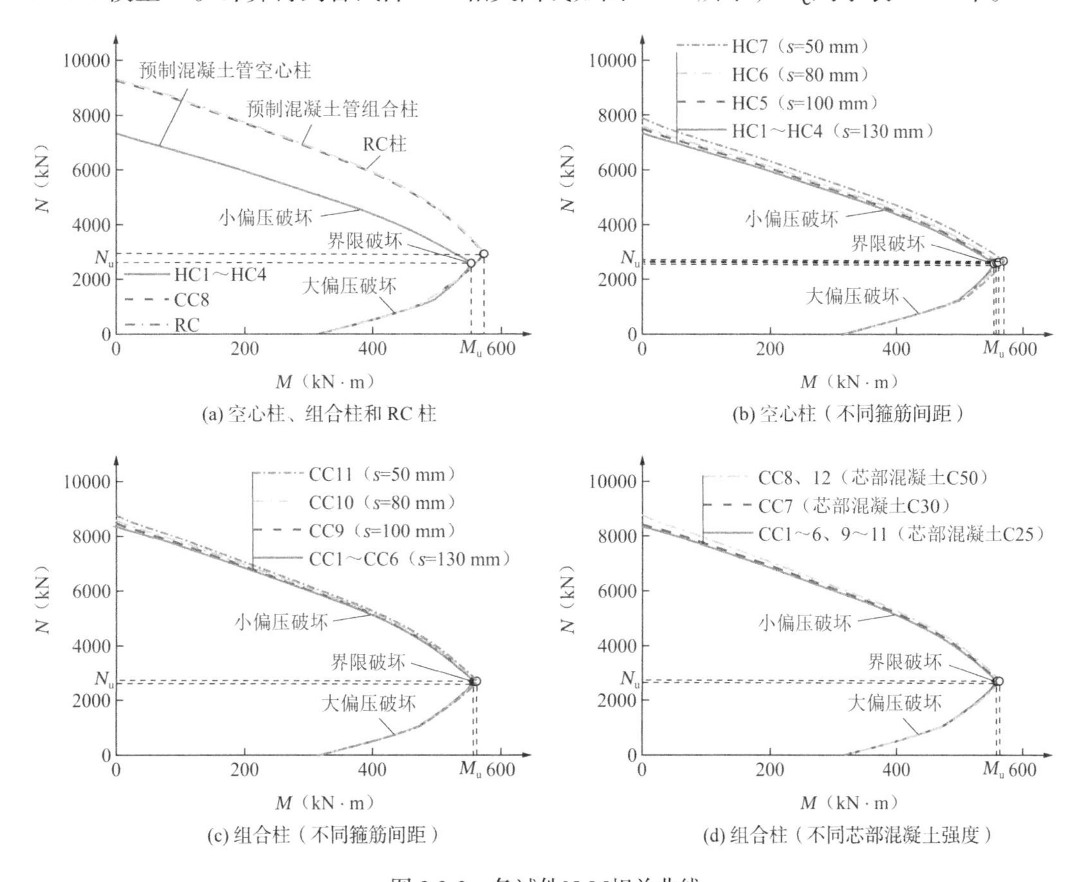

(a) 空心柱、组合柱和 RC 柱　(b) 空心柱（不同箍筋间距）
(c) 组合柱（不同箍筋间距）　(d) 组合柱（不同芯部混凝土强度）

图 2.2-2　各试件N-M相关曲线

试件采用抽芯法制作，抽芯模具为 PVC 管。试件 CC12 为实现界面无粘结，在浇筑芯部混凝土前在预制管壁内覆聚乙烯（PE）薄膜并涂抹脱模剂，其余试件界面不做特殊处理。具体制作流程如图 2.2-3 所示。

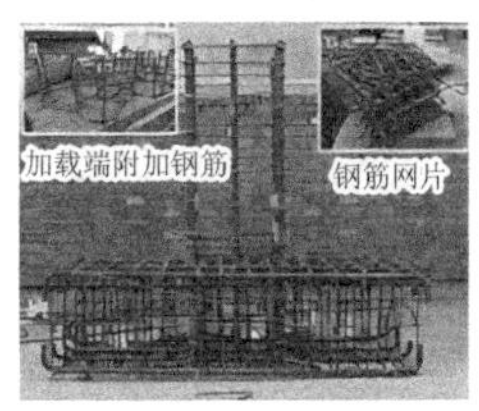

(a) 绑扎钢筋笼

(b) 基础梁入模

(c) 浇筑基础梁混凝土

(d) 柱支模、基础梁凿毛

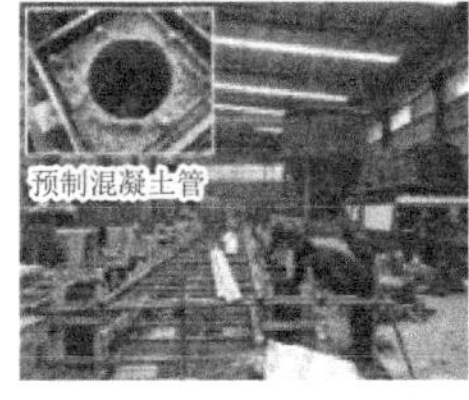

(e) 浇筑预制混凝土管混凝土

(f) 绑扎钢筋笼

(g) 绑扎钢筋笼

(h) 绑扎钢筋笼

图 2.2-3 试件制作流程

2. 材料性能

（1）混凝土

各试件基础梁和预制管混凝土强度等级均为 C50，芯部混凝土强度等级有 C25、C30 和 C50 三种。按混凝土强度分类标准[36]，C25、C30 和 C50 混凝土分别属于低强、中强和高强混凝土。混凝土配合比如表 2.2-2 所示，原材料包括：主要胶凝材料 42.5 级普通硅酸盐水泥（P·O 42.5），F 类Ⅱ级粉煤灰，S95 矿粉，细度模数为 2.4 的中砂，5～25mm 玄武岩碎石和水。为保证混凝土冬季施工质量，使混凝土能够在负温下硬化并达到足够的防冻强度[37]，C50 混凝土掺入 SWD-1 型防冻剂。为改善和易性，提高抗冻性和抗渗性，C25 和 C30 混凝土掺入高效减水剂。浇筑时各预留 6 个边长为 150mm 的标准立方体混凝土试块，与试件同条件养护。按规范[4]实测 C25、C30、C50（芯部混凝土）和 C50（预制管、RC 柱）混凝土立方体抗压强度平均值分别为 30.4MPa、32.3MPa、52.1MPa、53.3MPa。

混凝土配合比 **表 2.2-2**

强度等级	部位	材料用量（kg/m^3）					
		水泥	粉煤灰	矿粉	中砂	碎石	水
C25	芯部混凝土	245	60	65	767	1060	160
C30	芯部混凝土	365	70	0	686	1073	160
C50	芯部混凝土、预制管、基础梁、RC 柱	440	55	55	583	1083	149

立方体试块抗压强度平均值（f_{cu}）与棱柱体抗压强度平均值（f_c）、轴心抗拉强度平均

值（f_t）的换算结果见表 2.2-3。

混凝土强度换算　　　　表 2.2-3

强度等级	部位	f_{cu}（MPa）	f_c（MPa）	f_t（MPa）	E_c（MPa）
C25	芯部混凝土	30.4	23.1	2.58	29023
C30	芯部混凝土	32.3	24.5	2.67	29918
C50	芯部混凝土	52.1	39.8	3.48	33855
C50	预制管、RC 柱	53.3	40.9	3.52	33825

（2）钢筋

纵筋和箍筋分别为 HRB400 和 CRB600H，根据《钢及钢产品 力学性能试验取样位置及试样制备》GB/T 2975—2018[38]和《金属材料 拉伸试验 第 1 部分：室温试验方法》GB/T 228.1—2021[5]，加工试样并进行拉伸试验（图 2.2-4），测得力学性能指标见表 2.2-4。

(a) 拉伸试验装置

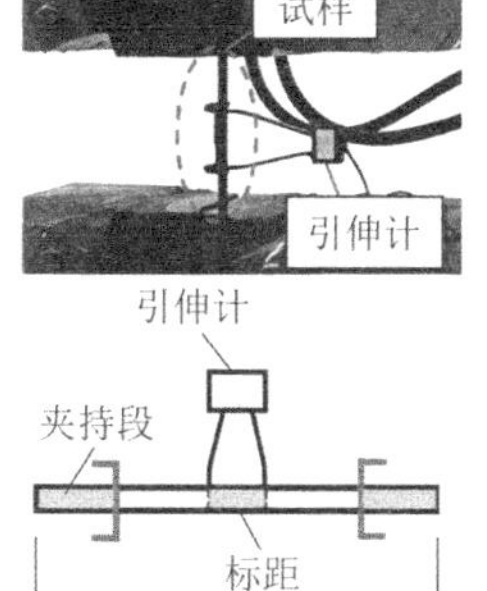

(b) 试样安装与几何尺寸

(c) 破坏形态

图 2.2-4　钢筋力学性能试验

钢筋力学性能　　　　表 2.2-4

钢筋类型	直径（mm）	屈服强度（MPa）	抗拉强度（MPa）	伸长率（%）
纵筋	25	450	624	28.8
箍筋	6	656	715	15.6

3. 试验装置与加载制度

试验采用悬臂式加载，试件变形模式为单曲率弯曲（Single bending），加载装置如图 2.2-5 所示。试件基础梁通过地锚螺栓和箱形钢压梁固定在刚性地板上。轴压力由 200t 液压千斤顶分级施加至预设值，加载过程中保持恒定。液压千斤顶上方通过滑动装置与反力架横梁相连，使试件能够在水平方向自由移动。200t 水平千斤顶东侧安装在反力墙上，西侧连接于加载夹具对试件施加水平反复荷载。

低周反复加载采用荷载-位移混合控制加载制度[39]，如图 2.2-6 所示。其中P和P_{cr}分别为水平荷载和开裂荷载，Δ和Δ_{cr}分别为水平位移和开裂位移。开裂前采用荷载控制，分 2

级加载，每级荷载增量为 50kN，每级循环 1 次；开裂后采用位移控制，位移增量为屈服位移的整数倍，每级循环 2 次，直至水平荷载下降至峰值荷载的 80%以下时结束加载。试验加载速率为 1kN/s 或 0.02mm/s。规定水平作动器施加推力（西向）时为正向，施加拉力（东向）时为负向。

(a) 预制管空心柱加载现场

(b) 预制管组合柱、RC 柱加载现场

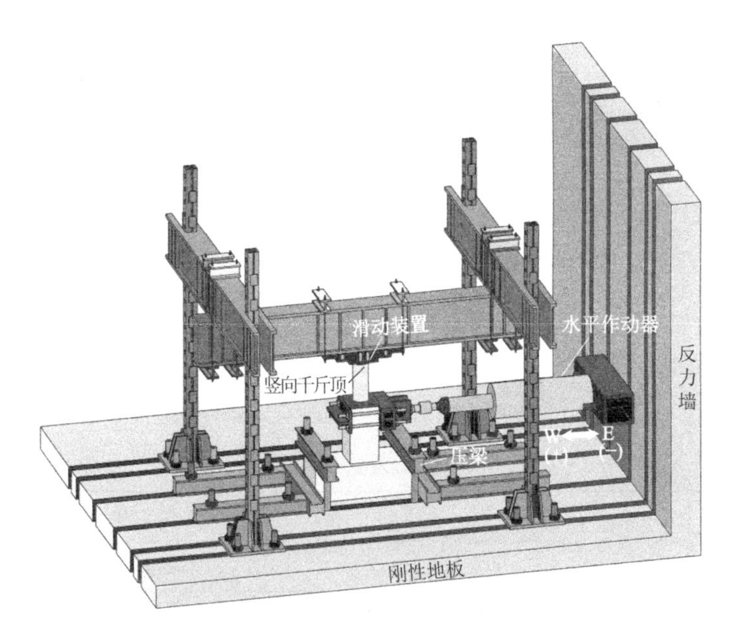

(c) 加载示意图

图 2.2-5　加载装置

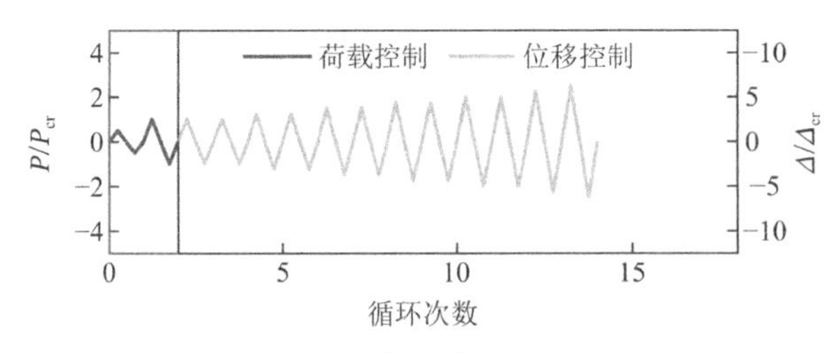

图 2.2-6　加载制度示意图

4. 量测内容与测点布置

量测内容包括水平荷载、位移和应变。图 2.2-7 所示为位移计布置方案，位移计 D1 用于测量加载点处水平位移；交叉布置位移计 D2 和 D3 用于测量柱剪切变形；D4 和 D5 用于测量纵筋与混凝土之间的滑移变形；D6 和 D7 用于测量柱弯曲变形；D8 用于测量柱轴向变形；D9 和 D10 用于监测基础梁转动变形；D11 用于监测基础梁水平滑移。为研究试件加载过程中的应变发展规律，在柱纵筋和箍筋及柱表面布置应变测点，如图 2.2-8 所示。此外，采用 ZBL-F130 裂缝宽度观测仪量测每级加载结束后的混凝土裂缝宽度，量程 0～4mm，分辨率 0.01mm，测量仪器及成像原理如图 2.2-9 所示。

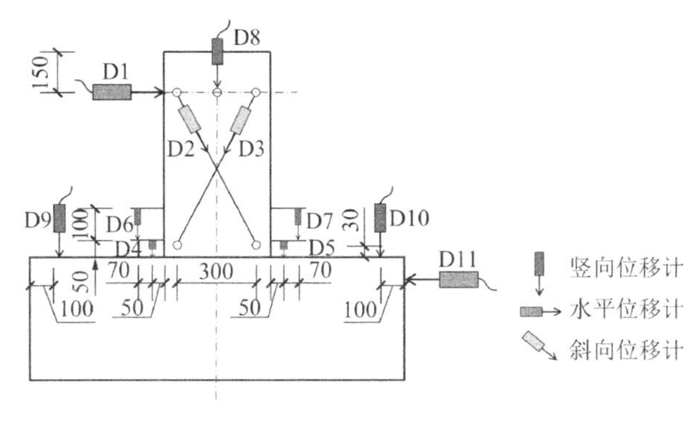

图 2.2-7 位移计布置图

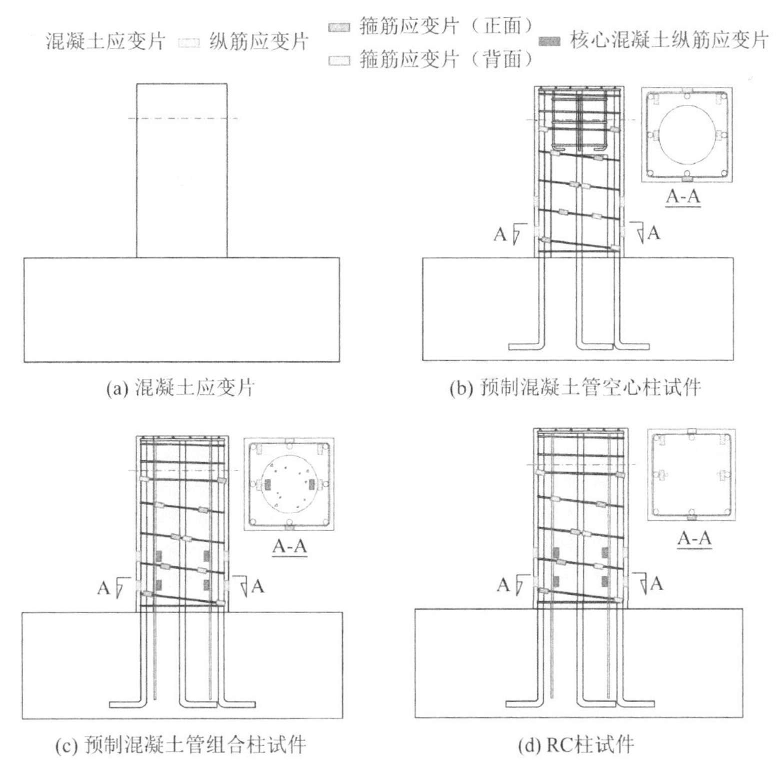

图 2.2-8 应变测点布置

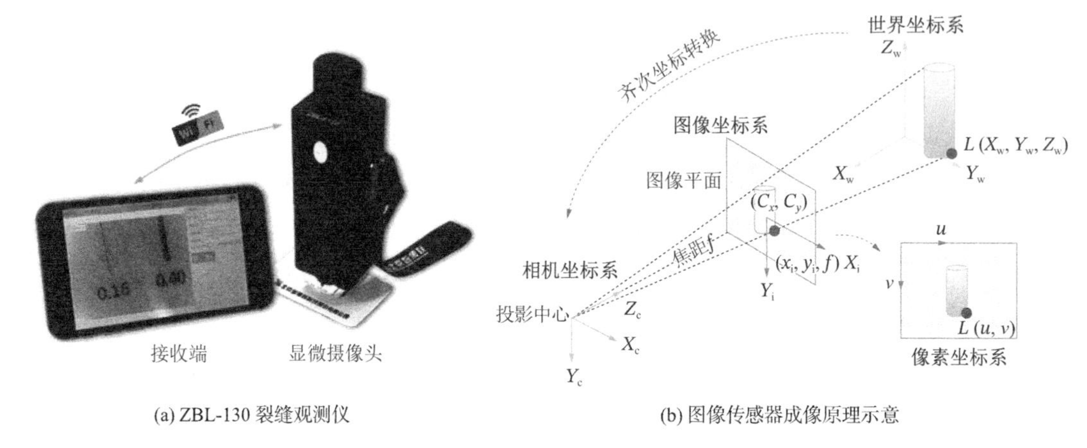

(a) ZBL-130 裂缝观测仪　　(b) 图像传感器成像原理示意

图 2.2-9　裂缝宽度观测仪及成像原理

2.2.2　试验现象及破坏模式

1. 预制管空心柱

（1）破坏过程

7 个预制管空心柱试件的损伤发展和破坏特征基本一致。图 2.2-10 所示为典型试件的剪力（V）-位移角（R）骨架曲线和滞回曲线。定义R为柱端加载点处水平位移与加载点至柱底距离的比值，即$R = \Delta/H_n$。试件在压剪共同作用下大致经历了弹性段、弹塑性段和破坏段三个受力阶段，各阶段临界点分别对应V-R曲线的开裂点（A 点）、峰值点（B 点）和破坏点（C 点）。开裂点为柱中出现第一条裂缝对应的点，破坏点为剪力下降至峰值剪力（V_m）85%时对应的点。

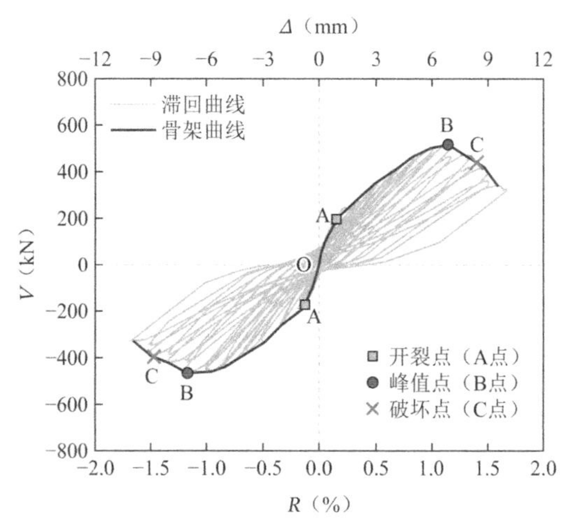

图 2.2-10　预制管空心柱典型剪力-位移角曲线

图 2.2-11 所示为各试件破坏过程。各阶段主要破坏特征：

①弹性段（OA 段）。V-R曲线基本呈线性变化，试件处于弹性受力状态，强度和刚度无退化，卸载刚度与加载刚度基本相同，残余变形较小。开裂剪力与峰值剪力比值在 0.34～0.50 之间，平均值为 0.43。初始斜裂缝与柱纵轴线夹角在 27.2°～44.4°之间，正负向平均值分别为 34.4°和 35.7°。

②弹塑性段（AB 段）。A 点混凝土开裂，随后V-R曲线呈非线性关系，试件处于弹塑性受力状态，强度退化不明显，刚度逐渐降低，卸载刚度与加载刚度差别不大，残余变形逐渐增大。随着荷载增加，新增多条斜裂缝，出现数条水平裂缝并沿斜向发展，形成弯剪斜裂缝。随着加载继续，出现大量交叉斜裂缝，原有斜裂缝长度和宽度不断增加，中部斜裂缝向加载点和柱角部延伸，形成贯穿截面的主斜裂缝。在此过程中，弯剪斜裂缝发展较慢，新增斜裂缝与主斜裂缝基本平行。荷载达到峰值时以剪切斜裂缝为主，其数量和宽度明显大于弯剪斜裂缝。主斜裂缝与柱纵轴线夹角在 26.7°～41.5°之间，正负向平均值分别为 35.6°和 32.3°，剪切效应越强夹角越小。

③破坏段（BC 段）。B 点后承载力开始下降，斜裂缝宽度继续增加，柱被平行斜裂缝分割为多个斜压杆，部分斜裂缝间混凝土剥落。随着加载继续，中部区域斜裂缝交叉位置处混凝土剥落，承载力迅速下降，试件破坏。

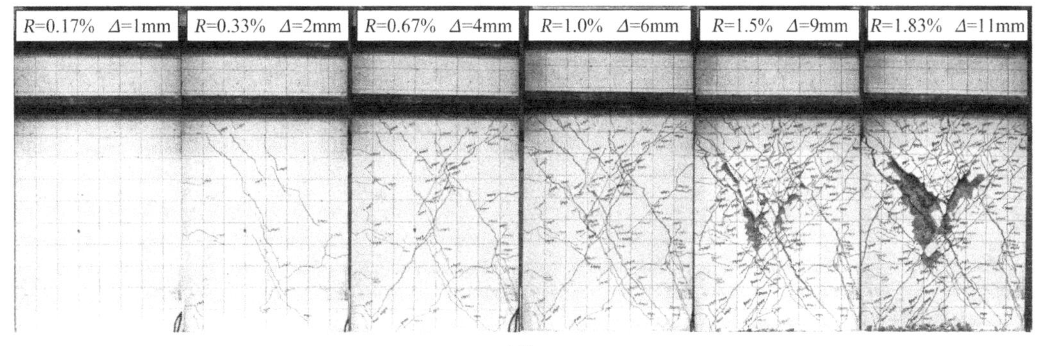

(a) 试件 HC1

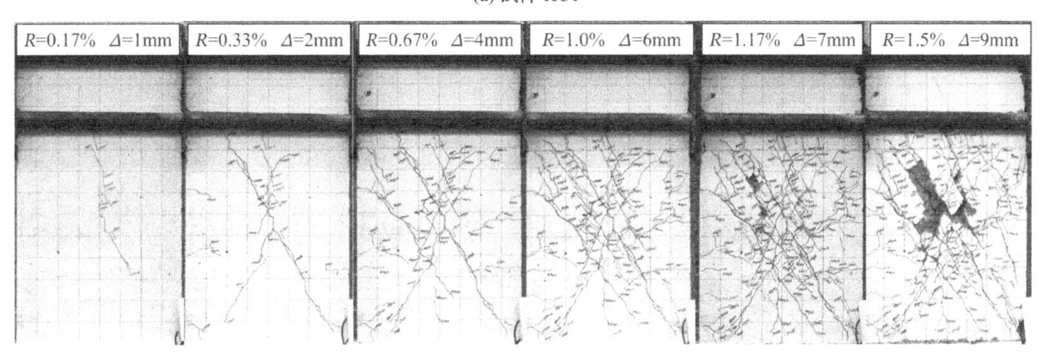

(b) 试件 HC2

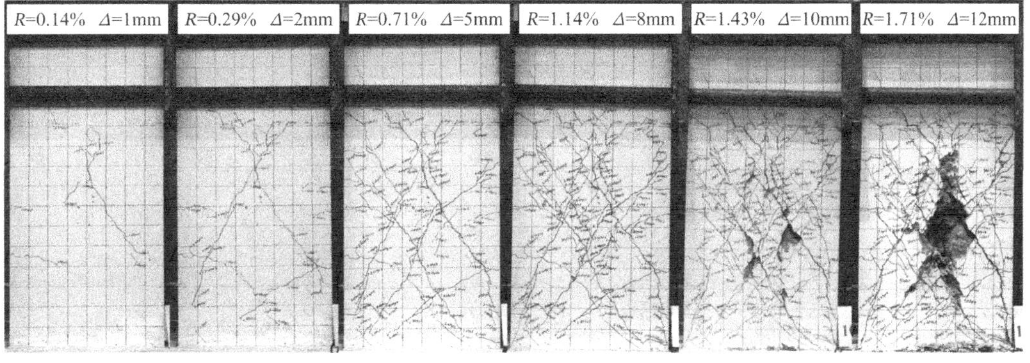

(c) 试件 HC3

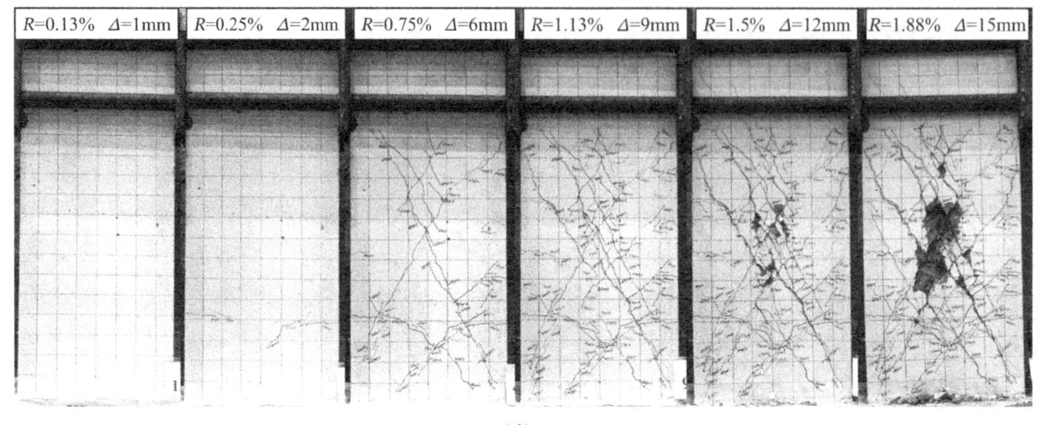

(d) 试件 HC4

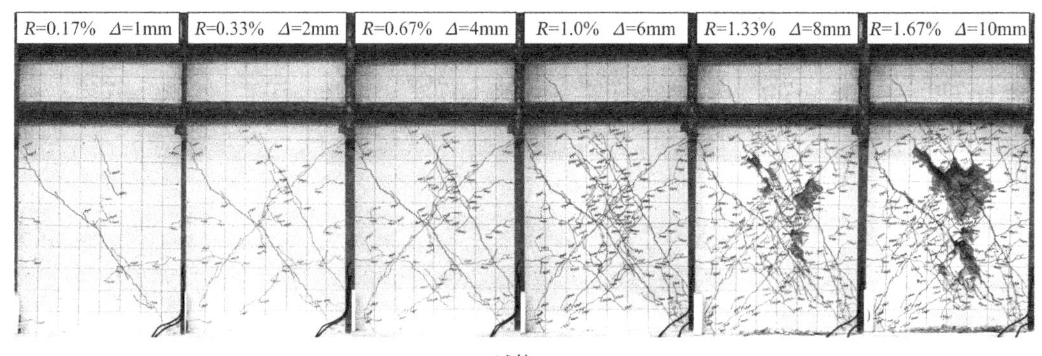

(e) 试件 HC5

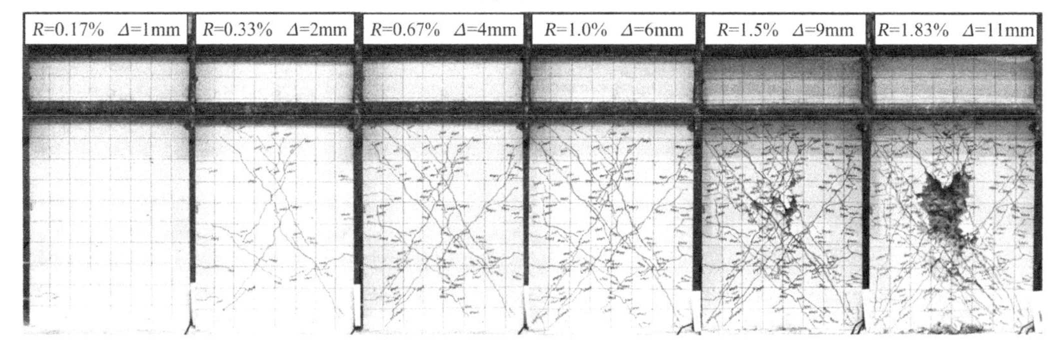

(f) 试件 HC6

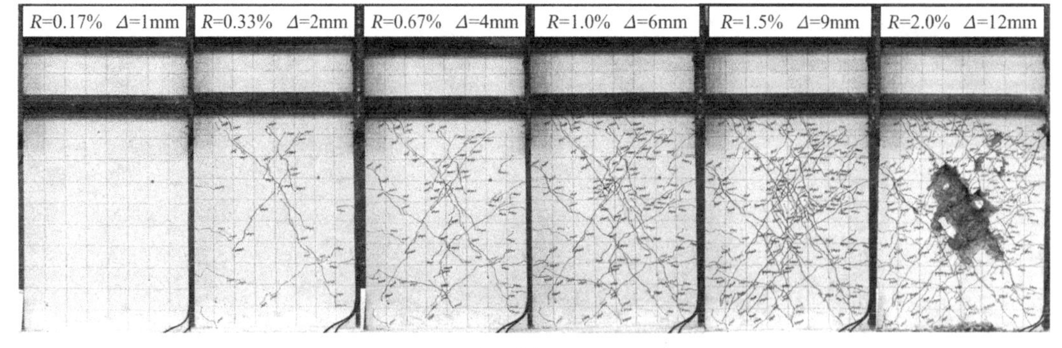

(g) 试件 HC7

图 2.2-11　试件破坏过程

（2）破坏模式

准确判定 RC 柱的地震破坏模式对抗震设计具有重要意义，本试验采取经验法判别各试件破坏模式，破坏模式判别流程见图 2.2-12。

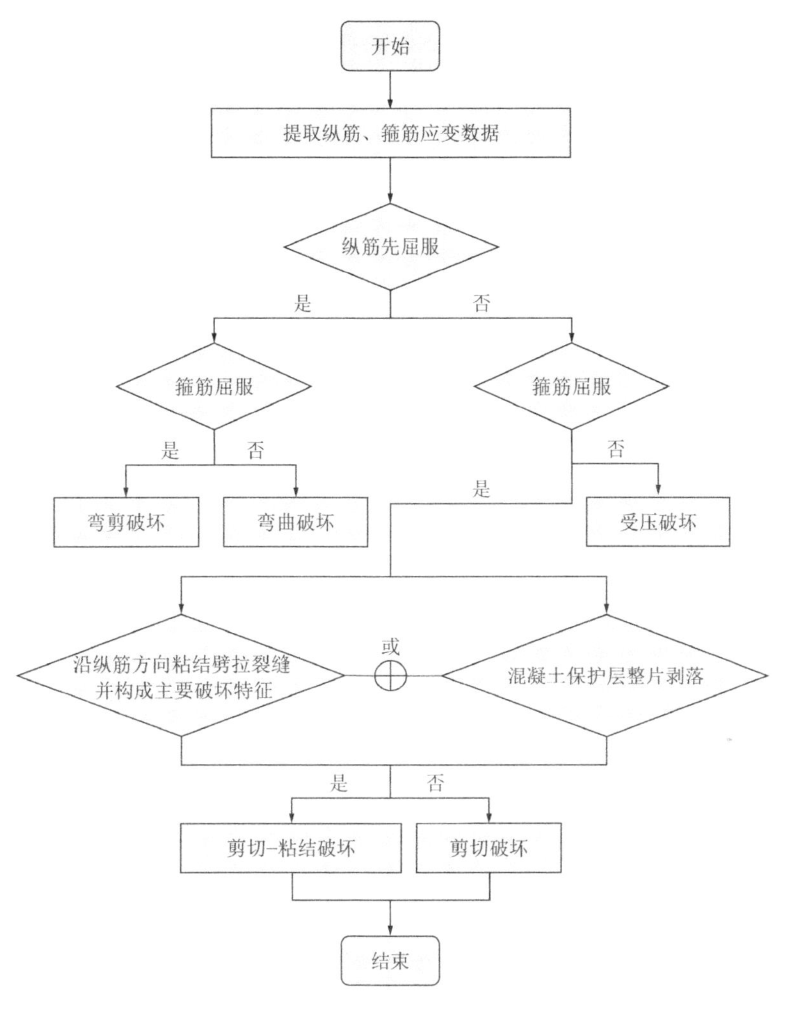

图 2.2-12　破坏模式判别流程

各试件最终破坏时的裂缝分布及混凝土剥落如图 2.2-13 所示。各试件最终破坏形态如图 2.2-14 所示。各试件纵筋与箍筋位移（Δ）-应变（ε）曲线对比见图 2.2-15。其中，ε_y为屈服应变，$\varepsilon_y = f_y/E_s$。由图可知：①柱中大量斜裂缝交叉成网格状，剪跨比较大的试件 HC4 有少量水平弯曲裂缝，但斜裂缝出现后到加载结束过程中发展缓慢；②试件破坏时，柱中形成方向大致沿加载中心点或加载夹具下端与柱底角部连线的 X 形主斜裂缝，部分斜裂缝间混凝土剥落，中部区域混凝土大量剥落；③试件 HC2 轴压力较大，在压剪共同作用下，东侧柱角部混凝土轻微压碎剥落；④所有试件箍筋均先于纵筋屈服，剪压区混凝土无明显压碎现象，未发生混凝土轴压破坏，沿纵筋方向未出现粘结劈拉裂缝，各试件均为剪切破坏模式。

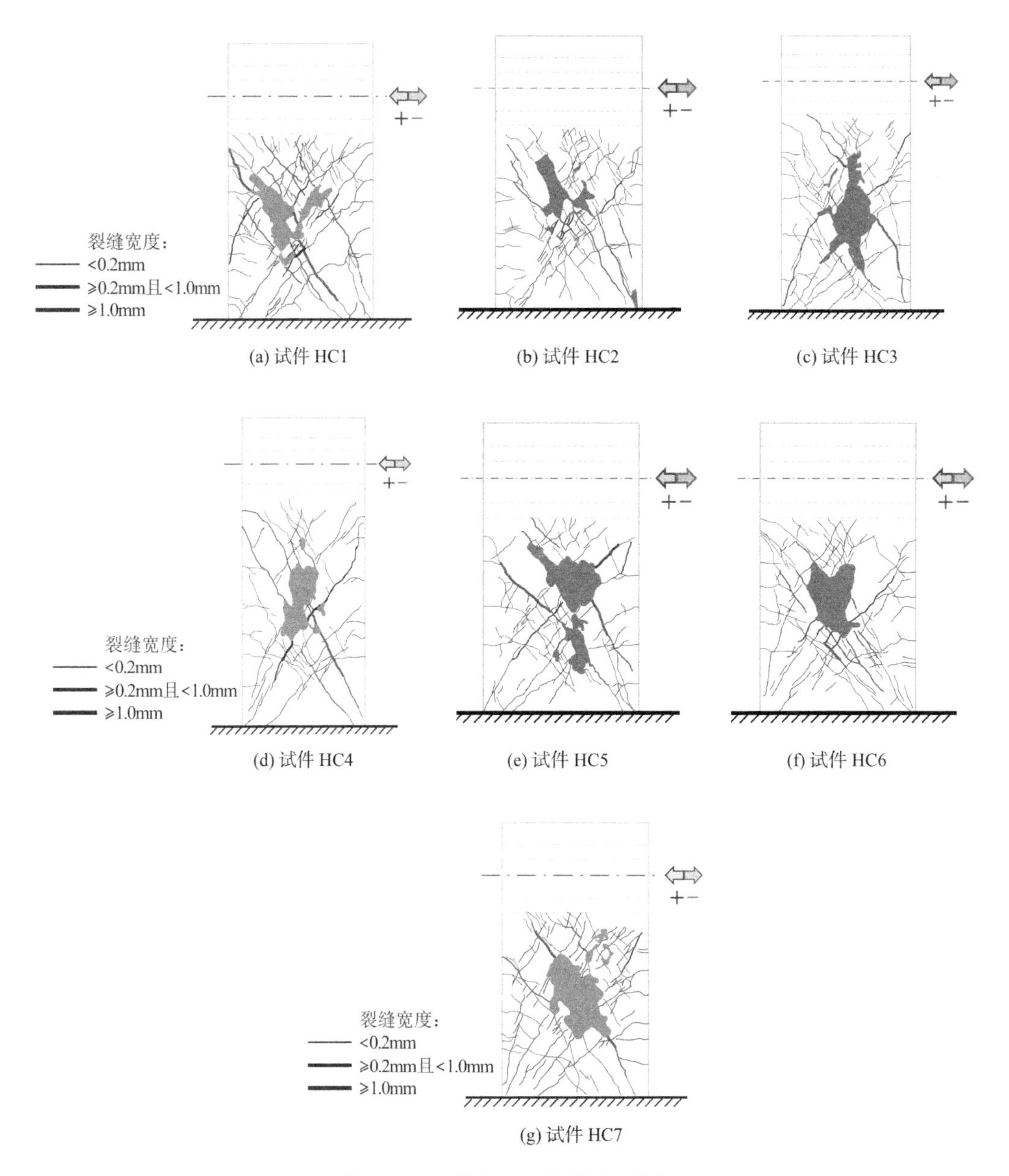

(a) 试件 HC1　(b) 试件 HC2　(c) 试件 HC3

(d) 试件 HC4　(e) 试件 HC5　(f) 试件 HC6

(g) 试件 HC7

图 2.2-13　裂缝分布及混凝土剥落

左轴测　正视　右轴测

(a) 试件 HC1

左轴测　正视　右轴测

(b) 试件 HC2

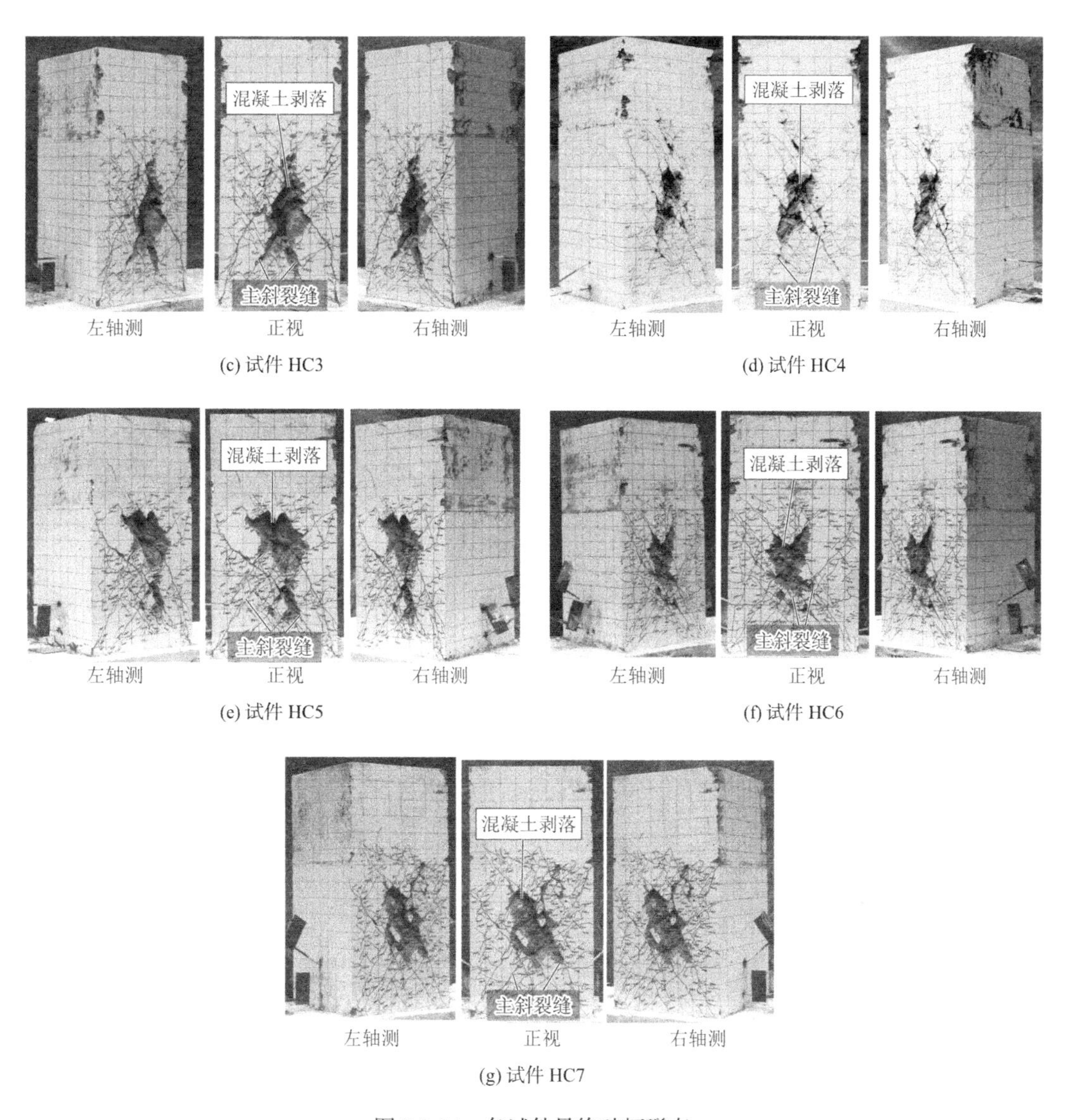

图 2.2-14　各试件最终破坏形态

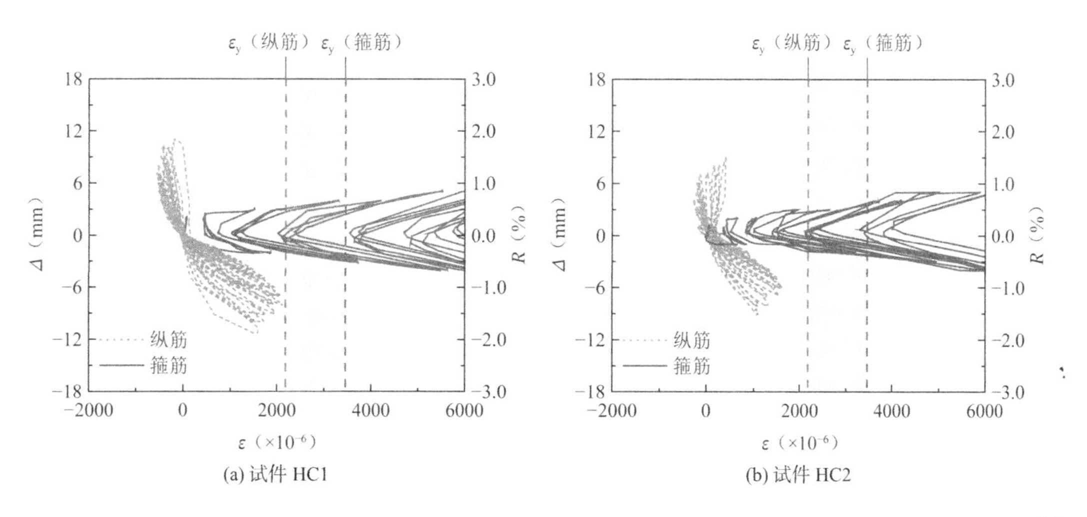

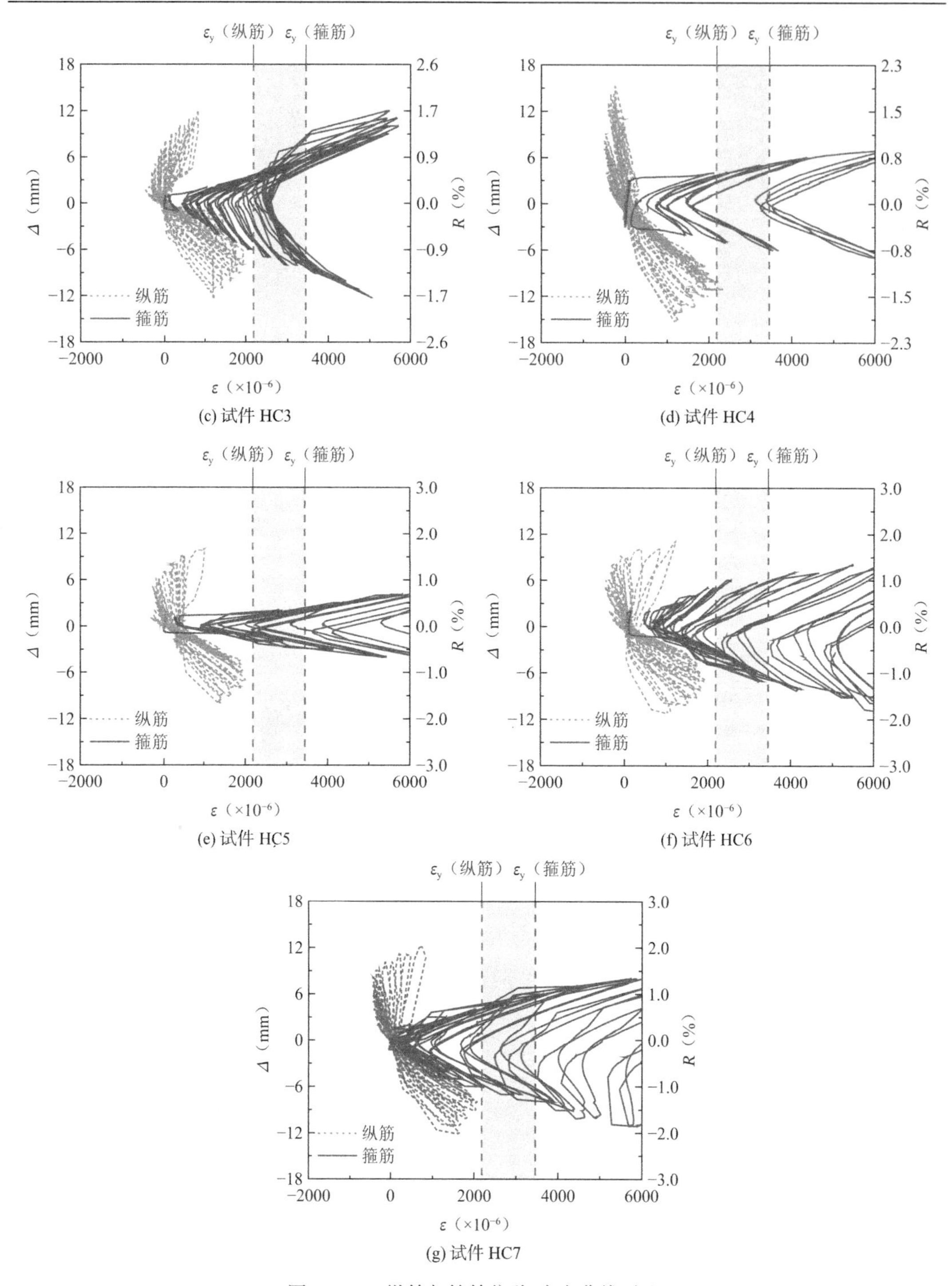

(c) 试件 HC3

(d) 试件 HC4

(e) 试件 HC5

(f) 试件 HC6

(g) 试件 HC7

图 2.2-15　纵筋与箍筋位移-应变曲线对比

2. 预制管组合柱

（1）破坏过程

除试件 CC6 外，其余 11 个试件的损伤发展和破坏特征相似。图 2.2-16 所示为典型试件的剪力-位移角（V-R）骨架曲线和滞回曲线。包括试件 CC6 在内的所有试件在压剪共同作用下大致经历了弹性段、弹塑性段和破坏段三个受力阶段。

图 2.2-17 所示为各试件破坏过程。除试件 CC6 外其余试件各阶段主要破坏特征为：

①弹性段（OA 段）。*V*-*R*曲线基本呈线性变化，试件处于弹性受力状态，强度和刚度无退化，卸载与加载刚度基本相同，残余变形较小。开裂剪力与峰值剪力比值在 0.22～0.48 之间，平均值 0.37。初始斜裂缝与柱纵轴线夹角在 38.2°～65.1°之间，正负向平均值分别为 47.5°和 40.5°。

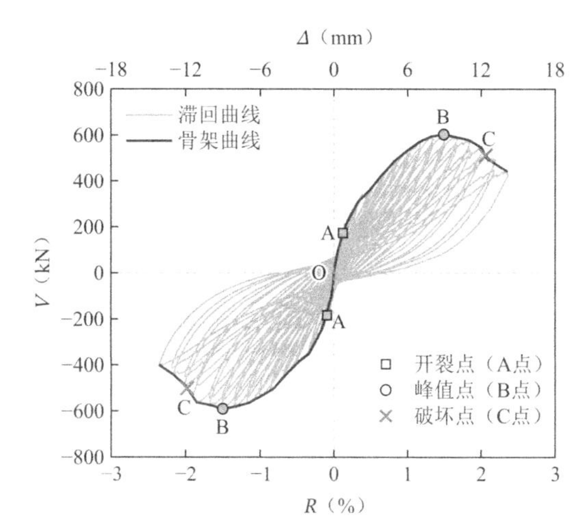

图 2.2-16　预制管组合柱典型剪力-位移角曲线

②弹塑性段（AB 段）。A 点时混凝土开裂，随后*V*-*R*曲线呈非线性关系，试件处于弹塑性受力状态，强度退化不明显，刚度逐渐降低，卸载刚度与加载刚度相差不大，残余变形逐渐增加。随着荷载的增加，新增多条斜裂缝，出现数条水平裂缝并沿斜向发展，形成弯剪斜裂缝。随着加载继续，出现大量交叉斜裂缝，原有剪切斜裂缝长度和宽度不断增加，中部斜裂缝向加载点或加载夹具下端和柱角延伸，形成贯穿混凝土的主斜裂缝。在此过程中，弯剪斜裂缝发展缓慢，新增斜裂缝与主斜裂缝基本平行。荷载达到峰值时以剪切斜裂缝为主，其数量和宽度明显大于弯剪斜裂缝。主斜裂缝与柱纵轴线夹角在 25.8°～41.6°之间，正负向平均值分别为 35.5°～31.5°，剪切效应越强夹角越小。

③破坏段（BC 段）。B 点后承载力开始下降，斜裂缝宽度继续增加，柱被平行斜裂缝分割为多个斜压杆，部分斜裂缝之间的混凝土剥落。随着加载继续，中部区域斜裂缝交叉位置处混凝土剥落，柱底受压区混凝土保护层和剪压区混凝土压溃剥落，剪压区沿柱纵筋方向出现长度在 150～200mm 范围内的粘结劈拉裂缝，变形能力较好的试件 CC11 和 CC12 在大位移角下沿主斜裂缝发生界面错动，承载力逐渐降低，试件破坏。

试件 CC6 各阶段主要破坏特征：①OA 段：*V*-*R*曲线基本呈线性变化，试件处于弹性受力状态，开裂剪力与峰值剪力比值 0.49，正负向初始斜裂缝与柱纵轴线夹角分别为 39.8°和 33.1°。②AB 段：*V*-*R*曲线呈非线性关系，试件处于弹塑性受力状态，沿中部和角部纵筋方向混凝土出现粘结劈拉裂缝，并沿裂缝高度发展数条短细斜向裂缝。随着加载继续，纵向粘结裂缝不断发展；达到峰值荷载时中部沿柱纵筋方向混凝土轻微剥落，正负向主斜裂缝与柱纵轴线夹角分别为 30.4°和 25.8°。③BC 段：斜裂缝发展缓慢，粘结裂缝持续发展，中部沿柱纵筋方向混凝土不断剥落，构成主要破坏特征，柱底受压区混凝土压溃剥落。

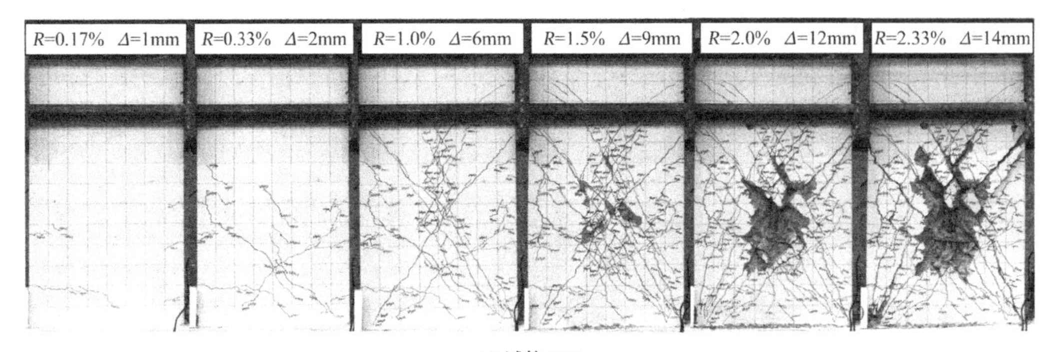

(a) 试件 CC1

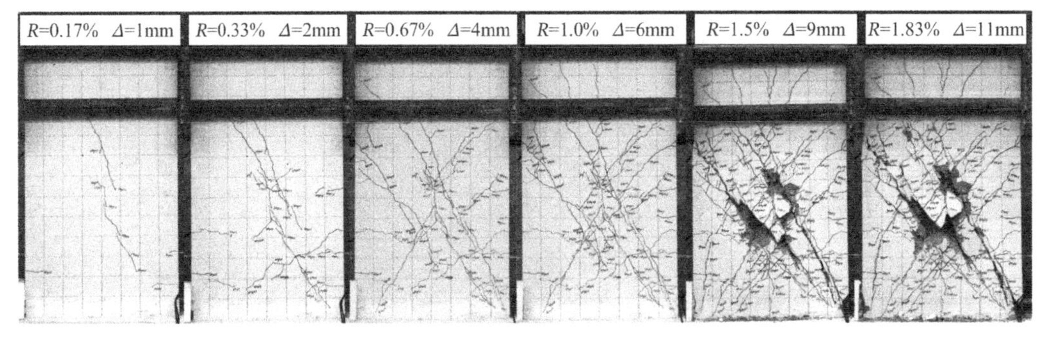

(b) 试件 CC2

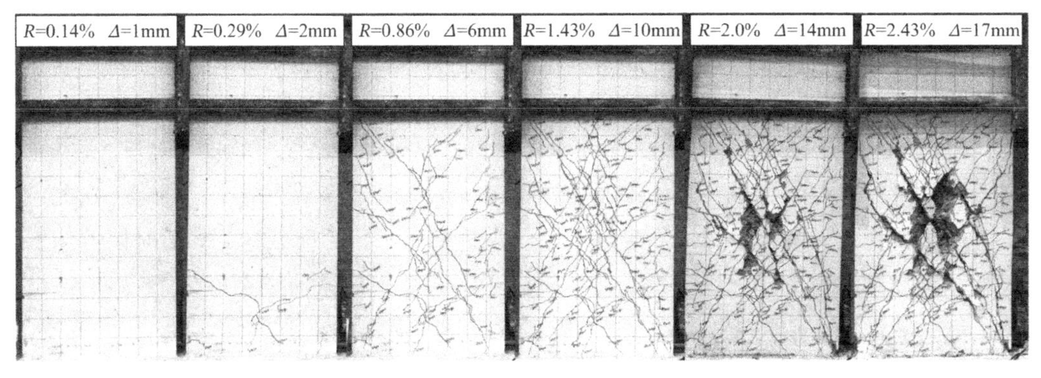

(c) 试件 CC3

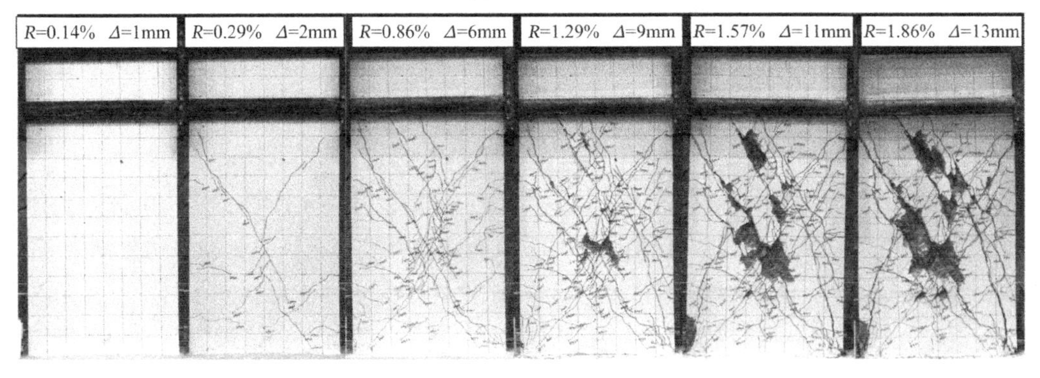

(d) 试件 CC4

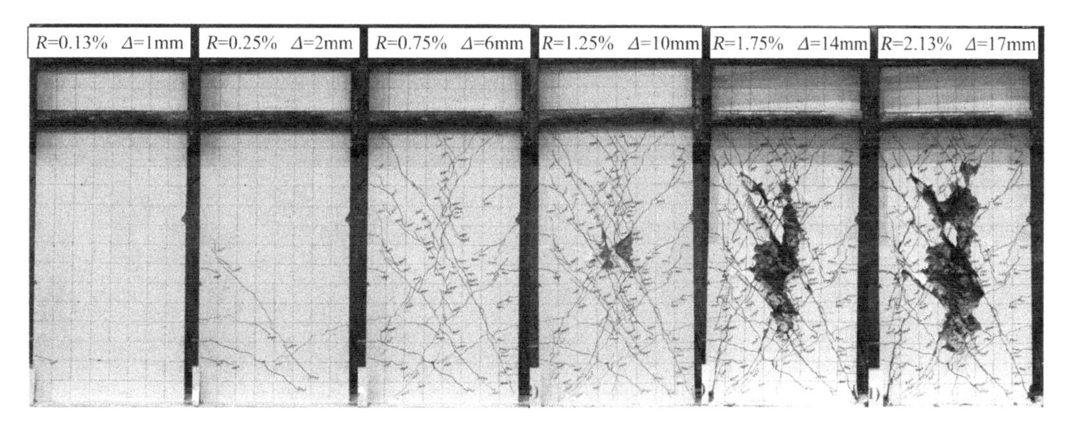

(e) 试件 CC5

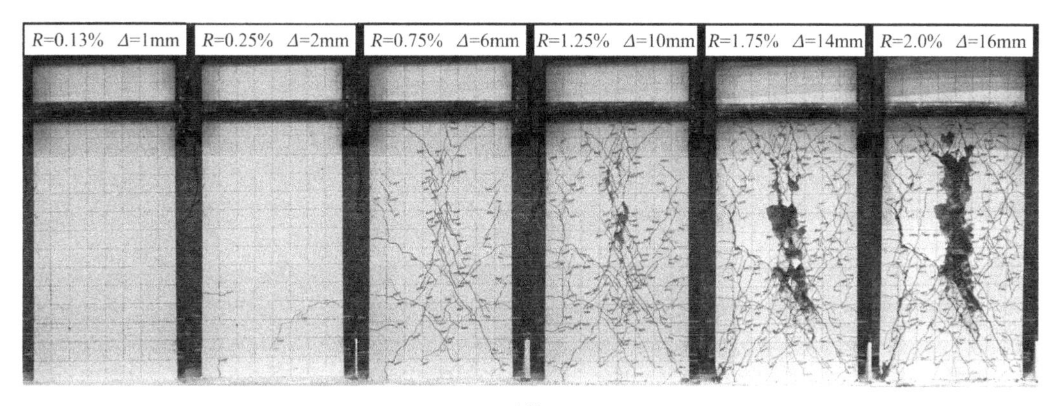

(f) 试件 CC6

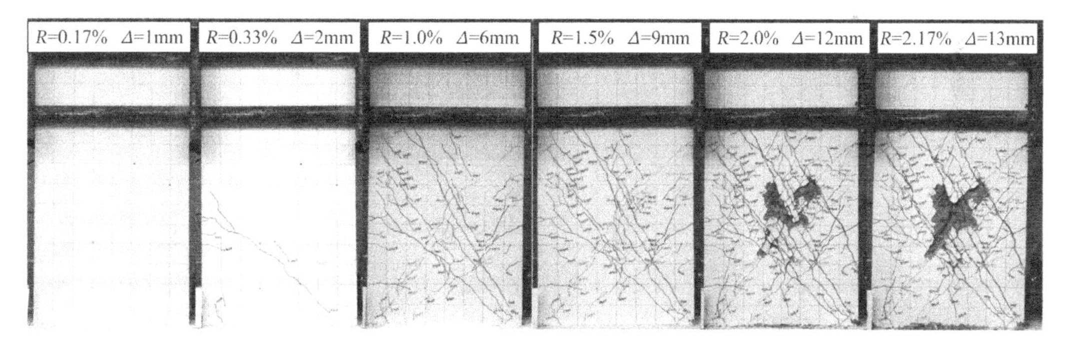

(g) 试件 CC7

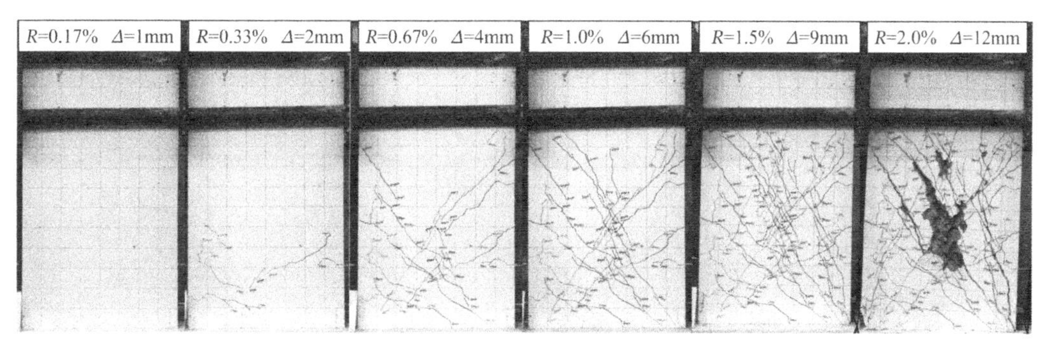

(h) 试件 CC8

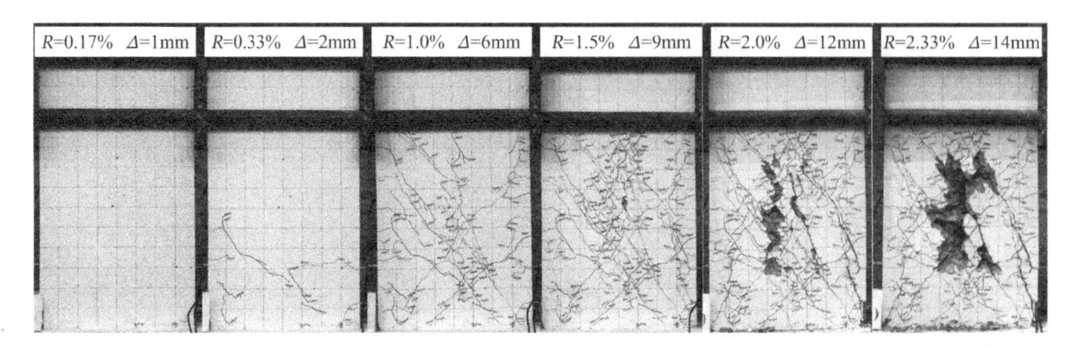

(i) 试件 CC9

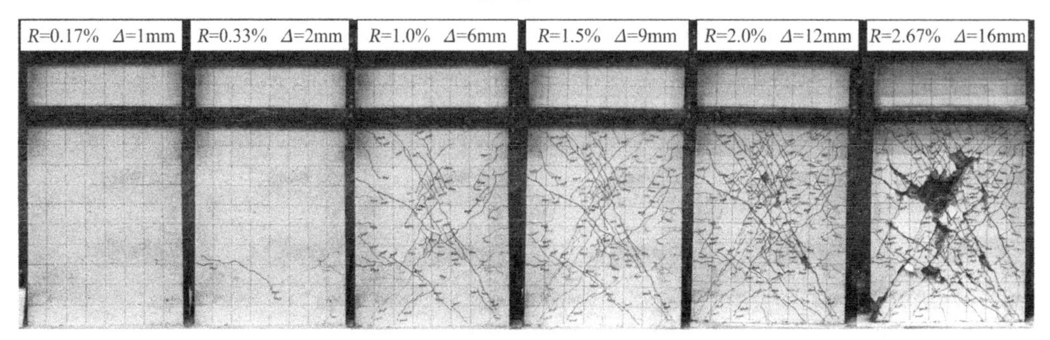

(j) 试件 CC10

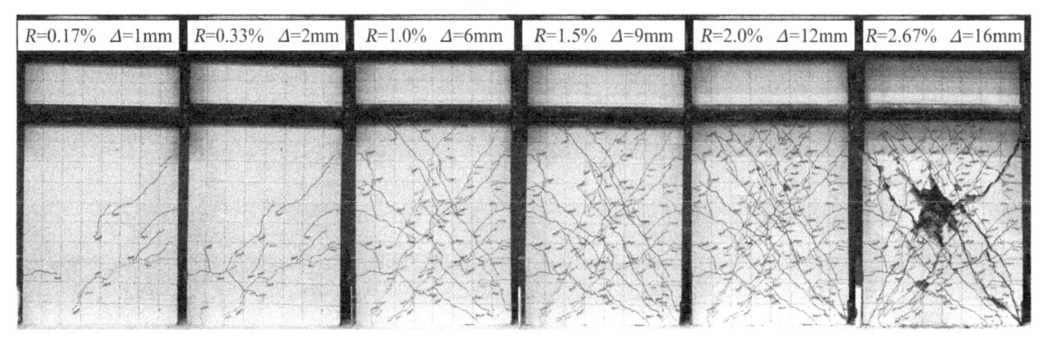

(k) 试件 CC11

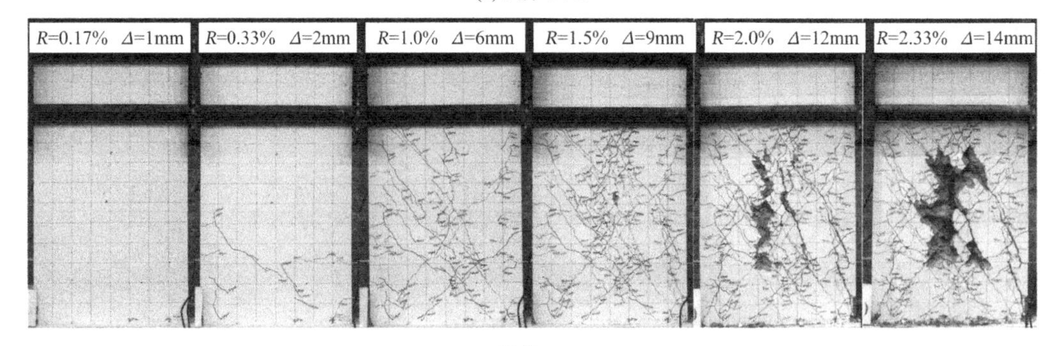

(l) 试件 CC12

图 2.2-17 各试件破坏过程

（2）破坏模式

各试件最终破坏时的裂缝分布及混凝土剥落如图 2.2-18 所示。各试件最终破坏形态如

图 2.2-19 所示。各试件纵筋与箍筋位移-应变曲线对比见图 2.2-20。由图可知：①柱中大量斜裂缝交叉呈网格状，剪切效应较弱的试件有少量水平弯曲裂缝，但斜裂缝出现后到加载结束过程中发展缓慢。②试件 CC1～CC5 和试件 CC7～CC12 破坏时，柱中形成方向大致沿加载中心点或加载夹具下端与柱底角部连线的 X 形主斜裂缝，部分斜裂缝间、中部区域混凝土、柱底受压区和剪压区混凝土剥落。③试件 CC1～CC5、CC8 剪压区形成沿纵筋方向的粘结裂缝，但后期未有持续发展。④试件 CC6 破坏时中部沿纵筋方向混凝土大面积剥落，虽有剪切斜裂缝但不是最终破坏模式的控制因素。⑤剪跨比增大使裂缝数量增加，纵筋粘结破坏现象显著；轴压比较大的试件裂缝数量更少，主斜裂缝出现更早，峰值荷载后破坏过程较快；随着配箍率的增加，柱身裂缝数量增加，裂缝间距和宽度减小；芯部混凝土强度增加，柱身裂缝数量减少，变形能力降低；界面无粘结试件脆性破坏特征显著，承载能力较界面有粘结试件降低。⑥所有试件箍筋均先于纵筋屈服，除试件 CC6 最终破坏由纵筋粘结劈拉裂缝控制外，其余试件由斜裂缝控制。试件 CC1～CC5、CC7～CC12 为压剪破坏模式，试件 CC6 为剪切-粘结破坏模式。

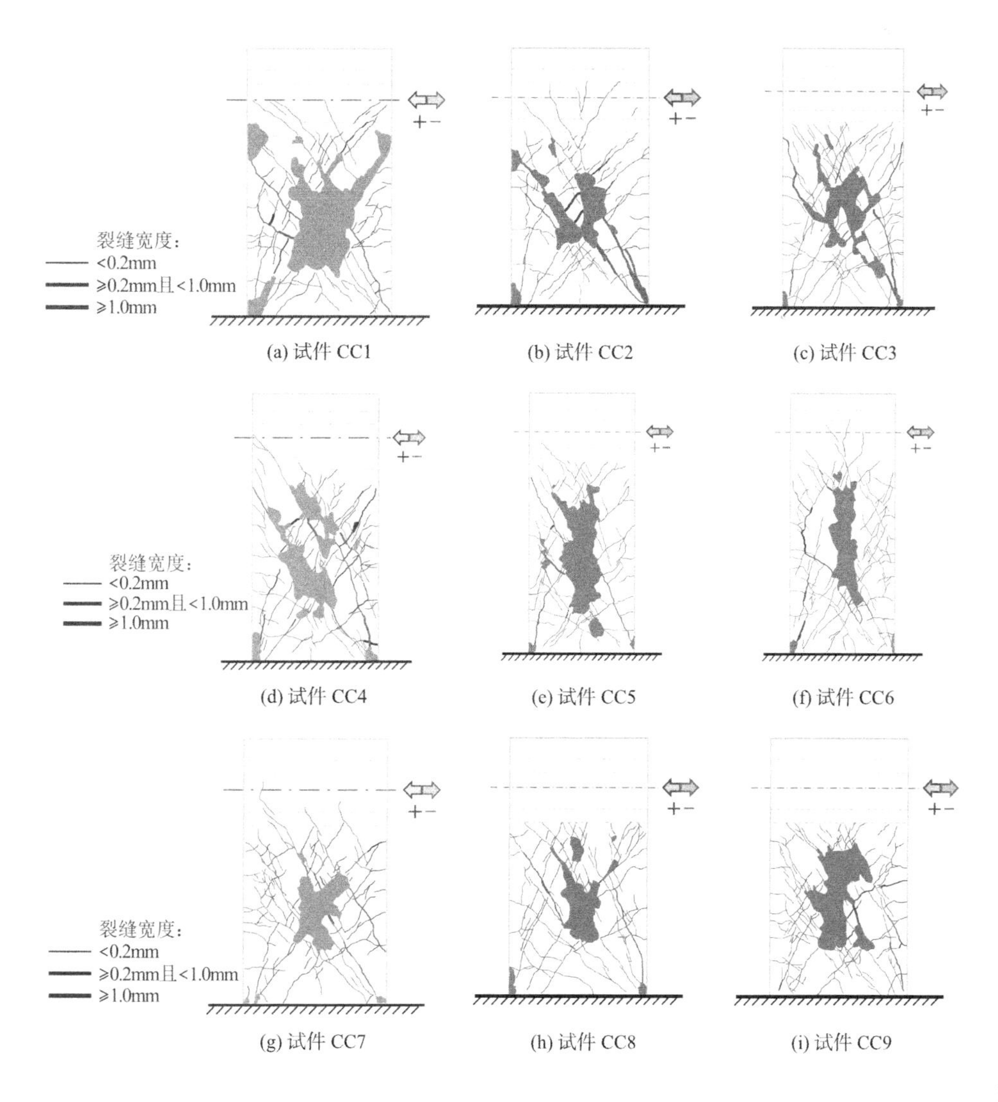

(a) 试件 CC1　(b) 试件 CC2　(c) 试件 CC3

(d) 试件 CC4　(e) 试件 CC5　(f) 试件 CC6

(g) 试件 CC7　(h) 试件 CC8　(i) 试件 CC9

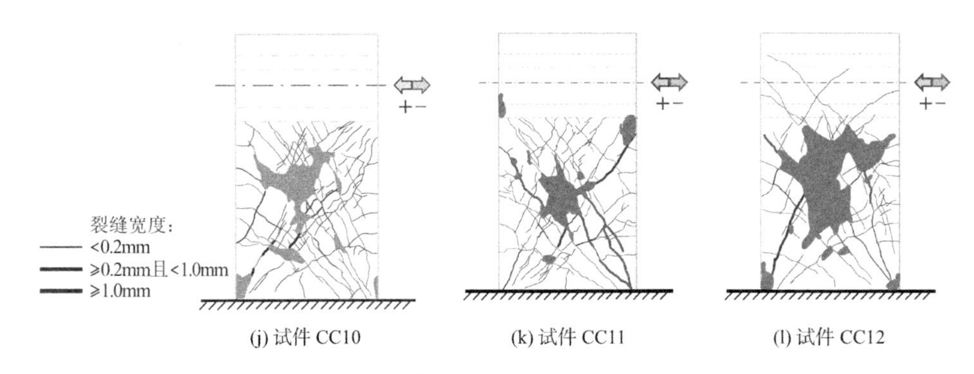

(j) 试件 CC10　　(k) 试件 CC11　　(l) 试件 CC12

图 2.2-18　各试件最终破坏时的裂缝分布及混凝土剥落

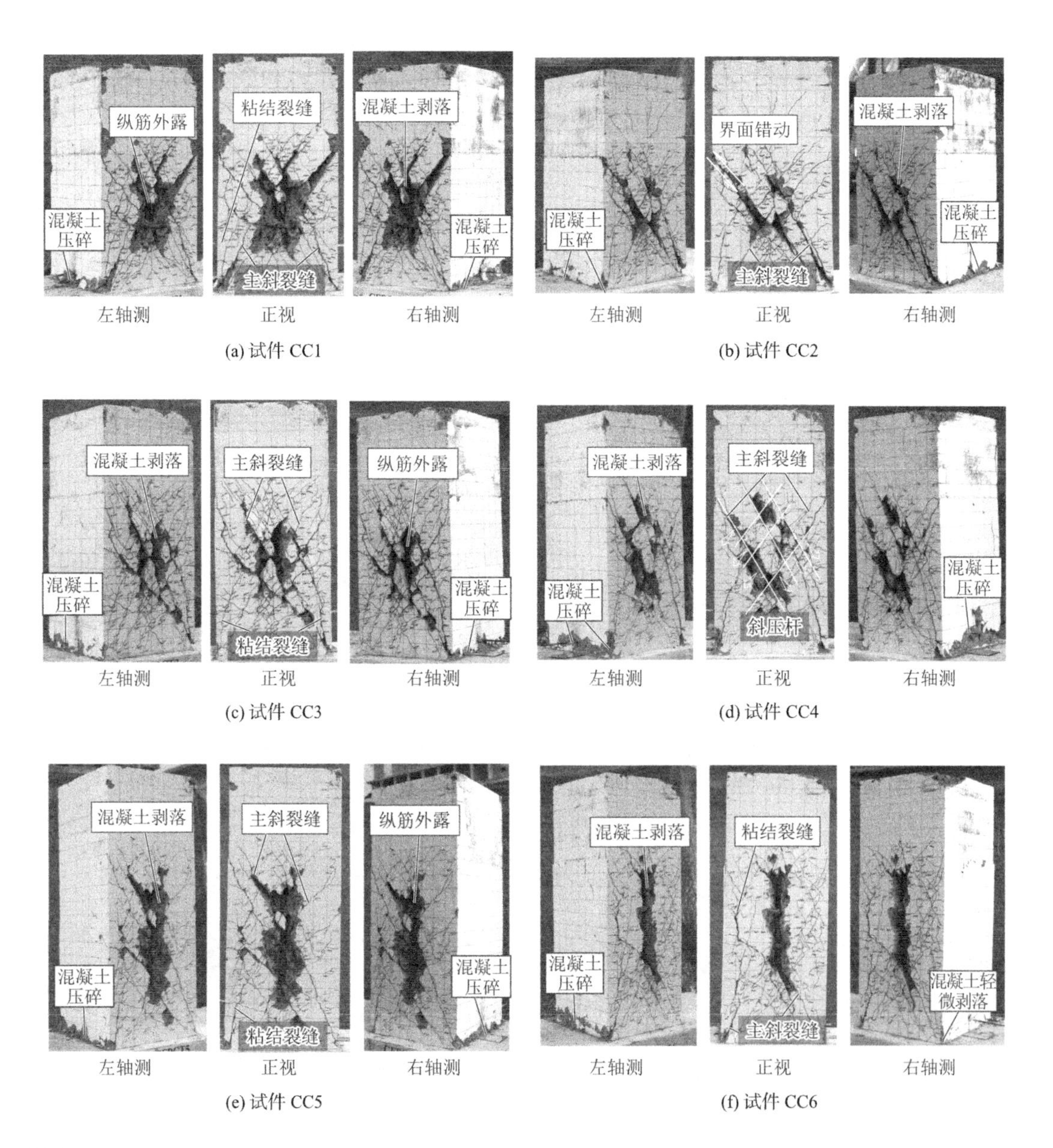

左轴测　正视　右轴测
(a) 试件 CC1

左轴测　正视　右轴测
(b) 试件 CC2

左轴测　正视　右轴测
(c) 试件 CC3

左轴测　正视　右轴测
(d) 试件 CC4

左轴测　正视　右轴测
(e) 试件 CC5

左轴测　正视　右轴测
(f) 试件 CC6

(g) 试件 CC7　　(h) 试件 CC8

(i) 试件 CC9　　(j) 试件 CC10

(k) 试件 CC11　　(l) 试件 CC12

图 2.2-19　各试件最终破坏形态

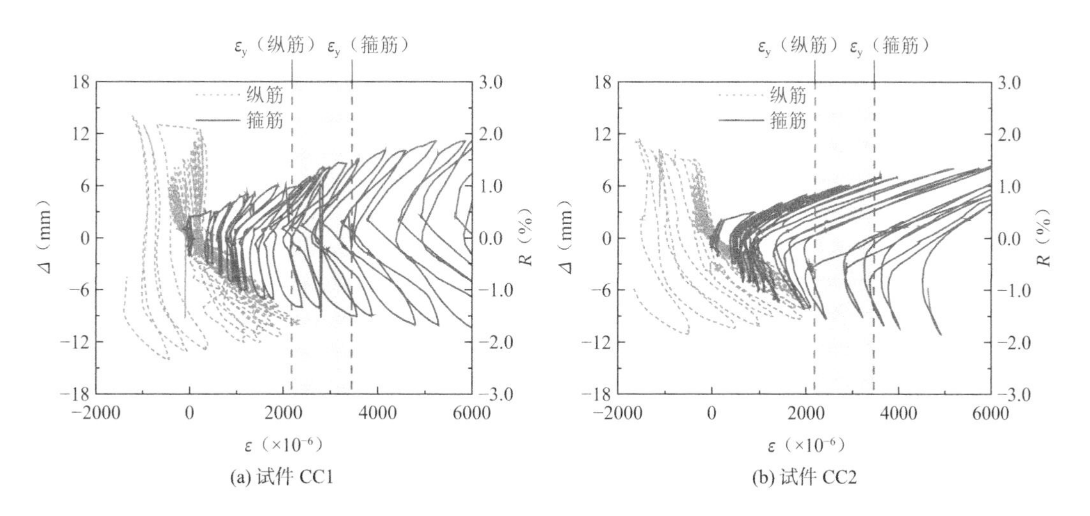

(a) 试件 CC1　　(b) 试件 CC2

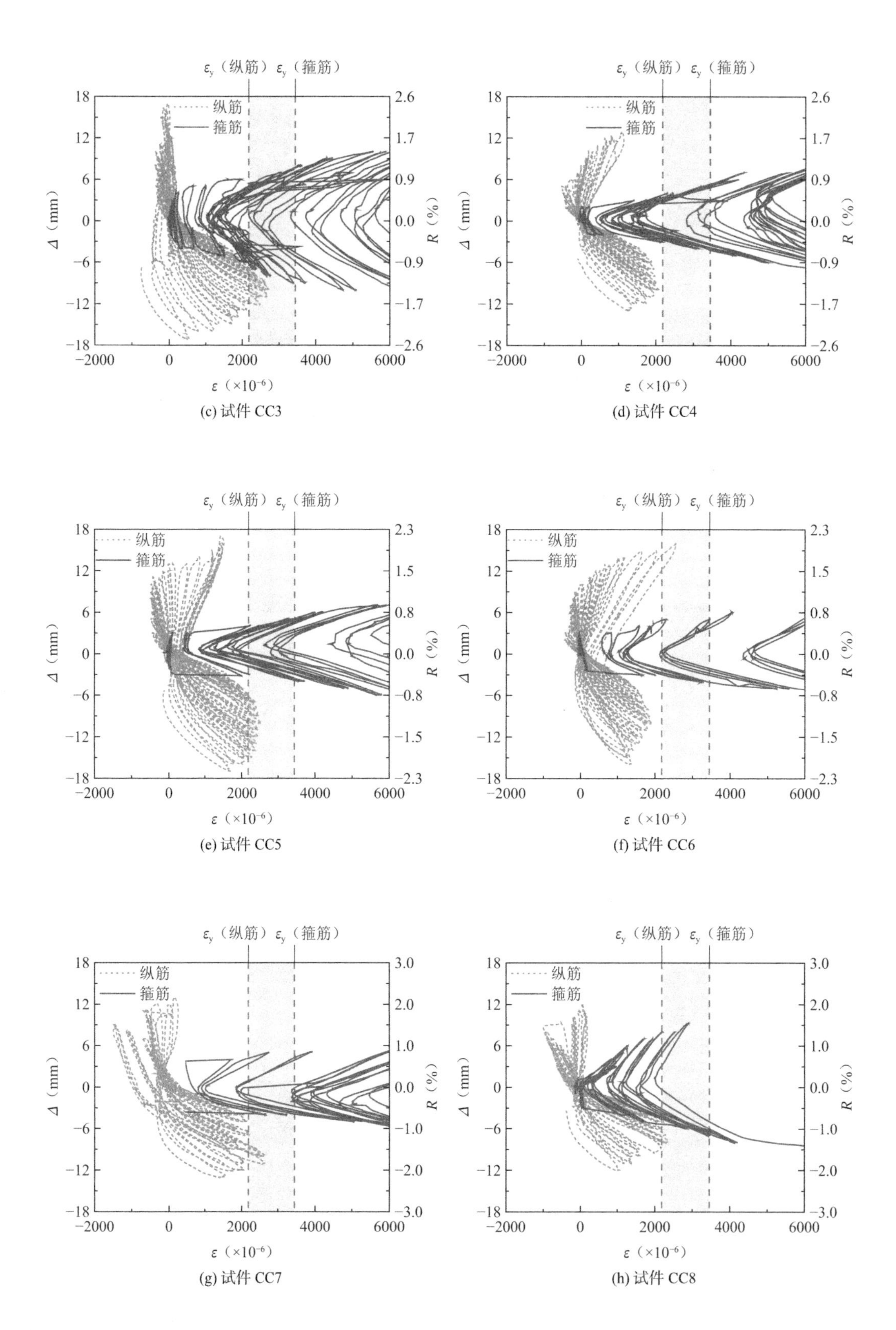

(c) 试件 CC3

(d) 试件 CC4

(e) 试件 CC5

(f) 试件 CC6

(g) 试件 CC7

(h) 试件 CC8

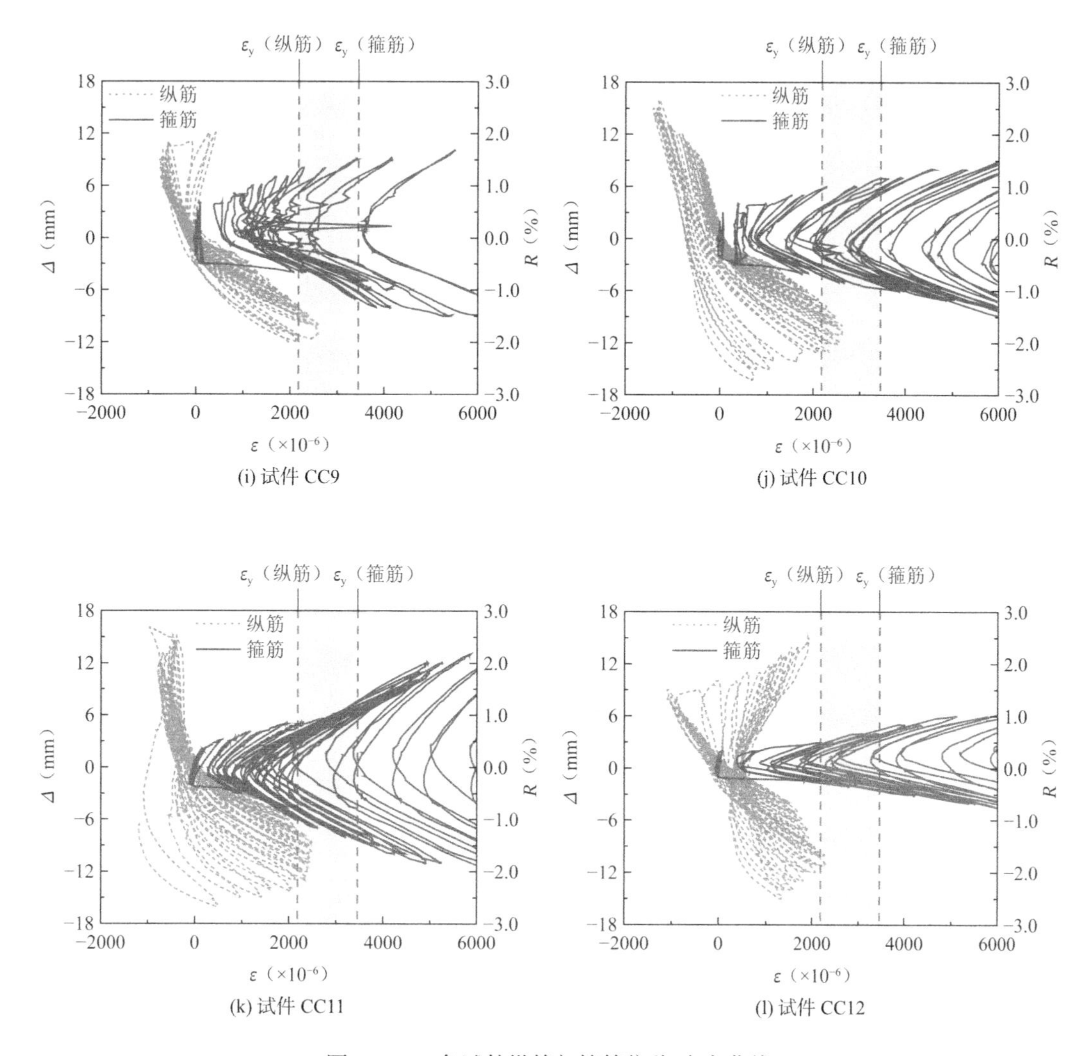

(i) 试件 CC9

(j) 试件 CC10

(k) 试件 CC11

(l) 试件 CC12

图 2.2-20　各试件纵筋与箍筋位移-应变曲线

试验结束后凿除预制管观察芯部混凝土破坏情况，如图 2.2-21 所示。可以看出除界面无粘结试件 CC12 外，其余试件芯部混凝土均有斜裂缝，呈现出剪切破坏特征，预制管和芯部混凝土界面保持完好，未发生滑移现象，表明预制管和芯部混凝土间界面有粘结时在压剪受力过程中变形协调，具有良好的整体性。

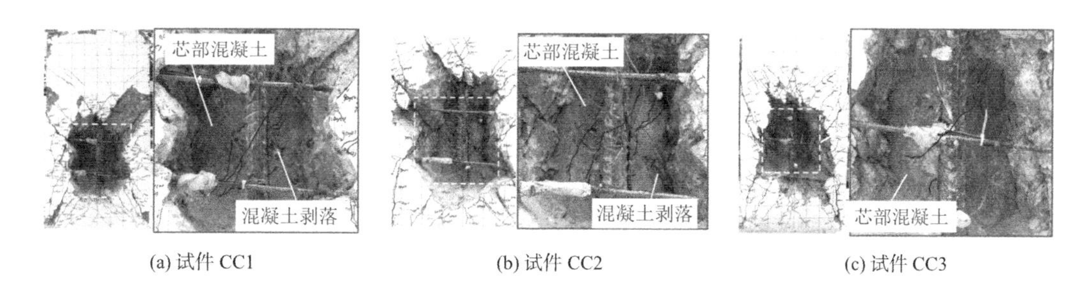

(a) 试件 CC1

(b) 试件 CC2

(c) 试件 CC3

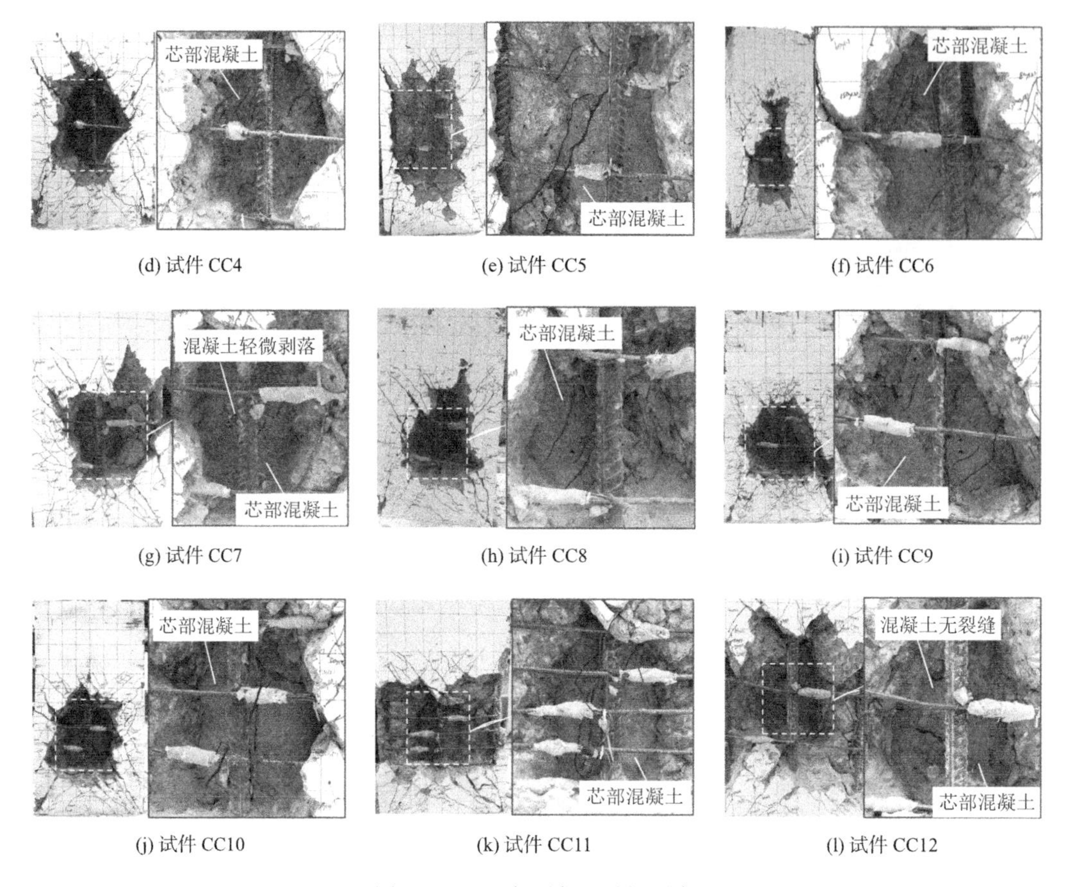

(d) 试件 CC4　(e) 试件 CC5　(f) 试件 CC6

(g) 试件 CC7　(h) 试件 CC8　(i) 试件 CC9

(j) 试件 CC10　(k) 试件 CC11　(l) 试件 CC12

图 2.2-21　芯部混凝土破坏形态

3. RC 柱

（1）破坏过程

图 2.2-22 所示为试件 RC 的剪力-位移角（V-R）骨架曲线和滞回曲线。试件 RC 在压剪共同作用下也大致经历了弹性段、弹塑性段和破坏段三个受力阶段。

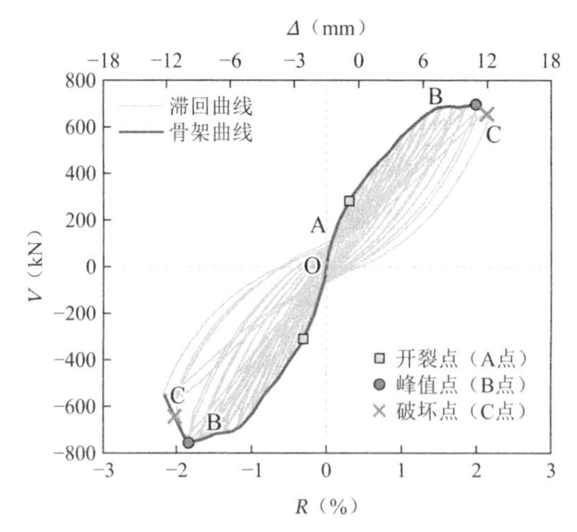

图 2.2-22　RC 柱剪力-位移角曲线

图 2.2-23 所示为试件 RC 柱破坏过程。各阶段主要破坏特征：

①弹性段（OA 段）。V-R曲线基本呈线性变化，试件处于弹性受力状态，强度和刚度无退化，卸载与加载刚度基本相同，残余变形较小。初始斜裂缝宽度 0.03mm，对应位移角 0.30%，开裂剪力与峰值剪力比值 0.41，正负向初始斜裂缝与柱纵轴线夹角分别为 53.5°和 52.4°。

②弹塑性段（AB 段）。A 点时混凝土开裂，随后V-R曲线呈非线性关系，试件处于弹塑性受力状态，强度退化不明显，刚度逐渐降低，卸载刚度与加载刚度相差不大，残余变形逐渐增加。随着荷载的增加，新增多条斜裂缝，斜裂缝逐渐相交成网格状，中部斜裂缝向加载点和柱脚延伸，形成贯穿混凝土的主斜裂缝。主斜裂缝宽度 1.23mm，对应位移角 1.91%，正负向主斜裂缝与柱纵轴线夹角分别为 31.7°和 32.9°。

③破坏段（BC 段）。主斜裂缝宽度迅速增加，试件沿负向加载形成的主斜裂缝发生一定程度的界面错动，承载力维持性能差，出现持荷不稳定情况。继续加载承载力快速降低，裂缝未有充分发展即发生典型的脆性剪切破坏，达到破坏点时对应的正负向位移角分别为 2.14%和 2.02%。

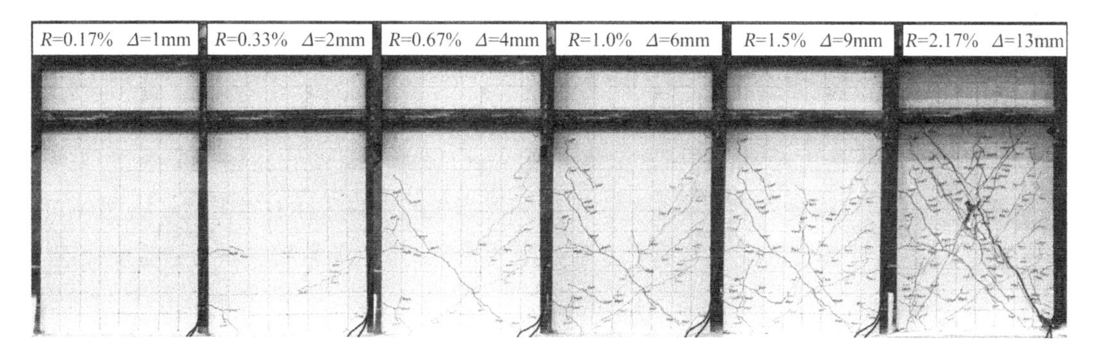

图 2.2-23 RC 柱破坏过程

（2）破坏模式

试件 RC 最终破坏时的裂缝分布与最终破坏形态如图 2.2-24 所示。纵筋与箍筋位移-应变曲线对比见图 2.2-25。柱中斜裂缝交叉呈网格状，主斜裂缝持续发展，成为最终破坏模式的控制因素，柱底受压区混凝土轻微压碎剥落，且箍筋均先于纵筋屈服。根据图 2.2-12 破坏模式判别方法，结合试验现象，试件 RC 最终破坏模式为剪切破坏。

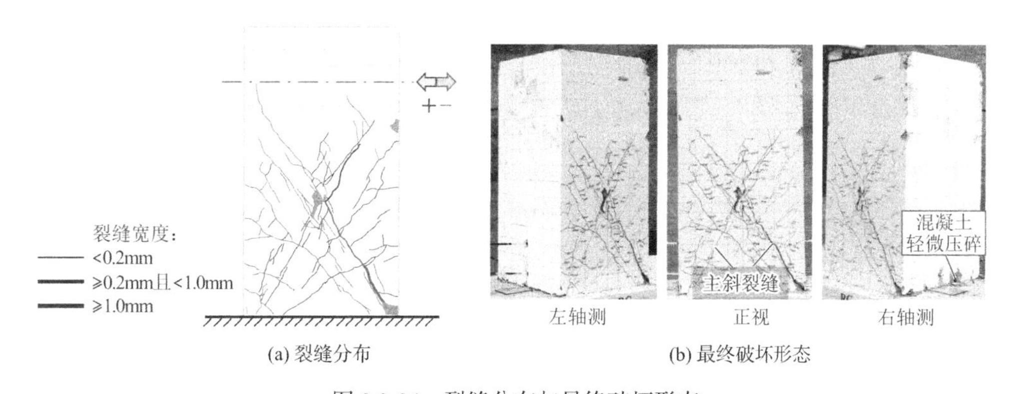

(a) 裂缝分布　(b) 最终破坏形态

图 2.2-24 裂缝分布与最终破坏形态

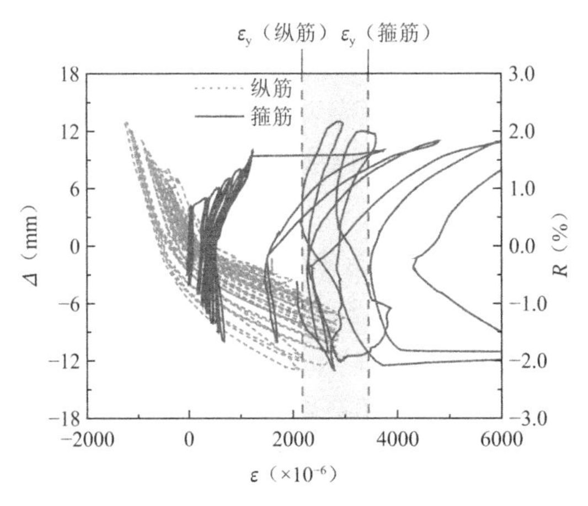

图 2.2-25　纵筋与箍筋位移-应变曲线对比

2.2.3　预制管空心柱试验结果与分析

1. 主斜裂缝宽度发展

图 2.2-26 为各试件在每级加载时的剪力（V）-最大裂缝宽度（w_m）曲线。图中标出了$w_m = 0.2$mm 时的界限范围。根据《混凝土结构设计规范》GB 50010—2010[19]规定除一类环境条件下，RC 结构最大裂缝宽度限值为 0.2mm，斜裂缝宽度 0.2mm 也是裂缝与钢筋锈蚀程度之间相关性变化的界限值[40,41]，即影响混凝土结构耐久性的界限值。由图可知：（1）峰值荷载前，主斜裂缝宽度与剪力基本呈线性关系；峰值荷载后主斜裂缝宽度快速增长，最终破坏时最大裂缝宽度均大于 1.0mm。（2）主斜裂缝宽度发展随剪跨比增大而加快，剪跨比较大的试件在相同剪力下主斜裂缝宽度更大。（3）随着轴压比增大，受力全过程主斜裂缝宽度显著减小，裂缝宽度发展减缓。（4）最大主斜裂缝宽度随配箍率的增加而减小，且裂缝宽度增长变缓。（5）$w_m = 0.2$mm 时对应的剪力（$V_{0.2}$）与峰值剪力（V_m）的比值在 0.43～0.64 之间，该比值随剪切效应的增大而增加。

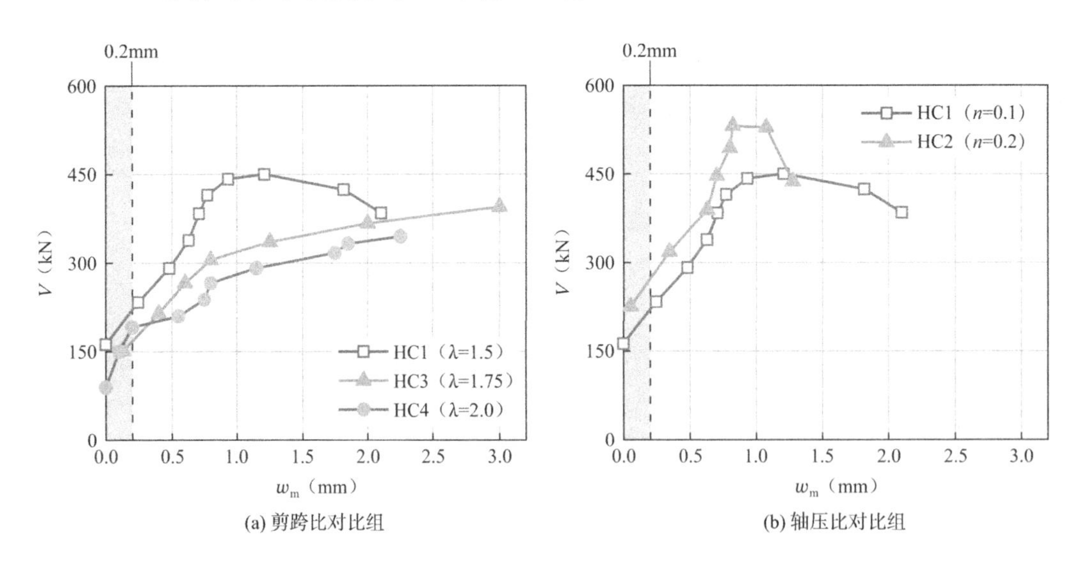

(a) 剪跨比对比组　　(b) 轴压比对比组

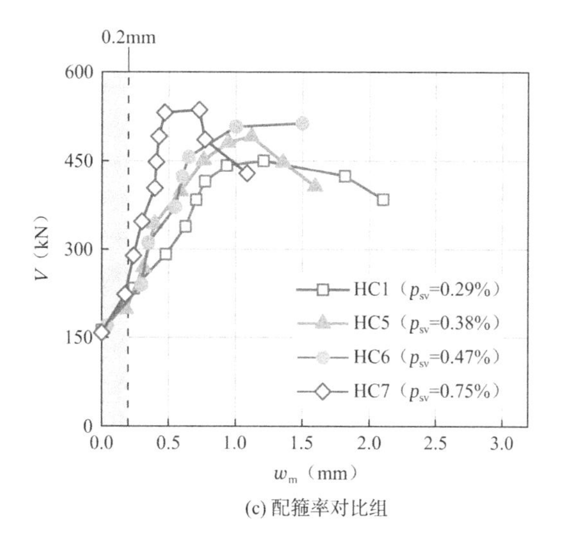

(c) 配箍率对比组

图 2.2-26 剪力-最大裂缝宽度曲线

2. 滞回曲线

图 2.2-27 所示为各试件的剪力（V）-位移角（R）滞回曲线。图中标出了混凝土初始开裂、箍筋屈服和$w_m = 0.2$mm 时对应的试验点。此外，图中也标出了采用截面分析软件XTRACT 计算的压弯极限弯矩对应的剪力$V_m@M_c$，通过与试验峰值剪力对比，判断试件最终破坏模式是否满足预期。由图可以看出：（1）混凝土开裂前滞回曲线基本呈线性变化，卸载后残余变形较小；混凝土开裂到$w_m = 0.2$mm 过程中，滞回曲线斜率减小，试件呈现弹塑性特征。（2）箍筋屈服后滞回曲线斜率进一步减小，卸载后残余变形逐渐增加。（3）峰值荷载后，承载力迅速降低，同一加载级下承载力退化显著，变形能力差。（4）随剪跨比增大和配箍率增加，滞回曲线趋于饱满；轴压力延缓了斜裂缝的出现和发展，提高了耗能能力，但变形能力降低。（5）试验峰值剪力均小于 XTRACT 计算的压弯极限弯矩对应的剪力$V_m@M_c$，表明试件未发展其正截面压弯承载力，最终破坏模式符合预期。总体上，由于斜裂缝反复张开闭合与裂面滑移，以及按“强弯弱剪”设计纵筋提供了较大的恢复力，滞回曲线呈反 S 形，捏拢现象严重，表现为典型的低滞回耗能和变形能力。

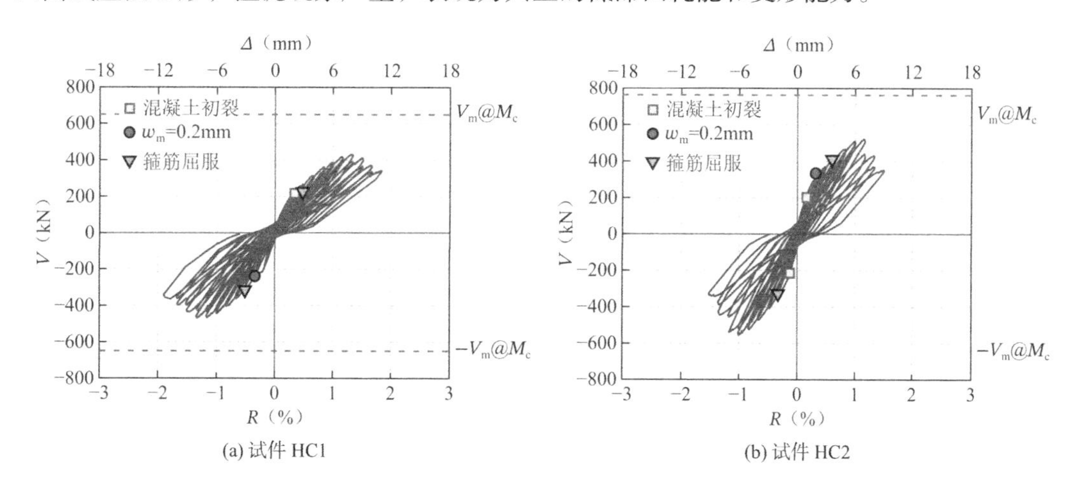

(a) 试件 HC1　　(b) 试件 HC2

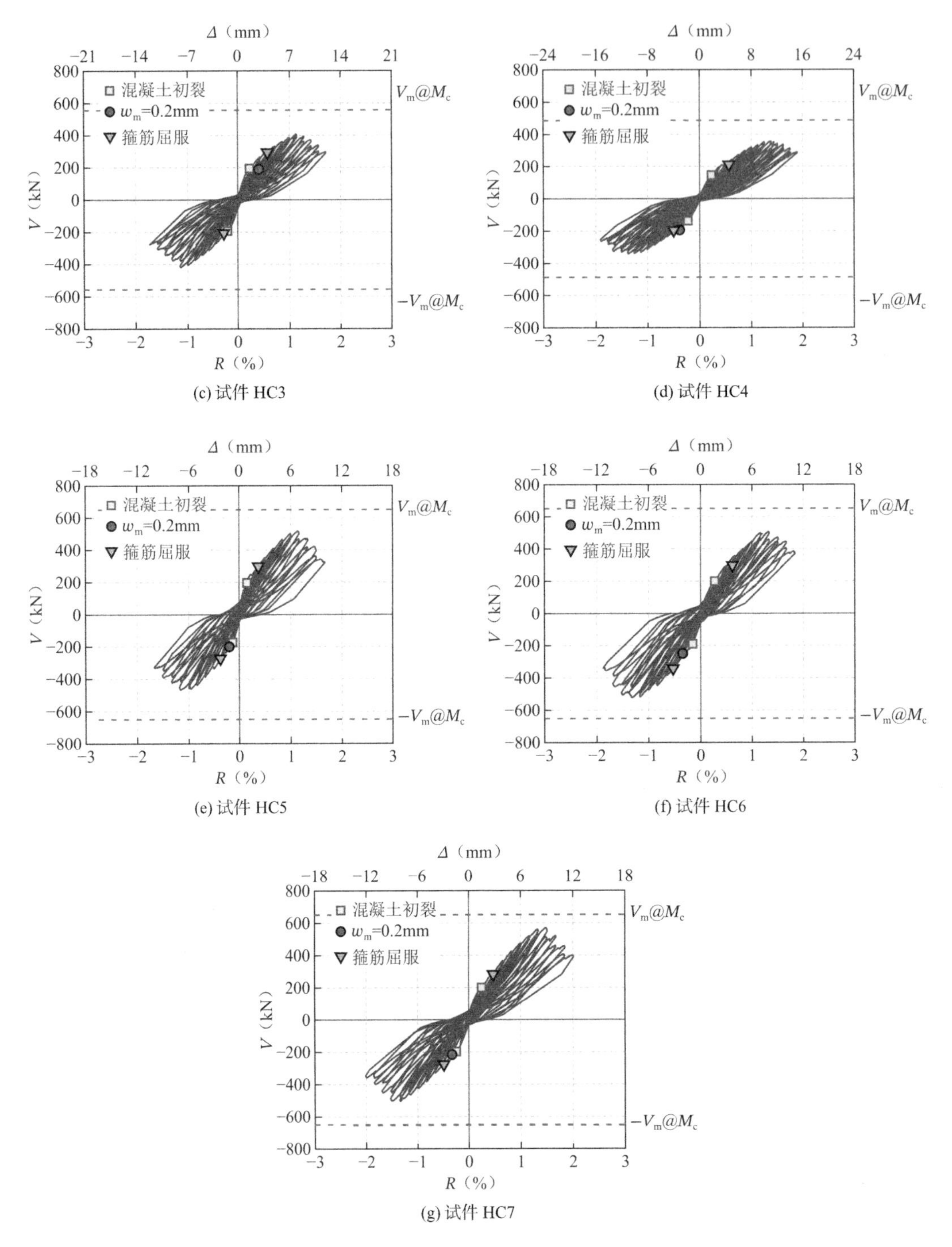

(c) 试件 HC3

(d) 试件 HC4

(e) 试件 HC5

(f) 试件 HC6

(g) 试件 HC7

图 2.2-27　各试件剪力-位移角滞回曲线

3. 骨架曲线及特征点荷载

V-*R*骨架曲线对比如图 2.2-28 所示。图中标出了框架结构的弹性和弹塑性层间位移角限值 1/550 和 1/50。试验结果见表 2.2-5，其中V_{cr}为开裂剪力，$V_{0.2}$为主斜裂缝宽度达到 0.2mm 时对应的剪力，V_y和R_y分别为屈服剪力和屈服位移角，V_m和R_m分别为峰值剪力和对

应的位移角，R_u为极限位移角。屈服位移角采用“Park 法”[6]确定，峰值剪力定义为试件的受剪承载力，极限位移角为剪力降至峰值剪力 85%时对应的位移角。延性系数$\mu_{0.85}$和$\mu_{0.8}$均为R_u和R_y之比，不同之处在于两者计算时极限位移角分别取剪力降至峰值剪力 85%和 80%时对应的位移角。

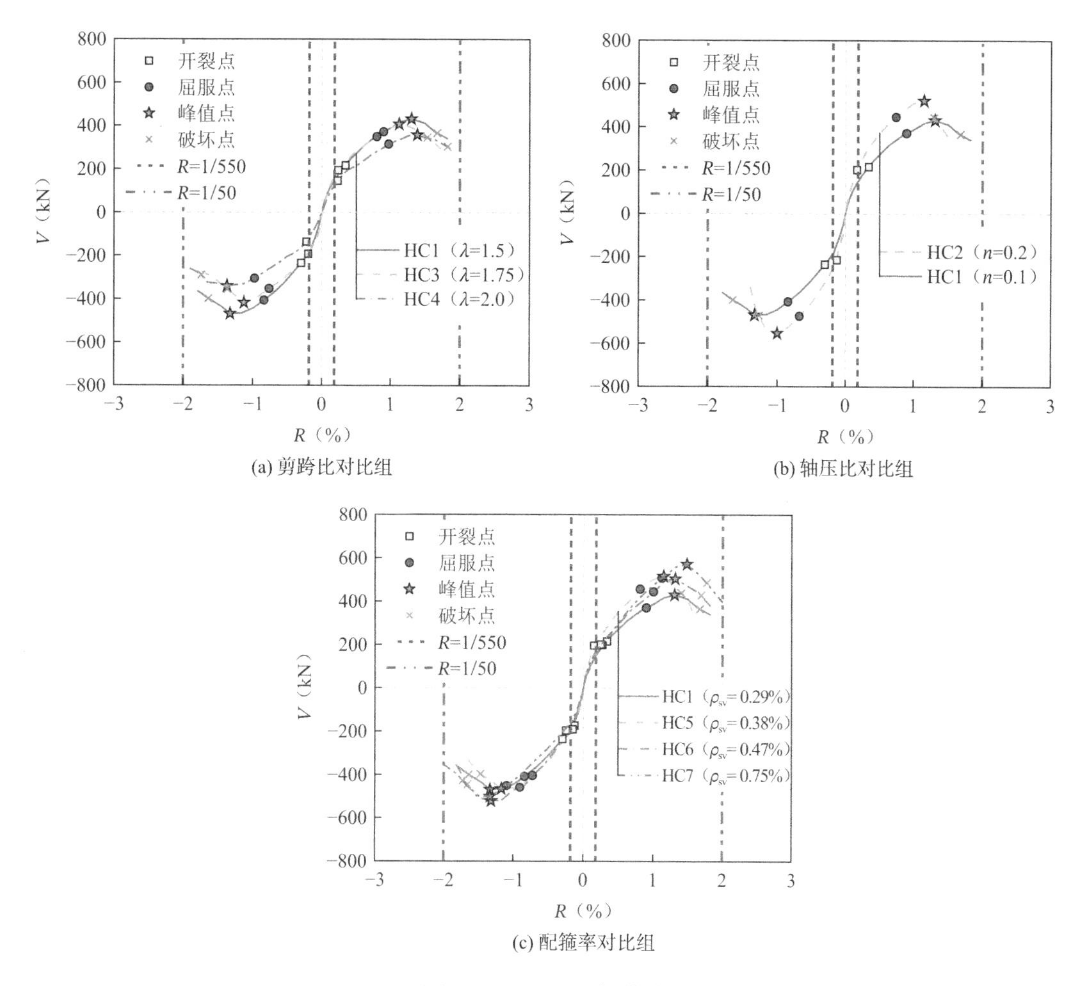

图 2.2-28　V-R骨架曲线

各试件主要试验结果　　　　**表 2.2-5**

试件编号	加载方向	V_{cr}（kN）	$V_{0.2}$（kN）	V_y（kN）	R_y（%）	V_m（kN）	R_m（%）	R_u（%）	$V_{0.2}/V_m$	$V_m/V_m@M_c$	$\mu_{0.85}$	$\mu_{0.8}$
HC1	正向	216.3	—	371.8	0.90	431.0	1.30	1.67	—	0.66	1.86	1.99
	负向	−235.4	−239.1	−407.2	−0.84	−469.0	−1.33	−1.64	0.51	0.72	1.96	2.08
	平均	225.8	—	389.5	0.87	450.0	1.32	1.66	—	0.69	1.91	2.04
HC2	正向	202.9	334.0	445.9	0.75	520.8	1.15	1.29	0.64	0.68	1.73	1.81
	负向	−214.8	—	−473.5	−0.67	−553.3	−1.00	−1.27	—	0.73	1.90	1.96
	平均	208.9	—	459.7	0.71	537.0	1.07	1.28	—	0.71	1.81	1.89

续表

试件编号	加载方向	V_{cr} (kN)	$V_{0.2}$ (kN)	V_y (kN)	R_y (%)	V_m (kN)	R_m (%)	R_u (%)	$V_{0.2}/V_m$	V_m/V_m@M_c	$\mu_{0.85}$	$\mu_{0.8}$
HC3	正向	194.4	187.9	349.1	0.80	407.1	1.12	1.53	0.46	0.73	1.91	2.01
	负向	−192.9	—	−353.5	−0.76	−418.5	−1.13	−1.37	—	0.75	1.79	1.90
	平均	193.6	—	351.3	0.78	412.8	1.13	1.45	—	0.74	1.85	1.96
HC4	正向	145.9	—	315.2	0.97	357.6	1.39	1.82	—	0.73	1.87	1.95
	负向	−136.1	−192.9	−305.9	−0.97	−340.8	−1.37	−1.74	0.57	0.70	1.79	1.88
	平均	141.0	—	310.6	0.97	349.2	1.38	1.78	—	0.72	1.83	1.91
HC5	正向	196.4	—	457.9	0.81	516.8	1.15	1.40	—	0.80	1.72	1.82
	负向	−172.8	−200.2	−403.1	−0.72	−466.0	−1.17	−1.47	0.43	0.72	2.04	2.15
	平均	184.6	—	430.5	0.77	491.4	1.16	1.44	—	0.76	1.87	1.99
HC6	正向	198.4	—	445.3	1.00	504.7	1.31	1.69	—	0.78	1.69	1.76
	负向	−190.6	−249.7	−458.8	−0.90	−522.1	−1.31	−1.66	0.48	0.80	1.84	1.89
	平均	194.5	—	452.0	0.95	513.4	1.31	1.68	—	0.79	1.76	1.82
HC7	正向	201.9	—	508.3	1.12	572.4	1.48	1.77	—	0.88	1.58	1.66
	负向	−195.4	−214.3	−451.1	−1.09	−501.7	−1.33	−1.73	0.43	0.77	1.58	1.64
	平均	198.7	—	479.7	1.11	537.0	1.41	1.75	—	0.82	1.58	1.65

从图 2.2-28 和表 2.2-5 中可以看出：

（1）各试件开裂点对应的位移角均接近 1/550。R <1/550 时弹塑性特征不明显，最终破坏时位移角均小于 1/50，表明预制管空心短柱抗剪薄弱性问题突出。

（2）V_{cr}、V_y、V_m和初始刚度随剪跨比的增大而减小，但峰值剪力后变形能力提高。剪跨比从 1.5 增加至 1.75、2.0，V_{cr}、V_y、V_m分别降低 14.3%和 37.6%、9.8%与 2.0%、8.3%和 22.4%。这是由于剪跨比反映了截面正应力与剪应力的比值。随着剪跨比增加，正应力与剪应力之比增大，弯矩较剪力作用程度大，剪切效应减弱，受剪承载力降低。

（3）轴压比从 0.1 增加至 0.2，V_y和V_m分别提高 18.0%和 19.3%。这是由于轴压力增强了裂缝间骨料咬合力，抑制了混凝土裂缝发展。需要指出的是，本试验中试件采用了高强混凝土，在弹性阶段高强混凝土泊松比（υ_c）与普通强度混凝土无明显差别，但在非弹性阶段高强混凝土的视泊松比比普通强度混凝土小[42]，箍筋对高强混凝土被动约束作用较普通强度混凝土弱。因此，高强混凝土空心短柱在较大轴压下的脆性剪切破坏特征更为显著，应有比普通强度 RC 柱更严格的轴压比限值。

（4）不同配箍率试件的初始刚度基本相同，配箍率增大，承载力随之提高，变形性能虽有一定程度改善，但仍未满足规范[2]要求。配箍率从 0.29%增加至 0.38%、0.47%、0.75%，V_y和V_m分别提高 10.5%、16.0%、23.1%和 9.2%、14.1%、19.3%。箍筋对受剪性能的影响是多方面的，主要体现在：①斜裂缝出现后直接承担裂缝间拉应力；②控制斜裂缝发展，增加剪压区面积；③增强纵筋销栓作用。因此，增大配箍率能够提高受剪承载力，但由于预制管空心短柱为单层配筋构型，箍筋对内侧混凝土约束较弱，仅通过加密箍筋难以显著改善剪切变形能力。

（5）$V_{0.2}$约为V_m的40%～60%，$V_{0.2}/V_m$平均值为0.50，该比值离散性较大，总体上随剪切效应的增强而增加。$V_m/V_m@M_c$均小于1.0，平均值为0.75，表明试件未充分发挥正截面压弯承载力，峰值剪力未达到$V_m@M_c$即发生剪切破坏。

4. 变形能力

表2.2-5列出了各试件的屈服、峰值和极限位移角，以及延性系数。为反映试件在经历数次循环荷载后的承载力与变形统一关系，采用累积延性系数（$\mu_{\Delta c}$）[43]评估试件在加载过程中的延性变化规律，表达式为：

$$\mu_{\Delta c}=\frac{\sum_{i=1}^{n}\Delta_i}{\Delta_y} \tag{2.2-1}$$

式中：Δ_i——第i级加载第一循环的最大位移；

Δ_y——屈服位移。

图2.2-29所示为不同参数下各试件的归一化剪力（V/V_m）-累积延性系数（$\mu_{\Delta c}$）曲线。由表2.2-5和图2.2-29可知：

（1）$\mu_{0.85}$介于1.58～1.91之间，按RC构件延性等级[44]划分标准，各试件均处于无延性水平。因此，抗震设计应尽量避免采用短柱（$\lambda\leqslant2.0$），尤其是极短柱（$\lambda\leqslant1.5$）。对无法避免采用短柱的情况，应提高箍筋要求，或采用特殊构造措施改善延性。此外，在基于性能的抗震设计中，确定短柱变形指标限值时应更严格。

（2）R_y和R_u随剪跨比的增大而提高。剪跨比从1.75增加至2.0，R_y和R_u分别提高24.4%、22.8%。由图2.2-29（a）可知，剪跨比较大试件的累积延性系数在受力全过程中始终大于剪跨比较小的试件，且破坏时最终累积延性系数更大。其原因为剪跨比越大剪力传递时拱模型贡献越少，且拱模型贡献随剪跨比增大迅速降低，而拱模型主要依靠压应力形成，故变形能力提高。

（3）随着轴压比增大，变形能力显著降低。轴压比从0.1增加至0.2，R_y和R_u分别降低18.4%、22.9%。由图2.2-29（b）可知，与试件HC2相比，试件HC1在达到峰值荷载前的累积延性系数略大于试件HC2，峰值荷载后轴压比较大的试件HC2在同一剪力退化水平下的累积延性系数明显小于试件HC1，表明轴压力对预制管空心柱延性性能的影响主要体现在峰值荷载后的受力阶段。

（4）增大配箍率能够在一定程度上提高变形能力，但剪切脆性破坏特征仍然显著。配箍率从0.38%增加至0.47%、0.75%，R_y和R_u分别提高23.4%、44.2%和16.7%、21.5%。由图2.2-29（c）可知，配箍率较大试件的累积延性系数在受力全过程中始终大于配箍率较小的试件，且破坏时最终累积延性系数更大。

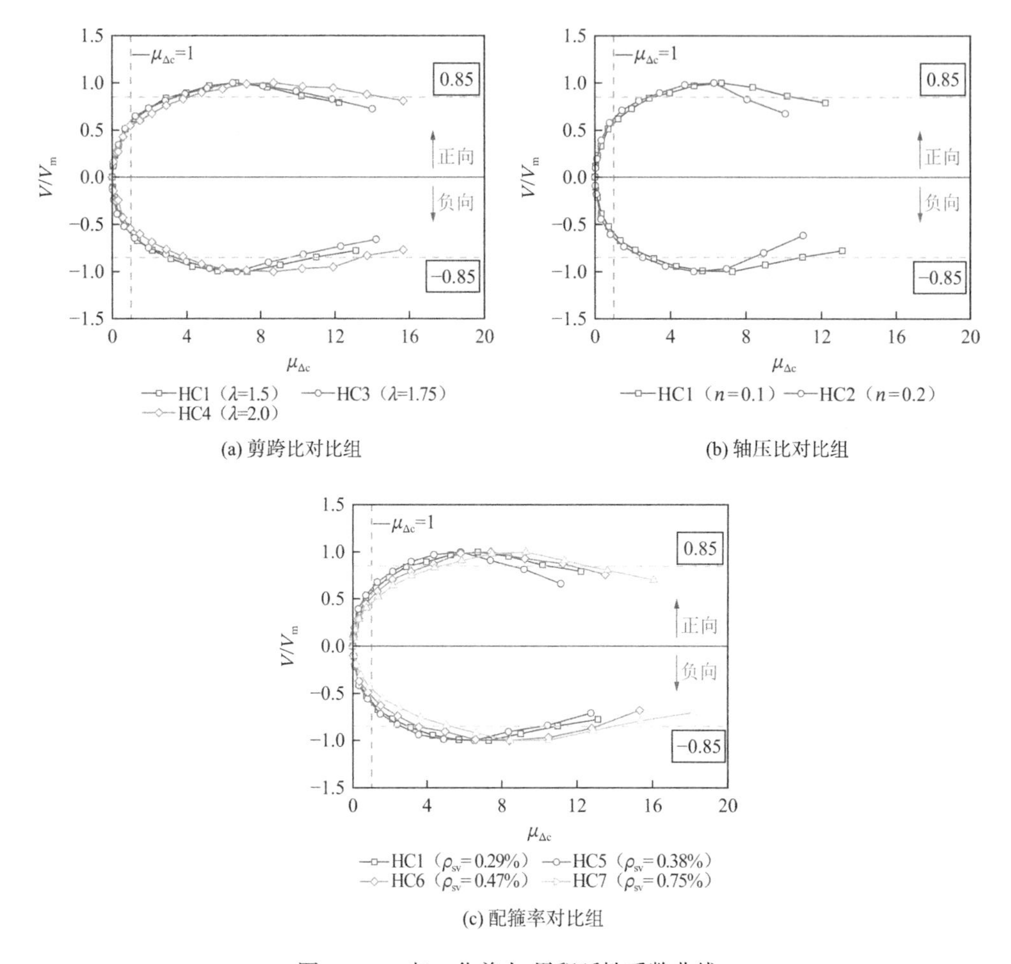

(a) 剪跨比对比组

(b) 轴压比对比组

(c) 配箍率对比组

图 2.2-29　归一化剪力-累积延性系数曲线

5. 耗能能力

采用累积滞回耗能（E_t）和等效黏滞阻尼系数（ζ_{eq}）评价试件滞回耗能特性[39]。E_t为一个循环滞回曲线所包围的面积，反映了试件在反复加载历程中的耗能能力。ζ_{eq}反映了实际能量耗散与等效弹性势能之比，用于描述阻尼特性。图 2.2-30 给出了累积滞回耗能和等效黏滞阻尼系数曲线，各试件特征点的累积耗能占比见图 2.2-31。E_t和ζ_{eq}的表达式分别为：

$$E_t=\sum_{i=1}^{n}E_i=\int P_i\,\mathrm{d}\Delta_i \tag{2.2-2}$$

$$\zeta_{eq}=\frac{1}{2\pi}\frac{S_{ABC}+S_{CDA}}{S_{OBE}+S_{ODF}} \tag{2.2-3}$$

式中：　E_i——第i级加载的耗能；

P_i、$\mathrm{d}\Delta_i$——第i级加载的加载点处荷载和位移增量；

S_{ABC}、S_{CDA}——曲线 ABC 和 CDA 所围成的面积；

S_{OBE}、S_{ODF}——三角形 OBE 和 ODF 的面积。

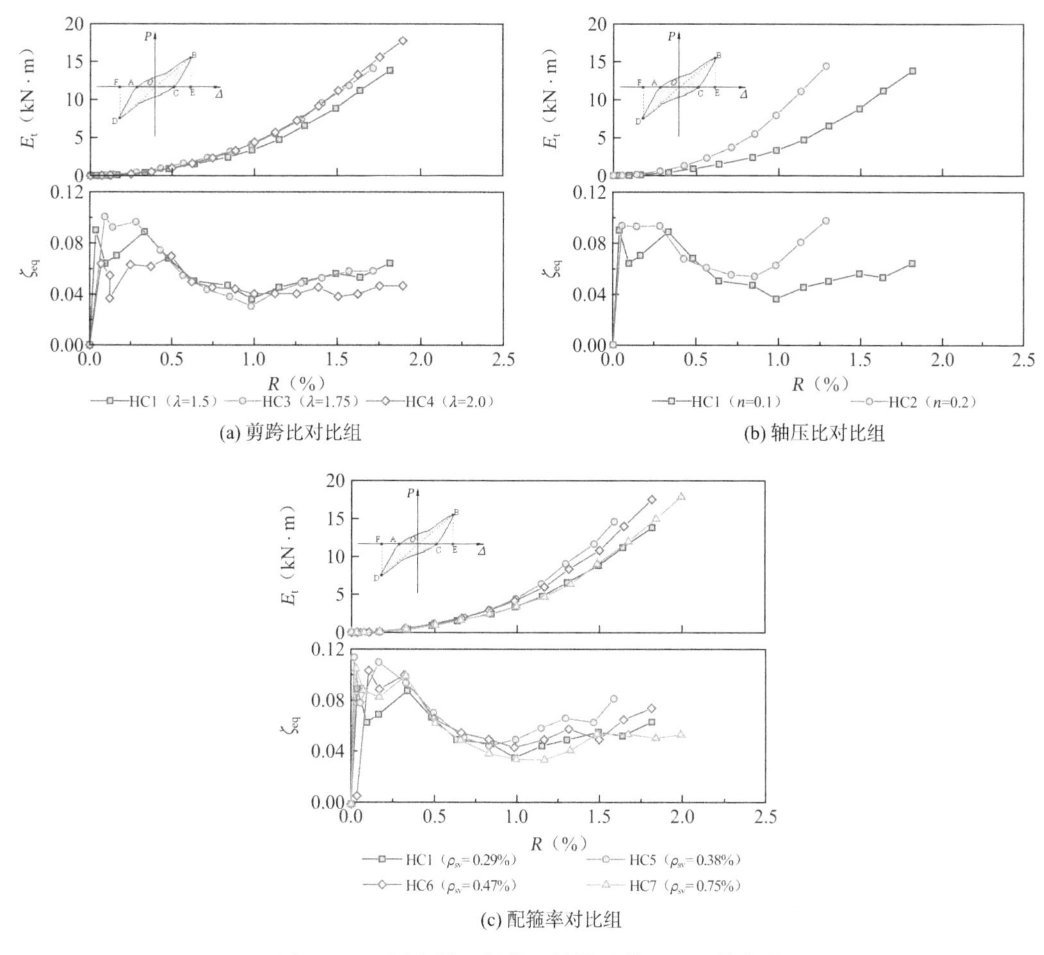

(a) 剪跨比对比组　(b) 轴压比对比组

(c) 配箍率对比组

图 2.2-30　累积滞回耗能及等效黏滞阻尼系数曲线

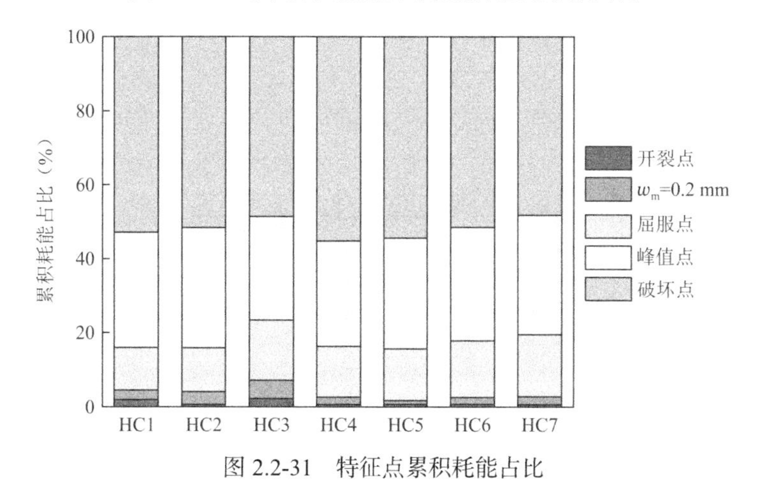

图 2.2-31　特征点累积耗能占比

从图 2.2-30 和图 2.2-31 可见：

（1）混凝土开裂前（$R < 0.3\%$）试件处于弹性状态，累积耗能较小；从混凝土开裂至主斜裂缝宽度达到 0.2mm（$0.3\% < R < 0.4\%$）期间，累积耗能逐渐增加，$w_m = 0.2$mm 时的累积耗能约为混凝土开裂时的 1.8 倍。

（2）主斜裂缝宽度达到 0.2mm 至屈服点期间（$0.4\% < R < 1.0\%$），累积耗能增长逐渐明显，不同参数试件之间累积耗能有显著区别，但由于能量耗散较小且纵筋强恢复力使得弹性势能较大，等效黏滞阻尼系数总体呈下降趋势。

（3）达到屈服点后（$R > 1.0\%$），随着位移角增加，试件累积耗能增速变快，能量耗散逐渐稳定，累积耗能和等效黏滞阻尼系数逐渐增加。试验加载结束时ζ_{eq}在 0.047～0.098 之间，总体上剪切耗能能力较差。

（4）$R < 0.5\%$时不同剪跨比试件累积耗能无明显差别，耗能能力差别在$R > 0.5\%$后逐渐明显。由图 2.2-30（a）可知，在同一位移角水平下，剪跨比较大试件的累积耗能高于剪跨比较小的试件。剪跨比从 1.5 增加至 1.75、2.0，加载结束时E_t分别提高 1.9%、28.3%。试件 HC1、HC3、HC4 在屈服点和峰值点的累积耗能占比分别为 16.0%、23.3%、16.3%和 47.1%、51.4%、44.8%，不同剪跨比试件在各特征点累积耗能占比无显著差别。

（5）累积耗能和等效黏滞阻尼系数随轴压比的增加而增加。在同一位移角水平下，轴压比较大试件的累积耗能始终高于轴压比较小的试件。由图 2.2-30（b）可知，轴压比从 0.1 增加至 0.2，破坏点时E_t和ζ_{eq}分别提高 12.5%、78.9%。由图 2.2-31 可知，试件 HC1、HC2 在屈服点和峰值点的累积耗能占比相差 1.3%、2.1%，不同轴压比试件在各特征点累积耗能占比差别不大。

（6）增大配箍率在一定程度上提高了耗能能力。由图 2.2-31（c）可知，配箍率从 0.29% 增加至 0.38%、0.47%、0.75%，加载结束时E_t分别提高 5.6%、26.6%、29.0%。由图 2.2-31（b）可知，试件 HC7、HC6 与试件 HC5 相比，屈服点和峰值点的累积耗能占比分别高 13.4%、24.2%和 6.6%、13.6%，试件在各特征点累积耗能占比随配箍率的增大而增加。

总体上，各试件在峰值点的累积耗能占比介于 45.6%～51.8%之间，试件耗能能力主要体现在峰值荷载后阶段。

6. 强度退化

强度退化是指构件承载力随加载次数增加而降低的特性[43]。同级强度退化系数（λ_i）和总体强度退化系数（λ_j）分别反映了试件在同一加载级 2 次循环和不同加载级第 1 循环时的承载力降低程度，可用于评估试件的强度退化性能。λ_i和λ_j的表达式分别为：

$$\lambda_i = \frac{P_i^2}{P_i^1} \tag{2.2-4}$$

$$\lambda_j = \frac{P_i^1}{P_m} \tag{2.2-5}$$

式中：P_i^1、P_i^2——第i级加载第 1 循环和第 2 循环的峰值荷载；

P_m——试件峰值荷载。

不同参数下各试件的λ_i-Δ/Δ_y和λ_j-Δ/Δ_y曲线如图 2.2-32 所示。由图可知：

（1）各试件同级强度退化系数随加载级数的增加逐渐减小，不同参数试件的总体强度退化系数在峰值荷载前差别较小，峰值荷载后差别逐渐明显。加载结束时λ_i为 0.85～0.93，λ_j均小于 0.85，表明预制管空心柱在循环剪切作用下强度退化性能较为稳定且加载过程完整。

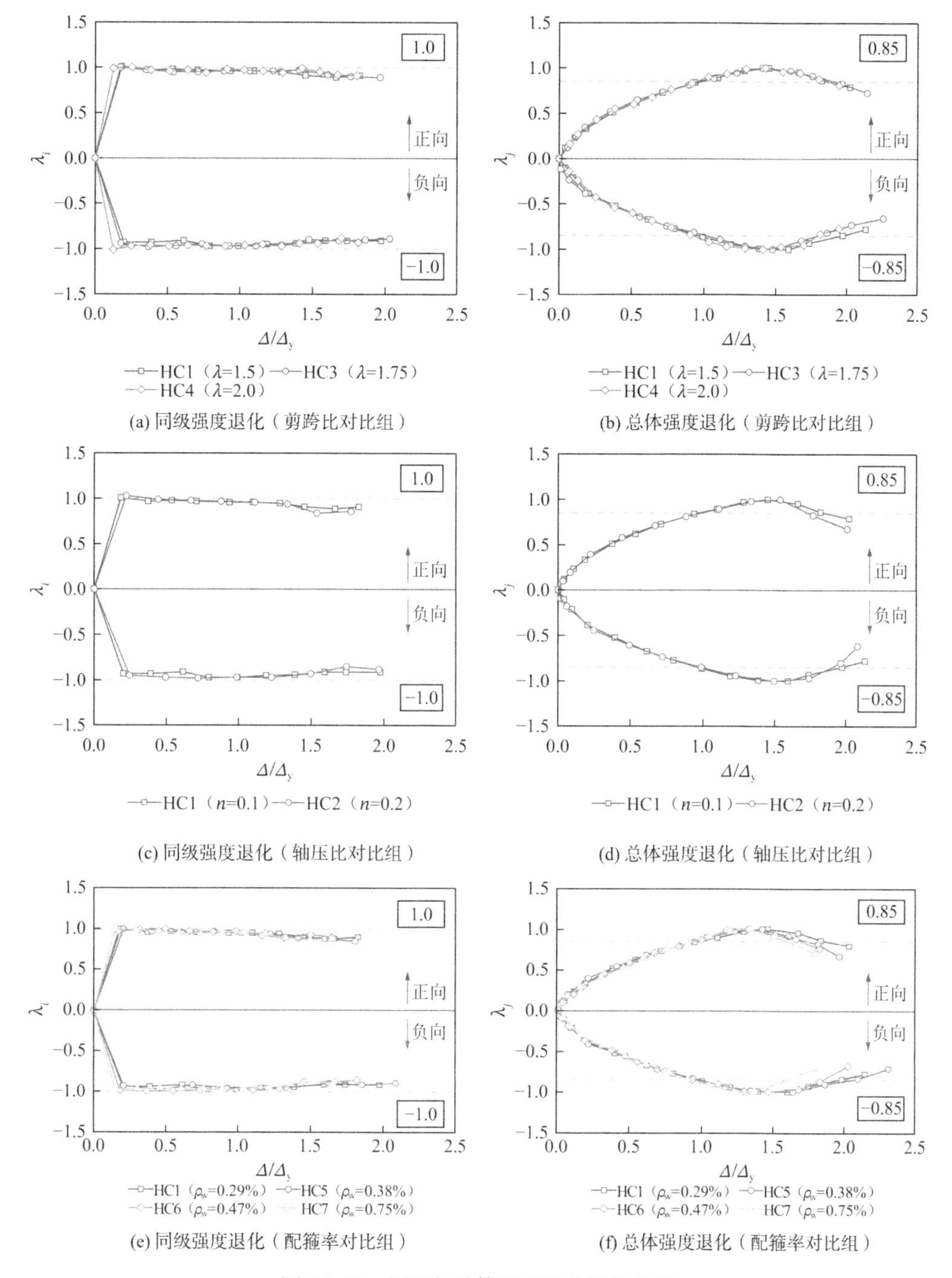

图 2.2-32 同级与总体强度退化系数曲线

（2）剪跨比对同级强度退化和总体强度退化性能影响不明显。由图 2.2-32（a）可知，试件 HC1、HC3、HC4 的λ_i分别在 0.90～0.97、0.89～0.98、0.90～1.00 之间，λ_i的平均值和变异系数分别为 0.94、0.94、0.96 和 0.026、0.030、0.025。

（3）轴压比对同级强度退化性能影响显著，对总体强度退化性能的影响主要体现在峰值荷载后阶段。由图 2.2-32（c）可知，试件 HC1、HC2 的λ_i平均值均为 0.94，变异系数分别为 0.026 和 0.054，轴压比越大，承载力退化越不稳定。

（4）配箍率对同级强度退化性能影响不显著，对总体强度退化性能的影响主要体现在峰值荷载后阶段。由图 2.2-32（e）可知，试件 HC1、HC5 的λ_i平均值均为 0.94，变异系数分别为 0.026 和 0.037，试件 HC6、HC7 的λ_i平均值均为 0.95，变异系数分别为 0.043 和 0.039，不同配箍率试件承载力退化性能相差不大。

7. 刚度分析

为表征在同一位移幅值下刚度随反复加载次数增加而降低的退化特性，采用环线刚度（K_{ij}）[43]研究刚度退化规律。与割线刚度[39]相比，环线刚度能够反映同一加载级循环次数的影响。K_{ij}的表达式为：

$$K_{ij}=\frac{\sum_{j=1}^{2}P_{ij}}{\sum_{j=1}^{2}\Delta_{ij}} \tag{2.2-6}$$

式中：P_{ij}、Δ_{ij}——第i级加载的第j次循环时的峰值荷载和对应位移。

图 2.2-33 给出了不同参数试件的K_{ij}-R曲线。各试件特征点归一化割线刚度见图 2.2-34。由图可知：

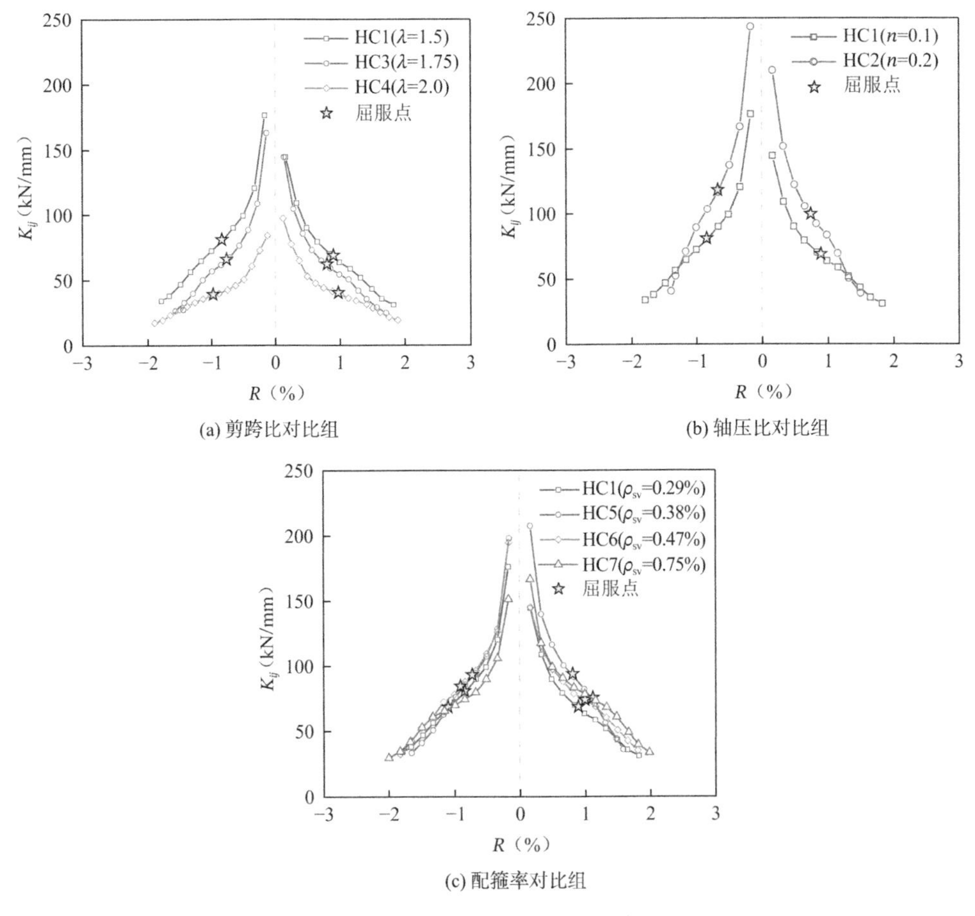

(a) 剪跨比对比组

(b) 轴压比对比组

(c) 配箍率对比组

图 2.2-33　环线刚度退化曲线

（1）随着位移角的增加，各试件刚度逐渐退化，由于裂缝的新增与发展，屈服前刚度退化较快，屈服后刚度退化速率有所减小。加载后期主斜裂缝形成，基本不再出现新增裂缝，刚度逐渐趋于一致。

（2）除试件 HC4、HC5 和 HC7 外，其余试件负向加载初始K_{ij}均大于正向加载初始K_{ij}。这是因为初始正向加载使试件发生了损伤，而基础梁两侧压梁初始间隙的不同使得试件 HC4、HC5 和 HC7 正负向初始刚度规律相反。

（3）刚度退化速率随剪跨比和配箍率的增大而减小，随轴压比的增大而增大。$w_m =$ 0.2mm 时，试件刚度为初始刚度的 67%～87%；达到屈服点时，试件刚度为初始刚度的 42%～48%；达到峰值荷载时，试件刚度保有初始刚度的 34%～40%；最终破坏时的剩余刚度约为初始刚度的 20%～25%。

（4）剪跨比从 1.5 增加至 1.75、2.0，试件初始刚度分别减小 17.6%和 44.9%；轴压比从 0.1 增加至 0.2，试件初始刚度增大 41.2%；不同配箍率试件的初始刚度相差在 0.94%以内，配箍率对试件初始刚度影响较小，但增大配箍率能够减小刚度退化速率，并提高最终破坏时的剩余刚度。

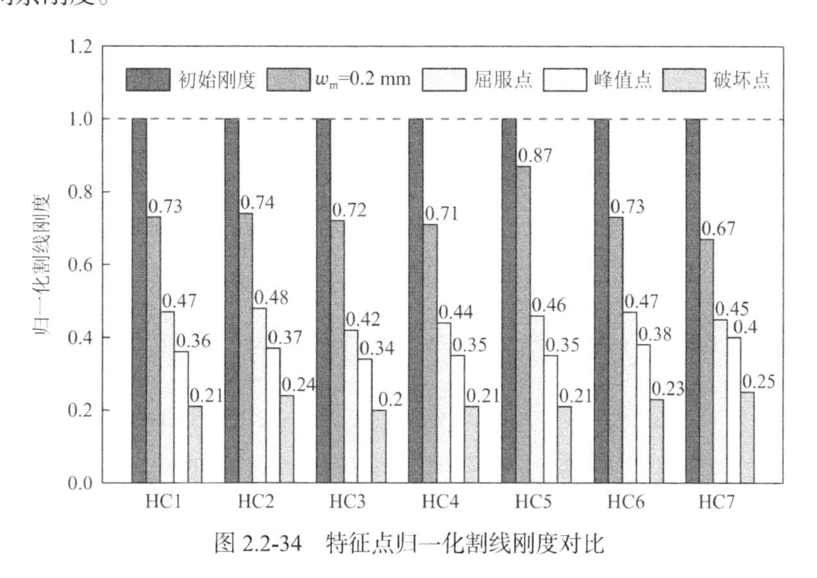

图 2.2-34 特征点归一化割线刚度对比

8. 变形分析

基于 PEER 数据库[45]的 RC 柱刚度计算，Elwood 和 Eberhard[46]指出，柱水平位移（Δ）主要由弯曲变形（Δ_f）、剪切变形（Δ_s）和滑移变形（Δ_{sl}）三部分组成（图 2.2-35），其概念后被纳入 ASCE/SEI 41-06[47]第 6.3.1.2 条。产生滑移变形的原因[48]主要是柱身与基础梁交界面的变形不连续，纵筋产生应变渗透（Yield penetration），并与混凝土之间发生滑移，其变形特征主要表现为刚体转动［图 2.2-35（c）］。为明确预制管空心柱变形组成特征，实现弯曲、剪切和滑移变形分离，在试件不同部位布置了相应的位移计（图 2.2-7）。位移计 D4 和 D5 实际测量值包括滑移变形和弯曲变形，但由于与柱底距离较短（50mm），弯曲变形占比较小，可认为其测量值主要为滑移变形[49,50]。Δ_f、Δ_s和Δ_{sl}的表达式为：

$$\Delta_{\mathrm{f}} = h_1 \sin\left(\frac{\Delta_6 - \Delta_7}{\delta_{67}}\right) + \int_0^{h_2} \frac{\Delta_6 - \Delta_7}{\delta_{67} h_2} x \, \mathrm{d}x + (H_n - h_1 - h_2) \sin\left(\frac{\Delta_6 - \Delta_7}{\delta_{67}}\right) \tag{2.2-7}$$

$$\Delta_{\mathrm{sl}} = \frac{\Delta_4 - \Delta_5}{\delta_{45}} H_n \tag{2.2-8}$$

$$\Delta_{\mathrm{s}} = \Delta - \Delta_{\mathrm{f}} - \Delta_{\mathrm{sl}} \tag{2.2-9}$$

式中：　h_1——位移计 D4 或 D5 至柱底的距离；

h_2——位移计 D6（或 D7）至 D4（或 D5）的距离；

Δ_4、Δ_5、Δ_6、Δ_7——位移计 D4、D5、D6 和 D7 的测量值；

δ_{45}、δ_{67}——位移计 D4、D5 的水平距离和位移计 D6、D7 的水平距离，计算时均取实测值。

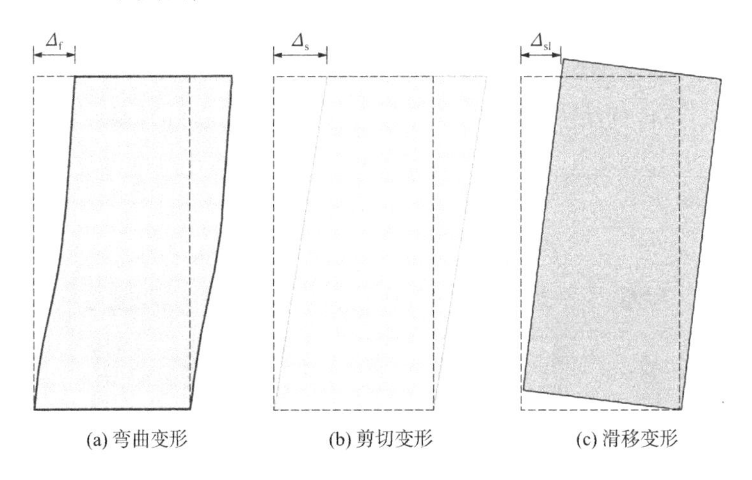

图 2.2-35　变形组成示意

测量得到各变形分量占比见表 2.2-6，各试件变形分量发展规律如图 2.2-36 所示。由图表可知：

（1）弯曲、剪切和滑移变形的占比分别为 11.4%～34.1%、24.9%～76.3%和 12.1%～56.6%。弯曲、剪切和滑移变形在总变形中的占比及发展与剪切效应相关，剪切效应越强，剪切变形占比越大，弯曲变形占比越小。

（2）加载初期斜裂缝未出现时刚度相对较大，弯曲变形和滑移变形在总变形中所占比例较大，分别为 20.3%～36.0%和 19.7%～47.1%。由于试件破坏模式均为剪切破坏，加载过程中损伤累积刚度降低，剪切变形在总变形中占比逐渐增大，弯曲和滑移变形占比逐渐减小。最终试件破坏时，弯曲、剪切和滑移变形在总变形中的占比分别为 13.2%～20.0%、48.1%～71.1%和 15.6%～32.4%。

（3）增大剪跨比弯曲变形在总变形中占比随之增大，剪切变形占比减小。剪跨比从 1.5 增加至 1.75、2.0，$\Delta_{\mathrm{f}}/\Delta$均值分别增加 4.9%和 32.3%，$\Delta_{\mathrm{s}}/\Delta$均值分别降低 2.8%和 15.4%。剪跨比从 1.75 增加至 2.0，$\Delta_{\mathrm{sl}}/\Delta$均值增加 28.6%。这是由于剪跨比大时纵筋应变渗透现象更显著，所引起的纵筋滑移变形在总变形中占比更大。

（4）随着轴压比的增加，$\Delta_{\mathrm{f}}/\Delta$和$\Delta_{\mathrm{sl}}/\Delta$的最小和最大值均随之减小，剪切变形占比增大。

轴压比从 0.1 增加至 0.2，Δ_f/Δ和Δ_{sl}/Δ的最大和最小值分别减小 16.7%、27.9%和 23.8%、28.6%。

（5）弯曲变形在总变形中占比随配箍率的增大有所增大，剪切变形则有所减小，配箍率对滑移变形影响不大，表明增大配箍率能够在一定程度上使预制管空心短柱的弯曲变形能力发挥更充分。虽然试件最大配箍率达到了 0.75%，但未出现过约束现象，薄弱部分仍在柱身而并未转移至柱底与基础梁交界处，柱底转动需求变化不明显，故增大配箍率对Δ_{sl}/Δ影响不大。

试件变形分量占比 **表 2.2-6**

试件编号	弯曲变形占比Δ_f/Δ	剪切变形占比Δ_s/Δ	滑移变形占比Δ_{sl}/Δ
HC1	**15.6%**～34.1%	33.2%～**58.8%**	25.6%～56.6%
HC2	**13.0%**～24.6%	35.0%～**67.5%**	19.5%～40.4%
HC3	**13.2%**～25.8%	39.8%～**71.1%**	15.6%～34.3%
HC4	**14.4%**～36.4%	24.9%～**63.8%**	21.8%～36.4%
HC5	**11.5%**～21.8%	42.2%～**76.3%**	12.1%～34.8%
HC6	**11.4%**～19.3%	52.1%～**68.9%**	19.2%～29.9%
HC7	**14.0%**～20.3%	46.0%～**67.4%**	18.6%～33.7%

注：表中数据加粗带底纹表示各试件变形分量占总变形比例的最小与最大值。

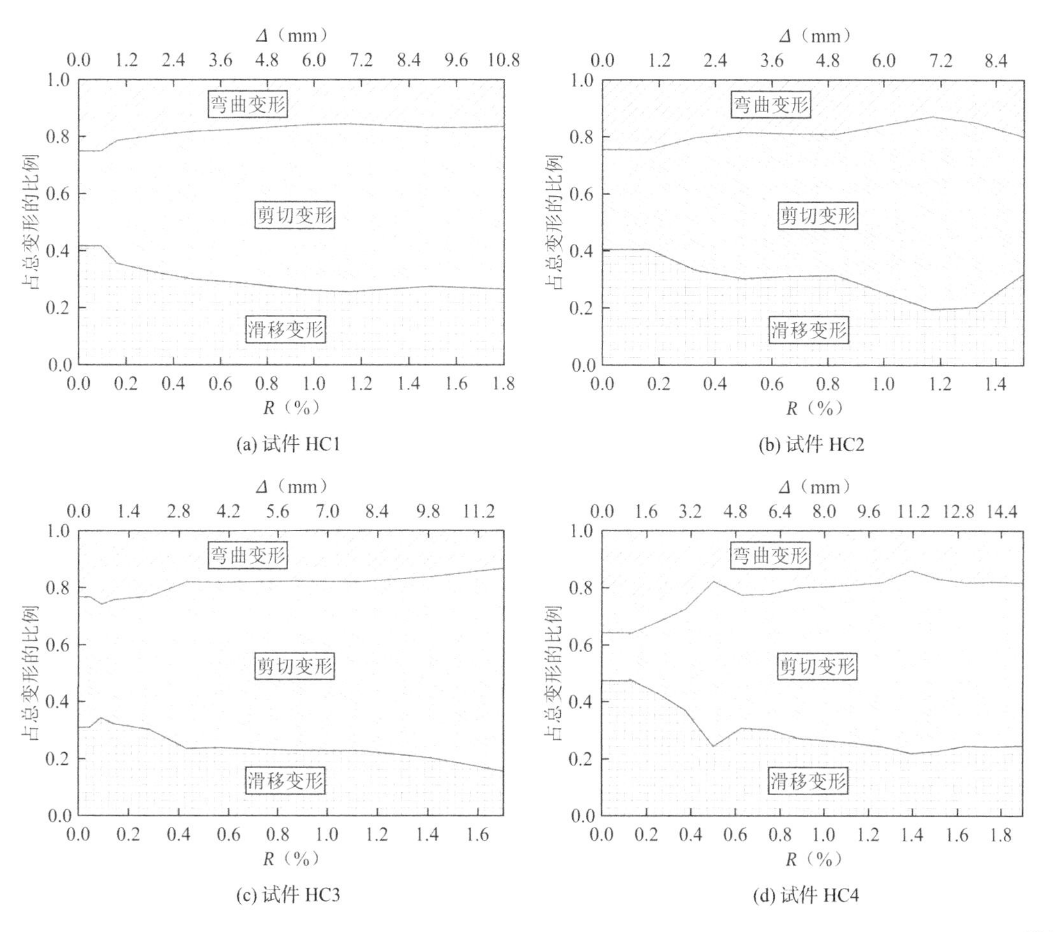

(a) 试件 HC1　(b) 试件 HC2

(c) 试件 HC3　(d) 试件 HC4

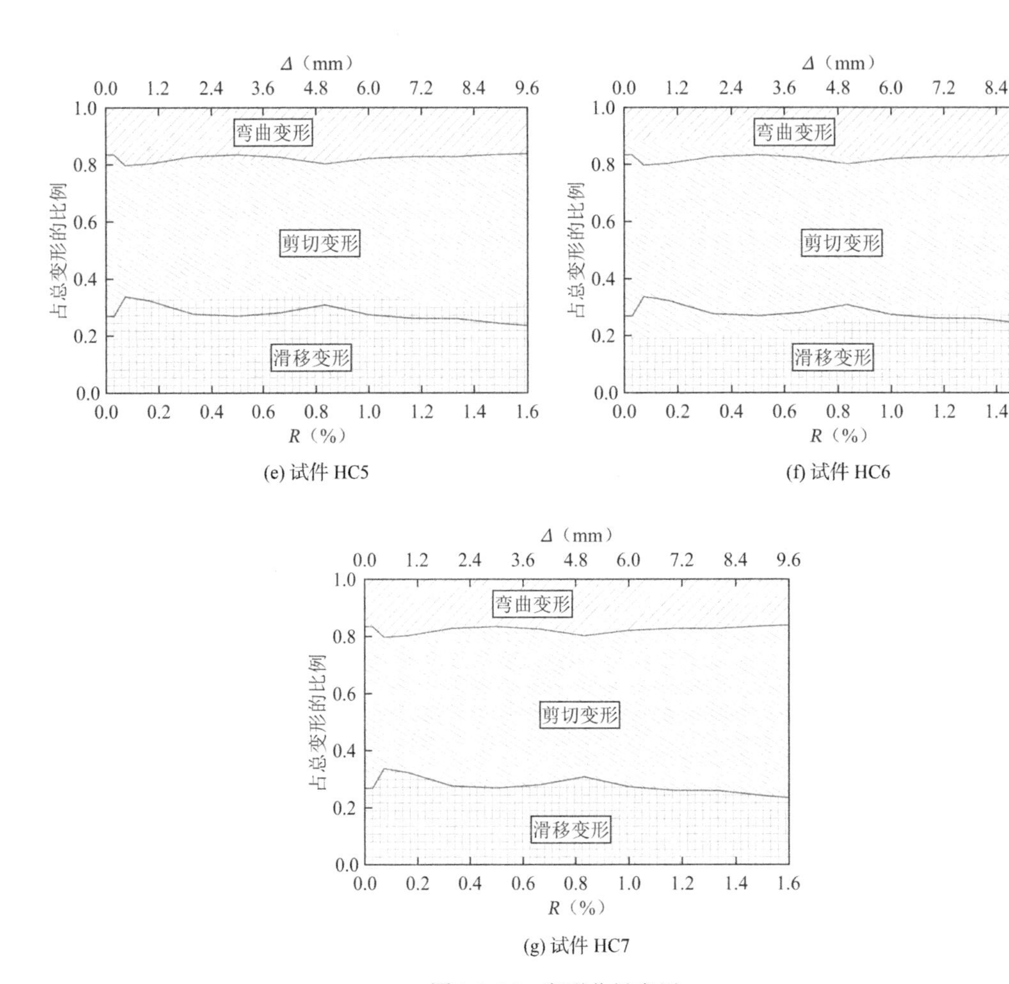

(e) 试件 HC5

(f) 试件 HC6

(g) 试件 HC7

图 2.2-36　变形分量发展

9. 应变分析

（1）混凝土应变

在柱腹剪区中部粘贴三向混凝土应变片［图 2.2-8（a）］，通过应变摩尔圆[51]可计算得到测点处主拉应变（ε_1）、主压应变（ε_2）、剪应变（γ），从而求得主拉应变与柱纵轴线夹角 α_{90}。ε_1、ε_2、γ 和 α_{90} 的表达式为：

$$\varepsilon_1 = \frac{\varepsilon_0 + \varepsilon_{90}}{2} + \sqrt{\left(\frac{\varepsilon_0 - \varepsilon_{90}}{2}\right)^2 + \left(\frac{\gamma}{2}\right)^2} \tag{2.2-10}$$

$$\varepsilon_2 = \frac{\varepsilon_0 + \varepsilon_{90}}{2} - \sqrt{\left(\frac{\varepsilon_0 - \varepsilon_{90}}{2}\right)^2 + \left(\frac{\gamma}{2}\right)^2} \tag{2.2-11}$$

$$\gamma = 2\varepsilon_{45} - \varepsilon_0 - \varepsilon_{90} \tag{2.2-12}$$

$$\alpha_{90} = 90 - \frac{1}{2}\arctan\left(\frac{\gamma}{\varepsilon_0 - \varepsilon_{90}}\right) \tag{2.2-13}$$

各试件剪力-主拉应变、剪力-主压应变关系曲线如图 2.2-37 所示。各试件主拉应变与柱纵轴线夹角-剪力关系曲线见图 2.2-38。结合表 2.2-5 中数据可知：

①开裂点前主拉应变和主压应变增长缓慢，超过V_{cr}且在未达到$V_{0.2}$时主应变迅速增长，可将$V_{0.2}$作为预制管空心柱的临界斜裂缝剪力。

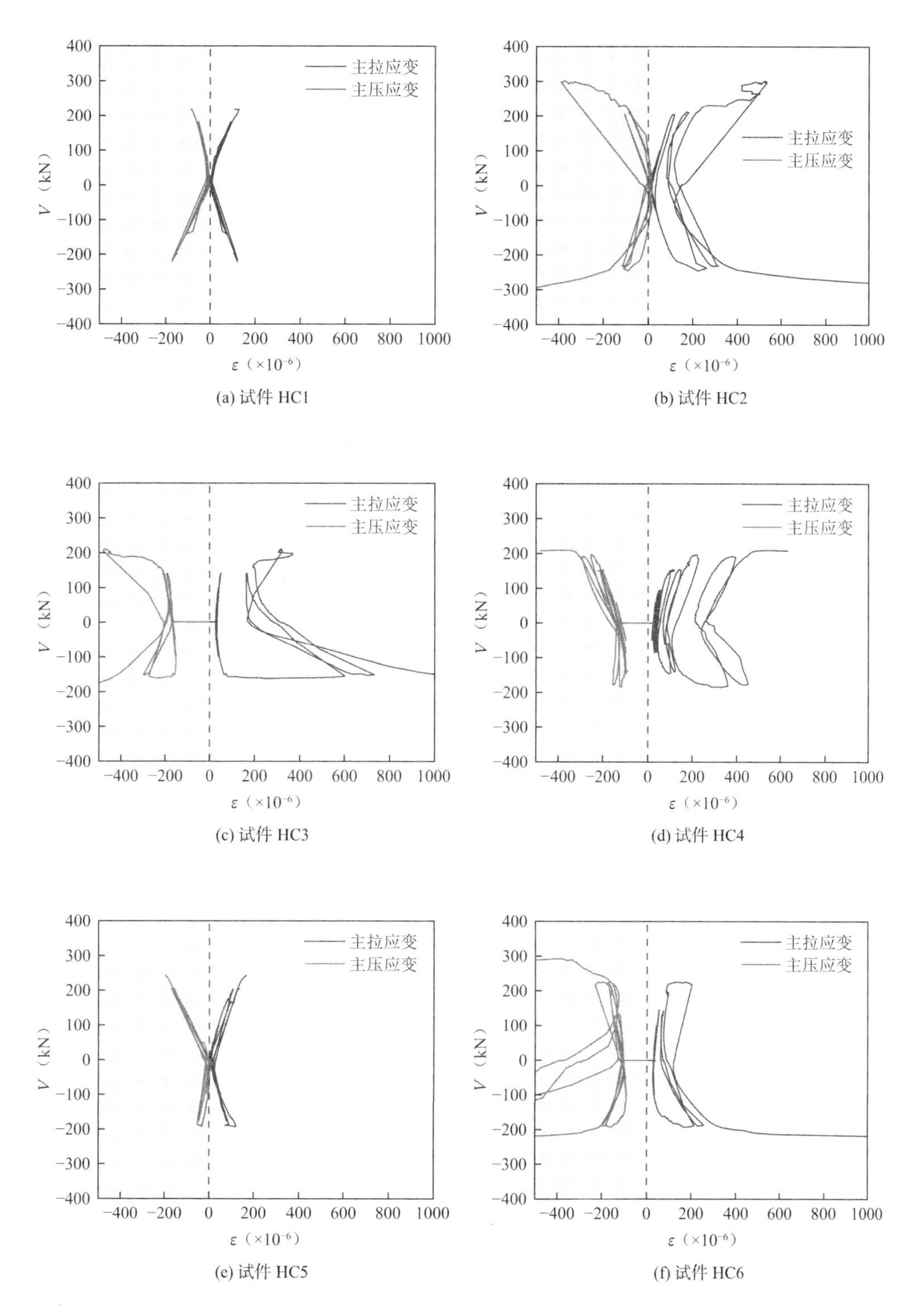

(a) 试件 HC1

(b) 试件 HC2

(c) 试件 HC3

(d) 试件 HC4

(e) 试件 HC5

(f) 试件 HC6

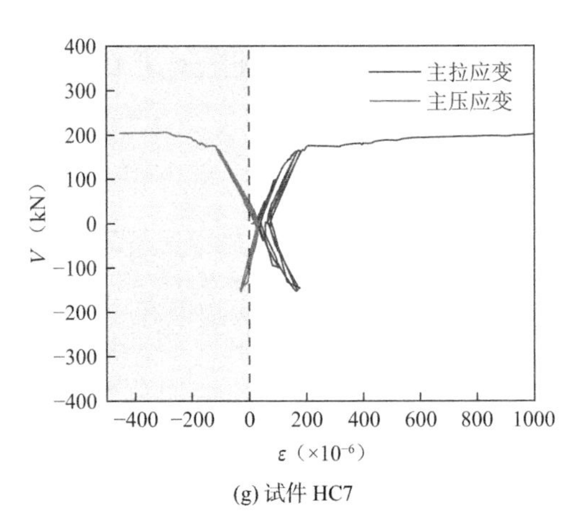

(g) 试件 HC7

图 2.2-37　剪力-主拉压应变曲线

②主斜裂缝与柱纵轴线夹角（或称为临界斜裂缝倾角）影响钢筋和混凝土的内力分配，是反映柱破坏形态和判断破坏模式的重要参数[52]。由图 2.2-38 可知，加载前期α_{90}变化不大，达到V_{cr}后随着荷载的增加，α_{90}迅速增加并达到峰值，随后α_{90}有所降低并逐渐趋于恒定值。

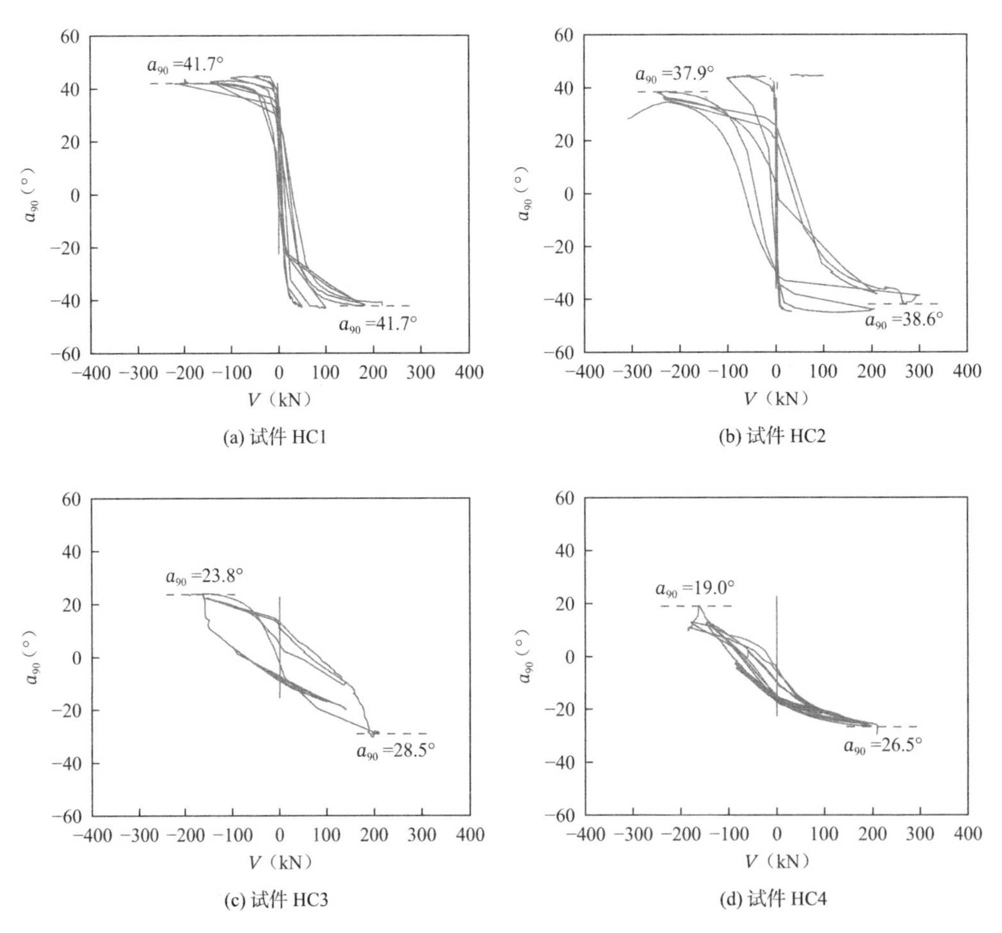

(a) 试件 HC1

(b) 试件 HC2

(c) 试件 HC3

(d) 试件 HC4

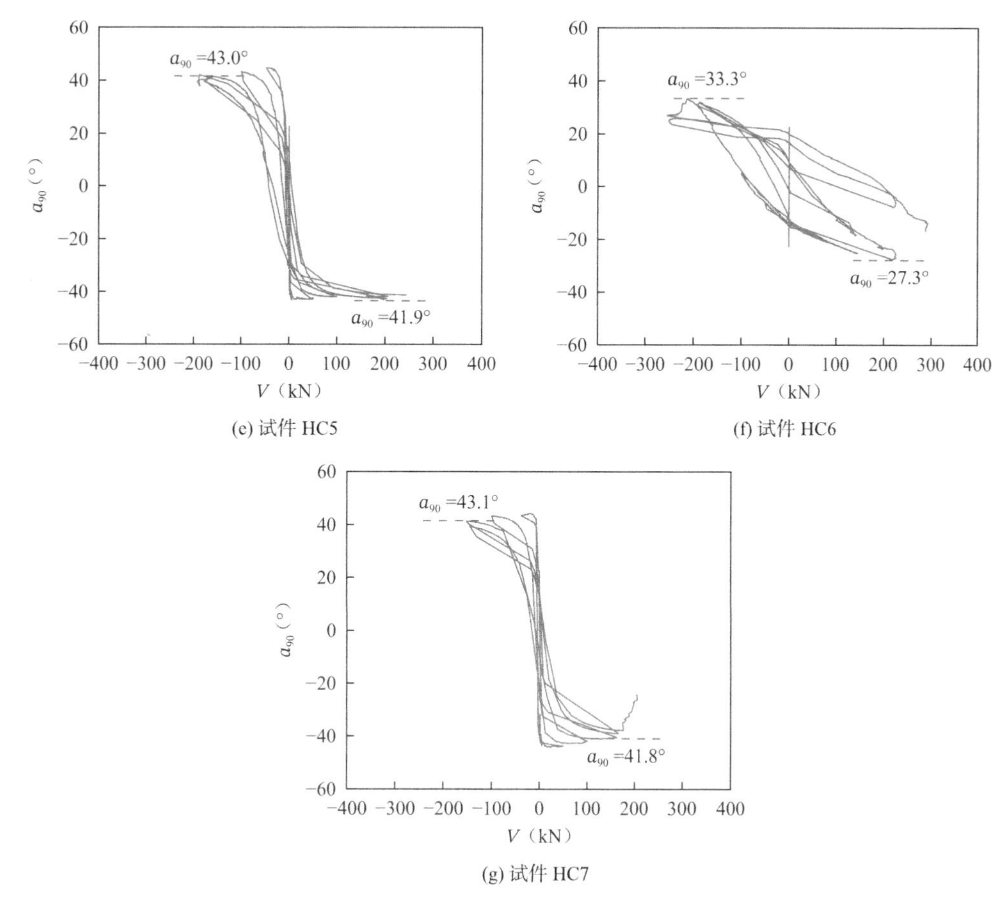

(e) 试件 HC5

(f) 试件 HC6

(g) 试件 HC7

图 2.2-38 主斜裂缝与柱纵轴线夹角-剪力曲线

③与剪跨比较大的试件相比，剪跨比较小试件的主拉应变发展较快，并在更低剪力值时超过混凝土极限拉应变（极限拉应变 $= 2f_{\mathrm{tk}}/E_{\mathrm{c}} = 1.53 \times 10^{-4}$）；随着轴压比增大，主拉应变发展减慢，图中表现为剪力-主应变曲线斜率更大，表明增大轴压比能延缓斜裂缝发展；不同配箍率试件的剪力-主应变曲线发展规律相似，配箍率对混凝土主应变发展影响不显著。

试验测得的主斜裂缝与柱纵轴线夹角（α_{m}）和α_{90}结果对比列于表 2.2-7 中，表中还给出了加载点与柱底对角连线和柱纵轴线夹角（α_{load}）、加载夹具下端与柱底对角连线夹角（α_{fix}）。由表可知：

①试验观测得到各试件α_{m}为 26.7°～38.0°，平均值 34.0°；应变片测量得到各试件α_{90}为 19°～43.1°，平均值 34.9°。$\alpha_{90}/\alpha_{\mathrm{m}}$的平均值和变异系数分别为 1.03 和 0.20，采用三向混凝土应变片能够较为准确地计算预制管空心柱的临界斜裂缝倾角。

②$\alpha_{90}/\alpha_{\mathrm{load}}$的平均值和变异系数分别为 1.08 和 0.18，$\alpha_{90}/\alpha_{\mathrm{fix}}$的平均值和变异系数分别为 0.88 和 0.17。因此，预制管空心柱临界斜裂缝倾角接近于加载点-柱底对角连线与柱纵轴线夹角，α_{90}介于α_{load}和α_{fix}之间。

③α_{m}和α_{90}随剪跨比和轴压比的增大而减小，配箍率影响不明显。剪跨比从 1.5 增加至

1.75、2.0，α_m和α_{90}平均值分别减小 15.6%、20.2%和 37.2%、45.3%。轴压比从 0.1 增加至 0.2，α_m和α_{90}平均值分别减小 19.9%和 13.3%。

主斜裂缝、主拉应变与柱纵轴夹角对比　　　　表 2.2-7

试件编号	α_m（°）		α_{90}（°）		α_{load}（°）	α_{fix}（°）	α_{90}/α_m		$\alpha_{90}/\alpha_{load}$		α_{90}/α_{fix}	
	正向	负向	正向	负向			正向	负向	正向	负向	正向	负向
HC1	36.6	37.7	41.7	41.7	33.7	41.6	1.14	1.11	1.24	1.24	1.00	1.00
HC2	30.1	29.5	37.9	38.6	33.7	41.6	1.26	1.31	1.12	1.15	0.91	0.93
HC3	33.1	29.7	23.8	28.5	29.7	36.0	0.72	0.96	0.80	0.96	0.66	0.79
HC4	32.6	26.7	19.0	26.5	26.6	31.6	0.58	0.99	0.71	1.00	0.60	0.84
HC5	37.4	36.5	43.0	41.9	33.7	41.6	1.14	1.15	1.28	1.24	1.03	1.01
HC6	38.0	32.0	33.3	27.3	33.7	41.6	0.88	0.85	0.99	0.81	0.80	0.66
HC7	41.5	34.0	43.1	41.8	33.7	41.6	1.04	1.23	1.28	1.24	1.04	1.00
Mean	35.6	32.3	34.5	35.2	32.1	39.4	0.97	1.09	1.06	1.09	0.86	0.89
COV	—	—	—	—	—	—	0.23	0.15	0.22	0.16	0.17	0.12

注：Mean 表示平均值；COV 表示变异系数。

（2）纵筋应变

选取加载过程中的 4 个典型状态（$R = 1/550$、1/200、1/100 及最终破坏时的位移角），得到各试件柱底纵筋应变发展如图 2.2-39 所示。由图可知：①当$R \leqslant 1/550$ 时，试件处于弹性阶段，纵筋应变水平低；$1/550 < R < 1/100$ 期间，柱身斜裂缝出现并逐渐发展，试件接近屈服点，弯曲变形需求有所增大，纵筋应变增加；加载至$R \geqslant 1/100$ 后，主斜裂缝开始形成，箍筋承担剪力持续增加，剪切变形在总变形中占比逐渐增大，最终发生剪切破坏，加载后期弯曲变形需求减小，剪切变形需求增大，纵筋应变反而有所降低。②除试件 HC5 的纵筋 R2 测点在$R = 1/100$ 时达到屈服应变外，其余试件纵筋在加载全过程中均未超过屈服应变，表明试件最终未发生弯曲破坏，与试验现象吻合。

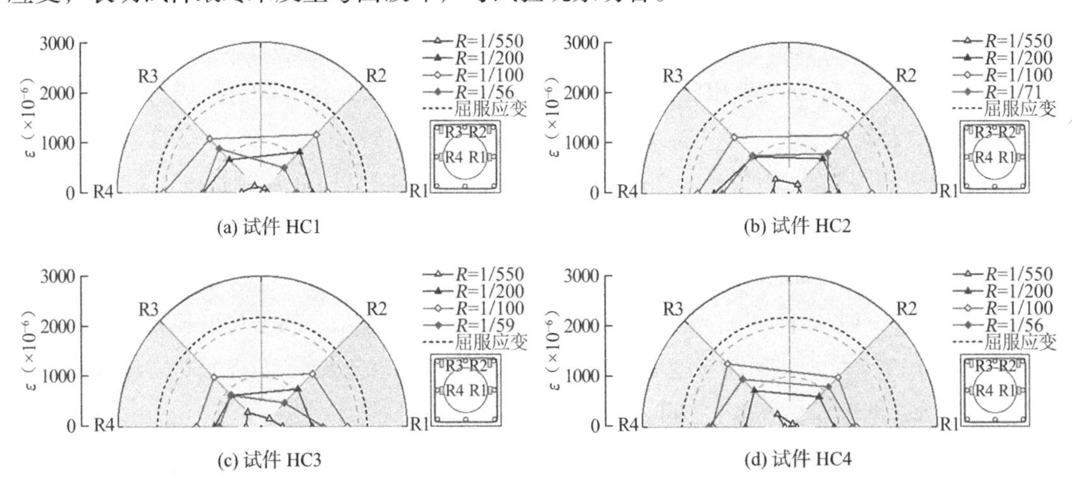

(a) 试件 HC1　　(b) 试件 HC2

(c) 试件 HC3　　(d) 试件 HC4

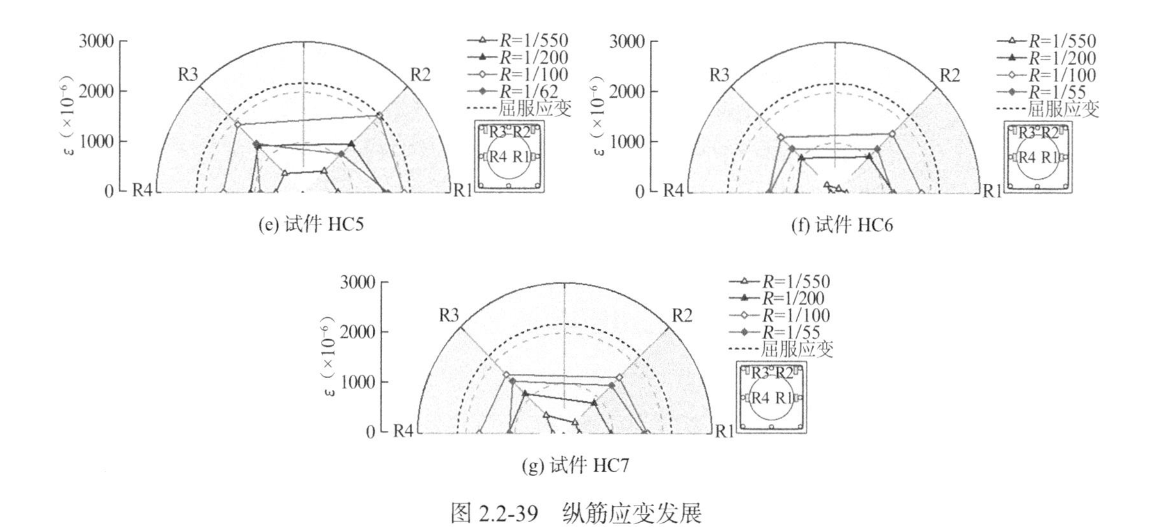

图 2.2-39　纵筋应变发展

（3）箍筋应变

根据试件破坏时主斜裂缝方向大致与主拉应力正交，箍筋应变片沿正负向加载点与柱底对角连线布置[图 2.2-7(b)]。选取加载过程中的 4 个典型状态（$R=1/550$、1/200、1/100 及最终破坏时的位移角），得到各试件箍筋的应变发展如图 2.2-40 所示。由图可知：①当 $R\leqslant 1/550$ 时，试件处于弹性受力阶段，箍筋应变水平较低，主要由混凝土承担剪力；当 $1/550<R<1/200$ 时，柱身斜裂缝出现并逐渐发展，混凝土承担的剪力逐渐转由箍筋承担，中部箍筋应变显著增加，除剪切效应较弱的试件 HC3、HC4 和 HC7 外，其余中部箍筋已达到或超过屈服应变；当R接近 1/100 时，主斜裂缝开始形成，混凝土通过主拉应力和骨料咬合作用传递剪力，但承担剪力逐渐减小，中部箍筋应变均已远超屈服应变并持续增长，箍筋承担剪力稳定增加；$R\geqslant 1/100$ 后，中部箍筋应变迅速增长并超过应变片量测范围，最终破坏时，除试件 HC4～HC6 外，剪压区箍筋达到或超过屈服应变。②腹剪区中部较剪压区箍筋应变发展快，$R=1/100$ 时，约 0.25～0.45 倍柱高范围内箍筋屈服；最终破坏时，箍筋屈服范围约为 0.5～0.6 倍柱高。

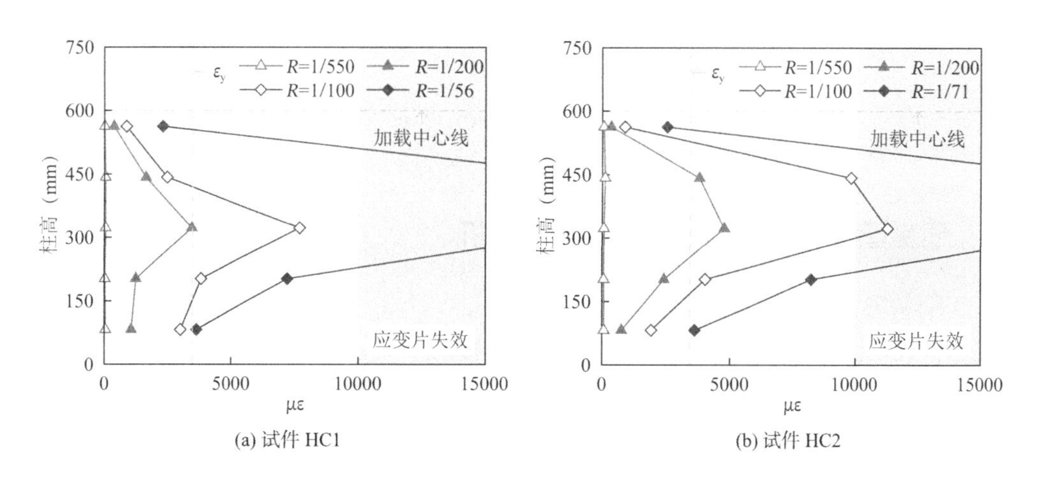

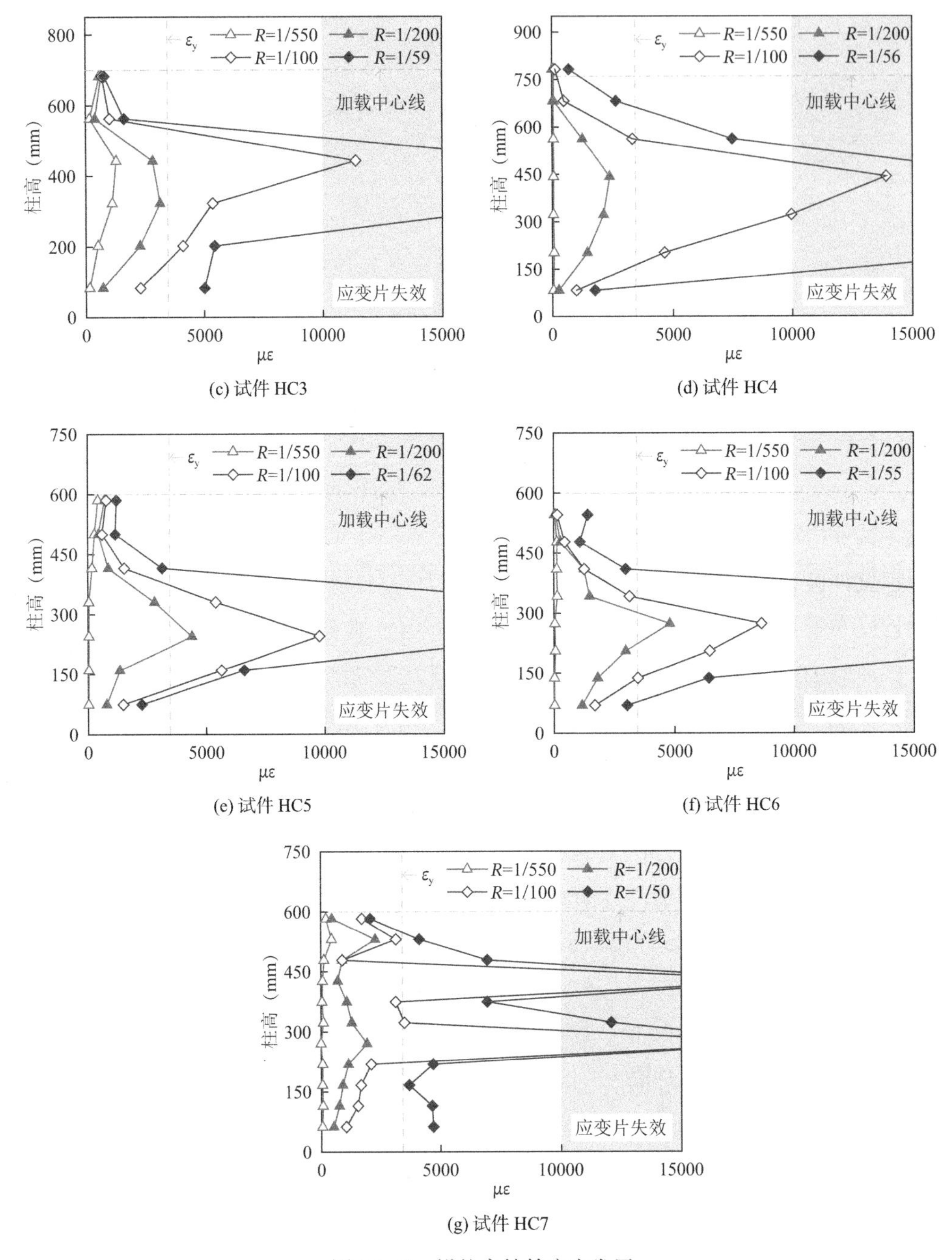

(c) 试件 HC3

(d) 试件 HC4

(e) 试件 HC5

(f) 试件 HC6

(g) 试件 HC7

图 2.2-40　沿柱高箍筋应变发展

2.2.4　预制管组合柱、RC 柱试验结果与分析

1. 主斜裂缝宽度发展

各试件在每级加载时的剪力（V）-最大主斜裂缝宽度（w_m）关系曲线如图 2.2-41 所示。由图可知：（1）加载前期主斜裂缝宽度与剪力基本呈线性关系，达到屈服点后主斜裂缝宽度增长较快，峰值荷载后主斜裂缝宽度迅速增大，最终破坏时各试件最大主斜裂缝宽度均大于

1.0mm，试件 RC 最终破坏时主斜裂缝宽度大于 2.0mm。（2）主斜裂缝宽度发展随剪跨比增大而加快，剪跨比较大的试件在同一剪力水平下主斜裂缝宽度更大，但最终破坏时主斜裂缝宽度更小。（3）由于轴压比抑制了裂缝发展，随着轴压比的增加，受力全过程主斜裂缝宽度显著减小，且裂缝宽度发展速度减慢。（4）最大主斜裂缝宽度随配箍率的增加明显减小，且裂缝宽度增长变缓。（5）相同剪力下主斜裂缝宽度随芯部混凝土强度的提高而减小，但裂缝宽度发展速率相差不大，这是由于芯部混凝土强度与预制管强度越接近，两者协调变形性能越好，组合作用越明显。（6）界面粘结性能对主斜裂缝宽度发展影响显著，与界面无粘结的试件 CC12 相比，界面有粘结的试件 CC8 受力全过程主斜裂缝宽度大幅度减小，且裂缝宽度增长明显减慢，其原因为界面无粘结时的芯部混凝土与预制管无组合作用，界面有粘结时，根据 ACI 318-11[16]可知界面切向摩擦系数可取 0.6，此时芯部混凝土与预制管有组合作用，芯部混凝土可以承担一部分剪力，有利于减小裂缝宽度和延缓裂缝发展。（7）与 RC 柱相比，同一剪力水平下预制管组合柱主斜裂缝宽度更小，峰值荷载前裂缝发展速率基本相同；RC 柱峰值荷载后脆性破坏特征明显，w_m迅速增大至 2.22mm，预制管组合柱虽在峰值荷载后主斜裂缝宽度增长变快，但最终破坏时$w_m = 1.22$mm，远小于 RC 柱的主斜裂缝宽度。

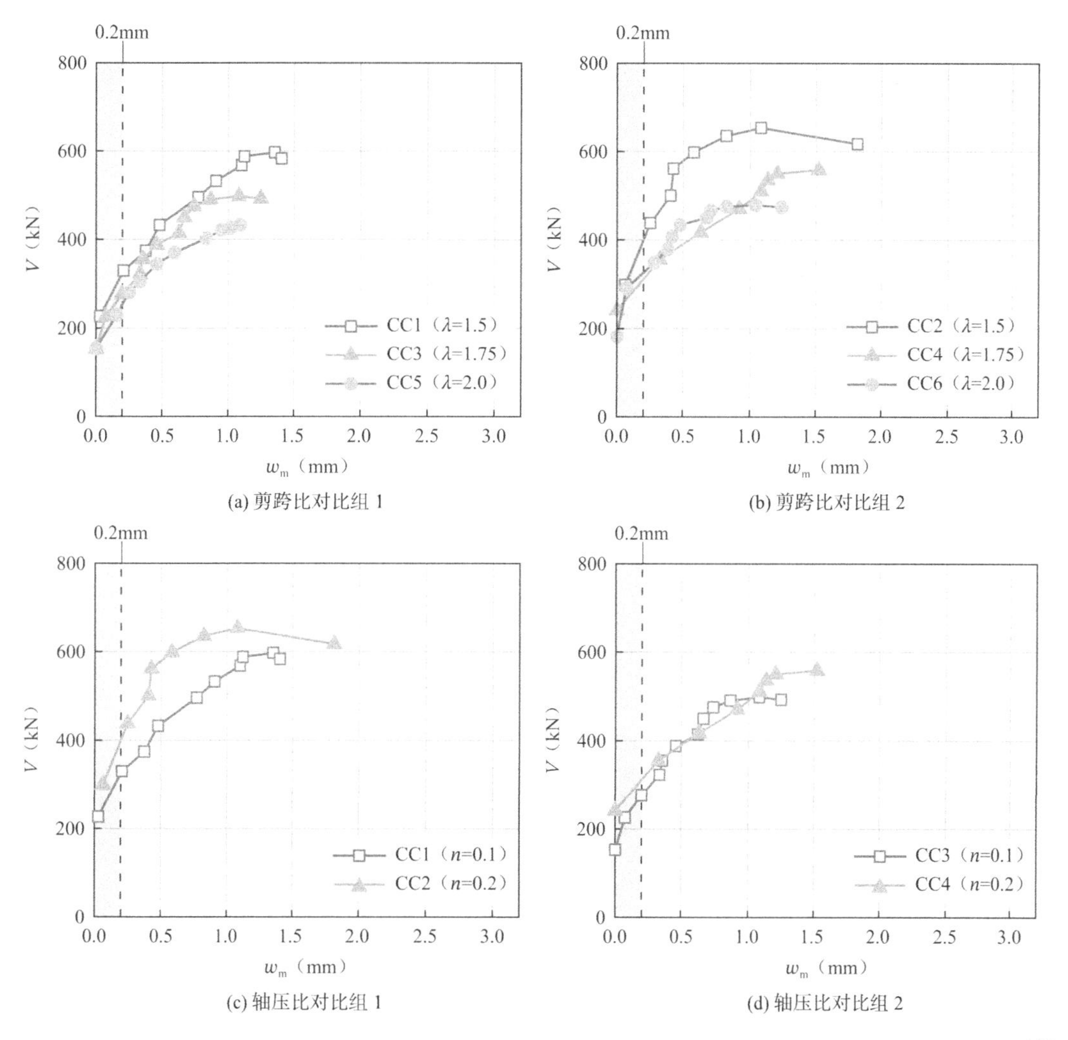

(a) 剪跨比对比组 1　　(b) 剪跨比对比组 2

(c) 轴压比对比组 1　　(d) 轴压比对比组 2

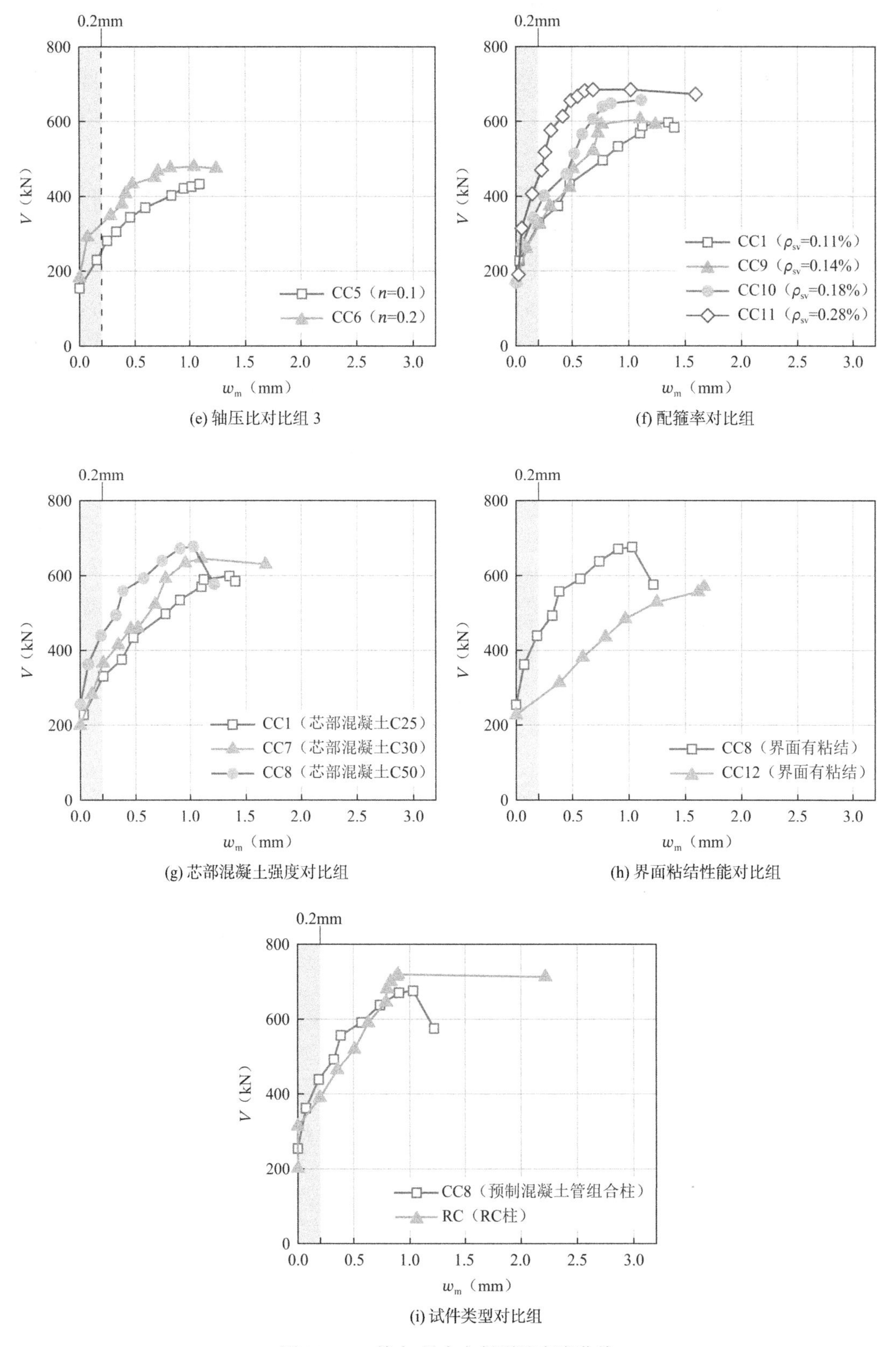

图 2.2-41　剪力-最大主斜裂缝宽度曲线

2. 滞回曲线

图 2.2-42 所示为预制管组合柱和 RC 柱试件的剪力（V）-位移角（R）滞回曲线。由图可知：（1）混凝土开裂前，滞回曲线基本呈线性变化，卸载后残余变形较小；混凝土开裂到$w_m = 0.2$mm 过程中，滞回曲线斜率逐渐减小，试件呈现弹塑性受力特征。（2）箍筋屈服后，滞回曲线斜率进一步减小，卸载后残余变形逐渐增加。（3）峰值荷载后，剪切效应越强（剪跨比小、轴压比大、配箍率小、芯部混凝土强度高及界面粘结性能差），承载力退化越快，且同一加载级下承载力退化显著，变形能力差。（4）随着剪跨比、配箍率增大和芯部混凝土强度降低，滞回曲线趋于饱满；轴压力抑制了裂缝的发展，提高了耗能能力，但峰值荷载后变形能力明显降低；增大配箍率提高了箍筋对混凝土的约束效应，峰值荷载后变形能力有所改善；芯部混凝土强度越高破坏时脆性特征越显著，峰值荷载后变形能力越差。（5）相同参数的预制管组合柱与 RC 柱滞回曲线差别不大。（6）所有预制管组合柱试件的试验峰值剪力均不大于 XTRACT 计算的压弯极限弯矩对应的剪力（V_m@M_c），RC 柱仅负向加载的试验峰值剪力略大于V_m@M_c，故各试件未发展其正截面压弯承载力，试件最终破坏模式与预期设计一致。

总体上，预制管组合柱与 RC 柱滞回曲线呈反 S 形，捏拢现象显著，表现为典型的低滞回耗能和变形能力。

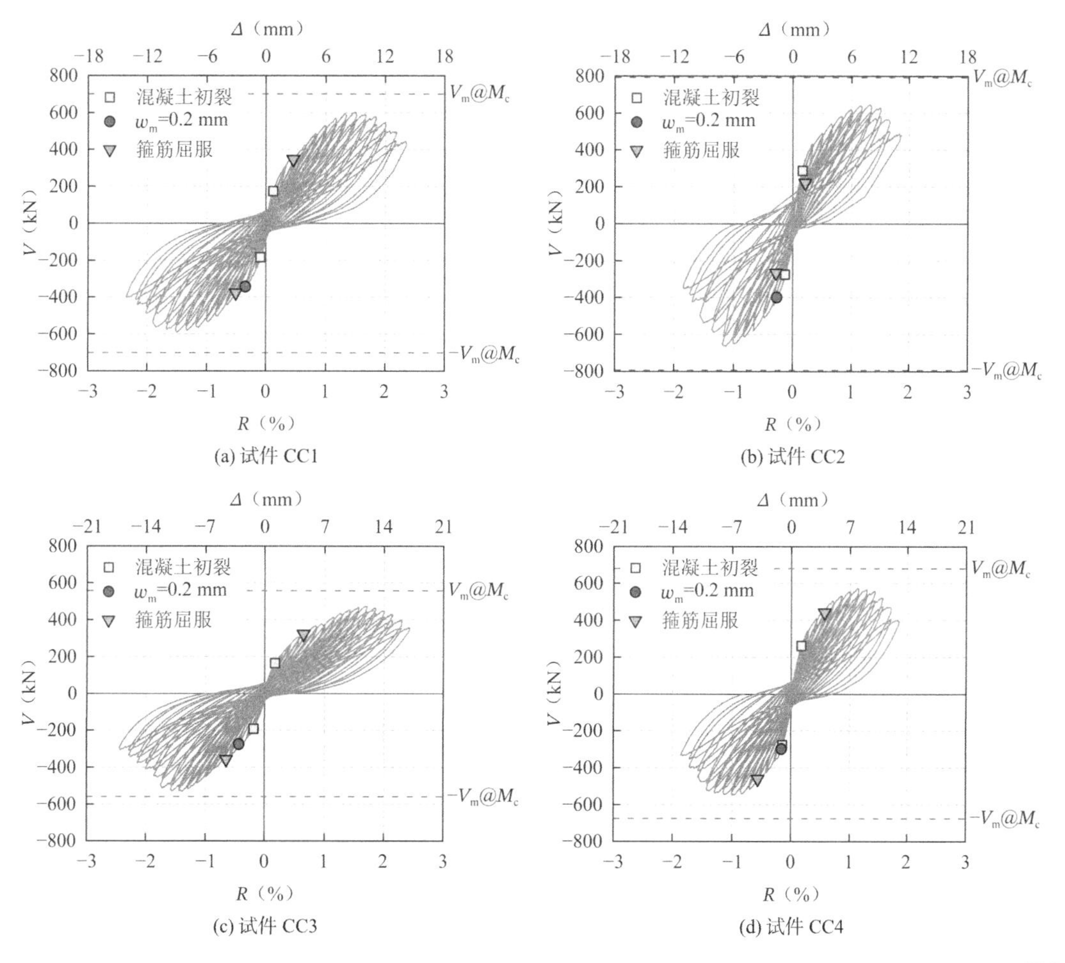

(a) 试件 CC1　(b) 试件 CC2

(c) 试件 CC3　(d) 试件 CC4

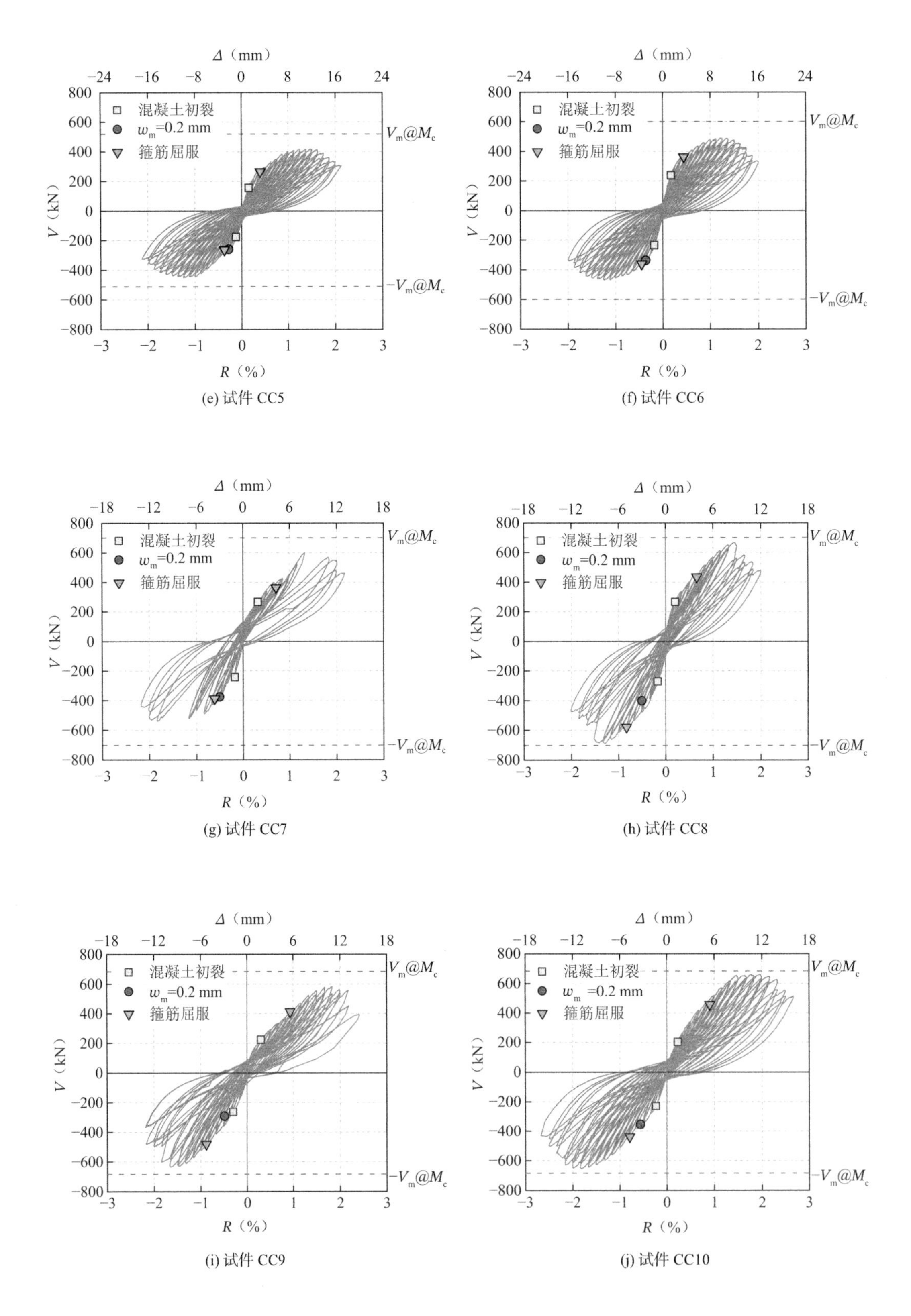

(e) 试件 CC5

(f) 试件 CC6

(g) 试件 CC7

(h) 试件 CC8

(i) 试件 CC9

(j) 试件 CC10

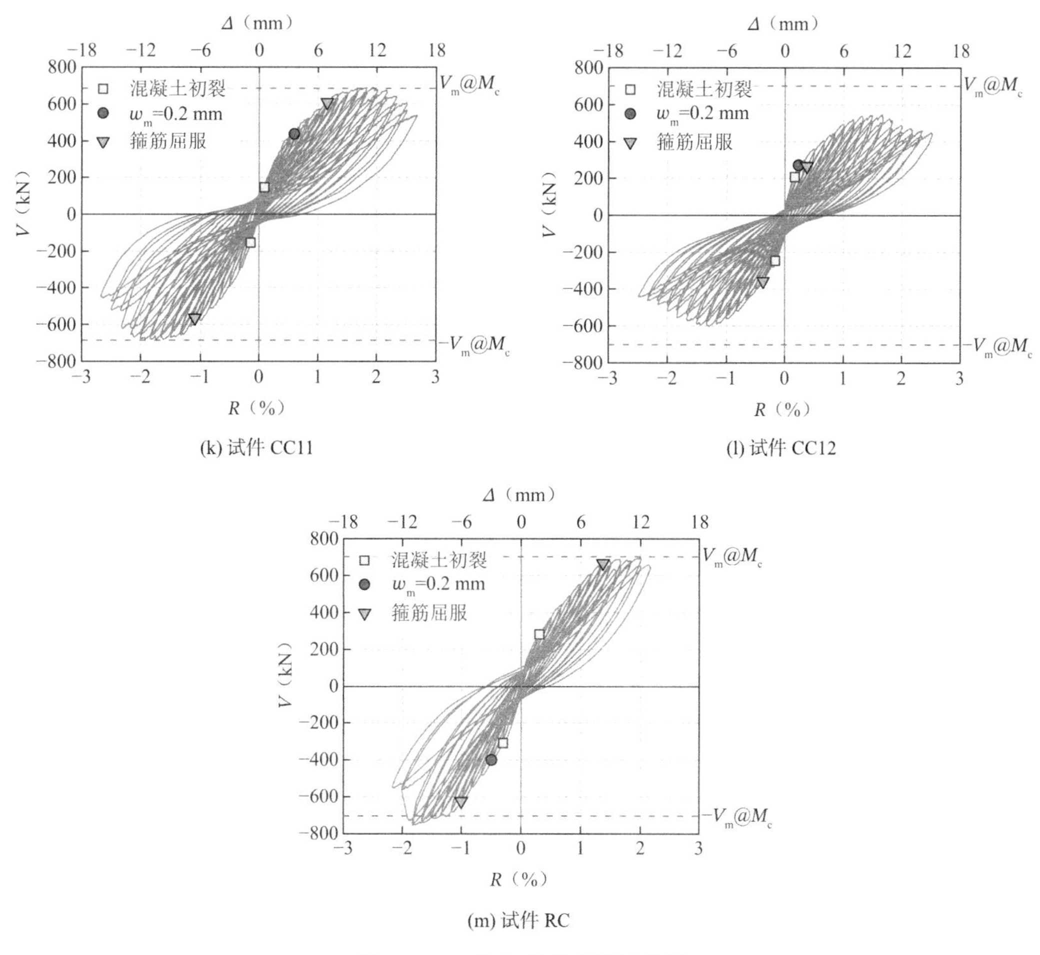

(k) 试件 CC11

(l) 试件 CC12

(m) 试件 RC

图 2.2-42 剪力-位移角滞回曲线

3. 骨架曲线及特征点荷载

不同参数试件的骨架曲线对比如图 2.2-43 所示，各试件试验结果见表 2.2-8。由图表可知：

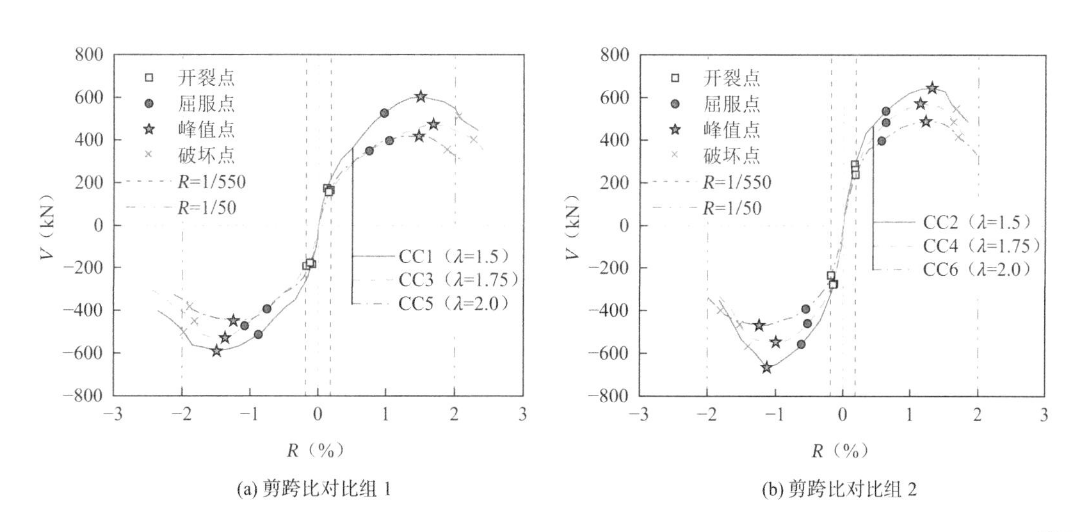

(a) 剪跨比对比组 1

(b) 剪跨比对比组 2

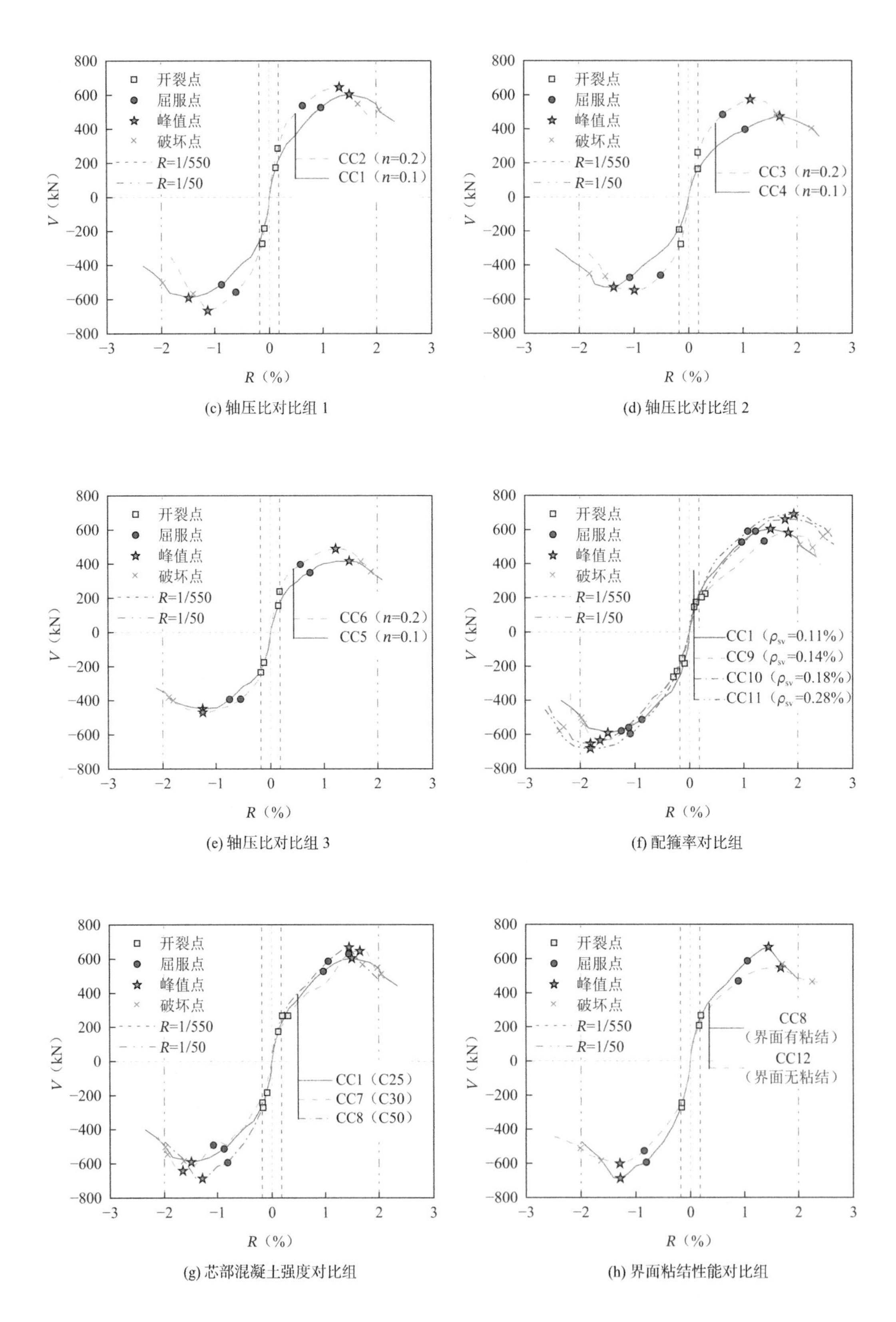

(c) 轴压比对比组 1

(d) 轴压比对比组 2

(e) 轴压比对比组 3

(f) 配箍率对比组

(g) 芯部混凝土强度对比组

(h) 界面粘结性能对比组

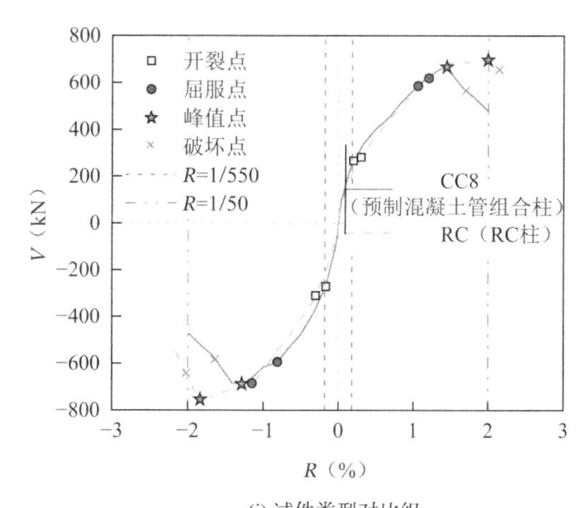

(i) 试件类型对比组

图 2.2-43　骨架曲线

各试件试验结果　　表 2.2-8

试件编号	加载方向	V_{cr}（kN）	$V_{0.2}$（kN）	V_y（kN）	R_y（%）	V_m（kN）	R_m（%）	R_u（%）	$V_{0.2}/V_m$	V_m/V_m@M_c	$\mu_{0.85}$	$\mu_{0.8}$
CC1	正向	173.5	—	526.7	0.97	603.5	1.50	2.05	—	0.88	2.12	2.23
	负向	−183.8	−344.1	−513.8	−0.87	−591.0	−1.50	−1.98	0.58	0.86	2.27	2.36
	平均	178.7	—	520.2	0.92	597.3	1.50	2.02	—	0.87	2.19	2.29
CC2	正向	286.4	—	537.8	0.63	645.5	1.31	1.66	—	0.81	2.62	2.76
	负向	−274.4	−399.3	−557.5	−0.61	−666.2	−1.13	−1.41	0.60	0.84	2.31	2.48
	平均	280.4	—	547.6	0.62	655.9	1.22	1.54	—	0.82	2.47	2.62
CC3	正向	164.9	—	395.6	1.04	473.2	1.68	2.27	—	0.81	2.18	2.25
	负向	−192.6	−275.1	−472.9	−1.08	−529.3	−1.37	−1.82	0.52	0.90	1.68	1.78
	平均	178.7	—	434.3	1.06	501.3	1.53	2.05	—	0.86	1.93	2.02
CC4	正向	261.0	—	483.8	0.64	572.9	1.14	1.62	—	0.84	2.55	2.66
	负向	−278.1	−298.0	−460.4	−0.52	−547.2	−1.00	−1.53	0.54	0.80	2.95	3.04
	平均	269.6	—	472.1	0.58	560.0	1.07	1.58	—	0.82	2.73	2.85
CC5	正向	155.8	—	348.0	0.75	416.8	1.47	1.88	—	0.81	2.52	2.62
	负向	−176.4	−259.3	−394.0	−0.75	−449.5	−1.25	−1.89	0.58	0.88	2.53	2.59
	平均	166.1	—	371.0	0.75	433.2	1.36	1.89	—	0.84	2.53	2.61
CC6	正向	238.1	—	397.1	0.57	488.8	1.22	1.69	—	0.82	2.97	3.15
	负向	−234.6	−336.0	−392.3	−0.54	−469.9	−1.25	−1.81	0.72	0.79	3.32	3.45
	平均	236.4	—	394.7	0.56	479.4	1.23	1.75	—	0.80	3.14	3.30
CC7	正向	265.6	—	628.2	1.44	645.5	1.65	1.98	—	0.94	1.38	1.40
	负向	−242.4	−375.0	−491.9	−1.07	−642.3	−1.66	−1.94	0.58	0.94	1.81	1.86
	平均	254.0	—	560.1	1.26	643.9	1.66	1.96	—	0.94	1.56	1.63

续表

试件编号	加载方向	V_{cr}（kN）	$V_{0.2}$（kN）	V_y（kN）	R_y（%）	V_m（kN）	R_m（%）	R_u（%）	$V_{0.2}/V_m$	$V_m/V_m@M_c$	$\mu_{0.85}$	$\mu_{0.8}$
CC8	正向	266.3	—	586.4	1.06	666.9	1.45	1.70	—	0.95	1.61	1.73
	负向	−271.1	−400.9	−594.2	−0.81	−687.8	−1.29	−1.64	0.58	0.98	2.03	2.14
	平均	268.7	—	590.3	0.93	677.4	1.37	1.67	—	0.97	1.79	1.93
CC9	正向	223.8	—	532.6	1.38	581.4	1.83	2.28		0.85	1.65	1.68
	负向	−264.3	−293.0	−560.4	−1.11	−635.0	−1.65	−1.94	0.46	0.93	1.74	1.77
	平均	244.1	—	546.5	1.25	608.2	1.74	2.11	—	0.89	1.69	1.73
CC10	正向	203.1	—	590.4	1.22	660.0	1.77	2.47	—	0.96	2.02	2.13
	负向	−230.1	−354.1	−579.6	−1.25	−654.4	−1.82	−2.30	0.54	0.96	1.84	1.93
	平均	216.6	—	585.0	1.23	657.2	1.79	2.39	—	0.96	1.93	2.03
CC11	正向	145.8	438.5	590.5	1.08	690.4	1.93	2.56	—	1.01	2.37	2.45
	负向	−153.8	—	−596.4	−1.09	−681.9	−1.82	−2.38	0.64	0.99	2.19	2.25
	平均	149.8	—	593.4	1.08	686.1	1.88	2.47	—	1.00	2.28	2.35
CC12	正向	207.5	271.1	468.6	0.89	547.0	1.67	2.26	0.50	0.78	2.54	2.80
	负向	−245.2	—	−527.2	−0.85	−601.8	−1.29	−2.01	—	0.86	2.38	2.58
	平均	226.3	—	497.9	0.87	574.4	1.48	2.14	—	0.82	2.46	2.69
RC	正向	281.9	—	619.5	1.20	696.8	2.00	2.14	—	0.99	1.78	1.78
	负向	−309.6	−400.6	−685.7	−1.15	−754.2	−1.83	−2.02	0.53	1.07	1.76	1.81
	平均	295.7	—	652.6	1.18	725.5	1.91	2.08	—	1.03	1.77	1.79

（1）开裂点对应的位移角均接近 1/550，$R < 1/550$ 时试件基本呈弹性受力特征。除试件 CC2、CC4～CC8 外，其余试件最终破坏时的位移角均不小于 1/50，表明通过合理控制预制管组合短柱和 RC 短柱的剪切效应，可以确保其在罕遇地震作用下的变形能力。

（2）开裂点剪力（V_{cr}）、屈服点剪力（V_y）、峰值点剪力（V_m）和初始刚度随剪跨比的增大而减小，但峰值剪力后变形能力提高。轴压比为 0.1 时，剪跨比从 1.5 增加至 1.75、2.0，V_{cr}、V_y和V_m分别降低 0%和 6.7%、16.5%和 28.7%、16.1%和 27.5%；轴压比为 0.2 时，剪跨比从 1.5 增加至 1.75、2.0，V_{cr}、V_y和V_m分别降低 3.9%和 15.7%、13.8%和 27.9%、14.6%和 26.9%。

（3）V_{cr}、V_y、V_m和初始刚度随轴压比的增加显著增大，但峰值剪力后变形能力退化加剧。剪跨比为 1.5 时，轴压比从 0.1 增加至 0.2，V_{cr}、V_y和V_m分别提高 56.9%、5.3%和 9.8%；剪跨比为 1.75 时，轴压比从 0.1 增加至 0.2，V_{cr}、V_y和V_m分别提高 50.9%、8.7%和 11.7%；剪跨比为 2.0 时，轴压比从 0.1 增加至 0.2，V_{cr}、V_y和V_m分别提高 42.3%、6.4%和 10.7%。剪跨比越小时，轴压比越大对V_{cr}的提高越明显；相较于对V_{cr}的显著作用，轴压比对V_y和V_m的作用程度更小。

（4）配箍率对初始刚度影响不大，增大配箍率提高了试件受剪承载力，并改善了峰值剪力后变形能力。配箍率从 0.11%增加至 0.14%、0.18%、0.28%时，V_y和V_m分别提高 5.1%、12.5%、14.1%和 1.8%、10.1%、14.9%。箍筋能够直接分担剪力，抑制斜裂缝发展并增强纵筋的销栓作用，因此增大配箍率能提高受剪承载力和改善变形能力。

（5）不同芯部混凝土强度试件的初始刚度基本相同，芯部混凝土强度等级越高试件对应的V_{cr}、V_y、V_m越大。芯部混凝土强度等级从 C25 提高至 C30、C50，实测强度增幅分别为 6.3%和 71.4%，V_{cr}、V_y和V_m分别提高 42.1%和 50.4%、7.7%和 13.5%、7.8%和 13.4%。因此，提高芯部混凝土强度能大幅提高预制管组合短柱的开裂剪力，并在一定程度上提高受剪承载力。

（6）与界面有粘结试件 CC8 相比，界面无粘结试件 CC12 的V_{cr}、V_y和V_m分别降低 15.8%、15.7%和 15.2%，降幅基本一致，峰值剪力后变形能力有所提高。由此可见，界面粘结性能对预制管组合柱压剪复合受力全过程影响显著。

（7）相同参数的预制管组合柱V_{cr}、V_y和V_m均低于 RC 柱，差值分别为 9.1%、9.5%和 6.6%，这是因为 RC 柱混凝土抗压强度略高（约 2.3%）。总体上，预制管组合柱的受剪承载力略低于 RC 柱，但差别不大。

（8）预制管组合柱$V_{0.2}$与V_m的比值在 0.46～0.72，平均值为 0.57。剪跨比和轴压比越大，$V_{0.2}/V_m$则越大，变化幅度约为 2%～20%；不同芯部混凝土强度试件$V_{0.2}/V_m$差别在 0.2%以内；$V_{0.2}/V_m$随配箍率的增加而增大，表明箍筋对混凝土裂缝开展具有较好的抑制作用；界面无粘结时，$V_{0.2}/V_m$较有粘结情况下低 13.8%；RC 柱$V_{0.2}/V_m$与同参数预制管组合柱相比低 8.6%。

（9）除试件 RC 外，$V_m/V_m@M_c$均不大于 1.0，平均值为 0.894，表明试件未发挥正截面压弯承载力，峰值剪力未达到$V_m@M_c$即发生剪切破坏。

4. 变形能力

图 2.2-44 所示为各试件归一化剪力-累积延性系数曲线。由图可知：

（1）预制管组合柱试件延性系数（$\mu_{0.85}$）在 1.56～3.14 之间。按 RC 构件延性等级[44]划分标准，试件 CC3、CC7～CC10 和试件 RC 处于无延性水平，试件 CC1～2、CC4～5、CC11～12 处于中等延性水平，试件 CC6 处于高延性水平。因此，预制管组合柱在抗震设计时应尽量避免采用短柱（$\lambda \leqslant 2.0$），尤其是极短柱（$\lambda \leqslant 1.5$）。对无法避免采用短柱的情况，应提高箍筋要求或采用特殊构造箍筋。

（2）R_u随剪跨比的增大而提高。轴压比为 0.1 时，剪跨比从 1.5 增加至 1.75，R_u提高 1.5%；轴压比为 0.2 时，剪跨比从 1.5 增加至 1.75、2.0，R_u提高 2.6%和 13.6%。由图 2.2-44（a）、图 2.2-44（b）可知，剪跨比较大试件的$\mu_{\Delta c}$始终大于剪跨较小的试件，且破坏时的$\mu_{\Delta c}$更大，剪跨比不同的试件在峰值荷载前$\mu_{\Delta c}$差别不明显，峰值荷载后差别逐渐显著。

（3）变形能力随轴压比的增加显著降低。剪跨比为 1.5 时，轴压比从 0.1 增加至 0.2，R_y、R_m和R_u分别降低 32.6%、18.7%和 23.8%；剪跨比为 1.75 时，轴压比从 0.1 增加至 0.2，R_y、R_m和R_u分别降低 45.3%、30.1%和 22.9%；剪跨比为 2.0 时，轴压比从 0.1 增加至 0.2，R_y、R_m和R_u分别降低 25.3%、9.6%和 7.4%。由图 2.2-44（c）、图 2.2-44（d）、图 2.2-44（e）可知，轴压比较大的试件在峰值荷载前$\mu_{\Delta c}$略小于轴压比较小的试件，而峰值荷载后，除试件 CC4 负向加载和试件 CC6 外，在同一剪力退化水平下，轴压比较大试件$\mu_{\Delta c}$小于轴压比较小试件，表明轴压力对预制管组合柱延性性能的影响主要体现在峰值荷载后的受力阶段。

（4）增大配箍率能够提高变形能力，改善剪切脆性破坏特征。由图 2.2-44（f）可知，不同配箍率试件$\mu_{\Delta c}$在峰值荷载前无明显差别，峰值荷载后配箍率较大试件$\mu_{\Delta c}$明显大于配箍率较小的试件，且最终破坏时$\mu_{\Delta c}$更大。配箍率从 0.14%增加至 0.18%、0.28%，R_y和R_u分别提高 2.9%、8.0%和 13.3%、17.1%。

（5）芯部混凝土强度对峰值荷载前$\mu_{\Delta c}$影响不显著，但芯部混凝土强度越高，在同一剪力退化水平下峰值荷载后$\mu_{\Delta c}$越小，且最终破坏时$\mu_{\Delta c}$更小［图 2.2-44（g）］。芯部混凝土强度等级从 C25 提高至 C30、C50，R_u分别降低 3.0%和 17.3%，表明芯部混凝土强度对预制管组合柱延性性能的影响主要体现在峰值荷载后阶段，强度过高时会降低变形能力。

（6）界面粘结性能对$\mu_{\Delta c}$的影响主要体现在峰值荷载后阶段［图 2.2-44（h）］。峰值荷载后，在同一剪力退化水平下，由于界面有粘结试件 CC8 的芯部为高强度混凝土，表现为典型的脆性剪切破坏，与界面无粘结试件 CC12 相比延性更差。

（7）对比相同参数的预制管组合柱与 RC 柱的$\mu_{\Delta c}$可知，后者始终大于前者，峰值荷载前相差较小，峰值荷载后差异逐渐明显，但 RC 柱破坏时脆性特征明显，接近极限位移角时负向加载时$\mu_{\Delta c}$快速下降并小于预制管组合柱，最终破坏时预制管组合柱$\mu_{\Delta c}$更大［图 2.2-44（i）］。

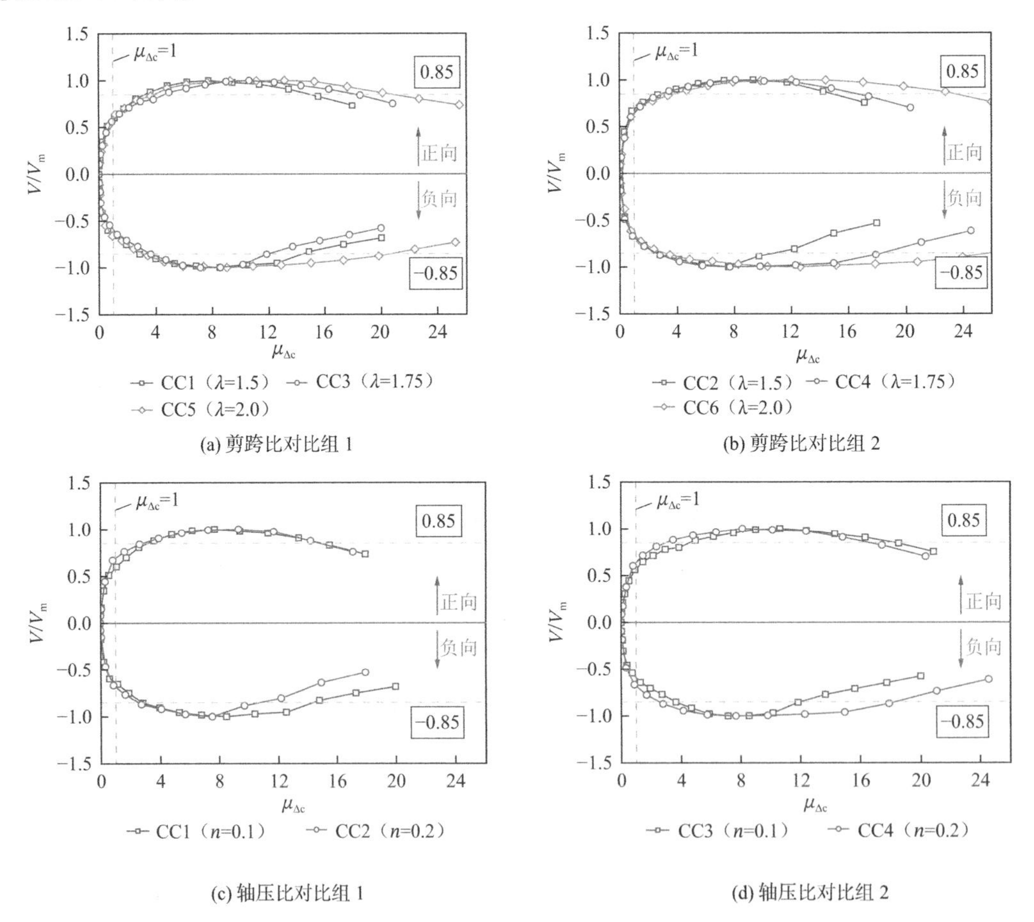

(a) 剪跨比对比组 1

(b) 剪跨比对比组 2

(c) 轴压比对比组 1

(d) 轴压比对比组 2

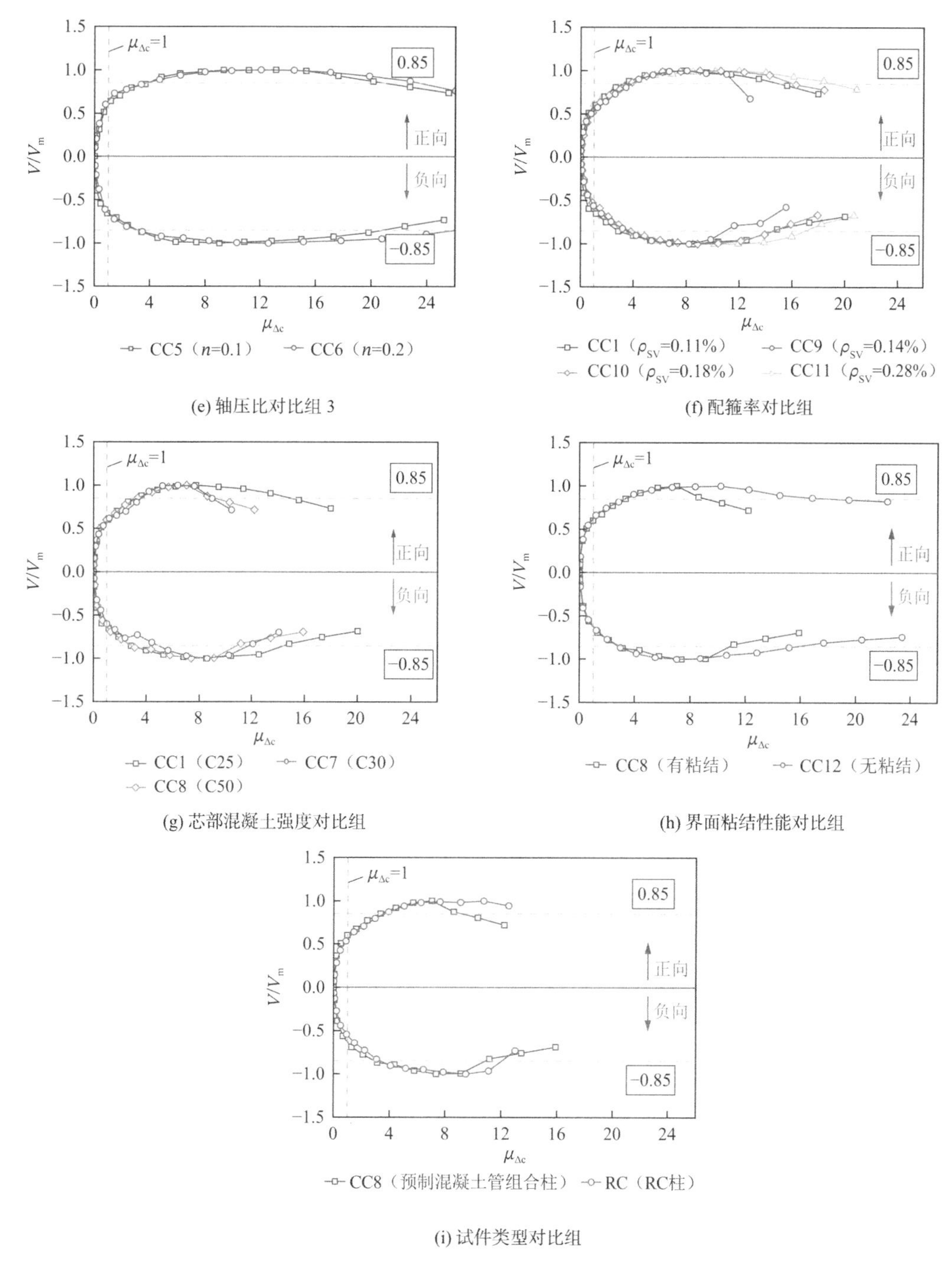

图 2.2-44 归一化剪力-累积延性系数曲线

5. 耗能能力

采用累积滞回耗能(E_t)和等效黏滞阻尼系数(ζ_{eq})评价试件滞回耗能特性[39]。图 2.2-45 所示为累积滞回耗能和等效黏滞阻尼系数曲线。各试件累积耗能及不同特征点的累积耗能占比见图 2.2-46。由图 2.2-45 和图 2.2-46 可知：

（1）混凝土开裂前($R < 0.3\%$)试件处于弹性状态，累积耗能较小；混凝土开裂至 $w_m =$

0.2mm（$0.3\% < R < 0.6\%$）期间，累积耗能逐渐增加；$w_m = 0.2$mm 时的累积耗能约为混凝土开裂时的 3～4 倍。

（2）$w_m = 2$mm 至达到屈服点期间（$0.6\% < R < 1.3\%$），累积耗能显著增长，不同参数试件E_t差异逐渐明显。由于耗能能力较小且纵筋配筋率高，较强的恢复力使滞回曲线的弹性势能部分占比较大，ζ_{eq}呈现下降趋势。

（3）达到屈服点后（$R > 1.3\%$）累积耗能增长较快，耗能能力趋于稳定，E_t和ζ_{eq}逐渐增加。试验加载结束时预制管组合柱试件ζ_{eq}在 0.076～0.123 之间，RC 柱$\zeta_{eq} = 0.088$。总体上，预制管组合柱和 RC 柱剪切滞回耗能能力较差。

（4）不同剪跨比试件在$R < 0.5\%$时E_{sum}无明显差别，E_t在$R > 0.5\%$后逐渐明显。由图 2.2-45（a）、图 2.2-45（b）可知，在同一位移角水平下，剪跨比较大试件的E_t大于剪跨比较小的试件。由图 2.2-46（a）可知，轴压比为 0.1 时，剪跨比从 1.5 增加至 1.75、2.0，破坏点时E_t分别提高 0.7%和 7.4%。试件 CC1、CC3、CC5 在屈服点和峰值点的累积耗能占比分别为 9.1%和 28.8%、12.3%和 27.0%、7.2%和 28.1%。轴压比为 0.2 时，剪跨比从 1.5 增加至 1.75、2.0，破坏点时E_t分别提高 3.7%和 50.4%。试件 CC2、CC4、CC6 在屈服点和峰值点的累积耗能占比分别为 7.3%和 32.4%、6.2%和 25.6%、4.4%和 27.0%。在同一轴压比水平下，不同剪跨比试件在各特征点累积耗能占比差别不明显。

（5）随着轴压比的增大，E_t和ζ_{eq}增加。在同一位移角水平下，轴压比较大试件E_t始终大于轴压比较小的试件，最终破坏时ζ_{eq}较轴压比较小试件更大。由图 2.2-45（c）、图 2.2-45（d）、图 2.2-45（e）可知，剪跨比为 1.5 时，轴压比从 0.1 增加至 0.2，破坏点时ζ_{eq}提高 30.2%；剪跨比为 1.75 时，轴压比从 0.1 增加至 0.2，破坏点时ζ_{eq}提高 27.3%；剪跨比为 2.0 时，轴压比从 0.1 增加至 0.2，破坏点时ζ_{eq}提高 52.1%。由图 2.2-46（b）可知，同一剪跨比水平下，不同轴压比试件在各特征点累积耗能占比相差不大。

（6）增大配箍率提高了耗能能力，配箍率较大的试件在屈服点后各特征点E_t更大。由图 2.2-45（f）可知，配箍率从 0.14%增加至 0.18%、0.28%，破坏点时E_t分别提高 41.0%和 75.1%。

（7）在同一位移角水平下，芯部混凝土强度等级高的试件E_{sum}更大，但破坏点对应的E_t更小。由图 2.2-46（a）可知，芯部混凝土强度等级从 C25 增加至 C30、C50，破坏点时E_t分别降低 9.3%、28.7%，预制管组合柱剪切滞回耗能能力随芯部混凝土强度的提高而降低。

（8）界面粘结性能对E_t发展无明显影响。在同一位移角水平下，界面无粘结与界面有粘结试件的E_t基本相同，但由于界面滑移的影响，界面有粘结较无粘结试件的ζ_{eq}更小。由图 2.2-46（a）、图 2.2-46（b）可知，与界面无粘结试件 CC12 相比，界面有粘结试件 CC8 在峰值点和破坏点时E_t分别降低 24.0%和 42.5%，但试件 CC8 在各特征点的累积耗能占比均大于试件 CC12。

（9）在同一位移角水平下，同参数的预制管组合柱比 RC 柱下的E_t和ζ_{eq}略大。由图 2.2-46（a）、图 2.2-46（b）可知，与试件 RC 相比，试件 CC8 在屈服点、峰值点和破坏点E_t分别降低 29.8%、54.9%和 41.8%，累积耗能占比差别主要体现在屈服后阶段。

总体上，预制管组合柱峰值点累积耗能占比介于 25.6%～32.4%之间，RC 柱峰值点累积耗能占比 38.7%，耗能能力主要体现在峰值荷载后阶段。

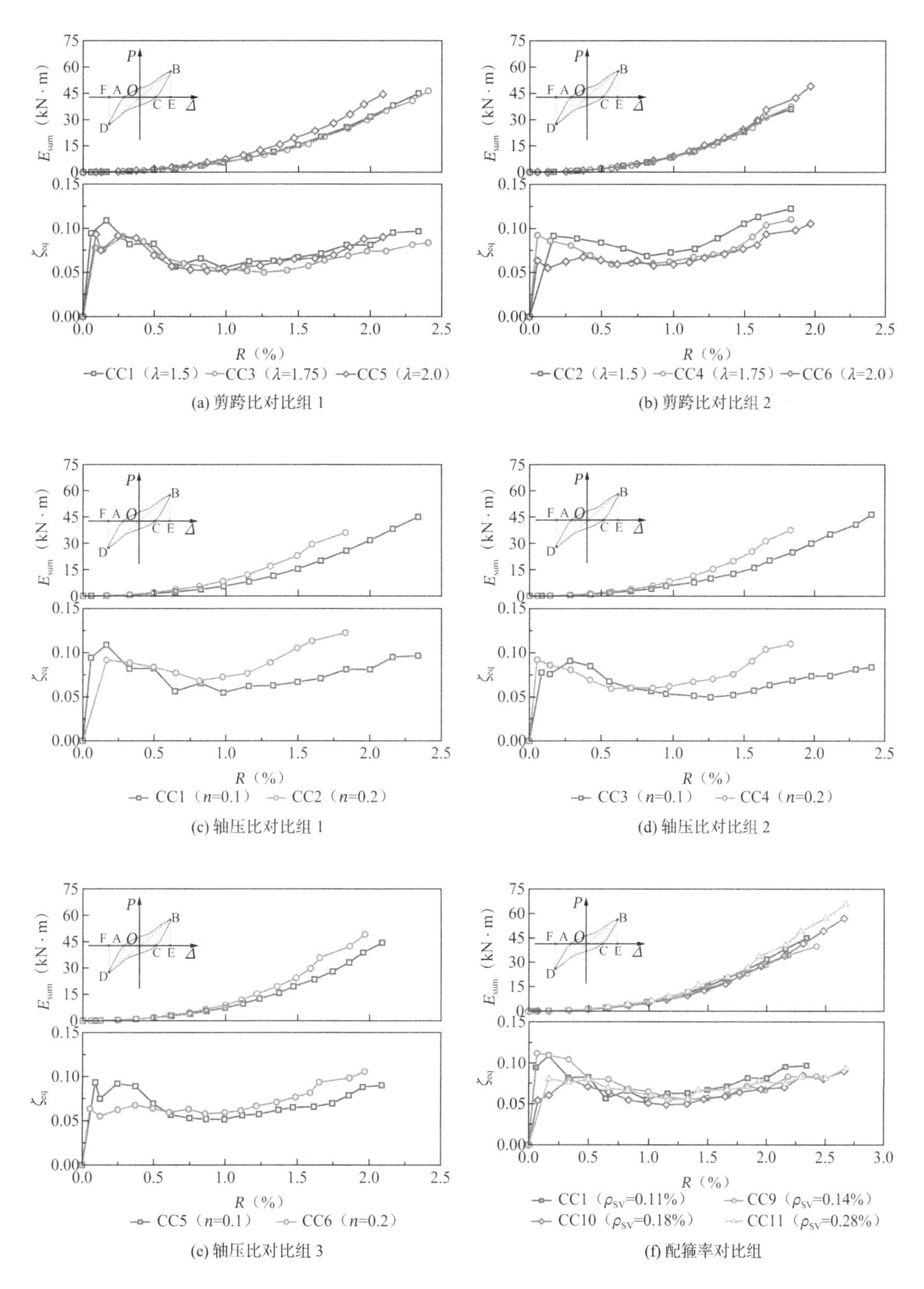

(a) 剪跨比对比组 1

(b) 剪跨比对比组 2

(c) 轴压比对比组 1

(d) 轴压比对比组 2

(e) 轴压比对比组 3

(f) 配箍率对比组

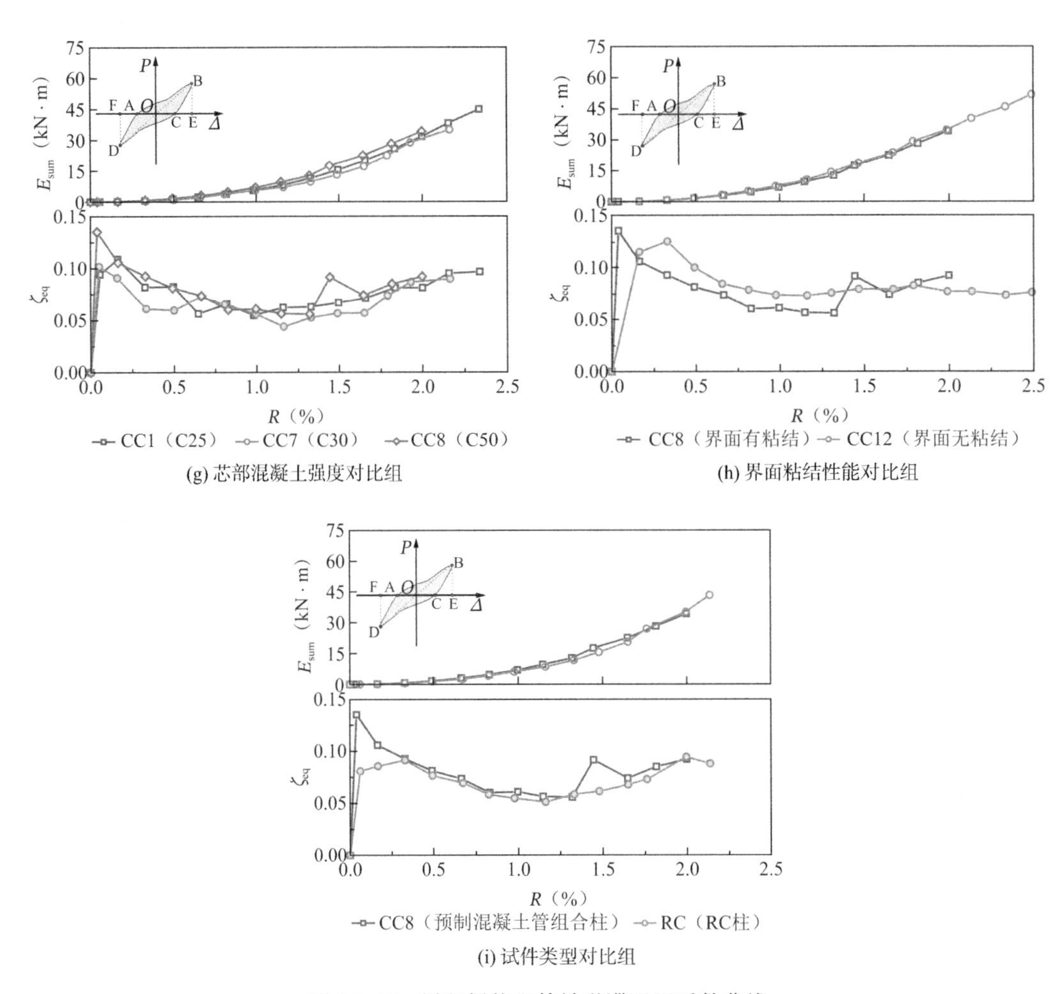

(g) 芯部混凝土强度对比组

(h) 界面粘结性能对比组

(i) 试件类型对比组

图 2.2-45　累积耗能和等效黏滞阻尼系数曲线

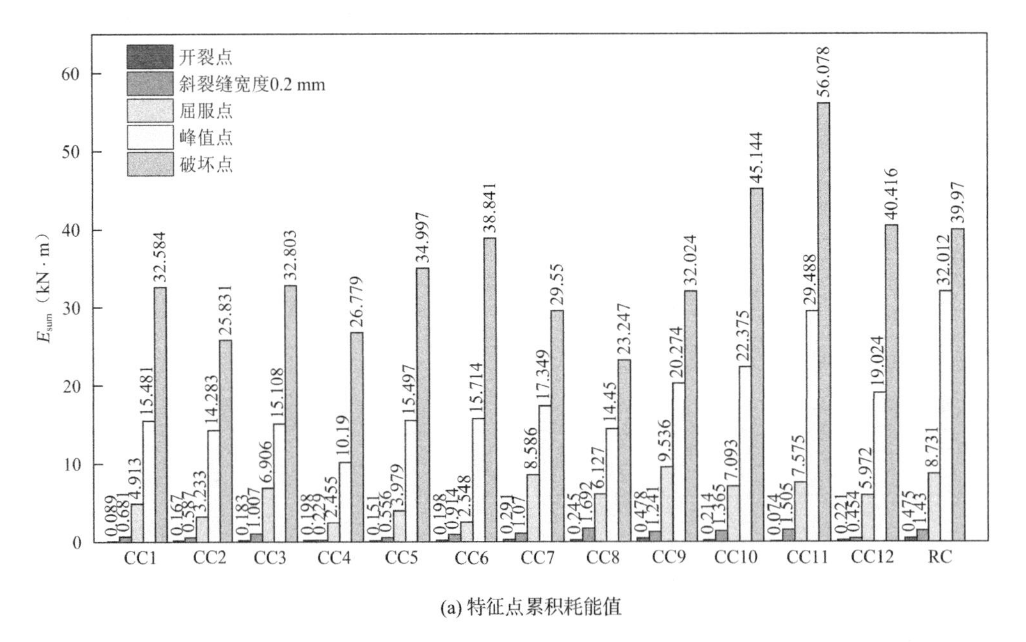

(a) 特征点累积耗能值

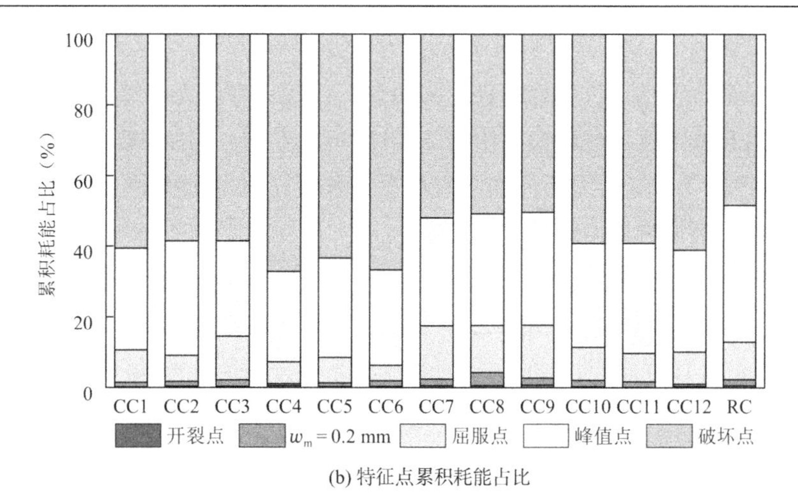

(b) 特征点累积耗能占比

图 2.2-46 特征点累积耗能

6. 强度退化

采用同级强度退化系数（λ_i）和总体强度退化系数（λ_j）评估试件的强度退化性能。图 2.2-47 给出了不同参数下各试件的λ_i-Δ/Δ_y和λ_j-Δ/Δ_y曲线。由图可知：

（1）各试件λ_i随加载级数的增加逐渐减小，除剪跨比对比组 2、轴压比对比组 1 外，其余对比组λ_j在峰值荷载前无明显差别，峰值荷载后差别逐渐增大。加载结束时预制管组合柱试件λ_i在 0.86～1.02 之间，RC 柱试件λ_i在 0.85～1.00 之间，各试件λ_j小于 0.85，表明预制管组合柱和 RC 柱在循环剪切作用下强度退化性能较为稳定且各试件加载过程完整。

（2）剪跨比较小时同级强度退化程度略大。由图 2.2-47（b）、图 2.2-47（d）可知，除试件 CC2 外，剪跨比对λ_j的影响主要体现在峰值荷载后阶段，不同剪跨比试件在峰值荷载前无显著差别。试件 CC1、CC3、CC5 的λ_i分别在 0.90～0.99、0.90～1.00、0.92～1.01 之间，λ_i的平均值和变异系数分别为 0.95 和 0.026、0.95 和 0.029、0.96 和 0.025；试件 CC2、CC4、CC6 的λ_i分别在 0.86～1.02、0.87～1.02、0.91～1.00 之间，λ_i的平均值和变异系数分别为 0.94 和 0.044、0.95 和 0.040、0.95 和 0.021。

（3）轴压比对λ_i影响较大，对总体强度退化性能而言，剪切效应较强时对全受力阶段有显著影响，剪切效应较弱时影响主要体现在峰值荷载后阶段。由图 2.2-47（e）、图 2.2-47（g）、图 2.2-47（i）可知，同一剪跨比下，轴压比较大试件的承载力退化程度更严重，且同级承载力维持性能较差。

（4）同级强度退化性能随配箍率增大而提高，配箍率对总体强度退化性能的影响主要体现在峰值荷载后阶段。由图 2.2-47（k）可知，试件 CC9～CC11 的λ_i平均值分别为 0.94、0.96、0.96，变异系数分别为 0.057、0.030、0.029，表明随着配箍率增大，承载力退化程度和维持能力均得到一定程度的改善。

（5）随着芯部混凝土强度等级的提高，同级强度退化性能变差，不同芯部混凝土强度等级主要对峰值荷载后的总体强度退化性能产生影响。由图 2.2-47（m）可知，试件 CC1、CC7、CC8 的λ_i分别在 0.90～0.99、0.88～1.00、0.82～1.00 之间，λ_i的平均值和变异系数分别为 0.95 和 0.026、0.96 和 0.040、0.95 和 0.048，表明芯部混凝土强度较高试件的同级承载力维持性能更差。

（6）由于界面有粘结试件脆性特征更为明显，相较于界面无粘结试件，其同级强度退化性能更差，且总体强度退化更快。由图 2.2-47（o）可知，试件 CC8、CC12 的λ_i分别在 0.82～1.00 和 0.92～1.02 之间，λ_i的平均值和变异系数分别为 0.95 和 0.048、0.95 和 0.024，界面有粘结试件的同级承载力维持性能更差。

（7）与预制管组合柱相比，RC 柱最终破坏时脆性特征明显，同级强度退化性能差别不大，但总体强度退化性能更差。由图 2.2-47（q）可知，试件 CC8 和试件 RC 的λ_i分别在 0.82～1.00 和 0.85～1.00 之间，λ_i的平均值和变异系数分别为 0.95 和 0.048、0.97 和 0.037。

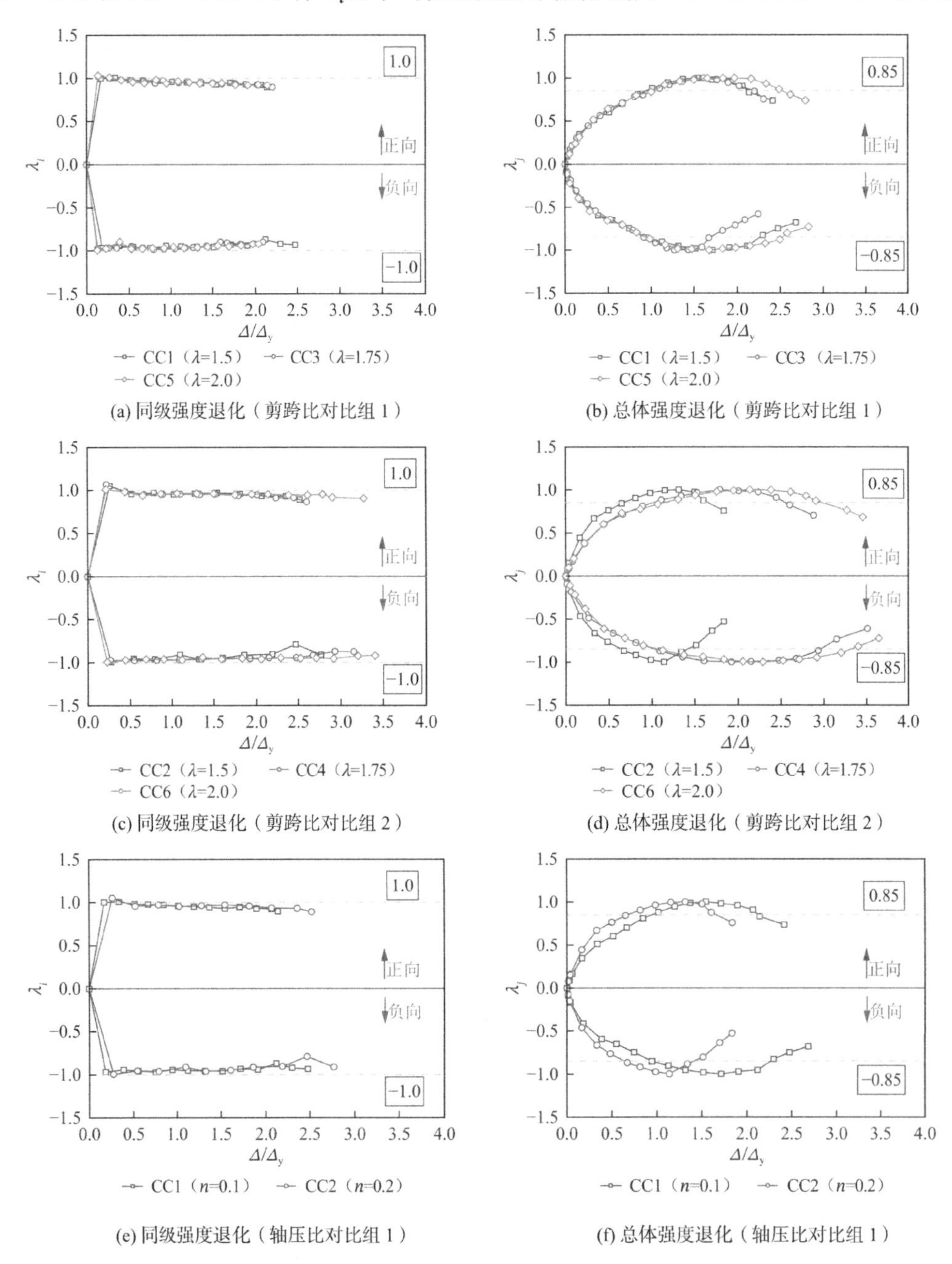

(a) 同级强度退化（剪跨比对比组 1）

(b) 总体强度退化（剪跨比对比组 1）

(c) 同级强度退化（剪跨比对比组 2）

(d) 总体强度退化（剪跨比对比组 2）

(e) 同级强度退化（轴压比对比组 1）

(f) 总体强度退化（轴压比对比组 1）

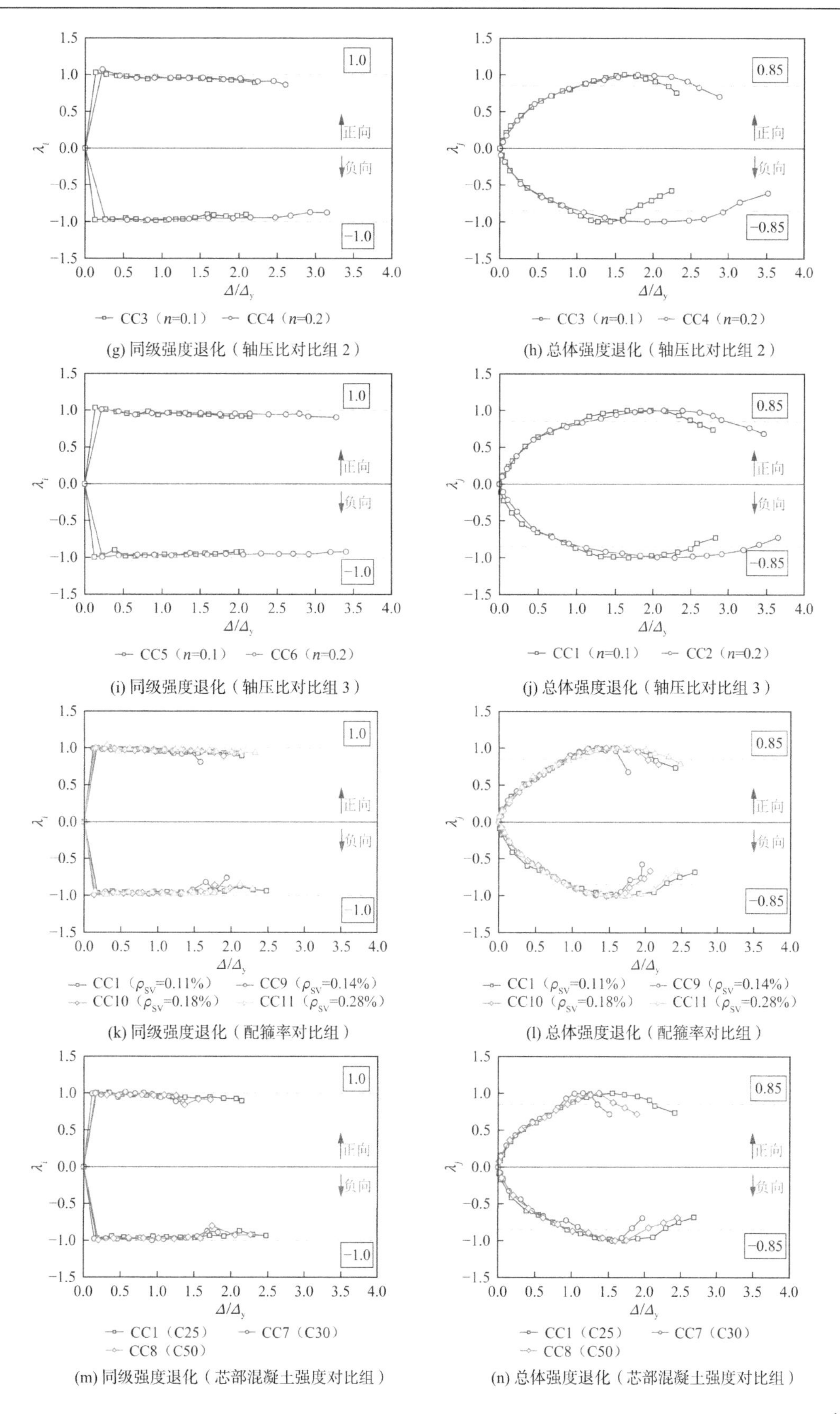

(g) 同级强度退化（轴压比对比组 2）

(h) 总体强度退化（轴压比对比组 2）

(i) 同级强度退化（轴压比对比组 3）

(j) 总体强度退化（轴压比对比组 3）

(k) 同级强度退化（配箍率对比组）

(l) 总体强度退化（配箍率对比组）

(m) 同级强度退化（芯部混凝土强度对比组）

(n) 总体强度退化（芯部混凝土强度对比组）

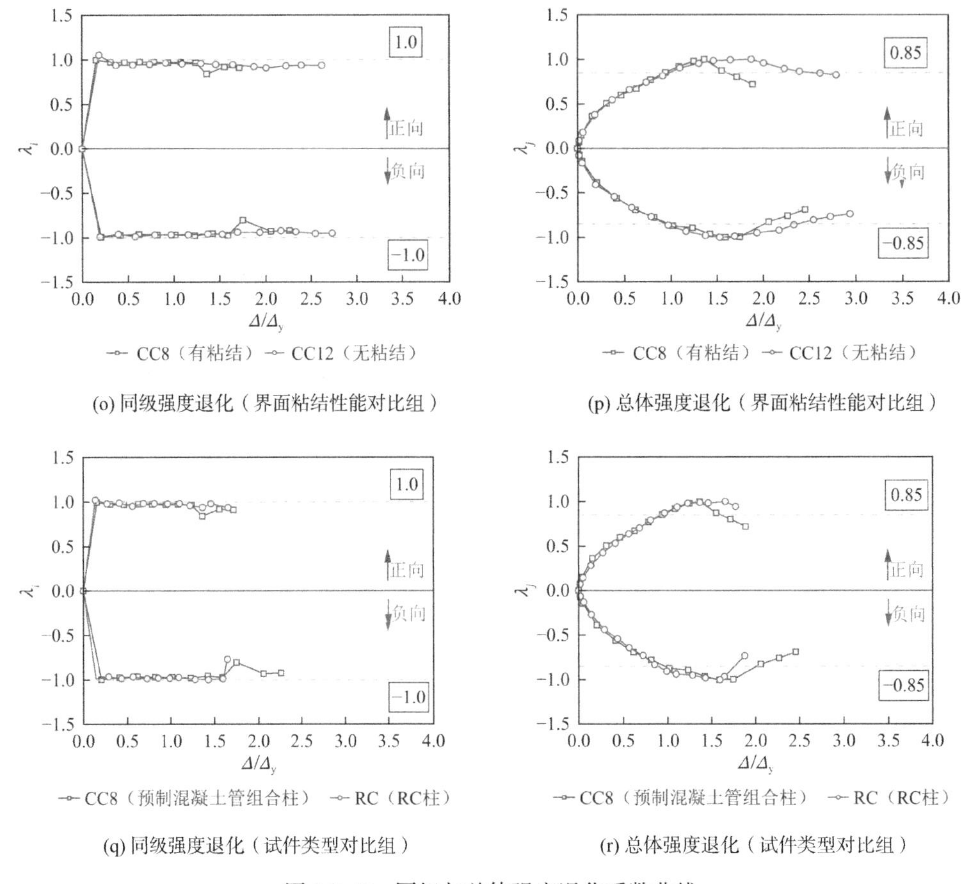

(o) 同级强度退化（界面粘结性能对比组）

(p) 总体强度退化（界面粘结性能对比组）

(q) 同级强度退化（试件类型对比组）

(r) 总体强度退化（试件类型对比组）

图 2.2-47　同级与总体强度退化系数曲线

7. 刚度分析

采用环线刚度（K_{ij}）[43]和割线刚度[39]表征试件刚度随反复加载次数增加而降低的退化特征。不同参数试件K_{ij}-R曲线如图 2.2-48 所示，各试件特征点归一化割线刚度对比见图 2.2-49。从图 2.2-48 和图 2.2-49 中可以看出：

（1）刚度随位移角的增加而逐渐减小。由于裂缝的出现和发展，达到屈服点前刚度退化较快，屈服由刚度退化速率有所减小。加载后期主斜裂缝形成，基本不再出现新增裂缝，刚度趋于一致。

（2）除试件 CC6、CC10 和 CC11 外，其余试件负向加载初始K_{ij}均大于正向加载初始K_{ij}。这是由于初始加载为正向，试件首先在正向加载时发生损伤，刚度减小，而基础梁两侧压梁初始间隙的不同使得试件 CC6、CC10 和 CC11 正负向初始K_{ij}规律有所反常。

（3）刚度退化速率随剪跨比和配箍率的增大而减小，随轴压比和芯部混凝土强度等级的增大而增大。与界面无粘结试件相比，界面有粘结试件刚度退化速率略大。对比预制管组合柱和 RC 柱K_{ij}可知，前者刚度退化较快。$w_{\mathrm{m}}=0.2\mathrm{mm}$ 时刚度为初始刚度的 54%～93%，该比例随剪切效应的增强而增大；屈服时刚度为初始刚度的 34%～57%；达到峰值荷载时，试件刚度保有初始刚度的 24%～43%；最终破坏时的剩余刚度约为初始刚度的

15%～30%。

（4）轴压比为 0.1 时，剪跨比从 1.5 增加至 1.75、2.0，初始刚度分别减小 30.3%和 37.3%；轴压比为 0.2 时，剪跨比从 1.5 增加至 1.75、2.0，初始刚度分别减小 23.7%和 36.0%。剪跨比为 1.5、1.75 和 2.0 时，轴压比从 0.1 增加至 0.2，初始刚度分别增大 38.5%、51.7%和 41.4%。不同配箍率试件初始刚度差别在 6.5%以内，增大配箍率能够减小刚度退化速率，并在最终破坏时保持更大的剩余刚度。芯部混凝土强度等级从 C30 增加至 C50，初始刚度增大 29.7%。试件界面有粘结比无粘结时的初始刚度大 15.0%。RC 柱与预制管组合柱的初始刚度相差 16.9%。

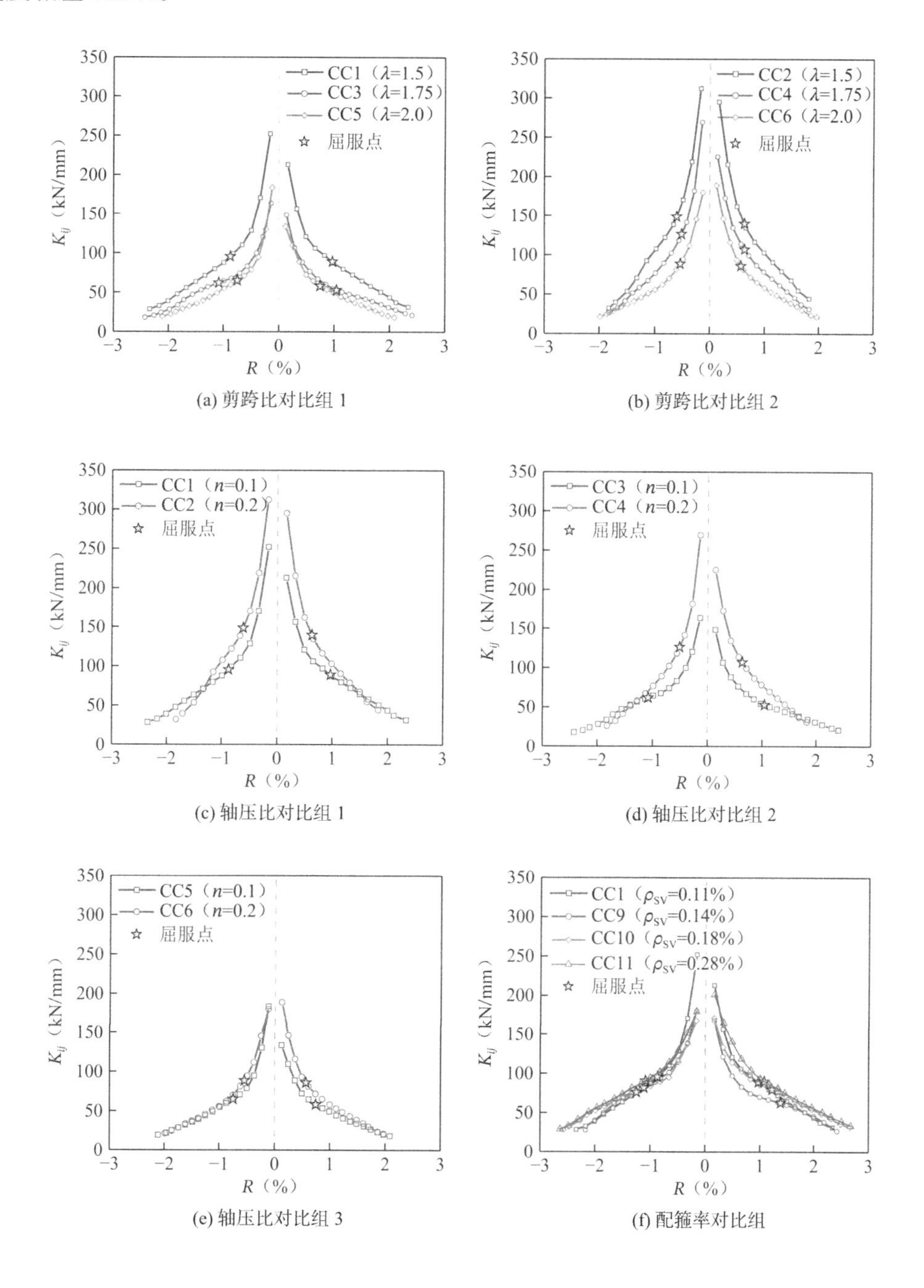

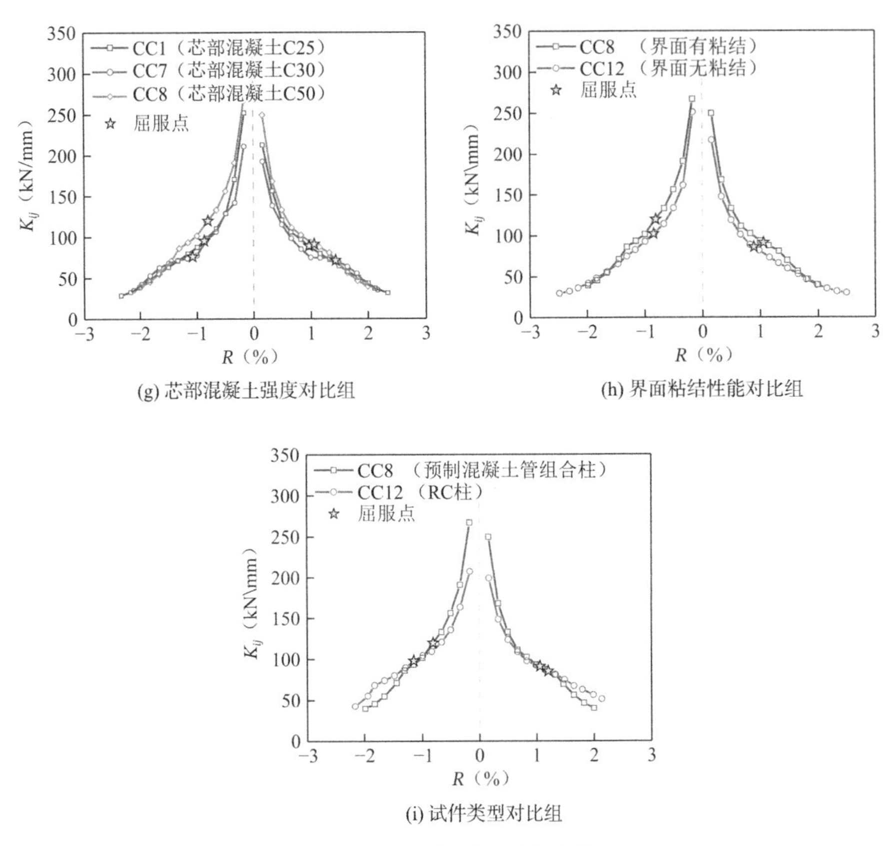

图 2.2-48　环线刚度退化曲线

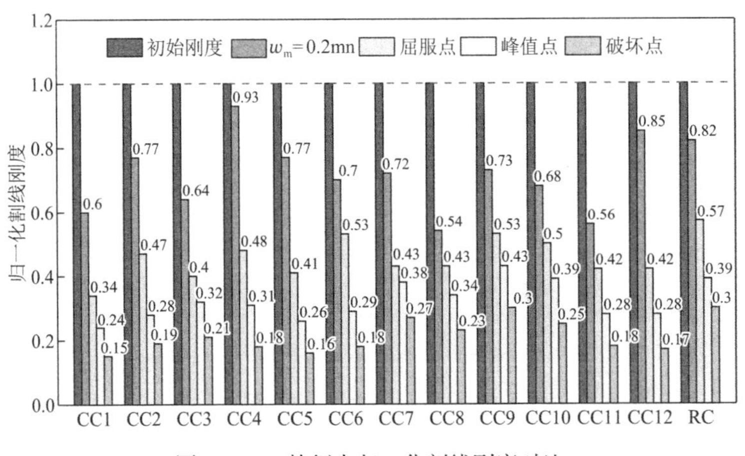

图 2.2-49　特征点归一化割线刚度对比

8. 变形分析

柱水平位移（Δ）主要由弯曲变形（Δ_f）、剪切变形（Δ_s）和滑移变形（Δ_{sl}）三部分组成。测得各变形分量占比见表 2.2-9，各试件变形分量发展规律如图 2.2-50 所示。由图 2.2-50 和表 2.2-9 可知：

（1）预制管组合柱弯曲、剪切和滑移变形的占比分别为 5.9%～28.6%、27.5%～86.8%

和 7.3%～28.3%。RC 柱弯曲、剪切和滑移变形的占比分别为 19.0%～29.3%、22.3%～50.7%和 30.3%～48.4%。Δ_f、Δ_s和Δ_{sl}在总变形中的占比及发展与剪切效应相关。剪切效应越强剪切变形占比越大，弯曲变形占比越小，而滑移变形占比一般与弯曲变形需求呈正相关关系。

（2）对预制管组合柱而言，加载初期斜裂缝未出现时刚度较大，Δ_f和Δ_{sl}在总变形中占比较大，分别为 13.8%～21.8%和 25.3%～37.4%。由于最终破坏模式均为剪切破坏，加载过程中损伤逐渐累积，刚度逐渐降低，Δ_s在总变形中占比逐渐增大，Δ_f和Δ_{sl}占比逐渐减小。加载至位移计数据有效前，Δ_f、Δ_s和Δ_{sl}在总变形中的占比分别为 9.0%～28.1%、34.6%～76.5%和 14.6%～45.5%。对 RC 柱而言，加载初期斜裂缝未出现时，Δ_f和Δ_{sl}在总变形中占比较大，分别为 24.6%和 40.9%；斜裂缝出现至加载结束期间，混凝土损伤累积增长，Δ_s在总变形中占比逐渐增大并在加载后期趋于稳定，Δ_f和Δ_{sl}占比逐渐减小且亦在加载后期趋于稳定；最终破坏时，Δ_f、Δ_s和Δ_{sl}在总变形中的占比分别为 24.9%、33.9%和 41.1%。

（3）Δ_f在总变形中占比随剪跨比的增大而增大，Δ_s在总变形中占比则随剪跨比的增大而减小。轴压比为 0.1 时，剪跨比从 1.5 增加至 1.75、2.0，Δ_f/Δ均值分别增加 15.7%和 18.0%，Δ_s/Δ均值分别降低 3.9%和 6.7%。轴压比为 0.2 时，剪跨比从 1.5 增加至 2.0，Δ_f/Δ均值增加 22.7%，Δ_s/Δ均值降低 15.9%。试件 CC3 较试件 CC1 的Δ_{sl}/Δ均值高 7.4%，试件 CC6 较试件 CC2 的Δ_{sl}/Δ均值高 14.5%。这是由于剪跨比大的试件纵筋应变渗透现象更显著，引起的纵筋滑移变形在总变形中占比更大。

（4）Δ_f/Δ和Δ_{sl}/Δ随轴压比的增大而减小，Δ_s/Δ随轴压比的增大而增大。以轴压比对比组 2 为例（$\lambda = 1.75$），轴压比从 0.1 增加至 0.2 时，Δ_f/Δ和Δ_{sl}/Δ的平均值分别减小 19.2%和 48.4%。

（5）Δ_f/Δ和Δ_{sl}/Δ随配箍率的增大而增大，Δ_s/Δ随配箍率的增大而减小。配箍率从 0.14%增加至 0.18%、0.28%，Δ_f/Δ和Δ_{sl}/Δ的均值分别增加 15.3%、39.7%和 20.5%、25.6%，Δ_s/Δ的均值分别减小 13.8%和 16.4%。分析原因为配箍率增大时$V_m/V_m@M_c$增加，弯曲变形能力发挥更为充分，纵筋变形需求增加，滑移变形增大，剪切变形发展受到抑制，导致其占总变形比值减小。

（6）随着芯部混凝土强度等级的提高，剪切效应增强，Δ_f/Δ和Δ_{sl}/Δ随之减小，Δ_s/Δ则随之增大。由于试件 CC8 用于测量变形分量的位移计过早脱落，其数据完整性不足，此处以试件 CC1 和 CC7 为例，芯部混凝土强度等级由 C25 增加至 C30，Δ_f/Δ和Δ_{sl}/Δ均值分别减小 23.7%和 30.9%，Δ_s/Δ均值增加 19.7%。

（7）由于试件 CC12 的预制管与芯部混凝土界面无粘结，其受剪承载力较界面有粘结试件 CC8 低 15.2%，抗剪能力薄弱，Δ_s/Δ均值比试件 CC8 高 66.0%，相应的Δ_f/Δ和Δ_{sl}/Δ均值比试件 CC8 低 51.1%和 43.0%。

（8）对比同参数预制管组合柱试件 CC8 和 RC 柱试件，Δ_f/Δ、Δ_s/Δ和Δ_{sl}/Δ均值之间的差别分别为 6.8%、10.8%和 7.1%，两者变形分量发展无显著区别。

试件变形分量占比　　表 2.2-9

试件编号	弯曲变形占比Δ_f/Δ	剪切变形占比Δ_s/Δ	滑移变形占比Δ_{sl}/Δ
CC1	**12.2%**～21.6%	41.1%～**68.5%**	19.3%～37.3%
CC2	**13.1%**～23.4%	38.6%～**66.7%**	19.2%～38.0%
CC3	**14.4%**～24.7%	35.1%～**65.1%**	20.6%～40.2%
CC4	**5.9%**～25.7%	50.0%～**86.8%**	7.3%～24.0%
CC5	**15.2%**～24.7%	40.4%～**61.9%**	18.2%～36.4%
CC6	**17.9%**～26.9%	32.7%～**55.9%**	25.1%～40.4%
CC7	**9.6%**～16.2%	55.7%～**79.4%**	11.0%～28.1%
CC8	**17.5%**～27.5%	27.5%～**54.3%**	28.3%～45.0%
CC9	**9.0%**～23.0%	38.5%～**76.5%**	14.6%～38.5%
CC10	**14.3%**～22.6%	38.7%～**60.4%**	25.3%～38.7%
CC11	**16.1%**～28.6%	38.0%～**58.1%**	26.7%～40.0%
CC12	**6.3%**～15.7%	57.1%～**78.7%**	15.0%～26.8%
RC	**19.0%**～29.3%	22.3%～**50.7%**	30.3%～48.4%

注：表中数据加粗表示各试件变形分量占总变形比例的最小与最大值。

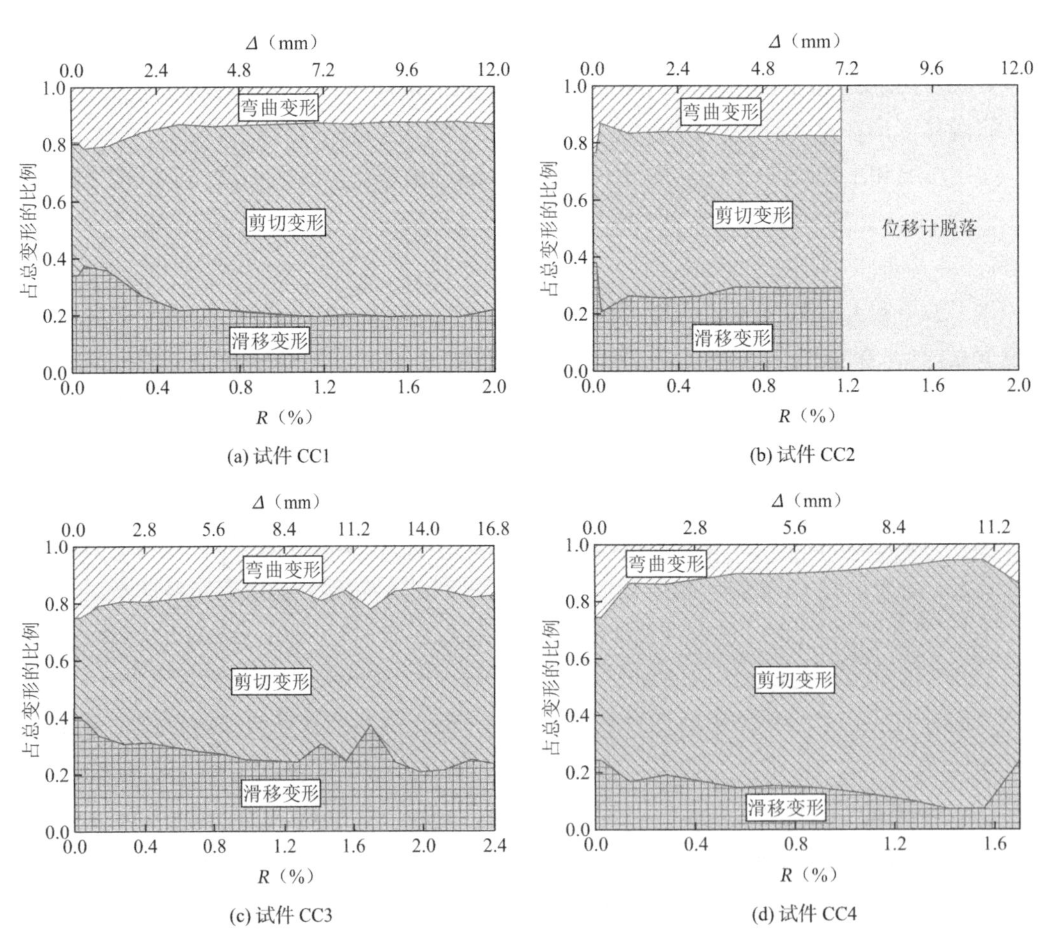

(a) 试件 CC1　(b) 试件 CC2

(c) 试件 CC3　(d) 试件 CC4

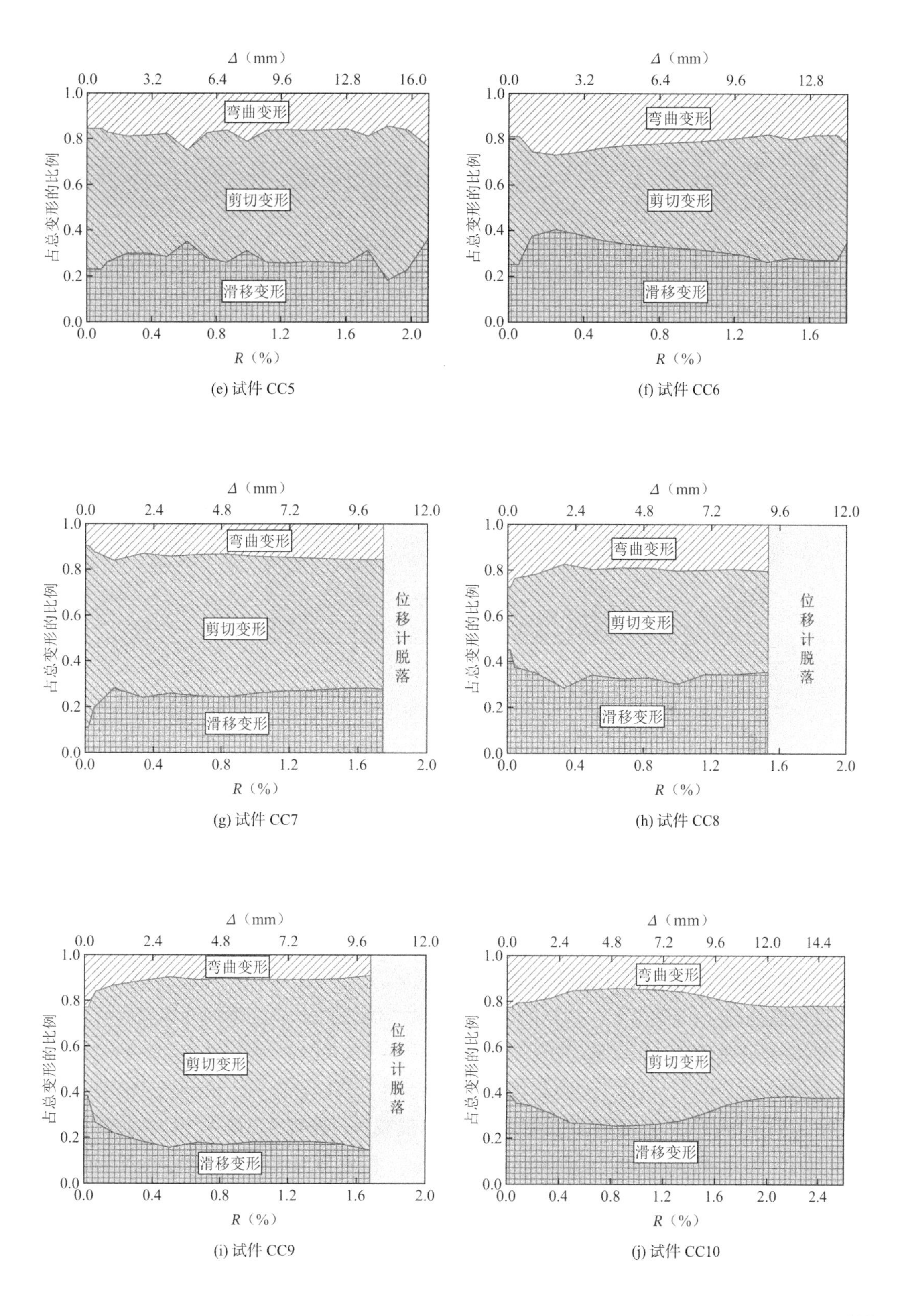

(e) 试件 CC5

(f) 试件 CC6

(g) 试件 CC7

(h) 试件 CC8

(i) 试件 CC9

(j) 试件 CC10

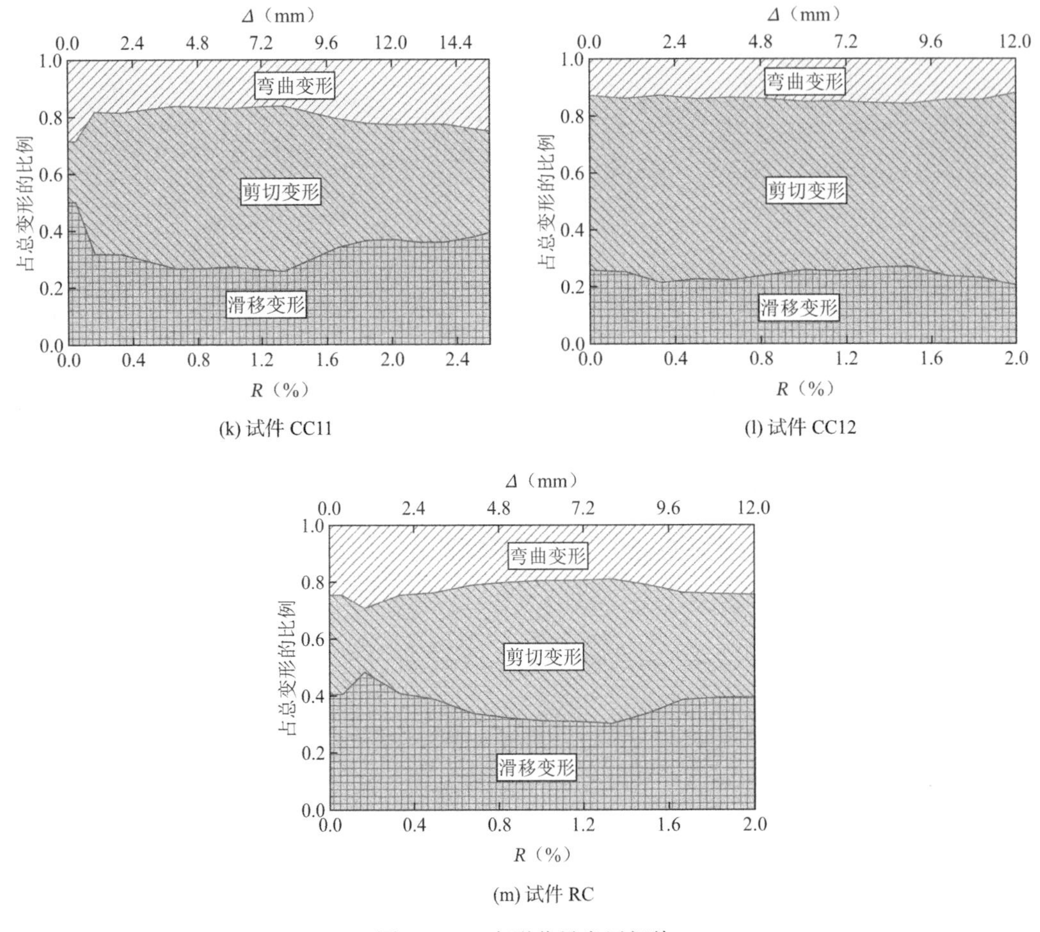

(k) 试件 CC11

(l) 试件 CC12

(m) 试件 RC

图 2.2-50　变形分量发展规律

9. 应变分析

（1）混凝土应变

各试件剪力-主拉压应变（V-ε）关系曲线如图 2.2-51 所示，主斜裂缝与柱纵轴线夹角-剪力（α_{90}-V）关系曲线见图 2.2-52。由图可知：

①各试件在混凝土开裂前ε_1和ε_2增长较慢，超过V_{cr}且在未达到$V_{0.2}$期间ε_1和ε_2迅速增长，可将$V_{0.2}$作为预制管组合柱和 RC 柱的临界斜裂缝剪力。

②加载前期α_{90}变化不大，达到V_{cr}后随着荷载的增加，α_{90}迅速增加并达到峰值，随后α_{90}有所降低并逐渐趋于恒定值。

③剪跨比较小试件的ε_1发展快于剪跨比较大试件，且在更低剪力值时超过混凝土极限拉应变；轴压比增大V-ε关系曲线斜率增加，ε_1发展减缓，表明增大轴压比能抑制斜裂缝发展；不同配箍率试件的V-ε关系曲线发展规律相似，配箍率对混凝土主应变发展影响不明显；随着芯部混凝土强度等级提高，ε_1和ε_2发展减缓，表明提高芯部混凝土强度可延缓斜裂缝发展。

④预制管与芯部混凝土界面无粘结时ε_1和ε_2发展远快于界面有粘结时，且界面无粘结

时混凝土在较低剪力值即达到极限拉应变，应变迅速增大，应变片失效，故界面有粘结时可以延缓混凝土主拉应变与主压应变发展。

⑤对比试件 CC8 和试件 RC 主应变曲线可知，试件 CC8 的ε_1和ε_2发展均快于试件 RC，且相同剪力下，试件 CC8 的ε_1和ε_2均大于试件 RC。

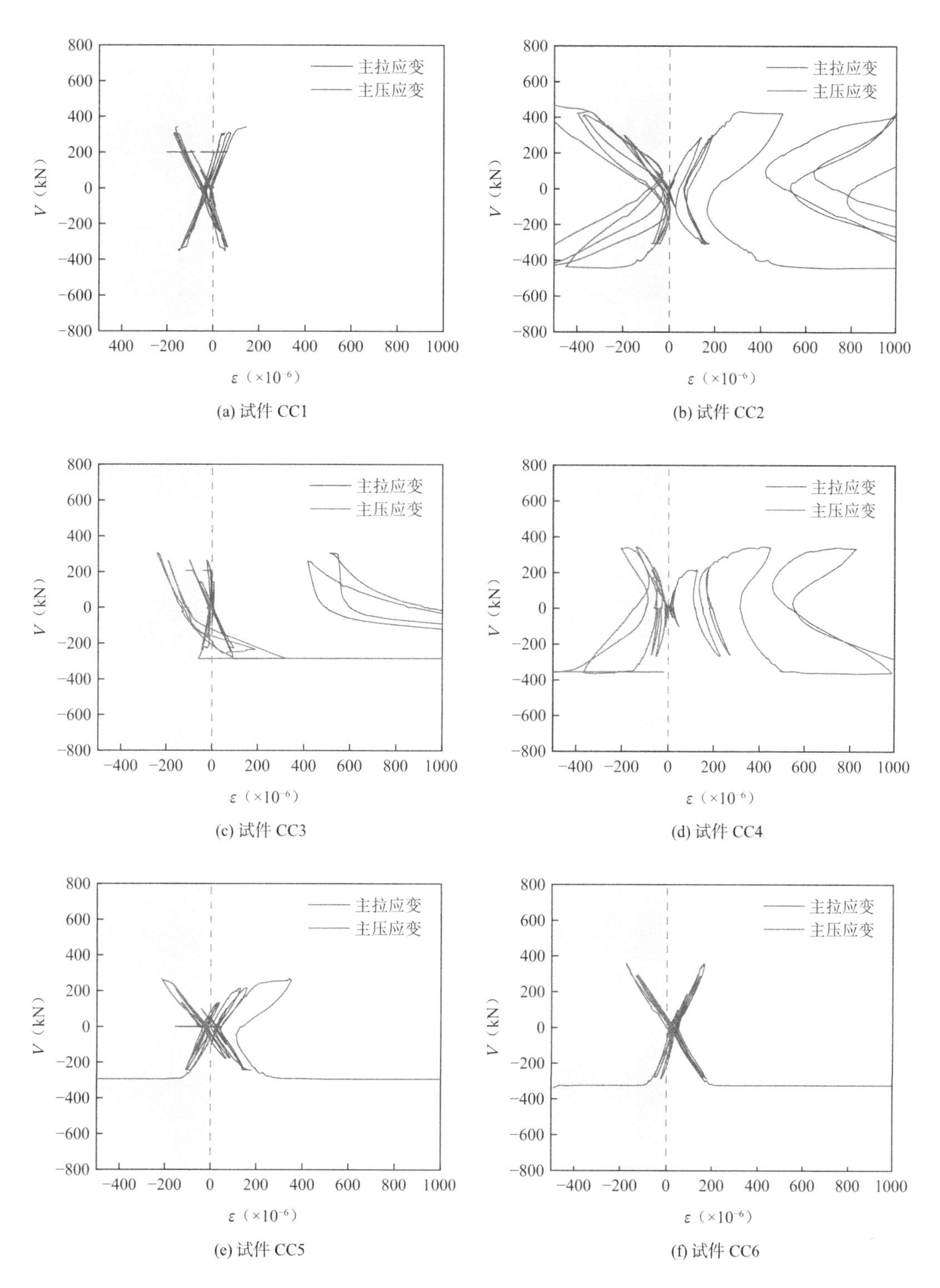

(a) 试件 CC1

(b) 试件 CC2

(c) 试件 CC3

(d) 试件 CC4

(e) 试件 CC5

(f) 试件 CC6

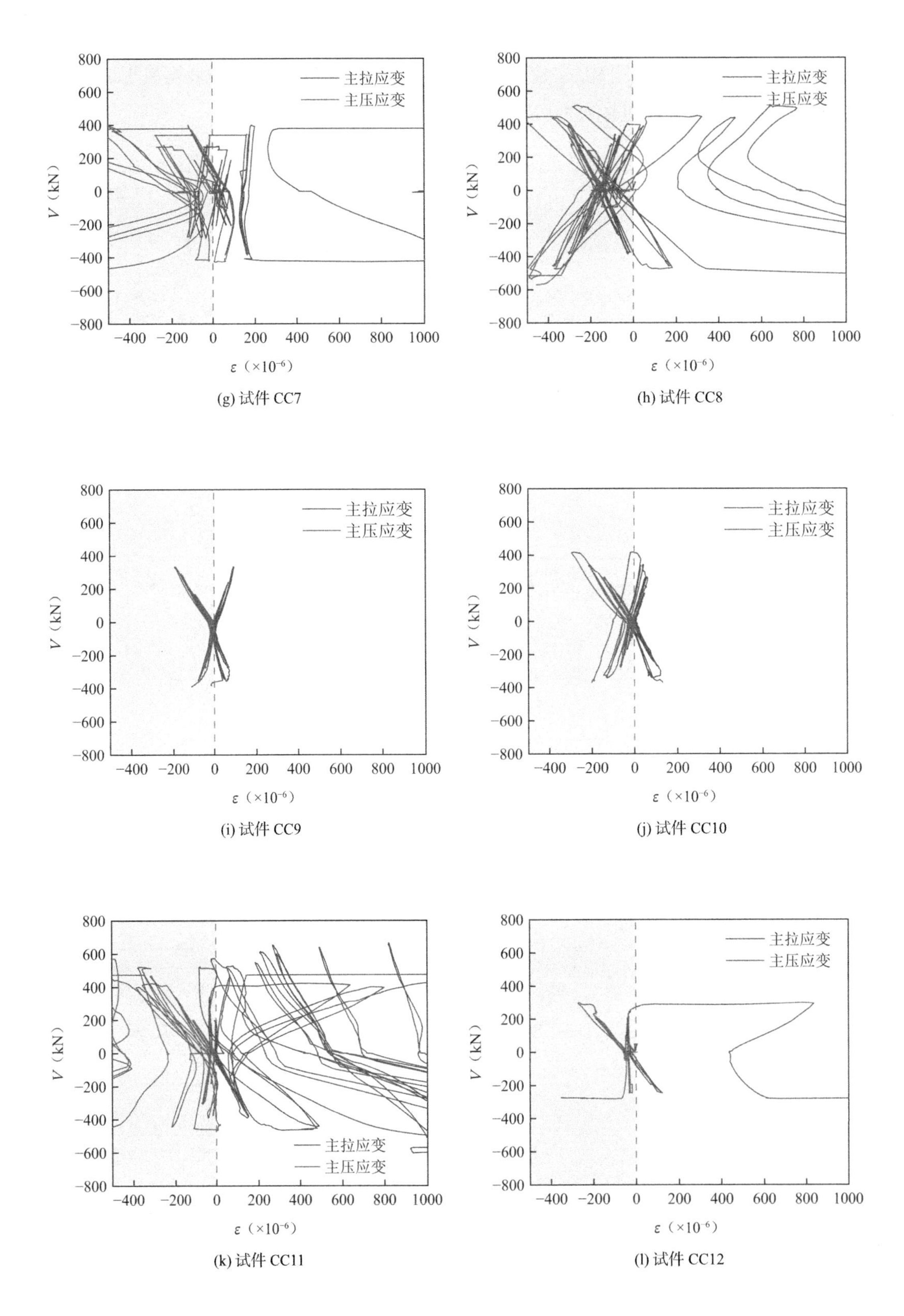

(g) 试件 CC7

(h) 试件 CC8

(i) 试件 CC9

(j) 试件 CC10

(k) 试件 CC11

(l) 试件 CC12

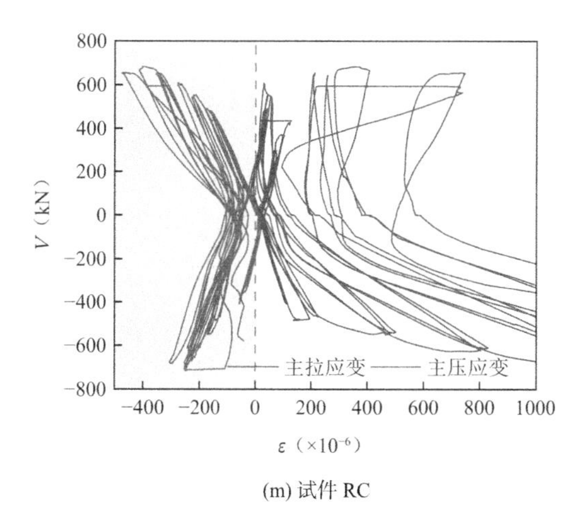

(m) 试件 RC

图 2.2-51　剪力-主拉压应变曲线

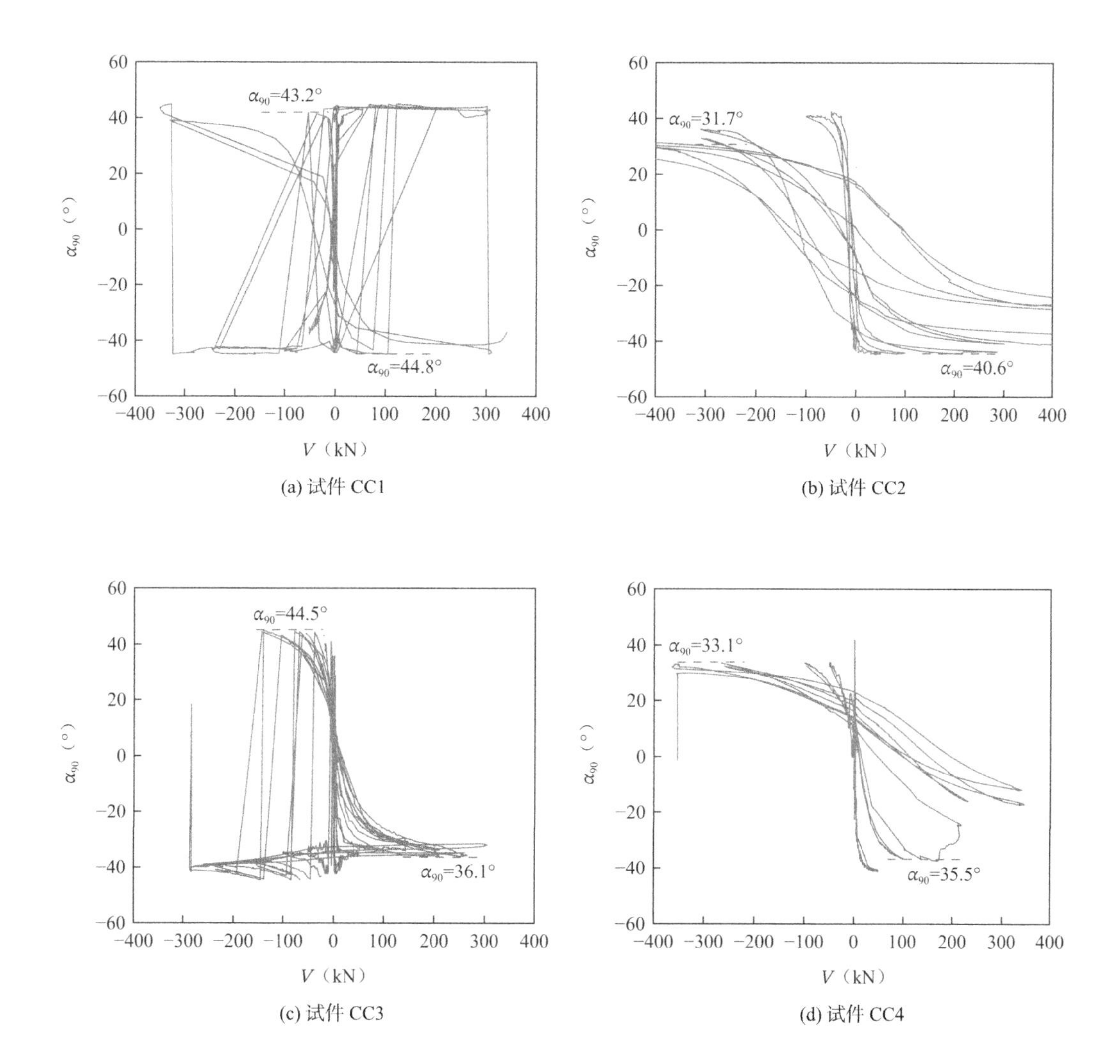

(a) 试件 CC1

(b) 试件 CC2

(c) 试件 CC3

(d) 试件 CC4

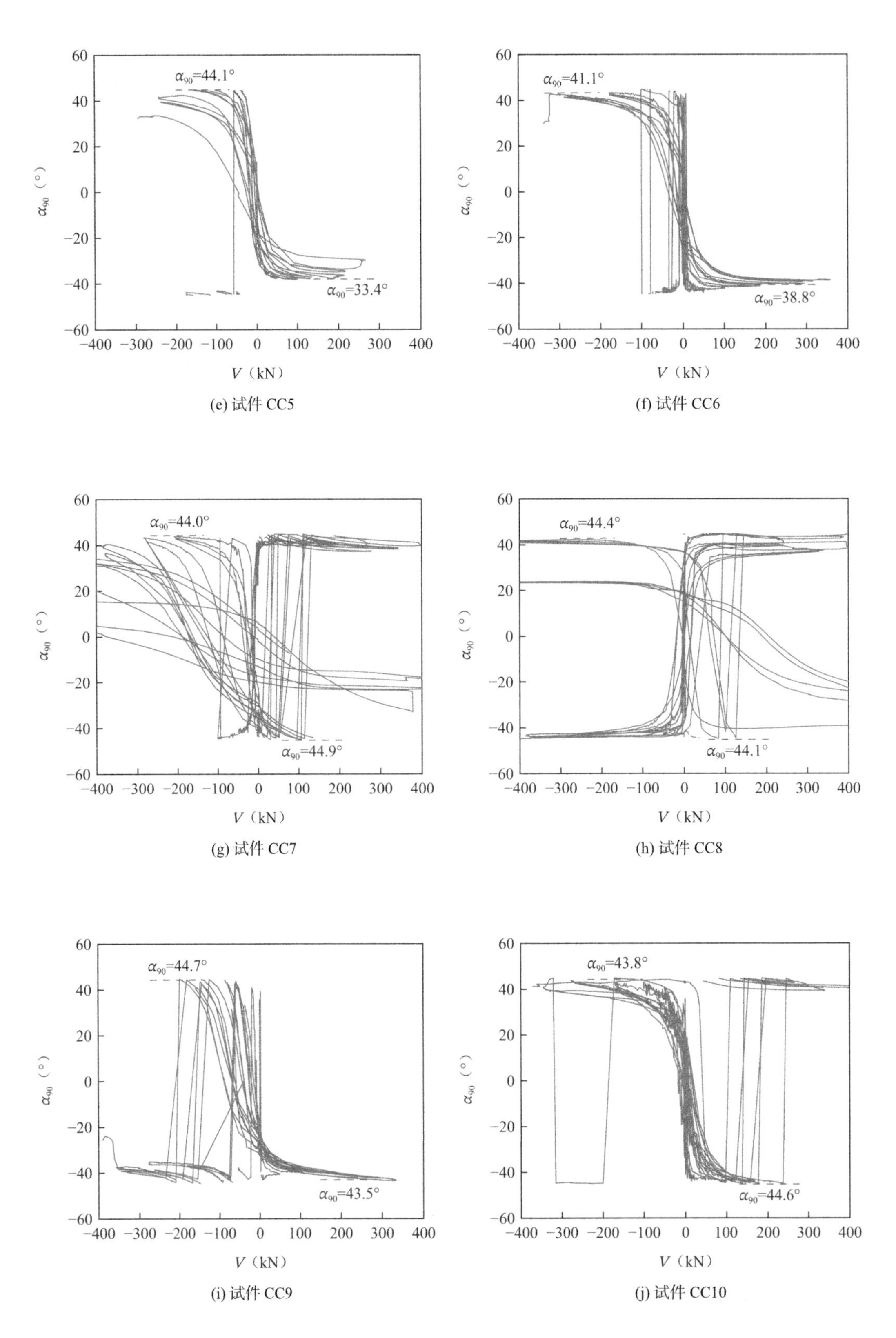

(e) 试件 CC5

(f) 试件 CC6

(g) 试件 CC7

(h) 试件 CC8

(i) 试件 CC9

(j) 试件 CC10

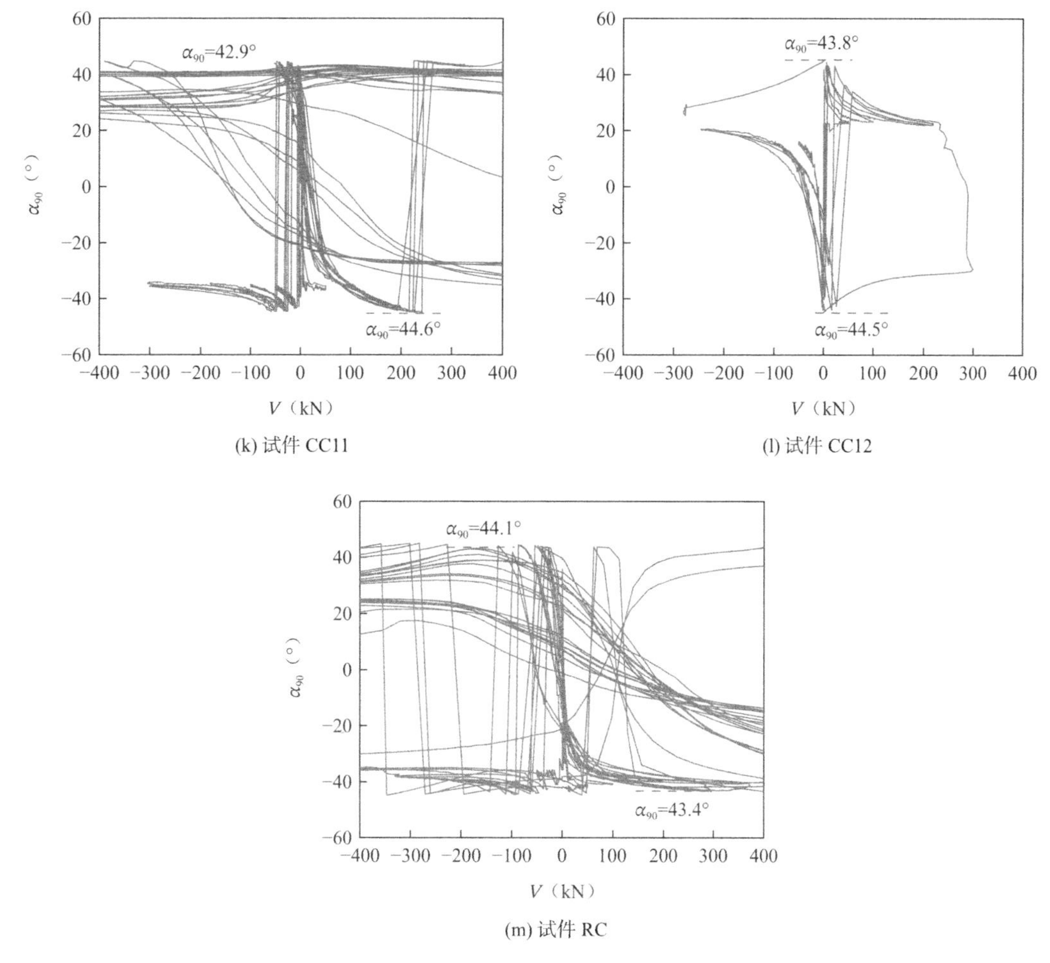

(k) 试件 CC11

(l) 试件 CC12

(m) 试件 RC

图 2.2-52 主斜裂缝与柱纵轴线夹角-剪力曲线

试验测得主斜裂缝与柱纵轴线夹角α_m和α_{90}结果对比列于表 2.2-10 中。由表可知：

①α_m在 26.5°～40.8°之间，平均值 33.6°，应变片测量得到α_{90}在 33.1°～44.9°之间，平均值 42.5°。试验观测得到 RC 柱试件正负向α_m分别为 31.7°和 32.9°，平均值 32.3°，应变片测量得到正负向α_{90}分别为 44.1°和 43.4°，平均值 43.75°。全部试件α_{90}/α_m的平均值和变异系数分别为 1.26 和 0.15，采用三向混凝土应变片计算时会高估预制管组合柱和 RC 柱的临界斜裂缝倾角。

②$\alpha_{90}/\alpha_{load}$的平均值和变异系数分别为 1.31 和 0.10，α_{90}/α_{fix}的平均值和变异系数分别为 1.07 和 0.11。因此，预制管组合柱和 RC 柱临界斜裂缝倾角接近于加载夹具下端与柱底对角连线夹角。

③α_m和α_{90}随剪跨比、轴压比和芯部混凝土强度等级的增大而减小，配箍率对α_{90}无显著影响。轴压比为 0.1 时，剪跨比从 1.5 增加至 1.75、2.0，α_m和α_{90}平均值分别减小 18.2%、25.3%和 8.4%、11.9%。剪跨比为 1.5 时，轴压比从 0.1 增加至 0.2，α_m和α_{90}平均值分别减小 22.1%和 17.8%。不同配箍率试件的α_{90}相差在 1.0%以内。芯部混凝土强度等级从 C25 增

加至 C30、C50，α_m平均值减小 6.0%和 13.3%。

④当界面无粘结时，α_m的平均值较有粘结时增大 18.3%，表明界面有粘结预制管组合柱形成的斜压杆机制作用更大，具有更高的受剪承载力。

⑤预制管组合柱的α_m和α_{90}平均值较 RC 柱略大，但二者仅分别相差 0.8%和 1.2%，RC 柱斜压杆机制作用更大，进一步说明了同参数 RC 柱比预制管组合柱受剪承载力高的原因。

主斜裂缝、主拉应变与柱纵轴夹角对比　　　　表 2.2-10

试件编号	α_m（°）		α_{90}（°）		α_{load}（°）	α_{fix}（°）	α_{90}/α_m		$\alpha_{90}/\alpha_{load}$		α_{90}/α_{fix}	
	正向	负向	正向	负向			正向	负向	正向	负向	正向	负向
CC1	39.2	35.9	43.2	44.8	33.7	41.6	1.10	1.25	1.28	1.33	1.04	1.08
CC2	32.2	26.3	31.7	40.6	33.7	41.6	0.98	1.54	0.94	1.20	0.76	0.98
CC3	31.9	29.5	44.5	36.1	29.7	36.0	1.39	1.22	1.50	1.22	1.24	1.00
CC4	37.3	31.0	33.1	35.5	29.7	36.0	0.89	1.15	1.11	1.20	0.92	0.99
CC5	29.6	26.5	44.1	33.4	26.6	31.6	1.49	1.26	1.66	1.26	1.40	1.06
CC6	30.4	25.8	41.1	38.8	26.6	31.6	1.35	1.50	1.55	1.46	1.30	1.23
CC7	38.8	31.8	44	44.9	33.7	41.6	1.13	1.41	1.31	1.33	1.06	1.08
CC8	36.6	28.5	44.4	44.1	33.7	41.6	1.21	1.55	1.32	1.31	1.07	1.06
CC9	40.8	32.1	44.7	43.5	33.7	41.6	1.10	1.36	1.33	1.29	1.07	1.05
CC10	36.2	27.3	43.8	44.6	33.7	41.6	1.21	1.63	1.30	1.32	1.05	1.07
CC11	39.6	41.6	42.9	44.6	33.7	41.6	1.08	1.07	1.27	1.32	1.03	1.07
CC12	37.3	39.7	43.8	44.5	33.7	41.6	1.17	1.12	1.30	1.32	1.05	1.07
RC	31.7	32.9	44.1	43.4	33.7	41.6	1.39	1.32	1.31	1.29	1.06	1.04
Mean	35.5	31.5	42.0	41.4	32.0	39.2	1.19	1.34	1.32	1.30	1.08	1.06
COV	—	—	—	—	—	—	0.14	0.13	0.13	0.05	0.14	0.06

（2）纵筋应变

试件 CC1～CC12 和试件 RC 柱底纵筋应变发展如图 2.2-53 所示。由图可知：①$R \leqslant 1/550$ 时试件处于弹性阶段，纵筋应变水平较低；$1/550 < R < 1/100$ 期间，柱身斜裂缝出现并持续发展，试件接近或超过屈服点，弯曲变形需求增大，纵筋应变增加；加载至$R \geqslant 1/100$ 后，对预制管组合柱而言，主斜裂缝形成，裂缝宽度逐渐增加，与其相交的箍筋承担大部分剪力，剪切变形在总变形中占比增大，试件最终发生剪切破坏，试件 CC2～6、8、11、12 最终破坏时的部分纵筋应变比较小位移角时反而降低，这是因为加载后期弯曲变形需求有所减小，剪切变形需求增大；对 RC 柱而言，由于最终破坏时表现为斜裂缝宽度突然增加，剪切变形与弯曲变形需求比未发生显著变化时加载终止，纵筋应变在整个受力过程中持续增长，$R < 1/100$ 时增长较快，$R > 1/100$ 时增长减缓。②各试件纵筋应变大多未达到屈服应变，部分纵筋应变测点达到或略超过屈服应变，表明预制管组合柱试件和 RC 柱试件最终未发生弯曲破坏，与试验现象吻合。

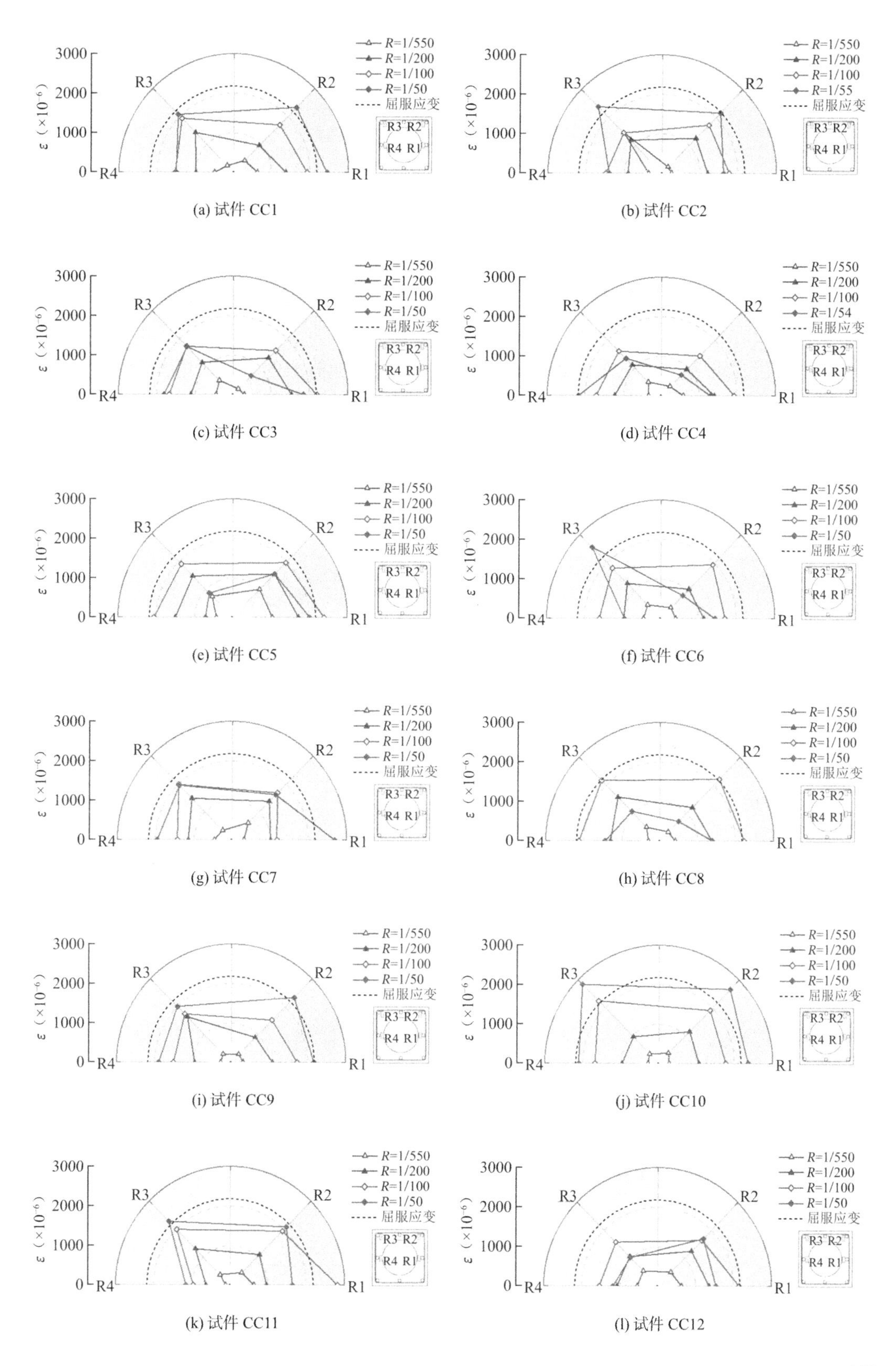

(a) 试件 CC1　(b) 试件 CC2

(c) 试件 CC3　(d) 试件 CC4

(e) 试件 CC5　(f) 试件 CC6

(g) 试件 CC7　(h) 试件 CC8

(i) 试件 CC9　(j) 试件 CC10

(k) 试件 CC11　(l) 试件 CC12

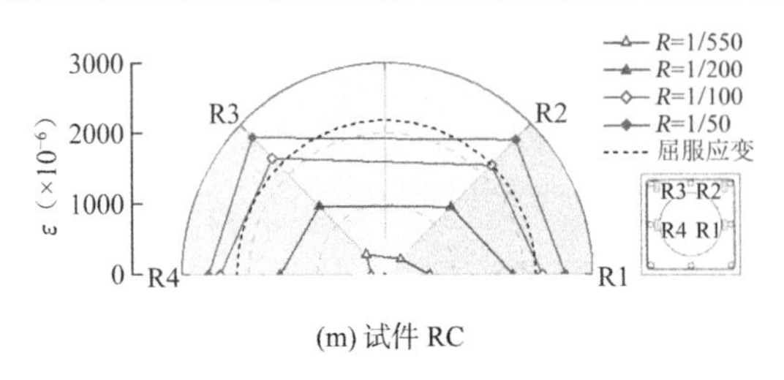

(m) 试件 RC

图 2.2-53　柱底纵筋应变发展

为研究预制管与芯部混凝土之间的协同工作性能，在芯部混凝土边缘预埋 2 根直径为 8mm 与预制管中部纵筋对应的 HRB400 级钢筋，锚入基础梁内，并在与预制管纵筋相同高度处布置两道应变测点。试件 CC1～CC12 预制管和芯部混凝土纵筋应变对比如图 2.2-54 所示。由图可见两者发展规律相似，加载前期纵筋应变随剪力的增加而增大，峰值剪力后纵筋应变有所减小。由于芯部混凝土纵筋直径更小，且所在位置更接近中和轴，故应变发展较预制管纵筋充分。总体上，芯部混凝土与预制管在受力过程中具有良好的协同工作性能。

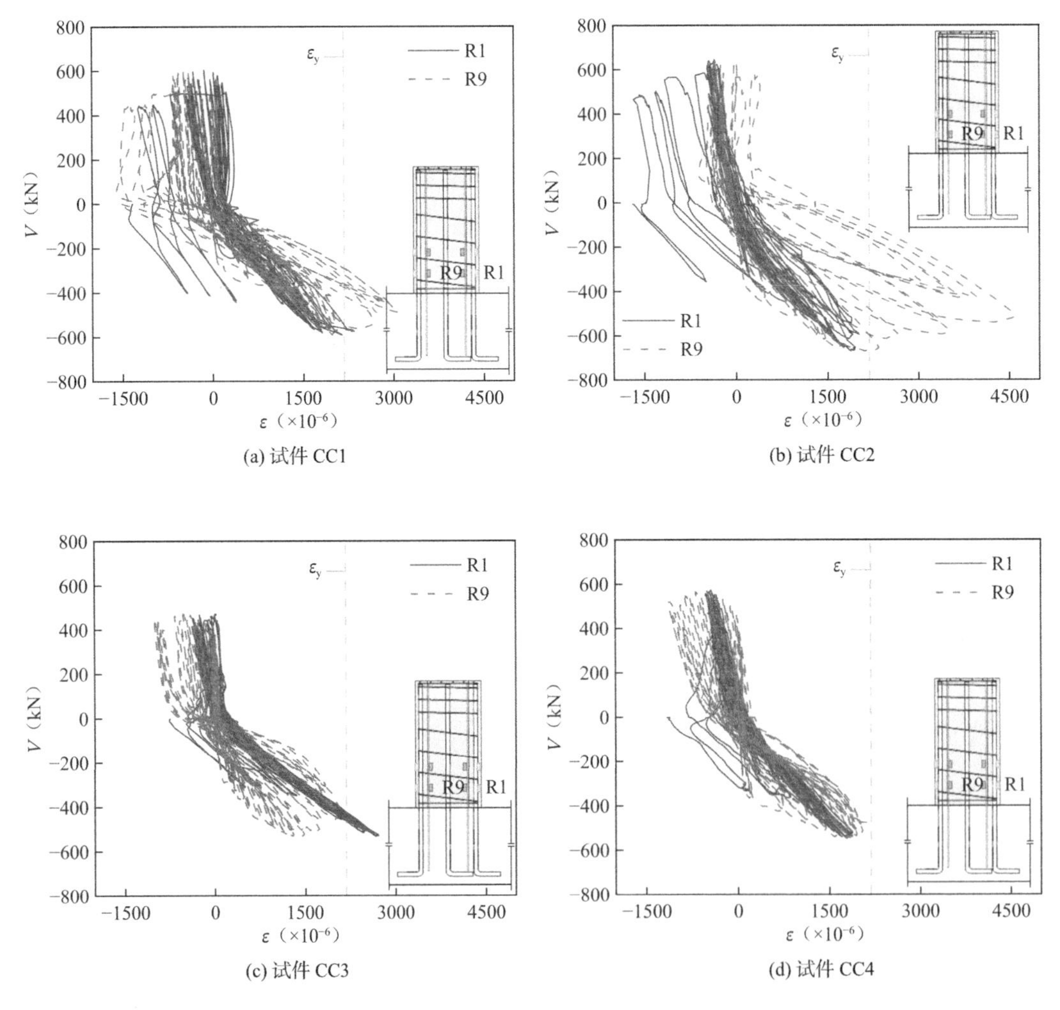

(a) 试件 CC1

(b) 试件 CC2

(c) 试件 CC3

(d) 试件 CC4

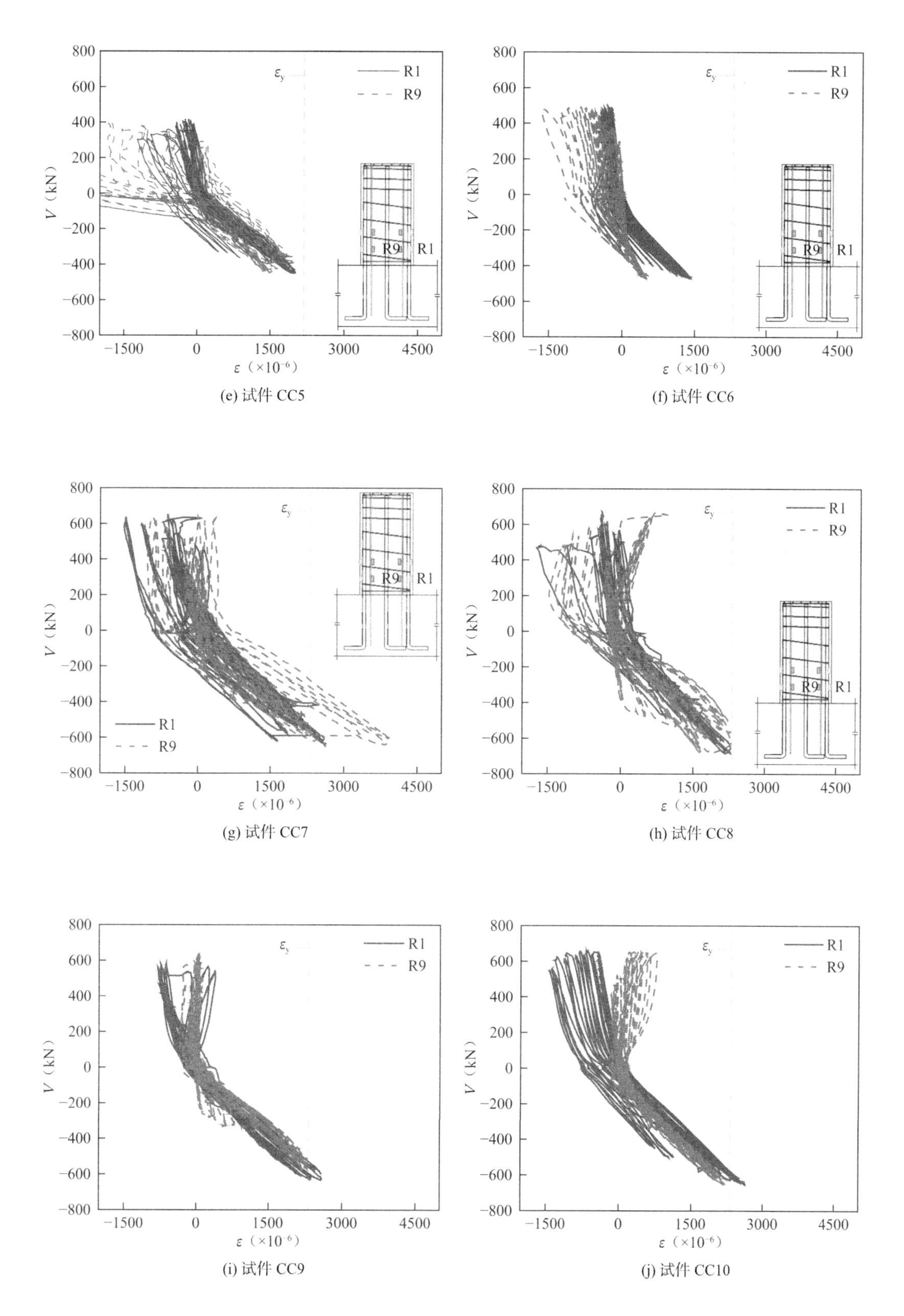

(e) 试件 CC5

(f) 试件 CC6

(g) 试件 CC7

(h) 试件 CC8

(i) 试件 CC9

(j) 试件 CC10

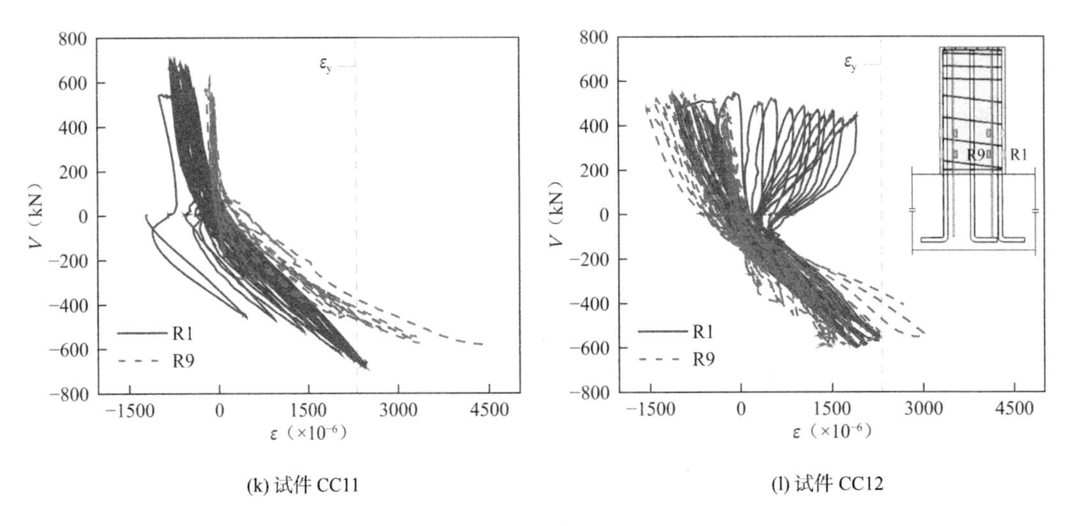

(k) 试件 CC11　　(l) 试件 CC12

图 2.2-54　纵筋应变对比

（3）箍筋应变

试件 CC1～CC12 和试件 RC 箍筋应变发展如图 2.2-55 所示。由图可见：

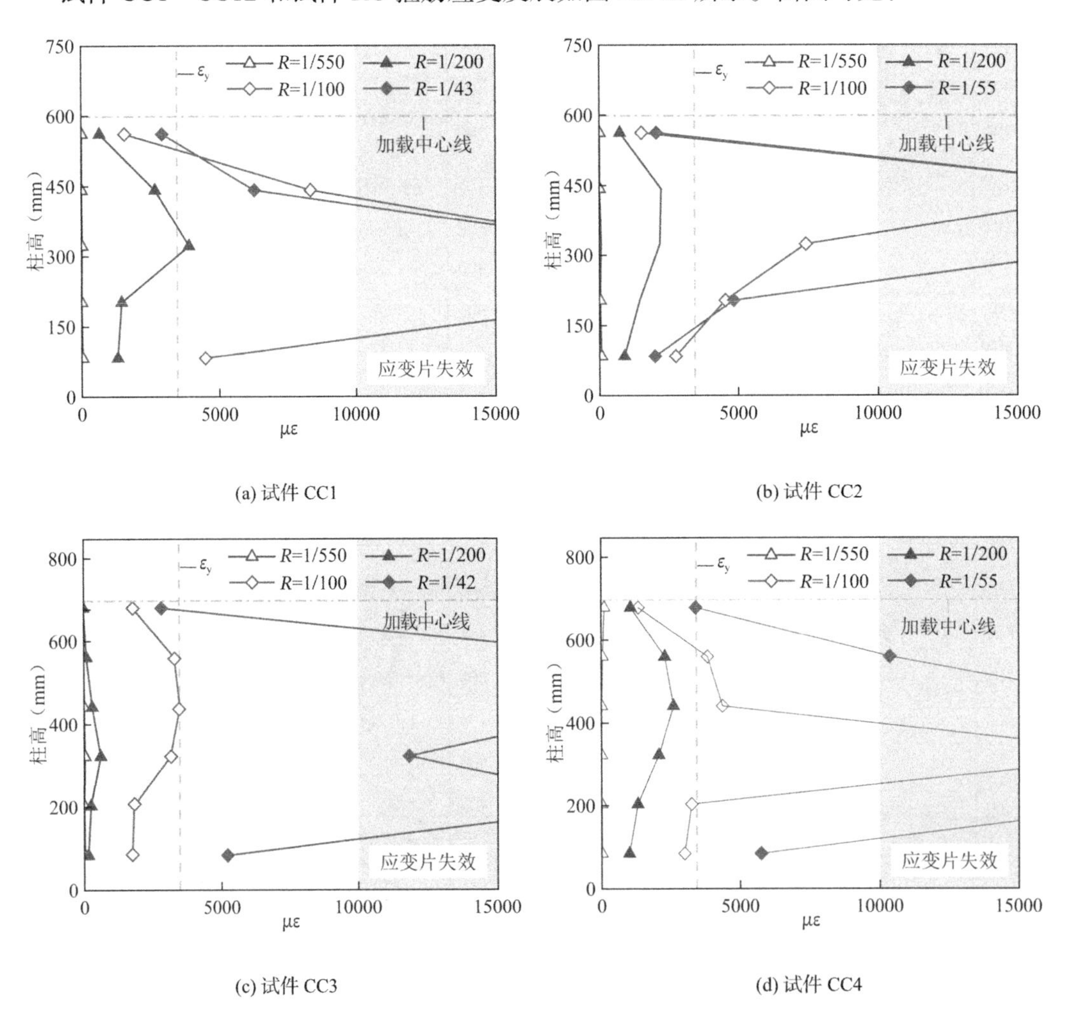

(a) 试件 CC1　　(b) 试件 CC2

(c) 试件 CC3　　(d) 试件 CC4

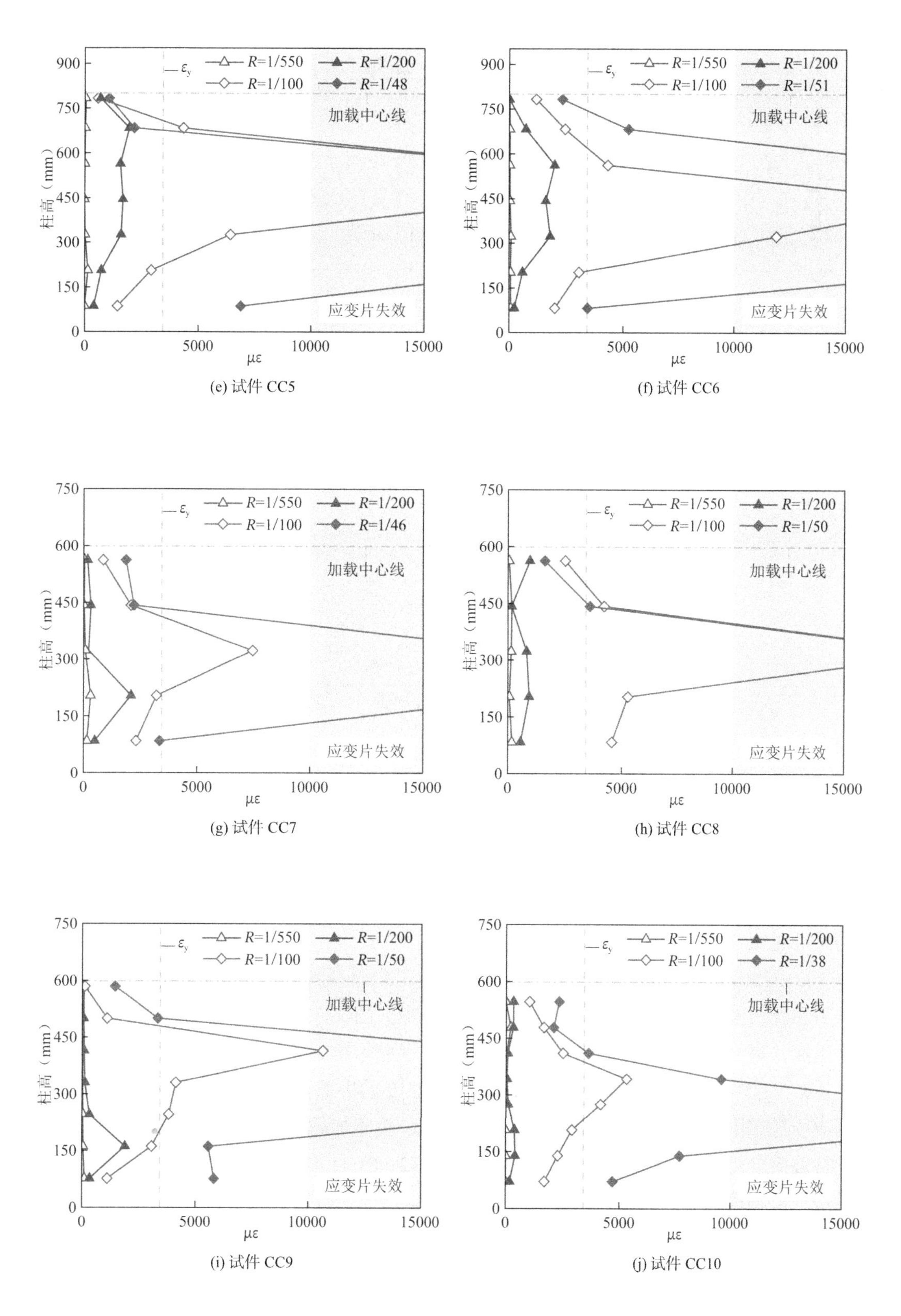

(e) 试件 CC5

(f) 试件 CC6

(g) 试件 CC7

(h) 试件 CC8

(i) 试件 CC9

(j) 试件 CC10

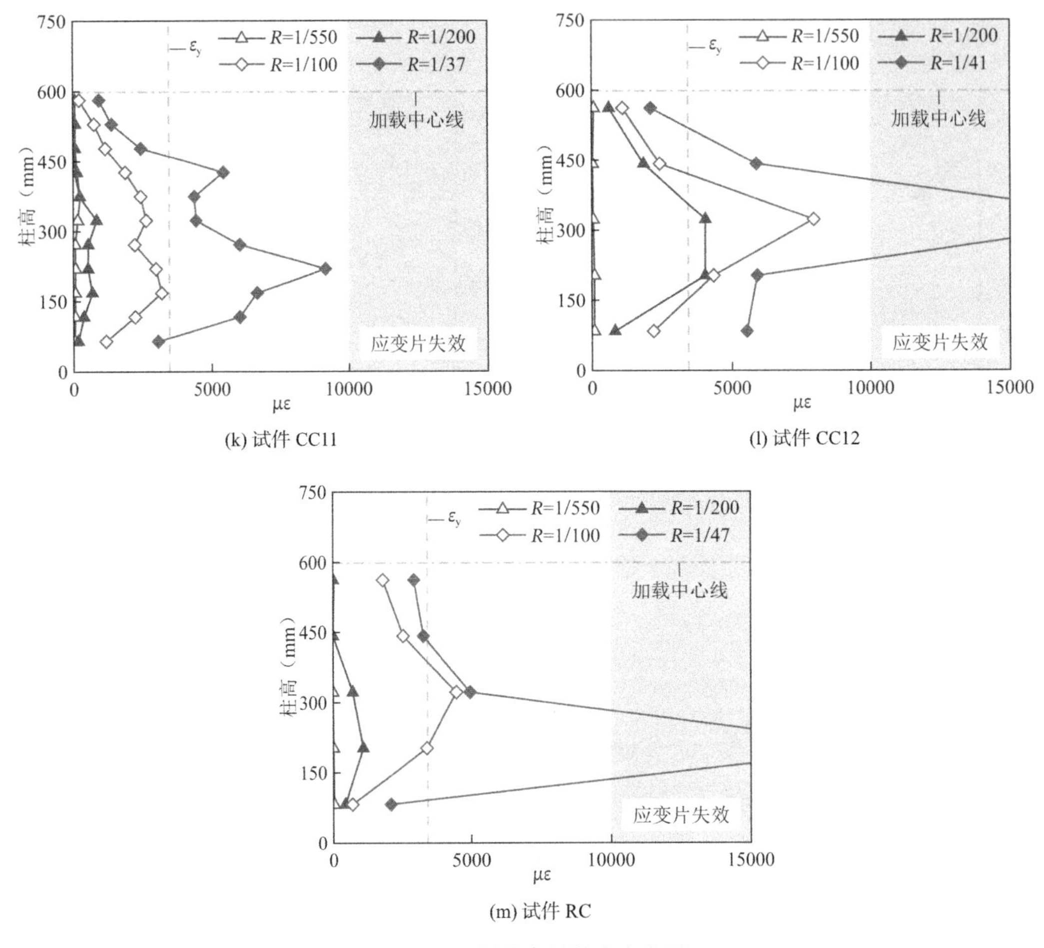

(k) 试件 CC11

(l) 试件 CC12

(m) 试件 RC

图 2.2-55 沿柱高箍筋应变发展

①$R \leqslant 1/550$ 时，预制管组合柱和 RC 柱试件均处于弹性受力阶段，箍筋应变很小，主要由混凝土承担剪力。

②$1/550 < R < 1/200$ 期间，柱身斜裂缝出现并逐渐发展，混凝土承担的剪力逐渐转由箍筋承担，与斜裂缝相交的试件中部箍筋应变显著增加，试件 CC1 和试件 CC12 中部部分箍筋超过屈服应变。

③$R \approx 1/100$ 时，试件接近或达到屈服点，主斜裂缝开始形成，此时混凝土仍能通过主拉应力和骨料咬合作用传递一定剪力，除配箍率最大的试件 CC11 外，其余试件箍筋应变发展迅速，且多数箍筋已达到或超过屈服应变，箍筋承担了大部分剪力。

④$R > 1/100$ 后，试件 CC1～CC10 和试件 CC12 的中部箍筋应变迅速增长，试件 CC11 箍筋应变稳定增长并大多超过屈服应变，试件 RC 由于加载后期裂缝宽度突然增大，导致中部箍筋应变迅速增长。最终破坏时，除试件 CC2、CC11 和试件 RC 的部分箍筋外，其余试件剪压区箍筋均达到或超过屈服应变。

⑤腹剪区中部较剪压区箍筋应变发展迅速，$R = 1/100$ 时，除试件 CC11 箍筋未屈服外，其余预制管组合柱试件约 0.17～0.42 倍柱高范围内箍筋屈服，试件 RC 约 1/3 柱高范围内

箍筋屈服。最终破坏时，预制管组合柱试件箍筋屈服范围约为 0.65～0.92 倍柱高，试件 RC 箍筋屈服范围约为 0.6 倍柱高，这是由于试件 RC 为脆性剪切破坏，箍筋应变未得到充分发展时承载力骤降。

2.2.5 预制管空心短柱与组合短柱抗震性能比较

为研究预制管空心短柱和组合短柱在恒定轴压力和水平反复荷载作用下的性能差别，探明芯部混凝土对预制管组合柱循环受剪特性的影响，以有无芯部混凝土为单一变量，设置了 7 组空心柱与组合柱试验对照组，如表 2.2-11 所示。表 2.2-11 中，K_0为初始刚度，E_t为破坏点对应的累积耗能，其中V_m、R_u、$\mu_{0.85}$均为正负向平均值。由表可见，由于空心柱和组合柱采用相同的纵筋配置，同一轴压比下组合柱轴压力更大，其正截面压弯承载力（M_c）比空心柱高 4.5%～5.4%，而受剪承载力（V_m）高 21.4%～32.7%，故预制管组合柱$V_m/V_m@M_c$始终大于预制管空心柱，且$V_m/V_m@M_c \leqslant 1.0$，满足“强弯弱剪”的试验设计原则。以下通过定性与定量分析，明确预制管空心短柱与组合短柱之间的抗震性能差异。

预制管空心与组合短柱对比组　　表 2.2-11

对比组编号	试件编号	λ	n	ρ_{sv}（%）	芯部混凝土强度等级	$V_m/V_m@M_c$	V_m（kN）	R_u（%）	$\mu_{0.85}$	K_0（kN/mm）	E_t（kN·m）
1	HC1	1.5	0.1	0.29	—	0.69	450.0	1.66	1.91	176.4	11.20
	CC1	1.5	0.1	0.11	C25	0.87	597.3	2.02	2.19	252.3	32.58
2	HC2	1.5	0.2	0.29	—	0.71	537.0	1.28	1.81	243.4	12.60
	CC2	1.5	0.2	0.11	C25	0.82	655.9	1.54	2.47	312.3	25.83
3	HC3	1.75	0.1	0.29	—	0.74	412.8	1.45	1.85	162.9	9.55
	CC3	1.75	0.1	0.11	C25	0.86	501.3	2.05	1.93	163.9	32.80
4	HC4	2.0	0.1	0.29	—	0.72	349.2	1.78	1.83	97.3	17.76
	CC5	2.0	0.1	0.11	C25	0.84	433.2	1.89	2.53	183.8	35.00
5	HC5	1.5	0.1	0.38	—	0.76	491.4	1.44	1.87	207.7	11.68
	CC9	1.5	0.1	0.14	C25	0.89	608.2	2.11	1.69	179.8	32.02
6	HC6	1.5	0.1	0.47	—	0.79	513.4	1.68	1.76	194.8	13.99
	CC10	1.5	0.1	0.18	C25	0.96	657.2	2.39	1.93	170.9	45.14
7	HC7	1.5	0.1	0.75	—	0.82	537.0	1.75	1.58	166.8	13.45
	CC11	1.5	0.1	0.28	C25	1.00	686.1	2.47	2.28	201.4	56.08

1. 滞回曲线与骨架曲线

各对比组中预制管空心柱和组合柱的V-R滞回曲线与骨架曲线对比如图 2.2-56 所示。图中滞回曲线标出了纤维模型法计算得到的$V_m@M_c$，骨架曲线标出了峰值剪力对应的试验点。由此可见：

（1）预制管空心柱滞回曲线滑移捏拢现象较预制管组合柱严重，这是由于预制管空心柱抗剪薄弱性更为突出，斜裂缝闭合过程和钢筋反向加载滑移过程均较长，滞回耗能能力显著降低。

（2）预制管空心柱和组合柱的V-R曲线在达到开裂点前均呈线性关系，开裂点后剪力迅速增大，接近V_m时剪力增长有所减缓。当预制管空心柱达到V_m时，预制管组合柱剪力仍继续增大，直至预制管组合柱达到V_m，此时预制管空心柱剪力降低显著，接近或已达到破坏点。

（3）芯部混凝土的存在显著提升了预制管组合柱的刚度和受剪承载力，并显著改善了反复荷载作用下的变形与耗能能力。

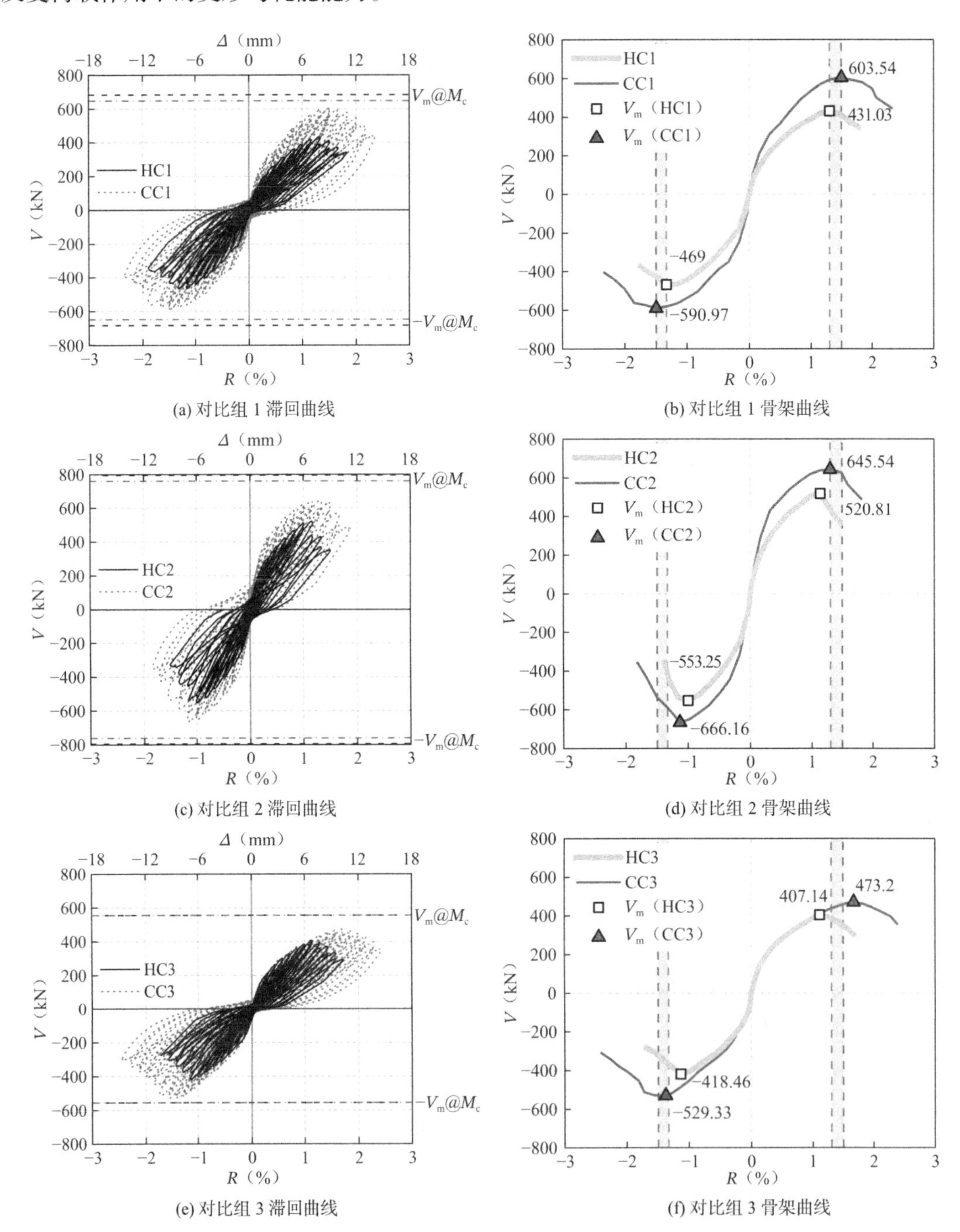

(a) 对比组 1 滞回曲线　(b) 对比组 1 骨架曲线

(c) 对比组 2 滞回曲线　(d) 对比组 2 骨架曲线

(e) 对比组 3 滞回曲线　(f) 对比组 3 骨架曲线

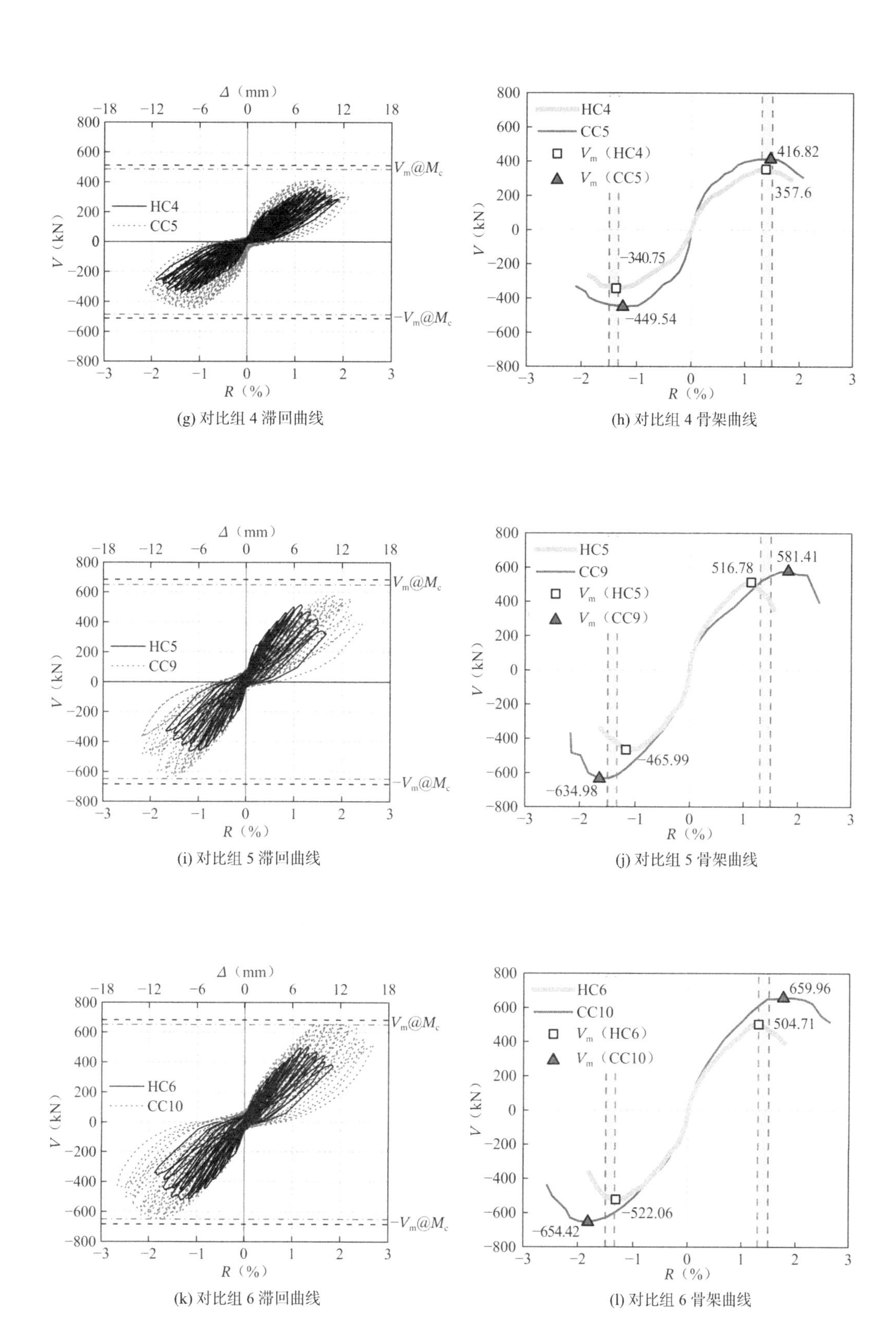

(g) 对比组 4 滞回曲线

(h) 对比组 4 骨架曲线

(i) 对比组 5 滞回曲线

(j) 对比组 5 骨架曲线

(k) 对比组 6 滞回曲线

(l) 对比组 6 骨架曲线

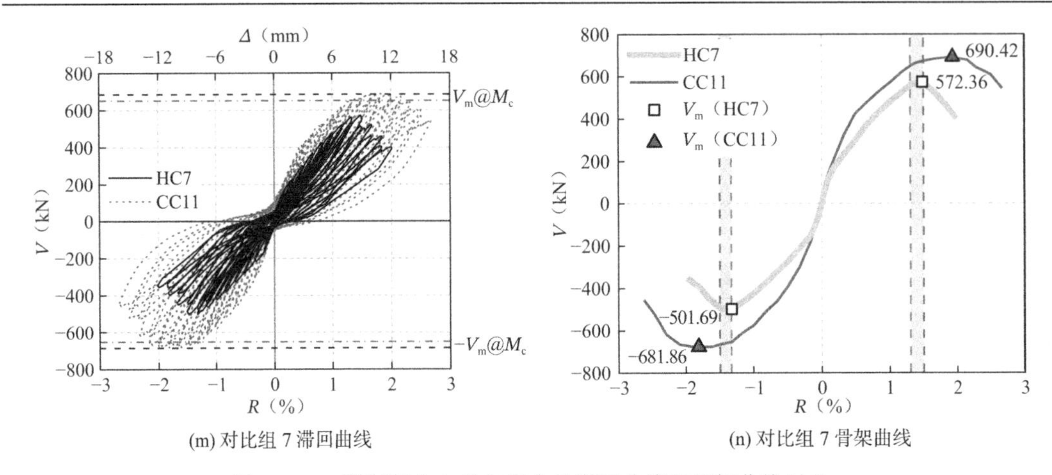

(m) 对比组 7 滞回曲线　　(n) 对比组 7 骨架曲线

图 2.2-56　预制管空心柱与组合柱滞回曲线和骨架曲线对比

2. 受剪承载力、极限位移角、延性、刚度与耗能能力

为定量分析预制管空心短柱与组合短柱的抗震性能差异，用V_m、R_u、$\mu_{0.85}$、K_0和E_t作为对比指标，以预制管空心柱为基准（各指标数值为 1.0），绘制得到各对比组雷达图（Kiviat 图）如图 2.2-57 所示。由图可知：

（1）预制管组合柱受剪承载力是预制管空心柱的 1.21～1.33 倍，均值为 1.26，V_m增幅与ρ_{sv}呈正相关，但当预制管组合柱$\rho_{sv} > 0.18\%$后V_m增幅有限。

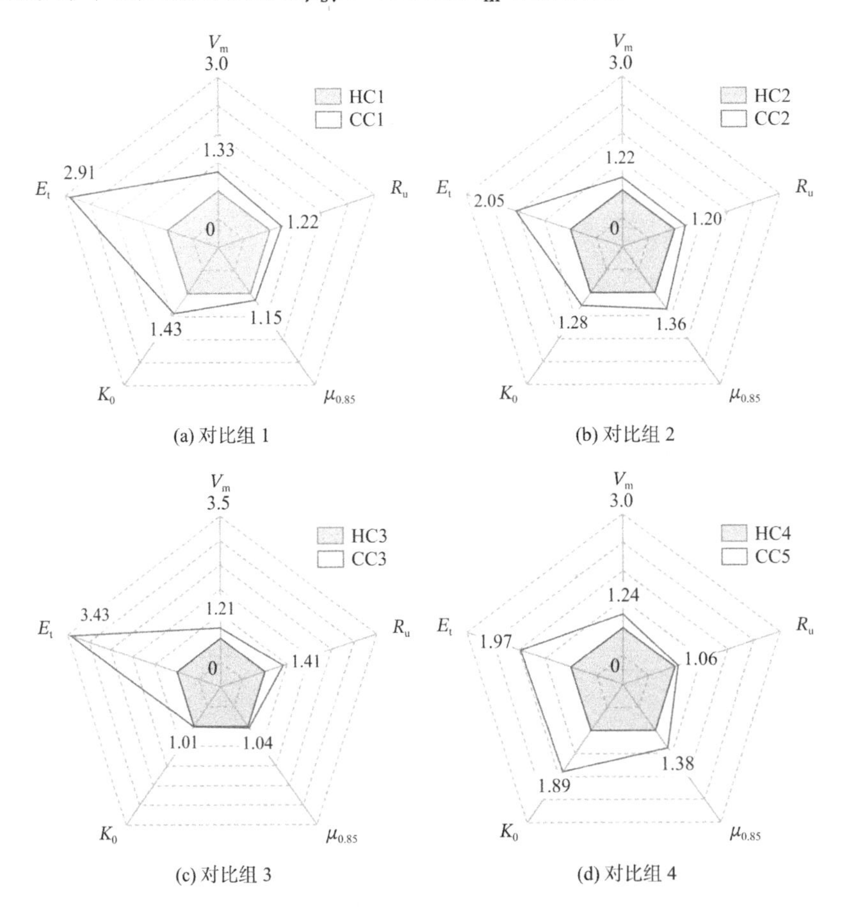

(a) 对比组 1　　(b) 对比组 2

(c) 对比组 3　　(d) 对比组 4

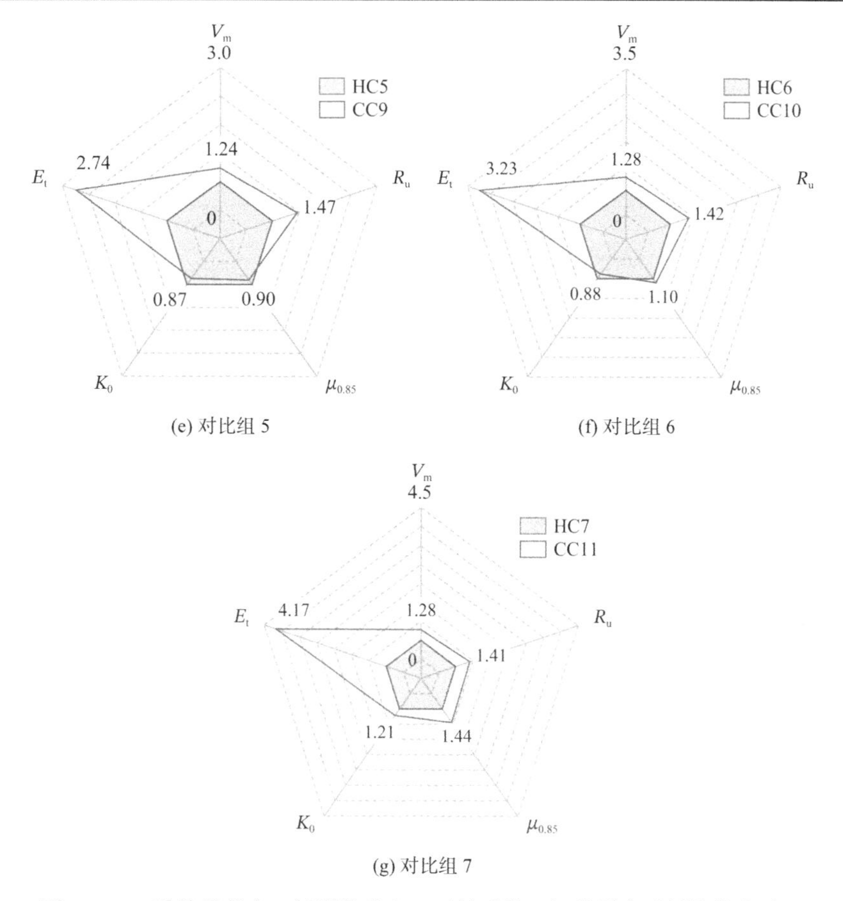

(e) 对比组 5

(f) 对比组 6

(g) 对比组 7

图 2.2-57　受剪承载力、极限位移角、延性系数、初始刚度及耗能能力对比

（2）芯部混凝土的存在显著提高了预制管组合柱的变形能力，其θ_m较预制管空心柱高6.0%～47.0%，均值为 31.3%，$\mu_{0.85}$提高约 20%。对比图 2.2-57 二者的骨架曲线可知，同参数预制管组合柱达到预制管空心柱受剪承载力时，其V_m仍处于增大趋势，当水平侧移继续增加约 10.6%时达到V_m，表明芯部混凝土与预制管具有较好的共同工作性能；预制管组合柱达到V_m时，其变形能力较预制管空心柱还能提高约 30%以上，说明芯部混凝土对变形能力的提高主要体现在峰值荷载后阶段，其与预制管形成了良好的组合作用。

（3）预制管组合柱初始刚度约为预制管空心柱的 1.2 倍，加载装置的间隙使得不同对比组试件K_0具有一定的离散性（对比组 5 和对比组 6）。

（4）E_t主要与荷载和位移水平相关，$\mu_{0.85}$由极限和屈服位移的相对值决定，故部分试件（对比组 6）的E_t与$\mu_{0.85}$并非呈正相关。对比耗能能力和延性可知，预制管组合柱E_t约为预制管空心柱的 2.93 倍。这是由于芯部混凝土的贡献显著提高了受剪承载力和低周反复荷载作用下的变形能力，滞回曲线捏拢现象明显改善，预制管组合柱较预制管空心柱耗能能力显著增强。

3. 主斜裂缝宽度发展

如图 2.2-58 所示为各对比组V-w_m关系曲线。由此可见：（1）与预制管空心柱相比，预制管组合柱w_m发展较缓慢，裂缝宽度增长更稳定。（2）同一剪力水平下，预制管组合柱w_m始终远小于预制管空心柱，达到预制管空心柱V_m之前，前者约为后者的 60%，接近V_m时该值降至约 50%，V_m之后二者w_m之差越发显著。

总体上，芯部混凝土可以有效延缓斜裂缝发展，尤其是峰值荷载后阶段，使斜裂缝宽度增长更稳定。

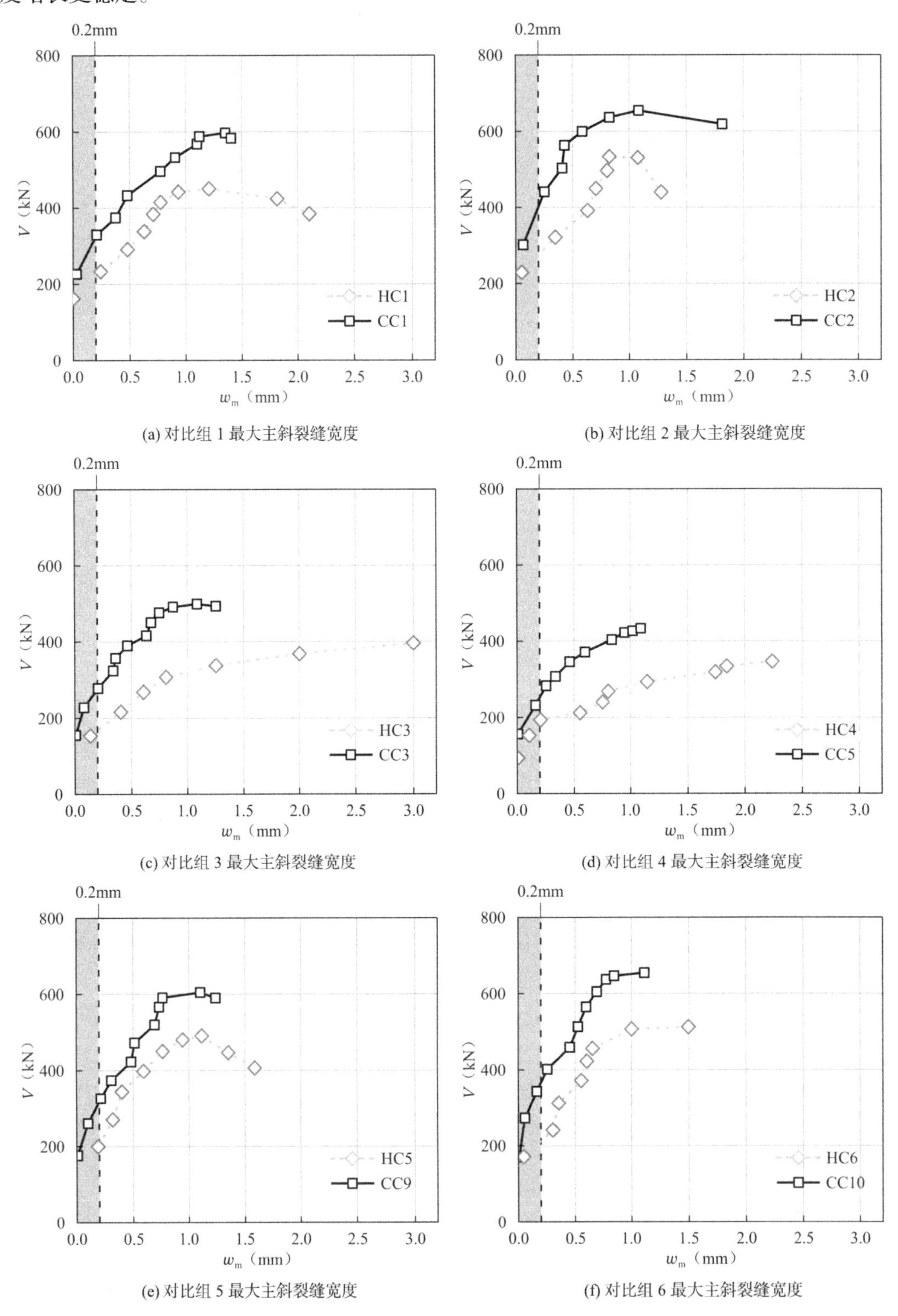

(a) 对比组 1 最大主斜裂缝宽度

(b) 对比组 2 最大主斜裂缝宽度

(c) 对比组 3 最大主斜裂缝宽度

(d) 对比组 4 最大主斜裂缝宽度

(e) 对比组 5 最大主斜裂缝宽度

(f) 对比组 6 最大主斜裂缝宽度

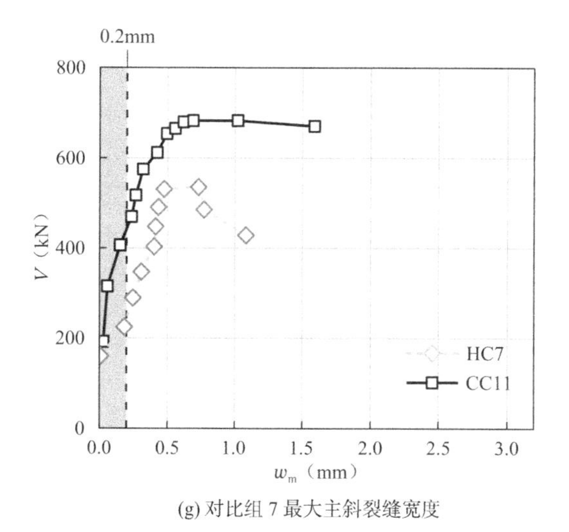

(g) 对比组 7 最大主斜裂缝宽度

图 2.2-58 最大主斜裂缝宽度对比

2.2.6 预制管空心柱与组合柱受剪承载力计算

1. 预制管空心柱受剪承载力计算

RC 空心柱横向约束不足易发生脆性破坏，通过增大配筋提高横向约束则会导致混凝土浇筑不密实，对承受较大轴压力的建筑结构框架柱来说，RC 空心柱应用受到一定限制。RC 空心柱是典型的“强弯弱剪”型构件，针对其受剪承载力计算问题，目前国内外规范大多直接采用 RC 实心柱受剪计算模型。另外，现代工程结构向大跨、高耸、重载和承受恶劣环境方向的发展趋势推动了高强材料的应用，而对采用高强材料（高强混凝土、高强钢筋等）的 RC 空心柱受剪承载力计算方法研究较少。为分析 RC 实心柱模型对 RC 空心柱受剪承载力计算的适用性，尤其是对采用高强混凝土和高强箍筋 RC 空心柱的适用性，本节拟基于考虑变形协调条件的变角桁架-拱模型建立考虑位移延性需求的 RC 空心柱受剪承载力计算模型，通过从国内外文献中收集的共 37 组受剪试验数据，对比分析本书模型和已有模型对 RC 空心柱受剪承载力计算的适用性、有效性和准确性。

1）矩形 RC 空心柱受剪试验数据库

为确定桁架-拱模型中的关键参数取值，建立合理的 RC 空心柱受剪承载力计算方法，从国内外文献[53-62]中收集了 37 组 RC 空心柱在单调和反复荷载作用下的受剪试验数据，主要试验参数范围见表 2.2-12。

RC 空心柱受剪试验主要参数范围　　表 2.2-12

试验参数	破坏模式	
	剪切破坏	弯剪破坏
试件数量	21	16
柱截面外尺寸（mm）	400～1500	450～1500
柱截面内尺寸（mm）	250～900	300～900

续表

试验参数	破坏模式	
	剪切破坏	弯剪破坏
剪跨比λ	1.5～3.1	1.5～4.0
混凝土抗压强度f_c'（MPa）	19.8～56.4	17.0～61.1
箍筋屈服强度f_{yv}（MPa）	363～1457	363～550

2）考虑变形协调条件的桁架-拱模型受剪承载力计算

（1）桁架模型

对以剪切变形为主的 RC 空心柱，其腹板出现斜裂缝后，斜裂缝间混凝土块体可视为斜压杆，与斜裂缝相交的箍筋将混凝土块体连接成整体，两者协同工作实现剪力桁架式传递。在桁架模型中，纵向受拉钢筋为上弦拉杆，纵向受压钢筋及剪压区受压混凝土为下弦压杆，箍筋为斜拉腹杆，混凝土为斜压腹板，桁架模型计算简图如图 2.2-59（a）所示。图中，d_v为有效剪切高度，定义为截面受拉纵筋合力点到受压区边缘的距离，近似取$d_v = 0.9h_e$，h_e为柱截面有效高度；T为纵筋拉力；C为纵筋或混凝土压力；α为箍筋与纵轴间夹角。为解决剪切型 RC 构件不满足平截面假定及混凝土开裂后发生应力重分布带来的受剪承载力预测困难的问题，20 世纪 80 年代加拿大多伦多大学 Vecchio 和 Collins[63]提出了修正压力场理论（MCFT），为 RC 构件抗剪问题提供了新的解决途径。如图 2.2-59（b）所示为 MCFT 的基本模型，纵筋或混凝土压力C和纵筋拉力T组成的力偶承担临界剪切面弯矩，剪力V假定由穿过斜裂缝的箍筋水平力$V_s \sin\alpha$和骨料咬合力υ_a承担，纵筋销栓作用忽略不计。

选取 MCFT 基本模型中的微元体进行受力分析，如图 2.2-59（c）所示。对于配置箍筋的 RC 柱，竖向挤压应力f_z很小，可忽略不计。根据 MCFT 的相关计算公式[63]，截面中部高度纵向应变（ε_x）取纵筋应变（ε_{sx}）的一半，根据平衡条件，ε_x计算式为：

$$\varepsilon_x = \frac{\varepsilon_{sx}}{2} = \frac{\dfrac{M}{d_v} - 0.5N + 0.5V_{truss}\cot\theta}{2E_sA_s} \tag{2.2-14}$$

式中：A_s——受拉纵筋面积；

θ——裂缝与柱纵轴夹角；

M——名义弯矩，$M = V_{truss}H_n$；

V_{truss}——桁架模型受剪承载力。

假定发生剪切破坏时箍筋达到屈服强度（f_{yv}），则 MCFT 中剪应力（υ）和骨料咬合力（υ_a）为：

$$\upsilon = \upsilon_a + \rho_{sv}f_{yv}\cot\theta \tag{2.2-15}$$

$$\upsilon_a \leqslant \frac{0.18\sqrt{f_c'}}{0.31 + \dfrac{24w}{d_a + 16}} \tag{2.2-16}$$

式中：w——平均裂缝宽度；

d_a——骨料粒径。

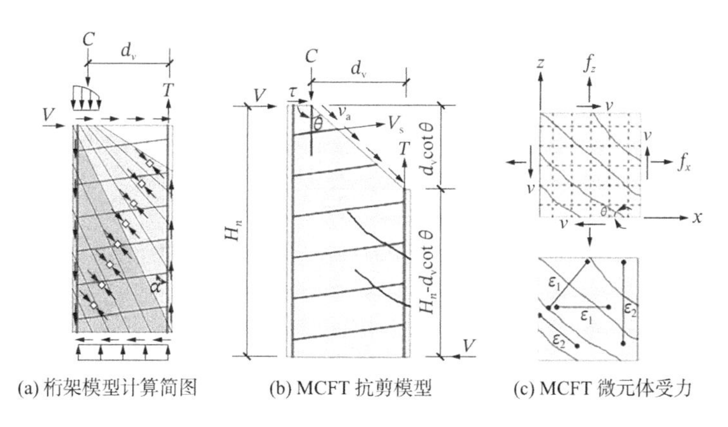

(a) 桁架模型计算简图　(b) MCFT 抗剪模型　(c) MCFT 微元体受力

图 2.2-59 桁架模型计算简图与修正压力场抗剪理论模型

高强箍筋（$f_{yv}>400$MPa）的约束作用可以提高构件承载能力和变形性能，改善高强混凝土的脆性。通常，在进行 RC 柱抗剪设计时，假定其受剪破坏时箍筋屈服强度能够得到充分发挥，即在计算受剪承载力时箍筋应力（σ_v）统一取箍筋屈服强度（f_{yv}）。而实际上，当采用高强箍筋，RC 柱发生受剪破坏时可能无法达到屈服强度，直接采用屈服强度进行计算高估了箍筋分量受剪承载力。

根据近年来国内外对高强箍筋 RC 柱进行的受剪试验[64,65]结果，在达到承载力极限状态时，箍筋应力值取决于平均约束应力（$\rho_{sv}f_{yv}$），其上限值为 3.5[66]。当平均约束应力低于该上限值时，受剪计算时箍筋应力取箍筋屈服。因此，箍筋应力（σ_{sv}）为：

$$\sigma_{sv}=\min(\rho_{sv}f_{yv},3.5) \tag{2.2-17}$$

由于骨料咬合力（v_a）为f_c'的函数，假定相关性系数为β，根据式(2.2-15)～式(2.2-17)可知，剪应力（v）可表示为：

$$v=\beta\sqrt{f_c'}+\sigma_{sv}\cot\theta \tag{2.2-18}$$

式(2.2-18)中β和θ需通过迭代求解。为简化计算，Bentz 等[67]给出了β的计算式：

$$\beta=\frac{0.40}{1+1500\varepsilon_x}\times\frac{1300}{1000+s_{xe}} \tag{2.2-19}$$

式中：s_{xe}——有效裂缝间距，根据加拿大规范 CSA A23.3-04[68]取$s_{xe}=300$mm。

Kim 和 Mander[52]给出了裂缝与柱纵轴夹角（θ）的简化表达式：

$$\theta=\arctan\left(\frac{\rho_{sv}n_E+1.57\dfrac{\rho_{sv}bd_v}{\rho_l A_g}}{1+\rho_{sv}n_E}\right)^{1/4} \tag{2.2-20}$$

式中：n_E——钢材与混凝土弹性模量之比，$n_E=E_s/E_c$；

b——截面宽度；

A_g——截面面积，单调加载时取 1.0 进行计算，循环加载时取 $0.8A_g$ 作为有效剪切面积进行计算[18]。

联立式(2.2-14)和式(2.2-15)、式(2.2-16)可得桁架模型中混凝土提供的受剪承载力（V_C）为：

$$V_C = \frac{-B + \sqrt{B^2 - 4AC}}{2A} \tag{2.2-21}$$

$$A = \frac{750}{E_s A_s}\left(1 + \frac{H_n}{d_v}\right) \tag{2.2-22}$$

$$B = \frac{750 V_s}{E_s A_s}\left(1 + \frac{H_n}{d_v}\right) - \frac{375N}{E_s A_s} + 1 \tag{2.2-23}$$

$$C = -\frac{520\sqrt{f_c'}\, b d_v}{1300} \tag{2.2-24}$$

桁架模型中箍筋提供的受剪承载力（V_s）为：

$$V_s = \frac{\sigma_{sv} d_v \sin\alpha \cot\theta}{s} \tag{2.2-25}$$

综上，桁架模型受剪承载力（V_{truss}）为：

$$V_{truss} = V_C + V_s \tag{2.2-26}$$

（2）拱模型

拱模型受力如图 2.2-60 所示。考虑拱模型与桁架模型共同工作，根据变形协调条件有：

$$\frac{V_{truss}}{K_{truss}} = \frac{V_{arch}}{K_{arch}} \tag{2.2-27}$$

式中：V_{arch}——拱模型受剪承载力；

K_{truss}、K_{arch}——桁架模型和拱模型剪切刚度。

K_{truss}和K_{arch}表达式[69]为：

$$K_{truss} = \frac{E_c \rho_{sv} n_E b d_v \cot^2\theta}{1 + \rho_{sv} n_E \csc^4\theta} \tag{2.2-28}$$

$$K_{arch} = E_c b c_a \sin^2\varphi \cos^2\varphi \tag{2.2-29}$$

式中：φ——拱模型与柱纵轴夹角，单曲率弯曲柱为$\varphi = (h_c - x)/(2H_n)$，双曲率弯曲柱（Double bending）为$\varphi = (h_c - x)/H_n$；$x$为中和轴高度。

c_a——拱模型有效高度，$c_a = x - c$；

c——混凝土保护层厚度。

c_a的表达式为：

$$c_a = x - c = \left(0.25 + 0.85\frac{N}{f_c' A_g}\right) h_c - c \tag{2.2-30}$$

式中：h_c——柱截面高度。

因此，当不考虑位移延性需求时，RC 空心柱的受剪承载力（$V_{\text{cal,without}\,\gamma}$）为：

$$V_{\text{cal,without}\,\gamma} = V_{\text{truss}} + V_{\text{arch}} = V_{\text{C}} + V_{\text{s}} + V_{\text{arch}} = (V_{\text{C}} + V_{\text{s}})\left(1 + \frac{K_{\text{arch}}}{K_{\text{truss}}}\right) \tag{2.2-31}$$

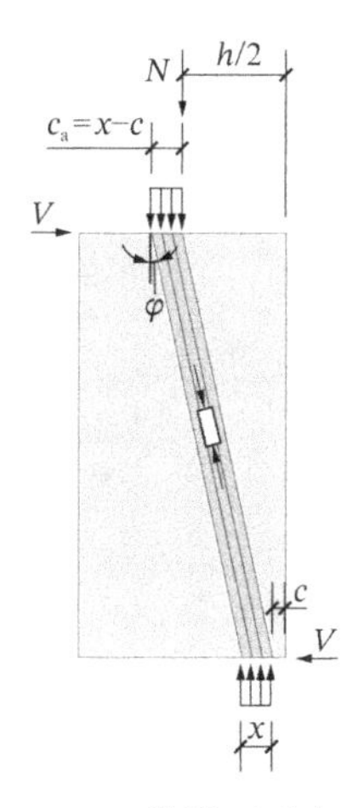

图 2.2-60　拱模型受力示意

（3）位移延性需求

在反复荷载作用下，混凝土裂缝的出现（时间序列特征）和发展（空间序列特征）均明显快于单调荷载作用，且随着裂缝的空间扩散和程度加深，混凝土骨料咬合力和粘结力下降，软化作用使混凝土有效抗压强度减小，导致混凝土分量的受剪承载力降低。此外，根据国内外桥墩设计规范，为确保 RC 空心柱的受力性能，通常采用双层对称配筋构型，同时设置大量横向联系钢筋，但在反复荷载作用下，箍筋失效仍难以避免，导致箍筋分量的受剪承载力降低。式(2.2-31)未考虑反复荷载作用下混凝土、箍筋分量受剪承载力的降低影响，高估了 RC 空心柱在地震作用下的受剪承载力。

为准确量化评估反复荷载作用对混凝土和箍筋分量受剪承载力的影响，美国加州应用技术委员会[70]（Applied Technology Council, ATC）提出一种受剪承载力与位移延性系数相关联的概念模型，以反映受剪切变形影响较大的 RC 柱受剪承载力随变形能力增大而降低的影响，如图 2.2-61 所示。该模型采用位移延性系数表征受剪需求，构件的受剪承载力随位移延性系数的增大逐渐降低，阐明了延性抗震设计与抗剪能力保护设计原则之间的关系。

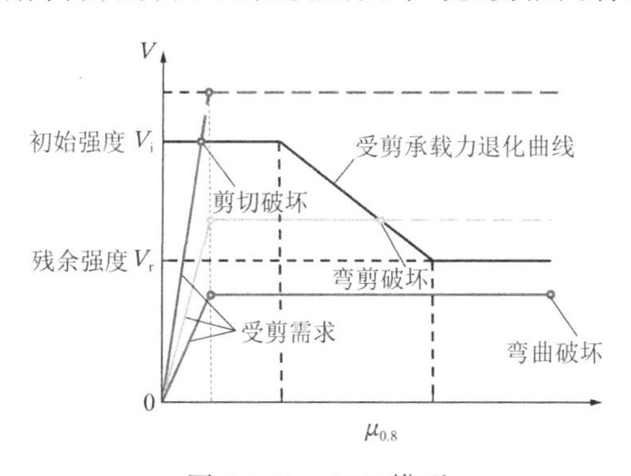

图 2.2-61　ATC 模型

借鉴 ATC 模型的受剪承载力退化曲线，采用受剪承载力分段折减系数（γ）反映反复荷载作用下混凝土软化和箍筋失效对 RC 空心柱受剪承载力降低的影响。γ可用受剪承载力试验值与不考虑位移延性需求的受剪承载力理论值之比$V_{test}/V_{cal,without\,\gamma}$表示，$V_{test}/V_{cal,without\,\gamma}$与延性系数（$\mu_{0.8}$）之间的关系如图 2.2-62 所示，其表达式为：

$$\gamma=\begin{cases}1.0 & \mu_{0.8}\leqslant 2.0\\ 1.2-0.1\mu_{0.8} & 2.0<\mu_{0.8}<6.0\\ 0.6 & \mu_{0.8}\geqslant 6.0\end{cases} \tag{2.2-32}$$

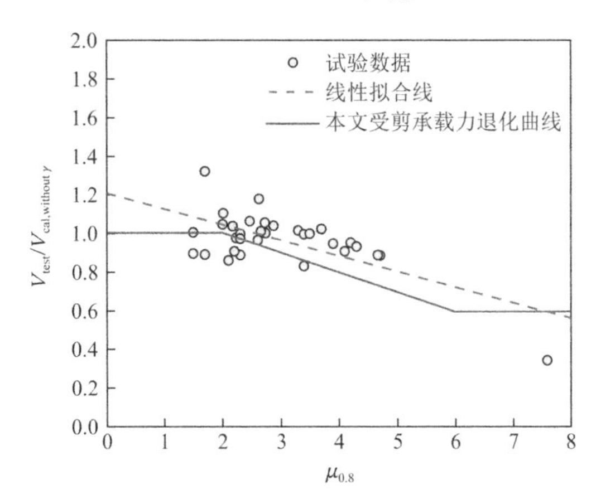

图 2.2-62　受剪承载力退化曲线

为验证γ取值的合理性，根据收集的单调和反复荷载作用下 37 组 RC 空心柱受剪试验数据，采用不考虑位移延性需求的式(2.2-31)计算得到各试件的受剪承载力（$V_{cal,without\,\gamma}$）。由于$V_{cal,without\,\gamma}$在不同位移延性系数下始终为恒值，根据线性拟合结果可知，V_{test}和$V_{test}/V_{cal,without\,\gamma}$随位移延性系数增大而减小，故$V_{test}/V_{cal,without\,\gamma}$与位移延性系数的关系反映了反复荷载作用对 RC 空心柱受剪承载力降低的影响，即$V_{test}/V_{cal,without\,\gamma}$与$\gamma$的作用相同。由图 2.2-62 可知，折减系数（$\gamma$）计算曲线可以较好地包络试验数据，其变化规律与线性拟合结果吻合良好，能够较好地反映 RC 空心柱受剪承载力随位移延性系数增大而降低的特性。

因此，考虑位移延性需求的 RC 空心柱受剪承载力（V_{cal}）为：

$$V_{cal}=\gamma V_s+\gamma(V_C+V_{arch})=\gamma(V_C+V_s)\left(1+\frac{K_{arch}}{K_{truss}}\right) \tag{2.2-33}$$

3）受剪承载力计算模型对比分析

（1）已有受剪承载力计算模型

目前计算 RC 空心柱受剪承载力时，基本沿用 RC 实心柱计算模型。为分析已有实心柱模型对 RC 空心柱受剪承载力计算的适用性，结合 Aschheim 等[17]、Priestley 等[23]、Kowalsky 等[71]、Sezen 等[72]、ACI 318-11[16]给出的实心柱受剪承载力计算模型，以及 Shin 等[18]提出的矩形 RC 空心柱受剪承载力计算模型，对 37 组 RC 空心柱受剪试验数据库中各试件的受剪承载力和 7 个本书完成的预制管空心柱受剪承载力进行分析。各模型表达式见表 2.2-13。

RC 空心柱受剪承载力计算模型 表 2.2-13

公式来源	表达式
Aschheim 等[17]	$V_{\text{Aschheim}} = 0.3\left(\gamma + \frac{N}{13.8A_g}\right)\sqrt{f_c'}A_e + \frac{f_{yv}A_{sv}h_e}{s\tan 30^\circ}$；$0 \leqslant \gamma = \frac{4-\mu_{0.8}}{3} \leqslant 1.0$
Priestley 等[23]	$V_{\text{Priestley}} = \gamma\sqrt{f_c'}A_e + \frac{f_{yv}A_{sv}D'}{s}\cot 30^\circ + \frac{h_c - x}{2a_l}N$；$x = \left(0.25 + 0.85\frac{N}{f_c'A_g}\right)h_c$； $\gamma = \begin{cases} 0.29 & (\mu_{0.8} \leqslant 2) \\ 0.48 - 0.095\mu_{0.8} & (2 < \mu_{0.8} < 4) \\ 0.1 & (\mu_{0.8} \geqslant 4) \end{cases}$
Kowalsky 等[71]	$V_{\text{Kowalsky}} = \alpha_1\beta_1\gamma\sqrt{f_c'}A_e + \frac{f_{yv}A_{sv}D'}{s}$；$1 \leqslant \alpha_1 = 3 - \lambda \leqslant 1.5$；$\beta_1 = 0.5 + 20\rho_l \leqslant 1.0$； $0.05 \leqslant \gamma = 0.29 - 0.04(\mu_{0.8} - 2) \leqslant 0.29$
Sezen 等[72]	$V_{\text{Sezen}} = \gamma\left(\frac{0.5\sqrt{f_c'}}{\lambda}\sqrt{1 + \frac{N}{0.5\sqrt{f_c'}A_g}}\right)A_e + \gamma\frac{f_{yv}A_{sv}h_c}{s}$； $\gamma = \begin{cases} 1.0 & (\mu_{0.8} \leqslant 2) \\ 1.15 - 0.075\mu_{0.8} & (2 < \mu_{0.8} < 6) \\ 0.7 & (\mu_{0.8} \geqslant 6) \end{cases}$
Shin 等[18]	$V_{\text{Shin}} = 0.5\alpha_1\beta_1\gamma\sqrt{f_c'}\sqrt{1 + \frac{N}{0.5\sqrt{f_c'}A_g}}A_e + \frac{f_{yv}A_{sv}h_c}{s}$；$\alpha_1 = 1.35 - \frac{0.3H_n}{h_c}$ $\left(1.5 \leqslant \frac{H_n}{h_c} \leqslant 3.0\right)$； $\beta_1 = 0.5 + 20\rho_{\text{solid}} \leqslant 1.0$；$\gamma = \frac{8-\mu_{0.8}}{6}$ $(2 \leqslant \mu_{0.8} \leqslant 5)$
ACI 318-11[16]	$V_{\text{ACI}} = \left(0.16\sqrt{f_c'} + \frac{17\rho_w(Vdh_e)}{M}\right)b_w h_e + \frac{f_{yv}A_{sv}h_c}{s}$；$M = M_u - N_u\frac{(4h_c - h_e)}{8}$

注：A_e为截面有效面积，取$A_e = 0.8A_g$；D'为箍筋中心距；ρ_l为纵筋配筋率；ρ_{solid}为实心截面纵筋配筋率；ρ_w为腹板纵筋配筋率；b_w为腹板宽度。

上述模型中，Priestley 模型受剪承载力由混凝土分量、箍筋分量和轴压力分量三部分组成，其余模型均由混凝土分量和箍筋分量组成。除 Kowalsky 模型和 ACI 318-11 模型外，其余模型均考虑轴压力对受剪承载力提高的有利作用。ACI 318-11 模型不考虑位移延性需求对受剪承载力的影响，Sezen 模型中同时考虑了位移延性需求对混凝土和箍筋分量受剪承载力的折减，其余模型均仅考虑其对混凝土分量受剪承载力的影响。

（2）受剪承载力计算结果对比

基于从国内外文献中收集的 RC 空心柱受剪试验数据，采用已有的受剪计算模型和本书提出的计算模型确定各组试件的受剪承载力，对比分析各模型的适用性、有效性和准确性。

各模型受剪承载力试验值与理论值的比较如图 2.2-63 所示。由图可知：①Priestley 模型和 Sezen 模型计算的 RC 空心柱受剪承载力明显偏高，其试验值与理论值之比的平均值分别为 0.76 和 0.88，变异系数分别为 0.22 和 0.12，Priestley 模型计算结果离散性较大，Sezen 模型离散较小；②Aschheim 模型计算得到的试验值与理论值的平均值为 0.91，略高估了 RC 空心柱的受剪承载力，计算结果离散性较大，变异系数为 0.28；③Kowalsky 模型和 ACI 318-11 模型计算的试验值与理论值的平均值分别为 1.26 和 1.71，二者均低估了 RC 空心柱的受剪承载力，且计算结果离散性较大，用于工程设计时具有较大的安全度；④Shin

模型借鉴了 Kowalsky 模型的表达形式，考虑轴压力影响，并以实心截面纵筋配筋率(ρ_{solid})代替实际空心截面纵筋配筋率，提出了适用于矩形 RC 空心柱的受剪计算模型，该模型计算得到的试验值与理论值的平均值为 0.97，变异系数为 0.20，虽然总体来说能够较好地预测 RC 空心柱的受剪承载力，但是计算结果离散性较大。

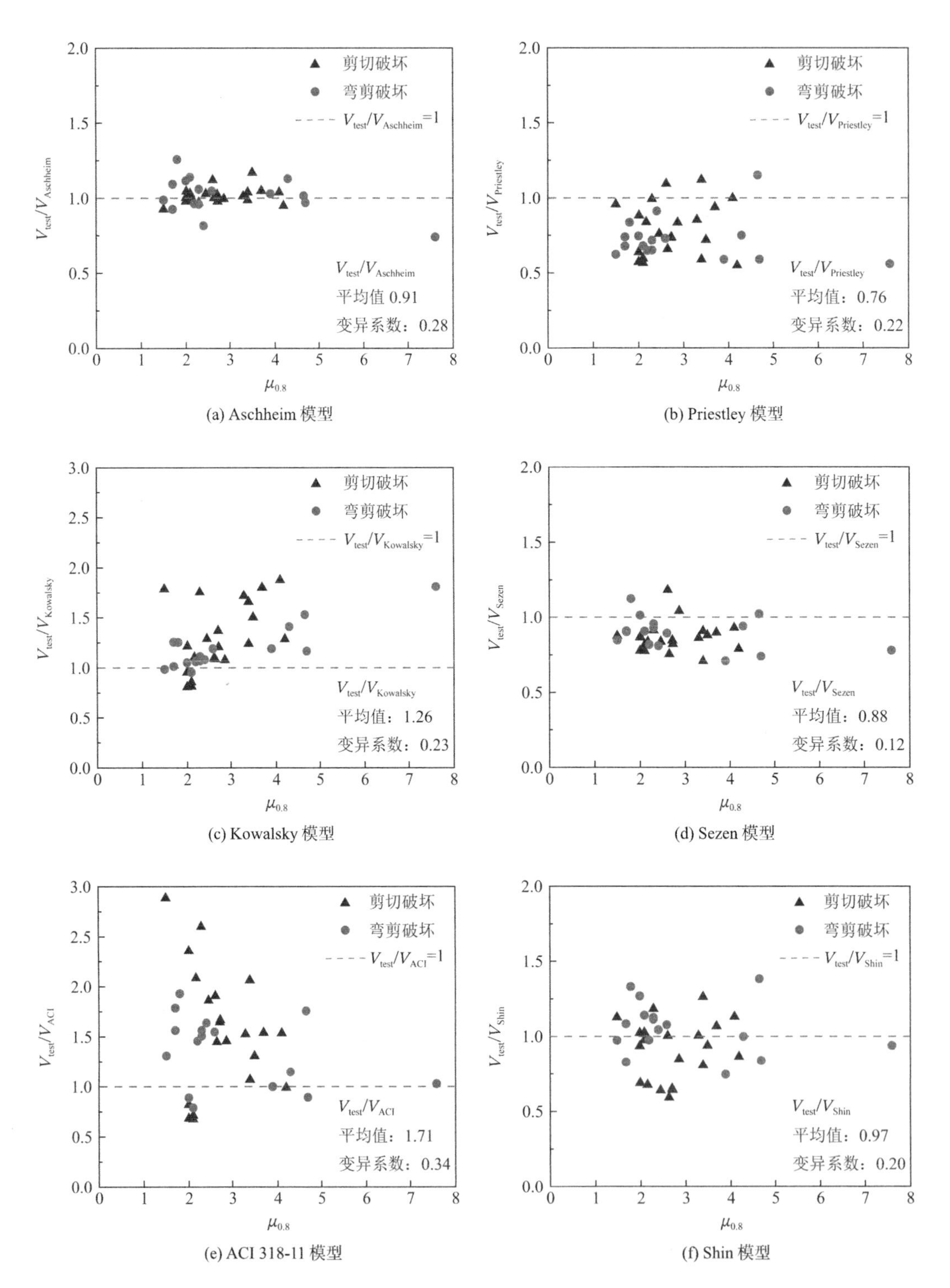

(a) Aschheim 模型　(b) Priestley 模型

(c) Kowalsky 模型　(d) Sezen 模型

(e) ACI 318-11 模型　(f) Shin 模型

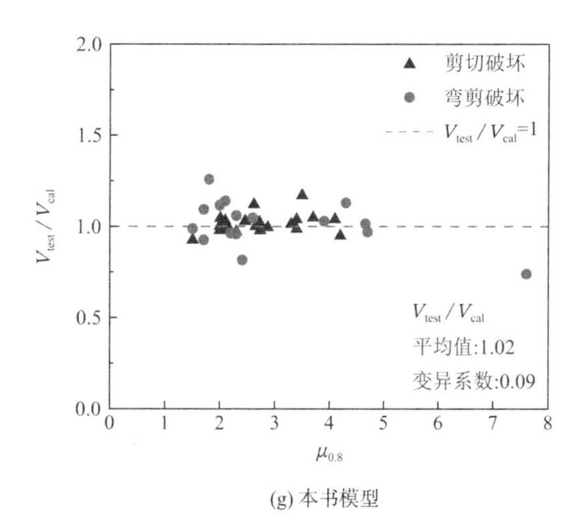

(g) 本书模型

图 2.2-63 各模型受剪承载力试验值与理论值的比较

利用数据库对本书提出的受剪承载力计算模型的准确性进行分析，图 2.2-63（g）和图 2.2-64 给出了本书模型与位移延性系数、混凝土强度、剪跨比、轴压比和配箍率的关系。可以看出：①试验值与理论值的平均值和变异系数分别为 1.02 和 0.09，计算结果与试验结果吻合较好且偏于安全，并具有较小的离散性；②本书模型对不同轴压比和不同配箍率 RC 空心柱的受剪承载力计算均具有较好的适用性，表现为试验值与理论值之比散点图的线性拟合线在各水平下变化不大，且接近于 1.0；③本书模型略高估了部分混凝土强度较低（$f_c' \leqslant 40$MPa）RC 空心柱的受剪承载力，但当混凝土强度较高（$f_c' > 40$MPa）时计算结果偏于安全；④对剪跨比较小（$\lambda \leqslant 2.0$）的 RC 空心柱而言，本书模型能够较为准确地预测其受剪承载力，且计算值较试验值略低，但当剪跨比较大时（$\lambda > 2.0$），本书模型可能给出偏于不安全的计算结果，且剪跨比越大离散程度越大。

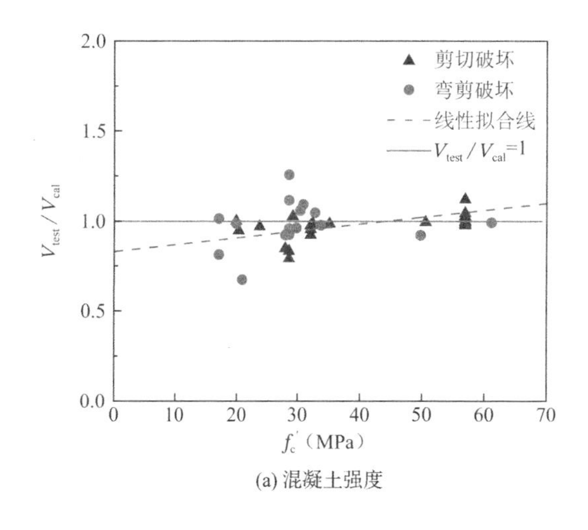

(a) 混凝土强度

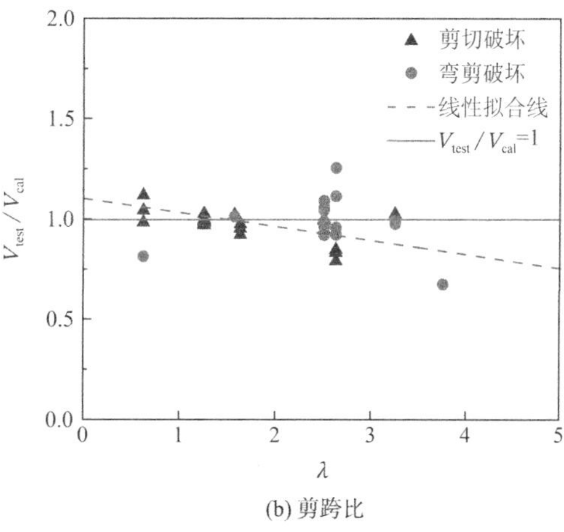

(b) 剪跨比

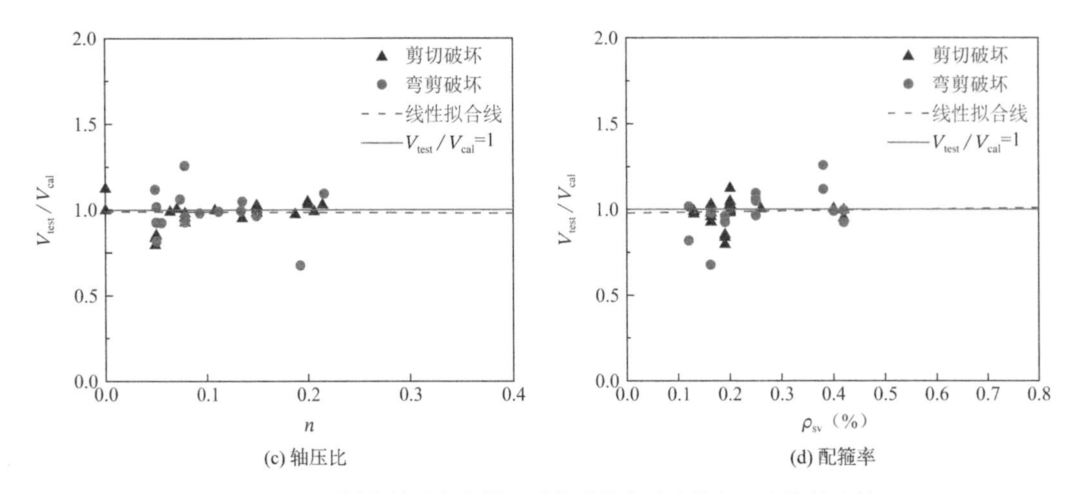

(c) 轴压比　　(d) 配箍率

图 2.2-64　不同参数下本书模型受剪承载力试验值与理论值的比较

选取文献[57]中单调荷载作用下试件 HPCT1～HPCT8 和本书完成的反复荷载作用下试件 HC1～HC7 的试验数据，计算得到不同模型的受剪承载力试验与理论值之比见表 2.2-14。表 2.2-14 中，M 代表单调加载，C 代表循环加载，Mean 代表平均值，COV 为变异系数。可以看出：①Priestley 模型和 Shin 模型过高地预测了预制管空心柱的受剪承载力，Kowalsky 模型低估了受剪承载力，而 ACI 318-11 模型则严重低估了预制管空心柱的受剪承载力；②Aschheim 模型和 Sezen 模型略高估了单调荷载作用下预制管空心柱的受剪承载力，而对循环荷载的承载力预测值略低；③本书模型计算的单调和循环荷载作用下预制管空心柱受剪承载力试验值与理论值之比平均值和变异系数均为 1.02 和 0.04，表明所提出模型对预制管空心柱单调和循环受剪承载力均具有较好的适用性，能够较为准确地预测高强混凝土、高强箍筋 RC 空心柱的受剪承载力。

预制管空心柱受剪承载力计算结果　　**表 2.2-14**

试件编号	加载方式	$V_{test}/V_{Aschheim}$	$V_{test}/V_{Priestley}$	$V_{test}/V_{Kowalsky}$	V_{test}/V_{Sezen}	V_{test}/V_{Shin}	V_{test}/V_{ACI}	V_{test}/V_{cal}
HPCT1	M	1.30	1.09	1.09	1.18	1.00	1.91	1.12
HPCT2	M	1.04	0.89	1.11	0.84	0.68	2.09	0.99
HPCT3	M	1.07	0.95	1.22	0.87	0.69	2.36	1.05
HPCT4	M	0.99	0.80	1.08	1.04	0.85	1.46	1.00
HPCT5	M	0.85	0.73	1.21	0.82	0.64	1.67	0.98
HPCT6	M	0.86	0.78	1.29	0.84	0.64	1.87	1.03
HPCT7	M	0.83	0.72	1.37	0.85	0.65	1.65	1.02
HPCT8	M	0.73	0.73	1.09	0.76	0.59	1.45	1.00
Mean		**0.96**	**0.84**	**1.18**	**0.90**	**0.72**	**1.81**	**1.02**
COV		**0.18**	**0.15**	**0.09**	**0.15**	**0.18**	**0.16**	**0.04**

续表

试件编号	加载方式	$V_{test}/V_{Aschheim}$	$V_{test}/V_{Priestley}$	$V_{test}/V_{Kowalsky}$	V_{test}/V_{Sezen}	V_{test}/V_{Shin}	V_{test}/V_{ACI}	V_{test}/V_{cal}
HC1	C	1.25	1.05	1.26	1.10	0.89	2.70	0.99
HC2	C	1.28	1.09	1.49	1.11	0.89	2.44	1.06
HC3	C	1.13	0.98	1.30	1.12	0.87	2.47	1.02
HC4	C	0.95	0.85	1.28	1.04	0.79	2.09	0.95
HC5	C	1.15	1.01	1.26	1.11	0.90	2.44	1.04
HC6	C	1.04	0.95	1.21	1.07	0.88	2.15	1.05
HC7	C	0.78	0.75	1.03	0.91	0.78	1.54	0.99
Mean		**1.08**	**0.96**	**1.26**	**1.07**	**0.86**	**2.26**	**1.02**
COV		**0.15**	**0.11**	**0.10**	**0.07**	**0.06**	**0.16**	**0.04**

4）剪力需求与受剪能力曲线对比

RC 柱地震破坏模式判别方法除所述用于试验中的经验判别法外，还可以采用 ATC 模型[28]基于受剪承载力指标判别。如图 2.2-61 所示，通过比较剪力需求与受剪能力判断柱主要受弯矩还是剪力控制。为验证本书模型对预制管空心柱受剪能力评估的准确性，对比单调和循环荷载作用下的剪力需求与受剪能力曲线，其中单调荷载作用对比结果如图 2.2-65 所示，循环荷载作用对比结果如图 2.2-66 所示。由图可知：本书模型所提出的受剪承载力退化曲线能够较好地反映 RC 空心柱的受剪能力及预测其破坏模式。

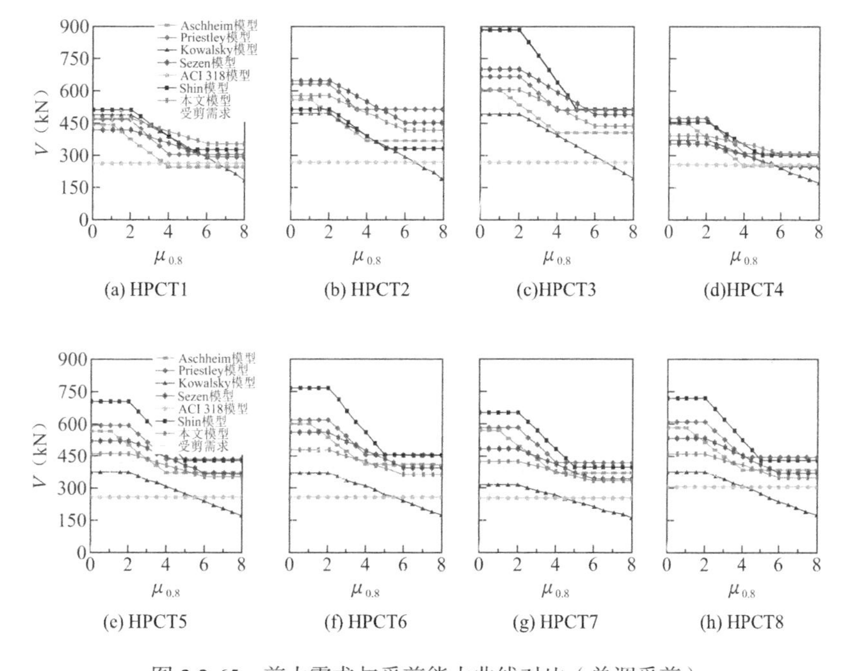

图 2.2-65　剪力需求与受剪能力曲线对比（单调受剪）

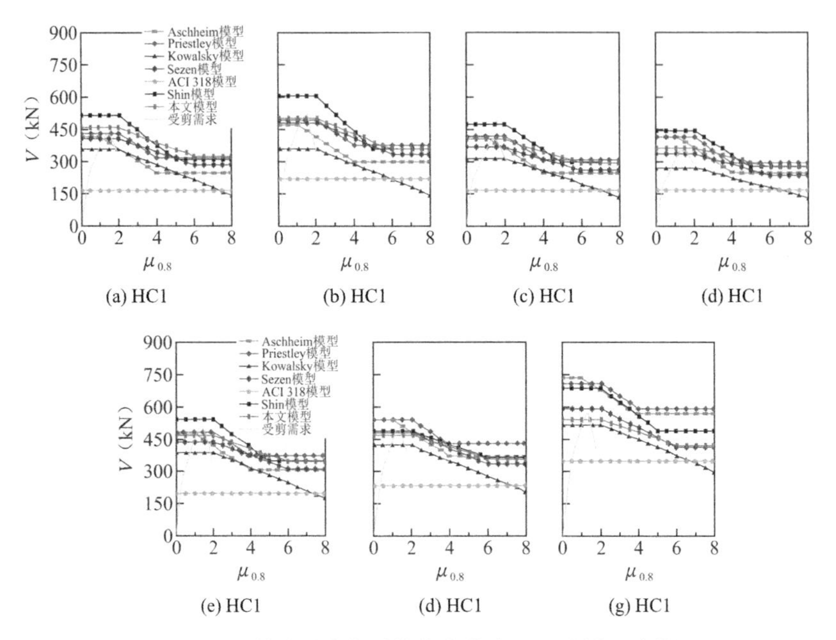

图 2.2-66　剪力需求与受剪能力曲线对比（循环受剪）

2. 预制管组合柱受剪承载力计算

（1）桁架模型

桁架模型计算简图与隔离体受力如图 2.2-67 所示。图中，σ_c为混凝土压应力。ϕ为混凝土斜压杆倾角。取图 2.2-67（a）的左侧隔离体为分析对象，隔离体受力如图 2.2-67（b）所示。根据静力平衡条件可求得桁架模型受剪承载力V_{truss}为：

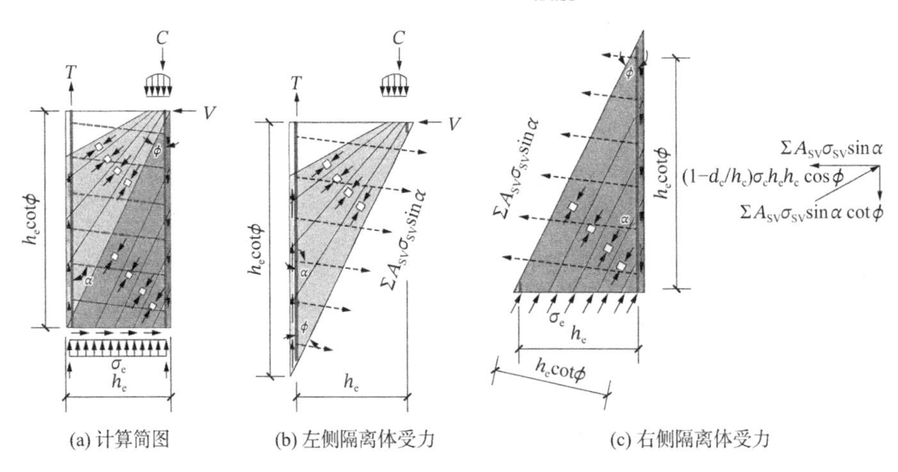

图 2.2-67　桁架模型计算简图与隔离体受力示意

$$V_{truss}=\sum A_{sv}\sigma_{sv}\sin\alpha=\frac{A_{sv}\sigma_{sv}h_e}{s}\sin\alpha\cot\phi \tag{2.2-34}$$

式中：A_{sv}——截面各肢箍筋总面积。

箍筋应力（σ_{sv}）考虑其平均约束应力限值，按式(2.2-35)计算：

$$\sigma_{sv}=\min\left(\rho_{sv}f_{yv},3.5\right) \tag{2.2-35}$$

以图 2.2-67（c）所示的桁架模型右侧隔离体为分析对象，根据箍筋拉力、纵筋拉力和混凝土压应力的平衡条件可得：

$$\left(\sum A_{sv}\sigma_{sv}\sin\alpha\right)^2(1+\cot^2\phi)=\left[\left(1-\frac{d_c}{h_c}\right)h_c\sigma_c h_e\cos\phi\right]^2 \tag{2.2-36}$$

根据数学关系式$\sin^2\phi=\frac{1}{1+\cot^2\phi}$可得：

$$\cot\phi=\sqrt{\frac{\left(1-\frac{d_c}{h_c}\right)h_c\sigma_c s}{A_{sv}\sigma_{sv}\sin\alpha}-1} \tag{2.2-37}$$

由于混凝土是一种各向异性的非线性弹塑性材料，斜裂缝的产生会造成混凝土抗压强度降低，使混凝土在双向拉压状态下出现软化现象，混凝土强度愈高，软化现象愈显著。为避免直接采用混凝土抗压强度而过高估计混凝土的抗剪能力，一般通过引入软化系数(υ)降低混凝土压应力（σ_c）进行受剪分析，即：

$$\sigma_c=\upsilon f_c \tag{2.2-38}$$

目前，国内外学者对混凝土软化系数的取值已进行了大量研究，提出了不同形式的软化系数表达式。日本设计指南中假定钢筋和混凝土为理想弹塑性材料，忽略变形协调条件，提出软化系数$\upsilon=0.7-f_c/200$。与日本设计指南的软化系数表达式类似，文献[66]建议统计试验数据时取$\upsilon=1.0-f_c/133$。上述计算公式中：软化系数与混凝土强度均为线性关系，而 Chen[73]指出软化系数与混凝土强度呈非线性关系，通过对不同强度等级混凝土的软化系数进行回归分析，提出混凝土软化系数统一表达式：

$$\upsilon=k/\sqrt{f_c'}\leqslant 1.0 \tag{2.2-39}$$

为准确预测预制管组合柱受剪软化规律，根据文献[73]提出的软化系数与混凝土强度非线性关系表达式，考虑斜裂缝混凝土有效抗压强度离散性随混凝土强度的提高而增大，并考虑国内外材料的差异性，建议混凝土软化系数表达式为：

$$\upsilon=4.0/\sqrt{f_c'}\leqslant 1.0 \tag{2.2-40}$$

为确保混凝土斜裂缝区域压应力有效传递，取$\cot\phi=2$为上限[8]，将式(2.2-40)代入式(2.2-37)，则式(2.2-37)应改写为：

$$\cot\phi=\sqrt{\frac{(1-d_c/h_c)h_c\upsilon_1 f_{c,out}s}{A_{sv}\sigma_{sv}\sin\alpha}-1} \tag{2.2-41}$$

式中：υ_1——预制管的混凝土软化系数。

将式(2.2-41)代入式(2.2-34)，得到桁架模型的受剪承载力V_{truss}为：

$$V_{truss}=\min\left(\frac{A_{sv}\sigma_{sv}h_e\sin\alpha}{s}\sqrt{\frac{(1-d_c/h_c)h_c\upsilon_1 f_{c,out}s}{A_{sv}\sigma_{sv}\sin\alpha}-1},\frac{2A_{sv}\sigma_{sv}h_e\sin\alpha}{s}\right) \tag{2.2-42}$$

（2）拱模型

拱模型作用存在于构件整个受力过程中，实际拱模型剪力传递时存在不均匀现象，混凝土视为斜压杆，中部膨胀部分为拱压力扩散区域，如图 2.2-68（a）所示。拱模型由预制管和芯部混凝土两部分组成，将图 2.2-68（a）简化为图 2.2-68（b）、图 2.2-68（c）所示模型，取拱模型受压混凝土高度为 1/2 截面高度[23]，则拱模型受剪承载力（V_{arch}）为：

$$V_{\mathrm{arch}}=\frac{1}{2}(1-d_{\mathrm{c}}/h_{\mathrm{c}})\sigma_{\mathrm{a1}}h_{\mathrm{c}}^{2}\tan\varphi_{1}+\frac{1}{2}\sigma_{\mathrm{a2}}d_{\mathrm{c}}h_{\mathrm{c}}\tan\varphi_{2} \tag{2.2-43}$$

式中：σ_{a1}、σ_{a2}——拱模型中预制管和芯部混凝土压应力；

φ_1、φ_2——为预制管和芯部混凝土斜压杆与柱纵轴夹角。

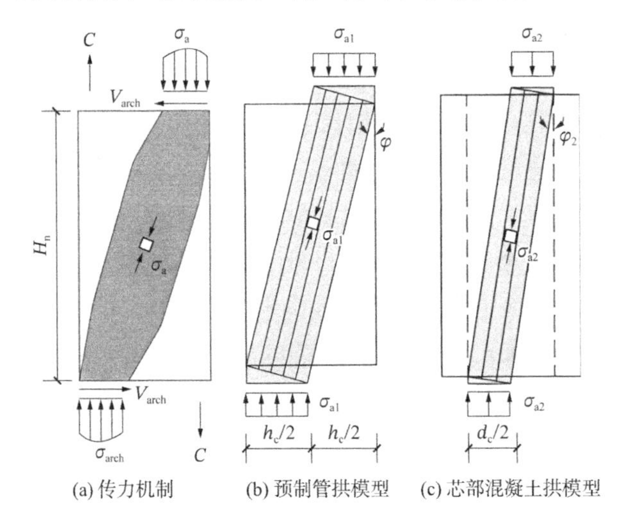

图 2.2-68　拱模型受力示意

桁架模型作用与剪跨比呈正相关，拱模型作用与剪跨比呈负相关，采用以下基本假定[74]：①对于轴力$N=0$，当剪跨比$\lambda<0.5$时，只考虑拱作用；当$\lambda>3.0$时，只考虑桁架作用；②对于轴力$N\neq0$，由拱模型传递全部轴力。

根据以上基本假定，当$N=0$时，拱模型中的混凝土压应力（σ_{a}）按下列方法确定：

①当$\lambda<0.5$时，剪力由拱模型传递，$\sigma_{\mathrm{a11}}=\upsilon f_{\mathrm{c}}$；

②当$\lambda>3.0$时，剪力由桁架模型传递，$\sigma_{\mathrm{a11}}=0$；

③当 $0.5\leqslant\lambda\leqslant3.0$ 时，压应力按线性插值计算，$\sigma_{\mathrm{a11}}=(1.2-0.4\lambda)\upsilon f_{\mathrm{c}}$。

当$N\neq0$时，全部轴力由拱模型传递，拱模型中的混凝土压应力：

$$\begin{aligned}\sigma_{\mathrm{a12}}&=\frac{2N}{bh_{\mathrm{c}}}(\text{预制混凝土管})\\\sigma_{\mathrm{a12}}&=\frac{2N}{d_{\mathrm{c}}^{2}}(\text{核芯混凝土})\end{aligned} \tag{2.2-44}$$

因此，对本试验而言，拱模型中的预制管压应力（σ_{a1}）为：

$$\sigma_{\mathrm{a1}}=(1.2-0.4\lambda)\upsilon_{1}f_{\mathrm{c,out}}+2N/(bh_{\mathrm{c}}) \tag{2.2-45}$$

拱模型中芯部混凝土压应力（σ_{a2}）为：

$$\sigma_{a2} = (1.2 - 0.4\lambda)\upsilon_2 f_{c,core} + 2N/d_c^2 \tag{2.2-46}$$

式中：υ_1、υ_2——预制管和芯部混凝土的软化系数。

将式(2.2-45)和式(2.2-46)代入式(2.2-43)，并根据斜压杆夹角几何关系，得到不考虑位移延性的拱模型受剪承载力（V_{arch}）为：

$$\begin{aligned} V_{arch} = &\frac{1}{4}(1 - d_c/h_c)h_c^3[(1.2 - 0.4\lambda)\upsilon_1 f_{c,out} + 2N/(bh_c)]/H_n + \\ &\frac{1}{4}d_c^3[(1.2 - 0.4\lambda)\upsilon_2 f_{c,core} + 2N/(d_c^2)]/H_n \end{aligned} \tag{2.2-47}$$

（3）位移延性需求

为确定反复荷载作用下混凝土软化和箍筋失效对预制管组合柱受剪承载力降低的影响，分析$V_{test}/V_{cal,without\ \gamma}$与$\mu_{0.8}$之间的关系如图 2.2-69 所示。由线性拟合线可知，$V_{test}/V_{cal,without\ \gamma}$随位移延性系数的增大而减小，采用式(2.2-32)的受剪承载力分段折减系数（γ）可以较好地包络试验数据，可用于表征预制管组合柱随着位移延性系数增大，受剪需求提高的情况。

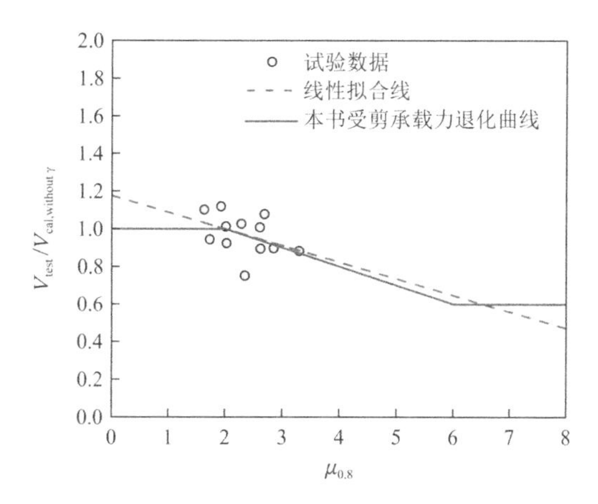

图 2.2-69 受剪承载力退化曲线

（4）受剪承载力计算公式与验证

考虑位移延性需求的预制管组合柱受剪承载力（V_{cal}）为：

$$\begin{aligned} V_{cal} &= \gamma(V_{truss} + V_{arch}) \\ &= \gamma \min\left(\frac{A_{sv}\sigma_{sv}h_e \sin\alpha}{s}\sqrt{\frac{(1 - d_c/h_c)h_c\upsilon_1 f_{c,out}s}{A_{sv}\sigma_{sv}\sin\alpha} - 1}, (2A_{sv}\sigma_{sv}h_e \sin\alpha)/s\right) + \\ &\frac{1}{4}\left(1 - \frac{d_c}{h_c}\right)\gamma h_c^3[(1.2 - 0.4\lambda)\upsilon_1 f_{c,out} + 2N/(bh_c)]/H_n + \\ &\frac{1}{4}\gamma d_c^3[(1.2 - 0.4\lambda)\upsilon_2 f_{c,core} + 2N/(d_c^2)]/H_n \end{aligned} \tag{2.2-48}$$

对比试验与式(2.2-48)计算得到受剪承载力，结果列于表 2.2-15 中。对界面无粘结的试件 CC12，计算时不考虑芯部混凝土的贡献。图 2.2-70 所示为本书模型与试验受剪承载力的对比。由表 2.2-15 和图 2.2-70 可知，本书模型计算的预制管组合柱试验值与理论值之比平均值和变异系数分别为 1.01 和 0.10，理论与试验值吻合较好，计算误差多位于±10%以内。需注意的是，当配箍率较大时，本书模型计算得到的理论值偏大，高估了受剪承载力，如试件 CC11；另外，本书模型略高估了轴压比较大试件的受剪承载力，这是因为拱模型受压混凝土高度简单取为 1/2 截面高度，实际高度应小于该值[75]，从而使得理论受剪承载力偏大。总体上，本书模型能够较好地预测预制管组合柱的受剪承载力。

预制管组合柱受剪承载力计算结果　　　　表 2.2-15

试件编号	CC1	CC2	CC3	CC4	CC5	CC6	CC7	CC8	CC9	CC10	CC11	CC12
V_{test}（kN）	597.3	655.9	501.3	560.0	433.2	479.4	643.9	677.4	608.2	657.2	**686.1**	574.4
V_{cal}（kN）	565.2	688.0	494.2	571.8	403.8	472.8	584.4	605.6	644.5	709.6	**880.9**	496.1
V_{test}/V_{cal}	1.06	0.95	1.01	0.98	1.07	1.01	1.10	1.12	0.94	0.93	**0.78**	1.16
Mean	**1.01**											
COV	**0.10**											

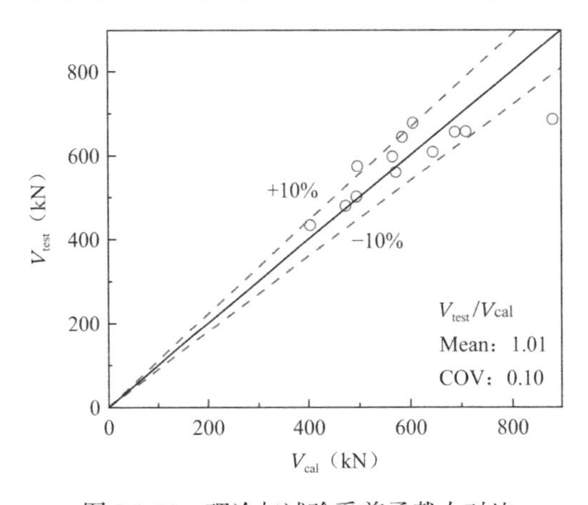

图 2.2-70　理论与试验受剪承载力对比

2.2.7　小结

（1）预制管空心柱破坏形态为柱中部形成 X 形交叉斜裂缝，部分斜裂缝间混凝土剥落，中部区域混凝土大面积剥落，剪压区混凝土无明显压碎现象，沿纵筋方向未出现粘结裂缝，最终破坏模式均为剪切破坏。

（2）除试件 CC6 外，预制管组合柱破坏形态为柱中部大量斜裂缝交叉呈网格状，部分斜裂缝间混凝土、中部区域混凝土、柱底受压区和剪压区混凝土剥落，最终破坏模式为压剪破坏。试件 CC6 破坏形态为沿柱角部纵筋方向混凝土形成粘结裂缝，中部沿纵筋方向形成粘结裂缝、混凝土大面积剥落，最终破坏模式为剪切-粘结破坏。除界面无粘结试件 CC12 外，其余预制管组合柱芯部混凝土均呈现剪切破坏特征，预制管和芯部混凝土界面保持完好，未发生滑移现象，二者具有良好的共同工作性能。

（3）RC 柱破坏形态为柱中部斜裂缝交叉呈网格状，柱底受压区混凝土轻微压碎剥落，最终破坏模式为剪切破坏。

（4）预制管空心柱滞回曲线呈反S形，捏拢现象严重，表现为典型的低滞回耗能。受剪承载力随剪跨比的增大而减小，但变形能力提高；随着轴压比的增加，受剪承载力增大，但变形能力显著降低；配箍率增大受剪承载力随之提高，变形能力有一定程度改善。主斜裂缝宽度达到0.2mm时对应的剪力约为峰值剪力的40%～60%，二者之比平均值为0.503，该值总体随剪切效应的增强而增加。峰值剪力与XTRACT计算的压弯极限弯矩对应的剪力之比小于1.0，平均值为0.75，预制管空心柱在达到正截面压弯承载力之前即发生剪切破坏。

（5）预制管组合柱与RC柱滞回曲线呈反S形，捏拢现象严重，表现为典型的低滞回耗能。预制管组合柱受剪承载力随剪跨比的增大而减小，但峰值后阶段变形能力提高；受剪承载力随轴压比增加显著增大，但峰值后阶段变形能力显著降低；增大配箍率提高了受剪承载力，并改善了变形能力；芯部混凝土强度等级越高受剪承载力越大；界面粘结性能对受剪承载力影响显著，界面无粘结比界面有粘结时受剪承载力降低15.2%。同参数预制管组合柱受剪承载力较RC柱略低，二者相差6.6%。预制管组合柱主斜裂缝宽度达到0.2mm时对应剪力与峰值剪力的比值在0.46～0.72之间，平均值为0.57，该比值随剪跨比、轴压比和配箍率的增加而增大，芯部混凝土强度等级对其影响不明显，界面无粘结时该值较有粘结时降低13.8%。预制管组合柱峰值剪力与XTRACT计算的压弯极限弯矩对应的剪力之比不大于1.0，柱正截面压弯承载力没有充分发挥。

（6）预制管空心柱开裂点对应位移角接近1/550，极限位移角均小于1/50，延性系数为1.58～1.91，处于无延性水平；预制管组合柱开裂点对应位移角接近1/550，除试件CC2、CC4～8外极限位移角均不小于1/50，试件CC3、CC7～10处于无延性水平，试件CC1～2、CC4～5和CC11～12处于中等延性水平，试件CC6处于高延性水平；RC柱极限位移角为2.08%，处于无延性水平。

（7）预制管空心柱与组合柱的累积耗能随剪跨比、轴压比和配箍率的增大而增大，特征点累积耗能占比随配箍率的增大而增加，剪跨比和轴压比对该比值无显著影响。预制管组合柱的芯部混凝土强度等级越高，在同一位移角水平下累积耗能越大，但最终破坏时累积耗能越低；界面粘结性能对累积耗能发展无显著影响，但界面有粘结时等效黏滞阻尼系数更小。同参数预制管组合柱与RC柱相比，其累积耗能和等效黏滞阻尼系数略大，累积耗能的差别主要体现在屈服后阶段。

（8）预制管空心柱、组合柱和RC柱同级强度退化系数分别为0.85～0.93、0.86～1.02和0.85～1.00，总体强度退化系数均小于0.85，强度退化性能较为稳定。剪跨比和配箍率对预制管空心柱同级强度退化性能影响较小；预制管组合柱同级强度退化性能随配箍率增大而提高，当芯部混凝土强度等级提高和界面有粘结时性能降低，而剪跨比对其影响较小。轴压比、配箍率和芯部混凝土强度对总体强度退化性能的影响主要体现在峰值后阶段，界面有粘结时总体强度退化较无粘结时更快。同参数预制管组合柱和RC柱相比，同级强度退化性能相差不大，但总体强度退化性能更差。

预制管组合柱初始刚度约为预制管空心柱的1.2倍。刚度退化速率随剪跨比、配箍率的增大而减小，随轴压比和芯部混凝土强度等级的增大而增大，界面有粘结时刚度退化速率略大于界面无粘结时。预制管空心柱、组合柱（含 RC 柱）主斜裂缝宽度达到 0.2mm 时，刚度约为初始刚度的 67%～87%和 54%～93%，屈服时约为初始刚度的 42%～48%和 34%～57%，达到峰值荷载时约为初始刚度的 34%～40%和 24%～43%，最终破坏时剩余刚度约为初始刚度的 20%～25%和 15%～30%。

（9）预制管空心柱、组合柱和 RC 柱弯曲变形占比分别为 11.4%～34.1%、5.9%～28.6%和 19.0%～29.3%，剪切变形占比分别为 24.9%～76.3%、27.5%～86.8%和 22.3%～50.7%，滑移变形占比分别为 12.1%～56.6%、7.3%～28.3%和 30.3%～48.4%。随着剪跨比、配箍率的增大，剪切变形占比减小；轴压比、芯部混凝土强度等级增加时剪切变形占比随之增大；界面无粘结时，预制管组合柱剪切变形占比增大 66.0%。滑移变形与交界面连续性和纵筋应变渗透相关，增大剪跨比、提高芯部混凝土强度等级、减小轴压比和界面无粘结处理均可使其与总变形之比增大。

（10）建议将主斜裂缝宽度达到 0.2mm 时对应的剪力作为预制管空心柱、组合柱和 RC 柱的临界斜裂缝剪力。采用三向混凝土应变片能较为准确地计算预制管空心柱的临界斜裂缝倾角，但对预制管组合柱和 RC 柱而言其计算结果偏大。除少量测点外，纵筋应变片未超过屈服应变，加载后期由于柱弯曲变形需求减小，纵筋应变有所降低。预制管空心柱、组合柱和 RC 柱腹剪区中部较剪压区箍筋应变发展迅速，最终破坏时，三者箍筋屈服范围分别约为 0.5～0.6、0.62～0.92 和 0.6 倍柱高。

（11）预制管组合柱较空心柱的最大主斜裂缝宽度发展缓慢，裂缝宽度增长更稳定，同一剪力或位移角水平下，前者裂缝宽度均小于后者。RC 柱与同参数预制管组合柱的残余裂缝宽度在峰值荷载前差别不大，峰值后阶段差异逐渐显著。

（12）界面有粘结的情况下，预制管组合柱与同参数预制管空心柱相比，受剪承载力、极限位移角和延性分别提高约 21%～33%、31.3%和 20%，其中受剪承载力增幅与配箍率相关，当配箍率大于 0.18%后提高幅度有限。芯部混凝土对变形能力的提高主要体现在峰值后阶段，其与预制管形成了良好的组合作用。此外，芯部混凝土改善了滞回曲线捏拢现象，预制管组合柱累积耗能约为预制管空心柱的 2.93 倍，耗能能力显著增强。

（13）基于考虑变形协调条件的变角桁架-拱模型，通过修正压力场理论推导了桁架模型受剪承载力，引入变形协调条件推导了拱模型受剪承载力，确定箍筋平均约束应力上限值为 3.5，建立了考虑位移延性需求的预制管空心柱受剪承载力计算方法。单调荷载作用下，预制管空心柱受剪承载力试验值与所建立模型的理论值之比平均值为 1.02，变异系数为 0.04；循环荷载作用下，试验值与理论值之比平均值为 1.02，变异系数为 0.04。总体上，所建立的模型计算结果与试验结果吻合较好且偏于安全，离散性小，提出的受剪承载力退化曲线能够较好地预测预制管空心柱的破坏模式。

（14）采用国内外已有受剪模型对 37 组 RC 空心柱受剪试验数据进行计算，结果表明 Priestley 模型和 Sezen 模型计算值明显偏高，Aschheim 模型略高估了受剪承载力，离散性较大，Kowalsky 模型和 ACI 318-11 模型均低估了受剪承载力，用于工程设计时有较大的安全度，Shin 模型能够较为准确地计算 RC 空心柱的受剪承载力，但离散性较大。本书模型对单调和循环加载、不同轴压比、不同配箍率 RC 空心柱受剪承载力计算均具有较好的适用性，能够较为准确地预测高强混凝土、高强箍筋 RC 空心柱的受剪承载力。

（15）基于桁架-拱模型，考虑箍筋与柱纵轴线夹角、软化系数与混凝土强度间非线性关系和箍筋平均约束应力等因素影响，建立了考虑位移延性需求的预制管组合柱受剪承载力计算方法，试验值与理论值之比平均值为 1.01，变异系数为 0.10，计算结果与试验结果吻合较好且偏于安全。

2.3 抗震性能

2.3.1 试验概况

1. 试件设计

设计并制作了 7 个预制管组合柱试件（编号：CFPCT1～CFPCT7）。选取柱底至柱中反弯点之间的单元作为研究对象，试件几何尺寸及截面配筋构造如图 2.3-1 所示。

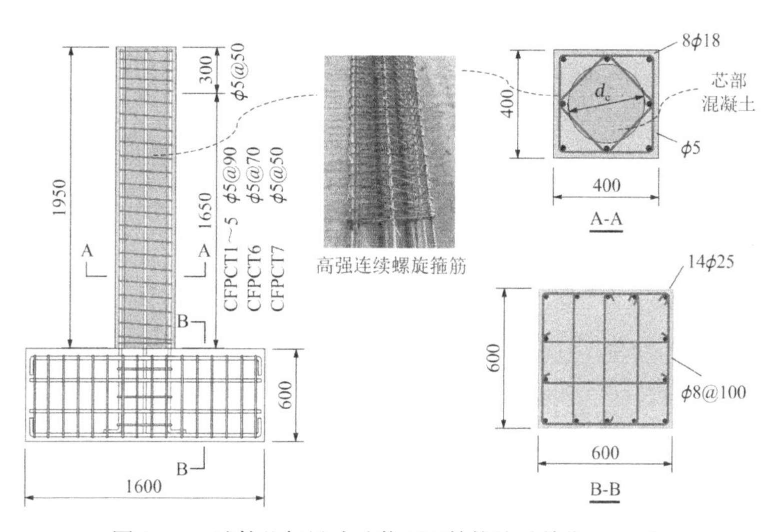

图 2.3-1 试件几何尺寸及截面配筋构造（单位：mm）

试件采用倒 T 形，由预制管组合柱和地梁组成。各试件柱总高均为 1950mm，实测加载点至柱底的距离为 1740mm，柱截面尺寸为 400mm × 400mm，中空部分直径（d_c）为 280mm，空心率为 39%；地梁宽 600mm，高 600mm，长 1600mm。各试件纵向受力钢筋均采用 8 根直径为 18mm 的 HRB400 级热轧钢筋，纵筋配筋率为 1.27%；箍筋为直径 5mm 的高强度热处理钢筋，采用四边形连续螺旋箍筋，各试件箍筋间距及配箍率见图 2.3-1 和表 2.3-1；试件保护层厚度为 20mm。试验中考虑的主要参数为轴压比（$n = 0.15$、0.20、0.25）、配箍率（$\rho_{sv} = 0.41\%$、0.53%、0.74%）以及芯部混凝土强度（$f_{cu,f} = 38.7\text{MPa}$、48.2MPa）。各试件均按“强剪弱弯”原则设计，以避免柱剪切破坏先于弯曲破坏。试件主要参数列于表 2.3-1。各试件试验时施加的轴压力（N）见表 2.3-1。

试件主要参数　　表 2.3-1

试件编号	n	n_d	N（kN）	箍筋	ρ_{sv}（%）	$f_{cu,f}$（MPa）	$f_{cu,f}$（MPa）
CFPCT1	0.15	0.38	1020	ϕ5@90	0.41	64.1	38.7
CFPCT2	0.20	0.53	1425	ϕ5@90	0.41	64.1	38.7
CFPCT3	0.25	0.65	1760	ϕ5@90	0.41	64.1	38.7
CFPCT4	0.15	0.38	1120	ϕ5@90	0.41	64.1	48.2
CFPCT5	0.20	0.53	1550	ϕ5@90	0.41	64.1	48.2
CFPCT6	0.20	0.53	1425	ϕ5@70	0.53	64.1	38.7
CFPCT7	0.20	0.53	1425	ϕ5@50	0.74	64.1	38.7

2. 材料材性

试验中混凝土按预制和现浇两部分工序制作，所有试件外部预制管混凝土强度等级均为 C60，为同一批混凝土离心制作；试件芯部混凝土强度设计等级有 C30 和 C40 两种。试件制作时所有批次混凝土均预留 6 个边长为 150mm 的标准混凝土立方体试块，并与试件同条件自然养护。试验当天实测混凝土立方体抗压强度平均值见表 2.3-1。依据标准拉伸试验方法对钢筋进行材性试验，测得的钢筋力学性能指标如表 2.3-2 所示。

钢筋力学性能　　表 2.3-2

类型	直径（mm）	屈服强度（MPa）	抗拉强度（MPa）	伸长率（%）
纵筋	18	440	580	29
箍筋	5	1457	1672	11

3. 加载装置及加载方案

试验加载装置如图 2.3-2 所示。试件采用倒 T 形，地梁通过钢压梁和地脚螺栓与刚性地面固定。轴向压力通过竖向千斤顶施加于柱顶，竖向千斤顶与反力架之间设置滑动装置，以确保加载过程中竖向千斤顶可随柱顶侧移而移动并保证轴向压力竖直向下。水平反复荷载由水平千斤顶施加于柱端加载点，定义施加水平推力时为正向，施加水平拉力时为负向。试验中，首先在柱顶施加预定的轴向压力，并在加载过程中保持恒定，然后通过 100t 水平千斤顶在柱端加载点处施加反复荷载。

图 2.3-2　试验加载装置

根据《建筑抗震试验规程》JGJ/T 101—2015[39]规定，柱顶加载采用荷载和位移混合控制方法。试件屈服前采用荷载控制并分级加载，每级荷载增量为预估屈服荷载的 0.2 倍，每级荷载循环 1 次；屈服后进入位移控制模式，以屈服荷载对应的屈服位移为极差进行加载，即按照 $1\Delta_y$、$2\Delta_y$、$3\Delta_y$ …进行加载，每级循环 2 次，具体加载制度如图 2.3-3 所示。当荷载下降至峰值荷载的 85%以下或试件无法继续承载时认为试件破坏，加载结束。

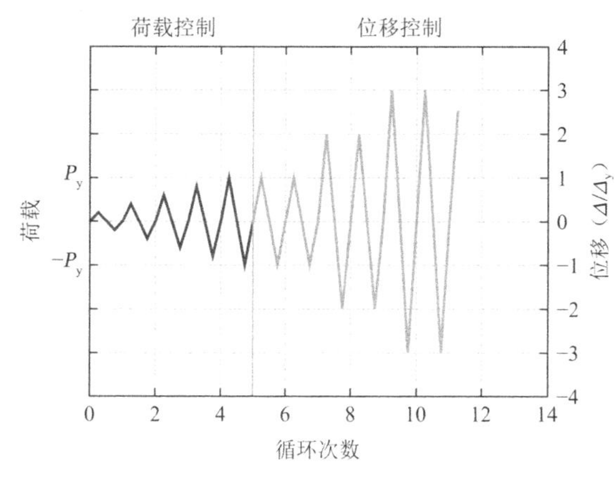

图 2.3-3　试验加载制度

4. 量测内容及测点布置

试验的主要测点布置如图 2.3-4 所示。试件的荷载-位移滞回关系曲线由柱端加载点处力传感器和位移计测量得到，布置位移计 DT4 和 DT5 测量柱根部区域的剪切变形，同时在柱根部范围设置位移计 DT2 和 DT3，用以测量柱塑性铰区域弯曲变形的曲率，在地梁顶面和侧面共布置 3 个位移计（DT6～DT8），用以监测加载过程中地梁的水平位移和转动，位移计的布置详见图 2.3-4（a）。为了解加载过程中柱内纵筋和箍筋的应变发展规律以及测量管壁混凝土的应变值，在柱内纵筋和箍筋以及柱表面的相应位置布置应变片，如图 2.3-4（b）所示。试验数据通过数据采集系统自动采集和记录。

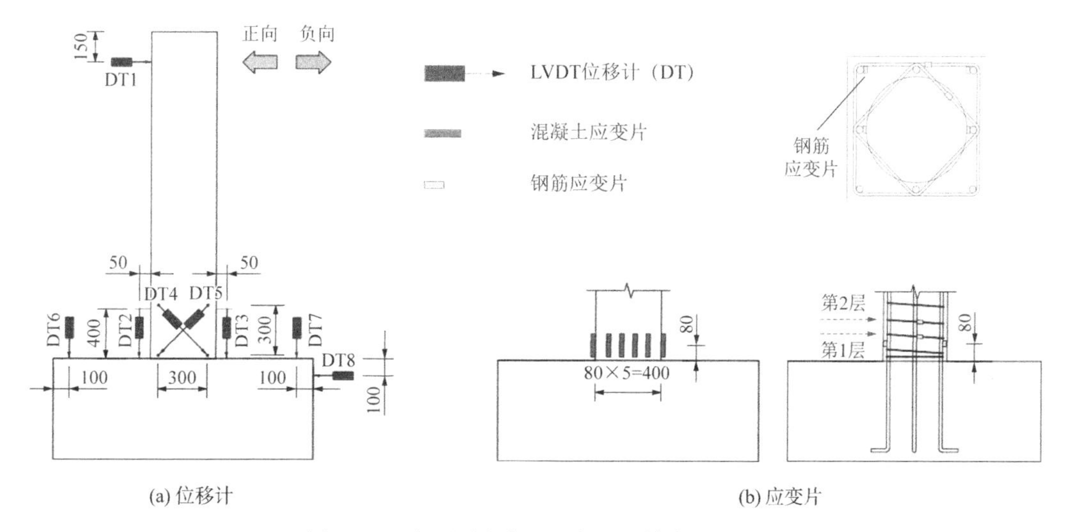

图 2.3-4　主要测点布置示意图（单位：mm）

2.3.2 试验现象

1. 试验现象及破坏模式

7 个预制管组合柱试件（CFPCT1～CFPCT7）在竖向轴压力和水平反复荷载作用下的破坏过程基本相似。通过对各试件破坏过程的分析，可将预制管组合柱的受力全过程划分为三个阶段：初始开裂阶段（Ⅰ阶段）、裂缝开展阶段（Ⅱ阶段）和破坏阶段（Ⅲ阶段）。图 2.3-5 为试件的典型荷载-位移骨架曲线，三个阶段的划分和分界点如图 2.3-5 所示。图 2.3-6 给出了各试件破坏过程。

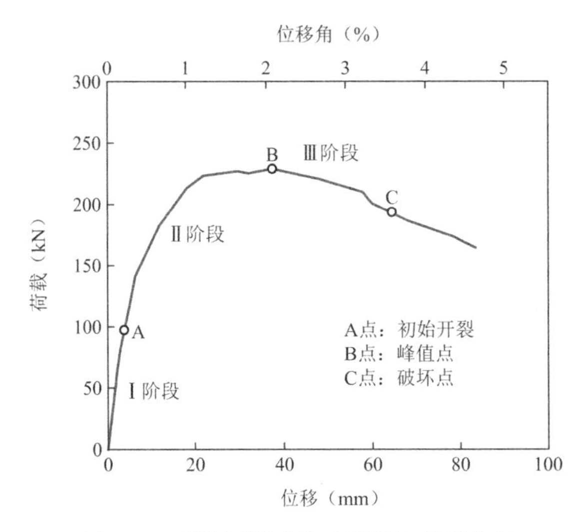

图 2.3-5　预制管组合柱典型荷载-位移曲线

（1）初始开裂阶段（Ⅰ阶段）

该阶段从开始加载至柱中出现第一条水平弯曲裂缝。各试件荷载-位移曲线呈线性变化，初始裂缝极细，承载力和刚度无退化，试件处于弹性工作状态。初始开裂时，试件 CFPCT1～CFPCT7 的位移角平均值分别为 0.21%、0.27%、0.27%、0.24%、0.26%、0.27% 和 0.26%。各试件开裂荷载约为峰值荷载的 43%～53%。在位移角为 1/450（0.22%）时，除试件 CFPCT1 出现开裂外，其他试件均保持完好，未出现裂缝。

（2）裂缝开展阶段（Ⅱ阶段）

该阶段从初始裂缝形成至荷载达到峰值。试件开裂后，刚度逐渐减小，荷载-位移曲线开始出现转折。随着荷载的增加，沿柱高度方向不断出现新的水平弯曲裂缝，原有裂缝不断延伸和开展。位移角增加至 1%左右时，柱中水平弯曲裂缝开始斜向发展，并逐渐在柱中心线附近相交形成交叉裂缝。继续加载，柱根部区域（高度约为 1.0 倍柱截面高度）的裂缝不断开展和延伸，裂缝宽度增大明显，逐步形成主裂缝，在此过程中，柱根部区域以外的裂缝开展相对较缓。当加载至峰值荷载时，柱底角部区域混凝土保护层开始出现轻微剥落现象，此时试件 CFPCT1～CFPCT7 沿柱高度方向的裂缝开展高度分别为 880mm、850mm、820mm、890mm、800mm、800mm 和 880mm，各试件最大裂缝宽度约为 1.2mm。

试件 CFPCT1～CFPCT7 在峰值荷载时的位移角平均值分别为 2.26%、1.95%、1.49%、2.75%、1.71%、2.0%和 2.07%。

（3）破坏阶段（Ⅲ阶段）

该阶段从荷载达到峰值至试件破坏。荷载达到峰值后，试件承载力开始缓慢下降。该阶段明显可见各试件的塑性变形和破坏集中在柱根部区域，而其他部位的裂缝基本不再开展。随着加载位移的增加，柱根部区域受压侧混凝土保护层外鼓并逐步剥落、箍筋外露、纵筋压曲，形成塑性铰。当承载力下降至峰值荷载的 85%时，试件 CFPCT1～CFPCT7 的位移角平均值分别为 4.17%、3.44%、2.66%、4.36%、3.12%、3.54%和 3.58%。各试件最终破坏模式如图 2.3-7 所示。由图可知：各试件均表现出受压弯曲破坏特征，其破坏模式为受压弯曲破坏，柱根部塑性铰开展较为充分。加载结束后，对各试件塑性铰长度和弯曲裂缝的平均裂缝间距进行了测量，测得试件 CFPCT1～CFPCT7 的塑性铰长度（柱端两侧塑性铰长度的最大值）分别为 290mm、275mm、265mm、230mm、270mm、240mm 和 210mm，平均裂缝间距分别为 91mm、101mm、97mm、93mm、87mm、95mm 和 94mm。

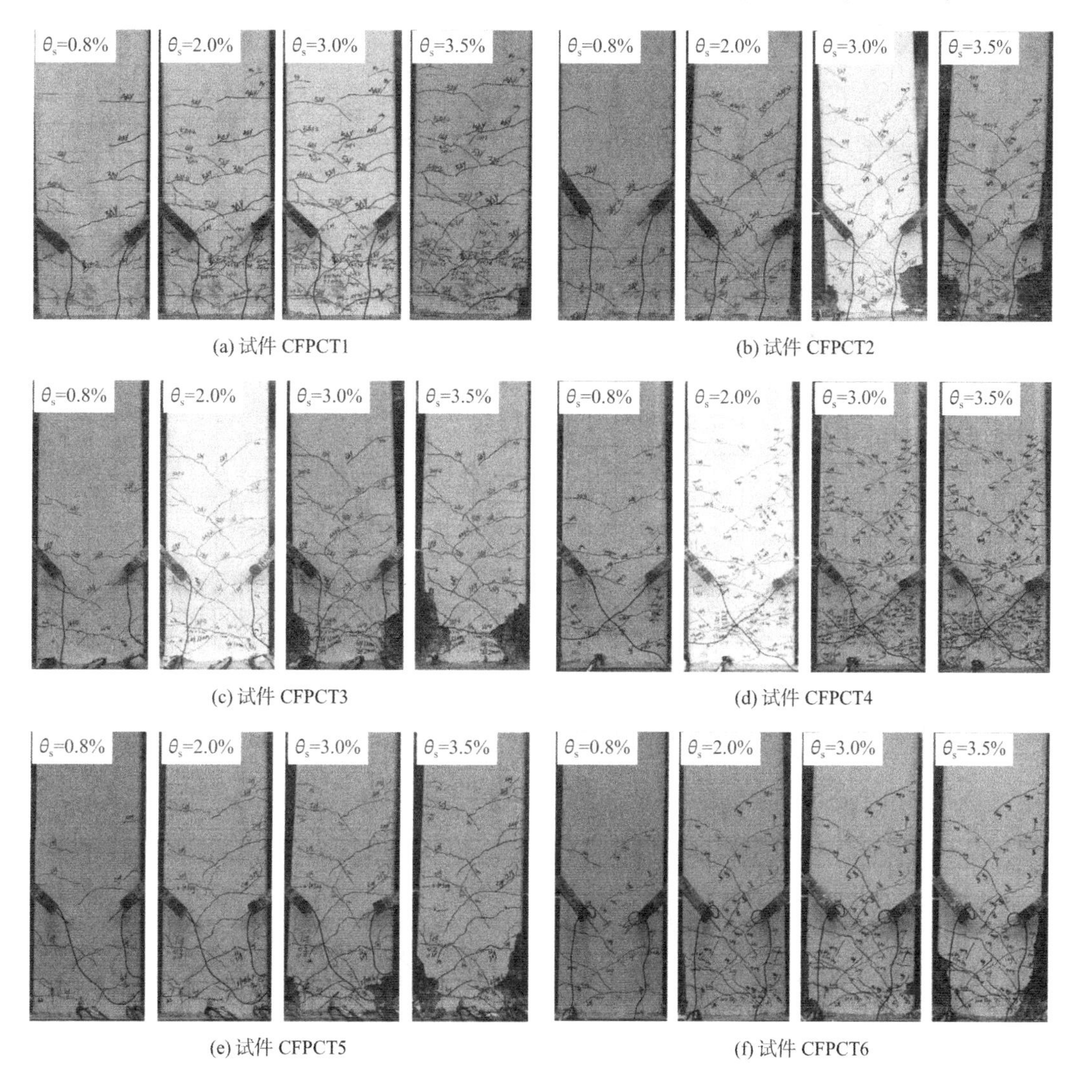

(a) 试件 CFPCT1　(b) 试件 CFPCT2

(c) 试件 CFPCT3　(d) 试件 CFPCT4

(e) 试件 CFPCT5　(f) 试件 CFPCT6

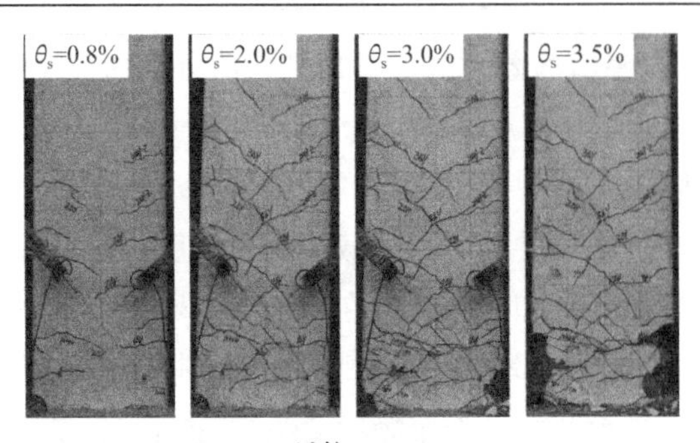

(g) 试件 CFPCT7

图 2.3-6　各试件破坏过程

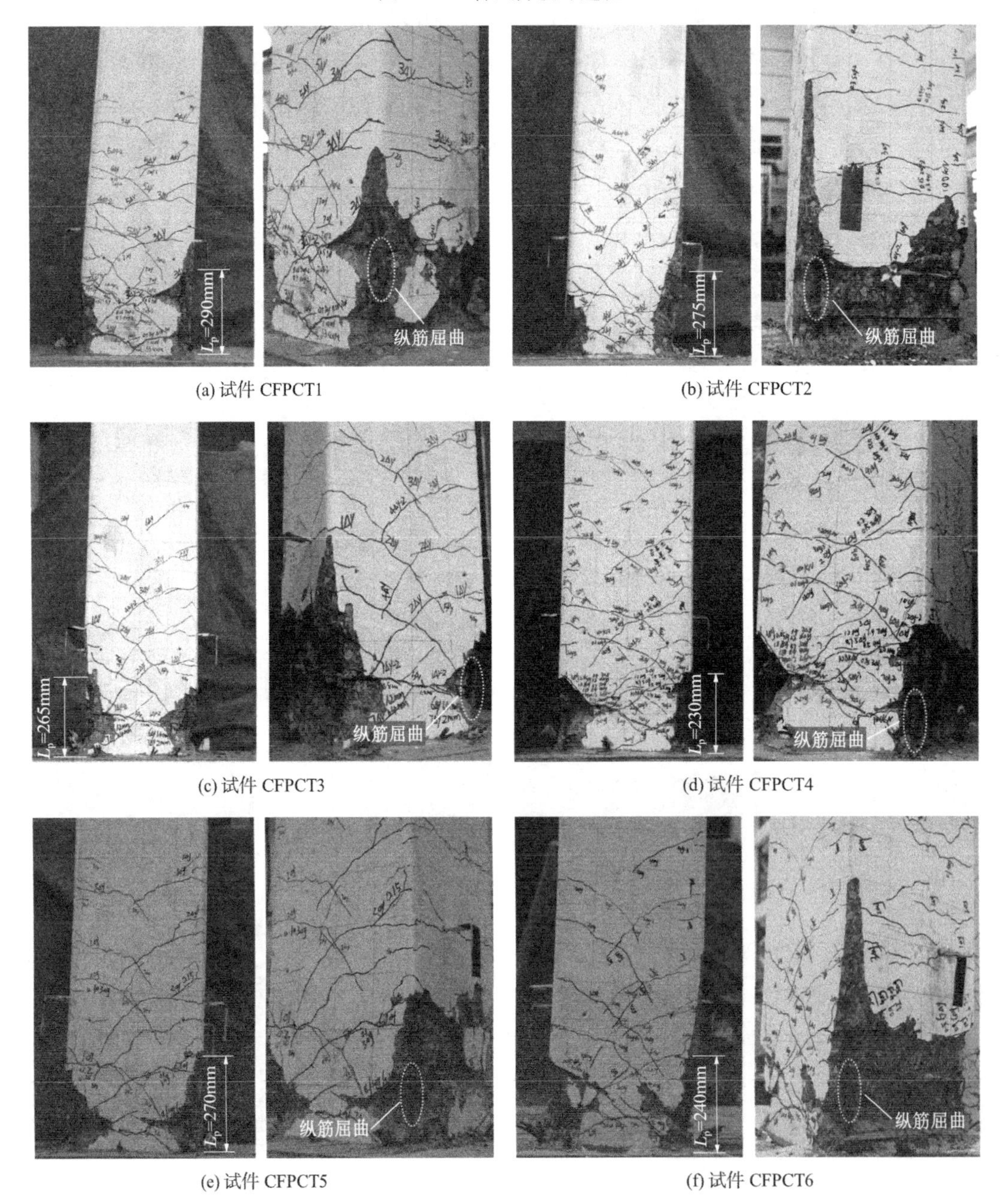

(a) 试件 CFPCT1　　(b) 试件 CFPCT2

(c) 试件 CFPCT3　　(d) 试件 CFPCT4

(e) 试件 CFPCT5　　(f) 试件 CFPCT6

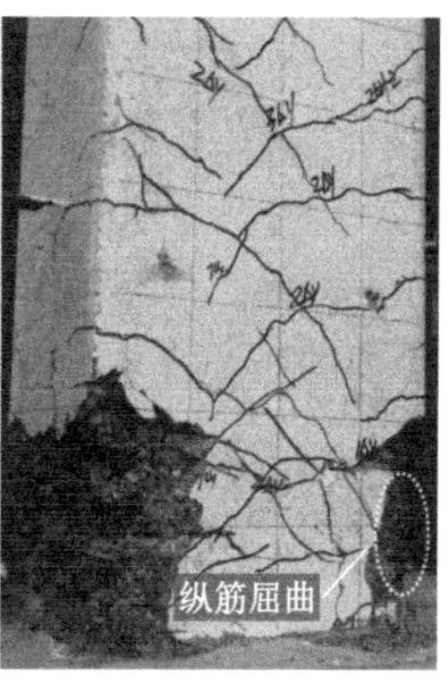

(g) 试件 CFPCT7

图 2.3-7 各试件最终破坏模式

为了解芯部混凝土的工作性能，试验后选取部分具有典型破坏模式的试件（试件CFPCT1、CFPCT3 和 CFPCT7），通过凿开外部预制管壁分析破坏时芯部混凝土的裂缝模式和破坏形态，如图 2.3-8 所示。由图可知：芯部混凝土在受压侧出现局部轻微压碎，其他部位未见裂缝。各试件芯部混凝土与外部预制管壁接触界面保持完好，未出现滑移现象，表明芯部混凝土与外部预制管壁之间的粘结滑移较小，两者间变形基本协调，预制管组合柱在水平反复荷载作用下具有较好的整体协同工作性能。

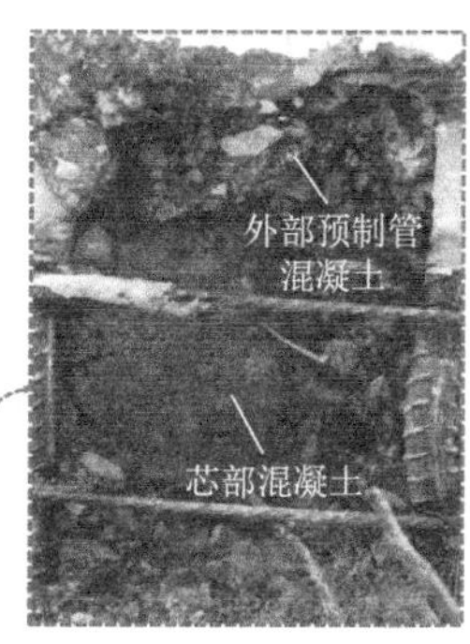

(a) 试件 CFPCT1

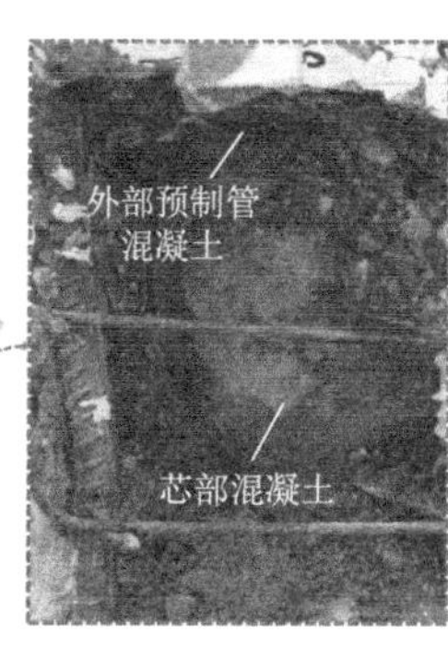

(b) 试件 CFPCT3

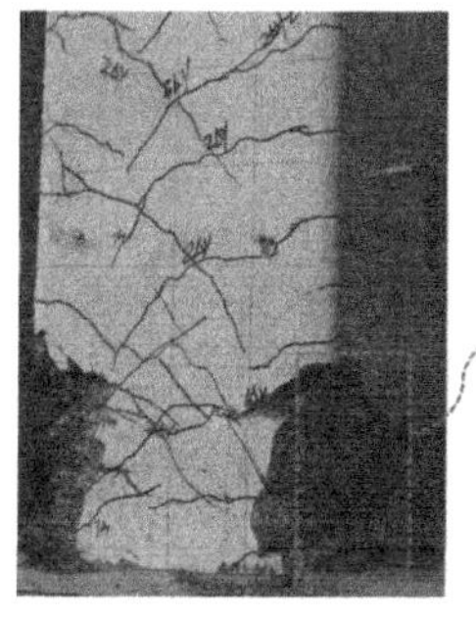

(c) 试件 CFPCT7

图 2.3-8 芯部混凝土破坏形态

2. 破坏模式分析

（1）轴压比的增加延缓了初始裂缝的出现，抑制了加载过程中裂缝的出现和开展。与轴压比较小的试件相比，轴压比较大试件的裂缝数量少，其裂缝开展高度相对较低。此外，轴压比较大试件的受压区范围大且混凝土压应力高，破坏时受压区混凝土的损伤范围大、损伤程度更严重。

（2）配箍率变化对初始裂缝的出现无明显影响。与配箍率较小的试件相比，在加载过程中，配箍率较大试件的裂缝数量相对较多且裂缝间距较密，裂缝开展范围有所增大。由于配箍率的增加提高了对内部混凝土的约束作用，破坏时，柱塑性铰长度随配箍率的增加呈减小趋势。总体来看，配箍率越大，破坏时预制管组合柱的损伤范围越小，损伤程度减轻。

（3）在加载过程中，芯部混凝土强度差异对预制管组合柱的裂缝开展规律影响较小，最终破坏模式无显著差异。

2.3.3　试验结果及分析

1. 滞回性能

试件 CFPCT1～CFPCT7 的荷载-位移（位移角）滞回曲线如图 2.3-9 所示。为便于分析比较，图中给出了各试件的骨架曲线以及特征点位置。对比分析图 2.3-9 可知：

（1）各试件的滞回曲线较为饱满，存在一定程度的捏缩现象，呈现为典型的弓形，耗能能力较好。试件屈服前，滞回曲线狭窄细长，残余变形小，耗能能力较小；试件屈服后，随着柱中裂缝的开展，滞回曲线所包围的面积逐渐增大，耗能能力逐渐增强；峰值荷载后，柱根部塑性铰逐渐形成，滞回曲线面积继续增大，裂缝的张开、闭合以及纵筋的压曲导致滞回曲线出现较为明显的捏缩现象，其形状逐渐由梭形转变为弓形，卸载后的残余变形随位移幅值的增加而增大，刚度退化明显。对比各试件滞回曲线的饱满程度可知，试件 CFPCT1 和 CFPCT4 的饱满程度最好，试件 CFPCT2、CFPCT5、CFPCT6 和 CFPCT7 次之，饱满程度最差的为试件 CFPCT3。

（2）轴压比对预制管组合柱的滞回性能影响较大。随着轴压比的增加，柱初始刚度增大，峰值荷载显著提高，但增加轴压比降低了柱在峰值后阶段的变形能力，轴压比越高，滞回曲线下降段越陡，变形性能越差，如图 2.3-9（a）～图 2.3-9（e）所示。总体来说，轴压比较小试件的滞回曲线更加饱满，其极限变形和耗能能力均优于轴压比较大的试件，表明较大的轴压比对预制管组合柱的弹塑性变形能力有不利影响。

（3）随着配箍率的增加，预制管组合柱的峰值荷载有一定程度的提高，但初始刚度基本保持不变。相比配箍率较小的试件，配箍率较大试件的滞回曲线更饱满，峰值后阶段的下降段更平缓，极限变形能力增强。分析其原因为配箍率的增加提高了对内部混凝土的约束作用，减轻了峰值后阶段预制管组合柱的损伤，使得其变形能力提高。因此，配箍率较大的试件可以承受更大的非弹性变形，其变形能力和耗能能力均有所提高。

（4）对比图 2.3-9（a）和图 2.3-9（d）以及图 2.3-9（b）和图 2.3-9（e）可知，对不同芯部混凝土强度的试件，其滞回曲线基本相似，表明芯部混凝土强度差异对预制管组合柱的滞回性能影响不明显。

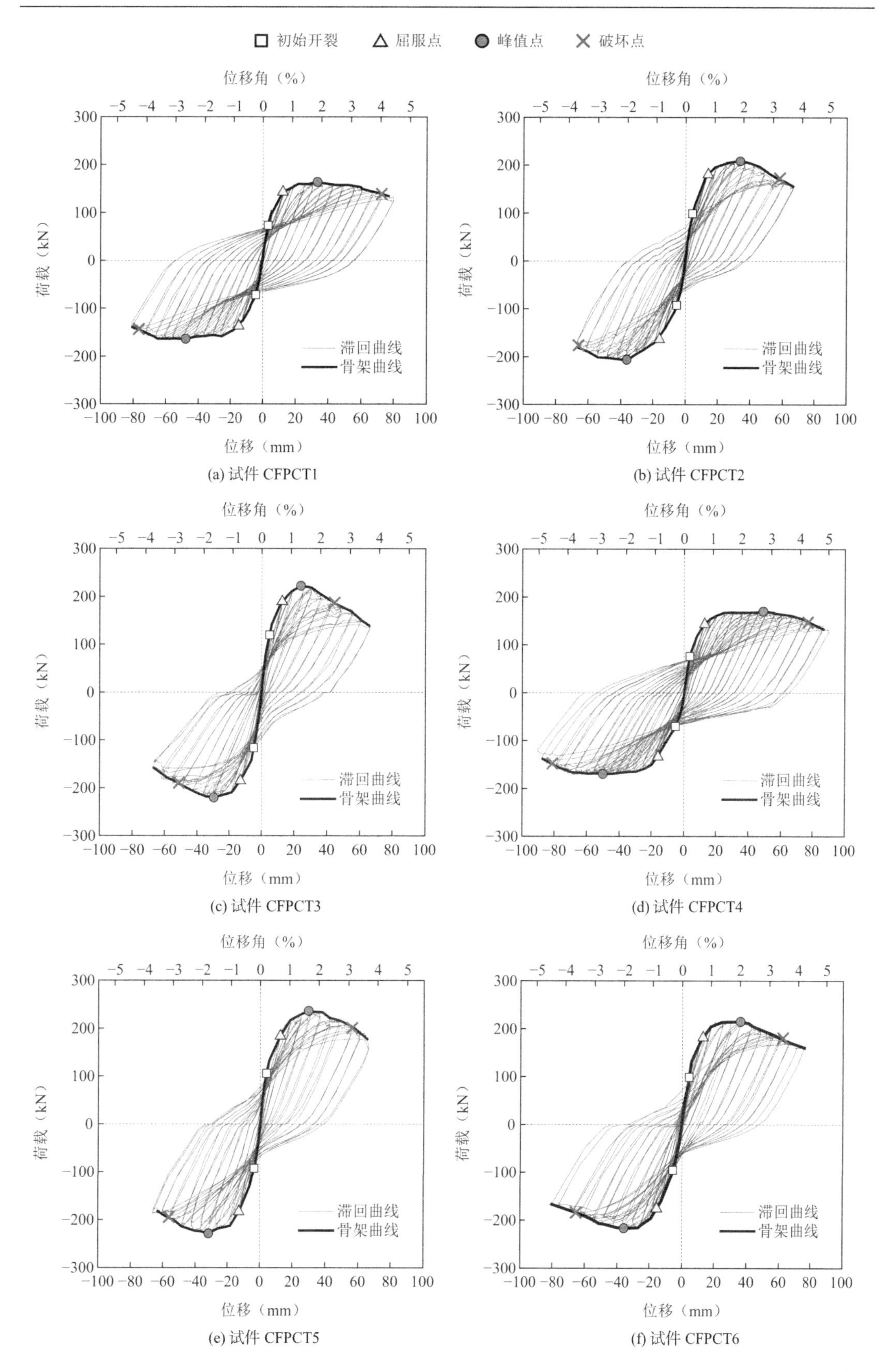

(a) 试件 CFPCT1

(b) 试件 CFPCT2

(c) 试件 CFPCT3

(d) 试件 CFPCT4

(e) 试件 CFPCT5

(f) 试件 CFPCT6

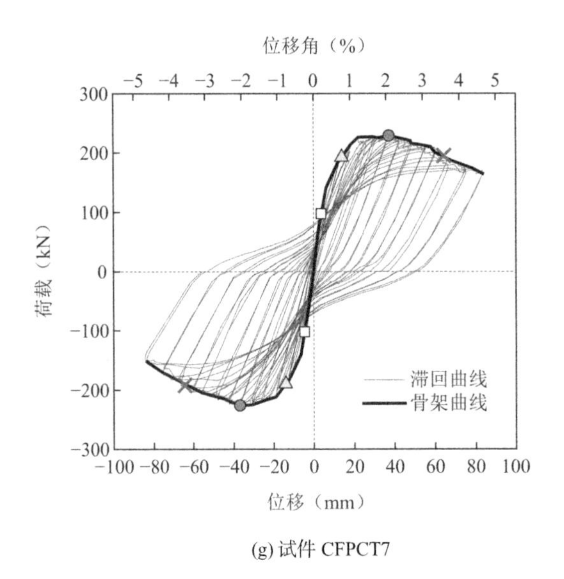

(g) 试件 CFPCT7

图 2.3-9　各试件荷载-位移滞回曲线

2. 骨架曲线及特征点荷载

荷载-位移（位移角）滞回曲线的包络线即为骨架曲线，利用骨架曲线可对结构构件的承载能力、延性性能和变形能力等指标进行分析，从而对其抗震性能进行评估。试件 CFPCT1～CFPCT7 的骨架曲线对比如图 2.3-10 所示。主要阶段试验结果见表 2.3-3。表 2.3-3 中数据为正负向的平均值，P_{cr}为开裂荷载，Δ_{cr}为开裂位移，P_y为屈服荷载，Δ_y为屈服位移，P_m为峰值荷载，Δ_u为极限位移，θ_{su}为极限位移角，μ为延性系数，E_t为总累积耗能。其中，极限位移定义为荷载下降至峰值荷载 85%时的位移；屈服荷载和屈服位移采用 Park 法[16]确定；屈服位移和极限位移的定义如图 2.3-11 所示。

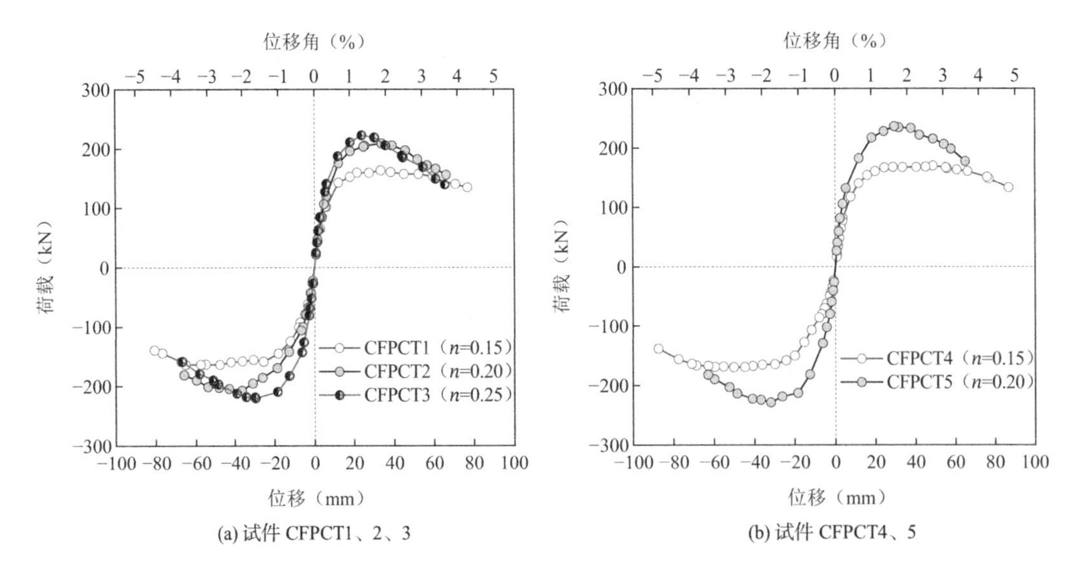

(a) 试件 CFPCT1、2、3　　(b) 试件 CFPCT4、5

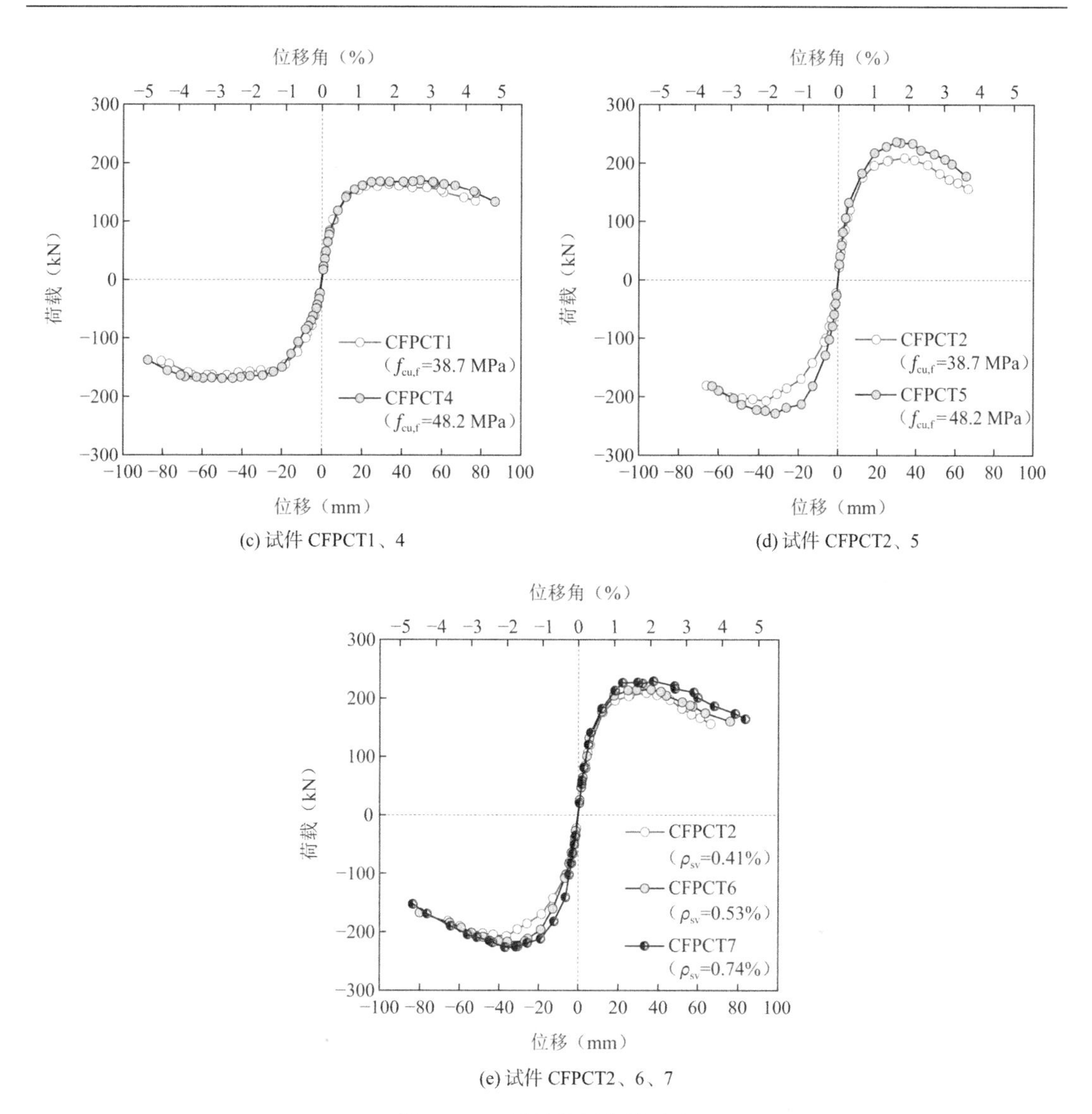

(c) 试件 CFPCT1、4

(d) 试件 CFPCT2、5

(e) 试件 CFPCT2、6、7

图 2.3-10 试件骨架曲线对比

各试件主要阶段试验结果 **表 2.3-3**

试件编号	P_{cr}（kN）	Δ_{cr}（mm）	P_y（kN）	Δ_y（mm）	P_m（kN）	P_m/P_y	Δ_u（mm）	θ_{su}（%）	μ	E_t（kN·m）
CFPCT1	72.7	3.78	140.0	13.46	163.7	1.17	75.11	4.17	5.58	64.5
CFPCT2	95.8	4.79	172.2	14.61	208.0	1.21	61.94	3.44	4.24	38.9
CFPCT3	117.9	4.87	187.2	12.71	221.5	1.18	47.87	2.66	3.77	22.6
CFPCT4	73.1	4.40	138.4	13.14	169.7	1.23	78.43	4.36	5.97	82.2
CFPCT5	99.3	4.70	183.7	12.52	228.5	1.24	56.11	3.12	4.48	66.0
CFPCT6	97.1	4.93	178.9	14.15	213.7	1.19	63.75	3.54	4.51	72.5
CFPCT7	99.8	4.65	190.9	13.95	223.5	1.17	64.38	3.58	4.62	96.2

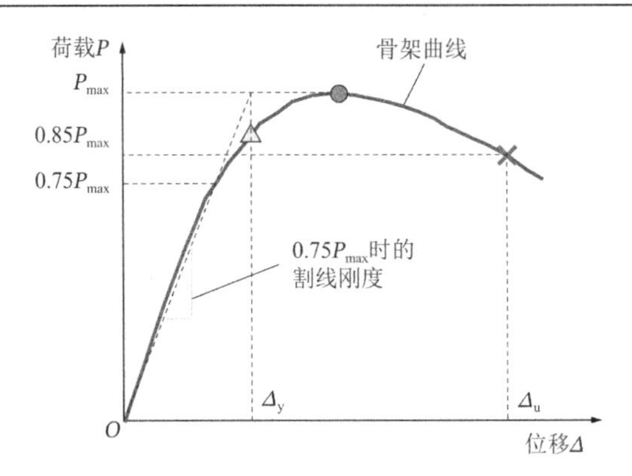

图 2.3-11　屈服位移和极限位移的定义

对比分析表 2.3-3 和图 2.3-10 可知：

（1）预制管组合柱的开裂荷载和峰值荷载均随轴压比的增加而提高；对比试件 CFPCT1、CFPCT2 和 CFPCT3，轴压比由 0.15 增加至 0.20，开裂荷载提高 31.8%，峰值荷载提高 27.1%；轴压比由 0.20 增加至 0.25，开裂荷载提高 23.1%，峰值荷载提高 6.5%；对比试件 CFPCT4 和 CFPCT5，轴压比由 0.15 增加至 0.20，开裂荷载提高 35.8%，峰值荷载提高 35.6%。由于轴压力抑制了柱中裂缝的开展，增大了柱截面相对受压区高度，故随着轴压比增加，预制管组合柱的开裂荷载和峰值荷载均有一定程度提高。

（2）对比试件 CFPCT1 和 CFPCT4，CFPCT2 和 CFPCT5，当芯部混凝土强度由 38.7MPa 提高至 48.2MPa（提高约 25%），其开裂荷载的变化幅度在 5%以内，可见芯部混凝土强度差异对预制管组合柱的开裂荷载影响较小；对峰值荷载，当芯部混凝土强度由 38.7MPa 提高至 48.2MPa 时，在$n = 0.15$的轴压比水平下，峰值荷载提高幅度约为 4%，而在$n = 0.20$的轴压比水平下，峰值荷载提高幅度约为 10%。分析其原因为轴压比的增加增大了柱截面相对受压区高度，使得芯部混凝土受压范围增加，对承载力的贡献提高。因此，在较高轴压比水平下，提高芯部混凝土强度对峰值荷载的提高幅度更明显。

（3）对比试件 CFPCT2、CFPCT6 和 CFPCT7，当配箍率由 0.41%分别增加至 0.53%和 0.74%时，开裂荷载变化不大，峰值荷载分别提高约 3%和 8%；表明在压弯荷载作用下，配箍率的变化对开裂荷载影响不明显；由于配箍率的增加提高了箍筋对内部混凝土的约束作用，其峰值荷载有一定程度的提高。由图 2.3-10（e）可知，对配箍率较大的试件，其骨架曲线下降段相对平缓，极限变形大。因此，增加配箍率可在一定程度上提高预制管组合柱的峰值荷载，改善其峰值后阶段的弹塑性变形能力。

（4）各试件的强屈比（P_m/P_y）在 1.17～1.24 之间，表明预制管组合柱屈服后的弹塑性变形能力较好，有利于耗能。

3. 延性性能

采用延性系数（μ）来评价预制管组合柱的延性。各试件的延性系数和极限位移角见表 2.3-3，不同参数对延性系数的影响如图 2.3-12 所示。对比分析表 2.3-3 和图 2.3-12 可知：

（1）轴压比对预制管组合柱的延性性能影响显著。随着轴压比的增加，延性系数降低。

对比试件 CFPCT1、2、3，当轴压比由 0.15 分别增加至 0.20 和 0.25 时，延性系数分别降低 24%和 32.4%；对比试件 CFPCT4 和 CFPCT5，当轴压比由 0.15 增加至 0.20 时，延性系数降低 25%。轴压比对极限位移角的影响规律与延性系数相似，表明预制管组合柱的延性性能和变形能力随轴压比的增加而降低。

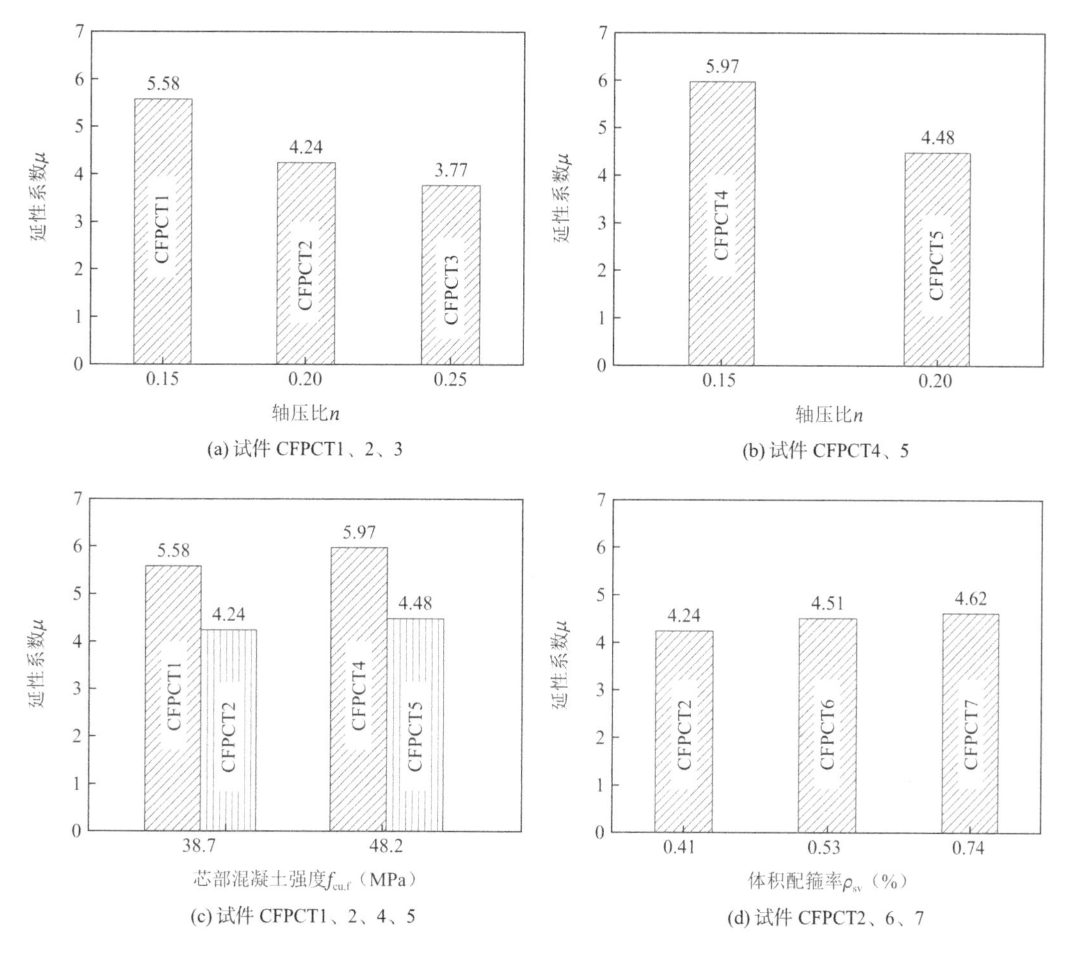

(a) 试件 CFPCT1、2、3

(b) 试件 CFPCT4、5

(c) 试件 CFPCT1、2、4、5

(d) 试件 CFPCT2、6、7

图 2.3-12　不同参数对延性系数的影响

（2）随着芯部混凝土强度的提高，预制管组合柱的延性系数有一定程度的提高，相比试件 CFPCT1，试件 CFPCT4 的延性系数提高约 7%；相比试件 CFPCT2，试件 CFPCT5 的延性系数提高约 6%。总体而言，芯部混凝土强度的变化对预制管组合柱的延性性能影响不明显。

（3）预制管组合柱的延性系数随配箍率的增加而提高。对比试件 CFPCT2、6、7，当配箍率由 0.41%分别增加至 0.53%和 0.74%时，延性系数分别提高 6.4%和 9.0%。配箍率的增加提高了箍筋对内部混凝土的约束作用，减轻了峰值后阶段柱塑性铰区的损伤，从而提高了构件的延性性能。

（4）试件 CFPCT1～CFPCT7 的延性系数介于 3.77～5.97 之间，满足钢筋混凝土结构对构件延性系数的要求（$\mu \geqslant 3.0$）。此外，根据钢筋混凝土构件延性系数的划分等级[44]，除试件 CFPCT3 处于中等延性水平等级（$3.0 \leqslant \mu < 4.0$）外，其他试件均处于高延性水平等级（$\mu \geqslant 4.0$），表明预制管组合柱具有较好的延性。

（5）试件 CFPCT1～CFPCT7 的极限位移角介于 2.66%～4.36%之间，满足框架结构弹塑性层间位移角限值要求，即$\theta_{su} > 1/50$。

综上，在竖向轴压力和水平反复荷载共同作用下，预制管组合柱表现出较好的延性性能。较大的轴压比对柱延性性能有不利影响，而配箍率的增加可有效改善柱的延性性能，提高其弹塑性变形能力。因此，在工程应用中，对有较高延性需求的部位，可采取增加柱配箍率等措施来提高预制管组合柱延性。

4. 承载力退化

为分析试件承载能力随循环次数增加而逐渐降低的特性，采用承载力降低系数来评估试件承载力退化的程度。由于试验中每级加载循环 2 次，故承载力降低系数（λ_2）用同一位移幅值下第 2 循环与第 1 循环峰值荷载的比值表示，其计算式为：

$$\lambda_2 = \frac{P_{j,2}}{P_{j,1}} \tag{2.3-1}$$

式中：$P_{j,1}$——第j级加载时第 1 次循环的峰值荷载值；

$P_{j,2}$——第j级加载时第 2 次循环的峰值荷载值。

图 2.3-13 给出了各试件的承载力退化曲线，图中承载力降低系数取正负向平均值。对比分析图 2.3-13 可知：

（1）各试件承载力降低系数随位移的增加而逐渐减小，同一位移幅值下的循环加载中，第 2 次循环的峰值荷载值较第 1 次变化不明显，其承载力降低系数为 0.91～1.01，表明预制管组合柱在反复荷载作用下具有较为稳定的承载力退化特性。

（2）轴压比对预制管组合柱的承载力退化特性影响较大，其影响主要体现在峰值后阶段。由图 2.3-13（a）和图 2.3-13（b）可看出，峰值荷载后，轴压比越大，其承载力退化越快，这与试验中所观察到的破坏现象相吻合，即试件轴压比越大，其峰值荷载后的损伤程度更严重。因此，为确保预制管组合柱有更稳定的承载力退化特性，提高其在地震作用下的抗倒塌能力，应对预制管组合柱的轴压比进行限制。

（3）在较低轴压比水平下（$n = 0.15$），芯部混凝土强度的变化对离心预制管组合柱的承载力退化影响不明显，其承载力退化整体较为稳定，如图 2.3-13（c）所示；而在较高轴压比水平下（$n = 0.20$），对芯部混凝土强度较大的试件，其峰值后阶段承载力的退化相对较快，如图 2.3-13（d）所示。因此，对较高轴压比水平下的预制管组合柱，其芯部混凝土强度不宜过高。

（4）预制管组合柱的配箍率越大，其承载力退化越稳定。不同配箍率试件在峰值荷载前的承载力退化曲线基本相似，差别不明显；峰值荷载后，配箍率较大试件的承载力退化曲线相对更平缓，承载力退化较为稳定，如图 2.3-13（e）所示，其原因为配箍率较大试件的箍筋对内部混凝土有更好的约束作用，能有效延缓混凝土的压碎和剥落。

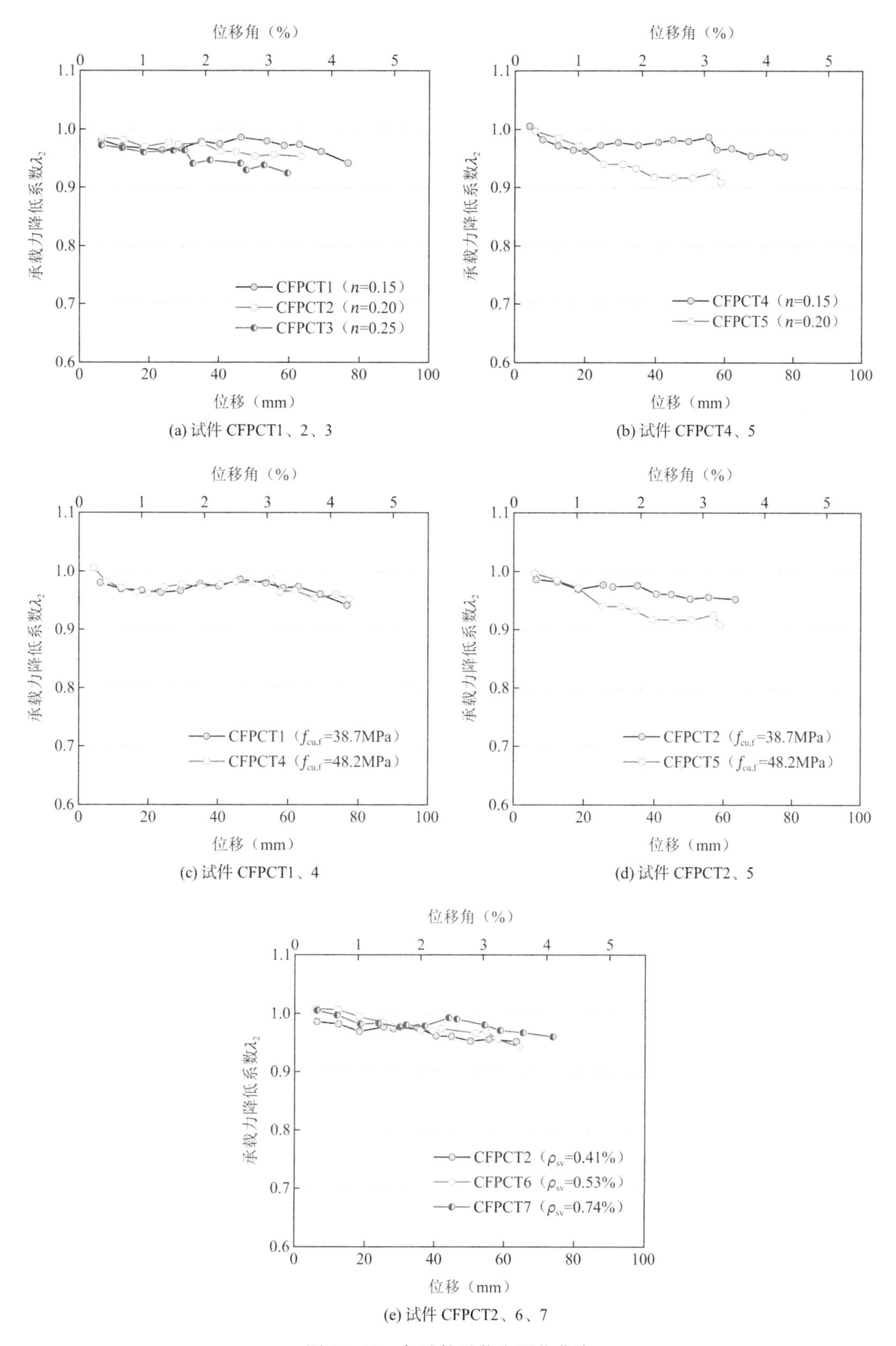

(a) 试件 CFPCT1、2、3

(b) 试件 CFPCT4、5

(c) 试件 CFPCT1、4

(d) 试件 CFPCT2、5

(e) 试件 CFPCT2、6、7

图 2.3-13 各试件承载力退化曲线

5. 刚度退化及刚度维持能力

采用割线刚度来评估试件在加载过程中的刚度退化，割线刚度（K_i）的计算公式为：

$$K_i = \frac{|P_{i+}| + |P_{i-}|}{|\Delta_{i+}| + |\Delta_{i-}|} \tag{2.3-2}$$

式中：K_i——第i级加载时试件的割线刚度；

P_{i+}、P_{i-}——第i级加载时正向和负向的最大荷载；

Δ_{i+}、Δ_{i-}——第i级加载时正向和负向最大荷载所对应的位移。

试件的刚度退化曲线和特征点刚度对比分别如图 2.3-14 和图 2.3-15 所示。表 2.3-4 给出了各试件在特征点处的割线刚度，表中K_{i0}为初始刚度，K_{cr}、K_y、K_m和K_u分别为试件在初始开裂、屈服、峰值和破坏时的割线刚度。

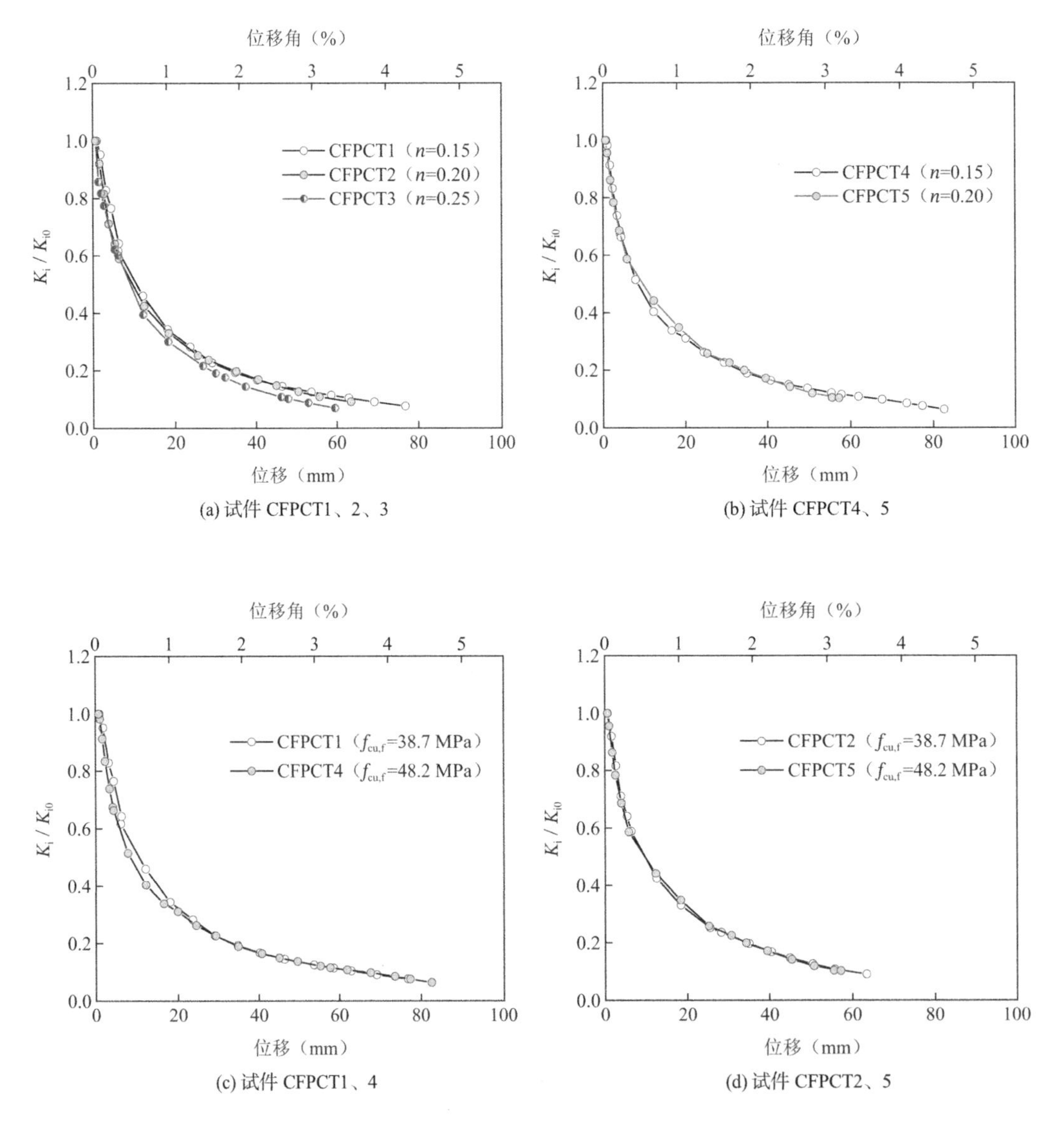

(a) 试件 CFPCT1、2、3

(b) 试件 CFPCT4、5

(c) 试件 CFPCT1、4

(d) 试件 CFPCT2、5

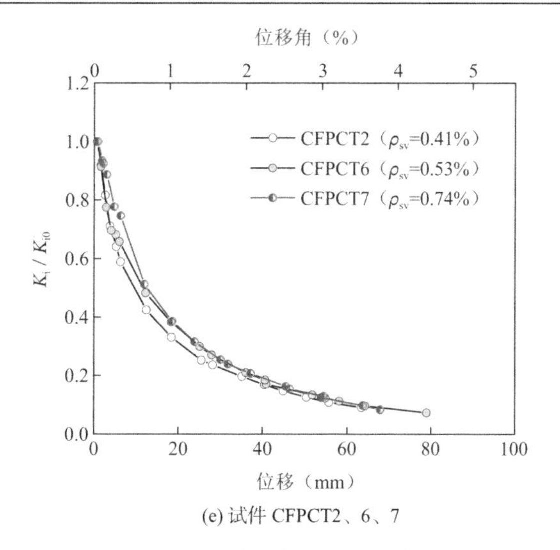

(e) 试件 CFPCT2、6、7

图 2.3-14　各试件刚度退化曲线

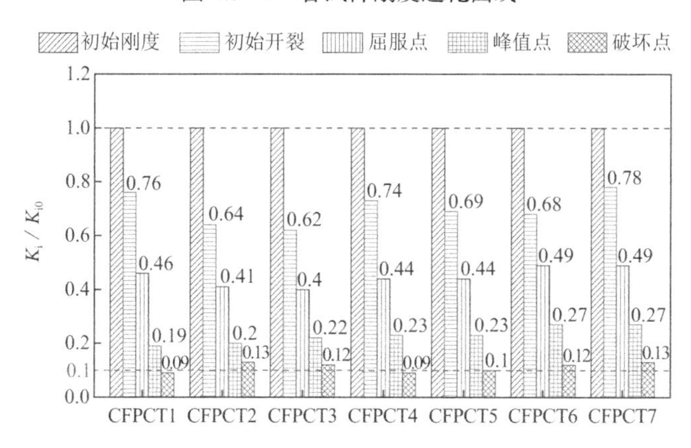

图 2.3-15　各试件特征点刚度对比

各试件特征点刚度　　　　**表 2.3-4**

试件编号	割线刚度K_i（kN/mm）					K_{cr}/K_{i0}	K_y/K_{i0}	K_m/K_{i0}	K_u/K_{i0}
	K_{i0}	K_{cr}	K_y	K_m	K_u				
CFPCT1	23.94	18.31	11.02	4.61	2.17	0.76	0.46	0.19	0.09
CFPCT2	30.07	19.26	12.38	5.93	3.80	0.64	0.41	0.20	0.13
CFPCT3	38.37	23.85	15.16	8.27	4.63	0.62	0.40	0.22	0.12
CFPCT4	25.08	18.51	11.12	5.66	2.22	0.74	0.44	0.23	0.09
CFPCT5	33.58	23.04	14.61	7.57	3.21	0.69	0.44	0.23	0.10
CFPCT6	28.45	19.39	13.91	7.68	3.51	0.68	0.49	0.27	0.12
CFPCT7	29.55	22.96	14.41	8.11	3.84	0.78	0.49	0.27	0.13

结合表 2.3-4，通过对比分析图 2.3-14 和图 2.3-15 可知：

（1）轴压比对预制管组合柱的初始刚度影响较大。随着轴压比的增加，初始刚度显著提高。对比试件 CFPCT1、2、3，当轴压比由 0.15 分别增加至 0.20 和 0.25 时，初始刚度分别提高 25.6%和 60.3%；对比试件 CFPCT4 和 CFPCT5，当轴压比由 0.15 增加至 0.20 时，初始刚度提高 33.9%。相比之下，芯部混凝土强度以及配箍率的变化对初始刚度影响较小。

（2）各试件的刚度退化趋势基本一致，总体趋势为加载初期刚度退化较快，峰值荷载后逐渐趋于平缓，整个加载过程中未出现明显的刚度突变。随着轴压比的增加，刚度退化呈加快趋势，而随着配箍率的增加，刚度退化呈减缓趋势。芯部混凝土强度变化对预制管组合柱的刚度退化规律影响不明显。

（3）在竖向轴压力和水平反复荷载作用下，预制管组合柱具有一定的刚度维持能力。初始开裂时，各试件刚度约为初始刚度的 60%～80%；屈服时，其刚度可保持初始刚度的 40%～50%；达到峰值荷载时，其刚度约为初始刚度的 20%～30%；破坏时，各试件刚度仍可维持初始刚度的 10%左右。

（4）虽然配箍率的增加对初始刚度影响较小，但是对受力过程中的刚度退化有明显影响，随着配箍率的增加，预制管组合柱的刚度维持能力增强。初始开裂时，试件 CFPCT2 的刚度降低约 36%，而试件 CFPCT6 和 CFPCT7 的刚度分别降低 32%和 22%；屈服荷载时，试件 CFPCT6 和 CFPCT7 可保持约 50%的初始刚度，而试件 CFPCT2 仅保持约 40%的初始刚度；达到峰值荷载时，试件 CFPCT2 的刚度下降至初始刚度的 20%，相比之下，试件 CFPCT6 和 CFPCT7 的刚度下降至初始刚度的 27%。因此，增加配箍率可使预制管组合柱在地震作用下的刚度退化更加稳定，能够提高其抗倒塌能力。

6. 耗能能力

采用累积耗能（E_c）和等效黏滞阻尼系数（ζ_{eq}）来评估试件的耗能能力，其中E_c定义为加载过程中各循环所耗散能量的累积。图 2.3-16 给出了试件的累积耗能曲线，各试件的总累积耗能（E_t）见表 2.3-3。ζ_{eq}的计算公式如下：

$$\zeta_{eq}=\frac{1}{2\pi}\cdot\frac{S_1+S_2}{S_3+S_4} \tag{2.3-3}$$

式中：S_1+S_2——滞回曲线所包围的面积；

S_3、S_4——三角形 OBE 和 ODF 的面积，如图 2.3-16（a）所示。

由图 2.3-16 和表 2.3-3 可知：（1）各试件的累积耗能曲线基本相似，其累积耗能均随位移的增加而逐步增大。（2）加载过程中，在相同位移水平下，轴压比较大试件的累积耗能要高于轴压比较低的试件，如图 2.3-16（a）和图 2.3-16（b）所示。但是由于较大轴压比试件的极限位移小，其最终的总累积耗能要低于轴压比较小的试件。对比试件 CFPCT1、2、3，当轴压比由 0.15 分别增加至 0.20 和 0.25 时，总累积耗能分别降低 39.7%和 65.0%；对比试件 CFPCT4 和 CFPCT5，当轴压比由 0.15 增加至 0.20 时，总累积耗能降低约 20%。因此，较大的轴压比对预制管组合柱的能量耗散能力有不利影响。（3）预制管组合柱的总累积耗能随芯部混凝土强度的提高而增加。相比试件 CFPCT1，试件 CFPCT4 的总累积耗能增加约 27%；相比试件 CFPCT2，试件 CFPCT5 的总累积耗能增加约 70%。（4）随着配箍率的增加，预制管组合柱的总累积耗能提高较为显著。对比试件 CFPCT2、6、7，当配箍率由 0.41%分别增加至 0.53%和 0.74%时，总累积耗能分别提高 86.4%和 147.3%。表明增加配箍率能够有效提高预制管组合柱的耗能能力。

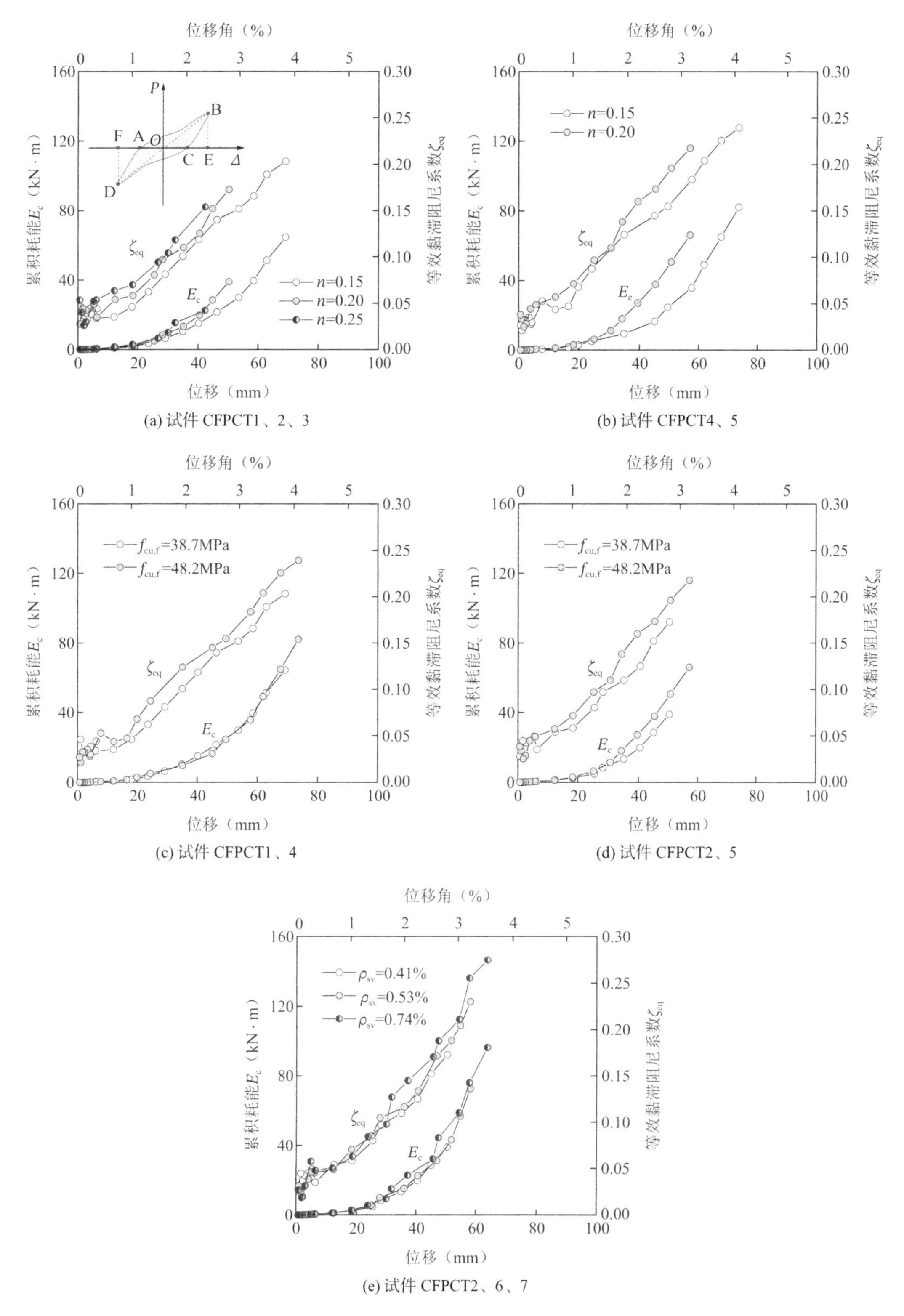

(a) 试件 CFPCT1、2、3

(b) 试件 CFPCT4、5

(c) 试件 CFPCT1、4

(d) 试件 CFPCT2、5

(e) 试件 CFPCT2、6、7

图 2.3-16 各试件累积耗能及等效黏滞阻尼系数曲线

试件 CFPCT1～CFPCT7 的等效黏滞阻尼系数曲线如图 2.3-16 所示，各试件在特征点处的等效黏滞阻尼系数及其对比见表 2.3-5 和图 2.3-17。对比分析图 2.3-16、图 2.3-17 和表 2.3-5 可知：

（1）各试件在屈服前的等效黏滞阻尼系数较小，基本维持不变。屈服后，随着柱中裂缝的开展以及柱塑性铰区累积损伤的逐渐增加，等效黏滞阻尼系数随位移的增加呈现出快速增长的趋势。

（2）试件屈服前，轴压比较大试件的等效黏滞阻尼系数增长较快，在相同位移水平下，其值要略高于轴压比较小的试件；屈服后，较大的轴压比对预制管组合柱耗能能力产生不利影响，随着轴压比的增加，其等效黏滞阻尼系数呈降低趋势。在破坏荷载时，对比试件 CFPCT1、2、3，当轴压比由 0.15 分别增加至 0.20 和 0.25 时，等效黏滞阻尼系数分别降低 15.1%和 24.2%；对比试件 CFPCT4 和 CFPCT5，当轴压比由 0.15 增加至 0.20 时，等效黏滞阻尼系数降低 8.9%。

各试件特征点等效黏滞阻尼系数　　　　**表 2.3-5**

特征点	等效黏滞阻尼系数ζ_{eq}						
	CFPCT1	CFPCT2	CFPCT3	CFPCT4	CFPCT5	CFPCT6	CFPCT7
开裂点	0.0385	0.0491	0.0523	0.0280	0.0445	0.0463	0.0575
屈服点	0.0423	0.0582	0.0636	0.0439	0.0572	0.0488	0.0627
峰值点	0.1017	0.1098	0.0940	0.1549	0.1101	0.1335	0.1448
破坏点	0.2033	0.1727	0.1540	0.2388	0.2175	0.2299	0.2748

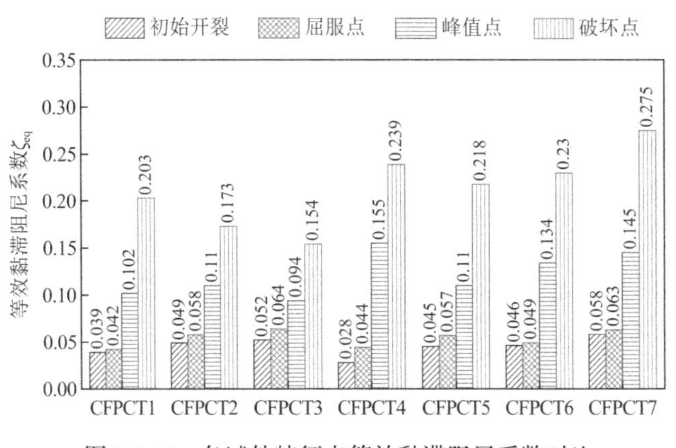

图 2.3-17　各试件特征点等效黏滞阻尼系数对比

（3）对芯部混凝土强度较高的试件，其等效黏滞阻尼系数的增长要略快于芯部混凝土强度较低的试件。相比试件 CFPCT1，试件 CFPCT4 的等效黏滞阻尼系数在峰值荷载时提高 52.3%，在破坏荷载时提高 17.5%；相比试件 CFPCT2，试件 CFPCT5 的等效黏滞阻尼系数在峰值荷载时提高 0.3%，在破坏荷载时提高 25.9%。表明增大芯部混凝土强度能在一定程度上提高预制管组合柱的耗能能力。

（4）峰值荷载前，配箍率对试件等效黏滞阻尼系数的影响较小。峰值荷载后，配箍率较大的试件显示出更好的耗能能力，其等效黏滞阻尼系数的增长要快于配箍率较小的试件。对比试件 CFPCT2、6、7，当配箍率由 0.41%分别增加至 0.53%和 0.74%，在峰值荷载时，其等效黏滞阻尼系数分别增加 21.6%和 31.9%，在破坏荷载时，其等效黏滞阻尼系数分别增加 33.1%和 59.1%。

（5）在峰值荷载时，试件 CFPCT1～CFPCT7 的等效黏滞阻尼系数介于 0.0940～0.1549 之间。已有研究表明[43]，普通钢筋混凝土柱的等效黏滞阻尼系数介于 0.10～0.20 之间。因此，本书提出的预制管组合柱具有与普通钢筋混凝土柱相当的能量耗散能力。

7. 截面应变分布

试件 CFPCT1～CFPCT7 距柱底约 80mm 处截面应变在不同位移角时沿柱截面高度的分布和变化情况如图 2.3-18 所示，截面应变测点（混凝土和纵筋）的具体位置见图 2.3-4（b）。图 2.3-18 仅给出了各试件在正向加载时的截面应变分布，图中横坐标以拉应变为正、压应变为负，纵坐标为应变测点至柱截面边缘的距离。由图 2.3-18 可知，随着位移角的增加，各试件的中性轴逐渐向受压区移动，其受压区高度逐渐减少。轴压比对受压区高度的影响较为显著，随着轴压比的增加，柱受压区高度增大，如图 2.3-18（a）～图 2.3-18（e）所示。相比之下，芯部混凝土强度以及配箍率对柱受压区高度的影响较小。总体来说，在峰值荷载前，柱底截面应变沿截面高度基本呈线性分布，符合平截面假定的平均应变分布特征。

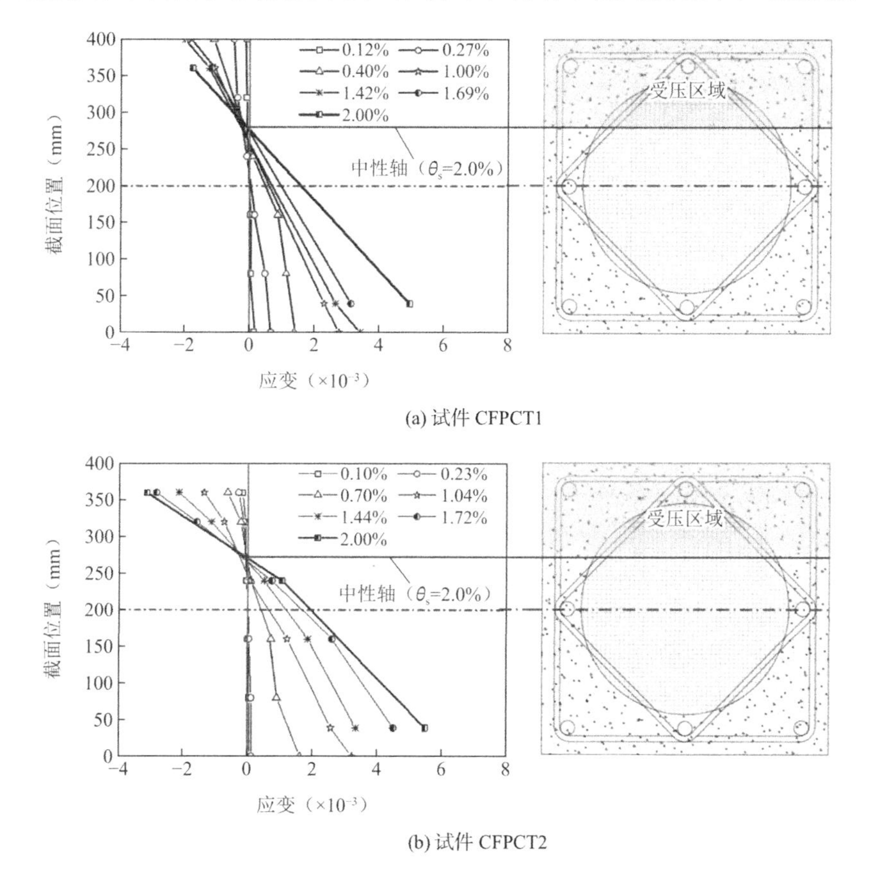

(a) 试件 CFPCT1

(b) 试件 CFPCT2

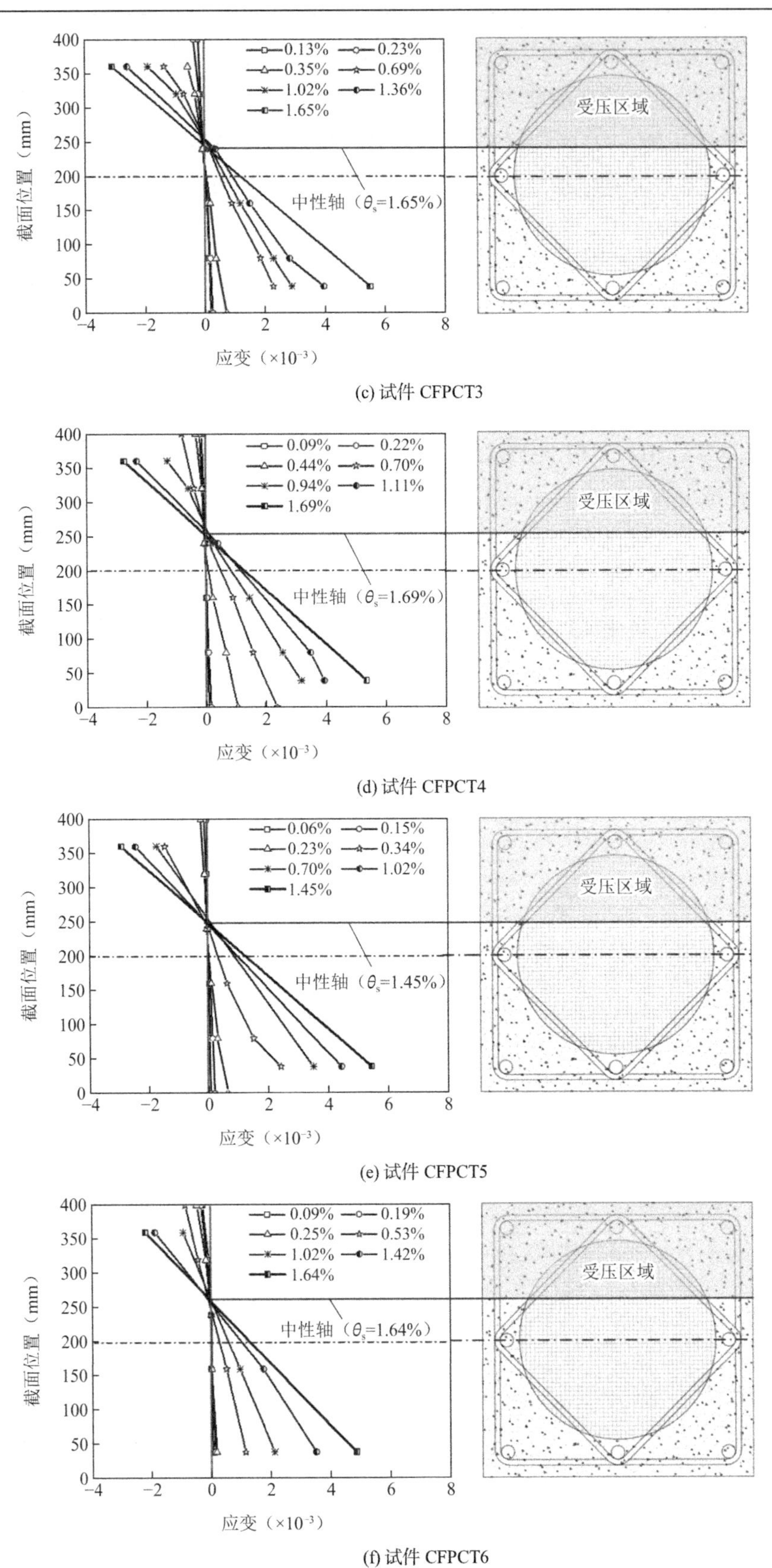

(c) 试件 CFPCT3

(d) 试件 CFPCT4

(e) 试件 CFPCT5

(f) 试件 CFPCT6

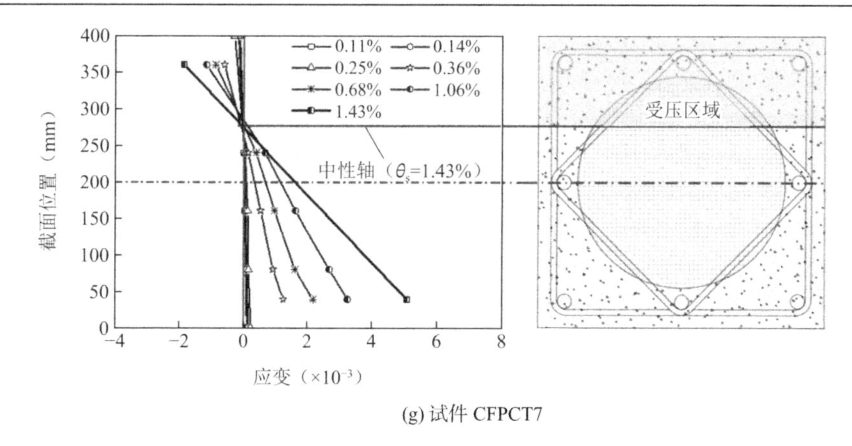

(g) 试件 CFPCT7

图 2.3-18　预制管组合柱截面应变分布

8. 箍筋应变分析

试件 CFPCT1～CFPCT7 的箍筋应变随荷载变化的关系曲线如图 2.3-19 所示，图中箍筋应变测点位于柱底第一层箍筋处，具体位置见图 2.3-4（b）。由于加载后期部分应变片失效，图中箍筋应变数据采用应变片失效前的有效数据。对比分析图 2.3-19 可知：

（1）开裂前各试件箍筋应变较小，剪力主要由混凝土承担，柱塑性铰区斜裂缝出现后，箍筋应变显著增大，表明由混凝土承担的剪力已转由与斜裂缝相交的箍筋承担，继续加载，箍筋应变随荷载的增加逐步增大。

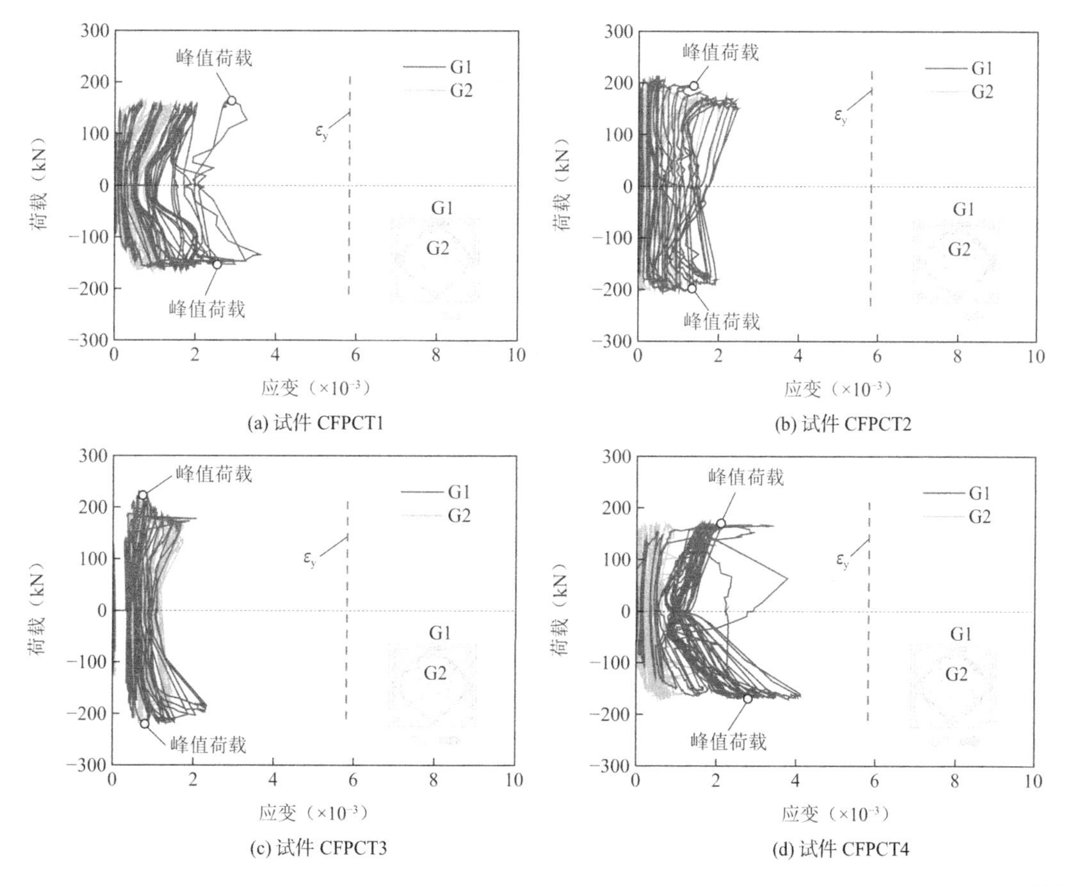

(a) 试件 CFPCT1　(b) 试件 CFPCT2

(c) 试件 CFPCT3　(d) 试件 CFPCT4

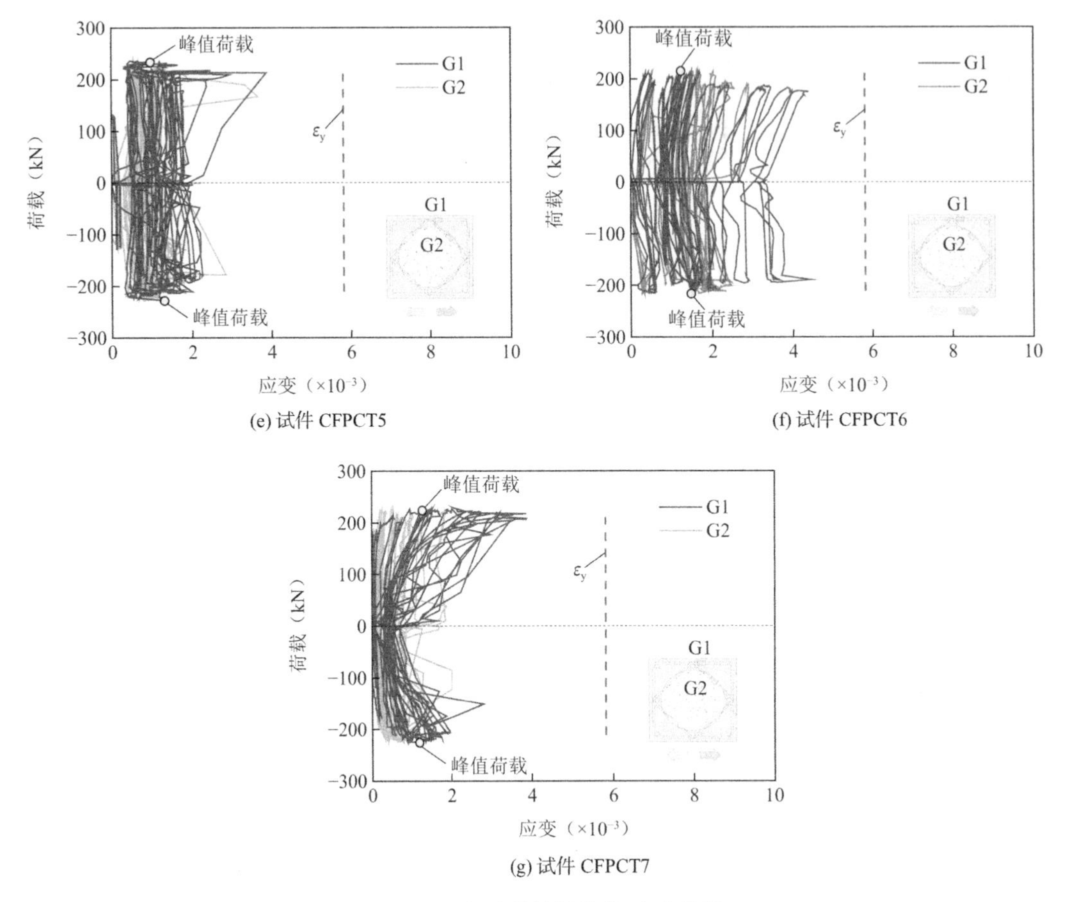

(e) 试件 CFPCT5

(f) 试件 CFPCT6

(g) 试件 CFPCT7

图 2.3-19　各试件箍筋荷载-应变曲线

（2）柱中 G1 测点的箍筋应变比 G2 测点的箍筋应变大，分析其原因为 G2 测点的箍筋位于柱内部，剪力在柱内有扩散，此外 G2 测点的箍筋与剪力方向存在夹角，故其应变的增长慢于 G1 测点。

（3）各试件达到峰值荷载时，其箍筋应变随轴压比、芯部混凝土强度和配箍率等参数的变化而有所差异，但总体上箍筋应变较小，对应的箍筋应力约为箍筋屈服强度的 25%～55%，峰值荷载后，箍筋应变有较快增长，但从有效的箍筋应变数据上看，箍筋尚未达到屈服。

综上，在反复荷载作用下，各试件箍筋在峰值荷载前均未达到屈服，箍筋处于弹性状态，峰值荷载后，柱承载力逐渐降低，但箍筋应变随着柱变形的增加而继续增大，表明高强箍筋对混凝土的约束作用逐渐增强。因此，对由外部高强混凝土预制管和芯部普通混凝土组成的预制管组合柱，使用高强箍筋可以达到较好的约束效果，能够有效改善构件的延性和弹塑性变形能力，有利于提高预制管组合柱的抗震性能。

9. 柱端弯矩-曲率关系

通过对各试件的柱端弯矩-曲率关系进行分析，可进一步研究水平反复荷载作用下预制管组合柱塑性铰的转动能力。利用试验过程中安装在各试件表面的竖向位移计 LVDT2 和 LVDT3［图 2.3-4（a）］所量测的数据，可得到加载过程中各试件的柱端弯矩-曲率关系。图 2.3-20（a）给出了柱端塑性铰区域平均曲率的计算示意图，其平均曲率（φ_c）可按式(2.3-4)计算得到。

$$\varphi_c = \frac{\delta_2 - \delta_3}{b_{p1} h_{p1}} \tag{2.3-4}$$

式中：b_{p1}、h_{p1}——取值见图 2.3-20（a）；

δ_2、δ_3——位移计 LVDT2 和 LVDT3 所量测的柱端竖向变形量。

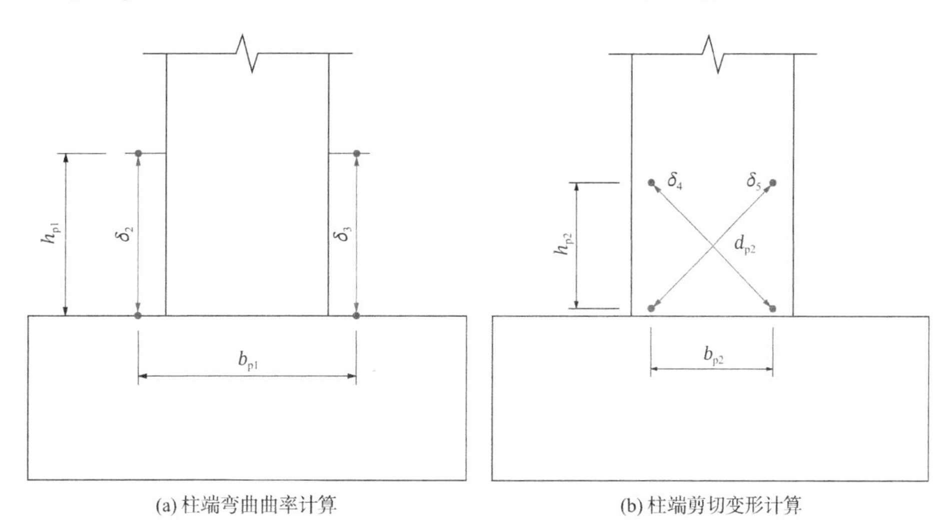

图 2.3-20　柱端弯曲曲率及剪切变形计算示意图

图 2.3-21 给出了试件 CFPCT1～CFPCT7 的柱端弯矩-曲率关系曲线。各试件特征点曲率及曲率延性系数列于表 2.3-6，表中曲率延性系数$\mu_\varphi = \varphi_u/\varphi_y$。对比分析图 2.3-21 和表 2.3-6 可知：

（1）各试件柱端弯矩-曲率滞回关系曲线较为饱满，其塑性铰区域平均曲率随荷载的增加而逐步增大，表明加载过程中各试件柱端变形以弯曲变形为主。

（2）轴压比对预制管组合柱塑性铰的转动能力影响显著。随着轴压比的增加，其转动能力降低明显。对比试件 CFPCT1、2、3，当轴压比由 0.15 分别增加至 0.20 和 0.25 时，极限曲率分别降低 29.5%和 45.3%，曲率延性系数分别降低 18.6%和 30.7%；对比试件 CFPCT4 和 CFPCT5，当轴压比由 0.15 增加至 0.20 时，极限曲率降低 27.4%，曲率延性系数降低24.2%。

（3）随着芯部混凝土强度的增加，预制管组合柱塑性铰的转动能力有一定程度的提高。相比试件 CFPCT1，试件 CFPCT4 的极限曲率提高约 10%，曲率延性系数提高约 20%；相比试件 CFPCT2，试件 CFPCT5 的极限曲率提高约 13%，曲率延性系数提高约 13%。

（4）预制管组合柱塑性铰的转动能力随配箍率的增加而提高。对比试件 CFPCT2、6、

7，当配箍率由 0.41%分别增加至 0.53%和 0.74%时，极限曲率分别提高 5.6%和 37%，曲率延性系数分别提高 9.1%和 43%。因此，增加配箍率有利于提高预制管组合柱塑性铰的转动能力，提高其抗倒塌能力。

（5）各试件曲率延性系数介于 5.44～9.49 之间，其值均大于 5.0，表明预制管组合柱能够满足地震作用下对框架结构中柱曲率延性性能的要求。

各试件特征点曲率及曲率延性系数　　　　**表 2.3-6**

试件编号	曲率（rad/m）			曲率延性系数μ_φ
	屈服曲率φ_y	峰值曲率φ_m	极限曲率φ_u	
CFPCT1	0.0129	0.0479	0.1015	7.85
CFPCT2	0.0112	0.0360	0.0715	6.39
CFPCT3	0.0102	0.0254	0.0555	5.44
CFPCT4	0.0117	0.0515	0.1115	9.49
CFPCT5	0.0113	0.0345	0.0810	7.19
CFPCT6	0.0108	0.0390	0.0755	6.97
CFPCT7	0.0107	0.0414	0.0980	9.14

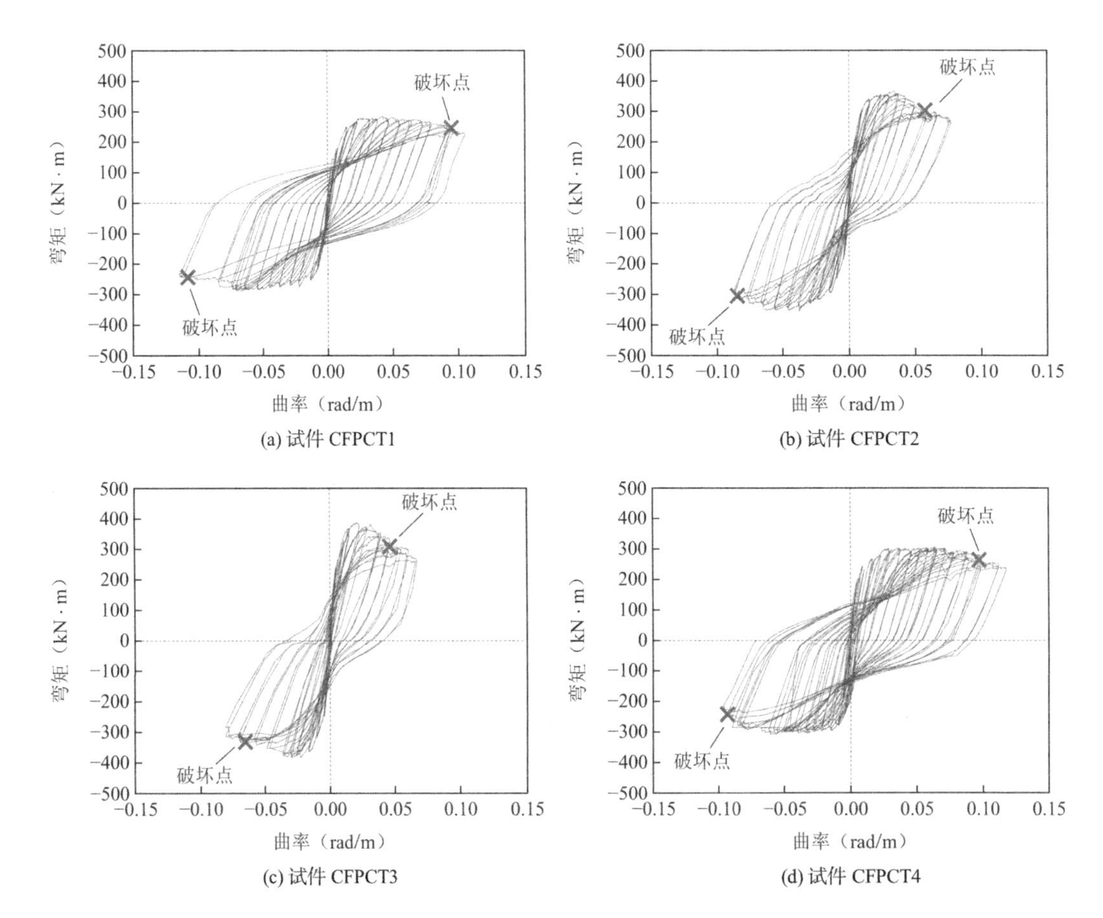

(a) 试件 CFPCT1　(b) 试件 CFPCT2　(c) 试件 CFPCT3　(d) 试件 CFPCT4

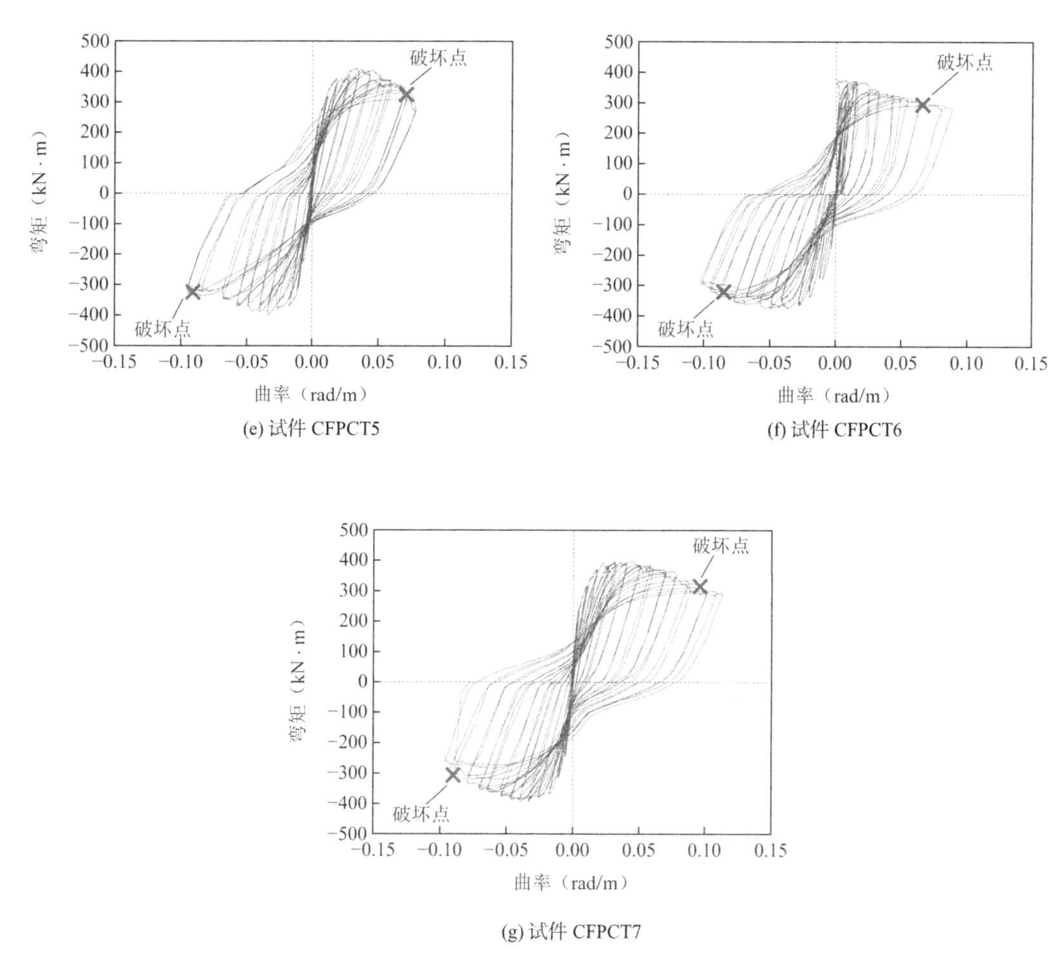

(e) 试件 CFPCT5

(f) 试件 CFPCT6

(g) 试件 CFPCT7

图 2.3-21　各试件柱端弯矩-曲率关系曲线

10. 柱端剪切变形

利用试验过程中安装在各试件柱端塑性铰区域的斜向位移计 LVDT4 和 LVDT5［图 2.3-4（a）］所量测的数据，可得到柱端塑性铰区域剪切变形随荷载变化的关系曲线。柱端剪切变形（γ_c）计算示意图见图 2.3-20（b），按下式计算：

$$\gamma_c = \frac{(\delta_4 - \delta_5)d_{p2}}{2b_{p2}h_{p2}} \tag{2.3-5}$$

式中：b_{p2}、h_{p2}、d_{p2}——取值见图 2.3-20（b）；

δ_4、δ_5——位移计 LVDT4 和 LVDT5 所量测的柱端塑性铰区域对角线长度变化量。

图 2.3-22 给出了试件 CFPCT1～CFPCT5 柱端剪切变形随荷载变化的关系曲线。由图可知：在加载过程中，各试件柱端塑性铰区域的剪切变形较小，表明柱端变形以弯曲变形为主，可忽略剪切效应的影响。

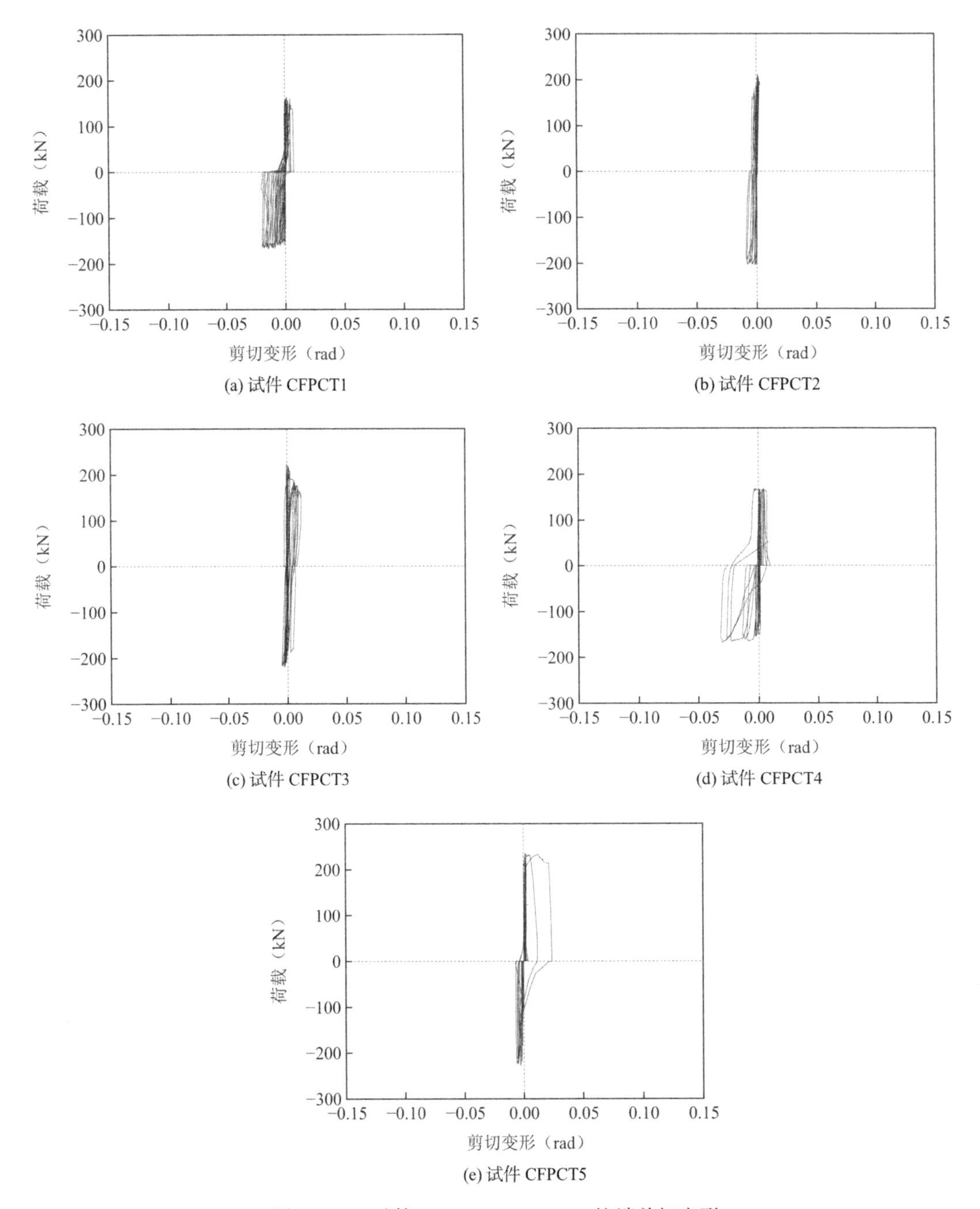

图 2.3-22 试件 CFPCT1～CFPCT5 柱端剪切变形

11. 塑性铰长度分析

在地震作用下，柱端塑性铰尤其是底层柱柱端塑性铰转动能力的不足是造成框架结构局部或整体破坏的重要原因之一。因此，作为框架结构中重要的竖向受力构件，预制管组合柱应具有一定的塑性转动能力。由前述分析可知，预制管组合柱柱端塑性铰的曲率延性系数介于 5.44～9.49 之间，具有较好的塑性转动能力。

抗震设计中，为保证结构达到“大震不倒”的抗震设防目标，或达到抗震性能化设计中更高的抗震设防目标，需要对整体结构进行大震下的弹塑性分析，其中柱端塑性铰长度是结构弹塑性分析时的一个重要参数。目前，国内外学者对钢筋混凝土构件的塑性铰长度及计算方法进行了大量研究，但由于塑性铰长度与截面弯矩大小、剪力分布、轴压比、纵筋直径、钢筋与混凝土间粘结性能等多种因素有关，离散性较大，故现有塑性铰长度的计算公式多为基于试验结果拟合得到的经验公式。鉴于本次试验试件数量有限，尚无法准确拟合出适用于预制管组合柱的塑性铰长度计算公式。因此，本书总结了国内外有代表性的塑性铰长度计算公式（表 2.3-7），并使用其计算公式对预制管组合柱的塑性铰长度进行预测，通过与本次试验数据对比，分析各计算方法对预制管组合柱的适用性。

塑性铰长度计算公式 **表 2.3-7**

编号	计算公式	公式来源
公式 1	$L_p = 0.06L + 32\sqrt{d_s}$	Mander[76]
公式 2	$L_p = 0.08L + 6d_s$	Priestley and Park[48]
公式 3	$L_p = k(1 + 0.1\lambda)(0.62 - 1.2n)h$	高振世[77]
公式 4	$L_p = 0.08L + 0.022f_y d_s$	Paulay and Priestley[78]
公式 5	$L_p = 0.0375L + 0.12f_y d_s/\sqrt{f_c}$	Berry 等[79]
公式 6	$L_p = (0.042 + 0.072n)L + 0.298h + 6.407d_s$	Ning 等[80]

注：L为柱计算高度；d_s为柱纵筋直径；k为考虑钢筋类型影响的系数，变形钢筋取 1.0，光面钢筋取 0.9；λ为剪跨比；n为轴压比；h为柱截面高度；f_y为纵筋屈服强度；f_c为混凝土抗压强度。

表 2.3-8 对比了不同试件塑性铰长度试验值与各计算公式的预测值，表中各试件塑性铰长度试验值（$L_{p,test}$）取柱端两侧塑性铰长度的平均值。对比分析表 2.3-8 可知，公式 5 的塑性铰长度计算值小于试验值，其$L_{p,cal}/L_{p,test}$比值的平均值为 0.90，变异系数为 0.08，预测结果偏于保守。相比之下，公式 4 和公式 6 的塑性铰长度计算值均大于试验值，二者均高估了构件的变形能力，预测结果偏于不安全。公式 1 和公式 2 塑性铰长度计算值与试验值比值的平均值分别为 1.05 和 1.08，变异系数均为 0.07，二者略微高估了试件的变形能力。公式 3 的塑性铰长度计算值与试验值较为接近，其$L_{p,cal}/L_{p,test}$比值的平均值为 0.96，变异系数为 0.09，预测结果略微偏于保守。总体来看，公式 3 的计算值较接近试验值，且考虑了较多参数的影响，适用性较好。因此，可采用公式 3 来预测预制管组合柱的塑性铰长度。

塑性铰长度计算值与试验值对比 **表 2.3-8**

试件编号	$L_{p,test}$	公式 1		公式 2		公式 3	
		$L_{p,cal}$	$L_{p,cal}/L_{p,test}$	$L_{p,cal}$	$L_{p,cal}/L_{p,test}$	$L_{p,cal}$	$L_{p,cal}/L_{p,test}$
CFPCT1	265	244	0.92	252	0.95	255	0.96
CFPCT2	237	244	1.03	252	1.06	220	0.93
CFPCT3	226	244	1.08	252	1.12	186	0.82
CFPCT4	236	244	1.03	252	1.07	255	1.08
CFPCT5	245	244	0.99	252	1.03	220	0.90

续表

试件编号	$L_{p,test}$	公式 1		公式 2		公式 3	
		$L_{p,cal}$	$L_{p,cal}/L_{p,test}$	$L_{p,cal}$	$L_{p,cal}/L_{p,test}$	$L_{p,cal}$	$L_{p,cal}/L_{p,test}$
CFPCT6	225	244	1.08	252	1.12	220	0.98
CFPCT7	205	244	1.19	252	1.23	220	1.08
平均值			1.05		1.08		0.96
变异系数			0.07		0.07		0.09
试件编号	$L_{p,test}$	公式 4		公式 5		公式 6	
		$L_{p,cal}$	$L_{p,cal}/L_{p,test}$	$L_{p,cal}$	$L_{p,cal}/L_{p,test}$	$L_{p,cal}$	$L_{p,cal}/L_{p,test}$
CFPCT1	265	318	1.20	211	0.80	330	1.24
CFPCT2	237	318	1.34	211	0.89	336	1.42
CFPCT3	226	318	1.41	211	0.94	343	1.52
CFPCT4	236	318	1.35	207	0.88	330	1.40
CFPCT5	245	318	1.30	207	0.85	336	1.37
CFPCT6	225	318	1.41	211	0.94	336	1.49
CFPCT7	205	318	1.55	211	1.03	336	1.64
平均值			1.37		0.90		1.44
变异系数			0.07		0.08		0.08

2.3.4 预制管组合柱累积损伤分析

在反复荷载作用下，钢筋混凝土构件的损伤随循环次数和荷载的增加不断累积，其累积损伤的增加使得构件抗震性能持续降低，并最终造成构件的破坏。现阶段，我国抗震设计规范主要采用“三水准”的抗震设防目标，即“小震不坏、中震可修、大震不倒”，但近年来随着抗震性能化设计的发展和应用，在抗震设计中如何定量确定结构构件在地震作用下的损伤程度成为性能化设计的关键。目前，国内外学者主要通过建立累积损伤模型来定量分析地震作用下结构或构件的损伤过程和损伤程度。根据模型中参数数量的不同，累积损伤模型主要分为单参数损伤模型和双参数损伤模型[81-86]，模型中通常使用损伤变量对结构或构件的损伤进行评估。损伤变量值一般在 0～1.0 之间变化，结构或构件无损伤时，其值为 0；结构或构件完全破坏时，其值为 1.0；结构或构件产生损伤但未完全破坏时，其值介于 0～1.0 之间。因此，通过受力过程中结构或构件损伤变量值的大小即可对其损伤程度和损伤状态进行分析和判断。

本书采用文献[86]提出的基于能量耗散原理的累积损伤模型对 7 个试件的累积损伤进行分析和评估，以研究预制管组合柱在地震作用下的损伤过程和损伤程度，并基于试验和分析结果建立预制管组合柱的地震损伤评估标准，为其损伤评估和抗震性能化设计提供依据。

1. 累积损伤模型

依据构件在低周反复荷载作用下的滞回性能，基于能量耗散原理并以构件在理想无损状态下外力所作功为初始标量，建立了适用于钢筋混凝土构件的累积损伤模型，其表达式如下：

$$D_{\mathrm{i}}=\frac{W_{\mathrm{i}}-\left(W_{\mathrm{pi}}+W_{\mathrm{ei}}\right)}{W_{\mathrm{i}}} \tag{2.3-6}$$

$$W_{\mathrm{i}}=K_{\mathrm{i0}}\Delta_i^2 \tag{2.3-7}$$

$$W_{\mathrm{pi}}+W_{\mathrm{ei}}=\int_{\Delta_{i0}}^{\Delta_i}f_1(\Delta_i)\mathrm{d}\Delta_i+\int_{\Delta_{i1}}^{-\Delta_i}f_2(-\Delta_i)\mathrm{d}\Delta_i \tag{2.3-8}$$

式中：　D_{i}——累积损伤指数；

W_{i}——外力所作功，$W_{\mathrm{i}}=W_{\mathrm{pi}}+W_{\mathrm{ei}}+W_{\mathrm{di}}$；$W_{\mathrm{di}}$为损伤耗散能；

W_{pi}——塑性变形能；

W_{ei}——弹性变形能；

K_{i0}——构件初始割线刚度；

Δ_i——第i循环时正向或负向的最大变形；

$f_1(\Delta_i)$、$f_2(-\Delta_i)$——第i循环正向和负向的加载函数；

Δ_{i0}——第$i-1$循环反向卸载为零时的残余变形；

Δ_{i1}——第i循环正向卸载为零时的残余变形。

各参数具体定义如图 2.3-23 所示。

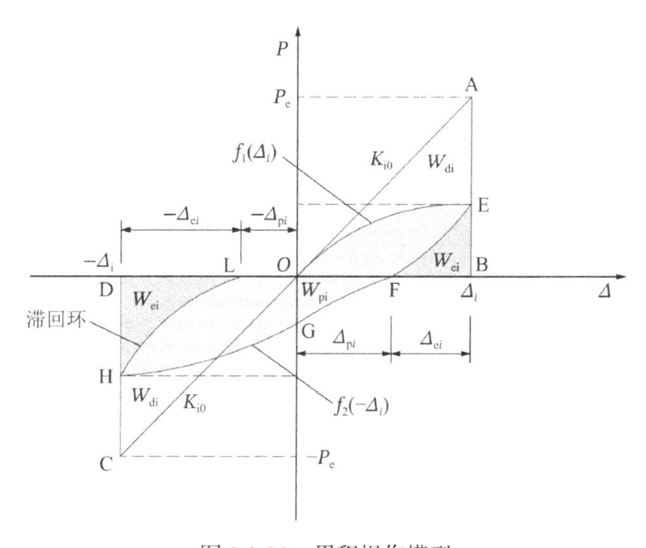

图 2.3-23　累积损伤模型

2. 累积损伤分析

试件 CFPCT1～CFPCT7 累积损伤指数随位移变化的关系曲线如图 2.3-24 所示，表 2.3-9 给出了各试件主要阶段的累积损伤指数。分析图 2.3-24 和表 2.3-9 可知：

（1）各试件的累积损伤发展可大致划分为四个阶段：第一阶段为开始加载至试件初始开裂，该阶段试件损伤较小，至初始开裂时，各试件累积损伤指数介于 0.053～0.161 之间，试件基本完好；第二阶段为初始开裂至试件屈服，该阶段试件累积损伤发展较快，至试件屈服时，各试件累积损伤指数介于 0.356～0.429 之间；第三阶段为试件屈服至荷载达到峰值，屈服后，各试件累积损伤继续快速增长，接近峰值荷载时逐渐趋于平缓，达到峰值荷载时，各试件累积损伤指数介于 0.647～0.783 之间；第四阶段为试件达到峰值荷载至承载力下降到峰值荷载的 85%，该阶段各试件累积损伤发展变缓，并逐渐趋于稳定，至试件破坏时，各试件累积损伤指数介于 0.781～0.867 之间。

（2）试件屈服前，轴压比对各试件累积损伤的影响较小。屈服后，轴压比较大试件的累积损伤发展要快于轴压比较小的试件，在相同位移水平下，累积损伤指数随轴压比的增加而增大，表明轴压比的增加加快了柱损伤的发展，对预制管组合柱的抗震性能不利。

（3）对不同芯部混凝土强度的试件，其累积损伤曲线基本一致，芯部混凝土强度的差异对预制管组合柱累积损伤的发展影响不明显，如图 2.3-24（c）和图 2.3-24（d）所示。

（4）配箍率较大试件的累积损伤发展要明显慢于配箍率较小的试件，在相同位移水平下，试件累积损伤指数随配箍率的增加而减小。表明增加配箍率可延缓柱损伤的发展，有利于提高预制管组合柱在地震作用下的变形性能和抗倒塌能力。

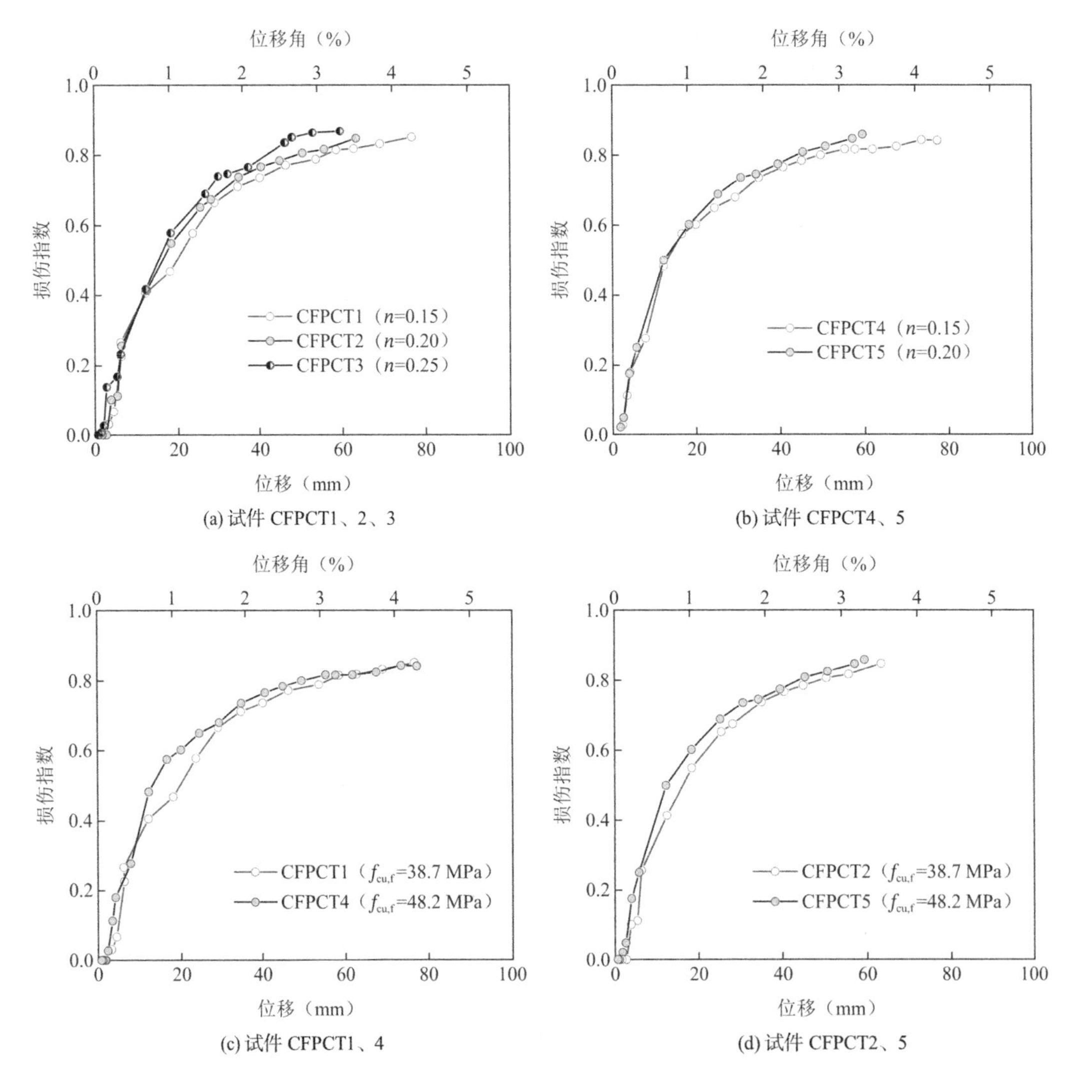

(a) 试件 CFPCT1、2、3

(b) 试件 CFPCT4、5

(c) 试件 CFPCT1、4

(d) 试件 CFPCT2、5

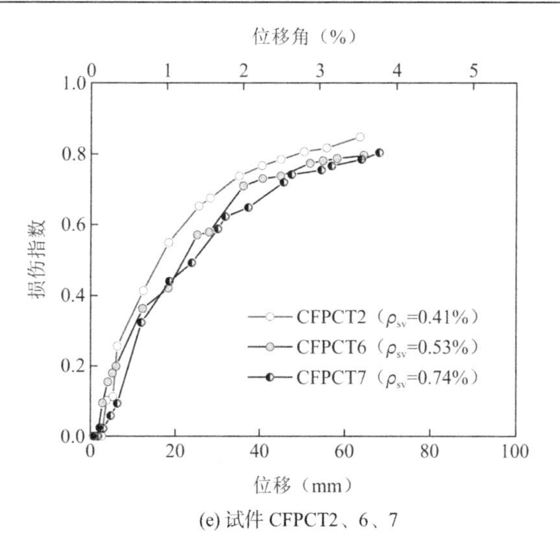

(e) 试件 CFPCT2、6、7

图 2.3-24 各试件累积损伤曲线

各试件主要阶段累积损伤指数 **表 2.3-9**

试件编号	累积损伤指数			
	初始开裂	屈服	峰值	破坏
CFPCT1	0.053	0.405	0.710	0.838
CFPCT2	0.110	0.413	0.737	0.847
CFPCT3	0.161	0.418	0.746	0.867
CFPCT4	0.075	0.410	0.783	0.843
CFPCT5	0.115	0.429	0.735	0.858
CFPCT6	0.123	0.362	0.708	0.795
CFPCT7	0.058	0.356	0.647	0.781

根据预制管组合柱低周反复加载试验结果以及各试件累积损伤指数，本书对预制管组合柱的损伤状态进行了划分，即无损伤、轻微损伤、轻度损伤、中度损伤、重度损伤和破坏失效。同时，基于试验现象给出了各损伤状态下预制管组合柱的损伤描述，并定量确定了各损伤状态所对应的损伤指数范围。预制管组合柱损伤状态划分及对应的损伤指数见表 2.3-10。

预制管组合柱损伤状态划分及对应的损伤指数 **表 2.3-10**

损伤状态	损伤指数	基于试验现象的损伤描述	破坏程度	修复状态
无损伤	0	构件未见裂缝，无损伤	完好	无需修复
轻微损伤	0～0.20	构件初始开裂，强度、刚度无退化，残余变形较小，基本处于弹性受力状态，构件轻微损伤	基本完好	无需修复
轻度损伤	0.20～0.35	构件开裂较为明显，有交叉斜裂缝形成，刚度略有退化，残余变形小，纵筋尚未屈服，构件轻度损伤	轻微破坏	较易修复
中度损伤	0.35～0.60	构件开裂较为严重，刚度退化较为明显，纵筋屈服，残余变形明显，塑性铰区混凝土保护层出现轻微剥落，构件中度损伤	中等破坏	可以修复
重度损伤	0.60～0.80	构件塑性铰形成，混凝土压溃，纵筋屈曲，箍筋外露，强度、刚度退化严重，残余变形较大，构件重度损伤	严重破坏	需排险大修
破坏失效	＞0.80	构件丧失承载力能力	倒塌	不可修复

2.3.5　预制管组合柱正截面承载力计算

在竖向轴压力和水平反复荷载共同作用下，外部预制管和芯部混凝土能够整体协同工作，预制管组合柱具有较好的抗震性能。在试验研究和数值模拟分析的基础上，基于极限强度理论推导了适用于预制管组合柱的正截面承载力简化计算公式。

1. 截面纤维单元法

试验结果表明，在竖向轴压力和水平反复荷载共同作用下，预制管组合柱的外部预制管与芯部混凝土间未出现相对滑移，两者间能够整体协同工作，其截面应变分布符合平截面假定。因此，可采用截面纤维单元法[87]对预制管组合柱的正截面承载力进行计算。结合试验分析结果，预制管组合柱正截面承载力计算时采用以下基本假定：（1）受力过程中截面应变为线性分布，满足平截面假定；（2）忽略混凝土的受拉强度；（3）外部预制管与芯部混凝土变形协调；（4）钢筋的应力-应变关系采用双折线模型；柱保护层混凝土本构模型采用受压应力-应变关系；箍筋内侧核心混凝土本构模型采用文献[76]中建议的受压应力-应变关系，考虑箍筋的约束作用。

基于上述基本假定，根据截面纤维单元法将柱截面划分为有限多个混凝土单元和钢筋单元（图 2.3-25），近似取单元内应变和应力为均匀分布，单元重心为合力点。预制管组合柱在压弯荷载作用下，其正截面应力和应变分布如图 2.3-25 所示。根据平截面假定，可得到截面任意纤维单元处的应变，如下式所示。

$$\varepsilon_{ci}=\frac{\varepsilon_c(y_{ci}-\gamma_n)}{x_n} \tag{2.3-9}$$

由截面静力平衡条件，可得到以下基本方程：

$$\sum N=0, N=\sum_{i=1}^{l_c}\sigma_{ci}A_{ci}-\sum_{j=1}^{m_s}\sigma_{sj}A_{sj} \tag{2.3-10}$$

$$\sum M=0, M=\sum_{i=1}^{l_c}\sigma_{ci}A_{ci}y_{ci}-\sum_{j=1}^{m_s}\sigma_{sj}A_{sj}y_{sj} \tag{2.3-11}$$

式中：ε_c——截面受压区外边缘混凝土压应变，极限压应变ε_{cu}取 0.003；

ε_{ci}、σ_{ci}——第i个混凝土单元的应变和应力，受压为正值；

σ_{sj}——第j个钢筋单元的应力，受拉为正值；

A_{ci}——第i个混凝土单元面积；

A_{sj}——第j个钢筋单元面积；

y_{ci}——第i个混凝土单元到x轴的距离；

y_{sj}——第j个钢筋单元到x轴的距离；

l_c——混凝土单元数；

m_s——钢筋单元数；

M、N——作用在柱截面上的弯矩和轴力；

γ_n——中性轴至x轴的距离；

x_n——中性轴至受压区外边缘的距离。

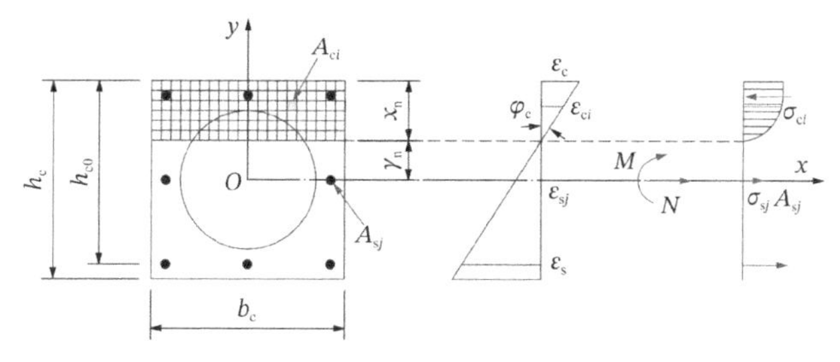

图 2.3-25　正截面应力及应变分布

对截面尺寸和配筋已知的预制管组合柱，可根据上述基本方程按下列流程对其正截面承载力进行计算，即：（1）给定一初始轴压力N值；（2）设定x_n初始值，计算各纤维对应的应变和应力值，验算式(2.3-10)是否满足静力平衡条件，若不满足，则调整x_n值，直到满足静力平衡条件为止；（3）由式(2.3-11)计算M值；（4）按一定增量增大N值，直至N_u。重复上述步骤即可得到该截面的N-M相关曲线。

根据截面纤维单元法计算得到的各试件N-M相关曲线如图 2.3-26 所示，试件 CFPCT1～CFPCT7 承载力计算值与试验值的对比见表 2.3-11。对比分析图 2.3-26 和表 2.3-11 可知，采用截面纤维单元法计算得到的预制管组合柱受弯承载力计算值与试验值吻合较好，其M_{c1}/M_t比值的平均值为 1.07，变异系数为 0.06。表明采用截面纤维单元法可以较好地预测预制管组合柱的压弯承载力，其预测值略高于试验值。

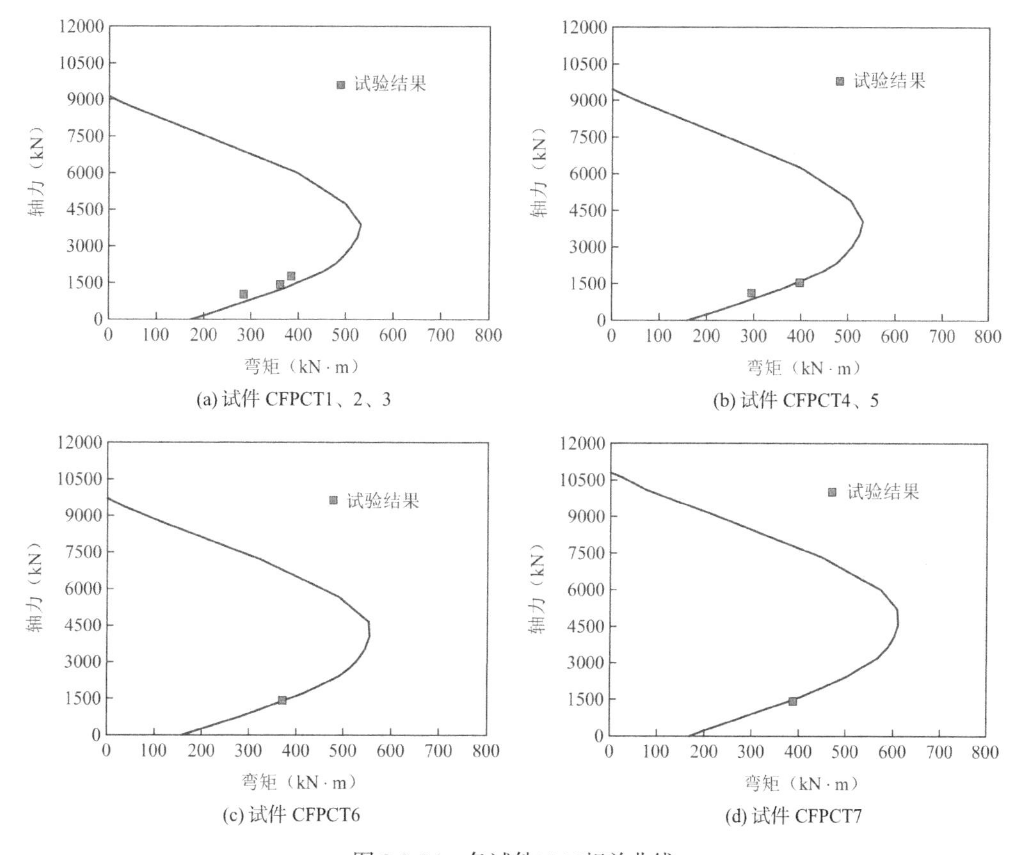

图 2.3-26　各试件N-M相关曲线

预制管组合柱承载力计算值与试验值对比　　表 2.3-11

试件编号	N（kN）	M_t（kN·m）	M_{c1}（kN·m）	M_{c1}/M_t
CFPCT1	1020	284.84	332.09	1.17
CFPCT2	1425	361.92	383.62	1.06
CFPCT3	1760	385.41	429.31	1.11
CFPCT4	1120	295.28	334.01	1.13
CFPCT5	1550	397.59	394.74	0.99
CFPCT6	1425	371.84	386.64	1.04
CFPCT7	1425	388.89	391.36	1.01
平均值				1.07
变异系数				0.06

注：N为轴压力；M_t为试验得到的柱受弯承载力，$M_t = P_m H_n$，P_m为峰值荷载，H_n为加载点至柱底的距离；M_{c1}为截面纤维单元法计算得到的柱受弯承载力。

2. 简化计算公式推导

由前述分析可知，在压弯荷载共同作用下，预制管组合柱表现出较好的整体协同工作性能，利用截面纤维单元法计算的柱压弯承载力与试验结果吻合较好，表明在预制管组合柱正截面承载力计算中使用平截面假定是合理的，截面纤维单元法可以较好地预测预制管组合柱的压弯承载力。但是，截面纤维单元法的计算较为复杂，不便在工程设计中应用。因此，基于极限强度理论，本书推导了适用于预制管组合柱的正截面承载力简化计算公式。为简化计算，采用以下基本假定：

（1）受力过程中截面应变为线性分布，满足平截面假定；

（2）忽略混凝土的受拉强度；

（3）外部预制管与芯部混凝土变形协调；

（4）按等效矩形应力图考虑受压区混凝土作用；

（5）受压区混凝土合力采用叠加方式。

基于上述基本假定，由平衡条件可得到预制管组合柱正截面承载力计算的基本公式。根据极限状态时截面的应变分布特征，预制管组合柱的正截面承载力计算可分为以下四种情形：

（1）情形一

当混凝土受压区高度$x \leqslant h_c/2 - r$时，中性轴未通过芯部混凝土，混凝土受压区高度在外部预制管管壁内，芯部混凝土全截面位于受拉区，如图 2.3-27 所示。此时，由力的平衡条件，预制管组合柱的压弯承载力可按式(2.3-12)～式(2.3-19)进行计算。

$$\sum N = 0, N = F_{cp} + F_{sc} - F_{st} \tag{2.3-12}$$

$$\sum M = 0, M = M_{cp} + M_{sc} + M_{st} \tag{2.3-13}$$

$$F_{cp} = \alpha_p f_{c,p} b_c x \tag{2.3-14}$$

$$F_{sc} = A'_s f'_y \tag{2.3-15}$$

$$F_{st} = A_s f_y \tag{2.3-16}$$

$$M_{cp} = \frac{F_{cp}(h_c - x)}{2} = \frac{1}{2}\alpha_p f_{c,p} b_c x (h_c - x) \tag{2.3-17}$$

$$M_{sc} = F_{sc}\left(\frac{h_c}{2} - a'_s\right) = A'_s f'_y \left(\frac{h_c}{2} - a'_s\right) \tag{2.3-18}$$

$$M_{st} = F_{st}\left(\frac{h_c}{2} - a_s\right) = A_s f_y \left(\frac{h_c}{2} - a_s\right) \tag{2.3-19}$$

式中：F_{cp}——外部预制管混凝土合力；

F_{sc}、F_{st}——受压区和受拉区钢筋合力；

M_{cp}——外部预制管混凝土合力对x轴的弯矩；

M_{cp}、M_{st}——受压区和受拉区钢筋合力对x轴的弯矩；

α_p——系数，其值取 0.98；

$f_{c,p}$——外部预制管混凝土轴心抗压强度；

b_c、h_c——柱截面宽度和高度；

x——混凝土受压区高度；

A'_s、A_s——受压和受拉钢筋面积；

f'_y、f_y——钢筋受压和受拉强度；

a'_s、a_s——受压和受拉钢筋合力点至受压和受拉边缘的距离。

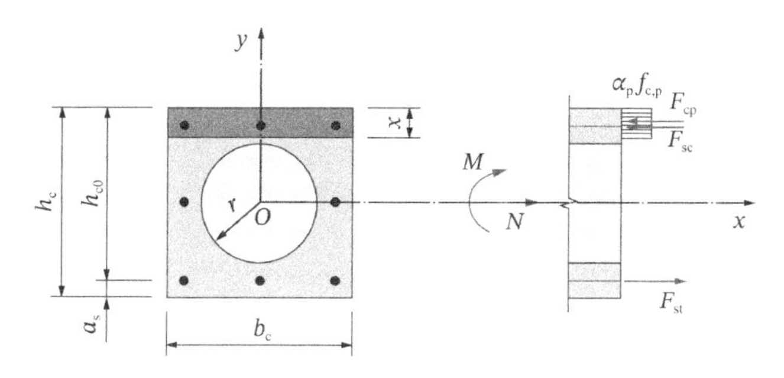

图 2.3-27　预制管组合柱正截面承载力计算简图（情形一）

（2）情形二

当$h_c/2 - r < x \leqslant h_c/2$时，中性轴通过芯部混凝土，如图 2.3-28 所示。此时，由力的平衡条件，预制管组合柱的压弯承载力可按式(2.3-20)～式(2.3-29)进行计算。

$$\sum N = 0, N = F_{cp} + F_{cf} + F_{sc} - F_{st} \tag{2.3-20}$$

$$\sum M = 0, M = M_{cp} + M_{cf} + M_{sc} + M_{st} \tag{2.3-21}$$

$$F_{cp} = \alpha_p f_{c,p} b_c x - \alpha_p f_{c,p} r^2 \left[\frac{\pi}{2} - \arcsin\frac{y_0}{r} - \frac{1}{2}\sin\left(2\arcsin\frac{y_0}{r}\right)\right] \tag{2.3-22}$$

$$F_{cf} = \alpha_f f_{c,f} r^2 \left[\frac{\pi}{2} - \arcsin\frac{y_0}{r} - \frac{1}{2}\sin\left(2\arcsin\frac{y_0}{r}\right)\right] \tag{2.3-23}$$

$$F_{sc} = A'_s f'_y \tag{2.3-24}$$

$$F_{st} = A_s f_y \tag{2.3-25}$$

$$M_{cp} = \frac{1}{2}\alpha_p f_{c,p}(h_c - x)\left\{b_c x - r^2\left[\frac{\pi}{2} - \arcsin\frac{y_0}{r} - \frac{1}{2}\sin\left(2\arcsin\frac{y_0}{r}\right)\right]\right\} \tag{2.3-26}$$

$$M_{cf} = \frac{2}{3}\alpha_f f_{c,f}\left[r^2 - \left(\frac{h_c}{2} - x\right)^2\right]^{\frac{3}{2}} \tag{2.3-27}$$

$$M_{sc} = A'_s f'_y\left(\frac{h_c}{2} - a'_s\right) \tag{2.3-28}$$

$$M_{st} = A_s f_y\left(\frac{h_c}{2} - a_s\right) \tag{2.3-29}$$

式中：F_{cp}——芯部混凝土合力；

M_{cf}——芯部混凝土合力对x轴的弯矩；

y_0——中性轴至x轴的距离，$y_0 = h_c/2 - x$；

α_f——系数，其值取 1.0；

$f_{c,f}$——芯部混凝土轴心抗压强度。

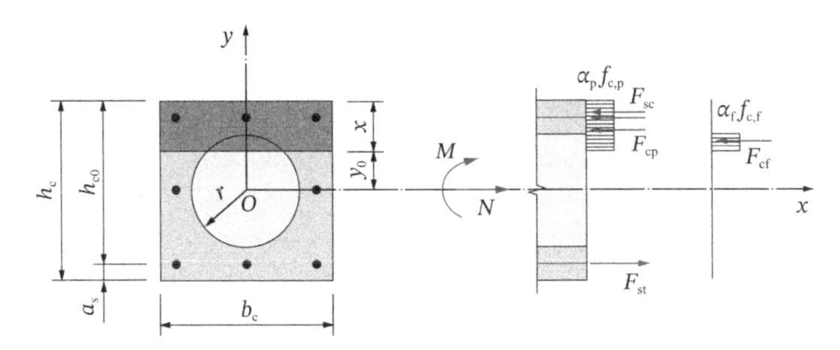

图 2.3-28　预制管组合柱正截面承载力计算简图（情形二）

（3）情形三

当$h_c/2 < x \leqslant h_c/2 + r$时，中性轴通过芯部混凝土，如图 2.3-29 所示。此时，由力的平衡条件，预制管组合柱的压弯承载力可按式(2.3-30)～式(2.3-40)进行计算。

$$\sum N = 0, N = F_{cp} + F_{cf} + F_{sc} - F_{st} \tag{2.3-30}$$

$$\sum M = 0, M = M_{cp} + M_{cf} + M_{sc} + M_{st} \tag{2.3-31}$$

$$F_{cp} = \alpha_p f_{c,p} b_c x - \alpha_p f_{c,p} r^2\left[\frac{\pi}{2} + \arcsin\frac{y_0}{r} + \frac{1}{2}\sin\left(2\arcsin\frac{y_0}{r}\right)\right] \tag{2.3-32}$$

$$F_{cf} = \alpha_f f_{c,f} r^2\left[\frac{\pi}{2} + \arcsin\frac{y_0}{r} + \frac{1}{2}\sin\left(2\arcsin\frac{y_0}{r}\right)\right] \tag{2.3-33}$$

$$F_{sc} = A'_s f'_y \tag{2.3-34}$$

$$F_{st} = A_s \sigma_s \tag{2.3-35}$$

$$M_{cp} = \frac{1}{2}\alpha_p f_{c,p}(h_c - x)\left\{b_c x - r^2\left[\frac{\pi}{2} + \arcsin\frac{y_0}{r} + \frac{1}{2}\sin\left(2\arcsin\frac{y_0}{r}\right)\right]\right\} \tag{2.3-36}$$

$$M_{cf} = \frac{2}{3}\alpha_f f_{c,f}\left[r^2 - \left(x - \frac{h_c}{2}\right)^2\right]^{\frac{3}{2}} \tag{2.3-37}$$

$$M_{sc} = A'_s f'_y\left(\frac{h_c}{2} - a'_s\right) \tag{2.3-38}$$

$$M_{st} = A_s\sigma_s\left(\frac{h_c}{2} - a_s\right) \tag{2.3-39}$$

$$\sigma_s = \frac{(x/h_0 - \beta)f_y}{(x_b/h_0 - \beta)} \tag{2.3-40}$$

式中：y_0——中性轴至x轴的距离，$y_0 = x - h_{c0}/2$；h_{c0}为柱截面有效高度；

β——系数，其值取 0.78；

x_b——界限受压区高度。

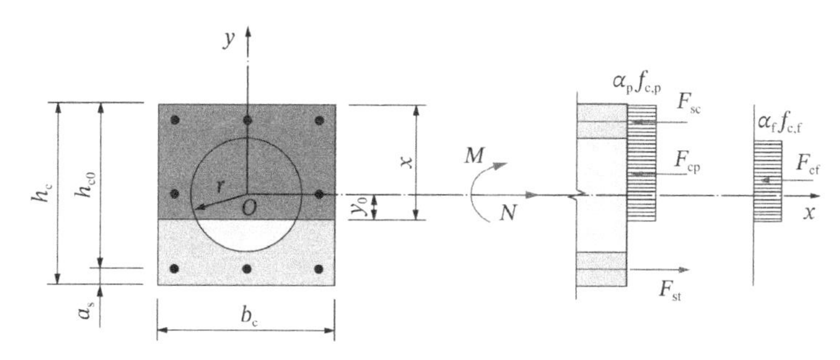

图 2.3-29 预制管组合柱正截面承载力计算简图（情形三）

（4）情形四

当$h_c/2 + r < x \leqslant h_c$时，芯部混凝土全截面位于受压区，如图 2.3-30 所示。此时，由力的平衡条件，预制管组合柱的压弯承载力可按式(2.3-41)～式(2.3-50)进行计算。

$$\sum N = 0, N = F_{cp} + F_{cf} + F_{sc} - F_{st} \tag{2.3-41}$$

$$\sum M = 0, M = M_{cp} + M_{sc} + M_{st} \tag{2.3-42}$$

$$F_{cp} = \alpha_p f_{c,p}(b_c x - \pi r^2) \tag{2.3-43}$$

$$F_{cf} = \alpha_f f_{c,f}\pi r^2 \tag{2.3-44}$$

$$F_{sc} = A'_s f'_y \tag{2.3-45}$$

$$F_{st} = A_s\sigma_s \tag{2.3-46}$$

$$M_{cp} = \frac{1}{2}\alpha_p f_{c,p}(h_c - x)(b_c x - \pi r^2) \tag{2.3-47}$$

$$M_{sc} = A'_s f'_y\left(\frac{h_c}{2} - a'_s\right) \tag{2.3-48}$$

$$M_{st} = A_s\sigma_s\left(\frac{h_c}{2} - a_s\right) \tag{2.3-49}$$

$$\sigma_s = \frac{(x/h_0 - \beta)f_y}{(x_b/h_0 - \beta)} \tag{2.3-50}$$

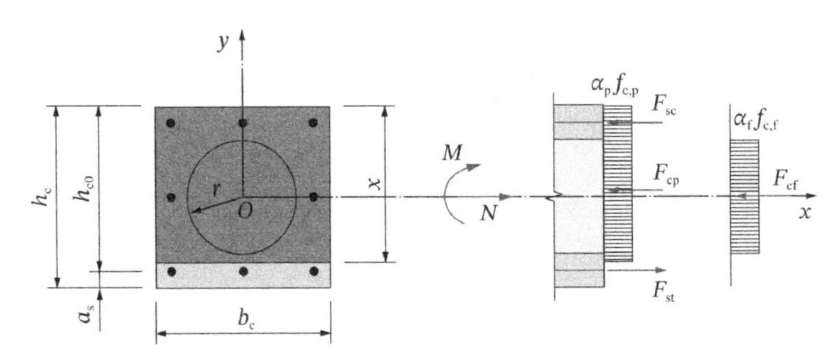

图 2.3-30　预制管组合柱正截面承载力计算简图（情形四）

3. 公式验证

采用上述所推导的预制管组合柱正截面承载力简化计算公式，对 7 个试件的压弯承载力进行计算，并与试验数据对比分析，其结果见表 2.3-12。图 2.3-31 给出了本书推导公式的计算值与试验值的比较。由表 2.3-12 和图 2.3-31 可知，计算值与试验值比值的平均值为 0.92，变异系数为 0.05，计算值与试验值吻合较好，计算结果整体偏于安全，离散性较小。对试件 CFPCT6 和 CFPCT7，由于计算中未考虑高强连续螺旋箍筋约束作用对混凝土强度的提高，其计算值与试验值的误差相对较大，但其误差均在 15%以内。根据试验和数值模拟的分析结果，为使预制管组合柱的设计具有一定的安全度，建议在其压弯承载力计算时不考虑高强连续螺旋箍筋对混凝土强度的提高作用。

综上，对压弯荷载作用下发生受压弯曲破坏模式的预制管组合柱，可采用本书推导的简化计算公式对其压弯承载力进行计算。

预制管组合柱承载力计算值与试验值对比　　　　**表 2.3-12**

试件编号	N（kN）	M_t（kN·m）	M_{c2}（kN·m）	M_{c2}/M_t
CFPCT1	1020	284.84	281.78	0.99
CFPCT2	1425	361.92	337.21	0.93
CFPCT3	1760	385.41	357.42	0.93
CFPCT4	1120	295.28	290.66	0.98
CFPCT5	1550	397.59	344.96	0.87
CFPCT6	1425	371.84	337.21	0.91
CFPCT7	1425	388.89	337.21	0.87
平均值				0.92
变异系数				0.05

注：N为轴压力；M_t为试验得到的柱受弯承载力；M_{c2}为本书推导公式计算得到的柱受弯承载力。

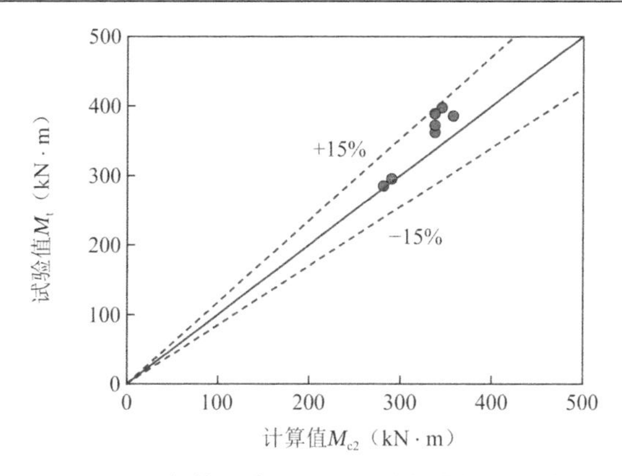

图 2.3-31 预制管组合柱承载力计算值与试验值比较

2.3.6 小结

（1）预制管组合柱的破坏模式为受压弯曲破坏，柱根部塑性铰开展较为充分。芯部混凝土与外部预制管壁接触界面保持完好，未出现滑移现象，两者间变形基本协调，具有较好的整体协同工作性能。

（2）预制管组合柱的压弯承载力随轴压比的增加而提高；在较高轴压比水平下，提高芯部混凝土强度对柱承载力的提高作用更明显；增加体积配箍率对柱承载力的提高作用不明显，但对其峰值后阶段的弹塑性变形能力有较大改善。

（3）在反复荷载作用下，预制管组合柱的延性系数介于 3.77～5.97 之间，满足延性系数大于 3.0 的要求，除试件 CFPCT3 处于中等延性水平等级外，其他试件均处于高延性水平等级，预制管组合柱具有较好的延性性能。轴压比的增加对柱延性性能有不利影响，而体积配箍率的增加能有效改善柱的延性性能，提高其弹塑性变形能力。

（4）预制管组合柱的承载力降低系数随位移的增加而逐渐减小，加载过程的承载力降低系数维持在 0.91 以上，其承载力退化较为稳定。轴压比对柱在峰值后阶段的承载力退化特性影响较大，峰值荷载后，轴压比越大，承载力退化越快。与体积配箍率较小的柱相比，体积配箍率较大的柱表现出更稳定的承载力退化特性。

（5）轴压比对预制管组合柱的初始刚度影响较大，其初始刚度随轴压比的增加而显著提高，而芯部混凝土强度和体积配箍率对柱初始刚度影响较小。预制管组合柱的刚度退化趋势基本一致，加载初期退化较快，峰值荷载后逐渐趋于平缓，整个加载过程中未出现明显的刚度突变；刚度退化随轴压比的增加呈加快趋势，而随体积配箍率的增加呈减缓趋势。

（6）预制管组合柱在峰值荷载时的等效黏滞阻尼系数介于 0.0940～0.1549 之间，其耗能能力较好，具有与普通钢筋混凝土柱相当的能量耗散能力。

（7）在峰值荷载前，预制管组合柱柱底截面应变基本呈线性分布，符合平截面假定的平均应变分布特征。

（8）预制管组合柱的箍筋在峰值荷载前均未达到屈服，箍筋处于弹性状态，峰值荷载后，柱承载力逐渐下降，但箍筋应变继续增大，其对混凝土的约束作用逐渐增强。高强箍筋能够有效约束内部混凝土，改善柱的延性和弹塑性变形能力。

（9）预制管组合柱的累积损伤发展可划分为四个阶段，第一阶段为开始加载至柱初始开裂，该阶段柱损伤较小，基本完好；第二阶段为柱初始开裂至柱屈服，该阶段柱累积损伤处于快速发展阶段；第三阶段为柱屈服至荷载达到峰值，该阶段累积损伤发展仍较快，但在接近峰值荷载时趋于平缓；第四阶段为荷载达到峰值至柱破坏，该阶段柱累积损伤发展变缓并逐渐趋于稳定。轴压比的增加加快了柱损伤的发展，对柱抗震性能不利；增加体积配箍率可减缓柱损伤的发展，有利于提高预制管组合方柱在地震作用下的变形性能和抗倒塌能力。

（10）为便于工程应用，在试验研究和理论分析的基础上，基于极限强度理论推导了适用于预制管组合柱的正截面承载力简化计算公式，并利用所推导公式对各试件的压弯承载力进行了计算，其计算值与试验值比值的平均值为 0.92，变异系数为 0.05，计算值与试验值吻合较好，且偏于安全，离散性较小。因此，对于压弯荷载作用下发生弯曲破坏模式的预制管组合方柱，可采用推导的简化计算公式对其正截面承载力进行计算。

参考文献

[1] 住房和城乡建设部. 混凝土结构试验方法标准: GB/T 50152—2012[S]. 北京: 中国建筑工业出版社, 2012.

[2] 住房和城乡建设部. 建筑抗震设计规范: GB 50011—2010[S]. 北京: 中国建筑工业出版社, 2010.

[3] 过镇海. 混凝土的强度和本构关系-原理与应用[M]. 北京:中国建筑工业出版社, 2004.

[4] 住房和城乡建设部. 普通混凝土力学性能试验方法标准: GB/T 50081—2002[S]. 北京: 中国建筑工业出版社, 2003.

[5] 国家市场监督管理总局. 金属材料 拉伸试验 第 1 部分: 室温试验方法: GB/T 228.1—2021[S]. 北京: 中国标准出版社, 2021.

[6] Park R. Evaluation of ductility of structures and structural assemblages from laboratory testing[J]. Bulletin of the New Zealand National Society for Earthquake Engineering, 1989, 22(3): 155-166.

[7] Zhang X Z, Zhang S H, Niu S X. Experimental studies on seismic behavior of precast hybrid steel-concrete beam[J]. Advances in Structural Engineering, 2019, 22(3): 670-686.

[8] 赵国藩. 高等钢筋混凝土结构学[M]. 北京: 机械工业出版社, 2008.

[9] Morrison K E C, Bonet J L, Gregori J N, et al. Behaviour of steel fiber reinforced normal strength concrete slender columns under cyclic loading[J]. Engineering Structures, 2012, 39(8): 162-175.

[10] 方小丹, 孙孝明, 韦宏. 钢管高强混凝土剪力墙受剪性能试验研究[J]. 建筑结构学报, 2018, 39(11): 82-93.

[11] Cassese P, Ricci P and Verderame G M. Experimental study on the seismic performance of existing reinforced concrete bridge piers with hollow rectangular section[J]. Engineering Structures, 2017, 144(3):

88-106.

[12] 李忠献. 工程结构试验理论与技术[M]. 天津: 天津大学出版社, 2004.

[13] 王鹰宇. ABAQUS 分析用户手册[M]. 北京: 机械工业出版社, 2017.

[14] 王金昌, 陈页开. ABAQUS 在土木工程中的应用[M]. 杭州: 浙江大学出版社, 2006.

[15] Baltay P, Gjelsvik A. Coefficient of friction for steel on concrete at high normal stress[J]. Journal of Materials in Civil Engineering, 1990, 2(1): 46-49.

[16] ACI 318-11. Building code requirements for reinforced concrete and commentary[S]. Farmington Hills, 2011.

[17] Aschheim M, Moehle J P and Werner S D. Deformability of concrete columns[R]. Division of Structures, California Department of Transportation, Sacramernto, California, 1992.

[18] Shin M, Choi Y Y, Sun CH, et al. Shear strength model for reinforced concrete rectangular hollow columns[J]. Engineering Structures, 2013, 56(6): 958-969.

[19] 住房和城乡建设部. 混凝土结构设计规范: GB 50010-2010[S]. 北京: 中国建筑工业出版社, 2011.

[20] Ichinose T. A shear design equation for ductile R/C members[J]. Earthquake Engineering and Structural Dynamics, 1992, 21(3): 197-214.

[21] Selby R G, Vecchio F J, Collins M P. Analysis of reinforced concrete members subject to shear and axial compression[J]. ACI Structural Journal, 1996, 93(3): 306-315.

[22] 白力更, 史庆轩, 姜维山, 等. 桁架-拱模型计算高强箍筋混凝土构件剪切承载能力[J]. 工业建筑, 2012, 42(11): 68-73.

[23] Priestley M J N, Verma R and Xiao Y. Seismic Shear Strength of Reinforced Concrete Columns[J]. Journal of Structural Engineering, 1994, 120(8): 2310-2329.

[24] 王铁成, 康谷贻. 高强度混凝土构件斜截面受剪承载力设计[J]. 天津大学学报(自然科学与工程技术版), 2001, 34(5): 659-663.

[25] 金琰, 苏幼坡, 康谷贻. 斜裂缝宽度计算及新规范受剪承载力公式能否满足斜裂缝宽度的讨论[J]. 建筑结构, 2003, 33(1): 12-14.

[26] 金琰. 集中荷载作用下高强箍筋混凝土简支梁斜裂缝宽度及受剪承载力试验研究[D]. 天津: 天津大学, 2000.

[27] 中国工程建设标准化协会. 高强箍筋混凝土结构技术规程: CECS 356-2013[S]. 北京: 中国计划出版社, 2014.

[28] PEER/ATC. Modeling and acceptance criteria for seismic design and analysis of tall buildings[R]. PEER/ATC 72-1. Redwood City, CA: Applied Technology Council, 2010.

[29] Deierlein G G, Reinhorn A M, Willford M R. Nonlinear structural analysis for seismic design: NEHRP seismic design technical brief No.4[R]. NIST GCR 10-917-5. Gaithersburg, Maryland: Building and Fire Research Laboratory, National Institute of Standards and Technology, 2010.

[30] Verderame G M, Fabbrocino G, Manfredi G. Seismic response of rc columns with smooth reinforcement. Part Ⅰ: Monotonic tests[J]. Engineering Structures, 2008, 30(9): 2277-2288.

[31] Verderame G M, Fabbrocino G, Manfredi G. Seismic response of rc columns with smooth reinforcement. Part Ⅱ: Cyclic tests[J]. Engineering structures, 2008, 30(9): 2289-2300.

[32] 张勤, 贡金鑫, 马颖. 单调和反复荷载作用下弯剪破坏钢筋混凝土柱荷载-变形关系试验研究及简化模型[J]. 建筑结构学报, 2014, 35(3): 138-148.

[33] 工业和信息化部. 高延性冷轧带肋钢筋: YB/T 4260—2011[S]. 北京: 冶金工业出版社, 2011.

[34] 中国工程建设标准化协会. CRB600H 高延性高强钢筋应用技术规程: CECS 458—2016[S]. 北京: 中国计划出版社, 2016.

[35] Mander J B, Priestley M J N, Park R. Theoretical stress-strain model for confined concrete[J]. Journal of Structural Engineering, 1988, 114(8): 1804-1826.

[36] 陈肇元. 高强混凝土及其应用[M]. 北京: 清华大学出版社, 1992.

[37] 阎培渝, 杨静, 王强. 建筑材料(第三版)[M]. 北京: 中国水利水电出版社, 2013.

[38] 国家市场监督管理总局. 钢及钢产品 力学性能试验取样位置及试样制备: GB/T 2975—2018[S]. 北京: 中国质检出版社, 2018.

[39] 住房和城乡建设部. 建筑抗震试验规程: JGJ/T 101—2015[S]. 北京: 中国建筑工业出版社, 2015.

[40] 赵国藩, 李树瑶, 廖婉卿, 等. 钢筋混凝土结构的裂缝控制[M]. 北京: 海洋出版社, 1991.

[41] 贡金鑫, 魏巍巍, 胡家顺. 中美欧混凝土结构设计[M]. 北京: 中国建筑工业出版社, 2007.

[42] 江见鲸. 混凝土结构工程学[M]. 北京: 中国建筑工业出版社, 1998.

[43] 唐九如. 钢筋混凝土框架节点抗震[M]. 南京: 东南大学出版社, 1989.

[44] Ministerio de Fomento. Norma de construcción sismorresistente: parte generaly edificación: NCSR-02[S]. Spanish Goverment, Madrid, 2002.

[45] Berry M, Parrish M, Eberhard M. PEER structural performance database user's manual (version 1.0)[M]. University of California, Berkeley, 2004.

[46] Elwood K J, Eberhard M O. Effective Stiffness of Reinforced Concrete Columns[J]. ACI Structural Journal, 2009, 106(4): 1-5.

[47] Seismic rehabilitation of existing buildings supplement 1: ASCE/SEI 41—06[S]. American Society of Civil Engineers(ASCE), Reston, VA.

[48] Priestley M J N, Park R. Strength and ductility of concrete bridge columns under seismic loading[J]. ACI Structural Journal, 1987, 84(1): 61-76.

[49] 张勤, 朱潇鹏, 顾祥林, 等. 纤维网增强水泥基复合材料加固低延性 RC 柱抗震性能研究[J]. 建筑结构学报, 2022, 43(12): 49-58.

[50] Li Y A, Huang Y T, Hwang S J. Seismic response of reinforced concrete short columns failed in shear[J]. ACI Structural Journal, 2014, 111(4): 945-954.

[51] 孙训方, 方孝淑, 关来泰. 材料力学 I [M]. 6 版. 北京: 高等教育出版社, 2019.

[52] Kim J H, Mander J B. Truss modeling of reinforced concrete shear-flexure behavior[R]. Technical Report MCEER-99-0005, 1999.

[53] Yeh Y K, Mo Y L, Yang C Y. Full-scale tests on rectangular hollow bridge piers[J]. Materials and Structures, 2002, 35(2): 117-125.

[54] Calvi G M, Pavese A, Rasulo A, et al. Experimental and numerical studies on the seismic response of RC hollow bridge piers[J]. Bulletin of Earthquake Engineering, 2005, 3(3): 267-297.

[55] Cassese P, Ricci P, Verderame G M. Experimental study on the seismic performance of existing reinforced concrete bridge piers with hollow rectangular section[J]. Engineering Structures, 2017, 144: 88-106.

[56] Sun Z G, Wang D S, Wang T, et al. Investigation on seismic behavior of bridge piers with thin-walled rectangular hollow section using quasi-static cyclic tests[J]. Engineering Structures, 2019, 200: 109708.

[57] 章少华, 张锡治, 徐盛博, 等. 离心预制高强混凝土管柱受剪性能试验研究[J]. 天津大学学报(自然科学与工程技术版), 2019, 52(S2): 98-106.

[58] Mo Y L, Nien I C. Seismic performance of hollow high-strength concrete bridge columns[J]. Journal of Bridge Engineering, 2002, 7(6): 338-349.

[59] Mo Y L, Yeh Y K, Hsieh D M. Seismic retrofit of hollow rectangular bridge columns[J]. Journal of Composites for Construction, 2004, 8(1): 43-51.

[60] Cheng C T, Mo Y L, Yeh Y K. Evaluation of as-built, retrofitted, and repaired shear-critical hollow bridge columns under earthquake-type loading[J]. Journal of Bridge Engineering, 2005, 10(5): 510-529.

[61] Delgado R, Delgado P S, Pouca N V, et al. Shear effects on hollow section piers under seismic actions: experimental and numerical analysis[J]. Bulletin of Earthquake Engineering, 2009, 7(2): 377-389.

[62] Howser R, Laskar A, Mo Y L. Seismic interaction of flexural ductility and shear capacity in reinforced concrete columns[J]. Structural Engineering and Mechanics, 2010, 35(5): 593-616.

[63] Vecchio F J, Collins M P. The modified compression field theory for reinforced concrete elements subjected to shear[J]. ACI Structural Journal, 1986, 83(2): 219-231.

[64] 日比野陽, 久田昌典, 篠原保二, 等. 横補強筋量が少ない鉄筋コンクリート柱部材の圧縮ストラット形状の変化と終局せん断強度[J]. 日本建築学会構造系論文集, 2012, 77(677): 1113-1122.

[65] 史庆轩, 杨文星, 王秋维, 等. 高强箍筋高强混凝土短柱抗震性能试验研究[J]. 建筑结构学报, 2012, 33(9): 49-58.

[66] 中国工程建设标准化协会. 高强箍筋混凝土结构技术规程: CECS 356: 2013[S]. 北京: 中国计划出版社, 2014.

[67] Bentz E C, Vecchio F J, Collins MP. Simplified modified compression field theory for calculating shear strength of reinforced concrete elements[J]. ACI Materials Journal, 2006, 103(4): 614-624.

[68] Design of concrete structures: CSA 2004[S]. Rexdale: Standard CAN/CSA A23.3-04, Canadian Standards Association, 2004.

[69] Pan Z, Li B. Truss-arch model for shear strength of shear-critical reinforced concrete columns[J]. Journal of Structural Engineering, 2013, 139(4): 548-560.

[70] Applied Technology Council (ATC). Seismic retrofitting guidelines for highway bridges[R]. Redwood City, California: Applied Technology Council, 1983.

[71] Kowalsky M J, Priestley M J N. Improved analytical model for shear strength of circular reinforced concrete columns in seismic regions[J]. ACI Structural Journal, 2000, 97(3): 388-396.

[72] Sezen H, Moehle J P. Shear strength model for lightly reinforced concrete columns[J]. Journal of Structural Engineering, 2004, 130(11): 1692-1703.

[73] Chen G. Plastic analysis of shear in beams, deep beams and corbels[D]. Lyngby Denmark: Technical University of Denmark, 1988.

[74] 赵树红, 叶列平. 基于桁架-拱模型理论对碳纤维布加固混凝土柱受剪承载力的分析[J]. 工程力学, 2001, 18(6): 134-140.

[75] 中国建筑科学研究院. 混凝土结构研究报告选集 3[M]. 北京: 中国建筑工业出版社, 1994.

[76] Mander J B. Seismic design of bridge piers[D]. New Zealand: The University of Canterbury, 1983.

[77] 高振世, 庞同和. 钢筋混凝土框架单元的延性和塑性铰性能[J]. 南京工学院学报, 1987, 17(1): 106-117.

[78] Paulay T and Priestley M J N. Seismic design of reinforced concrete and masonry buildings[M]. New York: Wiley, 1992.

[79] Berry M P, Lehman D E, Lowes L N.Lumped-plasticity models for performance simulation of bridge columns[J]. ACI Structural Journal, 2008, 105(3): 270-279.

[80] Ning C L, Li B. Probabilistic approach for estimating plastic hinge length of reinforced concrete columns[J]. Journal of Structural Engineering, 2015, 142(3): 164-179.

[81] Fajfar P. Equivalent ductility factors taking into account low-cycle fatigue[J]. Earthquake Engineering and Structural Dynamics, 1992, 21(10): 837-848.

[82] Banon H, Irvine H M, Biggs J M. Seismic damage in reinforced concrete frames[J]. Journal of the Structural Division, 1981, 107(9): 1713-1729.

[83] Park Y J, Ang A H S. Mechanistic seismic damage model for reinforced concrete[J]. Journal of Structural Engineering, 1985, 111(4): 722-739.

[84] 牛荻涛，任利杰. 改进的钢筋混凝土结构双参数地震破坏模型[J]. 地震工程与工程振动，1996, 16(4): 46-54.

[85] Kunnath S K, Reinhorn A M, Park Y J. Analytical modeling of inelastic seismic response of RC structures[J]. Journal of Structural Engineering, 1990, 116(4): 996-1017.

[86] 刁波，李淑春，叶英华. 反复荷载作用下混凝土异形柱结构累积损伤分析及试验研究[J]. 建筑结构学报, 2008, 29(1): 57-63.

[87] El-Tawil S M and Deierlein G G. Fiber element analysis of composite beam-column cross-sections[R]. Ithaca: Cornell University, 1996.

第 3 章

预制管组合柱-钢梁连接节点受力性能

梁柱节点是装配式 RCS 混合结构中的关键受力部位，其受力性能优劣对整体结构的抗震性能影响较大。地震中节点破坏会导致梁柱节点连接失效，进而引发结构局部或整体倒塌。因此，对梁柱节点受力性能和承载力的研究是十分必要的。针对所提出的装配式混合结构体系，本书研发了预制管组合柱-钢梁外环板连接节点和预制管组合柱-钢梁内隔板连接节点。针对节点核芯区和梁柱节点抗震性能，开展了系统的抗震性能试验和数值模拟分析，以期揭示节点受力机理，建立相应的节点设计方法，为结构体系的研究与应用提供理论依据。

3.1 预制管组合柱-钢梁外环板连接节点受力性能

3.1.1 节点形式的提出

预制管组合柱-钢梁外环板连接节点构造如图 3.1-1 所示。该节点为柱贯通式节点，由预制管组合柱、外环板及钢梁组成。预制管组合柱在梁柱节点连接区域外包钢套箍，钢套箍通过内侧设置的栓钉与预制管组合柱连接；为简化节点区内构造、便于施工，梁柱节点区内未配置箍筋。外环板与柱节点处钢套箍在工厂采用焊接方式连接，其位置与将要连接的钢梁上下翼缘平齐，同时在钢梁腹板位置设纵向肋板与钢套箍和外环板焊接；待外环板与纵向肋连接完成并运送至施工现场后，钢梁上下翼缘通过焊接或栓接的方式与外环板连接，腹板采用栓接的方式与纵向肋连接，实现钢梁与预制管组合柱在现场装配连接。钢梁承担的弯矩通过外环板传递至节点，钢梁承担的剪力由纵向肋传至钢套箍、通过钢套箍上的栓钉传至预制柱中。

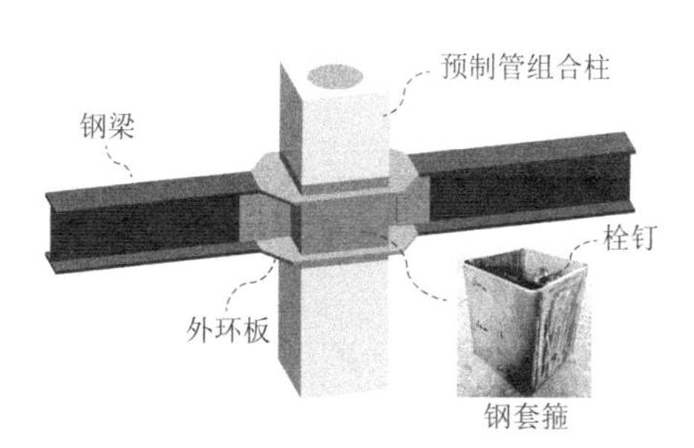

图 3.1-1 预制管组合柱-钢梁外环板连接节点

3.1.2 试件设计与制作

1. 试件设计

为研究预制管组合柱-钢梁节点核芯区在反复荷载作用下的受力性能，选取多层多跨框架结构中间层梁、柱反弯点之间的梁柱组合单元为研究对象。试验中设计并制作了 6 个预制管组合柱-钢梁节点试件（编号：CRCS1～CRCS6），试件几何尺寸及截面配筋构造如图 3.1-2 所示。试件为十字形节点，由预制管组合柱和钢梁组成。其中梁反弯点之间的距离为 4000mm，柱反弯点之间的距离为 2800mm。各试件均按“弱节点、强构件”要求进行设计，以确保节点核芯区发生破坏。各试件柱截面尺寸为 300mm × 300mm，中空部分直径（d_c）为 200mm，空心率为 35%，柱纵向受力钢筋采用 16 根直径为 20mm 的 HRB400 级热轧钢筋，纵筋配筋率为 5.56%；箍筋为直径 5mm 的高强度热处理钢筋，采用四边形连续螺旋箍筋，箍筋间距 60mm，体积配箍率为 0.91%；柱保护层厚度为 20mm。钢梁与外环板的尺寸见图 3.1-2，为避免试验过程中钢梁与外环板焊接带来的不确定因素，制作时钢梁翼缘与外环板加工成整体，腹板与钢梁翼缘、外环板和钢套箍焊接连接；为实现试验预期的节点核芯区破坏，钢套箍采用 Q235 钢，厚度有 4mm、5mm 和 6mm 三种规格，各试件在钢套箍翼缘处局部加厚至 10mm，以确保外环板和腹板应力的可靠传递，如图 3.1-2（b）所示。钢套箍内侧共设置 24 个直径为 14mm 的栓钉，长度 60mm，每侧栓钉横向间距 60mm，竖向间距 90mm。

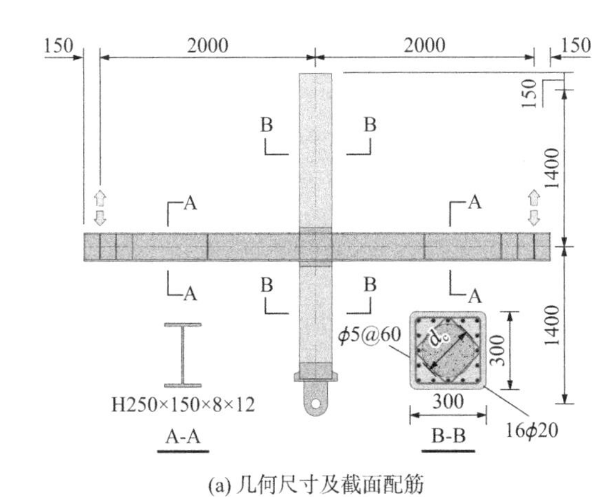

(a) 几何尺寸及截面配筋

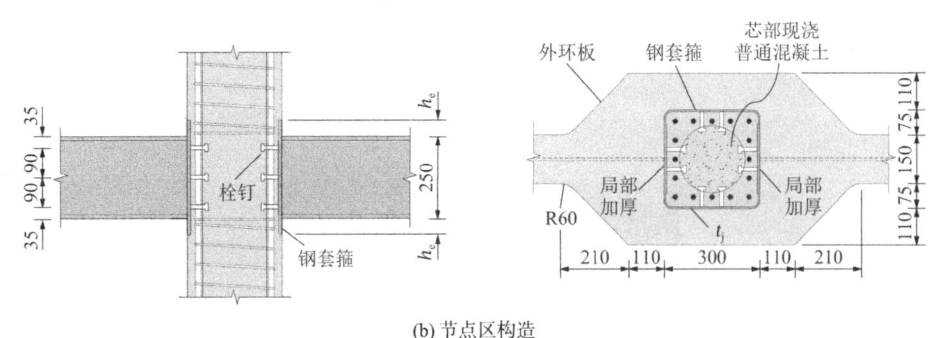

(b) 节点区构造

图 3.1-2　试件几何尺寸及截面配筋构造（单位：mm）

试验中考虑的主要参数为轴压比（$n=0.12$、0.18）、钢套箍延伸高度（$h_e=50\text{mm}$、150mm）、芯部混凝土强度（$f_{cu,f}=22.9\text{MPa}$、34.6MPa）以及钢套箍厚度（$t_j=4\text{mm}$、5mm、6mm）。试件主要参数列于表 3.1-1。

试件主要参数　　表 3.1-1

试件编号	n	n_d	N（kN）	t_j（mm）	h_e（mm）	$f_{cu,p}$（MPa）	$f_{cu,f}$（MPa）
CRCS1	0.12	0.31	440	6	50	64.6	22.9
CRCS2	0.12	0.31	440	6	150	64.6	22.9
CRCS3	0.18	0.47	660	6	50	64.6	22.9
CRCS4	0.12	0.31	470	6	50	64.6	34.6
CRCS5	0.12	0.31	440	5	50	64.6	22.9
CRCS6	0.12	0.31	440	4	50	64.6	22.9

2. 试件制作

试验试件制作流程如图 3.1-3 所示。主要制作流程为：（1）绑扎钢筋笼并安装节点区钢套箍；（2）将带有钢套箍的钢筋笼放入模具并完成布料；（3）离心成型后拆模养护，完成预制管的制作；（4）吊装预制管并浇筑芯部混凝土；（5）将外环板与预制管组合柱中钢套箍进行焊接；（6）采用与常规钢结构相同的梁柱连接方法进行钢梁与预制管组合柱的连接，完成节点的制作。

(a) 绑扎钢筋

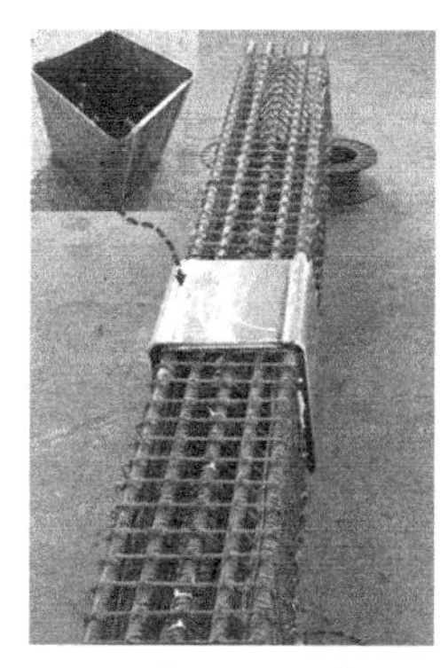
(b) 安装节点区钢套箍

(c) 入模

(d) 布料

(e) 合模

(f) 离心成型

(g) 拆模及养护　　(h) 柱吊装　　(i) 浇筑芯部混凝土

(j) 安装钢梁　　(k) 制作完成

图 3.1-3 试件制作流程

3. 材料性能

试验中混凝土按预制和现浇两部分工序制作，所有试件外部预制管混凝土强度设计等级均为 C60，为同一批混凝土离心制作；试件芯部混凝土强度设计等级有 C20 和 C30 两种。试件制作时所有批次混凝土均预留 6 个边长为 150mm 的标准混凝土立方体试块，并与试件同条件自然养护。试验依据国家标准《普通混凝土力学性能试验方法标准》GB/T 50081—2002 进行试块的抗压强度测试，实测混凝土立方体抗压强度平均值见表 3.1-1。依据标准拉伸试验方法对钢筋和钢材进行材性试验，测得的钢筋和钢材力学性能指标如表 3.1-2 所示。

钢筋及钢材力学性能 表 3.1-2

类型	直径/厚度（mm）	屈服强度（MPa）	抗拉强度（MPa）	伸长率（%）
钢筋	5	1457	1672	11
	20	427	573	31
钢材	4	313	436	20
	5	279	440	24
	6	293	455	28
	8	352	521	26
	12	347	494	20

3.1.3 试验加载与量测方案

1. 加载装置与加载制度

试验加载装置如图 3.1-4 所示。试件为十字形节点，通过在柱顶和柱脚设置的不动铰支座对其进行固定。轴向压力通过竖向千斤顶施加于柱顶，采用 2 台液压千斤顶对梁端施加反复荷载，定义左梁施加拉力、右梁施加推力时为正向，左梁施加推力、右梁施加拉力时为负向。为防止加载过程中钢梁面外失稳，在钢梁两侧设置侧向支撑。试验中，首先在柱顶施加预定的轴向压力，并在加载过程中保持恒定，然后通过 2 台 100t 液压千斤顶在梁端加载点处同步施加反复荷载。

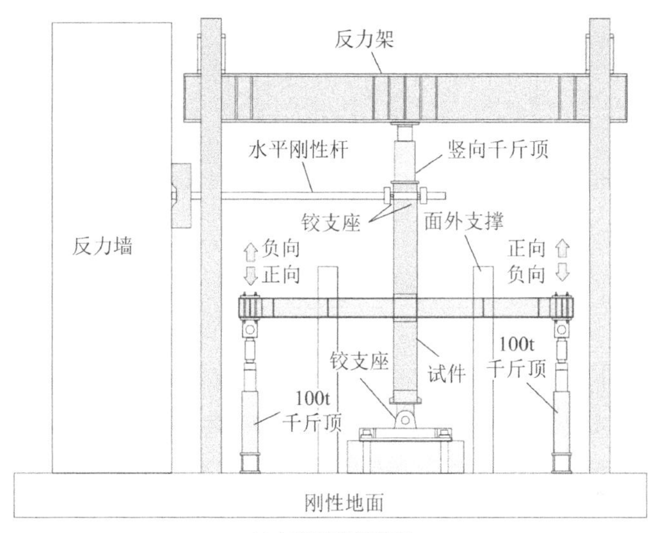

(a) 加载装置示意图

(b) 加载现场

图 3.1-4　试验加载装置

根据《建筑抗震试验规程》JGJ/T 101—2015 规定，梁端加载采用荷载和位移混合控制方法。试件屈服前采用荷载控制并分级加载，每级荷载增量为预估屈服荷载的 0.2 倍，每级荷载循环 1 次；试件屈服后进入位移控制模式，以屈服荷载对应的屈服位移为极差进行加载，即按照 $1\Delta_y$、$2\Delta_y$、$3\Delta_y$……进行加载，每级循环 2 次，具体加载制度如图 3.1-5 所示。当荷载下降至峰值荷载的 85%以下或试件无法继续承载时认为试件破坏，加载结束。

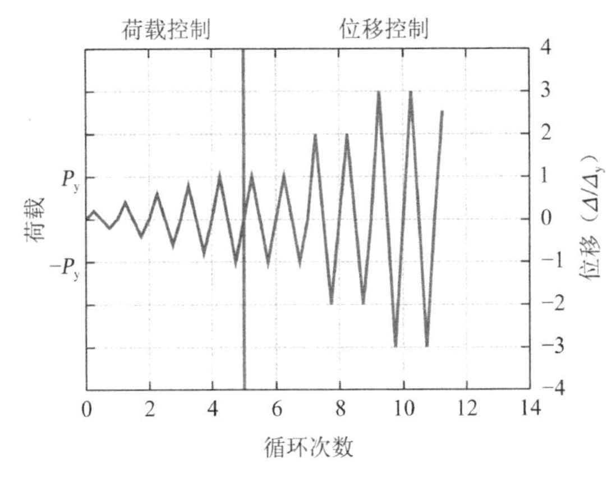

图 3.1-5　试验加载制度

2. 量测方案

试验的主要测点布置如图 3.1-6 所示。试件荷载-位移滞回关系曲线由梁端加载点处力传感器和位移计测量得到，在柱上、下两端布置位移计 DT3 和 DT4 用以监测试件的支座位移；布置位移计 DT5 和 DT6 测量节点核芯区的剪切变形；布置位移计 DT7 和 DT8 测量节点区柱的水平位移；布置位移计 DT9～DT12 测量柱端弯曲变形以及柱与钢梁间的相对变形，位移计的布置详见图 3.1-6（a）。为了解加载过程中柱纵筋、柱箍筋、钢梁翼缘、钢梁腹板、外环板和钢套箍的应变发展规律，在柱纵筋、柱箍筋、钢梁翼缘、钢梁腹板、外环板以及钢套箍的相应位置布置单向应变片或三向应变花，如图 3.1-6（b）所示。试验数据通过数据采集系统自动采集和记录。

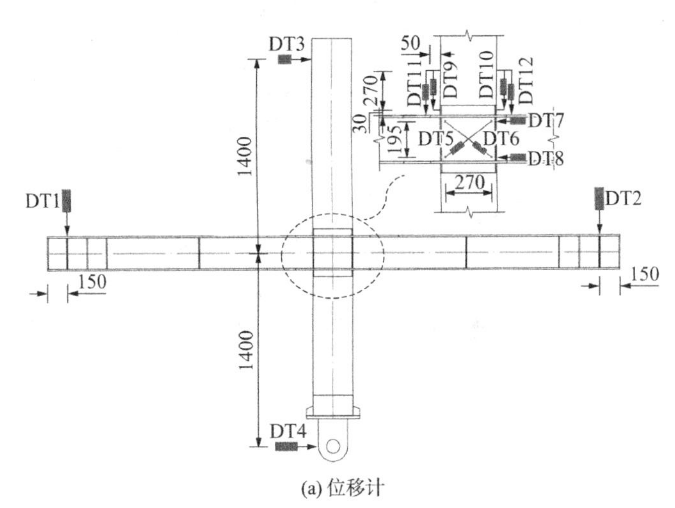

(a) 位移计

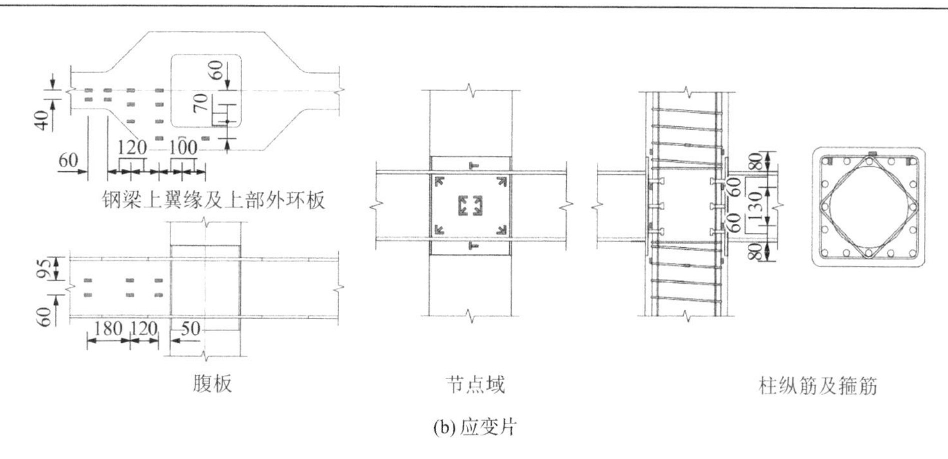

(b) 应变片

图 3.1-6 主要测点布置示意图（单位：mm）

3.1.4 试验现象

1. 试验现象及破坏模式

6 个预制管组合柱-钢梁节点试件（CRCS1～CRCS6）在反复荷载作用下的破坏过程基本相似。通过对各试件破坏过程的分析，可将预制管组合柱-钢梁节点的受力全过程划分为三个阶段：初始开裂阶段（Ⅰ阶段）、裂缝开展阶段（Ⅱ阶段）和破坏阶段（Ⅲ阶段）。图 3.1-7 为试件的典型荷载-位移骨架曲线，图中给出三个阶段的划分和分界点示意。破坏点定义为荷载下降至峰值荷载 85%时对应的点，位移角定义为左右梁端加载点竖向位移之和与左右梁端加载点间距离的比值。图 3.1-8 给出了各试件破坏过程。

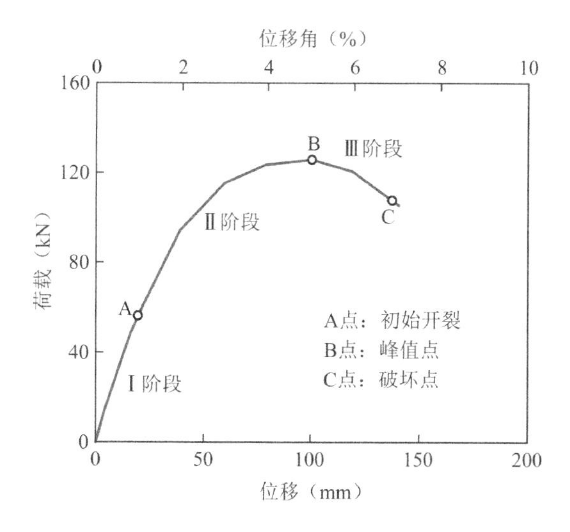

图 3.1-7 预制管组合柱-钢梁节点典型荷载-位移骨架曲线

（1）初始开裂阶段（Ⅰ阶段）

该阶段从开始加载至柱中出现第一条水平弯曲裂缝。各试件荷载-位移曲线呈线性变化，初始裂缝极细，承载力和刚度无退化，试件处于弹性工作状态。初始开裂时，试件 CRCS1～CRCS6 的位移角平均值分别为 0.99%、0.99%、1.05%、0.91%、0.95%和 0.96%。

各试件开裂荷载约为峰值荷载的 45%～56%。在位移角为 1/400（0.25%）时，各试件保持完好，未出现裂缝。

（2）裂缝开展阶段（Ⅱ阶段）

该阶段从初始裂缝形成至荷载达到峰值。试件开裂后，随着荷载的增加，柱身不断出现新的水平弯曲裂缝，原有裂缝不断延伸和开展。当位移角增加至 2%时，柱中水平弯曲裂缝开始斜向发展；此时，节点核芯区钢套箍腹板均进入屈服，其中部区域测点的应变发展较快，对试件 CRCS1～CRCS6，钢套箍腹板中部区域的最大等效应变分别为 3.64×10^{-3}、4.4×10^{-3}、5.64×10^{-3}、3.61×10^{-3}、6.17×10^{-3} 和 10.38×10^{-3}；相比之下，角部区域测点的应变发展要慢于中部区域；对试件 CRCS1～CRCS6，钢套箍腹板角部区域的最大等效应变分别为 2.38×10^{-3}、3.71×10^{-3}、2.58×10^{-3}、2.32×10^{-3}、5.49×10^{-3} 和 5.74×10^{-3}。随着位移角的继续增加，柱中斜向裂缝逐步开展和延伸并在柱中心线附近相交形成交叉裂缝。当位移角增加至 3%时，节点核芯区钢套箍腹板应变已有较大增长，至峰值荷载时，节点核芯区钢套箍腹板出现轻微外鼓，部分应变测点已失效。在 3%位移角之后，柱身裂缝开展变缓，新裂缝出现较少，达到峰值荷载时，与上下外环板相邻柱端区域的混凝土保护层出现轻微碎裂现象，此时各试件柱身最大裂缝宽度约为 0.2mm。试件 CRCS1～CRCS6 在峰值荷载时的位移角平均值分别为 5.02%、5.04%、5.03%、5.0%、4.0%和 4.0%。

（3）破坏阶段（Ⅲ阶段）

该阶段从荷载达到峰值至试件破坏。荷载达到峰值后，试件承载力开始缓慢下降。该阶段明显可见各试件的塑性变形和破坏集中在梁柱节点核芯区，柱身裂缝基本不再开展，裂缝宽度未见继续增大，至试件破坏时，柱身最大裂缝宽度约为 0.2mm。峰值荷载后，随着加载位移的增加，与上下外环板相邻柱端区域的混凝土保护层逐渐碎裂并剥落，但柱内纵筋和箍筋均未见外露。在反复荷载作用下，节点核芯区钢套箍腹板沿对角线交替发生鼓曲，并与内部混凝土脱开，可推测节点核芯区内部混凝土交叉斜裂缝在此过程中开展较快，斜裂缝间混凝土被压碎。当节点承载力下降至峰值荷载的 85%时，试件 CRCS1～CRCS6 的位移角平均值分别为 6.78%、7.49%、6.24%、7.03%、6.73%和 6.24%。

各试件最终破坏模式如图 3.1-9 所示。由图可知，各试件的破坏模式均为节点核芯区破坏，包括节点核芯区的剪切破坏和节点上下柱端混凝土的局部碎裂破坏。由各试件最终破坏模式可知，节点核芯区钢套箍腹板鼓曲明显，在对角线方向形成明显的拉压应力带；钢梁翼缘和腹板未出现任何屈曲现象；柱身裂缝较多，最大裂缝宽度约为 0.2mm，损伤程度较轻；节点上下柱端混凝土出现局部碎裂和剥落现象。

加载结束后，对各试件节点上下柱端混凝土局部碎裂和剥落的范围及深度进行了测量，测得试件 CRCS1～CRCS6 上下柱端混凝土局部碎裂和剥落的最大高度分别约为 90mm、48mm、92mm、101mm、97mm 和 96mm，最大碎裂和剥落深度均在 12mm 左右。

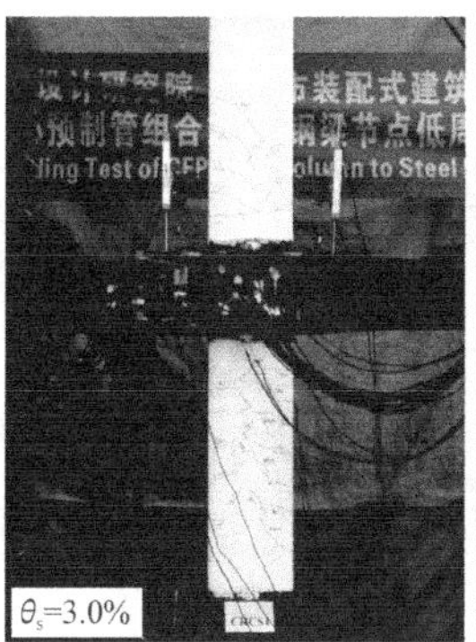

(a) 试件 CRCS1

(b) 试件 CRCS2

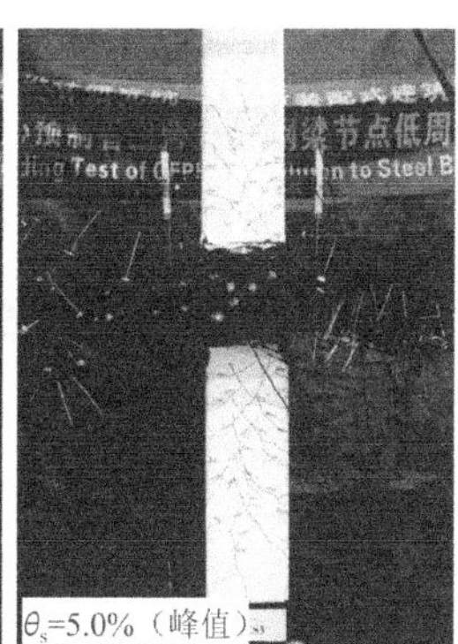

(c) 试件 CRCS3

(d) 试件 CRCS4

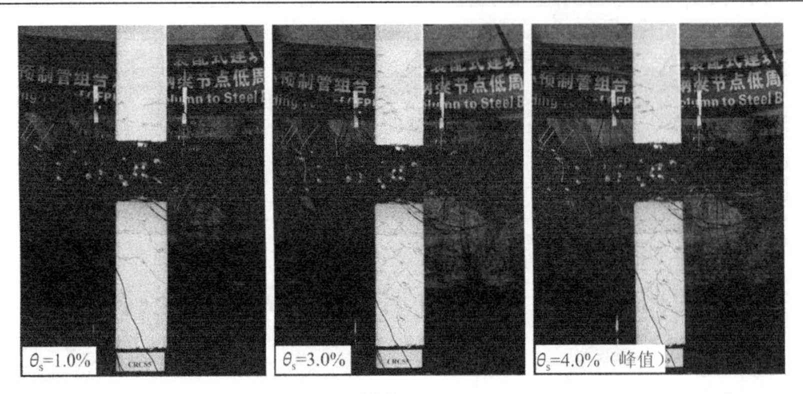

(e) 试件 CRCS5

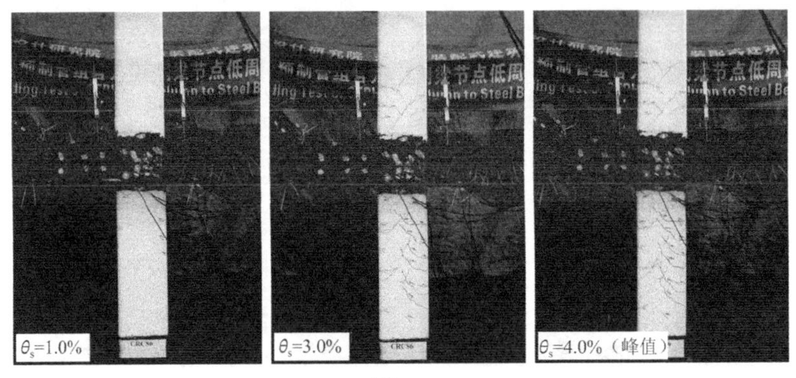

(f) 试件 CRCS6

图 3.1-8　各试件破坏过程

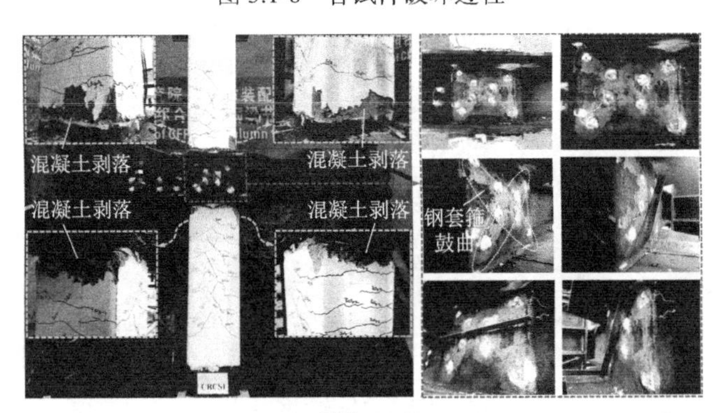

(a) 试件 CRCS1

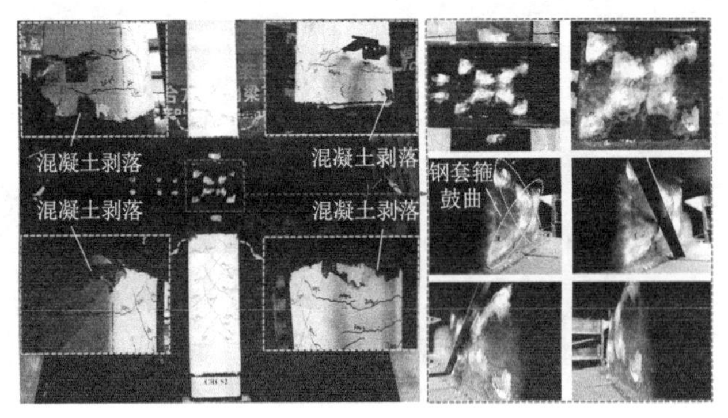

(b) 试件 CRCS2

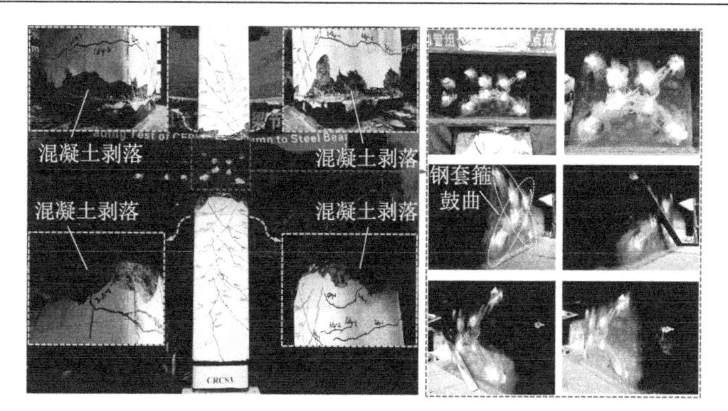

(c) 试件 CRCS3

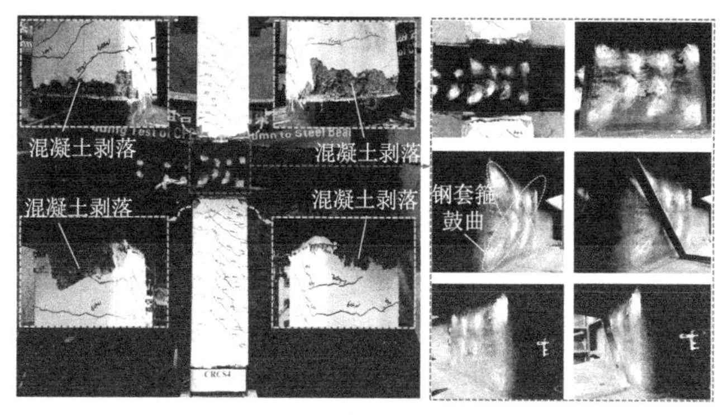

(d) 试件 CRCS4

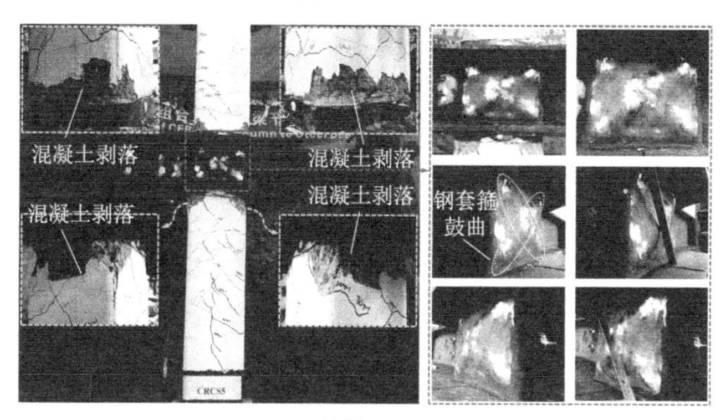

(e) 试件 CRCS5

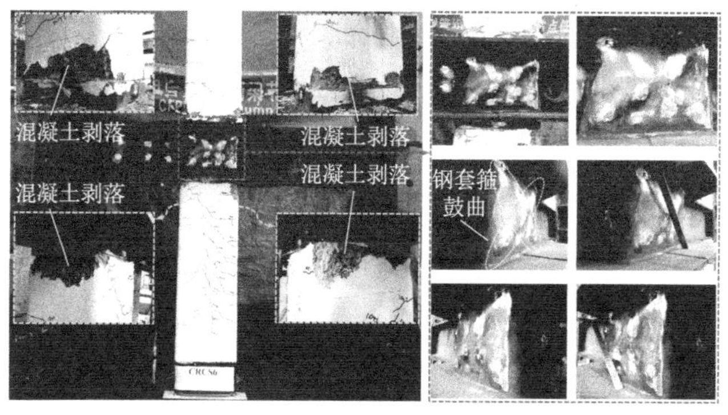

(f) 试件 CRCS6

图 3.1-9 各试件最终破坏模式

为了解节点核芯区钢套箍内部混凝土的工作性能，试验选取部分具有典型破坏模式的试件，切开节点核芯区外部钢套箍分析破坏后内部混凝土的破坏形态，如图 3.1-10 所示。由图可知，节点内部混凝土的破坏主要发生在节点核芯区内，节点核芯区范围混凝土破坏较为严重，钢套箍延伸高度范围内混凝土损伤程度较轻。各试件在钢套箍延伸高度范围内出现钢套箍与内部混凝土分离现象，而节点核芯区范围钢套箍翼缘与内部混凝土接触紧密，未出现滑移现象，表明在钢套箍内侧设置栓钉可以较好地保证钢套箍与内部混凝土共同工作，提高节点的整体工作性能。

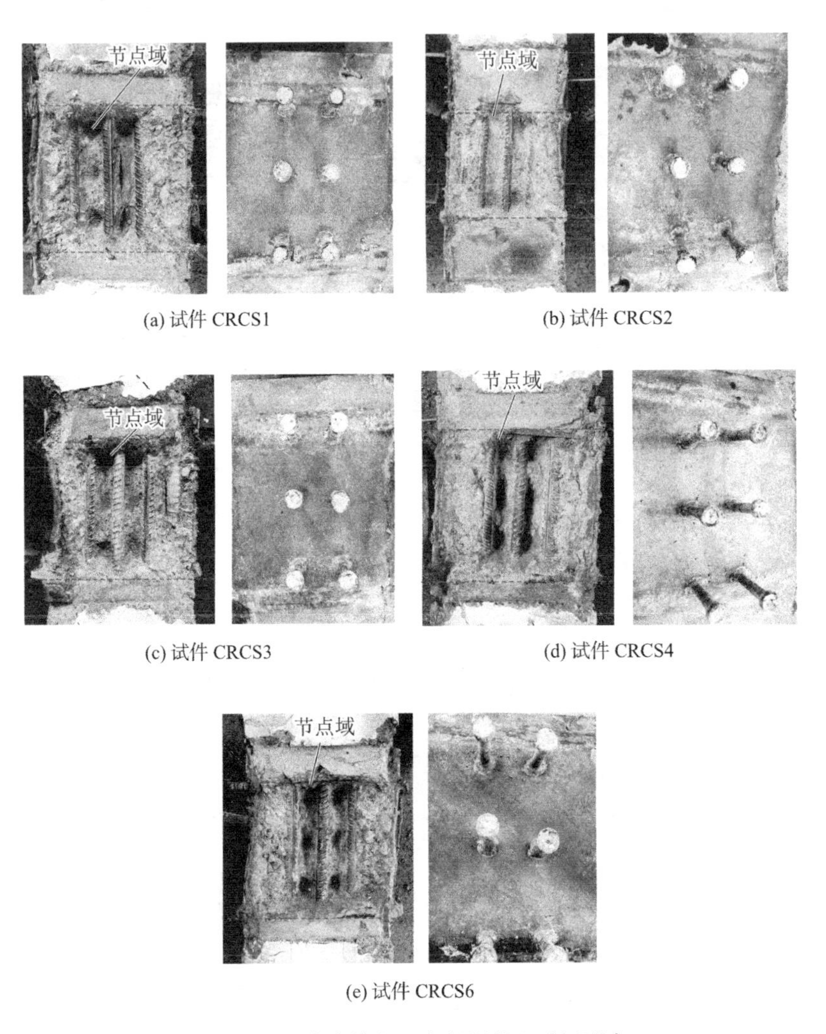

(a) 试件 CRCS1　(b) 试件 CRCS2

(c) 试件 CRCS3　(d) 试件 CRCS4

(e) 试件 CRCS6

图 3.1-10　节点核芯区内部混凝土破坏形态

2. 破坏模式分析

根据 6 个节点试件的抗震试验结果，可知预制管组合柱-钢梁节点的破坏模式为节点核芯区破坏，包括节点核芯区的剪切破坏和节点上下柱端混凝土的局部碎裂破坏。结合各试件的试验现象和破坏模式，图 3.1-11 给出了预制管组合柱-钢梁节点破坏机理的示意图。

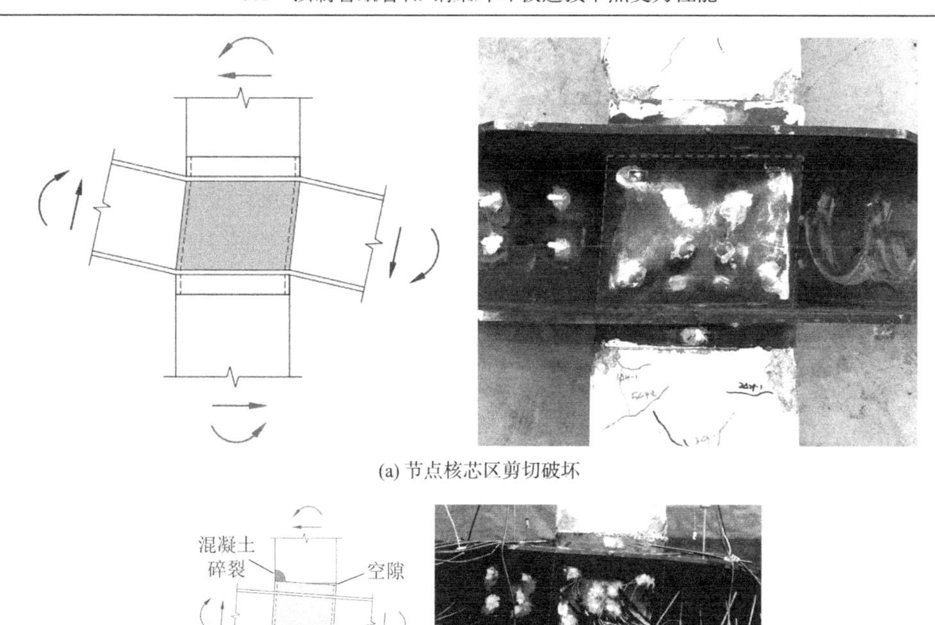

(a) 节点核芯区剪切破坏

(b) 节点上下柱端混凝土局部碎裂破坏

图 3.1-11 预制管组合柱-钢梁节点破坏机理示意图

节点核芯区剪切破坏如图 3.1-11（a）所示，其破坏机理为：在反复荷载作用下，节点核芯区周围作用的梁端弯矩转化为外环板拉力和压力所组成的力矩，柱端弯矩转化为纵筋拉力和受压区压力所组成的力矩，其中外环板的拉力和压力通过钢套箍传递到核芯区的混凝土和钢套箍腹板，柱纵筋的拉力和压力通过粘结应力传递到核芯区的混凝土；因此，在反复荷载作用下，节点核芯区受到了交替反复出现的斜向压力和正交的斜向拉力，并最终导致节点核芯区钢套箍腹板发生鼓曲，内部混凝土开裂和压碎，节点产生较大的剪切变形。

节点上下柱端混凝土局部碎裂破坏如图 3.1-11（b）所示，其破坏机理为：钢套箍的约束作用提高了节点区的整体刚度，节点区在外荷载作用下产生变形时，除节点核芯区产生剪切变形外，节点核芯区整体还产生了一定的刚体转动，从而导致钢套箍外壁与柱端保护层混凝土产生挤压。在反复荷载作用下，钢套箍外壁与柱端保护层混凝土不断产生挤压和分离，造成节点上下柱端混凝土的局部碎裂和剥落。当节点上下柱端混凝土局部碎裂和剥落后，由于钢套箍外壁与柱端保护层混凝土不再产生挤压，其柱端混凝土的局部碎裂破坏趋于稳定。

由试验现象和破坏模式可知，各试件节点上下柱端混凝土均在承载力达到峰值时出现轻微的碎裂，随着位移的增大，当柱端混凝土局部碎裂和剥落后，由于钢套箍外壁与柱端保护层混凝土不再产生挤压，其柱端混凝土的局部碎裂破坏趋于稳定。各试件破坏时，节点上下柱端混凝土局部碎裂和剥落范围较小，最大碎裂和剥落高度为 101mm，最大碎裂和剥落深度均在 12mm 左右，破损程度较轻。相比之下，各试件节点核芯区钢套箍腹板鼓曲明显，在对角线方向形成明显的拉压应力带，节点核芯区内部混凝土破坏严重。因此，各试件节点核芯区发生的剪切破坏是导致节点最终失效的主要原因。

试验中各参数变化对节点的破坏模式产生了一定的影响，具体如下：

（1）轴压比的增加延缓了柱身初始裂缝的出现，抑制了加载过程中裂缝的出现和开展。由于轴压比的增加在一定程度上提高了节点承载力，使得轴压比较大试件在发生节点破坏时对柱端弯矩需求增加，与轴压比较小的试件相比，其柱身裂缝数量相对较多，裂缝开展范围相对较大。此外，对轴压比较大试件，其节点核芯区内混凝土的压应力较大，破坏时节点核芯区内混凝土的损伤程度更为严重。

（2）节点区钢套箍延伸高度的变化对柱身裂缝的开展影响较大。由于钢套箍延伸高度的增加在一定程度上提高了钢套箍延伸高度范围内柱的承载力，因此与钢套箍延伸高度较小的试件相比，钢套箍延伸高度较大的柱身裂缝数量明显减少，裂缝开展高度相对较低。此外，随着钢套箍延伸高度的增加，节点上下柱端混凝土的损伤范围显著减小，损伤程度减轻。

（3）相比芯部混凝土强度较低的试件，芯部混凝土强度较高试件的柱身裂缝开展较为充分，分析其原因为芯部混凝土强度的增加提高了节点承载力，使得芯部混凝土强度较大试件在发生节点破坏时对柱端弯矩需求增加，与芯部混凝土强度较小的试件相比，其柱身裂缝数量更多且裂缝开展范围更大。总体来看，随着芯部混凝土强度的提高，破坏时节点核芯区钢套箍腹板鼓曲程度减小，节点核芯区内混凝土损伤程度减轻。

（4）随着钢套箍厚度的减小，节点核芯区剪切变形显著增大。在相同位移角水平下，钢套箍厚度较小试件的节点核芯区钢套箍腹板的鼓曲程度更明显，节点核芯区内混凝土的损伤程度更严重。

3.1.5　试验结果及分析

1. 滞回性能

试件 CRCS1～CRCS6 的荷载-位移（位移角）滞回曲线如图 3.1-12 所示。为便于分析比较，图中给出了各试件的骨架曲线以及特征点位置。对比分析图 3.1-12 可知：

（1）各试件的滞回曲线较为饱满，存在一定程度的捏缩现象，呈现为典型的弓形，耗能能力较好。节点屈服前，滞回曲线狭窄细长，残余变形小，耗能能力较小；节点屈服后，滞回曲线所包围的面积逐渐增大，耗能能力逐渐增强；峰值荷载后，节点核芯区钢套箍腹板鼓曲逐渐明显，滞回曲线面积继续增大，节点核芯区内混凝土斜裂缝的张开、闭合以及钢套箍腹板的鼓曲导致滞回曲线出现较为明显的捏缩现象，其形状逐渐由梭形转变为弓形，卸载后的残余变形随位移幅值的增加而增大，刚度和承载力退化明显。

（2）轴压比对预制管组合柱-钢梁节点的滞回性能影响较大。随着轴压比的增加，节点峰值荷载有所增大，但增加轴压比降低了节点在峰值后阶段的变形能力，轴压比越大，滞回曲线下降段越陡，变形性能越差，如图 3.1-12（a）和图 3.1-12（c）所示。总体来说，轴压比较小试件（CRCS1）的滞回曲线相对更加饱满，其极限变形和耗能能力均优于轴压比较大的试件（CRCS3），表明增大轴压比对预制管组合柱-钢梁节点的弹塑性变形能力有不利影响。

（3）与节点区钢套箍延伸高度较小的试件（CRCS1）相比，钢套箍延伸高度较大试件（CRCS2）的滞回曲线更饱满，峰值后阶段的下降段变缓，极限变形能力增强，但峰值荷载提高不明显。分析其原因为钢套箍延伸高度的增加在一定程度上提高了节点区钢套箍对内部混凝土的约束作用，减轻了节点核芯区内部混凝土的损伤，使其变形能力有所提高。

（4）随着芯部混凝土强度的提高，预制管组合柱-钢梁节点的峰值荷载有明显提高。相比芯部混凝土强度较低的试件（CRCS1），芯部混凝土强度较高试件（CRCS4）的滞回曲线相对更饱满，但两者滞回曲线的下降段斜率基本相同。

（5）随着节点区钢套箍厚度的减小，预制管组合柱-钢梁节点的峰值荷载降低明显，但初始刚度基本保持不变。相比钢套箍厚度较大的试件（CRCS1），钢套箍厚度较小试件（CRCS5 和 CRCS6）的滞回曲线的饱满度相对减小，各试件滞回曲线的下降段斜率基本相同。

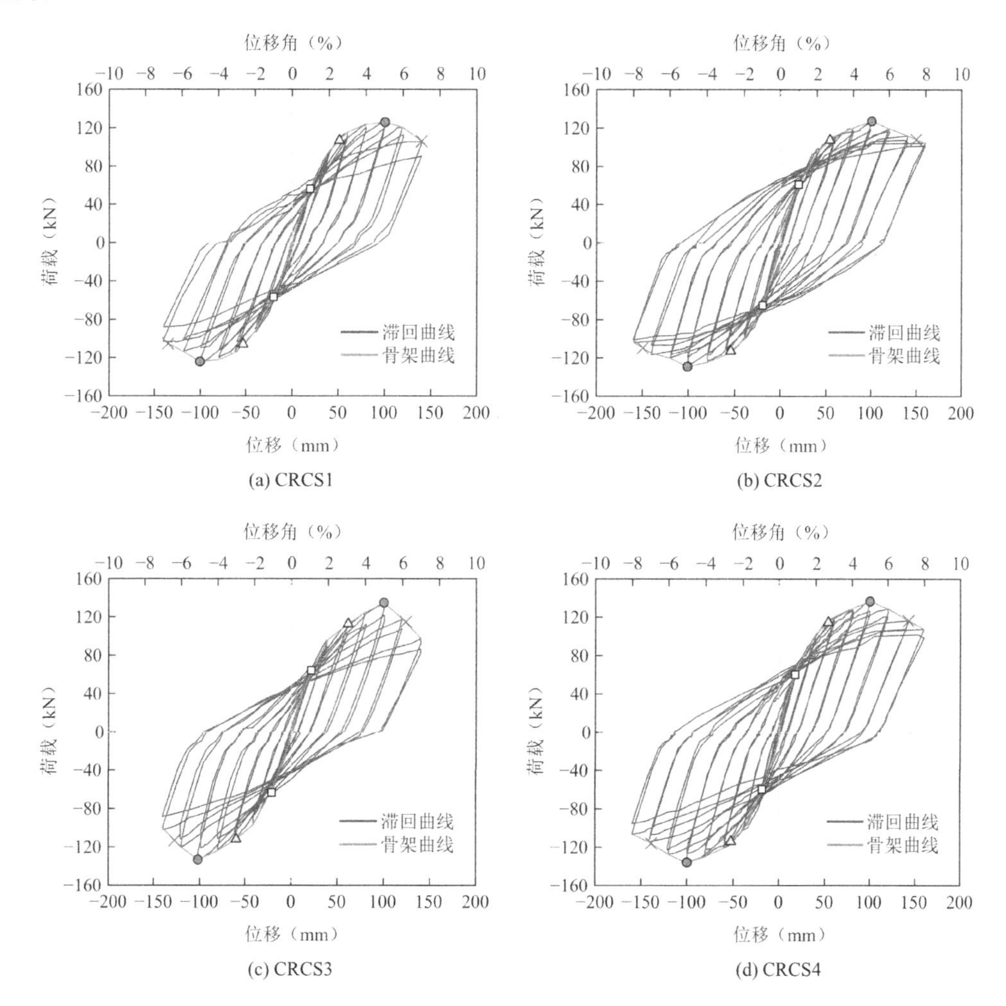

(a) CRCS1

(b) CRCS2

(c) CRCS3

(d) CRCS4

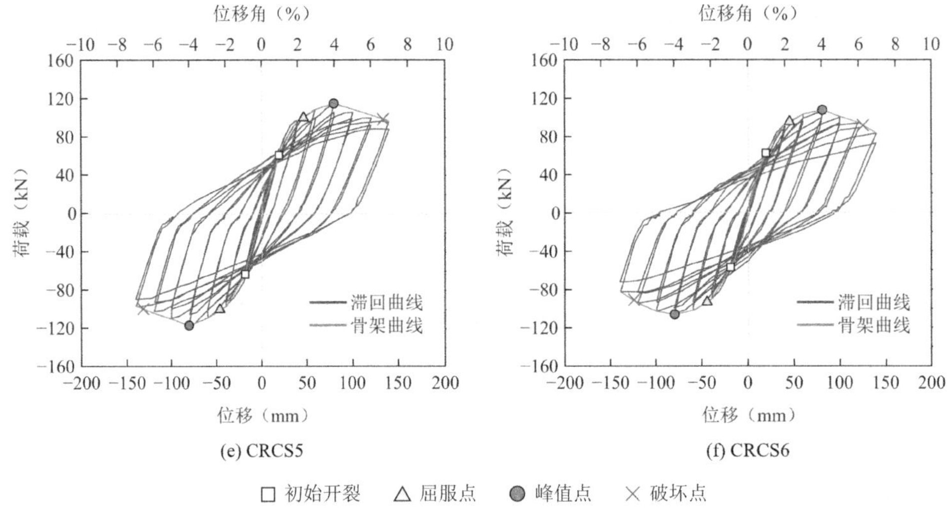

图 3.1-12　各试件荷载-位移滞回曲线

2. 骨架曲线及特征点荷载

试件 CRCS1～CRCS6 的骨架曲线对比如图 3.1-13 所示。主要阶段试验结果见表 3.1-3。表中数据为正负向的平均值，P_{cr}和Δ_{cr}分别为开裂荷载和开裂位移，P_y和Δ_y分别为屈服荷载和屈服位移，P_m为峰值荷载，Δ_u为极限位移，θ_{sju}为极限位移角，μ为延性系数，E_t为总累积耗能。其中，极限位移定义为荷载下降至峰值荷载 85%时的位移；屈服荷载和屈服位移采用 Park 法确定。

各试件主要阶段试验结果　　表 3.1-3

试件编号	P_{cr}（kN）	Δ_{cr}（mm）	P_y（kN）	Δ_y（mm）	P_m（kN）	P_m/P_y	Δ_u（mm）	θ_{sju}（%）	μ	E_t（kN·m）
CRCS1	56.5	19.8	106.5	52.1	125.1	1.17	137.4	6.9	2.64	67.5
CRCS2	63.4	19.8	110.7	54.3	128.7	1.16	149.8	7.5	2.76	97.5
CRCS3	64.1	20.9	112.7	60.3	134.7	1.19	124.8	6.2	2.07	53.4
CRCS4	60.2	18.1	114.6	52.9	137.1	1.20	140.6	7.0	2.65	84.8
CRCS5	60.1	19.1	100.2	46.3	115.9	1.16	132.7	6.6	2.87	65.4
CRCS6	59.7	19.2	94.1	44.6	106.8	1.13	124.3	6.2	2.79	53.9

对比分析表 3.1-3 和图 3.1-13 可知：

（1）对比试件 CRCS1 和 CRCS3，当轴压比由 0.12 增加至 0.18 时，试件开裂荷载提高 13.5%，峰值荷载提高 7.7%。由于轴压力抑制了柱中弯曲裂缝的开展，故增加轴压比在一定程度上提高了开裂荷载。相比之下，节点峰值荷载的提高幅度较小，分析其原因为节点区的钢套箍为局部设置，钢套箍对内部混凝土的约束作用随轴压力的增加提高有限，故对该类型节点，增大轴压比对节点承载力的提高作用有限。此外，随着轴压比的增加，试件的骨架曲线下降段变陡，延性性能降低，表明增大轴压比对节点的延性性能有不利影响。

（2）对比试件 CRCS1 和 CRCS2，当节点区钢套箍延伸高度由 50mm 增加至 150mm 时，试件开裂荷载提高 12.2%，峰值荷载提高约 3%。这表明节点区钢套箍延伸高度的增加对峰值荷载影响不明显。由于钢套箍延伸高度的增加，相比试件 CRCS1，试件 CRCS2 的钢套箍可对节点核芯区内部混凝土提供更有效的约束，故其骨架曲线的下降段相对更平缓，极限变形能力提高。因此，增加钢套箍延伸高度可在一定程度上改善节点在峰值后阶段的弹塑性变形能力。

（3）预制管组合柱-钢梁节点的峰值荷载随芯部混凝土强度的提高而增大。对比试件CRCS1和CRCS4，当芯部混凝土强度由22.9MPa提高至34.6MPa时，开裂荷载提高约6%，峰值荷载提高约10%。由于节点核芯区内部混凝土以形成对角斜压杆来抵抗节点剪力，而芯部混凝土强度的提高增大了斜压杆的承载力，故随着芯部混凝土强度提高，节点峰值荷载增大。

（4）钢套箍厚度的变化对试件开裂荷载影响较小，对比试件CRCS1、CRCS5和CRCS6，其开裂荷载的变化幅度在6%以内。相比之下，钢套箍厚度的变化对试件峰值荷载有较为明显的影响，与试件CRCS1相比，试件CRCS5的峰值荷载降低7.3%，试件CRCS6的峰值荷载降低约14.6%。由于节点核芯区钢套箍腹板直接承受节点剪力，故其厚度的变化对节点承载力影响较大。

（5）各试件的强屈比（P_m/P_y）在1.13～1.20之间，表明预制管组合柱-钢梁节点在节点核芯区破坏模式下仍具有一定的屈服后弹塑性变形能力，有利于耗能。

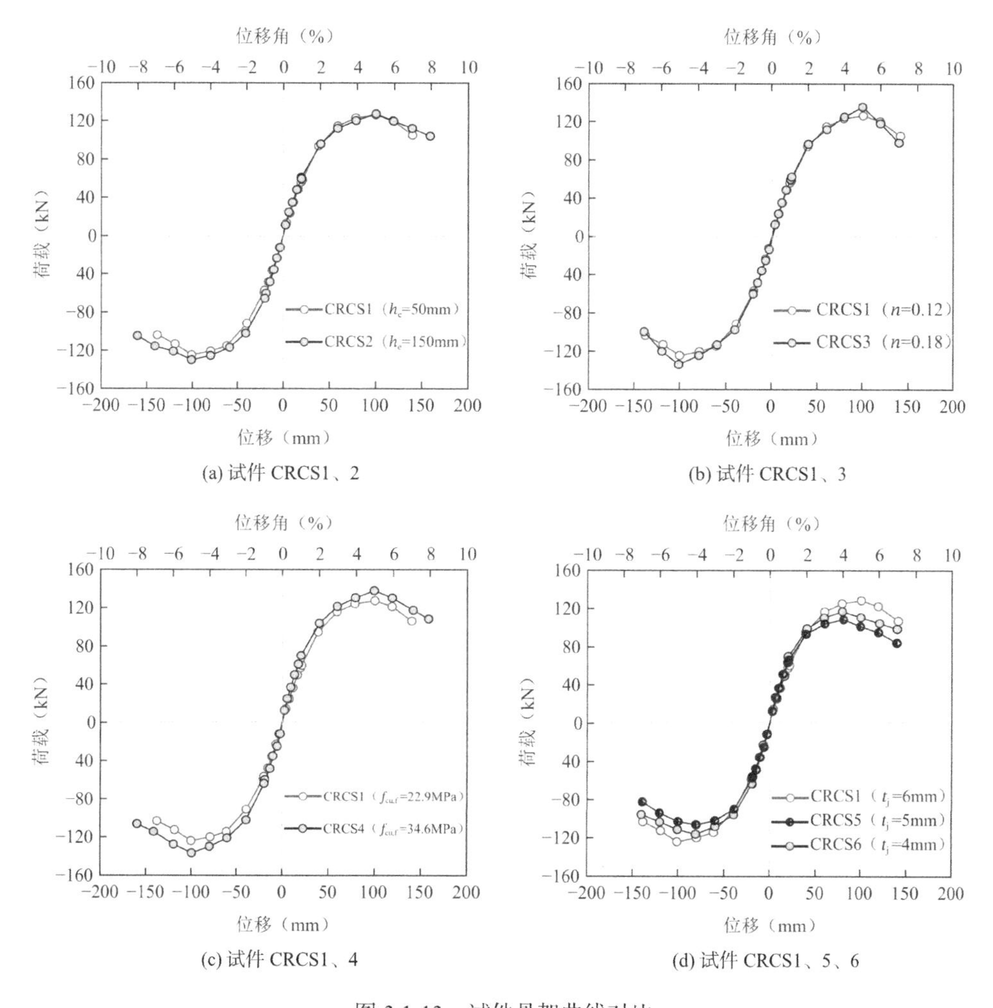

(a) 试件CRCS1、2　(b) 试件CRCS1、3

(c) 试件CRCS1、4　(d) 试件CRCS1、5、6

图3.1-13　试件骨架曲线对比

3. 延性性能

采用延性系数（μ）来评价预制管组合柱-钢梁节点的延性。各试件的延性系数和极限位移角见表 3.1-3，不同参数对延性系数的影响如图 3.1-14 所示。

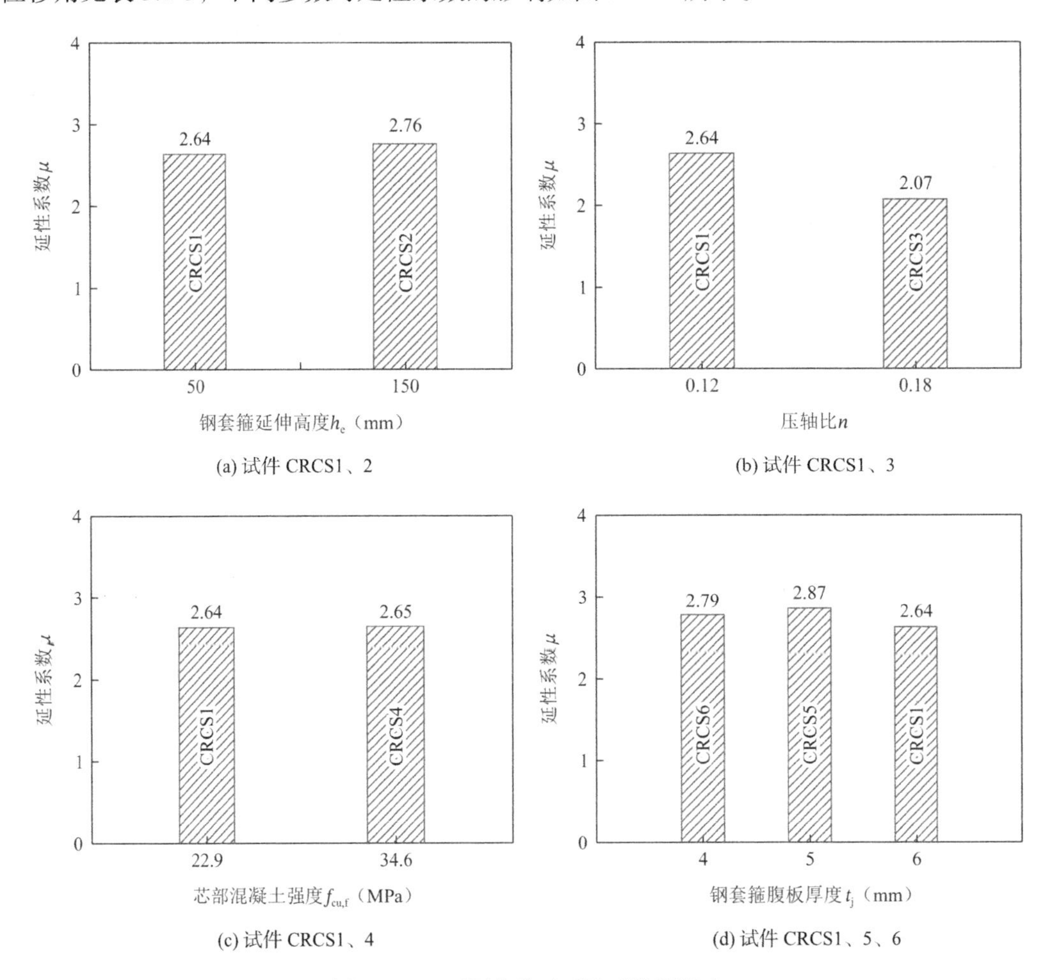

图 3.1-14　不同参数对延性系数的影响

对比分析表 3.1-3 和图 3.1-14 可知：（1）轴压比对预制管组合柱-钢梁节点的延性影响较大。随着轴压比的增加，延性系数降低。与试件 CRCS1 相比，试件 CRCS3 的延性系数降低约 22%，极限位移角减小约 9%。表明预制管组合柱-钢梁节点的延性性能和变形能力随轴压比的增加而降低。（2）随着钢套箍延伸高度的增加，预制管组合柱-钢梁节点的延性系数有一定程度的提高，相比试件 CRCS1，试件 CRCS2 的延性系数提高约 5%，极限位移角提高约 9%。（3）对比试件 CRCS1 和 CRCS4，当芯部混凝土强度由 22.9MPa 提高至 34.6MPa 时，其延性系数和极限位移角基本保持不变，芯部混凝土强度的变化对预制管组合柱-钢梁节点的延性性能影响不明显。（4）对比试件 CRCS1、CRCS5 和 CRCS6，当钢套箍厚度由 4mm 增加至 5mm 时，其延性系数提高约 3%；当钢套箍厚度由 5mm 增加至 6mm 时，其延性系数降低约 8%。（5）试件 CRCS1～CRCS6 的极限位移角介于 6.22%～7.49%之间，满足框架结构弹塑性层间位移角限值要求，即$\theta_{su} > 1/50$。

总体来说，试件 CRCS1～CRCS6 的延性系数介于 2.07～2.87 之间。根据钢筋混凝土构件延性系数的划分等级，各试件处于低延性水平等级（$2.0 \leqslant \mu < 3.0$），表明发生节点核芯区剪切破坏的预制管组合柱-钢梁节点的延性系数不能满足延性系数$\mu \geqslant 3.0$ 的要求。

4. 承载力退化

为分析试件承载能力随循环次数增加而逐渐降低的特性，采用承载力降低系数来评估试件承载力退化的程度。图 3.1-15 给出了各试件的承载力退化曲线，图中承载力降低系数取正负向平均值。对比分析图 3.1-15 可知：

（1）各试件承载力降低系数随位移的增加而逐渐减小，同一位移幅值下的循环加载中，第 2 次循环的峰值荷载值较第 1 次循环变化不明显，其承载力降低系数为 0.86～1.00，表明预制管组合柱-钢梁节点在反复荷载作用下具有较为稳定的承载力退化特征。

（2）轴压比对预制管组合柱-钢梁节点的承载力退化特性影响较大。由图 3.1-15（b）可看出，屈服荷载后，轴压比越大，其承载力退化越快。因此，实际工程中预制管组合柱-钢梁节点的轴压比取值不宜过大，以确保其具有较稳定的承载力退化特性。

（3）对比试件 CRCS1 和 CRCS2 可知，不同钢套箍延伸高度的试件在峰值荷载前的承载力退化曲线基本重合，差别不明显；峰值荷载后，钢套箍延伸高度较大试件的承载力退化曲线相对更平缓，承载力退化较为稳定，如图 3.1-15（a）所示。表明在峰值后阶段，钢套箍延伸高度较大试件的钢套箍可对内部混凝土提供更好的约束作用，从而减缓了节点的承载力退化速率。

（4）对比试件 CRCS1 和 CRCS4 可知，峰值荷载前，芯部混凝土强度的变化对预制管组合柱-钢梁节点的承载力退化影响不明显，其承载力退化整体较为稳定，如图 3.1-15（c）所示；峰值荷载后，芯部混凝土强度较小试件的承载力退化较快，分析其原因为峰值后阶段节点核芯区钢套箍鼓曲程度逐渐加重，节点核芯区内部混凝土分担的内力增加较快，对芯部混凝土强度较低的试件，其节点核芯区内部混凝土的损伤更严重，从而导致节点承载力下降明显。

（5）对比试件 CRCS1、CRCS5 和 CRCS6 可知，钢套箍厚度较大试件的承载力退化相对更稳定，表明节点核芯区钢套箍厚度的增加可在一定程度上减小节点承载力的退化速率。

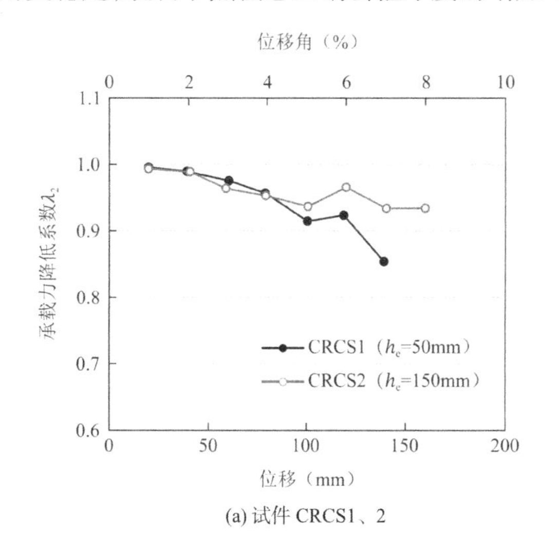

(a) 试件 CRCS1、2

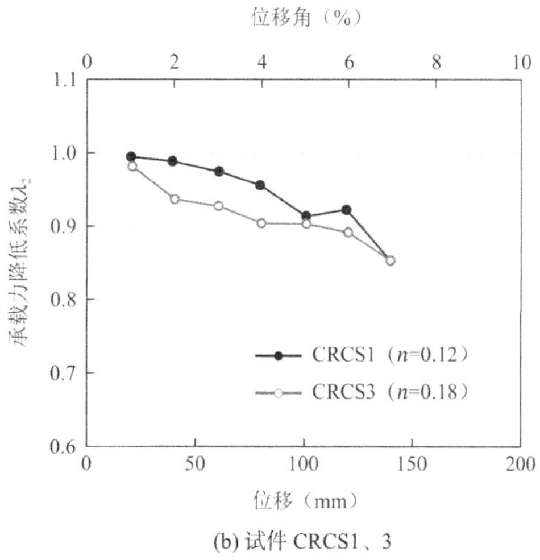

(b) 试件 CRCS1、3

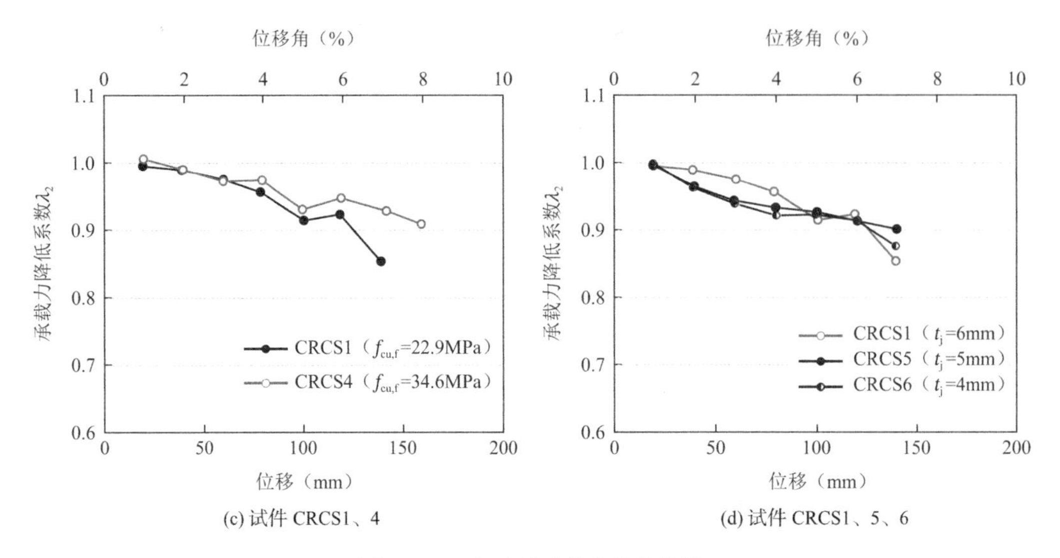

(c) 试件 CRCS1、4　　(d) 试件 CRCS1、5、6

图 3.1-15　各试件承载力退化曲线

5. 刚度退化及刚度维持能力

采用割线刚度来评估试件在加载过程中的刚度退化。试件 CRCS1～CRCS6 的刚度退化曲线和特征点刚度对比分别如图 3.1-16 和图 3.1-17 所示。表 3.1-4 给出了各试件在特征点处的割线刚度，表中K_{i0}为初始刚度，K_y、K_m和K_u分别为试件在屈服、峰值和破坏时的割线刚度。

各试件特征点处刚度　　表 3.1-4

试件编号	割线刚度K_i/（kN/mm）				K_y/K_{i0}	K_m/K_{i0}	K_u/K_{i0}
	K_{i0}	K_y	K_m	K_u			
CRCS1	3.62	2.06	1.25	0.79	0.57	0.35	0.22
CRCS2	3.81	2.07	1.28	0.74	0.54	0.34	0.19
CRCS3	4.34	1.88	1.34	0.92	0.43	0.31	0.21
CRCS4	4.18	2.21	1.37	0.83	0.53	0.33	0.20
CRCS5	3.79	2.27	1.45	0.73	0.59	0.38	0.19
CRCS6	3.69	2.19	1.32	0.74	0.59	0.36	0.20

结合表 3.1-4，通过对比分析图 3.1-16 和图 3.1-17 可知：

（1）轴压比和芯部混凝土强度对预制管组合柱-钢梁节点的初始刚度有较大影响。随着轴压比和芯部混凝土强度的增加，初始刚度均有一定程度的提高。对比试件 CRCS1 和 CRCS3，当轴压比由 0.12 增加至 0.18 时，初始刚度提高约 20%；对比试件 CRCS1 和 CRCS4，当芯部混凝土强度由 22.9MPa 增加至 34.6MPa 时，初始刚度提高约 15%。相比之下，钢套箍延伸高度以及钢套箍厚度的变化对初始刚度影响较小，其初始刚度的变化幅度均在 5%以内。

（2）各试件的刚度退化趋势基本一致，整个加载过程中刚度退化速率较为均匀，未出现明显的刚度突变。随着轴压比的增加，刚度退化呈加快趋势，而随着钢套箍厚度的增加，刚度退化呈减缓趋势。钢套箍延伸高度和芯部混凝土强度变化对节点的刚度退化规律影响不明显。

（3）在反复荷载作用下，预制管组合柱-钢梁节点具有一定的刚度维持能力。节点屈服时，各试件刚度约为初始刚度的 40%～60%；达到峰值荷载时，其刚度可保持初始刚度的 30%～40%；破坏时，各试件刚度仍可维持初始刚度的 20%左右。

（4）钢套箍厚度的变化对初始刚度影响较小，但对受力过程中节点的刚度退化有较为明显的影响。对比试件 CRCS1、CRCS5 和 CRCS6 可知，各试件刚度退化曲线在 1.0%位移角之前基本重合，之后呈现出较大的差异，对钢套箍厚度较大的试件，其刚度退化相对更缓慢，分析其原因为钢套箍厚度的增加提高了节点的屈服承载力，相比钢套箍厚度较小的试件，其节点屈服较晚，在相同位移角水平下，钢套箍厚度较大试件的节点核芯区变形相对较小，其刚度退化相对更缓慢。

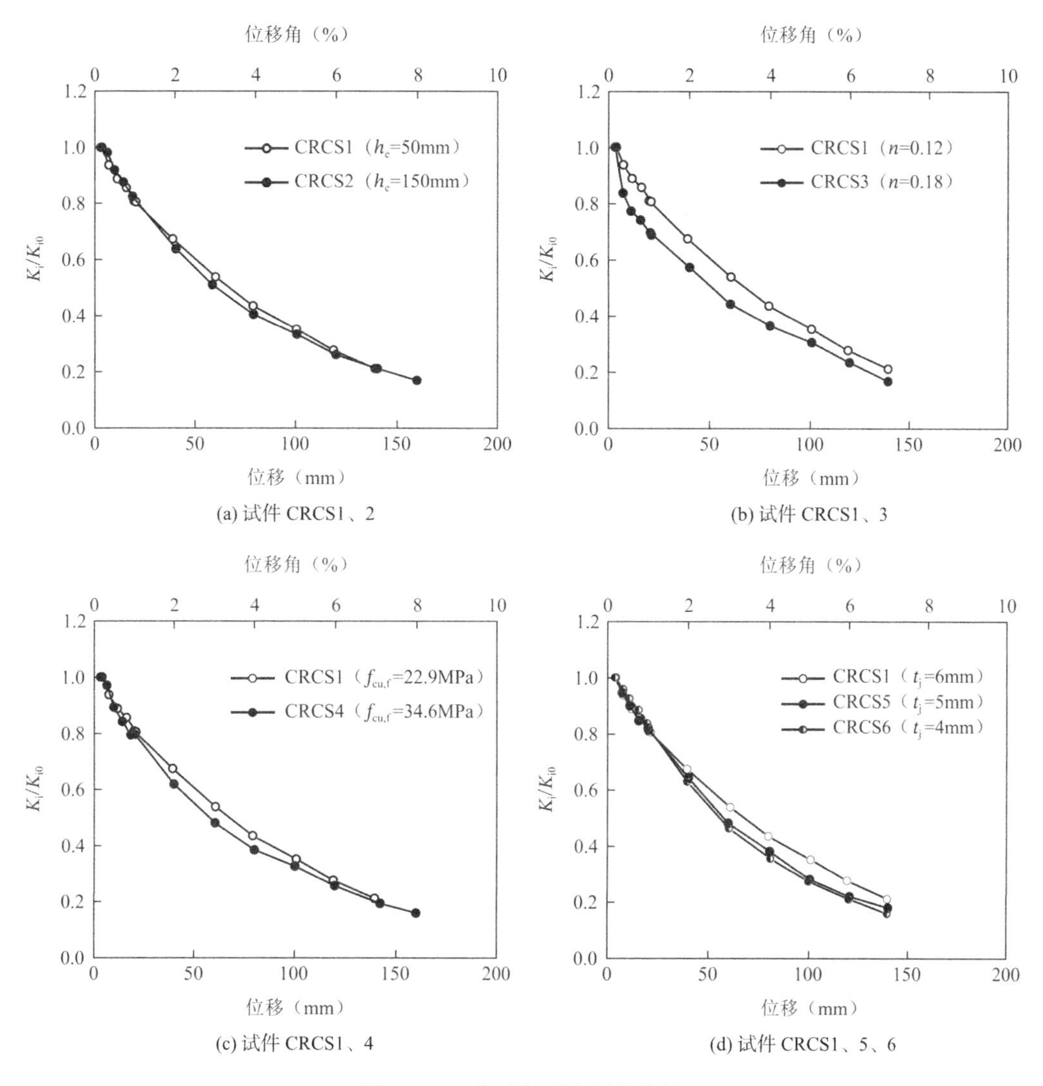

(a) 试件 CRCS1、2

(b) 试件 CRCS1、3

(c) 试件 CRCS1、4

(d) 试件 CRCS1、5、6

图 3.1-16 各试件刚度退化曲线

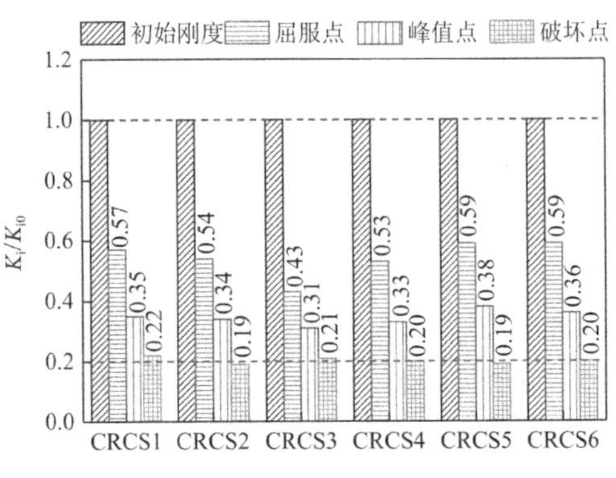

图 3.1-17　各试件特征点刚度对比

6. 耗能能力

采用累积耗能（E_c）和等效黏滞阻尼系数（ζ_{eq}）来评估试件的耗能能力。图 3.1-18 给出了试件的累积耗能曲线，各试件的总累积耗能（E_t）见表 3.1-3。

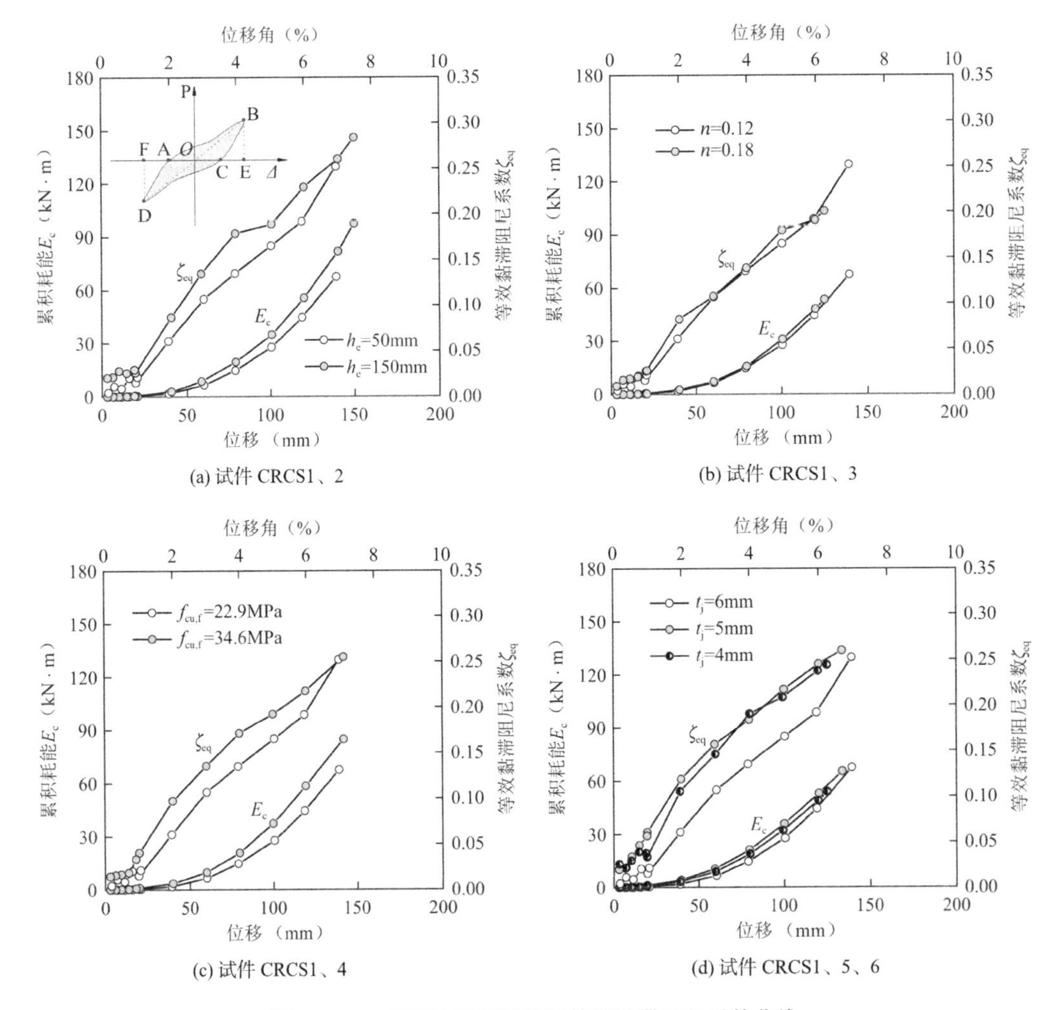

(a) 试件 CRCS1、2

(b) 试件 CRCS1、3

(c) 试件 CRCS1、4

(d) 试件 CRCS1、5、6

图 3.1-18　各试件累积耗能及等效黏滞阻尼系数曲线

分析图 3.1-18 和表 3.1-3 可知：（1）各试件的累积耗能曲线基本相似，其累积耗能均随位移的增加而逐步增大。(2)加载过程中，在相同水平位移下，钢套箍延伸高度较大试件的累积耗能要高于延伸高度较小的试件，如图 3.1-18(a)所示；相比试件 CRCS1，试件 CRCS2 的总累积耗能增加约 44%。(3)轴压比对加载过程中试件的累积耗能影响较小，由于轴压比较大试件的极限位移小，其最终的总累积耗能值要低于轴压比较小的试件，与试件 CRCS1 相比，试件 CRCS3 的总累积耗能降低约 21%。(4)节点的总累积耗能随芯部混凝土强度的提高而增加，相比试件 CRCS1，试件 CRCS4 的总累积耗能增加约 25%。(5)随着钢套箍厚度的增加，节点的总累积耗能有一定程度的提高，试件 CRCS1 的总累积耗能分别约为试件 CRCS5 和 CRCS6 的 1.03 倍和 1.25 倍。

各试件特征点等效黏滞阻尼系数 **表 3.1-5**

特征点	等效黏滞阻尼系数ζ_{eq}					
	CRCS1	CRCS2	CRCS3	CRCS4	CRCS5	CRCS6
屈服	0.0925	0.1229	0.1080	0.1221	0.1293	0.1135
峰值	0.1653	0.1889	0.1796	0.1927	0.1840	0.1905
破坏	0.2417	0.2840	0.2010	0.2552	0.2602	0.2440

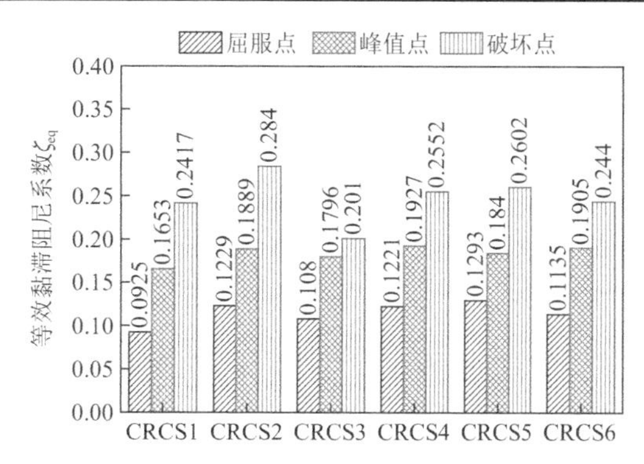

图 3.1-19 各试件特征点等效黏滞阻尼系数对比

试件 CRCS1～CRCS6 的等效黏滞阻尼系数曲线如图 3.1-18 所示，各试件在特征点处的等效黏滞阻尼系数及其对比见表 3.1-5 和图 3.1-19。对比分析图 3.1-18、图 3.1-19 和表 3.1-5 可知：

(1)各试件在屈服前的等效黏滞阻尼系数较小，基本维持不变。屈服后，节点核芯区钢套箍进入弹塑性发展阶段，随着其变形和腹板鼓曲的逐步发展，等效黏滞阻尼系数随位移的增加呈现出快速增长的趋势。

(2)对轴压比较大的试件，其等效黏滞阻尼系数的增长要略快于轴压比较小的试件。相比试件 CRCS1，试件 CRCS3 的等效黏滞阻尼系数在屈服荷载时约高 17%，在峰值荷载时约高 9%。由于轴压比较大试件的极限位移小，在破坏荷载时的等效黏滞阻尼系数要低于轴压比较小的试件，与试件 CRCS1 相比，试件 CRCS3 在破坏荷载时的等效黏滞阻尼系数降低约 17%。

(3)与钢套箍延伸高度较小的试件相比，钢套箍延伸高度较大的试件显示出更好的耗能能力，其等效黏滞阻尼系数的增长较快。与试件 CRCS1 相比，试件 CRCS2 的等效黏滞阻尼系数在峰值荷载时约高 14%，在破坏荷载时约高 18%。表明增加钢套箍延伸高度能在一定程度上提高节点的耗能能力。

（4）对芯部混凝土强度较高的试件，其等效黏滞阻尼系数的增长要快于芯部混凝土强度较低的试件。与试件 CRCS1 相比，试件 CRCS4 的等效黏滞阻尼系数在峰值荷载时约高 17%，在破坏荷载时约高 6%。

（5）屈服荷载后，与钢套箍厚度较大的试件相比，钢套箍厚度较小试件的等效黏滞阻尼系数增长较快，在相同位移水平下，其值要高于钢套箍厚度较大的试件。分析其原因为钢套箍厚度的减小加快了其在加载过程中弹塑性变形的发展，节点的弹塑性变形发展相对更早且更为充分，这与试验过程中观察到的现象一致。

（6）在峰值荷载时，试件 CRCS1～CRCS6 的等效黏滞阻尼系数介于 0.1653～0.1927 之间。已有研究表明[6]，在峰值荷载时，钢筋混凝土节点的等效黏滞阻尼系数为 0.1 左右，型钢混凝土节点的等效黏滞阻尼系数为 0.3 左右。由此可知，本书提出的预制管组合柱-钢梁节点的等效黏滞阻尼系数介于钢筋混凝土节点与型钢混凝土节点之间。

7. 节点核芯区剪切变形

在梁端反复荷载及柱顶轴向压力作用下，预制管组合柱-钢梁节点的受力如图 3.1-20 所示。图 3.1-21（a）给出了节点核芯区的受力简图，由图可知，节点核芯区承受梁端和柱端传来的水平剪力，并产生剪切变形，节点核芯区从初始的矩形变为菱形，如图 3.1-21（b）所示。

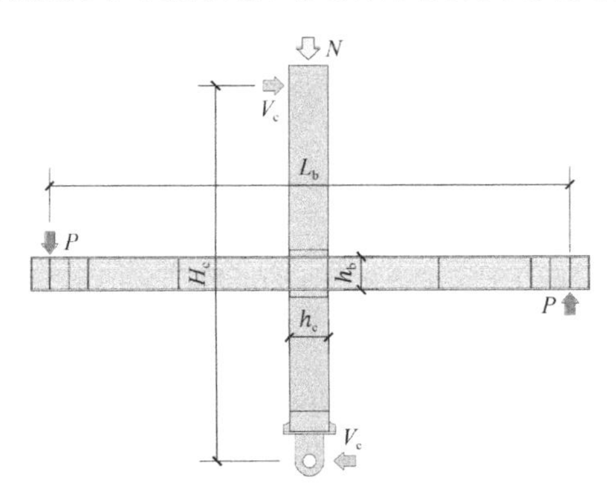

图 3.1-20　预制管组合柱-钢梁节点受力示意图

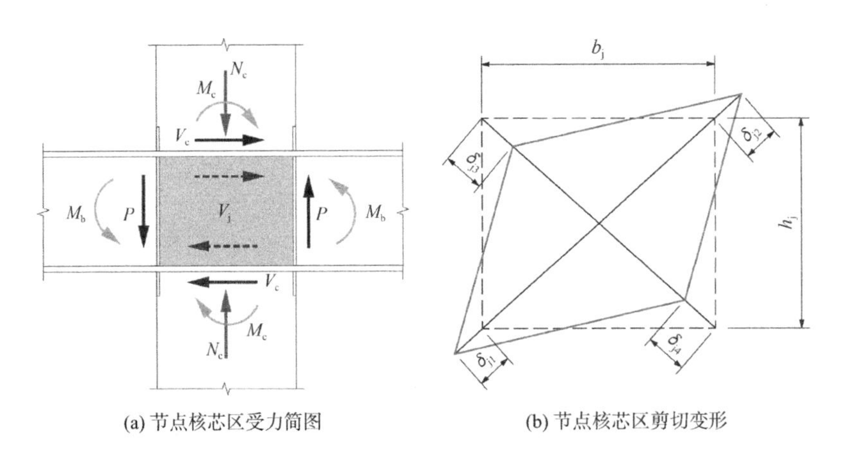

图 3.1-21　节点核芯区受力简图及剪切变形

根据节点及节点核芯区的受力简图［图 3.1-20 和图 3.1-21（a）］，由力平衡条件可推导出节点核芯区的剪力（V_{j}），其计算公式如下：

$$V_{\mathrm{j}}=\left(\frac{L_{\mathrm{b}}-h_{\mathrm{c}}}{h_{\mathrm{b}}-t_{\mathrm{f}}}-\frac{L_{\mathrm{b}}}{H_{\mathrm{c}}}\right)\cdot P \tag{3.1-1}$$

式中：L_{b}——梁端加载点之间的距离；

h_{c}——柱截面高度；

h_{b}——钢梁截面高度；

t_{f}——钢梁翼缘厚度；

H_{c}——柱反弯点之间的距离；

P——梁端荷载。

试验时通过在试件上设置的位移计 DT5 和 DT6，可测得节点核芯区在对角线方向的相对位移$(\delta_{\mathrm{j1}}+\delta_{\mathrm{j2}})$和$(\delta_{\mathrm{j3}}+\delta_{\mathrm{j4}})$。通过所测量得到的数据可计算节点核芯区的剪切转角（θ_{j}），其计算公式如下：

$$\theta_{\mathrm{j}}=\frac{1}{2}\left[(\delta_{\mathrm{j1}}+\delta_{\mathrm{j2}})+(\delta_{\mathrm{j3}}+\delta_{\mathrm{j4}})\right]\sqrt{\frac{b_{\mathrm{j}}^{2}+h_{\mathrm{j}}^{2}}{b_{\mathrm{j}}h_{\mathrm{j}}}} \tag{3.1-2}$$

式中：$(\delta_{\mathrm{j1}}+\delta_{\mathrm{j2}})$——相对位移，由位移计 DT5 测得；

$(\delta_{\mathrm{j3}}+\delta_{\mathrm{j4}})$——相对位移，由位移计 DT6 测得；

b_{j}、h_{j}——节点核芯区对角测点的宽度和高度，如图 3.1-21（b）所示。

由式(3.1-1)和式(3.1-2)可得到各试件节点核芯区的剪力-剪切变形曲线，如图 3.1-22 所示，表 3.1-6 给出了各试件节点核芯区在特征点处的剪切变形。

各试件节点核芯区特征点处剪切变形　　　　表 3.1-6

特征点	节点核芯区剪切变形θ_{j}（rad）					
	CRCS1	CRCS2	CRCS3	CRCS4	CRCS5	CRCS6
屈服	0.00486	0.00609	0.01112	0.00455	0.00684	0.01161
峰值	0.02437	0.02729	0.03853	0.02004	0.02639	0.03696
破坏	0.05975	0.07956	0.06150	0.04820	0.07362	0.09996

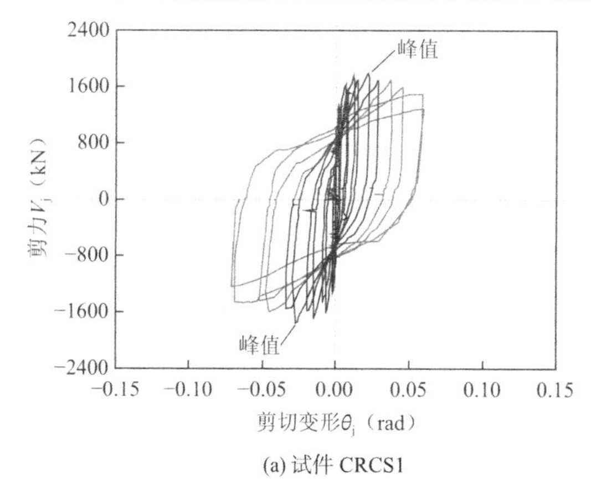

(a) 试件 CRCS1

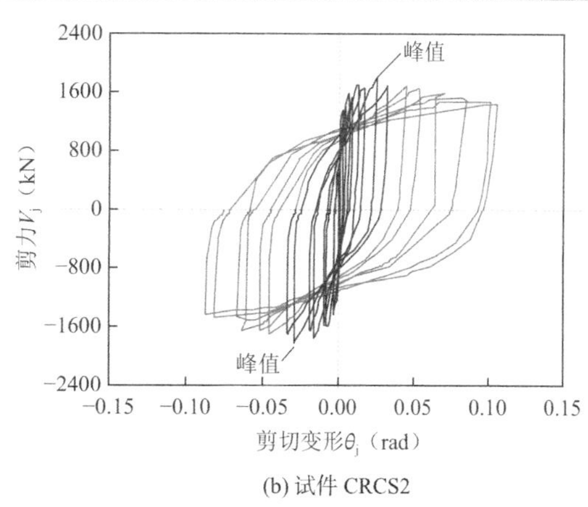

(b) 试件 CRCS2

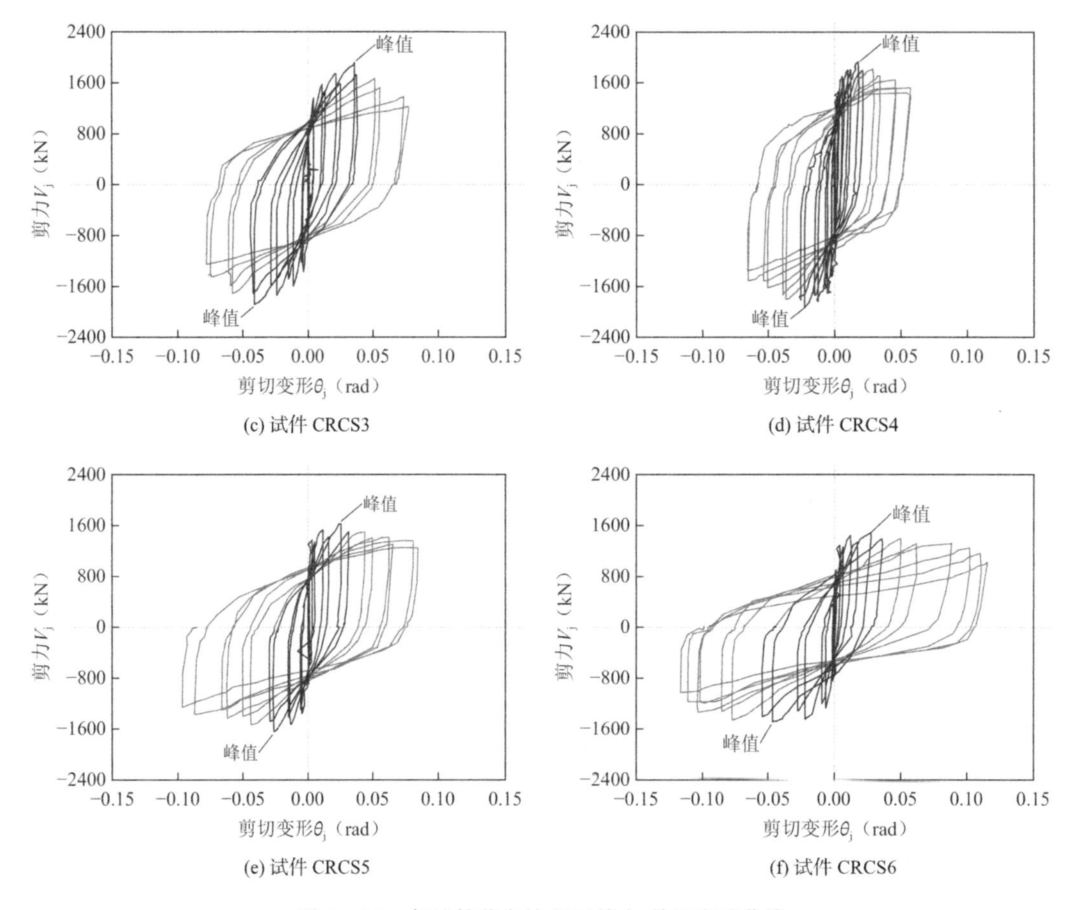

(c) 试件 CRCS3

(d) 试件 CRCS4

(e) 试件 CRCS5

(f) 试件 CRCS6

图 3.1-22　各试件节点核芯区剪力-剪切变形曲线

为更清楚地反映各试件节点核芯区剪力-剪切变形曲线在峰值剪力前后的发展情况，图 3.1-22 中将各试件在峰值剪力后的节点核芯区剪力-剪切变形曲线线形改为虚线。对比分析表 3.1-6 和图 3.1-22 可知：

（1）各试件节点核芯区的剪切变形在屈服前较小，屈服时剪切变形在 0.00455～0.01161rad 之间；屈服后，剪切变形增长逐渐加快，至峰值荷载时，各试件剪切变形介于 0.02004～0.03853rad 之间，试件 CRCS1～CRCS6 的剪切变形分别为屈服荷载时的 5.0 倍、4.5 倍、3.5 倍、4.4 倍、3.9 倍和 3.2 倍；峰值荷载后，各试件剪切变形呈快速增长趋势，至破坏荷载时，各试件剪切变形发展均较为充分，其值介于 0.04820～0.09996rad 之间；各试件节点核芯区剪切变形的发展趋势与试验现象相吻合，从各试件破坏时节点核芯区的剪切变形值可知，节点核芯区剪切破坏是导致试件 CRCS1～CRCS6 最终破坏的主要原因。

（2）对钢套箍延伸高度较大的试件，其节点核芯区剪切变形的发展要快于钢套箍延伸高度较小的试件，剪切变形的发展更为充分。在破坏荷载时，试件 CRCS2 的剪切变形为试件 CRCS1 的 1.33 倍。分析其原因为钢套箍延伸高度的增加减轻了节点上下柱端混凝土的损伤，使得节点核芯区剪切变形的发展更为充分。

（3）对比试件 CRCS1 和 CRCS3，当轴压比由 0.12 增加至 0.18 时，节点核芯区剪切变形在屈服、峰值和破坏荷载时分别增加 129%、58%和 3%，表明增大轴压比加快了节点核芯区剪切变形的发展，导致节点较早发生破坏，不利于强节点的实现。

（4）芯部混凝土强度的提高显著地减小了节点核芯区的剪切变形。相比试件 CRCS1，试件 CRCS4 的节点核芯区剪切变形在屈服、峰值和破坏荷载时分别减小 6.4%、17.8%和 19.3%，表明提高芯部混凝土强度能有效减少节点核芯区的剪切变形，提高节点的刚度和承载能力。

（5）节点核芯区的剪切变形随钢套箍厚度的减小而显著增大。对比试件 CRCS1、CRCS5 和 CRCS6，当钢套箍厚度由 6mm 减小至 5mm 时，节点核芯区剪切变形在破坏荷载时增大 23.2%；当钢套箍厚度由 6mm 减小至 4mm 时，节点核芯区剪切变形在破坏荷载时增大 67.3%。表明钢套箍厚度的变化对节点剪切变形影响较大，增加钢套箍厚度可有效减小节点核芯区剪切变形，提高节点承载力，有利于“强节点”设计原则的实现。

8. 变形组成分析

通过对反复荷载作用下的预制管组合柱-钢梁节点进行变形组成分析，可进一步明确其受力特性。预制管组合柱-钢梁节点的层间位移角（θ_{sj}）由节点核芯区剪切转角（θ_j）、节点核芯区刚体转角（θ_{jR}）、柱弯曲转角（θ_c）和梁弯曲转角（θ_b）四部分组成，其中节点核芯区剪切转角（θ_j）可按式(3.1-2)计算。

各节点试件的层间位移角（θ_{sj}）可按下式计算：

$$\theta_{sj}=\frac{\delta_1-\delta_2}{L_b}-\frac{\delta_3-\delta_4}{H_c} \tag{3.1-3}$$

式中：δ_1、δ_2、δ_3、δ_4——图 3.1-6（a）中位移计 DT1、DT2、DT3 和 DT4 测得的数据；

L_b、H_c——取值见图 3.1-20。

根据试验实测数据，整个加载过程中柱反弯点不动铰支座处位移计 DT3 和 DT4 所量测的数值较小，可忽略不计。

节点核芯区刚体转动所引起的转角（θ_{jR}）[28]可按下式计算：

$$\theta_{jR}=\frac{\delta_{11}-\delta_{12}}{d_{h1}}-\frac{\delta_9-\delta_{10}}{d_{h2}} \tag{3.1-4}$$

式中：δ_9、δ_{10}、δ_{11}、δ_{12}——图 3.1-6（a）中位移计 DT9、DT10、DT11 和 DT12 测得的数据；

d_{h1}——位移计 DT11 和 DT12 间的距离；

d_{h2}——位移计 DT9 和 DT10 间的距离。

柱弯曲转角（θ_c）可按下式计算：

$$\theta_c=\frac{\delta_7-\delta_8}{h_b-t_f}-\theta_j \tag{3.1-5}$$

式中：δ_7、δ_8——图 3.1-6（a）中位移计 DT7 和 DT8 测得的数据；

h_b——钢梁截面高度；

t_f——钢梁翼缘厚度。

梁弯曲转角（θ_b）可通过从层间位移角（θ_{sj}）中扣除其他部分得到。试件 CRCS1～CRCS6 的变形组成随层间位移角的变化规律如图 3.1-23 所示。由图可知：

（1）位移角达到 1.0%之前，各试件节点核芯区变形较小，其节点核芯区剪切转角和节点核芯区刚体转角所占比例较小，位移角达到 1.0%时，试件 CRCS1～CRCS6 节点核芯区剪切转角所占比重分别为 9.5%、11.9%、12.1%、5.9%、11.8%和 14.1%，节点核芯区刚体转角所占比重分别为 10.1%、9.2%、11.3%、14.5%、13.8%和 13.1%。位移角达到 1.0%之后，各试件节点核芯区变形呈快速增长趋势，尤其是节点核芯区剪切转角增长显著，位移角达到 5%时，试件 CRCS1～CRCS6 节点核芯区剪切转角所占比重分别达到 41.8%、48.7%、66.2%、34.6%、72.1%和 74.5%；相比之下，随着位移角增加，节点核芯区刚体转角增长较为缓慢，位移角达到 5%时，试件 CRCS1～CRCS6 节点核芯区刚体转角所占比重分别为 25.5%、17.1%、18.1%、27.8%、13.2%和 9.4%。由此可知，各试件的塑性变形主要集中在节点核芯区。

（2）与试件 CRCS1 相比，试件 CRCS2 节点核芯区刚体转角所占比重明显减小，位移角为 5%时，试件 CRCS2 节点核芯区刚体转角所占比重降低约 33%，表明钢套箍延伸高度的增加可有效减小节点核芯区的刚体转动。此外，对比试件 CRCS1 和 CRCS3 可知，增加轴压比可在一定程度上抑制节点核芯区的刚体转动。

（3）对比试件 CRCS1 和 CRCS4 可知，随着芯部混凝土强度的提高，加载过程中节点核芯区剪切变形所占比重有所下降，而节点核芯区刚体转角所占比重有所增加。对比不同钢套箍厚度的试件可发现，随着钢套箍厚度的减小，节点核芯区剪切转角所占比重显著增大，节点核芯区刚体转角所占比重下降明显。

综上，由于各试件破坏模式均为节点核芯区破坏，故节点核芯区变形所占比重较大。节点核芯区变形主要来自节点核芯区的剪切转角，但节点核芯区刚体转角所引起的变形仍占有一定的比重。由于节点核芯区刚体转动会造成节点上下柱端混凝土的碎裂破坏，对节点核芯区剪切变形的发展有一定影响。因此，在实际工程中宜采取有效措施（如增加钢套箍延伸高度等）来减小节点核芯区的刚体转动。

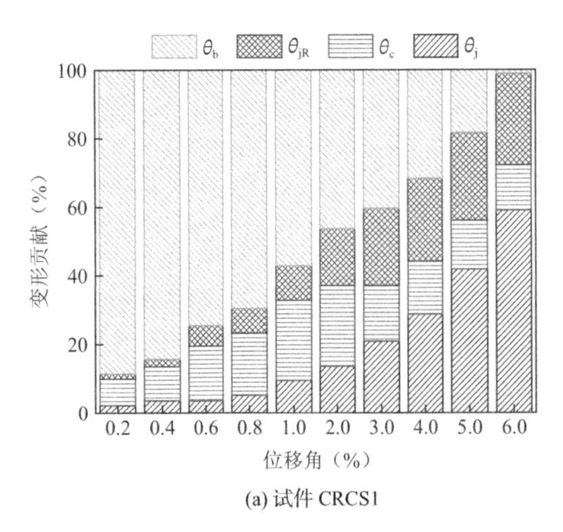

(a) 试件 CRCS1

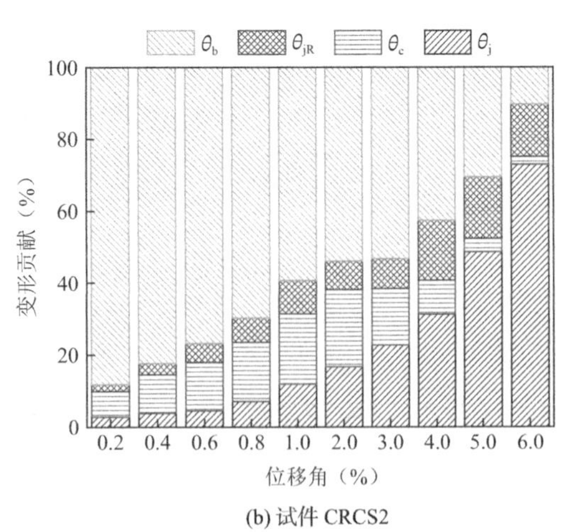

(b) 试件 CRCS2

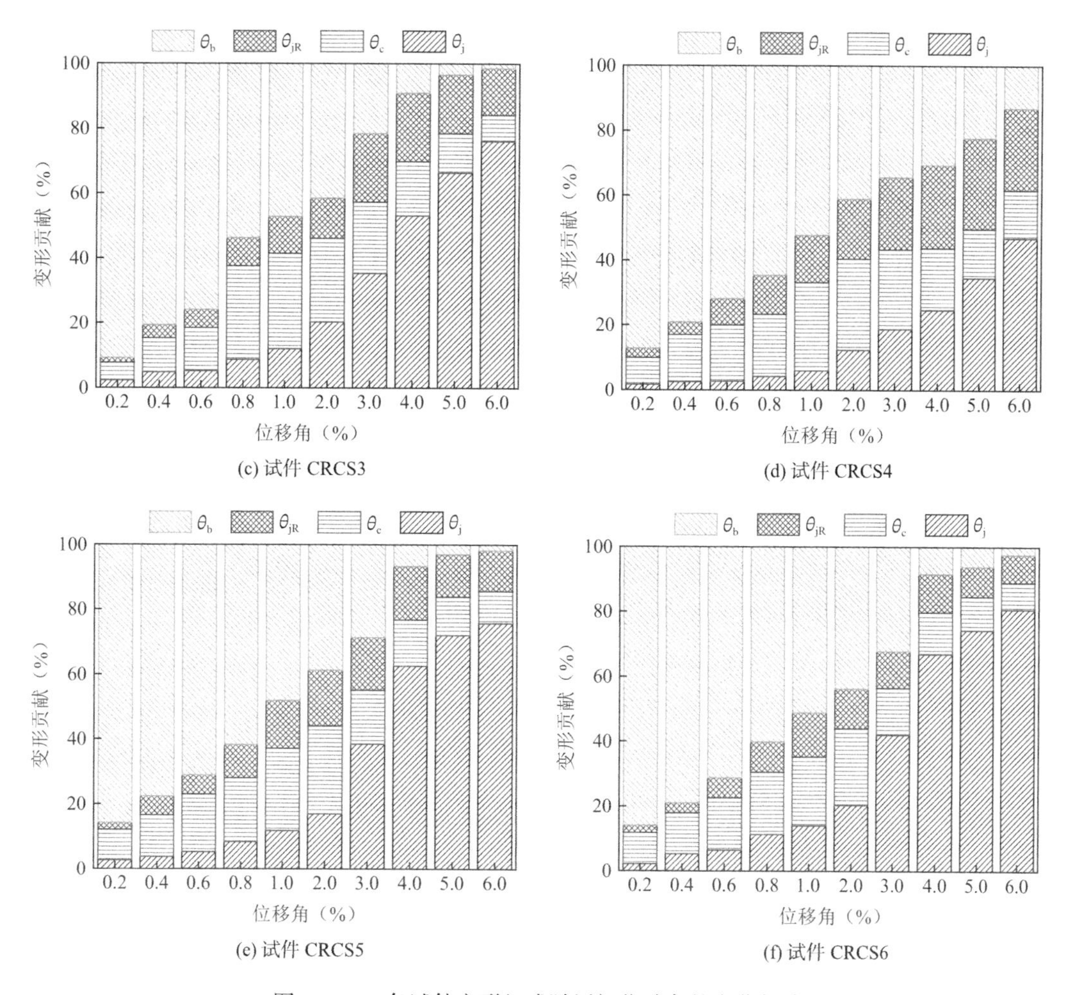

(c) 试件 CRCS3

(d) 试件 CRCS4

(e) 试件 CRCS5

(f) 试件 CRCS6

图 3.1-23　各试件变形组成随层间位移角的变化规律

9. 应变分析

（1）柱纵筋及箍筋应变分析

为了解加载过程中预制管组合柱的受力状态，试件制作时在柱中纵筋和箍筋上设置应变片，如图 3.1-6（b）所示。图 3.1-24 给出了试件 CRCS1、CRCS4 和 CRCS6 在加载过程中柱纵筋的荷载-应变曲线，其中测点 R1 位于下柱柱端，测点 R2 位于节点核芯区内。由图可知，柱中纵筋应变在整个加载过程中增长较为缓慢，最大应变达到了屈服应变，但未随加载位移的进一步增加而继续增长，表明加载过程中柱纵筋的弹塑性变形发展不充分，柱损伤程度较轻，这与试验中观察到的柱损伤情况基本一致。加载过程中，柱纵筋测点 R1 的荷载-应变曲线呈拉压交替发展趋势，并随位移的增加而逐步增大，而位于节点核芯区内的纵筋测点 R2 在加载过程中主要呈现出受拉发展趋势，这主要与纵筋测点所处的位置有关；在反复荷载作用下，柱端主要承受轴向压力、弯矩和剪力的作用并产生压弯变形，因此柱端纵筋承受反复拉压作用；对节点核芯区内纵筋测点 R2，由于节点核芯区主要产生剪切变形，故纵筋主要承受反复拉力的作用。

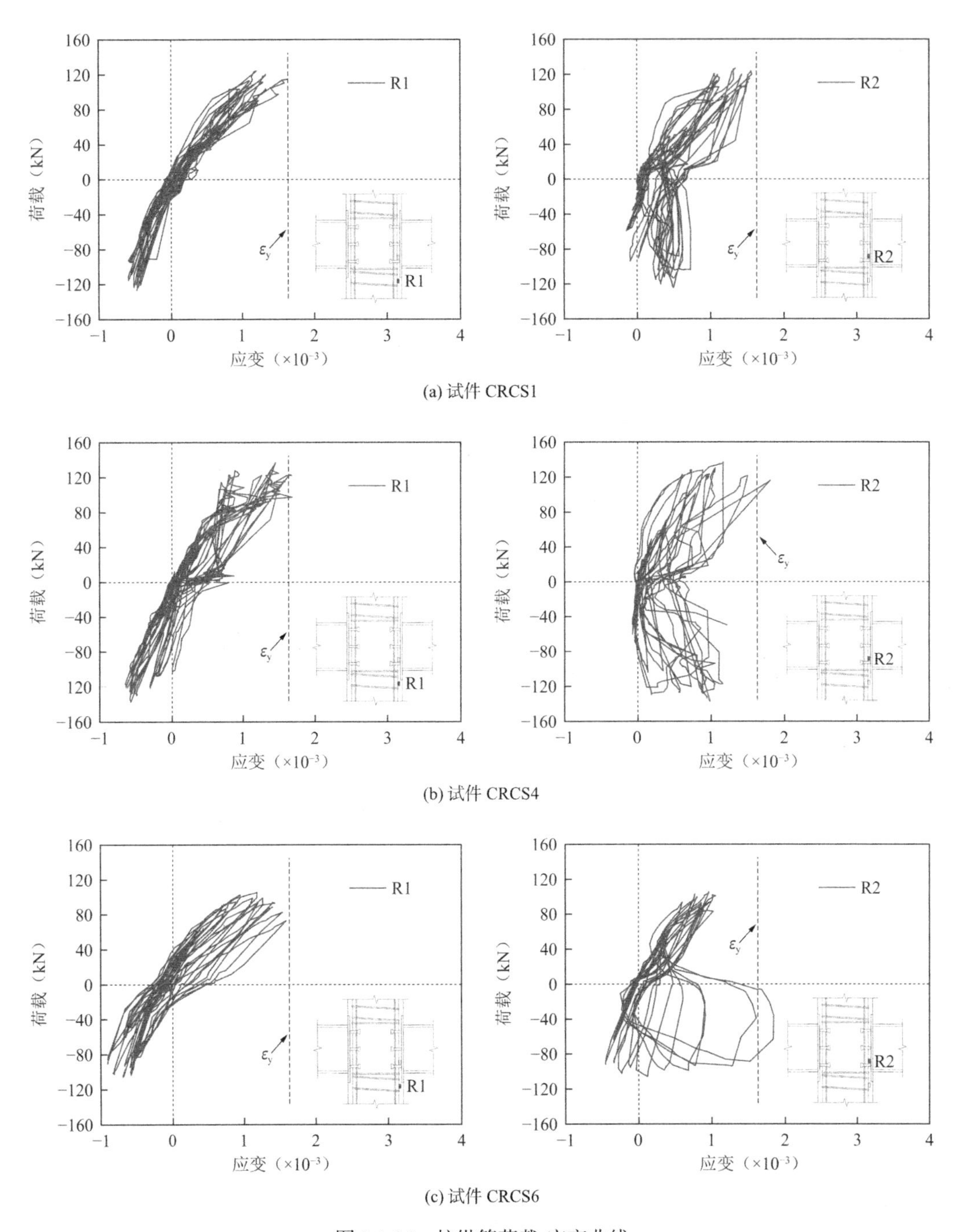

(a) 试件 CRCS1

(b) 试件 CRCS4

(c) 试件 CRCS6

图 3.1-24　柱纵筋荷载-应变曲线

图 3.1-25 给出了试件 CRCS1、CRCS2、CRCS3 和 CRCS6 中柱箍筋的荷载-应变曲线。由图可知，开裂前箍筋应变较小，柱中剪力主要由混凝土承担，开裂后箍筋应变突然增大，表明由混凝土承担的剪力已转由箍筋承担。相比试件 CRCS1，试件 CRCS2 的箍筋应变较小且发展较慢，分析其原因为试件 CRCS2 的钢套箍延伸高度增加，而箍筋应变测点位于钢套箍延伸高度范围内，由于钢套箍承担了大部分剪力，使得箍筋应变减小。此外，对比试

件 CRCS1 和 CRCS3 可知，增大轴压力可在一定程度上抑制柱端箍筋应变的发展。总体而言，整个加载过程中柱箍筋应变发展较慢，未达到屈服应变，箍筋处于弹性状态。

综上，在反复荷载作用下，柱中纵筋和箍筋的应变发展均较为缓慢，其中箍筋处于弹性状态，纵筋进入屈服但未进一步发展，表明加载过程中柱的损伤程度较轻，实现了预期“弱节点、强构件”的试验设计意图。

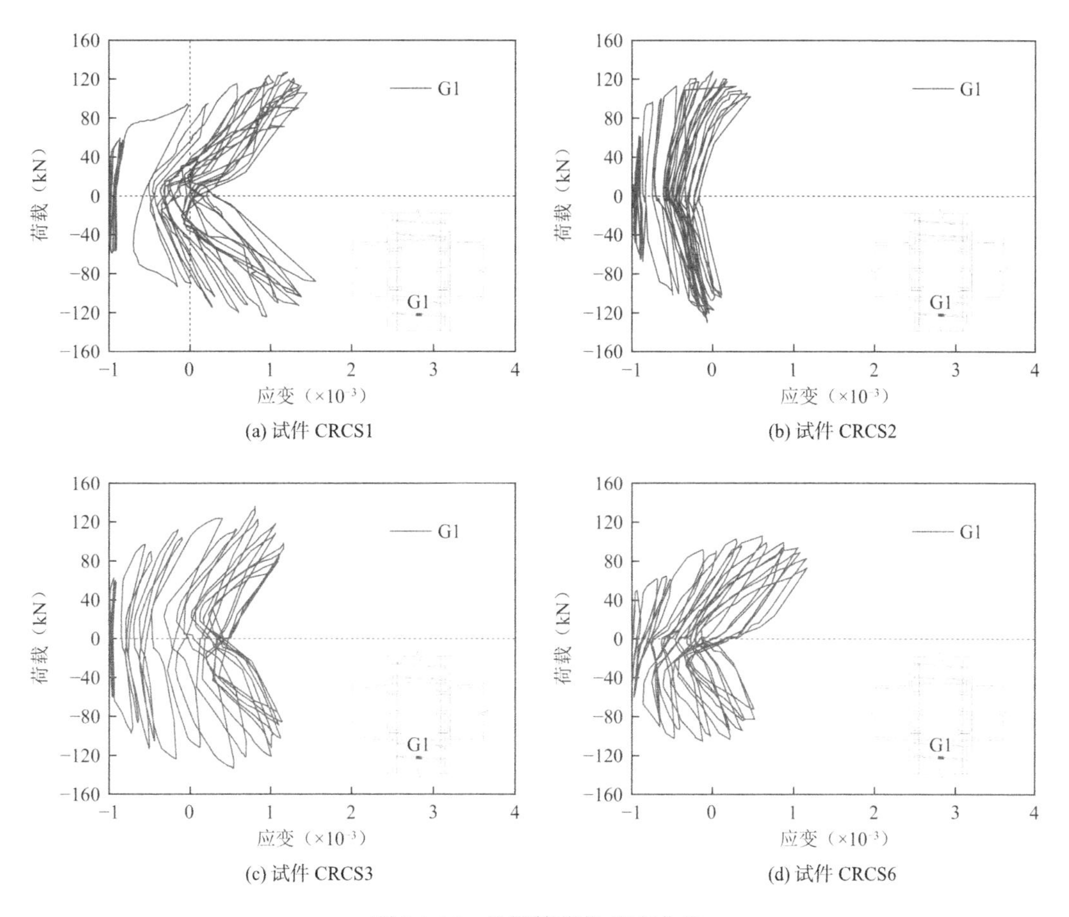

图 3.1-25 柱箍筋荷载-应变曲线

（2）节点核芯区钢套箍应变分析

为分析节点核芯区钢套箍在反复荷载作用下的应变发展规律及发展程度，试验时在节点核芯区钢套箍腹板表面沿对角线方向设置 0°、45°和 90°的三向应变花来量测加载过程中钢套箍腹板的应变。根据所量测的应变数据，基于第四强度理论[1]，采用与 Von Mises 应力对应的等效应变来分析钢套箍腹板由弹性状态到塑性状态的发展过程，其值可由式(3.1-6)～式(3.1-9)计算得到。

$$\varepsilon_{\mathrm{eq}}=\frac{\sigma_{\mathrm{s}}}{E_{\mathrm{a}}} \tag{3.1-6}$$

$$\sigma_{\mathrm{s}}=\sqrt{\frac{1}{2}\left[(\sigma_1-\sigma_2)^2+\sigma_2^2+\sigma_1^2\right]} \tag{3.1-7}$$

$$\sigma_1 = \frac{E_a}{2}\left[\frac{\varepsilon_0 + \varepsilon_{90}}{1-\nu} + \frac{1}{1+\nu}\sqrt{2(\varepsilon_0 - \varepsilon_{45})^2 + 2(\varepsilon_{45} - \varepsilon_{90})^2}\right] \tag{3.1-8}$$

$$\sigma_2 = \frac{E_a}{2}\left[\frac{\varepsilon_0 + \varepsilon_{90}}{1-\nu} - \frac{1}{1+\nu}\sqrt{2(\varepsilon_0 - \varepsilon_{45})^2 + 2(\varepsilon_{45} - \varepsilon_{90})^2}\right] \tag{3.1-9}$$

式中：　ε_{eq}——等效应变；

E_a——弹性模量；

ν——泊松比；

ε_0、ε_{45}、ε_{90}——应变花所量测得到的 0°、45°和 90°方向的应变。

试件 CRCS1～CRCS6 节点核芯区钢套箍腹板的荷载-等效应变曲线如图 3.1-26 所示。由于节点核芯区钢套箍腹板应变发展较快，部分应变花在峰值荷载前已失效，图 3.1-26 中钢套箍腹板等效应变数据采用应变花失效前的有效数据。由图 3.1-26 可知，各试件节点核芯区钢套箍腹板等效应变在屈服荷载前发展较慢，应变值较小，屈服荷载后，随着荷载的增加，其等效应变迅速增大。在屈服荷载时，节点核芯区钢套箍腹板各测点的等效应变均已超过屈服应变，说明节点核芯区钢套箍腹板已进入全截面屈服状态。此外，钢套箍腹板中部测点 T11 的等效应变增长速度要快于角部测点 T7。总体而言，在峰值荷载前后，各试件节点核芯区钢套箍腹板的等效应变值较大，表明节点核芯区钢套箍腹板已进入塑性状态，节点核芯区变形较大，进一步说明了节点核芯区破坏是由节点核芯区的剪切破坏所导致。

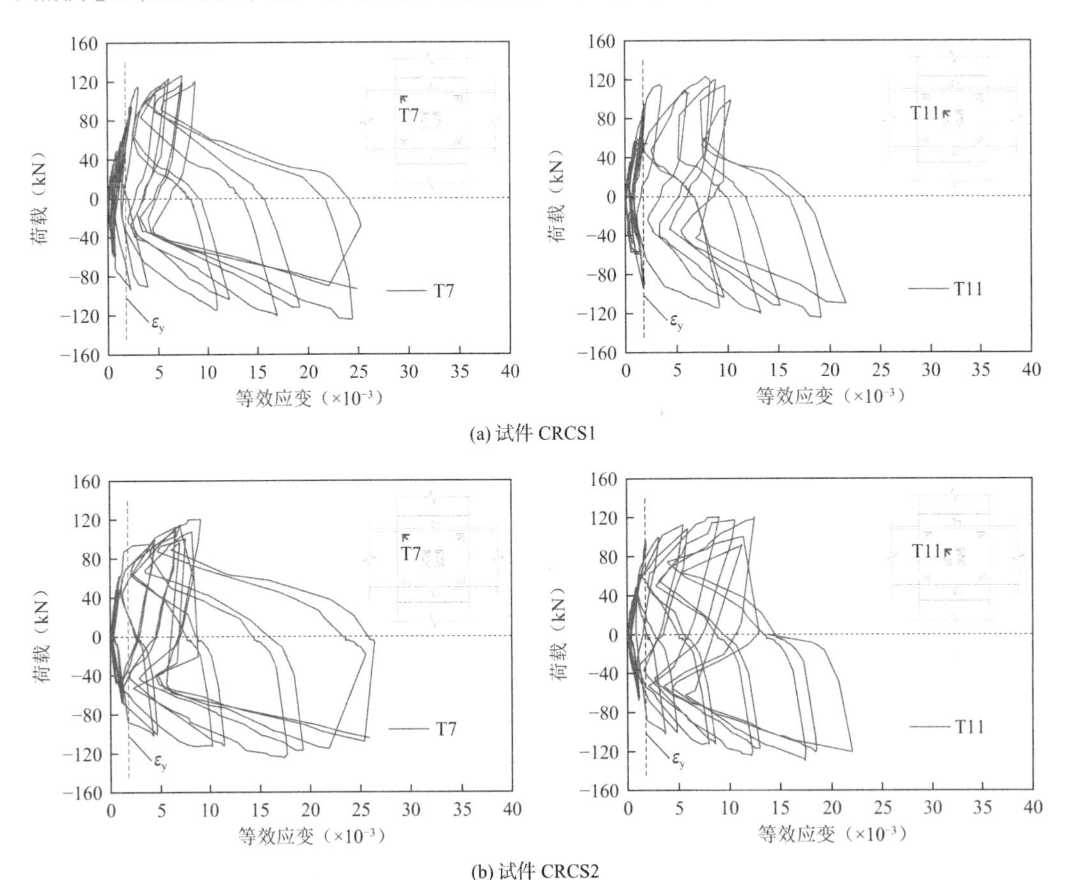

(a) 试件 CRCS1

(b) 试件 CRCS2

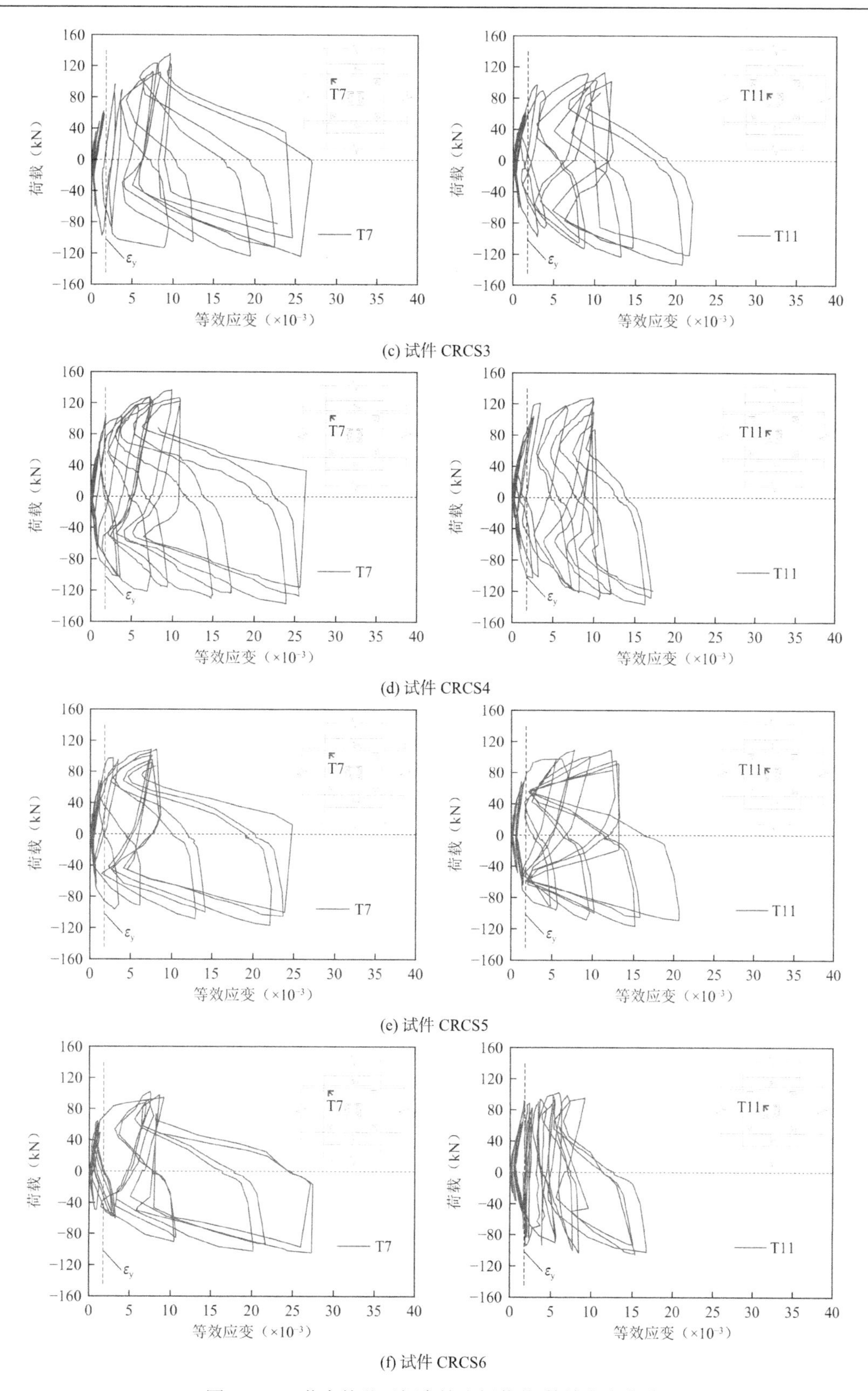

图 3.1-26　节点核芯区钢套箍腹板荷载-等效应变曲线

（3）钢梁翼缘应变分析

试件 CRCS1～CRCS6 钢梁翼缘应变随位移增长的发展曲线如图 3.1-27 所示。由图可知，峰值荷载前，各试件钢梁翼缘应变随位移的增加而逐步增大，峰值荷载后，钢梁翼缘应变随位移的增加呈快速下降趋势，其原因为节点承载力在峰值荷载后逐步下降，降低了对钢梁的弯矩需求，使得钢梁应变呈下降趋势。加载过程中，各试件钢梁翼缘均进入屈服，随着位移的增加，部分试件的钢梁翼缘应变发展较快，钢梁进入弹塑性发展阶段，但峰值荷载后钢梁翼缘应变下降，弹塑性变形发展不充分，这与各试件试验现象和破坏模式相一致，破坏时各试件钢梁翼缘未见任何屈曲现象。

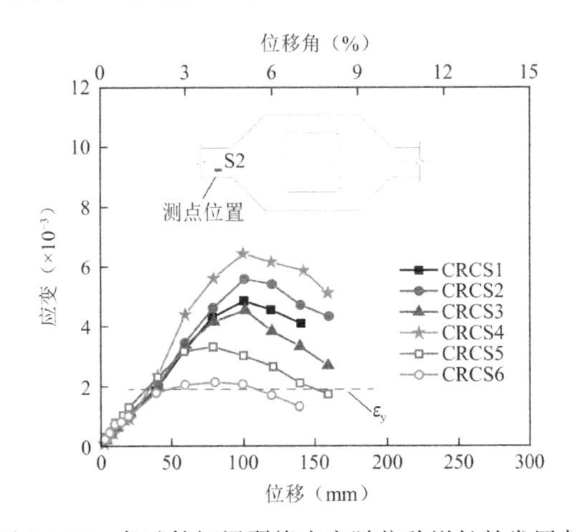

图 3.1-27　各试件钢梁翼缘应变随位移增长的发展曲线

（4）外环板应变分析

为分析预制管组合柱-钢梁节点中外环板的应力传递机制，试验中在上部外环板表面设置了若干应变片，如图 3.1-28（a）所示。图 3.1-29 给出了试件 CRCS1、CRCS2、CRCS4 和试件 CRCS6 中外环板 S5～S7 测点的应变分布，横轴为应变值，纵轴为各测点位置。图 3.1-30 给出了试件 CRCS1、CRCS2、CRCS4 和试件 CRCS6 中外环板 S8～S11 测点的应变分布，横轴为应变值，纵轴为各测点位置。图 3.1-31 给出了试件 CRCS1、CRCS2、CRCS4 和 CRCS6 中外环板 S11～S13 测点的应变分布，横轴为各测点位置，纵轴为应变值。

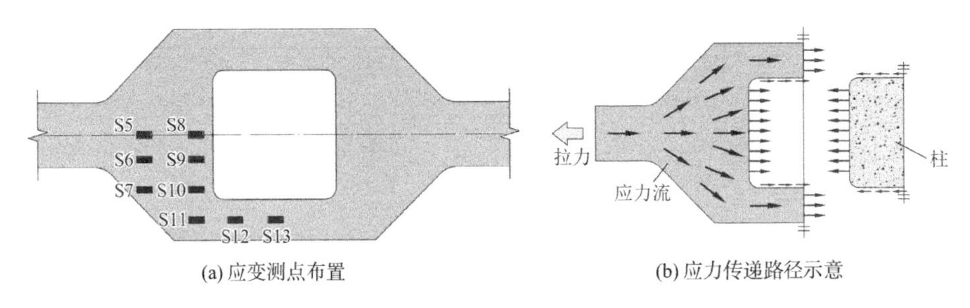

(a) 应变测点布置　　(b) 应力传递路径示意

图 3.1-28　外环板应变测点布置及应力传递路径示意图

对比分析图 3.1-29～图 3.1-31 可知，在加载级别为 1Δ_y之前，外环板的应变较小且分别较为均匀，在 1Δ_y之后，应变增长较快且应变分布呈不均匀状态。由于钢梁端部至柱面范围内外环板截面逐步扩大，外环板对钢梁翼缘传来的应力有一定的扩散作用，使得外环板内的应变要小于与钢梁翼缘对应位置处的应变。由图 3.1-30 可知，随着加载级别的增大，外环板在柱角部附近的测点 S11 应变呈快速增长趋势，分析其原因为该范围外环板截面减小，导致应力传递时在该处出现应力集中现象。此外，由图 3.1-31 可知，外环板测点 S13 的应变约为测点 S11 应变的一半，说明外环板能较好地将其应力传递至钢套箍腹板，并最终传至节点内。根据对外环板应变分布规律的分析，图 3.1-28（b）给出了外环板的应力传递路径。

综上，本书所提出的采用外环板连接的预制管组合柱-钢梁节点具有明确的传力路径和可靠的传力性能。通过外环板，钢梁翼缘传来的应力能可靠地传递至节点内。同时外环板对钢梁翼缘传来的应力有一定的扩散作用，使得传递至节点的应力更加均匀。

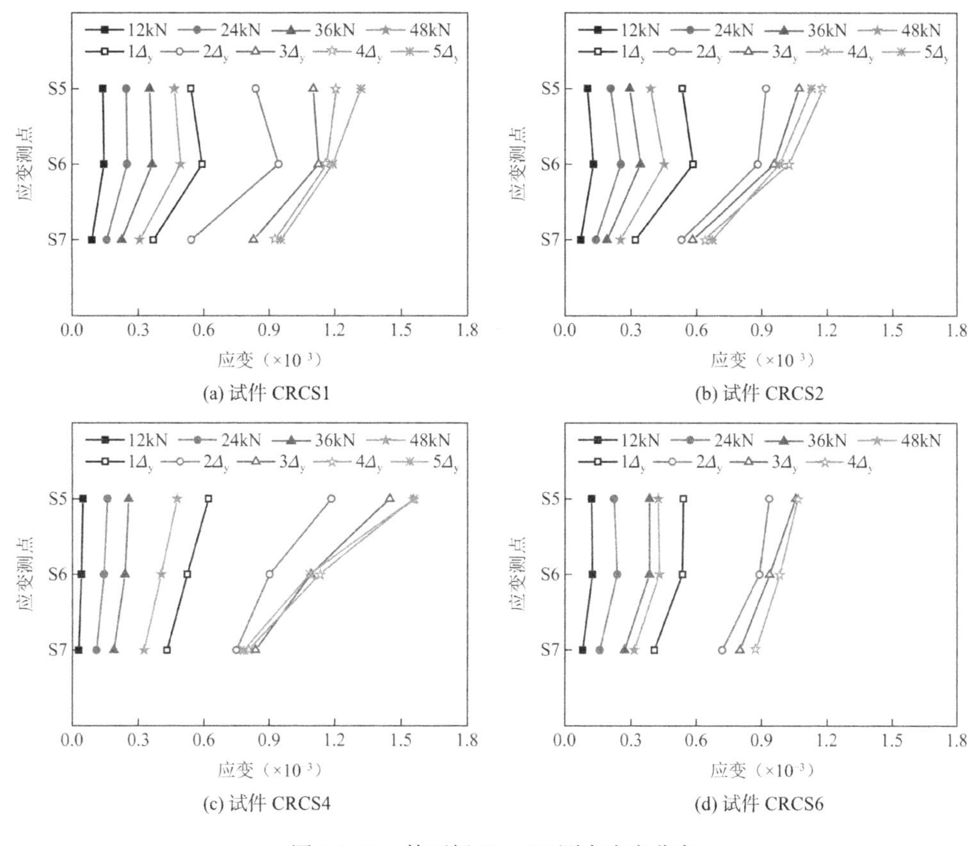

(a) 试件 CRCS1

(b) 试件 CRCS2

(c) 试件 CRCS4

(d) 试件 CRCS6

图 3.1-29 外环板 S5～S7 测点应变分布

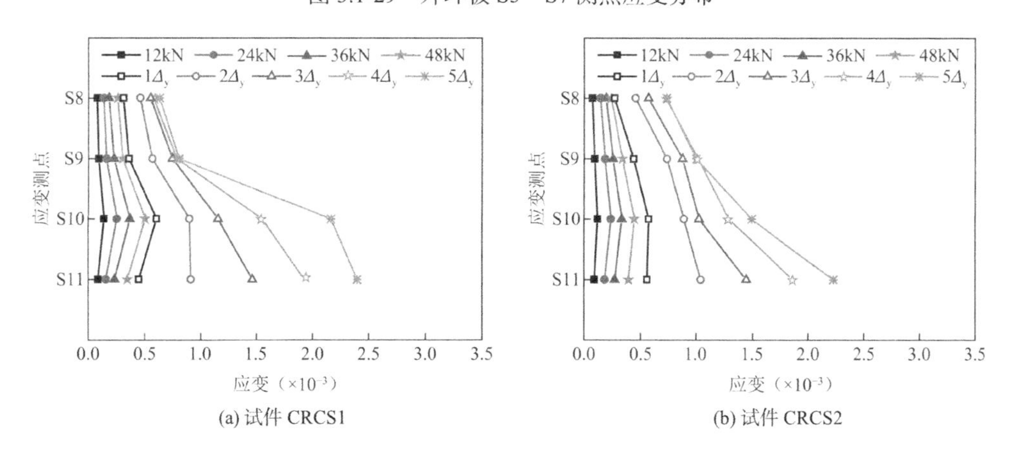

(a) 试件 CRCS1

(b) 试件 CRCS2

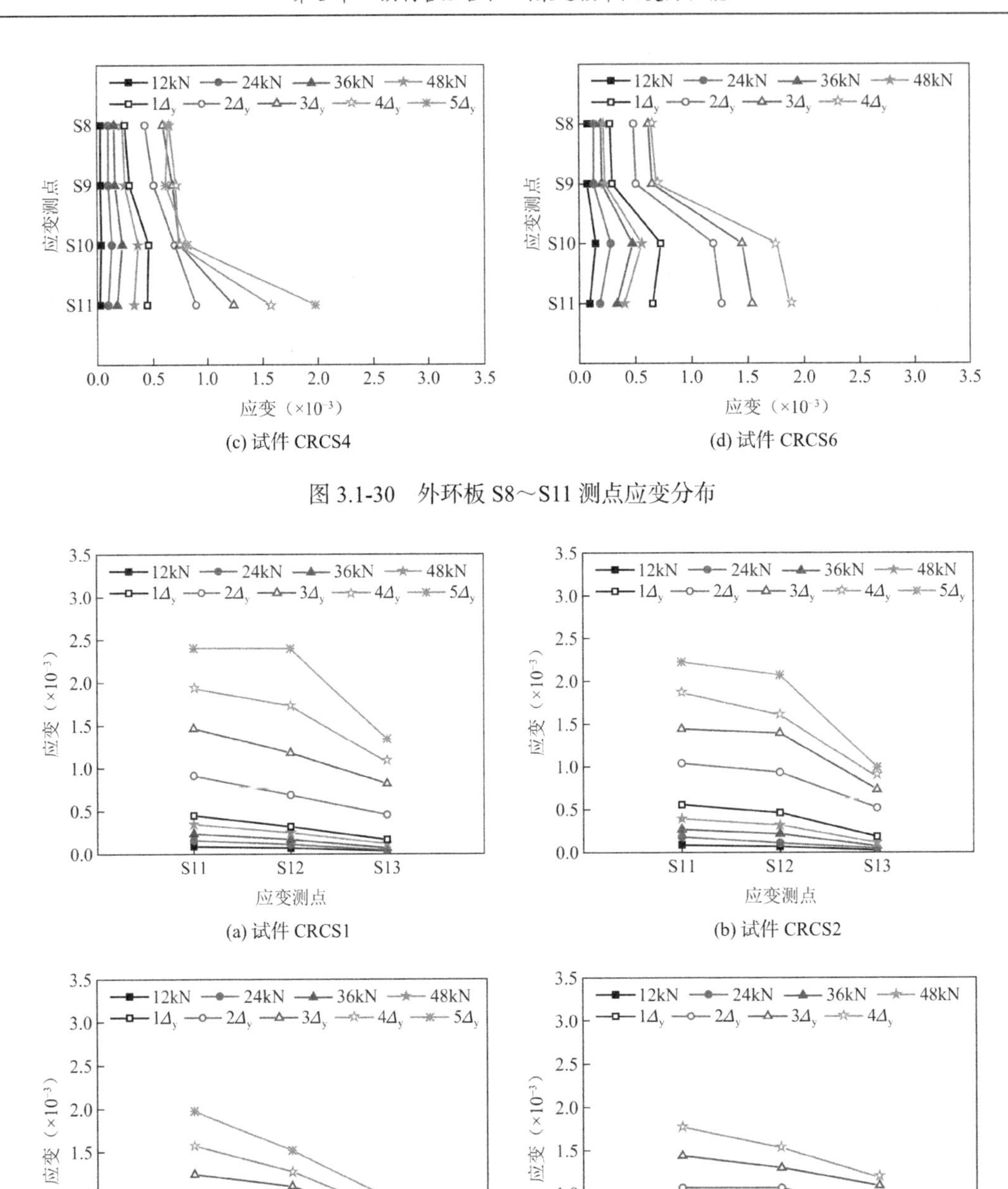

(c) 试件 CRCS4

(d) 试件 CRCS6

图 3.1-30　外环板 S8～S11 测点应变分布

(a) 试件 CRCS1

(b) 试件 CRCS2

(c) 试件 CRCS4

(d) 试件 CRCS6

图 3.1-31　外环板 S11～S13 测点应变分布

3.1.6　节点受剪承载力

1. 节点受剪机理

根据预制管组合柱-钢梁节点的试验现象、破坏模式、节点核芯区钢套箍应变以及数值模拟结果，可得到预制管组合柱-钢梁节点在反复荷载作用下的受剪机理。在加载初期，节点核芯区的剪切变形及水平剪力较小，节点核芯区混凝土斜裂缝尚未形成，节点处于弹性受力状态；该阶段钢套箍腹板与混凝土变形协同一致，共同参与抗剪，节点核芯区钢套箍腹板等效应变较小，节点承载力随荷载的增加呈线性增长；在施加柱顶轴向压力后，钢套箍的纵向应变较小，其分担的轴向压力可忽略不计。随着加载位移的增加，节点核芯区的水平剪力逐渐增大，当达到一定数值时，节点核芯区混凝土出现斜裂缝，之后交叉斜裂缝逐渐开展，节点核芯区混凝土形成斜压杆抵抗水平剪力；在此过程中，钢套箍腹板应变快速增大，节点核芯区剪切变形随混凝土斜裂缝的开展而迅速增加。随着加载位移的继续增加，节点核芯区钢套箍腹板中部区域率先进入屈服；继续加载，屈服区域逐渐扩大，至峰值荷载时，节点核芯区钢套箍腹板已全截面屈服。峰值荷载后，节点核芯区剪切变形急剧增大，钢套箍腹板外鼓屈曲现象逐渐明显，当节点核芯区斜压杆混凝土达到极限压应变时，混凝土压碎，节点发生破坏，破坏时钢套箍腹板鼓曲明显。

综上，对发生节点核芯区破坏的预制管组合柱-钢梁节点，外荷载主要由节点核芯区钢套箍腹板和节点核芯区混凝土共同承担。节点的受剪机理为钢套箍腹板“剪力墙”和混凝土斜压杆的综合作用，如图 3.1-32 所示。在节点核芯区水平剪力的作用下，钢套箍腹板和翼缘共同抵抗剪力。沿水平剪力方向，钢套箍腹板抗侧刚度较大，形成类似“剪力墙”的抗侧机构，如图 3.1-32（a）所示。相比之下，垂直于水平剪力方向的钢套箍翼缘抗侧刚度远小于钢套箍腹板，其受剪作用可忽略不计。在反复荷载作用下，节点核芯区混凝土可看作是斜压杆，以形成斜压杆机构来抵抗节点核芯区的水平剪力，如图 3.1-32（b）所示。

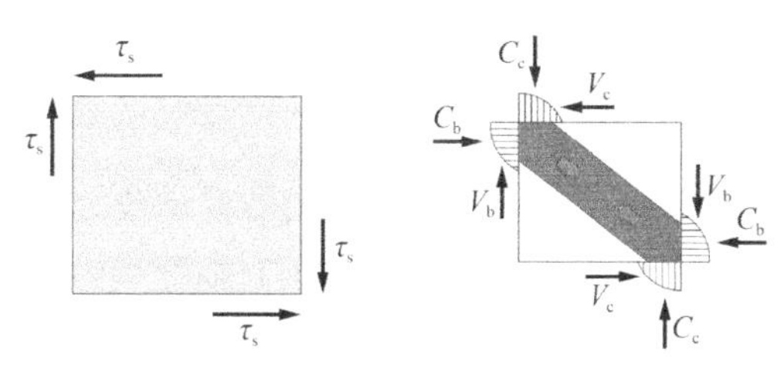

(a) 钢套箍腹板“剪力墙”机构　　(b) 混凝土斜压杆机构

图 3.1-32　预制管组合柱-钢梁节点受剪机理

2. 节点受剪承载力计算

由预制管组合柱-钢梁节点的受剪机理可知，节点核芯区的受剪承载力主要由两部分组成，包括节点核芯区钢套箍腹板的受剪承载力和节点核芯区混凝土斜压杆的受剪承载力。试验和数值模拟分析结果表明，轴向压力对该类型节点承载力的影响不明显。因此，在节点受剪承载力计算时偏于安全地不考虑轴向压力对节点受剪承载力的增大作用。基于叠加原理，节点的受剪承载力（V_{ju}）可按下式计算：

$$V_{ju} = V_{sw} + V_c \tag{3.1-10}$$

式中：V_{sw}——节点核芯区钢套箍腹板的受剪承载力；

V_c——节点核芯区混凝土的受剪承载力。

（1）钢套箍腹板的受剪承载力

由试验结果可知，预制管组合柱-钢梁节点达到屈服承载力时，节点核芯区钢套箍腹板已进入屈服，达到峰值荷载时，节点核芯区钢套箍腹板处于剪切屈服状态；在整个加载过程中，节点核芯区钢套箍承担轴向压力较小，其纵向应力的影响可忽略不计。节点核芯区钢套箍腹板的受力状态如图 3.1-33 所示，其主应力分别为：

$$\begin{cases}\sigma_1 = \tau_s，\ \sigma_2 = 0 \\ \sigma_3 = -\tau_s\end{cases} \tag{3.1-11}$$

式中：σ_1——节点核芯区钢套箍腹板的主拉应力；

σ_3——节点核芯区钢套箍腹板的主压应力；

τ_s——节点核芯区钢套箍腹板所承受的剪应力。

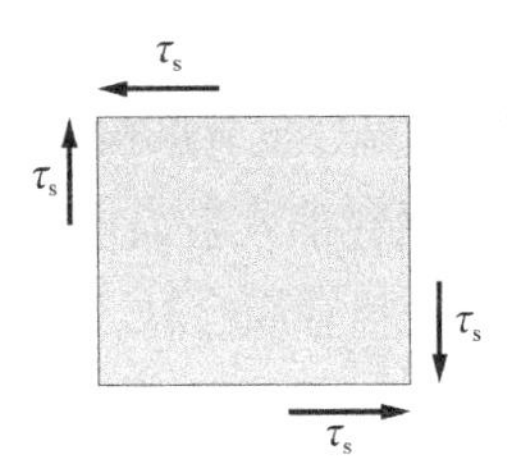

图 3.1-33　节点核芯区钢套箍腹板受力状态

根据第四强度理论，可得材料在复杂应力状态下的强度条件，如下式所示。

$$\sqrt{\frac{1}{2}\left[(\sigma_1-\sigma_2)^2+(\sigma_2-\sigma_3)^2+(\sigma_3-\sigma_1)^2\right]} = f_{ay} \tag{3.1-12}$$

将式(3.1-11)代入式(3.1-12)，可得：

$$\tau_s = \frac{f_{ay}}{\sqrt{3}} \tag{3.1-13}$$

因此，节点核芯区钢套箍腹板在屈服时提供的受剪承载力可按式(3.1-14)计算，在计算节点核芯区钢套箍腹板的极限承载力时，可采用钢套箍腹板的抗拉强度（f_{au}）。

$$V_{sw} = \frac{2t_j(h_c - t_j)f_{ay}}{\sqrt{3}} \tag{3.1-14}$$

式中：t_j——钢套箍厚度；

h_c——柱截面高度；

f_{ay}——钢套箍腹板的屈服强度。

（2）节点核芯区混凝土受剪承载力

节点核芯区混凝土主要以形成斜压杆机构来抵抗节点核芯区的水平剪力，其受力状态如图 3.1-34 所示。根据斜压杆机理，节点核芯区混凝土的受剪承载力可取混凝土斜压杆极限抗压强度的水平分量。考虑外部预制管混凝土和芯部混凝土强度的差异，推导得到节点核芯区混凝土的受剪承载力计算公式如下：

$$V_c = \left[(1-\xi_1)f_{c,p}b_a b_c + \xi_1 f_{c,f} b_a b_c - 2f_{c,p}b_a t_j\right]\cos\theta_a \tag{3.1-15}$$

式中：$f_{c,p}$——外部预制管混凝土轴心抗压强度；

$f_{c,f}$——芯部混凝土轴心抗压强度；

b_a——混凝土斜压杆等效宽度；

b_c——柱截面宽度；

t_j——钢套箍厚度；

ξ_1——系数，$\xi_1 = d/b_c$；d为外部预制管中空部分直径；

θ_a——混凝土斜压杆倾角。

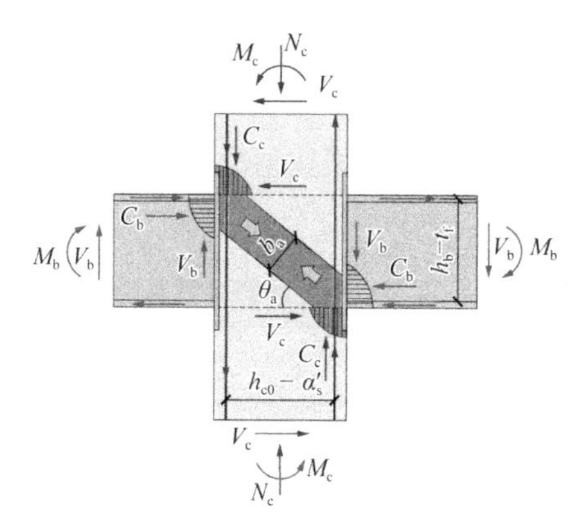

图 3.1-34　节点核芯区混凝土受力状态

采用柱截面高度来表示斜压杆的等效宽度，其计算公式如下：

$$b_a = \alpha_a\sqrt{h_c^2 + h_b^2} = \gamma_a h_c \tag{3.1-16}$$

式中：α_a——混凝土斜压杆等效宽度与节点核芯区对角线长度的比值，其值可取 0.3[2]。

$\gamma_a = \alpha_a\sqrt{1+\beta_j^2}$。$\beta_j$为梁柱截面高度的比值，$\beta_j = h_b/h_c$。

斜压杆的倾角可按式(3.1-17)计算：

$$\cos\theta_a = \frac{h_{c0} - \alpha'_s}{\sqrt{(h_{c0} - \alpha'_s)^2 + (h_b - t_f)^2}} \tag{3.1-17}$$

式中：h_{c0}——柱截面有效高度；

α'_s——受压钢筋合力点至受压边缘的距离；

h_b——梁截面高度；

t_f——钢梁翼缘厚度。

将式(3.1-16)代入式(3.1-15)，可得到节点核芯区混凝土的受剪承载力计算公式，如式(3.1-18)所示。

$$V_c = \left[(1-\xi_1)f_{c,p}\gamma_a b_c h_c + \xi_1 f_{c,f}\gamma_a b_c h_c - 2f_{c,p}\gamma_a h_c t_j\right]\cos\theta_a \tag{3.1-18}$$

（3）节点受剪承载力计算公式及验证

基于叠加原理，预制管组合柱-钢梁节点的受剪承载力等于节点核芯区钢套箍腹板和混凝土受剪承载力之和。因此，可得到预制管组合柱-钢梁节点的受剪承载力计算公式，如式(3.1-19)所示。

$$
\begin{cases}
V_{\mathrm{ju}}=\dfrac{2t_{\mathrm{j}}(h_{\mathrm{c}}-t_{\mathrm{j}})f_{\mathrm{ay}}}{\sqrt{3}}+[(1-\xi_1)f_{\mathrm{c,p}}\gamma_{\mathrm{a}}b_{\mathrm{c}}h_{\mathrm{c}}+\xi_1 f_{\mathrm{c,f}}\gamma_{\mathrm{a}}b_{\mathrm{c}}h_{\mathrm{c}}-2f_{\mathrm{c,p}}\gamma_{\mathrm{a}}h_{\mathrm{c}}t_{\mathrm{j}}]\cos\theta_{\mathrm{a}} \\
\cos\theta_{\mathrm{a}}=\dfrac{h_{\mathrm{c0}}-\alpha_{\mathrm{s}}'}{\sqrt{(h_{\mathrm{c0}}-\alpha_{\mathrm{s}}')^2+(h_{\mathrm{b}}-t_{\mathrm{f}})^2}}
\end{cases}
\tag{3.1-19}
$$

采用式(3.1-19)对各预制管组合柱-钢梁节点试件的受剪承载力进行计算，并与试验数据对比分析，其结果见表 3.1-7。图 3.1-35 给出了本书计算公式的计算值与试验值的比较。预制管组合柱-钢梁节点的受剪承载力取试验中峰值荷载时节点核芯区的水平剪力。由表 3.1-7 和图 3.1-35 可知，计算值与试验值比值的平均值为 0.89，变异系数为 0.03，计算值与试验值吻合较好，计算结果整体偏于安全且离散性较小。

预制管组合柱-钢梁节点受剪承载力计算值与试验值对比　　表 3.1-7

试件编号	N（kN）	t_{j}（mm）	h_{e}（mm）	$f_{\mathrm{cu,f}}$（MPa）	$V_{\mathrm{ju,t}}$（kN）	$V_{\mathrm{ju,c}}$（kN）	$V_{\mathrm{ju,c}}/V_{\mathrm{ju,t}}$
CRCS1	440	6	50	22.9	1766.1	1617.4	0.92
CRCS2	440	6	150	22.9	1816.9	1617.4	0.89
CRCS3	660	6	50	22.9	1901.6	1617.4	0.85
CRCS4	470	6	50	34.6	1935.5	1773.5	0.92
CRCS5	440	5	50	22.9	1636.2	1449.0	0.89
CRCS6	440	4	50	22.9	1507.7	1304.6	0.87
平均值							0.89
变异系数							0.03

注：$V_{\mathrm{ju,t}}$为试验得到的节点受剪承载力；$V_{\mathrm{ju,c}}$为推导公式计算得到的节点受剪承载力。

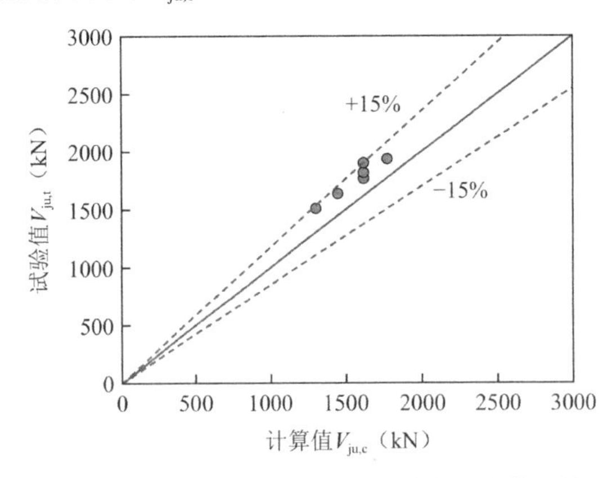

图 3.1-35　节点受剪承载力计算值与试验值比较

3.1.7　小结

（1）预制管组合柱-钢梁节点的破坏模式为节点核芯区破坏，包括节点核芯区的剪切破坏和节点上下柱端混凝土的局部碎裂破坏，其中节点核芯区的剪切破坏是导致节点最终失效的主要原因。节点核芯区钢套箍与内部混凝土之间的粘结滑移较小，两者间变形基本协调，具有较好的整体协同工作性能。

（2）节点区钢套箍延伸高度的增加减少了柱身裂缝，有效减轻了节点上下柱端混凝土的损伤，有利于节点核芯区剪切变形的发展。此外，随着钢套箍厚度的减小，节点核芯区剪切变形显著增大，破坏时钢套箍鼓曲变形更严重。

（3）对局部设置钢套箍的预制管组合柱-钢梁节点，增大轴压比对其承载力的提高作用有限，当轴压比由 0.12 增加至 0.18 时，承载力提高幅度约为 7%。由于节点核芯区混凝土以形成斜压杆来抵抗节点剪力，故节点承载力随芯部混凝土强度的提高而增大。

（4）钢套箍厚度的变化对节点承载力影响明显，当钢套箍厚度由 6mm 分别减少至 5mm 和 4mm 时，节点承载力分别降低 7.3%和 14.6%。

（5）对发生节点核芯区破坏的预制管组合柱-钢梁节点，其延性系数介于 2.07～2.87 之间，处于低延性水平等级，不能满足延性系数大于 3.0 的要求。在实际工程中，预制管组合柱-钢梁节点的设计应满足“强节点、弱构件”的抗震设计原则，避免节点先于构件破坏。

（6）预制管组合柱-钢梁节点的承载力降低系数随位移的增加而逐渐减小，在加载过程中承载力降低系数维持在 0.86 以上，其承载力退化较为稳定。节点承载力的退化速率随轴压比的增加而加快，随钢套箍厚度的增加而减缓。

（7）预制管组合柱-钢梁节点的刚度退化趋势基本一致，整个加载过程中刚度退化较为均匀，未出现明显的刚度突变。刚度退化随轴压比的增加呈加快趋势，而随钢套箍厚度的增加呈减缓趋势。钢套箍延伸高度和芯部混凝土强度对节点的刚度退化规律影响不明显。

（8）预制管组合柱-钢梁节点在峰值荷载时的等效黏滞阻尼系数在 0.1653～0.1927 之间，其值介于钢筋混凝土节点和型钢混凝土节点之间，具有较好的耗能性能。

（9）节点变形组成分析结果表明，对发生节点核芯区破坏的预制管组合柱-钢梁节点，加载后期节点核芯区变形所占的比重最大；节点核芯区变形主要来自节点核芯区的剪切转角，但节点核芯区刚体转角所引起的变形仍占有一定的比重。由于节点核芯区刚体转动会造成节点上下柱端混凝土的碎裂破坏，对节点核芯区剪切变形的发展有不利影响。因此，在实际工程中宜采取有效措施来减小节点核芯区的刚体转动。

（10）由节点各部件的应变分析结果可知，本书提出的预制管组合柱-钢梁节点具有明确的传力途径和可靠的传力性能。通过外环板，钢梁翼缘传递的应力能可靠地传递至节点内；钢套箍腹板的等效应变在节点屈服后发展较快，其塑性变形发展较为充分。

（11）为在实际工程中对预制管组合柱-钢梁节点的受剪承载力进行验算，实现“强节点”的设计原则。在试验研究和理论分析的基础上，基于叠加理论建立了适用于预制管组合柱-钢梁节点的受剪承载力计算公式，并利用所建立的公式对各试件的节点受剪承载力进行了计算，其计算值与试验值比值的平均值为 0.89，变异系数为 0.03，计算值与试验值吻合较好，计算结果整体偏于安全且离散性较小。

3.2 预制管组合柱-钢梁内隔板连接节点受力性能

3.2.1 节点形式的提出

预制管组合柱-钢梁内隔板连接节点构造如图 3.2-1 所示。该节点为柱贯通式节点，由预制管组合柱、钢梁、钢套箍和内隔板组成。钢套箍包括节点核芯区钢管和钢板带，钢套箍内侧设置栓钉抗剪键，增强与混凝土之间的共同作用；内隔板上预留柱纵筋孔和混凝土浇筑孔，确保纵筋穿过和混凝土浇筑密实。钢套箍和内隔板在工厂与预制管组合柱一并制作，预制管组合柱不采用离心生产时，内隔板可与外伸牛腿翼缘整体加工成型。带钢套箍的预制柱运至施工现场吊装后，钢梁翼缘和腹板分别与预制管组合柱的内隔板和钢套箍采用焊接、栓接或栓焊混合的方式连接。钢套箍为混凝土提供有效约束，保证节点受剪强度，节点区无需配置箍筋；钢板带延伸至节点核芯区外，为承压区混凝土提供横向约束，提高节点承压强度，一定程度上减缓柱端混凝土在钢梁受压翼缘处发生局部承压破坏。梁端弯矩通过内隔板传入节点内，梁端剪力通过钢套箍由栓钉传至节点混凝土，节点核芯区钢管与混凝土之间的界面受剪能力采用内隔板和钢套箍内焊栓钉的构造措施来保证。

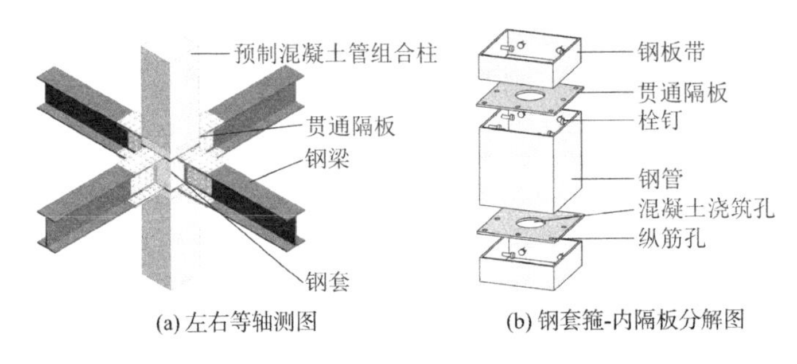

图 3.2-1　预制管组合柱-钢梁内隔板连接节点构造

通过 6 个按“强柱弱梁、强构件弱节点”原则设计的预制管组合柱-钢梁节点试件的低周反复加载试验，分析钢套箍厚度、柱轴压比、芯部混凝土强度，以及楼板对节点核芯区破坏形态、滞回特性、承载力、剪切刚度、塑性转角、延性与耗能能力的影响。通过本节对节点核芯区的抗震性能试验研究，一方面可检验预制管组合柱的应用效果，考察梁柱节点抗震性能表现；另一方面为数值模拟提供基础试验数据，并为关键构造参数确定和抗震设计方法建立提供依据。

3.2.2 试验概况

1. 试件设计与制作

根据图 3.2-2 所示的试验设计流程进行试件设计。试件原型为某多层预制管组合柱-钢梁混合框架结构，选取其水平荷载作用下中间层梁柱反弯点之间的部分（中节点）作为研究对象（图 3.2-3）。为研究预制管组合柱-钢梁节点核芯区抗震性能，确保节点核芯区发生剪切破坏之前梁柱不出现塑性铰，按“强柱弱梁、强构件弱节点”原则设计了 6 个中节点试件，包括 5 个不带楼板节点试件（编号：PRCS1～PRCS5）和 1 个带楼板节点试件（编号：PRCS6）。试件模型几何缩尺比为 1∶2，材料与原型一致。试验参数为钢套箍厚度（$t_j = 4$mm、5mm、6mm）、柱轴压比（$n = 0.15$、0.30）、芯部混凝土强度等级（C25、C30）和有无楼板。

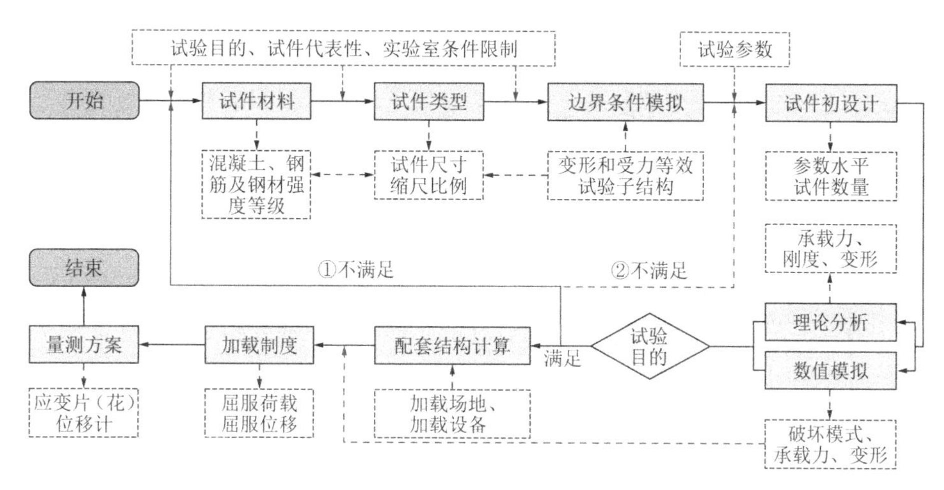

图 3.2-2　试验设计流程图

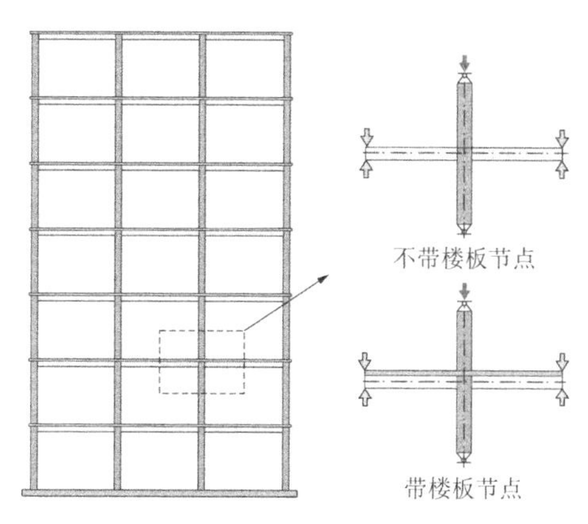

图 3.2-3　试验对象选取

图 3.2-4 所示为节点试件几何尺寸及构造。柱反弯点间距离 2800mm，梁反弯点间距离 4000mm，柱截面尺寸 300mm × 300mm，中空部分直径（d_c）为 180mm；柱纵筋采用 HRB400 级钢筋，布置为 16⌀20，箍筋采用直径 6mm 的 CRB600H 级钢筋，箍筋间距 60mm，布置形式为双层四边形螺旋式。钢梁采用 Q355 钢，截面尺寸均为$h_b \times b_f \times t_w \times t_f = 250\text{mm} \times 150\text{mm} \times 10\text{mm} \times 14\text{mm}$（$h_b$和$b_f$分别表示钢梁截面高度和翼缘宽度，$t_w$和$t_f$分别表示钢梁腹板和翼缘厚度）。钢梁端部翼缘加宽至与柱截面宽度相同，扩翼长度 200mm，坡度 1∶2.67。为避免焊接质量的不确定性影响，内隔板与钢梁翼缘整体激光切割成型［图 3.2-4（a）］，隔板厚度 14mm，预留柱纵筋孔直径 26mm，混凝土浇筑孔直径 120mm。钢套箍采用 Q235

钢，厚度有 4mm、5mm 和 6mm 三种规格，以保证节点核芯区能够发生剪切破坏。按栓钉与钢梁腹板受剪承载力相同的设计原则，在节点核芯区钢管每侧各设置 6 个直径 10mm、长度 40mm 的栓钉，栓钉横向和纵向间距分别为 60mm 和 90mm；钢板带高度 100mm，每侧各设置 2 个直径 10mm、长度 40mm 的栓钉，栓钉横向间距 60mm。对于试件 PRCS6，参考《钢结构设计标准》GB 50017—2017[3]中关于 RC 楼板有效宽度的相关规定，楼板沿加载平面方向尺寸与钢梁总长等同，楼板宽度 1490mm，厚度 60mm，板内配置双层双向Ⅰ级钢筋，ϕ8@200，钢筋锚固长度按《混凝土结构设计规范》GB 50010—2010[4]规定取值，板内钢筋与柱壁之间不做特殊处理。为确保试验单一变量原则，且不改变"强柱弱梁"设计原则，试件 PRCS6 虽带楼板但设计为非钢-混凝土组合梁，即不考虑楼板的组合效应；楼板通过栓钉与钢梁上翼缘连接，栓钉型号为$\phi 10\times 40$，栓钉按组合梁完全抗剪连接设计时单侧数量为 62 个，部分抗剪连接设计的实配栓钉数量通常要求不少于完全抗剪的 50%，本试验中栓钉单排布置，间距 100mm，共计 18 个，低于部分抗剪连接栓钉数量要求，故应按钢梁计算，不考虑楼板组合作用。柱混凝土保护层厚度 20mm，楼板混凝土保护层厚度 10mm，节点核芯区混凝土与预制管组合柱的芯部混凝土强度相同。为保证钢梁在加载点处集中荷载作用时的局部稳定，在加载中心线 300mm 宽度范围内设置与钢梁腹板厚度相同、间距 150mm 的横向加劲肋。

试件设计参数见表 3.2-1。其中，试件编号 PRCS 代表预制管组合柱-钢梁节点，k_i为柱梁线刚度比，k_m为柱梁受弯承载力比，η_{jb}为强节点系数。

柱试验轴压比（n）、柱设计轴压比（n_d）和柱压弯承载力（M_c）计算时均取材料强度实测值。

对试件 PRCS1～PRCS5 而言，k_i计算式如下：

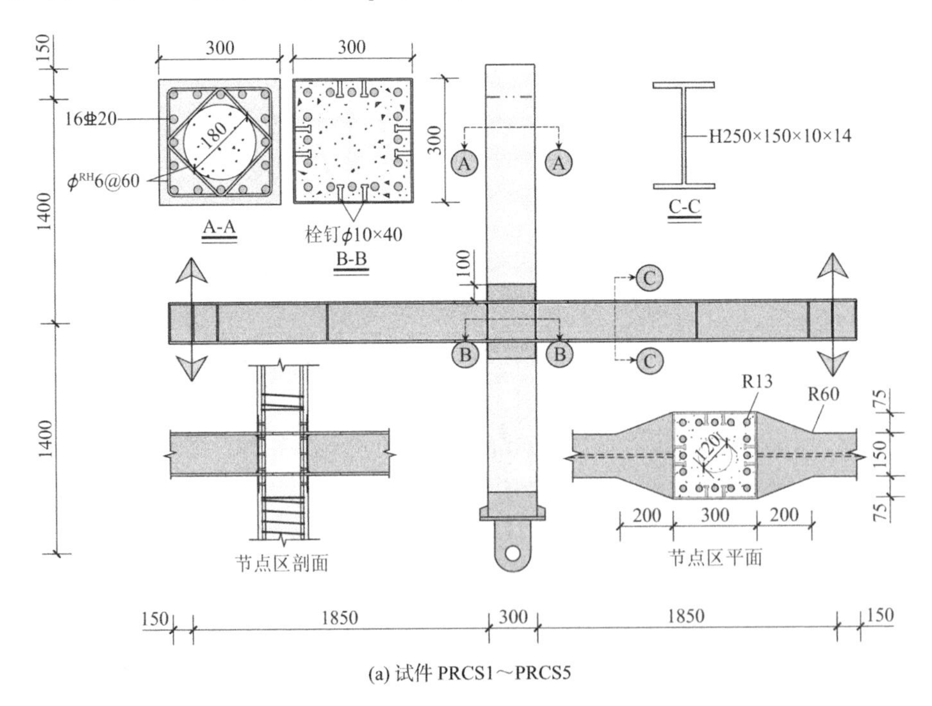

(a) 试件 PRCS1～PRCS5

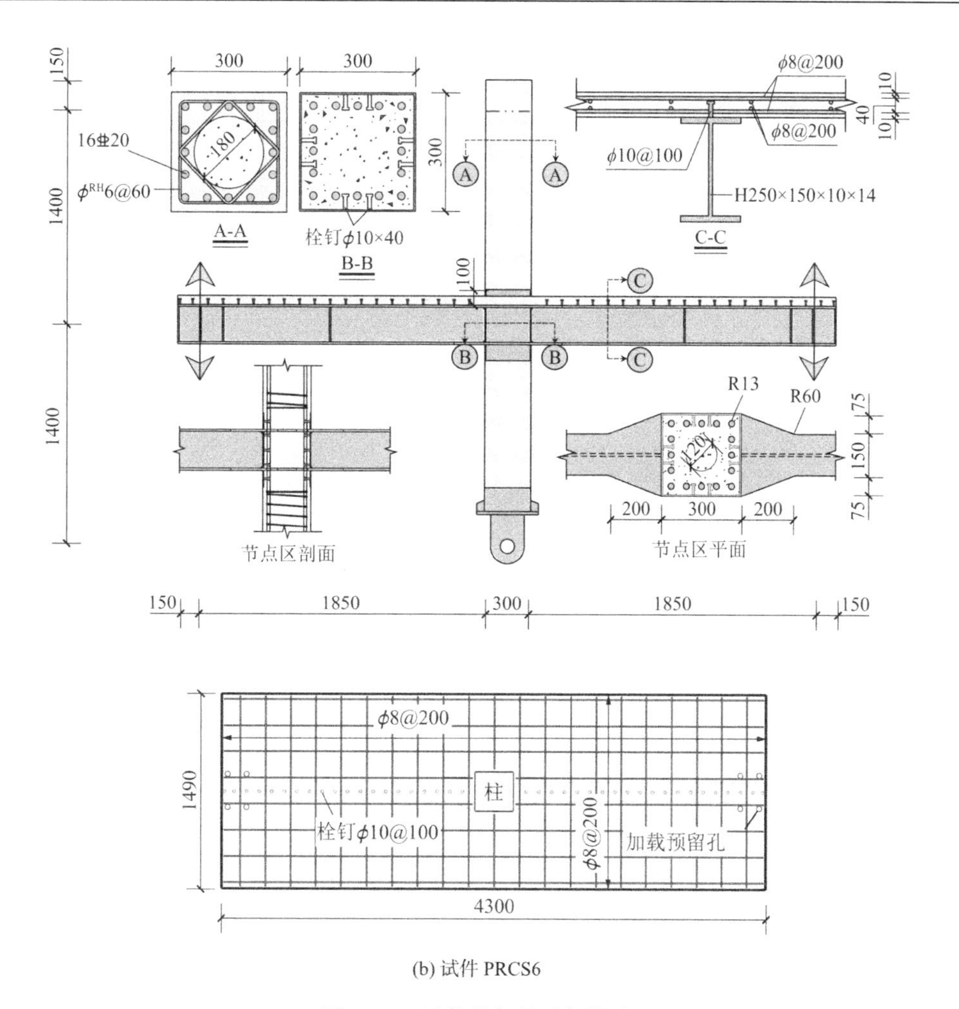

(b) 试件 PRCS6

图 3.2-4 试件几何尺寸与构造

$$k_{\mathrm{i}}=\frac{(E_{\mathrm{c,o}}I_{\mathrm{c,o}}+E_{\mathrm{c,i}}I_{\mathrm{c,i}})L_{\mathrm{b}}}{E_{\mathrm{b}}I_{\mathrm{b}}H_{\mathrm{c}}} \tag{3.2-1}$$

式中：$E_{\mathrm{c,o}}$、$E_{\mathrm{c,i}}$——预制管混凝土和芯部混凝土弹性模量；

$I_{\mathrm{c,o}}$、$I_{\mathrm{c,i}}$——预制管和芯部混凝土的截面惯性矩；

L_{b}——梁端加载点距离；

H_{c}——柱反弯点距离。

对试件 PRCS6，根据《高层民用建筑钢结构技术规程》JGJ 99—2015[5]相关规定，钢梁两侧有楼板时惯性矩取为其截面惯性矩的 1.5 倍，以考虑楼板对钢梁惯性矩的增大作用，计算得到试件 PRCS6 柱梁线刚度比见表 3.2-1。

试件设计参数 **表 3.2-1**

试件编号	N（kN）	t_{j}（mm）	n	n_{d}	芯部混凝土强度等级	楼板	k_{i}	k_{m}	η_{jb}
PRCS1	429	4	0.15	0.31	C25	无	2.22	1.12	0.53
PRCS2	429	5	0.15	0.31	C25	无	2.22	1.12	0.56

续表

试件编号	N（kN）	t_j（mm）	n	n_d	芯部混凝土强度等级	楼板	k_i	k_m	η_{jb}
PRCS3	429	6	0.15	0.31	C25	无	2.22	1.12	0.59
PRCS4	858	4	0.30	0.62	C25	无	2.22	1.12	0.54
PRCS5	446	4	0.15	0.31	C30	无	2.24	1.18	0.58
PRCS6	429	4	0.15	0.31	C25	有	1.48	1.12	0.53

柱梁受弯承载力比（k_m）计算式如下：

$$k_m = \frac{\sum M_c}{\sum M_b} \tag{3.2-2}$$

式中：$\sum M_c$——上、下柱截面压弯承载力之和；

$\sum M_b$——梁端正、负弯矩作用下受弯承载力之和。

$\sum M_c$采用纤维模型法计算；$\sum M_b$的确定参考《钢结构设计标准》GB 50017—2017[3]关于主平面内受弯实腹式构件的强度计算方法。

强节点系数（η_{jb}）计算式如下：

$$\eta_{jb} = \frac{V_{pz}}{V_{pz,d}} \tag{3.2-3}$$

式中：V_{pz}——节点核芯区剪力试验值；

$V_{pz,d}$——节点核芯区剪力设计值。

V_{pz}和$V_{pz,d}$计算方法见本章第 3.2.4 节。

试件钢结构加工、钢筋绑扎和混凝土浇筑均在同一工厂完成。钢梁为焊接 H 型钢，钢套箍采用焊接方钢管，钢管壁板间、内隔板与钢套箍之间的连接采用全熔透焊缝。焊缝超声波探伤检测结果表明，满足 I 级焊缝要求。预制管组合柱采用抽芯法制作，抽芯模具为 PVC 管。预制管、芯部混凝土和楼板混凝土分三批浇筑，浇筑间隔时间分别为 5d 和 3d，混凝土浇筑时平均气温 27.8℃。试件具体制作流程如图 3.2-5 所示。

(a) 钢构件制作

(b) 绑扎钢筋笼、焊缝探伤检测

(c) 浇筑预制混凝土管混凝土

(d) 浇筑管内和楼板混凝土

(e) 制作完成

图 3.2-5　试件具体制作流程

2. 材料性能

（1）混凝土

各试件预制管混凝土强度等级均为 C50，芯部混凝土强度等级有 C25 和 C30 两种类型，楼板混凝土强度等级为 C25。混凝土配合比见表 3.2-2。原材料与第 2.2 节相同。为改善和易性，混凝土中均掺入高效减水剂。浇筑时各预留 6 个边长为 150mm 的标准立方体混凝土试块，与试件同条件养护。试验当天按规范[6]测得 C25（楼板）、C25（芯部混凝土）、C30 和 C50 混凝土立方体抗压强度平均值分别为 26.6MPa、27.5MPa、33.4MPa 和 47.4MPa。

混凝土配合比　　　　表 3.2-2

强度等级	部位	材料用量（kg/m^3）					
		水泥	粉煤灰	矿粉	中砂	碎石	水
C25	楼板	249	35	62	820	1043	164
C25	芯部混凝土	249	35	62	820	1043	164
C30	芯部混凝土	365	70	0	686	1073	160
C50	预制管	440	55	55	583	1083	149

f_{cu}和f_c、f_t的换算关系按《混凝土结构设计规范》GB 50010—2010[4]中公式计算。绘制f_{cu}箱线图如图 3.2-6 所示。混凝土强度换算结果见表 3.2-3。

混凝土强度换算　　　　表 3.2-3

强度等级	部位	f_{cu}（MPa）	f_c（MPa）	f_t（MPa）	E_c（MPa）
C25	楼板	26.6	20.2	2.40	27096
C25	芯部混凝土	27.5	20.9	2.45	26846
C30	芯部混凝土	33.4	25.4	2.72	30272
C50	预制管	47.4	35.8	3.30	33256

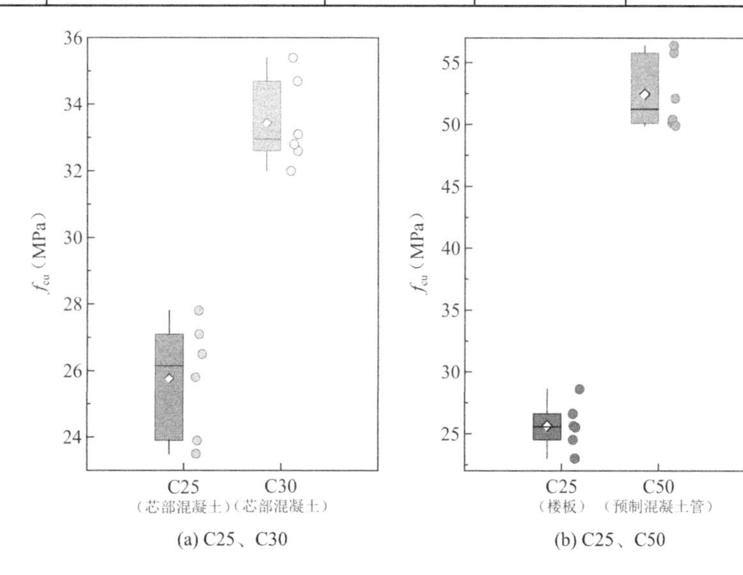

图 3.2-6　混凝土立方体试块抗压强度箱线图

（2）钢材

栓钉由非热处理型冷镦钢 ML15 加工而成，满足《电弧螺柱焊用圆柱头焊钉》GB/T 10433—2002[7]关于栓钉机械性能的要求。根据《钢及钢产品 力学性能试验取样位置及试样制备》GB/T 2975—2018[8]和《金属材料 拉伸试验 第 1 部分：室温试验方法》GB/T 228.1—2021[9]，加工钢材试样并进行拉伸试验（图 3.2-7），试验在中国建筑科学研究院国家建筑工程质量监督检验中心进行，测得钢材力学性能试验结果见表 3.2-4。

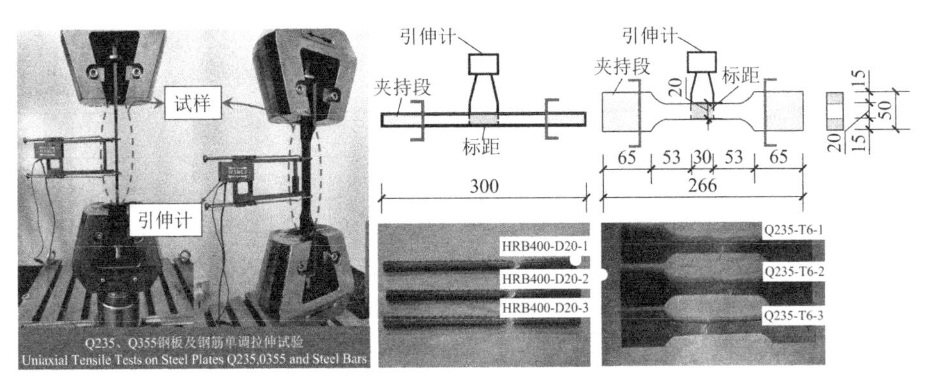

图 3.2-7　钢材力学性能试验

钢材力学性能　　表 3.2-4

部位	强度等级	直径/厚度（mm）	屈服强度（MPa）	抗拉强度（MPa）	伸长率（%）
柱纵筋	HRB400	20	444	619	26.0
柱箍筋	CRB600H	6	656	715	15.6
楼板钢筋	HPB300	8	338	475	34.0
钢套箍	Q235	4	341	474	34.2
		5	345	486	33.0
		6	343	467	25.3
钢梁腹板	Q355	10	413	590	25.2
钢梁翼缘	Q355	14	422	585	26.5

3. 试验装置与加载制度

试验加载装置如图 3.2-8 所示。试件柱顶通过 2000kN 千斤顶施加轴压力，试验加载过程中保持恒定，东西两侧梁端通过 1000kN 千斤顶施加反复荷载。柱底通过铰支座底板和钢箱梁与刚性地板固定，柱顶铰支座与水平约束杆连接，水平约束杆固定于反力墙上。为避免加载后期钢梁发生平面外失稳，在靠近梁端加载点设置了两组面外支撑，面外支撑与钢梁之间设置聚四氟乙烯板以减小摩擦。

低周反复加载制度采用《建筑抗震试验规程》JGJ/T 101—2015[10]规定的荷载-位移混合控制加载制度，如图 3.2-9 所示。试件屈服前采用荷载控制，分 4 级加载，每级荷载增量 15kN，每级循环 1 次；试件屈服后采用位移控制，位移增量为屈服位移的整数倍，每级循环 2 次，直至试件承载力下降至峰值荷载的 80%以下时结束加载。试验加载速率为 1～

2kN/s 或 0.5～1.0mm/s。规定西梁位移向上、东梁位移向下时为正向加载，反之为负。对带楼板的试件 PRCS6 而言，正向加载时西梁承受正弯矩作用，负向加载时西梁承受负弯矩作用，东梁则相反。

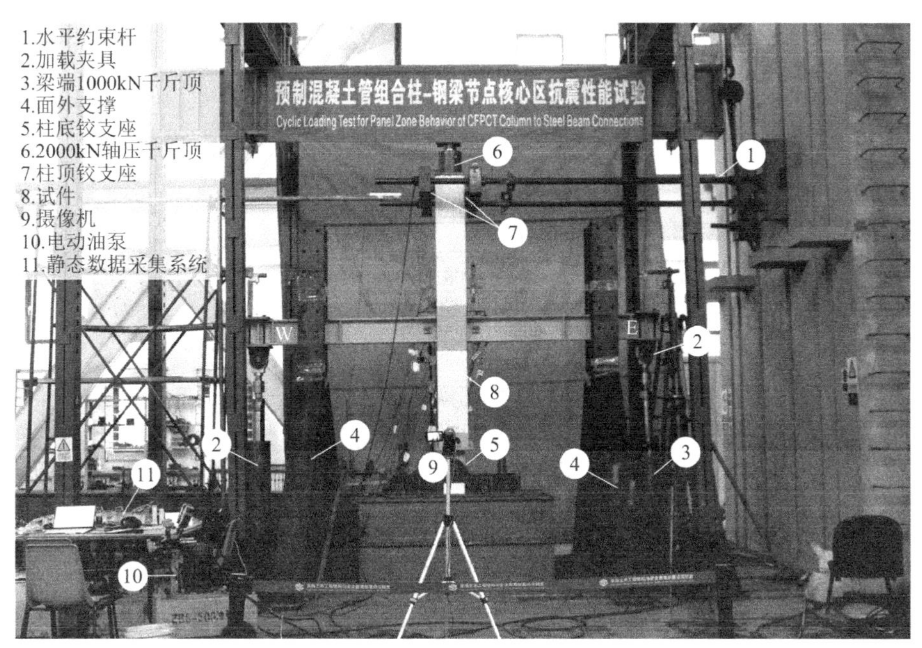

(a) 试件 PRCS1～PRCS5 加载现场

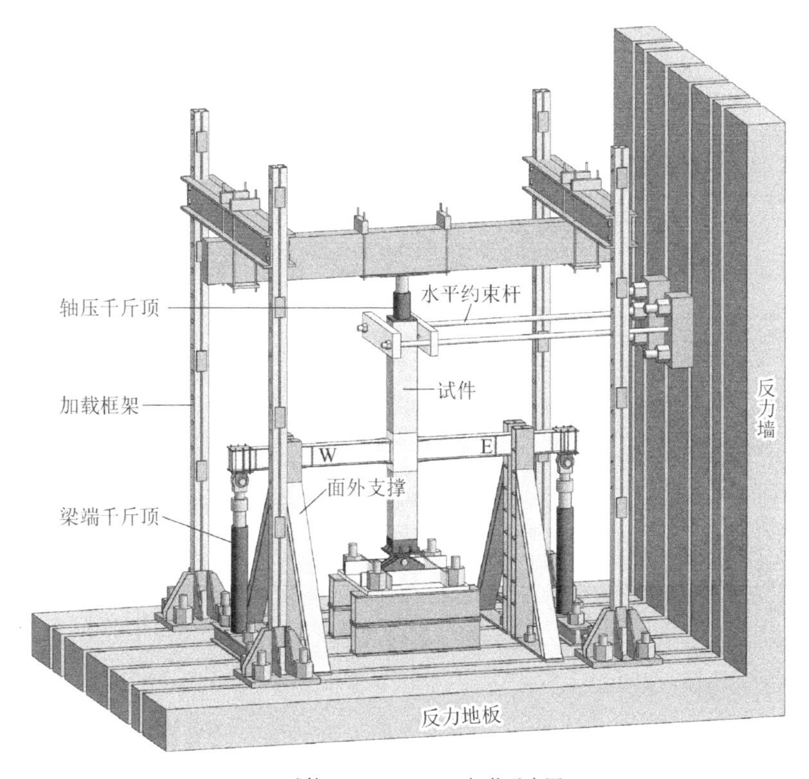

(b) 试件 PRCS1～PRCS5 加载示意图

(c) 试件 PRCS6 加载现场

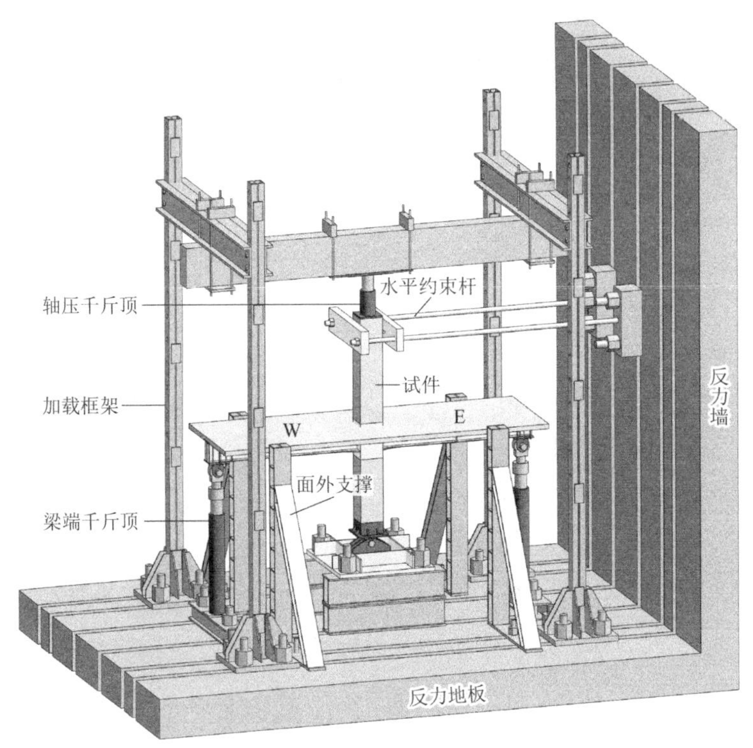

(d) 试件 PRCS6 加载示意图

图 3.2-8　试验加载装置

4. 量测内容与测点布置

试验量测内容包括梁端加载点荷载、位移和关键部位应变分布。具体测量内容如下：

（1）梁端加载点荷载由力传感器测得，位移计 D1 和 D2 分别测量西梁和东梁加载点处竖向位移；（2）位移计 D3 和 D4 测量柱面内刚体转动位移；（3）位移计 D5 用于监测铰支座底板水平滑移；（4）位移计 D6 和 D7 测量梁柱间相对转角；（5）节点核芯区交叉布置位移计 D8 和 D9 测量其剪切变形；（6）位移计 D10 和 D11 测量节点核芯区转动变形；（7）位移计 D12 和 D13 测量柱弯曲变形；（8）柱弯曲变形和节点刚体变形由位移计 D14 和 D15 测得；（9）倾角仪 IM1 和 IM2 示数包括柱弯曲变形和梁柱相对转动引起的变形。为研究钢梁与楼板之间的相对滑移分布，试件 PRCS6 沿东梁布置了 3 个位移计 D16～D18。位移计和倾角仪布置方案如图 3.2-10 所示。

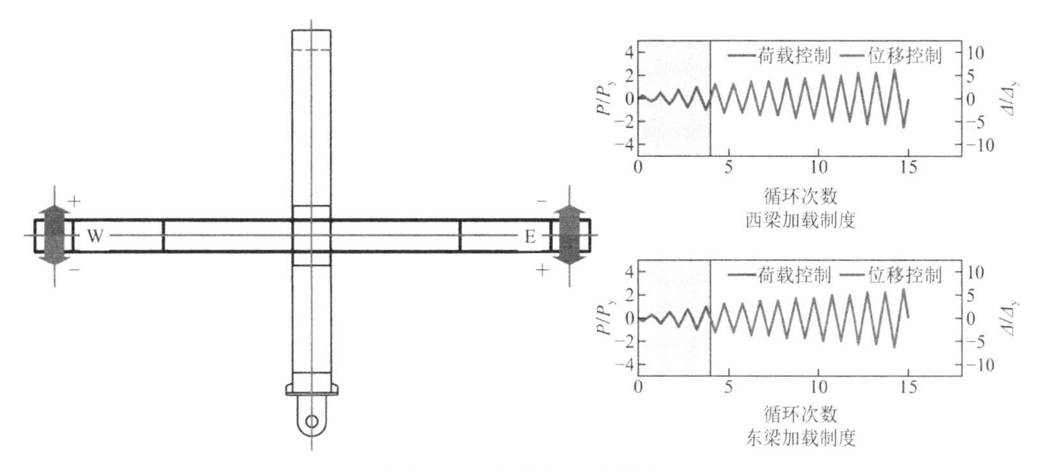

图 3.2-9　加载制度示意图

为研究加载过程中试件关键部位的应变发展，在靠近节点核芯区的柱纵筋、箍筋、钢梁翼缘和腹板表面均布置了应变片，节点核芯区钢管的中部和角部布置了应变花，钢板带表面布置了水平和竖向应变片，用以测量钢板带的横向约束作用及竖向应变。为研究楼板及钢筋的剪力滞后规律、混凝土翼板有效宽度，以及不考虑楼板组合作用时梁中和轴位置，沿楼板表面和上层纵向钢筋横向布置了应变片。应变测点布置见图 3.2-11。此外，采用裂缝宽度观测仪测量混凝土裂缝宽度。

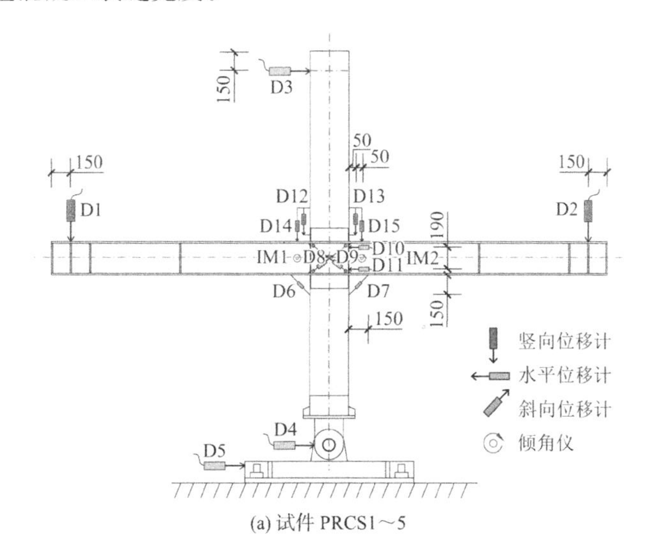

(a) 试件 PRCS1～5

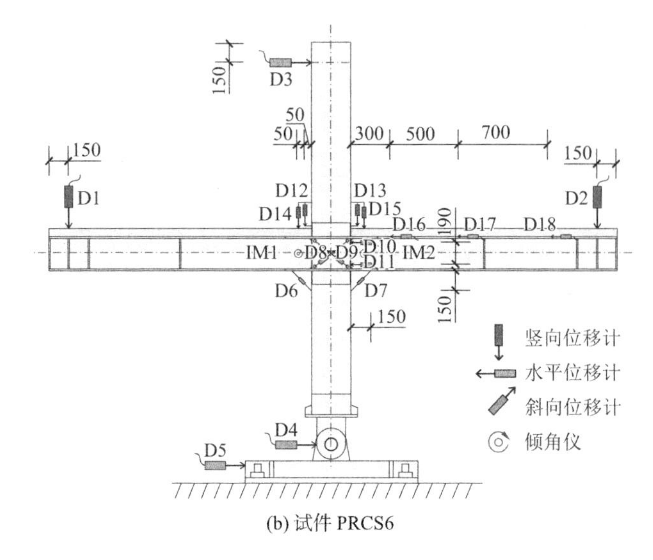

(b) 试件 PRCS6

图 3.2-10　位移计和倾角仪布置图

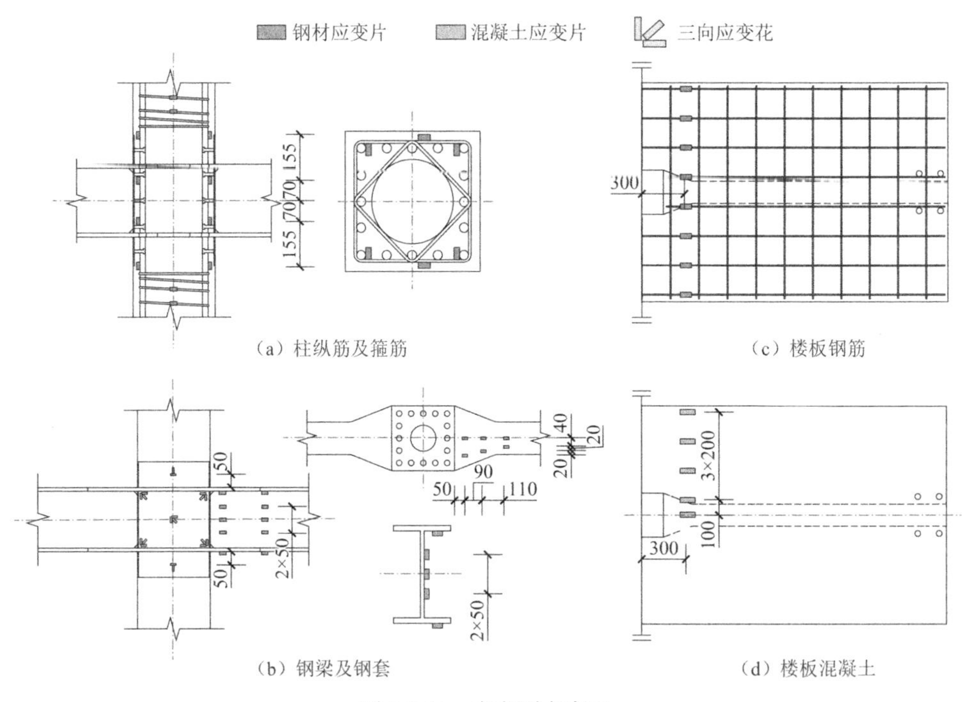

（a）柱纵筋及箍筋

（c）楼板钢筋

（b）钢梁及钢套

（d）楼板混凝土

图 3.2-11　应变测点布置

3.2.3　试验现象及破坏模式

1. 试验现象

根据损伤发展和破坏特征，各试件在柱恒定轴向荷载、梁端反复荷载作用下可分为弹性段、弹塑性段和破坏段三个受力阶段，各阶段临界点分别对应荷载-位移关系曲线的开裂点、峰值点和破坏点。定义开裂点为柱中出现第一条裂缝对应的点，破坏点为承载力下降至峰值荷载 85%时对应的点。

图 3.2-12 为各试件破坏过程，定义位移角（R）为西梁或东梁加载点处竖向位移（Δ）之和与梁端加载点至柱中心线距离（$L_b/2$）之比。各阶段主要破坏特征为：

（1）弹性段。柱混凝土开裂前试件基本保持弹性状态，节点强度和刚度无退化，卸载和加载刚度基本相同，残余变形较小。$R = 0.25\%$（1/400）时各试件柱身无裂缝出现。试件 PRCS6 东侧板顶和西侧板底受拉裂缝出现时，对应位移角分别为 0.27%和 0.33%。柱身初始裂缝均为水平弯曲裂缝，宽度在 0.03～0.04mm 之间。

（2）弹塑性段。柱身混凝土开裂后，随着荷载的增加，柱身水平弯曲裂缝逐渐增加并在$R \approx 1.6\%$时开始沿斜向发展，随后逐渐相交。$R = 2.0\%$时，试件 PRCS1～PRCS5 节点核芯区钢管腹板中部等效应变[11]分别为 4384×10^{-6}、2282×10^{-6}、2027×10^{-6}、8462×10^{-6}、3238×10^{-6}，角部等效应变分别为 8467×10^{-6}、7521×10^{-6}、2958×10^{-6}、10830×10^{-6}、2433×10^{-6}；试件 PRCS6 正负向加载节点核芯区钢管中部等效应变分别为 8189×10^{-6} 和 10046×10^{-6}，角部等效应变分别为 11031×10^{-6} 和 8223×10^{-6}。各试件节点核芯区钢管腹板中部和角部均已屈服，且角部等效应变大于中部，这是由于节点核芯区剪力斜压杆机制传力存在应力扩散，中部混凝土受压面积较大。在同一位移角水平下，钢套箍越厚、芯部混凝土强度越高，节点核芯区钢管腹板屈服越晚，增大轴压比和楼板的存在极大程度上提高了对节点核芯区钢管腹板的受剪需求。$R = 2.0\%$时，试件 PRCS1～PRCS6 钢板带腹板中部环向应变分别为 672×10^{-6}、430×10^{-6}、426×10^{-6}、441×10^{-6}、573×10^{-6}、781×10^{-6}，轴向应变为 250×10^{-6}、337×10^{-6}、211×10^{-6}、152×10^{-6}、302×10^{-6}、338×10^{-6}，均未达到屈服应变，表明钢板带对各试件上下柱端邻近节点核芯区混凝土的被动约束作用尚未体现。$R > 2.0\%$后节点核芯区钢管腹板应变迅速增长并开始鼓曲，但并未形成拉力带，柱身裂缝新增较少且发展缓慢，节点核芯区剪切变形明显，与钢板带接触的上下柱端混凝土保护层轻微压碎。试件达到峰值荷载时$R = 3.2\%$～4.4%，峰值荷载时各试件柱身裂缝宽度在 0.12～0.17mm 之间。试件 PRCS1～PRCS5 达到峰值荷载时节点核芯区钢管腹板中部和角部应变测点已超过测量范围，节点核芯区剪切转角分别为 0.0247rad、0.0216rad、0.0168rad、0.0261rad 和 0.0135rad，试件 PRCS6 正负向节点核芯区剪切转角表现为不对称性，分别为 0.0208rad 和 0.0321rad，各试件节点核芯区发生明显的剪切变形。试件 PRCS6 楼板在此阶段新增数条横向受拉裂缝，裂缝长度和宽度不断发展，西侧和东侧楼板混凝土在靠近柱表面区域形成数条 45°方向斜裂缝。

（3）破坏段。达到峰值荷载后承载力缓慢下降，随着位移角增加，柱身裂缝基本不再发展，节点核芯区剪切变形愈发显著，节点核芯区钢管鼓曲明显，在反复荷载作用下拉力带交替形成，与钢板带接触的上下柱端混凝土保护层轻微压碎剥落，剥落高度约为 30～80mm，柱纵筋和箍筋未外露，钢板带翼缘向外鼓曲约 10～20mm。试件 PRCS6 西侧楼板上表面在栓钉集中剪力作用下发生大致沿栓钉外边缘连线长度方向的纵向开裂现象，东侧楼板上表面则出现大致沿钢梁上翼缘外边缘长度方向的纵向裂缝，柱上端钢板带附近的楼板混凝土受压起皮，柱壁角部区域楼板混凝土压碎剥落。

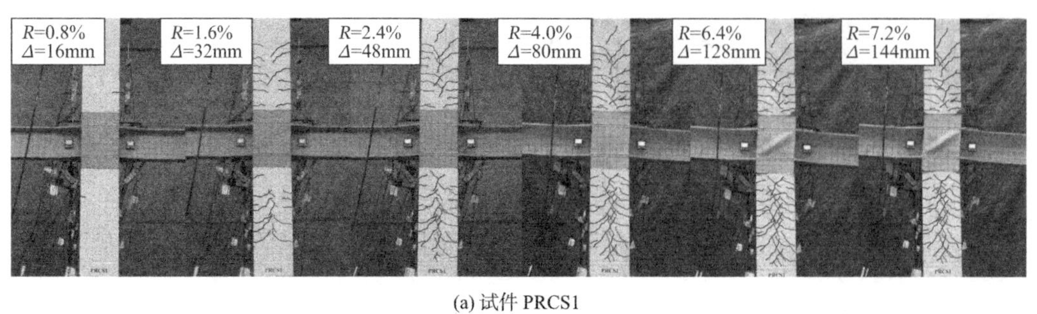

(a) 试件 PRCS1

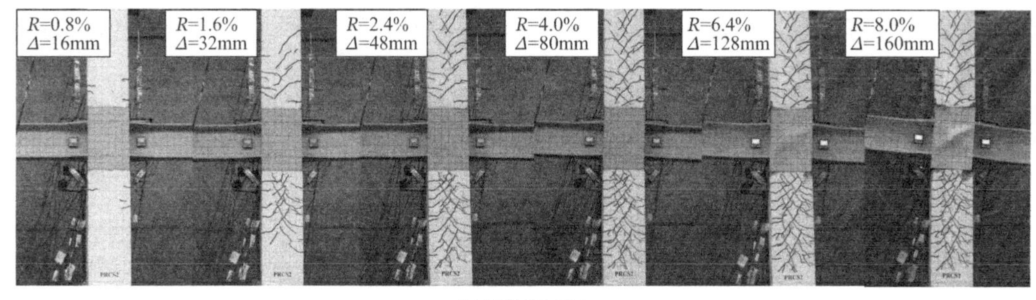

(b) 试件 PRCS2

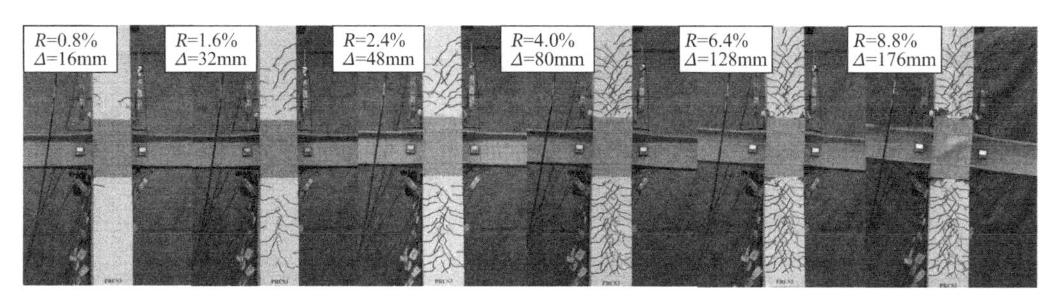

(c) 试件 PRCS3

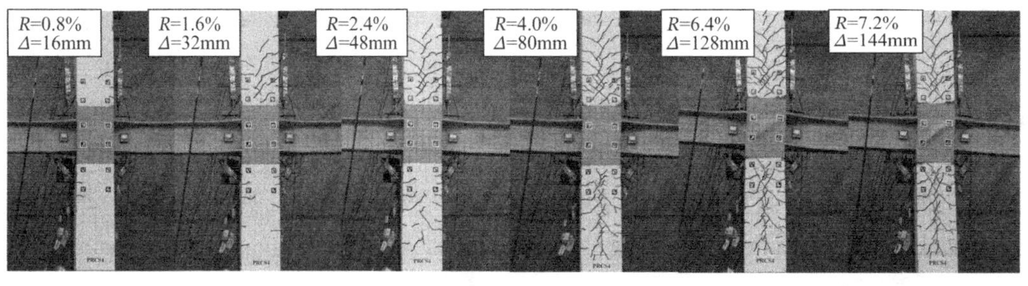

(d) 试件 PRCS4

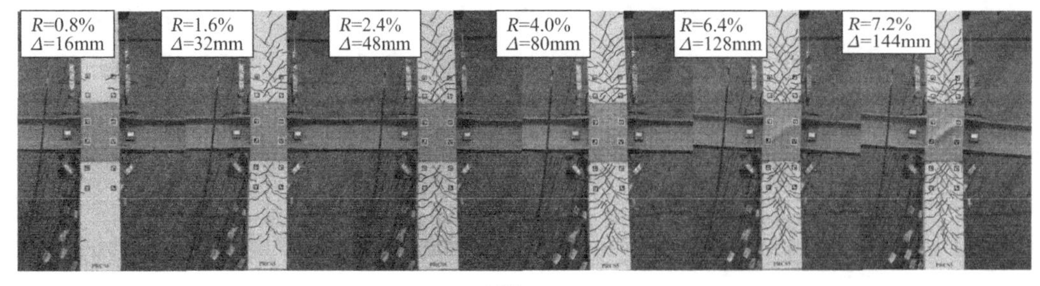

(e) 试件 PRCS5

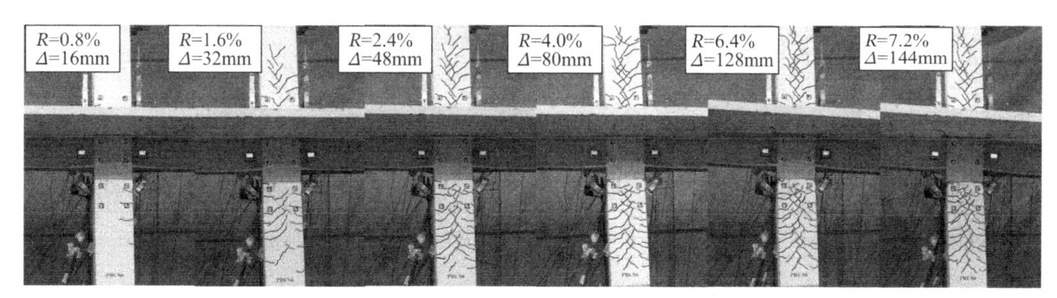

(f) 试件 PRCS6

图 3.2-12 试件破坏过程

2. 破坏模式

各试件最终破坏形态如图 3.2-13 所示。所有试件破坏时钢梁翼缘和腹板未发生屈曲现象，柱身混凝土最大裂缝宽度在 0.17～0.26mm 之间，损伤较轻。随着节点剪切变形逐渐明显，节点上下柱端混凝土保护层在钢板带挤压作用下压碎剥落，钢板带发生鼓曲现象，混凝土保护层剥落后钢板带鼓曲现象明显减弱，破坏程度趋于稳定。节点核芯区钢管腹板在混凝土剪胀作用下向外鼓曲，形成明显的对角拉力带。剖开钢管后发现芯部混凝土呈完全破碎状态，剪切斜裂缝贯穿节点内部。

试件 PRCS6 楼板裂缝包括贯穿整板的横向受拉裂缝、靠近柱表面区域约 45°方向斜裂缝、沿栓钉和钢梁上翼缘外边缘连线长度方向的纵向裂缝，楼板混凝土压碎主要集中于与柱壁受压接触和柱壁角部区域。纵向裂缝发生机理为：在栓钉集中剪力作用和板内横向钢筋约束较弱等因素的影响下，界面 a-a 和界面 b-b［图 3.2-13（f）］不满足按钢-混凝土组合梁纵向抗剪验算[3]要求。

综上，各试件破坏模式均为节点核芯区剪切破坏，并伴随节点上下柱端混凝土保护层的局部压碎剥落现象。

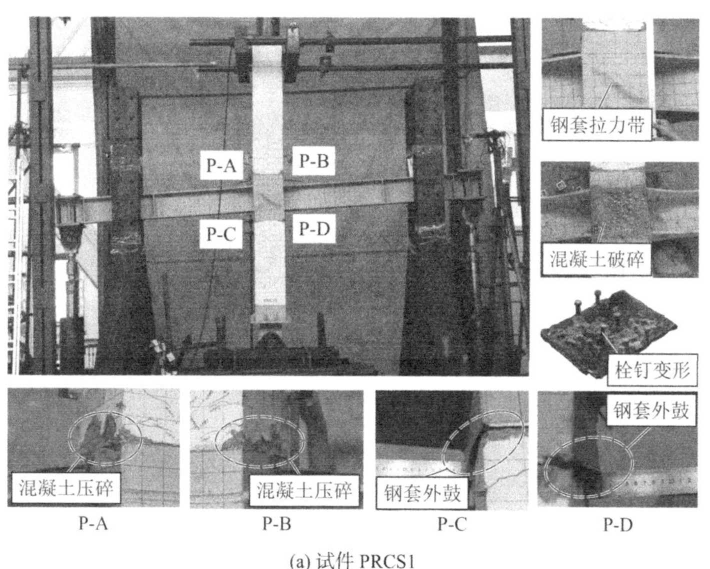

(a) 试件 PRCS1

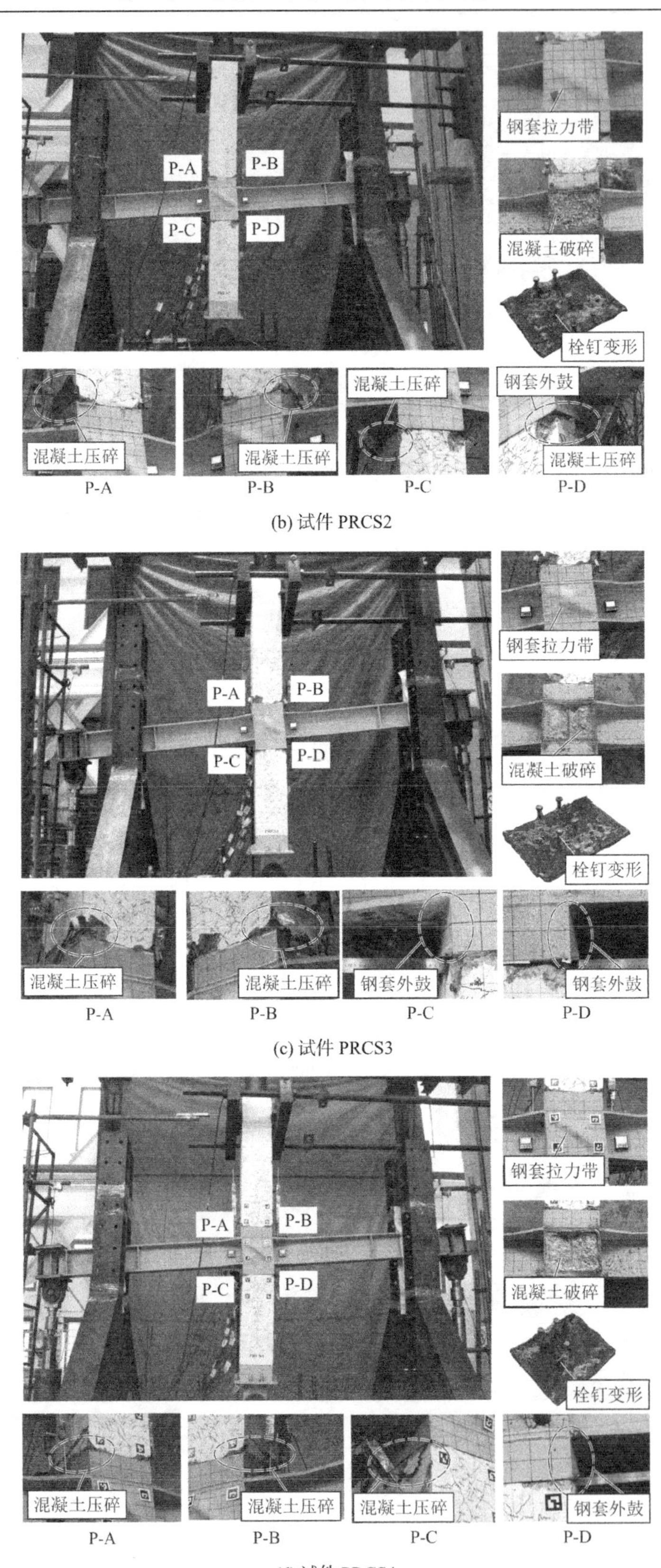

(b) 试件 PRCS2

(c) 试件 PRCS3

(d) 试件 PRCS4

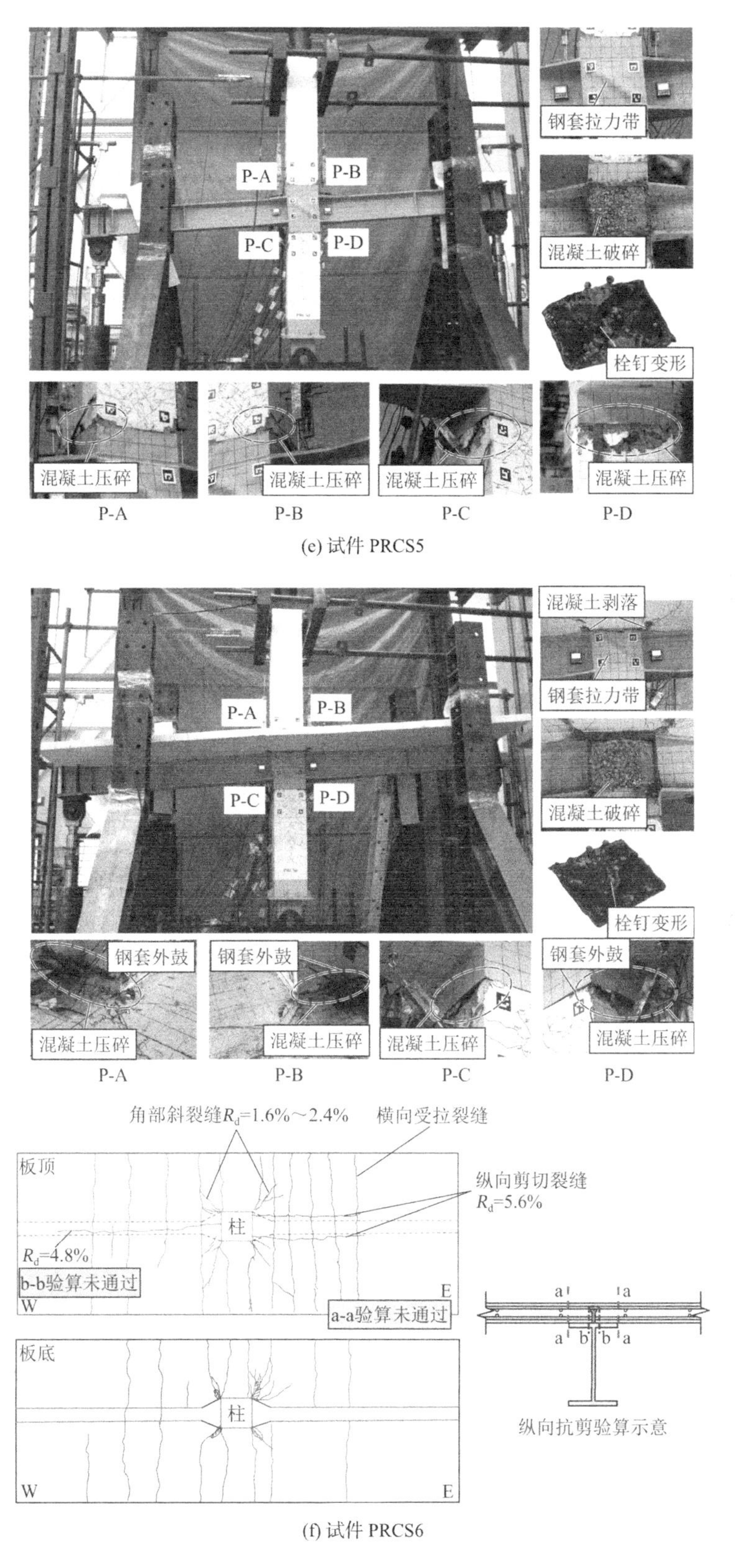

(e) 试件 PRCS5

(f) 试件 PRCS6

图 3.2-13 各试件最终破坏形态

3.2.4　试验结果与分析

1. 梁端荷载-位移及层剪力-层间位移角滞回曲线

图 3.2-14 所示为各试件的梁端荷载-位移（角）（P-Δ、P-R）滞回曲线。图中标出了屈服点、峰值点和破坏点。由图可知：（1）各试件在达到屈服点前滞回曲线呈梭形，滞回环面积小，耗能能力较小，卸载后残余变形较小；屈服点后滞回环面积逐渐增大并趋于饱满，耗能能力增强；峰值点后节点核芯区混凝土在剪压作用下体积膨胀，钢管腹板向外鼓曲逐渐明显，二者之间相互作用减弱，由于核芯区混凝土裂缝在卸载后无法完全闭合，裂缝的不断发展使其与纵筋和钢板之间滑移量增大，滞回曲线呈现出一定的捏拢现象，并随位移幅值的增加而愈加明显。（2）随着钢套箍厚度的增加，滞回曲线更趋饱满，峰值荷载显著增加，变形能力增强，这是由于节点核芯区钢管腹板直接参与受剪，翼缘对核芯区混凝土具有约束效应，增强了混凝土斜压杆作用。（3）与试件 PRCS1 相比，轴压比较大的试件 PRCS4 峰值荷载增加，峰值后变形能力略有降低，滞回曲线饱满程度差别不明显，这是由于轴压力增大时核芯区混凝土单向受压状态阶段变短[12]，钢套箍与混凝土产生相互作用力和混凝土处于三向受压应力状态会持续至试件达到峰值荷载，钢套箍鼓曲后其对核芯区混凝土的约束作用逐渐减弱进入下降段，此时混凝土应力-应变关系也进入下降段，较大的轴压力使其变形性能降低。总体上，轴压比增大，核芯区混凝土斜压杆作用增强，提高了节点承载力，但略微降低了节点变形能力。（4）芯部混凝土强度等级较高时滞回曲线更饱满，且峰值荷载更高，但节点变形能力有所降低，原因为节点核芯区混凝土和芯部混凝土强度相同，作为节点核芯区受剪承载力的组成之一，其强度越高节点极限承载力越高，但峰值荷载后节点变形能力与核芯区混凝土应力-应变关系下降段相关，混凝土强度越高，达到峰值应力后下降段越陡，故节点变形能力越小。（5）与试件 PRCS1 相比，带楼板的试件 PRCS6 滞回曲线相对更不饱满，正负弯矩作用下呈现不对称受力特征，正弯矩作用下刚度和峰值荷载显著增大，变形能力降低，负弯矩作用下刚度、峰值荷载和变形能力与不带楼板的试件 PRCS1 相差不大。

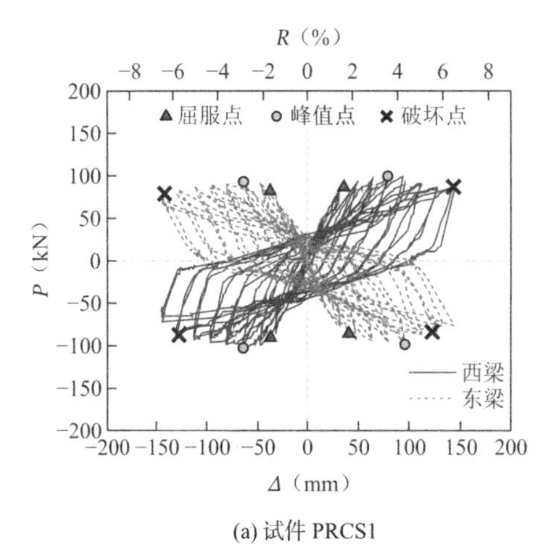

(a) 试件 PRCS1

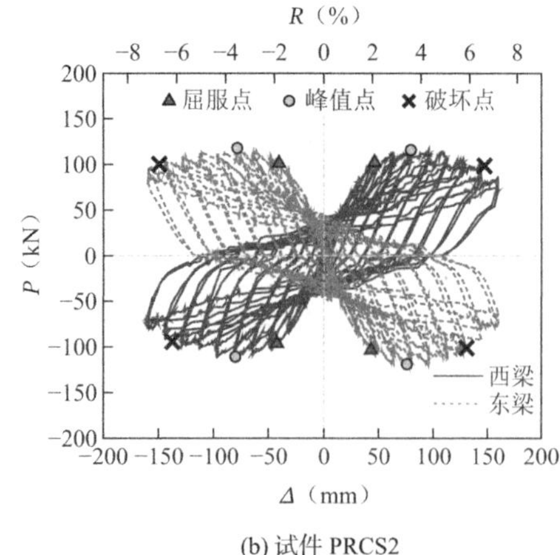

(b) 试件 PRCS2

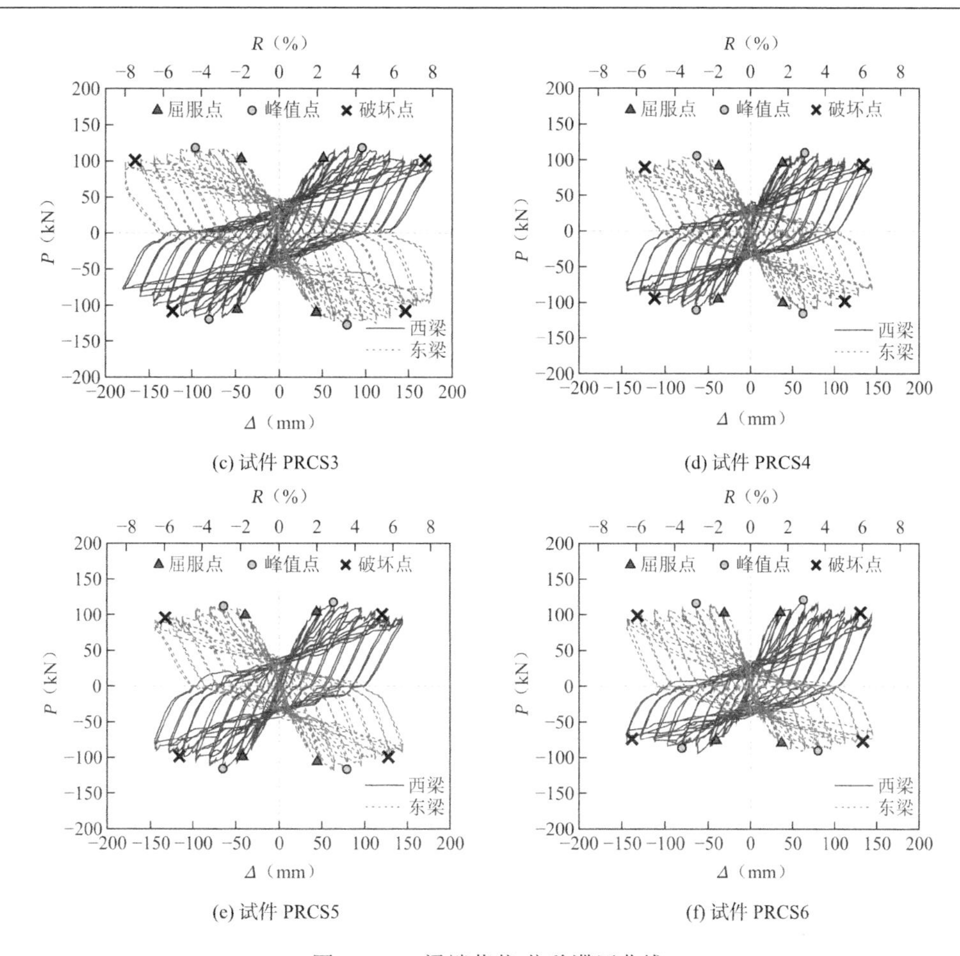

(c) 试件 PRCS3

(d) 试件 PRCS4

(e) 试件 PRCS5

(f) 试件 PRCS6

图 3.2-14 梁端荷载-位移滞回曲线

节点受力如图 3.2-15 所示，根据西梁和东梁加载端荷载（P_W、P_E）、梁端加载点距离（L_b）、柱反弯点距离（H_c），可计算得到层剪力（Q）：

$$Q = 0.5L_b(P_W + P_E)/H_c \tag{3.2-4}$$

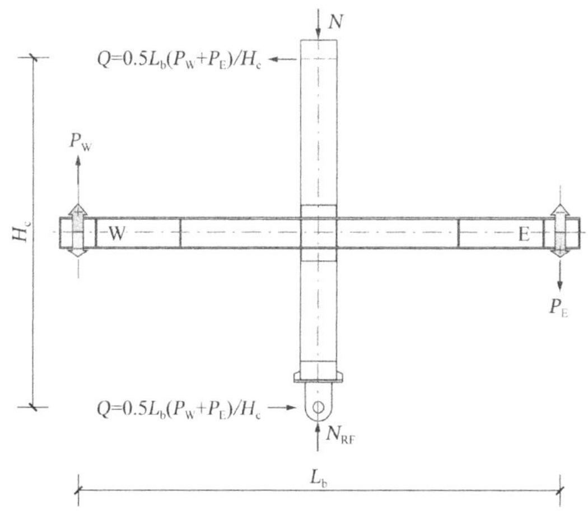

图 3.2-15 节点受力示意

层间位移角（R_d）计算方法如下：

$$R_d = \frac{\Delta_1 - \Delta_2}{L_b} - \frac{\Delta_3 - \Delta_4}{H_c} \tag{3.2-5}$$

式中：Δ_1、Δ_2、Δ_3、Δ_4——位移计 D1、D2、D3 和 D4 的测量值。

各试件层剪力-层间位移角（Q-R_d）滞回曲线如图 3.2-16 所示。由图可知，滞回曲线较饱满，有一定的捏拢现象，呈典型的弓形，耗能能力和变形性能良好。

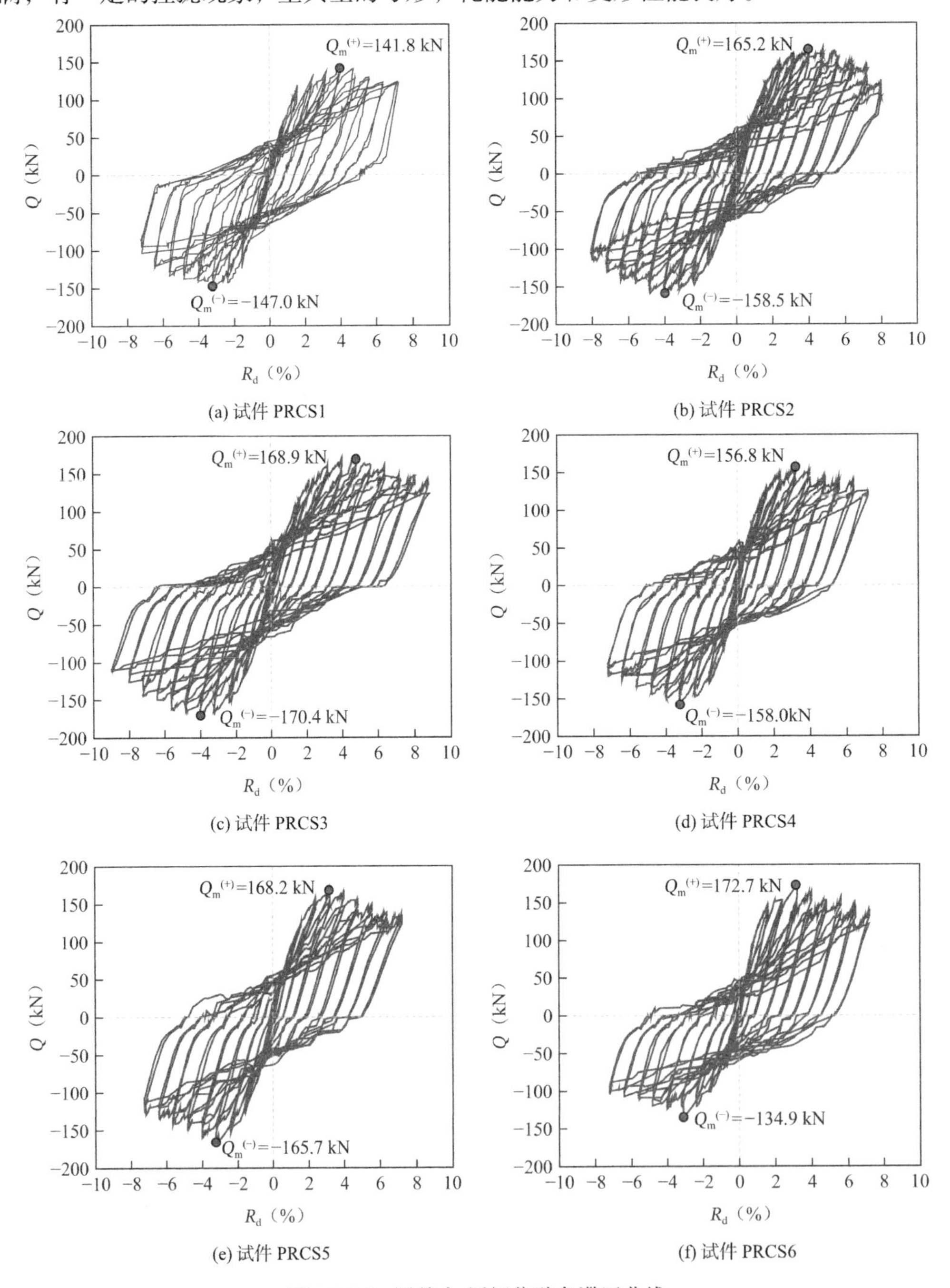

(a) 试件 PRCS1　(b) 试件 PRCS2　(c) 试件 PRCS3　(d) 试件 PRCS4　(e) 试件 PRCS5　(f) 试件 PRCS6

图 3.2-16　层剪力-层间位移角滞回曲线

2. 层剪力-层间位移角骨架曲线

Q-R_d曲线中每个加载级第一循环的荷载峰值点相连得到的包络线即为Q-R_d骨架曲线，如图 3.2-17 所示。骨架曲线反映了强度和刚度与层间位移角之间的关系，是研究非弹性地震反应的重要参考。柱身混凝土开裂时$R_d = 0.8\% \sim 1.0\%$，可通过线性拟合Q-R_d骨架曲线上R_d在$-0.75\% \sim +0.75\%$以内的各峰值点数据，得到各试件等效刚度K_d[13]标识于图 3.2-17 中。其中，试件 PRCS6 由于正负弯矩作用下刚度差异显著，分别对其$R_d \in [-0.75\%, 0.0\%]$和$R_d \in [0.0\%, +0.75\%]$区间内的数据点进行线性拟合。从图中可以看出：（1）钢套箍厚度对试件整体等效刚度影响较小，钢套箍厚度在 4～6mm 范围内变化时，各试件K_d相差最大为 7.7%。（2）柱轴压比对试件整体等效刚度影响较大，轴压比从 0.15 增加至 0.30，K_d增大了 13.7%。（3）芯部混凝土强度等级提高，试件整体等效刚度随之增大，芯部混凝土强度等级由 C25 提高至 C30，K_d增大了 3.3%。（4）楼板的存在大幅提高了试件在正弯矩作用下的整体等效刚度（29.1%），但由于不考虑楼板组合作用，板内纵向钢筋刚度贡献较小，负弯矩作用下与不带楼板试件的整体等效刚度相差不大（4.0%）。

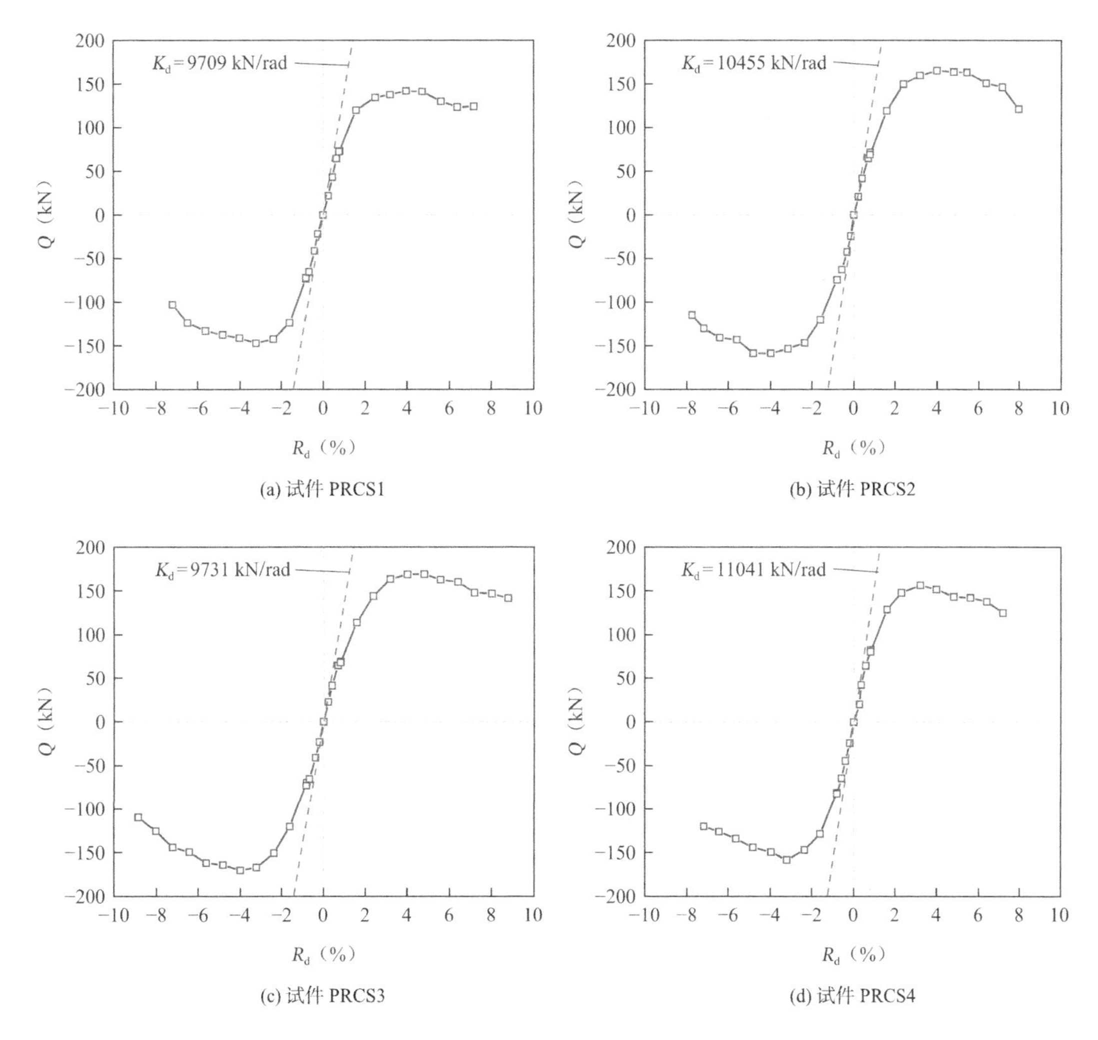

(a) 试件 PRCS1

(b) 试件 PRCS2

(c) 试件 PRCS3

(d) 试件 PRCS4

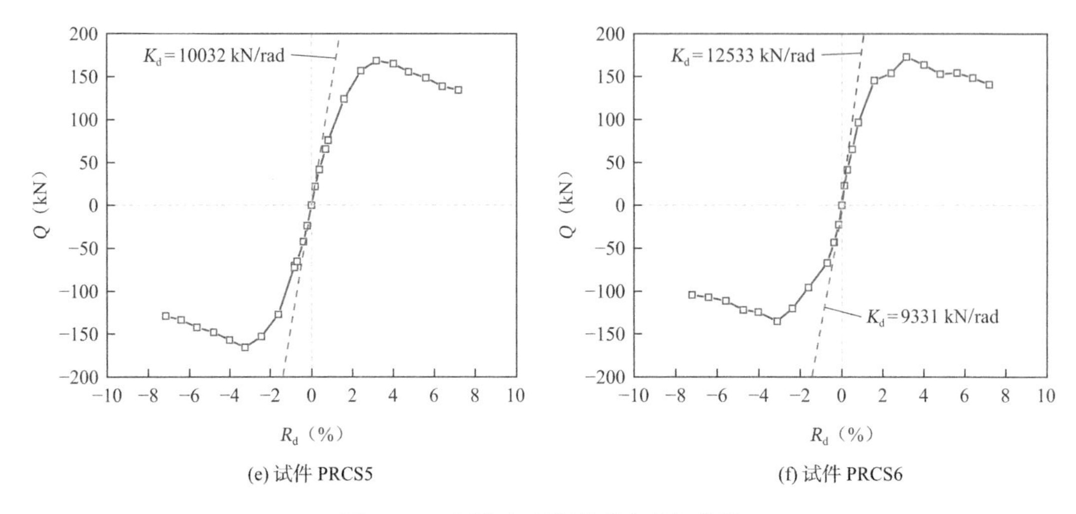

(e) 试件 PRCS5　　(f) 试件 PRCS6

图 3.2-17　层剪力-层间位移角骨架曲线

不同参数试件的Q-R_d骨架曲线对比如图 3.2-18 所示。图中标出了屈服点、峰值点和破坏点。各试件主要性能指标列于表 3.2-5 中。其中，Q_y和$R_\mathrm{d,y}$分别为屈服层剪力和对应的层间位移角，$R_\mathrm{d,y}$采用“Park 法”[14]确定；Q_m和$R_\mathrm{d,m}$分别为峰值层剪力和对应的层间位移角；$R_\mathrm{d,u}$为极限层间位移角，定义为层剪力降至峰值层剪力 85%时对应的层间位移角；转角延性系数$\mu_{0.85}$为$R_\mathrm{d,u}$和$R_\mathrm{d,y}$之比；K_d为等效刚度；K_pz为节点核芯区剪切刚度，计算流程为：（1）选取Q-R_d骨架曲线$R_\mathrm{d} \in [-0.75\%, +0.75\%]$区间内各峰值数据点；（2）计算节点核芯区承受的弯矩$M_\mathrm{pz} = V_\mathrm{pz}h_\mathrm{pz} = V_\mathrm{pz}(h_\mathrm{b} - t_\mathrm{f})$，其中$V_\mathrm{pz}$为节点核芯区受剪承载力，$h_\mathrm{pz}$为节点核芯区高度，$h_\mathrm{b}$为钢梁高度，$t_\mathrm{f}$为钢梁翼缘厚度；（3）分别计算节点核芯区钢管腹板中部和角部应变花的工程剪应变[15]，取二者平均值作为节点核芯区弹性转角代表值；（4）绘制M_pz-弹性转角代表值曲线，试件 PRCS1～PRCS5 线性拟合得到K_pz，试件 PRCS6 分别对正负弯矩作用下的数据进行线性拟合得到K_pz。$R_\mathrm{d,p}$为塑性转角，以西梁为代表，$R_\mathrm{d,p}$的计算式[16]为：

$$R_\mathrm{d,p} = \frac{\Delta - P_\mathrm{w}/K_0}{L_\mathrm{b}/2} \tag{3.2-6}$$

其中，P_w为西梁梁端加载点荷载，为 0.8 倍峰值荷载；Δ为西梁梁端加载点对应位移，取下降段 0.8 倍峰值荷载对应的位移；K_0为试件初始刚度，根据梁端荷载-位移曲线对弹性段峰值点数据拟合得到。

从图 3.2-18 和表 3.2-5 中可以看出：

（1）随着钢套箍厚度的增加，屈服和峰值层剪力随之提高，最大变形能力和塑性变形能力增强。钢套箍厚度从 4mm 增加至 5mm、6mm，Q_m分别提高 12.1%和 17.5%，$R_\mathrm{d,u}$增大 4.9%和 7.8%。节点核芯区剪切刚度随钢套箍厚度的增加而增大，钢套箍厚度为 5mm 和 6mm 的试件节点核芯区K_pz分别为钢套箍厚度 4mm 试件的 1.08 倍和 1.27 倍。节点核芯区剪切刚度的增大使得$R_\mathrm{d,y}$随之增加，钢套箍厚度对$R_\mathrm{d,y}$的影响较$R_\mathrm{d,u}$大，因此钢套箍厚度增加时$\mu_{0.85}$有所降低，但$R_\mathrm{d,p}$与钢套箍厚度呈正相关。这是由于钢套箍中的节点核芯区钢管具有直接承担剪力和约束核芯区混凝土变形的作用，故节点承载力和变形能力随钢套箍厚度的增加而提高。

（2）屈服和峰值层剪力随柱轴压比的增大而增加，但最大变形能力和延性系数随之降低，塑性变形能力显著降低。柱轴压比从 0.15 增加至 0.30，Q_m提高 9.1%，$R_{d,u}$减小 9.2%，$R_{d,p}$减小 11.1%，$\mu_{0.85}$则降低 12.4%。柱轴压比对试件整体等效刚度和节点核芯区剪切刚度影响显著，轴压比为 0.30 试件的K_d、K_{pz}分别是轴压比为 0.15 试件的 1.14 倍和 1.25 倍。分析原因为节点钢套箍局部设置时所受轴压应力较小，柱轴压力对节点核芯区钢管腹板提供的受剪承载力无显著影响，但柱轴压比较大时增强了芯部混凝土斜压杆作用，故节点承载力有所提高，但由于峰值后阶段钢套箍对核芯区混凝土约束逐渐减弱，较大轴压下混凝土变形能力更小，降低了试件的变形能力和延性。

（3）芯部混凝土强度等级提高，屈服和峰值层剪力显著增加，最大变形能力、塑性变形能力和延性系数降低。芯部混凝土强度等级从 C25 提高至 C30，Q_m提高 15.7%，$R_{d,u}$和$R_{d,p}$分别减小 12.7%和 3.7%，$\mu_{0.85}$降低 25.4%。芯部混凝土强度对试件整体等效刚度的影响较节点核芯区剪切刚度小，芯部混凝土强度等级为 C30 试件的K_d、K_{pz}分别是芯部混凝土强度等级为 C25 试件的 1.03 倍和 1.11 倍。芯部混凝土直接参与节点受剪，故节点核芯区受剪承载力和变形能力与其应力-应变关系相关性大，强度等级越高，节点承载力越高，但变形能力和延性有所降低。

（4）不考虑楼板组合作用时，节点在正负弯矩作用下受力性能呈现不对称性，正弯矩作用下转动能力和延性降低，承载力显著增大。对比不带楼板的试件 PRCS1，带楼板试件 PRCS6 在正弯矩作用下Q_m提高 21.8%，$R_{d,u}$、$R_{d,p}$和$\mu_{0.85}$降低 8.6%、8.6%和 7.0%；负弯矩作用下Q_m、$R_{d,u}$、$R_{d,p}$和$\mu_{0.85}$与试件 PRCS1 相差分别为 15.5%、8.0%、7.4%和 0.6%。楼板对试件正弯矩作用下的整体等效刚度和节点核芯区剪切刚度影响显著，带楼板试件的K_d、K_{pz}分别是不带楼板试件的 1.29 倍和 3.13 倍；是否带楼板试件在负弯矩作用下的K_d仅相差 3.9%。楼板造成节点正负弯矩作用下受力不对称的原因可归结于梁端受力机理的差异性[17]。正弯矩作用下楼板上表面混凝土受压、钢梁下翼缘受拉，楼板通过柱侧压应力将柱端剪力过渡到节点核芯区，增强了核芯区混凝土斜压杆作用，提高了节点承载力，但由于钢梁截面中和轴有所上移，钢梁下翼缘受拉需求增大，降低了节点变形能力。在负弯矩作用下，由于不考虑楼板组合作用，板内纵向钢筋对梁受弯承载力贡献较小，承载性能和变形能力与不带楼板节点相差不大。

（5）Q_m/Q_y值在 1.13～1.17 之间，表明预制管组合柱-钢梁节点发生节点核芯区剪切破坏模式时在屈服后仍具有良好的承载能力；平均极限位移角（$R_{d,u}$）在 5.91%～7.30%之间，远高于我国《建筑抗震设计规范》GB 50011—2010[18]中对 RC 框架结构、多高层钢结构在罕遇地震作用下的弹塑性层间位移角限值为 2.0%。美国 AISC 341-16[19]中对特殊设防抗弯钢框架（SMF）要求$R_{d,u} \geqslant 4.0\%$，欧洲抗震设计规范 EC8[20]中对高延性（DCH）钢框架要求$R_{d,u} \geqslant 3.5\%$。各试件平均塑性转角（$R_{d,p}$）在 0.048～0.057rad 之间，FEMA 267[21]第 7.2.4 条对钢框架节点要求$R_{d,p} \geqslant 0.03$rad。需说明的是，不同国家规范有不同的低周反复试验加载制度，加载制度不同时所得结果也不尽相同，本书采用行业标准《建筑抗震试验规程》JGJ/T 101—2015[10]加载制度，延性判别结果仅适用于《建筑抗震设计规范》GB 50011—2010 相关指标对比，其他国家规范指标仅作为参考。作为节点变形性能或延性的宏观指标，采用极限层间位移角（$R_{d,u}$）和塑性转角（$R_{d,p}$）评价时结果具有较好的一致性。

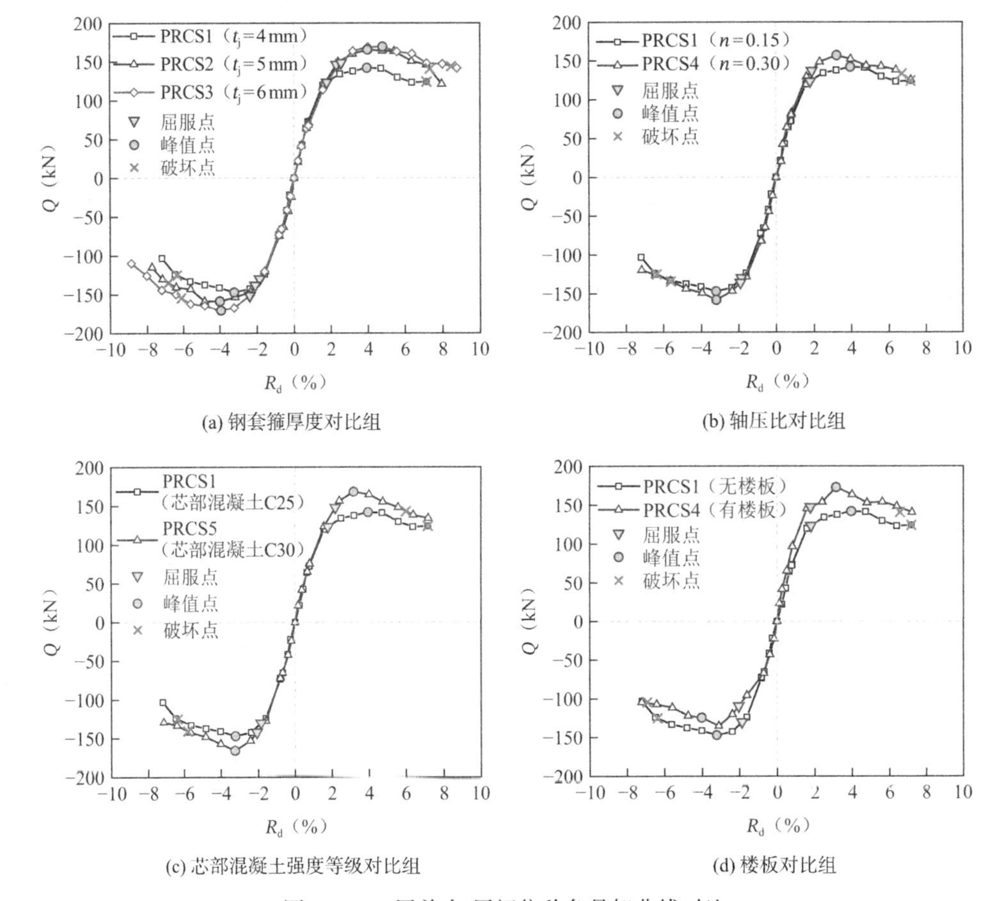

(a) 钢套箍厚度对比组　(b) 轴压比对比组

(c) 芯部混凝土强度等级对比组　(d) 楼板对比组

图 3.2-18　层剪力-层间位移角骨架曲线对比

各试件主要性能指标　表 3.2-5

试件编号	加载方向	Q_y（kN）	$R_{d,y}$（%）	Q_m（kN）	$R_{d,m}$（%）	$R_{d,u}$（%）	$\mu_{0.85}$	$R_{d,p}$（rad）	K_d（kN/rad）	K_{pz}（kN·m/rad）
PRCS1	正向	123.2	1.80	141.8	3.96	7.17	3.98	0.058	9709	150463
	负向	−129.8	−1.86	−147.0	−3.22	−6.36	3.42	−0.050		
	平均	126.5	1.83	144.4	3.59	6.77	3.70	0.054		
PRCS2	正向	146.1	2.31	165.2	3.99	7.35	3.18	0.058	10455	162384
	负向	−137.8	−2.10	−158.5	−4.00	−6.84	3.26	−0.053		
	平均	142.0	2.21	161.9	3.40	7.10	3.22	0.056		
PRCS3	正向	148.4	2.57	168.9	4.80	8.47	3.30	0.069	9731	190657
	负向	−151.1	−2.39	−170.4	−3.94	−6.12	2.56	−0.046		
	平均	149.8	2.48	169.7	4.37	7.30	2.93	0.057		
PRCS4	正向	136.8	1.89	156.8	3.22	6.70	3.54	0.054	11041	188314
	负向	−135.9	−1.91	−158.0	−3.21	−5.60	2.93	−0.043		
	平均	136.4	1.90	157.4	3.22	6.15	3.24	0.048		
PRCS5	正向	147.9	2.20	168.2	3.18	6.01	2.73	0.045	10032	166670
	负向	−142.2	−2.08	−165.7	−3.24	−5.80	2.79	−0.058		
	平均	145.1	2.14	167.0	3.21	5.91	2.76	0.052		

续表

试件编号	加载方向	Q_y（kN）	$R_{d,y}$（%）	Q_m（kN）	$R_{d,m}$（%）	$R_{d,u}$（%）	$\mu_{0.85}$	$R_{d,p}$（rad）	K_d（kN/rad）	K_{pz}（kN · m/rad）
PRCS6	正向	147.3	1.77	172.7	3.15	6.55	3.70	0.053	12533	470517
	负向	−109.2	−2.03	−124.2	−4.02	−6.91	3.40	−0.054	9331	93498
	平均	128.3	1.90	148.5	3.59	6.73	3.55	0.054	10932	282008

3. 节点核芯区剪力-转角曲线

作为框架结构抗震设计的重要内容之一，梁柱节点核芯区的抗剪设计主要包含两部分：节点核芯区受剪承载力计算（结构抗力）和节点核芯区剪力设计值计算（荷载效应）。通过模型试验和理论分析，准确计算节点核芯区受剪承载力始终是国内外研究的热门课题之一，而节点核芯区剪力设计值通常可根据受力平衡推导得到，计算方法如图 3.2-19 所示。该方法规避了《混凝土结构设计规范》GB 50010—2010[4]对顶层和非顶层节点的分类讨论，考虑了顶层节点柱端剪力对节点核芯区受剪承载力的贡献，适用于不同部位的节点核芯区剪力设计值计算。其中：V_b和V_c分别为梁柱反弯点处剪力；M_c和M_b分别为柱端和梁端弯矩；$\sum M_c$和$\sum M_b$分别为柱端和梁端弯矩之和；h_c为柱截面高度；$V_{j,h}$和$V_{j,v}$为节点核芯区水平与竖向剪力；$\tau_{j,h}$和$\tau_{j,v}$为节点核芯区平均水平与竖向剪应力；b_t为节点核芯区厚度。推导得到节点核芯区水平剪力（$V_{j,h}$）即为节点核芯区剪力设计值（$V_{pz,d}$）：

$$V_{pz,d}=\frac{\sum M_b}{h_{pz}}\left(1-\frac{h_b-t_f}{L_b-h_c}\cdot\frac{L_b}{H_c}\right) \tag{3.2-7}$$

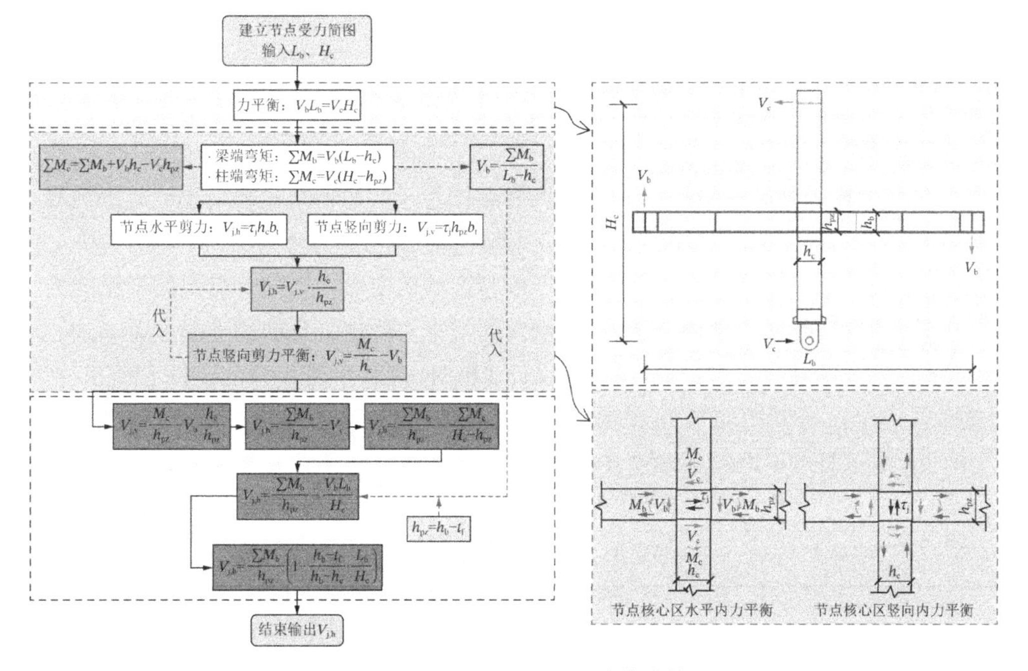

图 3.2-19　节点核芯区剪力设计值计算方法

节点核芯区剪切转角（θ_{pz}）通过在核芯区交叉布置位移计测量，计算简图如图 3.2-20 所示，θ_{pz}的计算式为：

$$\theta_{pz}=\frac{1}{2}\left[(\delta_{pz1}+\delta_{pz2})+(\delta_{pz3}+\delta_{pz4})\right]\frac{\sqrt{b_{pz1}^2+h_{pz1}^2}}{b_{pz}h_{pz}} \tag{3.2-8}$$

式中：$\delta_{pz1}+\delta_{pz2}$、$\delta_{pz3}+\delta_{pz4}$——节点核芯区对角测点相对压缩和伸长位移；

b_{pz1}、h_{pz1}——节点核芯区对角测点宽度和高度。

各试件节点核芯区剪力-剪切转角（V_{pz}-θ_{pz}）曲线如图 3.2-21 所示。图中标出了节点核芯区剪力设计值（$V_{pz,d}$）。各试件特征点节点核芯区剪切转角见表 3.2-6。由图 3.2-21 和表 3.2-6 可知：

（1）屈服前节点核芯区剪切转角较小，达到屈服点时θ_{pz}在 0.0073～0.0185rad 之间；屈服后剪切转角增长加快，至节点核芯区峰值剪力时，θ_{pz}在 0.0135～0.0321rad 之间，为屈服时的 1.4～3.1 倍，除钢套箍厚度最大的试件 PRCS3 和芯部混凝土强度等级较高的试件 PRCS5 外，其余试件在达到峰值剪力之前θ_{pz}已超过 0.02rad，节点核芯区剪切变形发展充分；峰值剪力后剪切转角迅速增长，破坏时θ_{pz}在 0.0424～0.1586rad 之间，为峰值剪力时的 2.5～6.6 倍。

（2）随着钢套箍厚度的增加，特征点节点核芯区剪切转角减小，剪切变形发展减缓。钢套箍厚度从 4mm 增加至 5mm、6mm，屈服点、峰值点和破坏点θ_{pz}分别减小 13.5%、12.6%、26.4%和 57.3%、32.0%、54.6%。因此，增加钢套箍厚度能够有效减小节点核芯区剪切变形，降低节点地震损伤，提高节点抗震变形能力。

（3）特征点节点核芯区剪切转角随柱轴压比的增大而增加，轴压比较大的节点剪切变形发展更快，主要表现在峰值剪力后阶段剪切转角迅速增长。柱轴压比从 0.15 增加至 0.30，屈服点、峰值点和破坏点θ_{pz}分别增加 8.2%、5.7%和 35.4%。表明增大柱轴压比提高了对节点核芯区剪切变形的需求，较大的柱轴压比加快了节点核芯区剪切变形发展，节点抗震变形能力显著降低。

（4）芯部混凝土强度等级提高，特征点节点核芯区剪切转角显著减小。芯部混凝土强度等级从 C25 提高至 C30，屈服点、峰值点和破坏点θ_{pz}分别减小 46.2%、45.3%和 4.4%。表明提高芯部混凝土强度可以有效减小节点核芯区剪切变形，提高节点抗震变形能力。

（5）楼板的存在使节点核芯区剪切变形发展呈不对称性，且剪切变形显著增加，屈服后阶段剪切变形发展加快。与不带楼板的试件 PRCS1 相比，带楼板的试件 PRCS6 在峰值点和破坏点平均θ_{pz}分别增加 7.3%和 27.6%，由于楼板对节点核芯区剪切刚度的增大作用，试件 PRCS6 在屈服点平均θ_{pz}较试件 PRCS1 小。楼板增大了节点核芯区剪切刚度和受剪承载力，但进入弹塑性受力阶段后，楼板增大了节点核芯区剪切变形，对节点抗震变形能力的不利影响不可忽略。

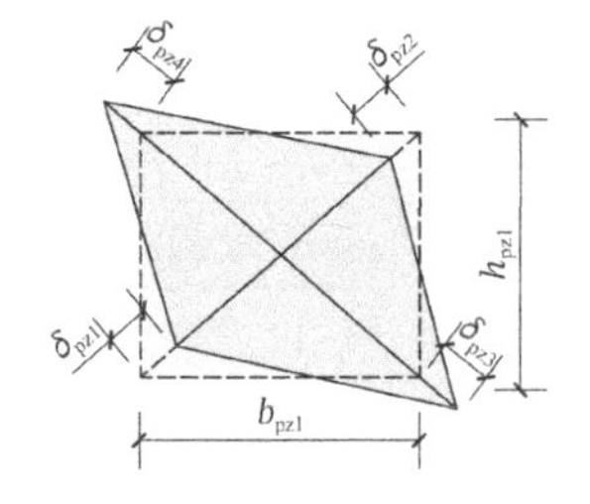

图 3.2-20　节点核芯区剪切转角计算简图

（6）各试件节点核芯区受剪承载力（V_{pz}）均小于节点核芯区剪力设计值（$V_{pz,d}$），$V_{pz}/V_{pz,d}$值在 0.53～0.59 之间，该值即为强节点系数（η_{jb}）（表 3.2-1），故各试件节点核芯区受剪承载力（抗力）小于剪力设计值（效应），发生节点核芯区剪切破坏，试件最终破坏模式与预期设计一致。

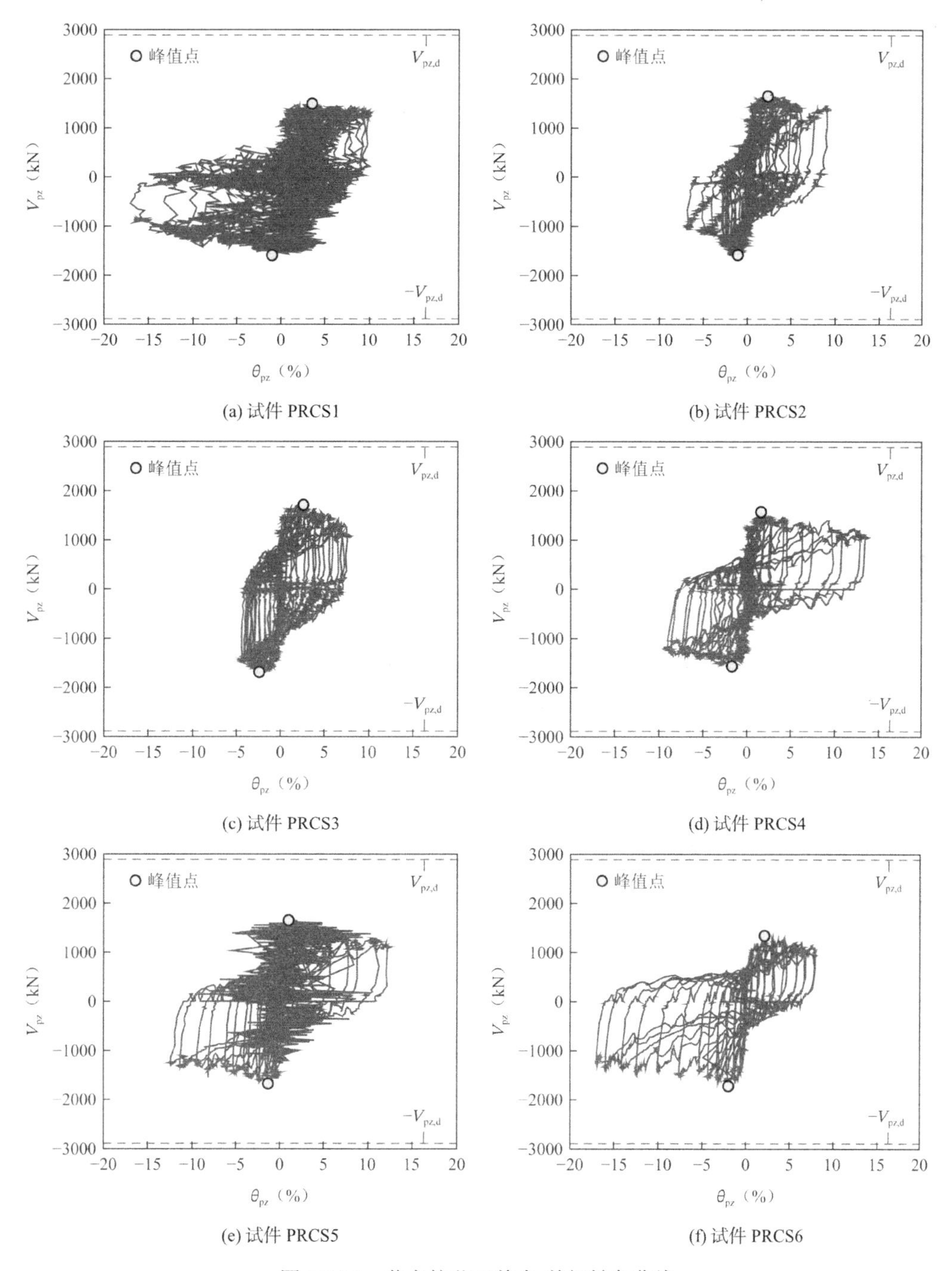

(a) 试件 PRCS1

(b) 试件 PRCS2

(c) 试件 PRCS3

(d) 试件 PRCS4

(e) 试件 PRCS5

(f) 试件 PRCS6

图 3.2-21 节点核芯区剪力-剪切转角曲线

特征点节点核芯区剪切转角θ_{pz}（单位：rad） 表 3.2-6

试件编号	屈服点	峰值点	破坏点
PRCS1	0.0171	0.0247	0.0934
PRCS2	0.0148	0.0216	0.0687
PRCS3	0.0073	0.0168	0.0424
PRCS4	0.0185	0.0261	0.1265

续表

试件编号	屈服点	峰值点	破坏点
PRCS5	0.0092	0.0135	0.0893
PRCS6（正向）	0.0088	0.0208	0.0798
PRCS6（负向）	0.0103	0.0321	0.1586
PRCS6（平均）	0.0096	0.0265	0.1192

4. 节点核芯区钢管应变分析

在节点核芯区钢管腹板中部和四个角部布置三向应变花，除用于计算节点核芯区剪切刚度（K_{pz}）外，还可用于量测节点核芯区剪切应变并对比中部和角部受力差异。选取节点核芯区钢管腹板中部应变测点和角部应变值最大的测点，计算得到剪应变（γ），各试件层剪力-剪应变（Q-γ）曲线如图 3.2-22 所示。各试件特征点节点核芯区钢管腹板剪应变列于表 3.2-7 中。由图 3.2-22 和表 3.2-7 可知：（1）各试件在屈服前节点核芯区钢管腹板剪应变较小，达到屈服点时中部$\gamma = 0.0024$～0.0054，角部$\gamma = 0.0047$～0.0172，均超过腹板屈服应变，表明节点核芯区钢管腹板中部和角部进入屈服状态；屈服后剪应变增长加快，至峰值剪力时，中部$\gamma = 0.0062$～0.0106，为屈服时的 1.8～3.7 倍，角部$\gamma = 0.0256$～0.0383，为屈服时的 1.8～6.7 倍，表明节点核芯区钢管腹板已进入塑性状态；峰值剪力后剪应变快速增长并超过应变花测量范围，破坏时试件 PRCS1 和 PRCS2 节点核芯区钢管腹板中部和角部γ最大值为 0.0133 和 0.0391。（2）各试件节点核芯区钢管腹板角部剪应变始终大于中部，原因为斜压杆中部混凝土面积较角部大，应力扩散效应更明显，类似现象在钢管约束混凝土柱-钢梁节点核芯区抗震性能试验[22]中也存在。（3）与各试验参数对节点核芯区剪切转角的影响规律相似，随着钢套箍厚度的增加，特征点节点核芯区钢管腹板剪应变减小，钢套箍厚度越大剪应变降低幅值越大，表明增加钢套箍厚度可以有效提高节点核芯区剪切变形能力；当柱轴压比增大时，节点核芯区钢管腹板中部和角部剪应变均增加，表明柱轴压比加快了节点核芯区剪切变形发展，使得节点提早发生剪切破坏；提高芯部混凝土强度能够有效减小节点核芯区钢管腹板剪应变，延缓节点核芯区剪切变形发展；楼板的存在使节点核芯区钢管腹板在弹性受力阶段的剪应变有所减小，但进入弹塑性受力阶段后节点核芯区钢管腹板剪应变较不带楼板时更大且发展较快，对节点核芯区剪切变形能力的需求有所提高。

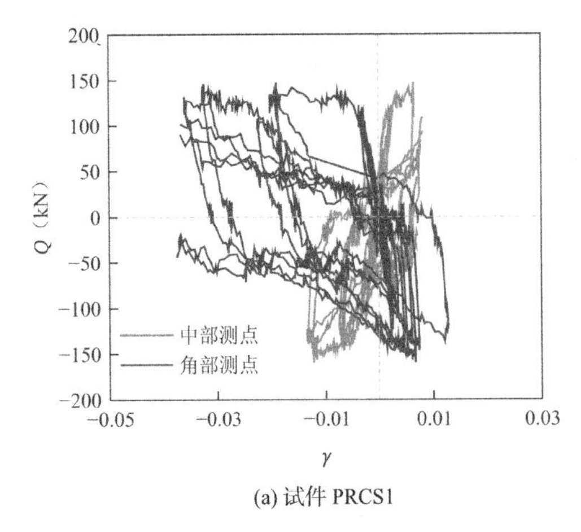

(a) 试件 PRCS1

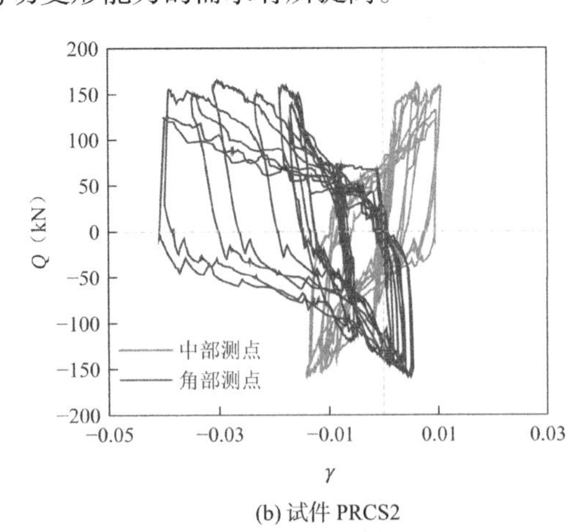

(b) 试件 PRCS2

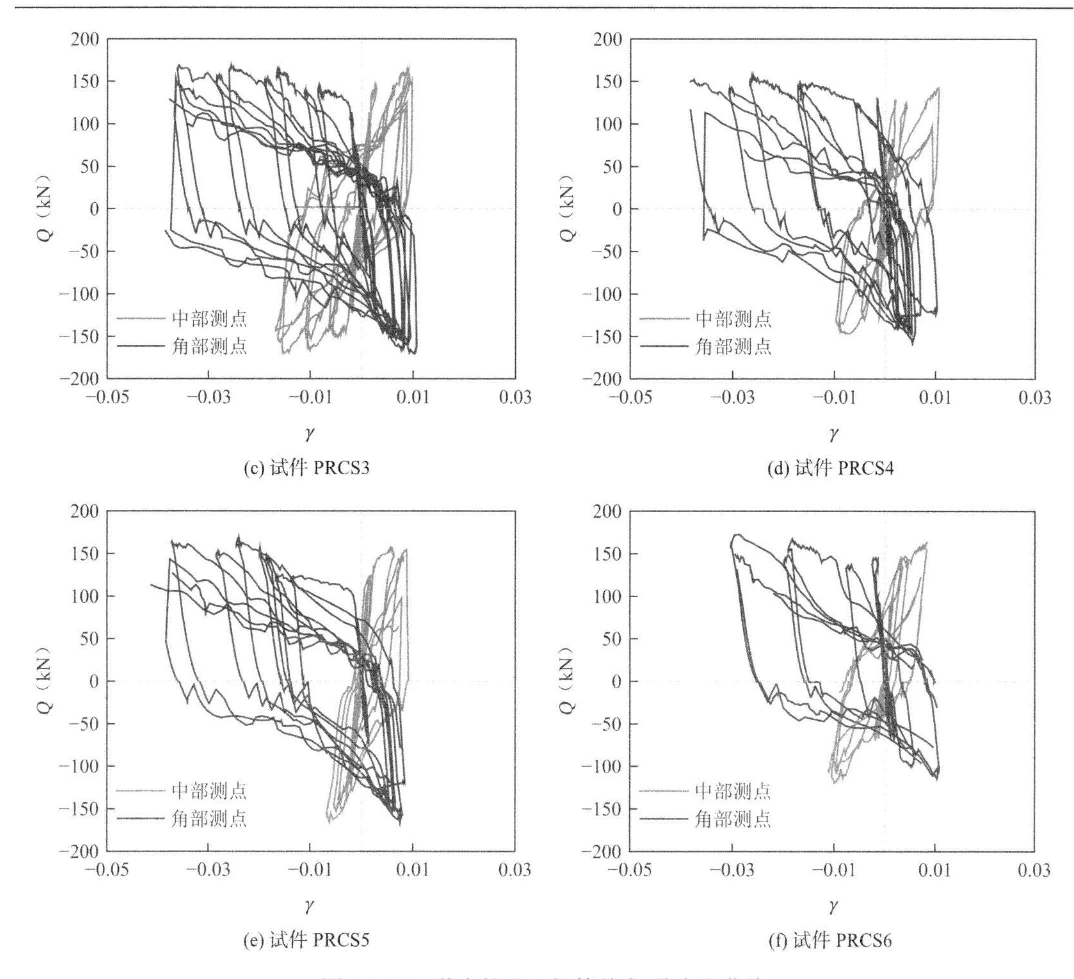

(c) 试件 PRCS3　　(d) 试件 PRCS4

(e) 试件 PRCS5　　(f) 试件 PRCS6

图 3.2-22　节点核芯区钢管剪力-剪应变曲线

特征点节点核芯区钢管腹板剪应变　　**表 3.2-7**

试件编号	测点位置	屈服点	峰值点	破坏点
PRCS1	中部	0.0033	0.0068	0.0133
	角部	0.0048	0.0323	0.0360
PRCS2	中部	0.0024	0.0064	0.0105
	角部	0.0150	0.0301	0.0391
PRCS3	中部	0.0024	0.0089	—
	角部	0.0142	0.0256	—
PRCS4	中部	0.0054	0.0106	—
	角部	0.0172	0.0383	—
PRCS5	中部	0.0033	0.0062	—
	角部	0.0098	0.0261	—
PRCS6	中部	0.0024	0.0085	—
	角部	0.0047	—	—

5. 节点受剪承载力退化

采用同级强度退化系数（λ_{i}）和总体强度退化系数（λ_{j}）表征节点受剪承载力在同一加载级下随循环次数增加而降低特性和不同加载级下的承载力退化特性[2]。不同参数下各试件的λ_{i}-$\Delta/\Delta_{\mathrm{y}}$和$\lambda_{\mathrm{j}}$-$\Delta/\Delta_{\mathrm{y}}$曲线如图 3.2-23 所示，同级强度退化系数的阈值和平均值见表 3.2-8。由图表可知：（1）同级强度退化系数总体上随加载级数的增加逐渐减小，加载结束时λ_{i}为 0.87～1.14，λ_{j}均不大于 0.85，表明预制管组合柱-钢梁节点核芯区在低周反复作用下强度退化性能较为稳定。（2）峰值位移前，不同钢套箍厚度试件的总体强度退化系数差别不大，峰值位移后差别逐渐明显，钢套箍厚度较大时总体强度退化速率略小；随着钢套箍厚度的增加，节点受剪承载力退化速率有所减缓。（3）柱轴压比对节点受剪承载力退化性能影响显著，柱轴压比越大，其同级强度维持能力越差，且在达到屈服位移后总体强度退化速率增大。（4）不同芯部混凝土强度等级试件的同级强度退化性能差别不大，核芯区混凝土强度等级较高时总体强度退化速率明显减小，差异性主要体现在峰值位移后阶段，表明提高芯部混凝土强度等级有利于延缓节点受剪承载力退化。（5）由于反复荷载作用下楼板混凝土受拉开裂与受压行为交替发生，带楼板后节点受剪承载力维持能力显著降低，表现为同级强度退化系数波动大和负弯矩作用下总体强度退化速率大。

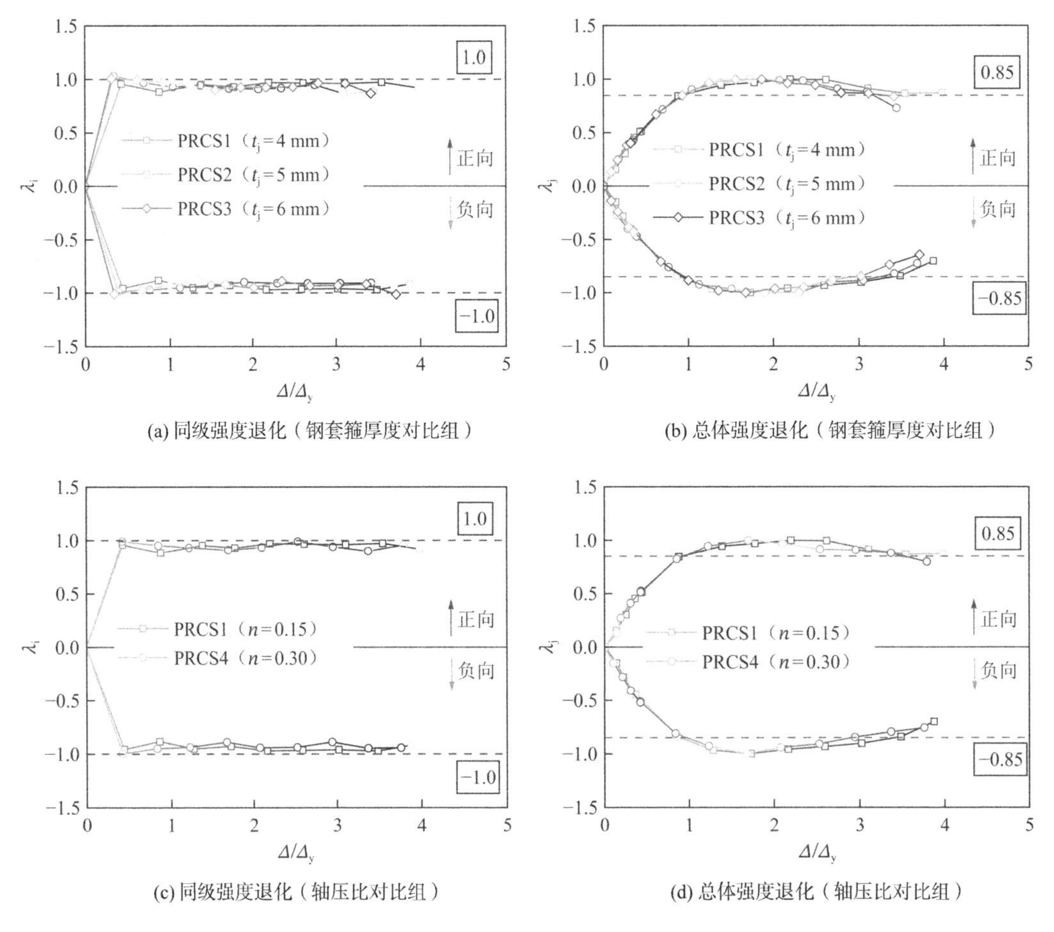

(a) 同级强度退化（钢套箍厚度对比组）

(b) 总体强度退化（钢套箍厚度对比组）

(c) 同级强度退化（轴压比对比组）

(d) 总体强度退化（轴压比对比组）

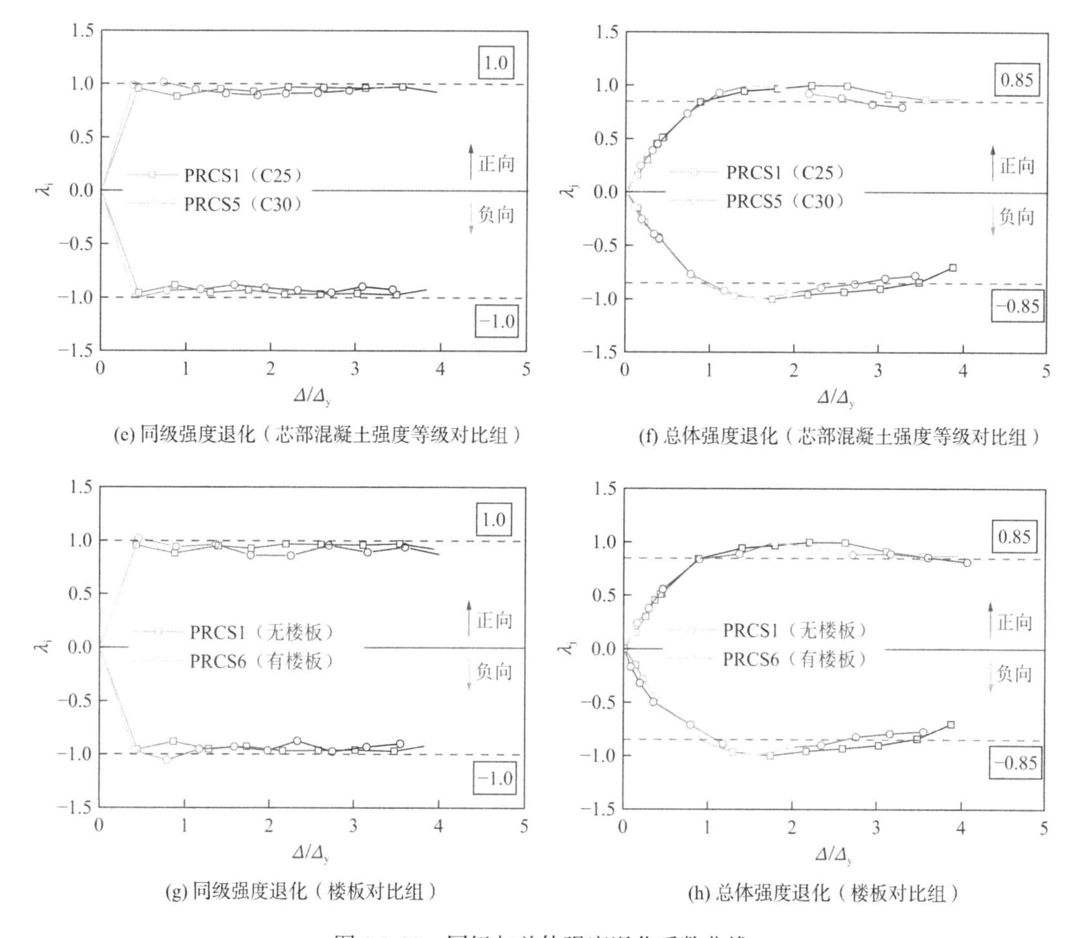

(e) 同级强度退化（芯部混凝土强度等级对比组）

(f) 总体强度退化（芯部混凝土强度等级对比组）

(g) 同级强度退化（楼板对比组）

(h) 总体强度退化（楼板对比组）

图 3.2-23 同级与总体强度退化系数曲线

同级强度退化系数阈值及平均值 **表 3.2-8**

λ_i	PRCS1	PRCS2	PRCS3	PRCS4	PRCS5	PRCS6
阈值	0.93～0.98	0.87～1.01	0.91～1.01	0.87～1.00	0.89～1.00	0.88～1.14
平均值	0.96	0.93	0.94	0.94	0.94	0.94

6. 节点核芯区剪切刚度与刚度退化

节点核芯区剪切刚度理论上应为节点核芯区弯矩-剪切转角（M_{pz}-θ_{pz}）的弹性段斜率，但由于弹性受力阶段节点核芯区剪切变形较小，位移计测量数据波动大，通过其结果计算节点核芯区剪切刚度误差较大。采用节点核芯区钢管中部和角部两组应变花工程剪应变的平均值作为节点核芯区弹性转角的代表值，减小剪应力分布不均匀的影响。计算得到节点核芯区剪切刚度K_{pz}列于表 3.2-5 中。由表 3.2-5 可知，K_{pz}随钢套箍厚度、轴压比和核芯区混凝土强度的增加而增加，且楼板的存在使正弯矩作用下K_{pz}大幅度增加。

图 3.2-24 给出了各试件的归一化割线刚度-位移角（K_i/K_0-R）曲线。其中，K_0为试件初始刚度。各试件特征点归一化割线刚度对比见图 3.2-25。由图可知：（1）刚度随位移角的增加而逐渐退化，$R < 2.0\%$时刚度退化较快，基本呈线性下降趋势，$R \geqslant 2.0\%$后刚度退

化有所减缓。（2）随着钢套箍厚度的增加，刚度退化速率逐渐减小。钢套箍厚度从 4mm 增加至 5mm、6mm，各试件达到峰值点时的刚度与初始刚度之比相差不大，峰值点后该比值差异逐渐明显，最终破坏时钢套箍厚度越大的试件剩余刚度较大，约为初始刚度的 23%，而钢套箍厚度最小试件的剩余刚度降为初始刚度的 19%。表明增加钢套箍厚度能够有效减小试件刚度退化速率，最终破坏时仍保有较高水平的剩余刚度。（3）柱轴压比对试件刚度退化影响不明显。（4）提高芯部混凝土强度等级可以有效减缓试件刚度退化，且主要体现在屈服后阶段。芯部混凝土强度等级为 C30 时，试件达到峰值点的刚度与初始刚度之比较芯部混凝土强度等级为 C25 时高 29.5%，最终破坏时高 42.1%。表明提高芯部混凝土强度等级能够提升试件的刚度维持能力，并大幅提高最终破坏时的剩余刚度。（5）楼板的存在使试件早期刚度退化较快，但无论是正弯矩作用还是负弯矩作用，是否带楼板对试件归一化割线刚度退化规律无明显影响。正弯矩作用下，是否带楼板试件在屈服点、峰值点和破坏点的刚度与初始刚度之比最大相差 6.9%；负弯矩作用下，带楼板试件在特征点处的刚度与初始刚度之比均较不带楼板试件的高，这是由于虽然设计时不考虑楼板组合作用，但是板内纵向钢筋仍有一定的刚度贡献与拉结作用，使得带楼板试件刚度退化减缓。

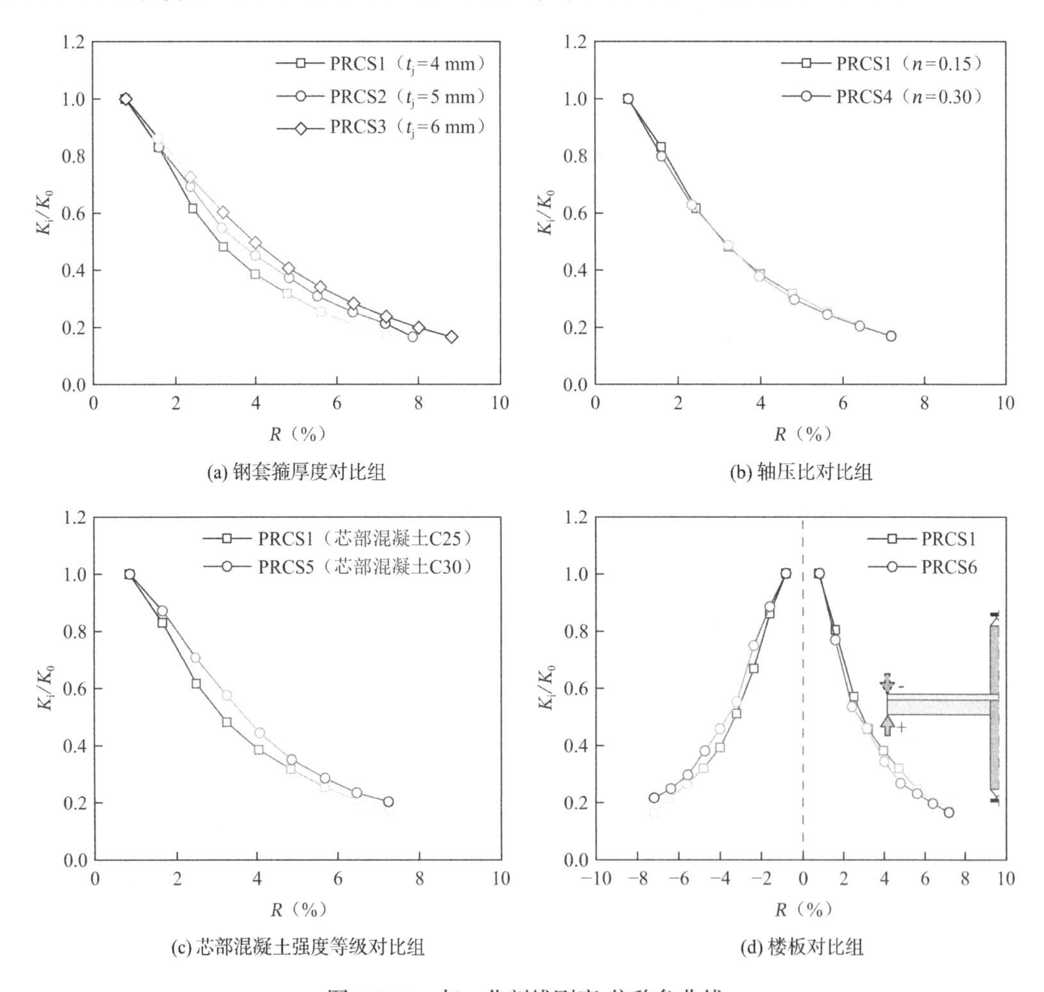

图 3.2-24　归一化割线刚度-位移角曲线

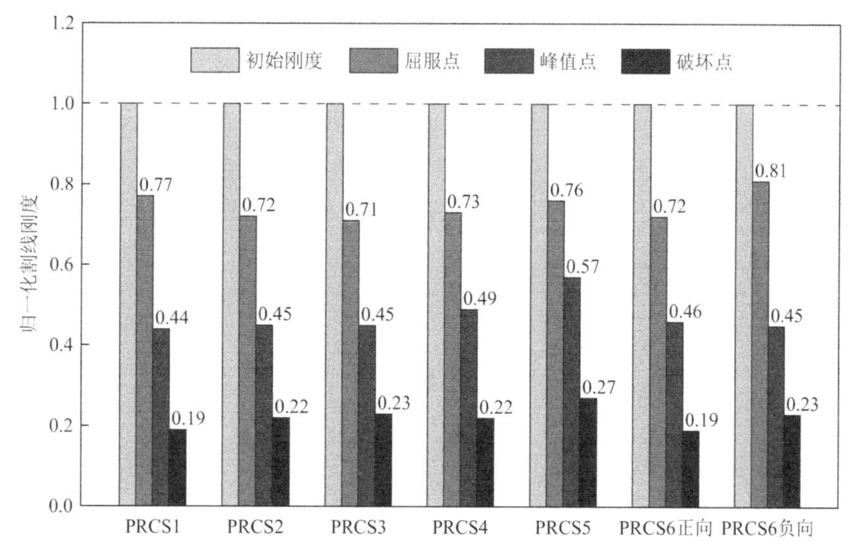

图 3.2-25 特征点归一化割线刚度对比

7. 延性与耗能能力

梁柱节点的延性评价指标按尺度可分为基于试验结果的宏观评价指标和基于断裂风险的微观评价指标[13]。极限层间位移角（$\theta_{d,u}$）、塑性转角（$\theta_{d,p}$）和转角延性系数（$\mu_{0.85}$）均为节点延性宏观评价指标，各试件具体数值见表 3.2-5。借鉴钢框架梁柱节点评价方法，其中采用$\theta_{d,u}$作为节点延性评价指标在中国[18]、美国[19]和欧洲规范[20]中均有明确的标准，采用$\theta_{d,p}$作为节点延性评价指标在美国规范[19]中亦有相关标准，$\mu_{0.85}$为中国《建筑抗震试验规程》JGJ/T 101—2015[10]中给出的延性指标之一，但无明确标准。根据文献[2]的建议，采用梁端加载时 RC 框架梁柱节点延性系数应满足$\mu_{0.85} \geqslant 4$，采用柱端加载时应满足$\mu_{0.85} \geqslant 2$，本试验中所有试件均发生节点核芯区剪切破坏，不满足$\mu_{0.85} \geqslant 4$ 的要求。需要指出的是，对构件和结构而言，作为宏观行为的弹塑性界限，广义力-变形曲线中屈服点的确定尚无统一定值方法[23]，不同的方法计算得到的屈服点数值往往差异较大，不利于定量描述与评估其力学行为[24]。

为对比不同延性评价指标的相关关系，按钢套箍厚度和楼板、轴压比和核芯区混凝土强度等级分为两组，绘制了$R_{d,p}$-$R_{d,u}$-$\mu_{0.85}$的相关关系曲面图，如图 3.2-26 所示。由图可知，总体上$R_{d,p}$与$R_{d,u}$呈正相关关系，$\mu_{0.85}$则与$R_{d,p}$和$R_{d,u}$无明显相关性。随着节点钢套箍厚度的增加，节点核芯区剪切刚度（K_{pz}）增大，节点弹性变形增大，屈服层间位移角（$R_{d,y}$）随之增大，$\mu_{0.85}$降低，与$R_{d,p}$和$R_{d,u}$呈负相关关系；从芯部混凝土强度等级、轴压比和楼板对比组结果来看，$\mu_{0.85}$总体上与$R_{d,p}$和$R_{d,u}$呈正相关关系。分析该差异性原因是等效屈服点采用“Park 法”计算，其本质仍为作图法，一方面计算结果依赖于初始刚度的确定，初始刚度具有随机性和不稳定性；另一方面该方法中屈服荷载系数 0.75 的确定具有随意性[24]，导致采用$\mu_{0.85}$作为节点延性标准时适用性较差。因此，对于预制管组合柱-钢梁节点，建议采用$R_{d,p}$和$R_{d,u}$作为节点延性评价指标。

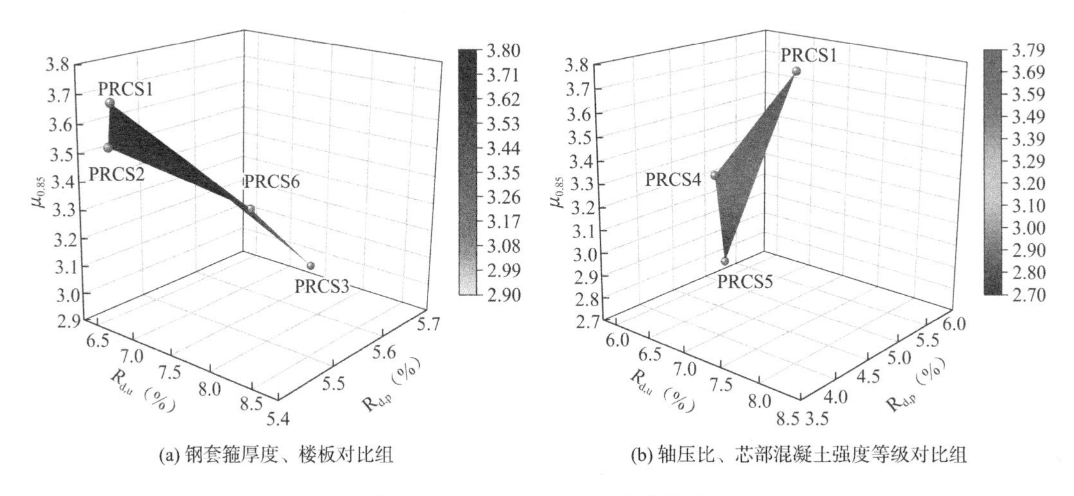

(a) 钢套箍厚度、楼板对比组　　(b) 轴压比、芯部混凝土强度等级对比组

图 3.2-26　$R_{d,p}$-$R_{d,u}$-$\mu_{0.85}$相关关系

采用累积滞回耗能（E_{sum}）和等效黏滞阻尼系数（ζ_{eq}）评价节点试件滞回耗能特征[10]。图 3.2-27 给出了不同参数下各试件的E_{sum}-R和ζ_{eq}-R曲线。表 3.2-9 中列出了正则化累积耗能指标[25]$\sum E_i/(P_y\Delta_y)$，其中E_i为第i级加载的耗能。由图 3.2-27 和表 3.2-9 可知：（1）屈服前（$R < 2.0\%$）试件基本处于弹性状态，累积耗能较小，加载前期（$R < 1.0\%$）等效黏滞阻尼系数波动较大；屈服后累积耗能快速增长，直至接近破坏点时除试件 PRCS1 外，其余试件等效弹性势能增幅快于实际能量耗散，等效黏滞阻尼系数有所降低。（2）总耗能与试件最终破坏时的极限位移角大小相关。随着钢套箍厚度的增加，极限层间位移角（$R_{d,u}$）增大，试件 PRCS2 和 PRCS3 的总耗能分别是 PRCS1 的 1.29 倍和 1.61 倍；正则化累积耗能发展规律与总耗能一致，分别是 PRCS1 的 1.03 倍和 1.05 倍；由于节点核芯区剪切刚度（K_{pz}）随钢套箍厚度的增加而提高，钢套箍/钢筋与混凝土之间的相对滑移增大，滞回曲线捏拢现象更为明显，导致钢套箍厚度大的试件等效黏滞阻尼系数较小。（3）最大变形能力虽然随柱轴压比的增大有所降低，但是柱轴压比较大试件 PRCS4 的总耗能与轴压比较小的试件 PRCS1 仅相差 3.5%，在同一位移角下，试件 PRCS4 的总耗能略大于试件 PRCS1，正则化累积耗能前者约为后者的 92.3%；由ζ_{eq}-R曲线可知，试件 PRCS4 最终接近破坏时等效黏滞阻尼系数较试件 PRCS1 低，表明增大柱轴压比降低了节点耗能能力。（4）不同芯部混凝土试件的累积耗能发展和总耗能无显著差别，但芯部混凝土强度等级提高时节点弹性变形增大，屈服荷载和屈服位移增加，试件 PRCS5 的正则化累积耗能较试件 PRCS1 小 21.5%，且试件 PRCS5 在同一位移角下等效黏滞阻尼系数较试件 PRCS1 小，表明提高芯部混凝土强度等级降低了节点耗能能力。（5）是否带楼板的节点试件总耗能相差不大（4.6%），带楼板试件 PRCS6 较不带楼板试件 PRCS1 的正则化累积耗能小 9.4%，且等效黏滞阻尼系数较小。因此，楼板的存在降低了发生节点核芯区剪切破坏节点试件的耗能能力。（6）各试件峰值点对应的等效黏滞阻尼系数为 0.121～0.159，介于 RC 梁柱节点（$\zeta_{eq} = 0.1$）和型钢混凝土梁柱节点（$\zeta_{eq} = 0.3$）的等效黏滞阻尼系数之间，具有良好的耗能能力。

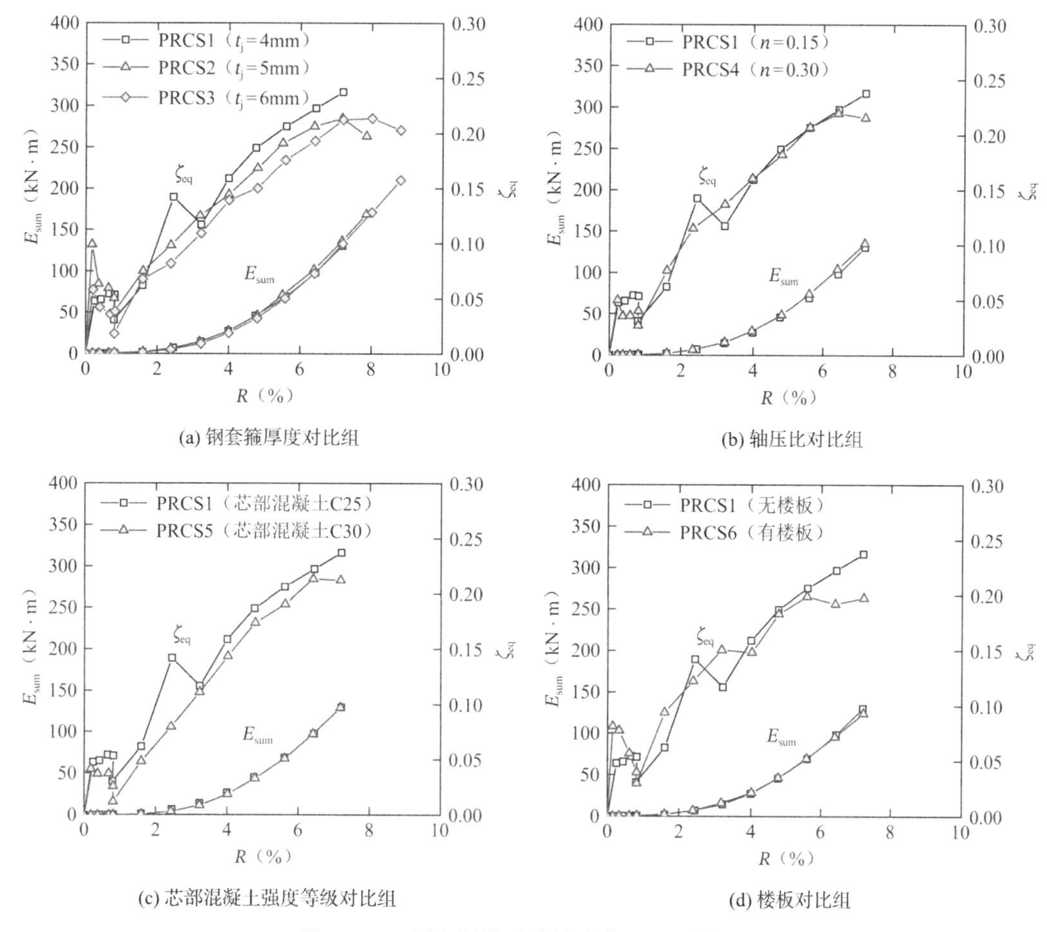

(a) 钢套箍厚度对比组

(b) 轴压比对比组

(c) 芯部混凝土强度等级对比组

(d) 楼板对比组

图 3.2-27　累积耗能及等效黏滞阻尼系数曲线

正则化累积耗能指标　　**表 3.2-9**

试件编号	PRCS1	PRCS2	PRCS3	PRCS4	PRCS5	PRCS6
$\sum E_i/(P_y\Delta_y)$	40.19	41.56	42.31	37.20	31.40	36.42

8. 节点变形机制与变形分量占比分析

节点变形机制是其抗震性能评估的重要内容，准确把握节点变形机制对合理控制节点破坏形态具有重要意义[26]。低周反复荷载作用下框架梁柱节点层间位移角（R_d）主要由柱弯曲变形（θ_c）、梁弯曲变形（θ_b）、节点核芯区剪切变形（θ_{pz}）和非节点核芯区剪切变形（θ_{pzn}）四部分组成[27]。节点变形测量方案见图 3.2-10。其中，非节点核芯区剪切变形主要包括节点刚体转动变形（θ_{RBR}）、节点区柱翼缘拉压引起的梁柱相对变形和焊接引起的梁柱相对变形。对本试验而言，后两种变形量较小，可忽略不计，而节点刚体转动变形是该类型节点的典型变形机制之一[28]。从试验现象来看，节点刚体转动变形是引起节点上下端混凝土保护层压碎破坏的重要原因。因此，非节点核芯区剪切变形可视为节点刚体转动变形，即$\theta_{pzn}=\theta_{RBR}$。节点变形机制如图 3.2-28 所示。

根据位移计 D6 和 D7 长度变化平均值，可得梁柱相对转角（θ_{bc}）的表达式为：

$$\theta_{bc}=\frac{1}{2}\left\{\arctan\left[\frac{\Delta_6\sin\left(\arctan\frac{\delta_{6b}}{\delta_{6h}}\right)}{\Delta_6-\Delta_6\sin\left(\arctan\frac{\delta_{6b}}{\delta_{6h}}\right)}\right]+\arctan\left[\frac{\Delta_7\sin\left(\arctan\frac{\delta_{7b}}{\delta_{7h}}\right)}{\Delta_7-\Delta_7\sin\left(\arctan\frac{\delta_{7b}}{\delta_{7h}}\right)}\right]\right\} \tag{3.2-9}$$

式中：Δ_6、Δ_7——位移计 D6、D7 的测量值；

δ_{6b}、δ_{6h}——位移计 D6 的钢梁固定点到柱面的距离和柱固定点到钢梁下翼缘底面的距离；

δ_{7b}、δ_{7h}——位移计 D7 的钢梁固定点到柱面的距离和柱固定点到钢梁下翼缘底面的距离。

倾角仪 IM1 和 IM2 测得的转角包括了柱弯曲变形（θ_c）和梁柱相对转角（θ_{bc}），取 IM1 和 IM2 示数的平均值，则柱弯曲变形（θ_c）的表达式为：

$$\theta_c=\frac{1}{2}(\Delta_{IM1}+\Delta_{IM2})-\theta_{bc} \tag{3.2-10}$$

式中：Δ_{IM1}和Δ_{IM2}——倾角仪 IM1、IM2 的测量值。

节点核芯区剪切变形（θ_{pz}）计算方法见式(3.2-8)，而梁柱相对转角（θ_{bc}）由节点核芯区剪切变形（θ_{pz}）和非节点核芯区剪切变形（θ_{pzn}）组成，故θ_{pzn}可表示为：

$$\theta_{pzn}=\theta_{bc}-\theta_{pz}=\theta_{bc}-\frac{1}{2}\left[(\delta_{pz1}+\delta_{pz2})+(\delta_{pz3}+\delta_{pz4})\right]\frac{\sqrt{b_{pz1}^2+h_{pz1}^2}}{b_{pz}h_{pz}} \tag{3.2-11}$$

因此，梁弯曲变形（θ_b）的表达式为：

$$\theta_b=R_d-\theta_c-\theta_{pz}-\theta_{pzn} \tag{3.2-12}$$

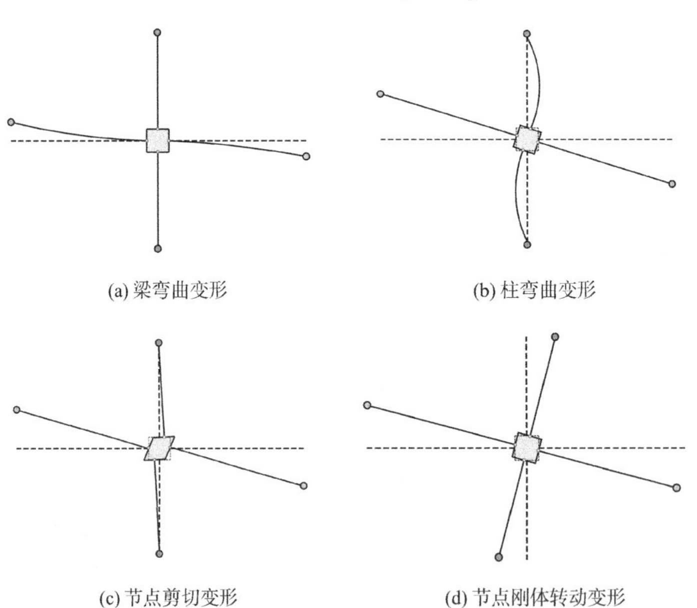

(a) 梁弯曲变形　(b) 柱弯曲变形

(c) 节点剪切变形　(d) 节点刚体转动变形

图 3.2-28　节点变形机制

加载过程中，各变形分量在层间位移角中所占比例的发展如图 3.2-29 所示。由图可知：

（1）加载初期节点核芯区刚度较大，节点核芯区剪切变形在总变形中占比相对较小，约为23.3%～40.1%，梁弯曲变形在总变形中占比为22.0%～42.0%，柱弯曲变形占比为4.8%～17.7%，节点刚体转动变形占比为5.8%～38.5%。由于本研究中试件破坏模式主要为节点核芯区剪切破坏，节点核芯区在加载过程中损伤严重，因此节点核芯区剪切变形随着加载进程迅速增大，最终破坏时节点核芯区剪切变形在总变形中占比达到57.4%～87.1%，节点刚体转动变形占比也达到约30%，导致节点上下端混凝土保护层发生压碎剥落现象，柱弯曲变形占比平均值约为10%，梁弯曲变形占比约为2%，表明柱在加载后期损伤较为稳定，钢梁基本处于弹性受力状态，未发生屈曲。（2）随着钢套箍厚度的增加，θ_{pz}在R_d中的占比减小，由于钢套箍厚度的增加提高了节点核芯区刚度，钢套箍厚度较大试件的θ_{pzn}在R_d中的占比相对较大。（3）柱轴压比从0.15增加至0.30，θ_{pzn}在R_d中的占比增大约70%，θ_{pz}在R_d中的占比减小约15%，θ_{pzn}与θ_{pz}之和在R_d中的占比增大约5%。加载初期不同轴压比试件θ_b和θ_c在R_d中的占比有所差异，但随着加载继续二者数值差别逐渐减小。（4）芯部混凝土强度等级从C25提高至C30，节点核芯区刚度增加，θ_{pzn}在R_d中的占比增大约90%，θ_{pz}在R_d中的占比减小约30%。（5）楼板大幅提高了节点核芯区刚度，带楼板试件PRCS6的θ_{pzn}在R_d中的占比约为不带楼板试件PRCS1的2.2倍，相应的θ_{pz}在R_d中的占比减小约21.9%，θ_{pzn}与θ_{pz}之和在R_d中的占比增大约5%。

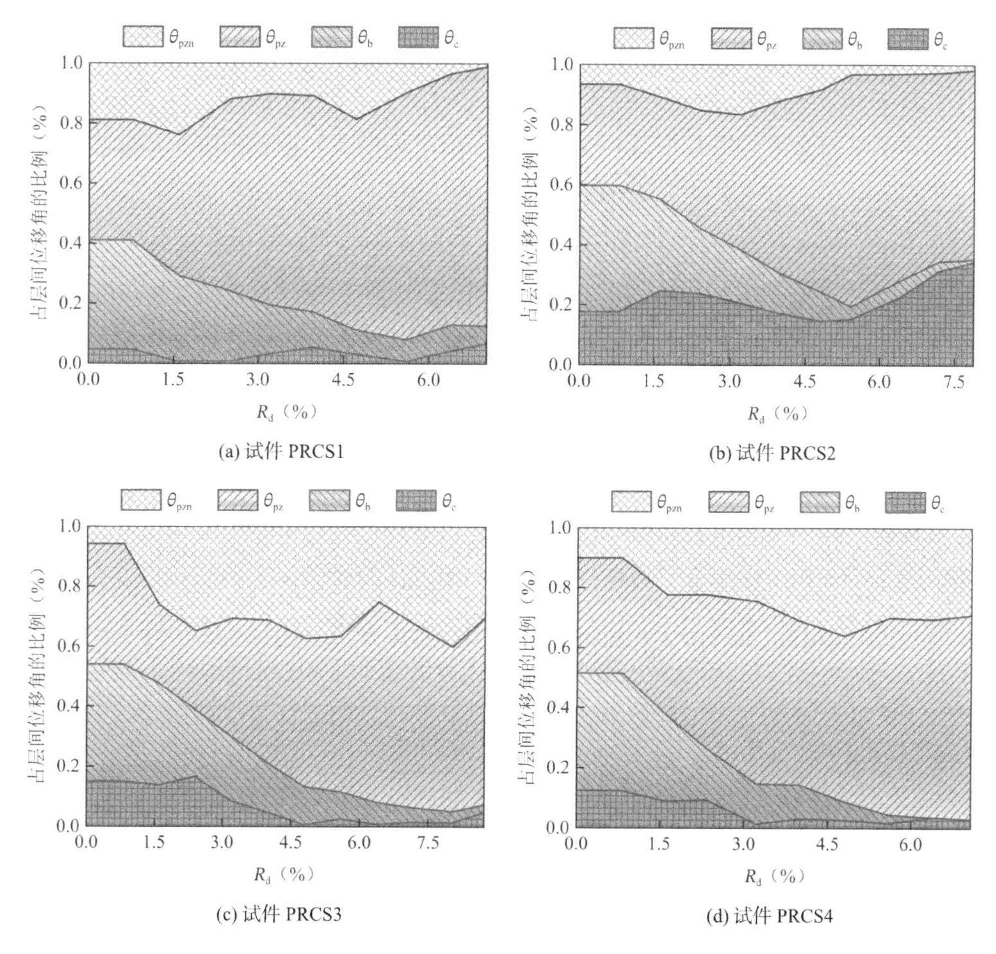

(a) 试件PRCS1

(b) 试件PRCS2

(c) 试件PRCS3

(d) 试件PRCS4

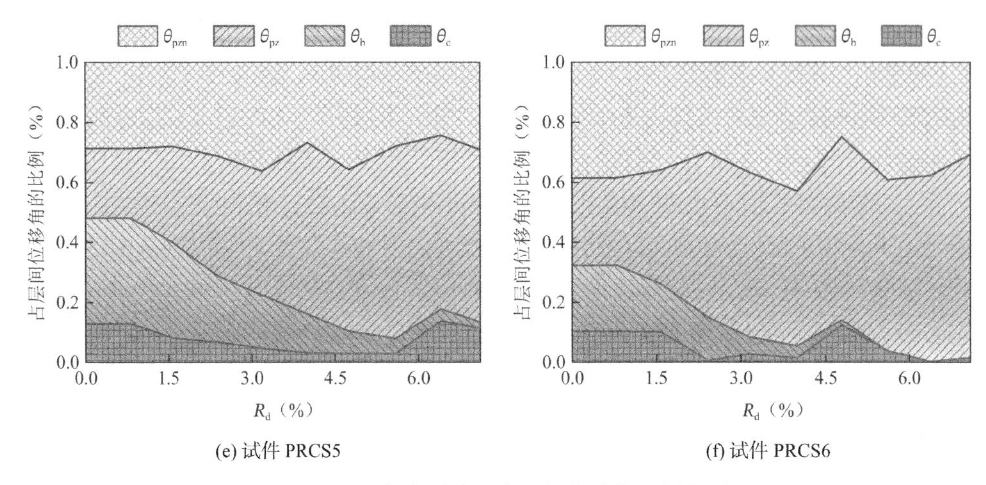

(e) 试件 PRCS5　　(f) 试件 PRCS6

图 3.2-29　各变形分量占层间位移角比例发展

9. 楼板作用机制分析

为研究不考虑楼板组合作用时楼板对预制管组合柱-钢梁节点核芯区受剪性能的影响，通过钢梁截面应变得到非钢-混凝土组合梁中和轴位置发展规律，利用楼板混凝土与板内纵向钢筋应变分布分析楼板有效宽度，并通过钢梁与楼板界面相对滑移发展评估楼板的组合效应，阐明钢梁与楼板的剪力滞后效应，从而揭示楼板对节点受力特征和破坏模式的影响机制。

（1）钢梁截面应变

为研究钢梁截面应变分布规律，评估楼板的组合作用，在东侧钢梁两个截面沿高度方向布置了应变片，见图 3.2-11。以距柱表面较近的截面 A-A 为代表，选取位移控制阶段开始至加载结束时每级加载的各测点应变，按正负弯矩作用分别绘制钢梁截面 A-A 全受力过程应变沿高度方向的分布与发展，如图 3.2-30 所示。其中，距梁底距离为 0mm 和 236mm 的应变片分别位于钢梁下翼缘下表面和钢梁上翼缘下表面，其余应变片位于钢梁腹板。由图可知：①正弯矩作用下，加载初期应变沿截面高度大致呈线性分布，基本符合平截面假定；随着加载进行，钢梁下翼缘应变有所增加，上翼缘受压应变出现略微降低的现象，应变非线性分布特征逐渐明显，中和轴位置略有上升，但仍位于钢梁截面内。②从理论层面分析，在负弯矩作用下，楼板有组合作用（完全抗剪连接）时钢梁上翼缘拉应变应处于较低水平，应小于正弯矩作用下下翼缘拉应变[29]。而本试验中钢梁上翼缘拉应变远大于下翼缘拉应变，前者约为后者的 2～3 倍，塑性中和轴位于钢梁截面内，表明楼板组合作用较弱，不属于完全抗剪连接钢-混凝土组合梁。③钢梁翼缘均未超过屈服应变，随着加载位移的增加应变变化幅值较小、发展缓慢，钢梁基本处于弹性受力状态，与试验结果钢梁翼缘未发生屈曲现象相吻合。

（2）楼板混凝土与纵向钢筋应变

楼板剪切变形引起其沿横向同一高度处正应力非均匀分布，纵向发生翘曲变形，即所谓的剪力滞效应[31]。目前，国内外规范通常采用有效翼缘宽度考虑剪力滞效应对钢-混凝土组合梁的力学行为的影响，如我国《钢结构设计标准》GB 50017—2017[3]、美国钢结构设计规范 AISC 360-16[31]、欧洲抗震设计规范 EC8[20]、欧洲组合结构设计规范 EC4[32]等。为分析不考虑楼板组合作用时带楼板钢梁的剪力滞效应，在楼板混凝土上表面和板内纵向钢筋中布置了应变测点，应变片布置方案见图 3.2-11。

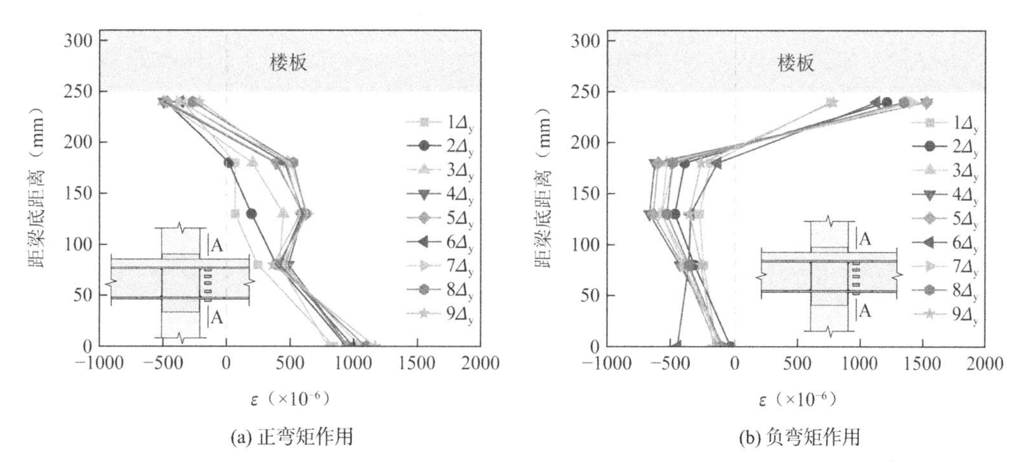

(a) 正弯矩作用　(b) 负弯矩作用

图 3.2-30　试件 PRCS6 钢梁截面应变分布

图 3.2-31 所示为负弯矩作用下东侧楼板混凝土纵向应变沿单侧板宽方向的分布情况。考虑到楼板混凝土开裂后应变片失效，仅选取屈服荷载前应变数据进行分析。由图可见，靠近梁中线处的受拉应变始终大于远离梁中线的受拉应变，与梁中轴线距离大于 300mm（约为等效跨径的 1/13）的混凝土应变始终保持较低水平。受西侧楼板混凝土受压影响，部分测点出现较小的压应变。

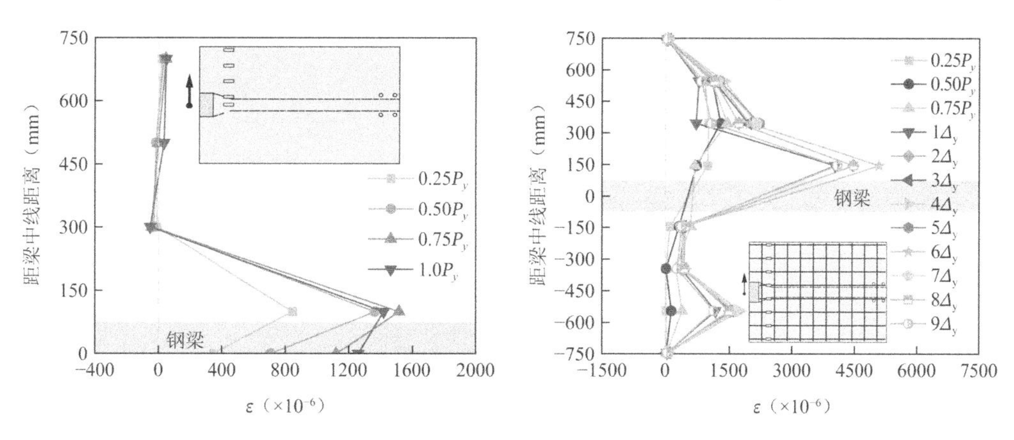

图 3.2-31　楼板混凝土纵向应变分布图　　图 3.2-32　楼板纵向钢筋应变分布

图 3.2-32 所示为负弯矩作用下东侧楼板纵向钢筋沿板宽方向的应变发展情况。由图可见，板内纵向钢筋应变大致沿梁中线对称分布，靠近梁中线附近的钢筋应变增长较快，远离梁中线的钢筋应变增长缓慢，板边缘钢筋应变接近零。由于东侧楼板沿钢梁上翼缘外边缘出现纵向剪切裂缝，裂缝附近的钢筋应变较大。

综上，楼板混凝土纵向应变和板内纵向钢筋沿横向分布不均匀，表现出明显剪力滞效应。

（3）钢梁与楼板界面滑移

除剪力滞效应外，钢梁与楼板界面之间的相对滑移，即所谓的滑移效应也是钢-混凝土组合梁的重要受力特征之一[30]。栓钉作为一种柔性抗剪连接件具有良好的剪力重分布能力，而栓钉变形是导致滑移效应发生的根本原因。

为测量反复荷载作用下，钢梁与楼板界面之间的相对滑移，沿东梁纵向布置了 D16～D18 三个位移计（图 3.2-10），测量结果如图 3.2-33 所示。图中标出了正负向加载时的最大滑移量和正负向滑移量总和。已有试验结果[33]表明，完全抗剪连接钢-混凝土组合梁在低周反复荷载作用下的钢梁与楼板界面滑移小于 0.3mm。试验中钢梁与楼板界面最大滑移量的平均值为 1.2mm，约为完全抗剪连接时的 4 倍，表明栓钉数量不足无法有效传递交界面纵向剪力，钢梁与楼板混凝土之间不能协同受力、共同工作，楼板未能充分发挥其组合作用，与设计预期的基于单一变量原则不考虑楼板组合作用目标相符。位移计 D16～D18 测得钢梁与楼板界面正负向滑移量总和分别为 1.92mm、2.53mm 和 2.76mm，滑移量沿梁纵向分布不均匀，总体规律为越靠近梁端加载点滑移量总和越大，靠近与远离梁端加载滑移量总和之比约为 1.4，表现出典型的剪力滞效应。

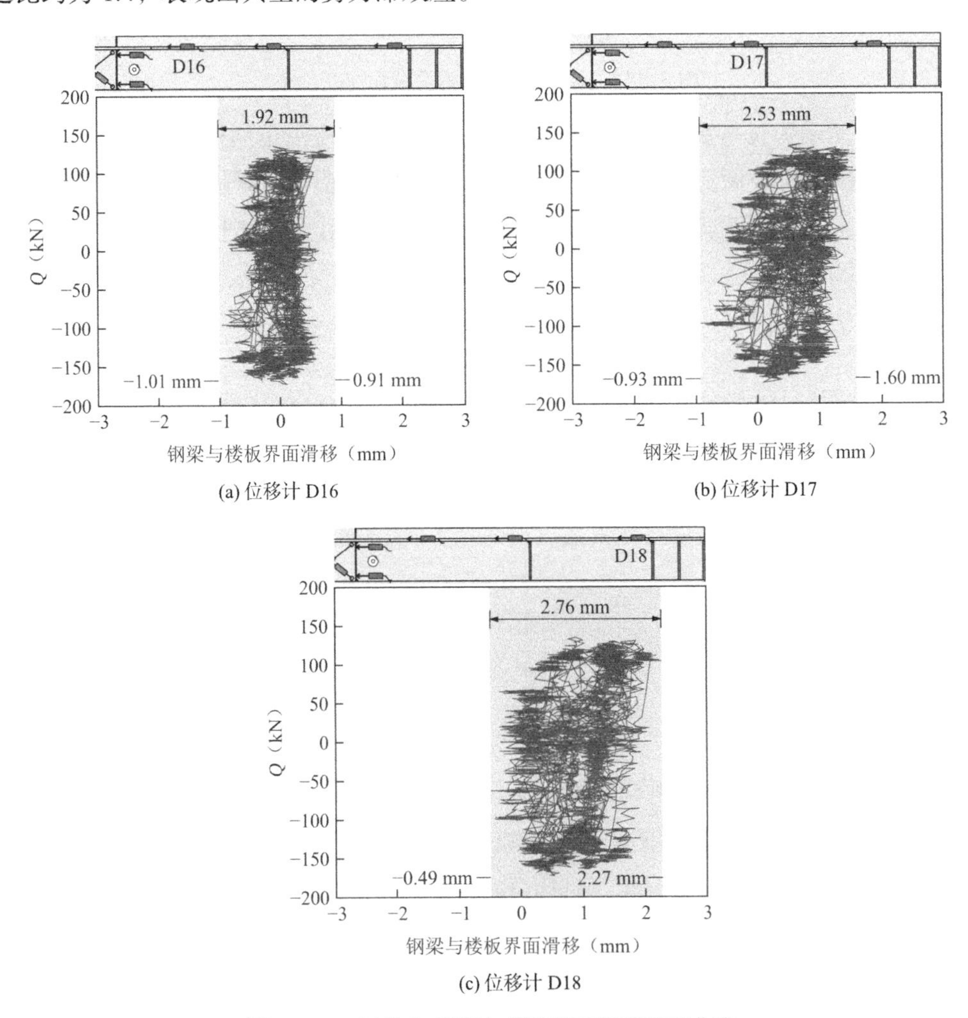

(a) 位移计 D16

(b) 位移计 D17

(c) 位移计 D18

图 3.2-33　层剪力-钢梁与楼板界面滑移关系曲线

（4）楼板作用机制

如图 3.2-34 所示，根据试验破坏形态，不考虑楼板组合作用和不带正交梁时，楼板对预制管组合柱-钢梁节点的作用机制可分以下四种：①正弯矩作用下柱表面受压机制。正弯矩作用下，楼板混凝土与柱表面直接受压接触，节点核芯区斜压杆作用增强，剪切刚度和受剪承载力显著增大，变形能力降低，压应力在柱角部有一定的扩散现象，靠近柱表面附近的混凝土受压破坏。②负弯矩作用下楼板受拉机制。负弯矩作用下楼板纵向钢筋受拉，由于栓钉剪力传递能力不足，板筋对梁弯矩无明显贡献，节点核芯区剪切刚度和受剪承载力未有增加，变形能力变化不大，楼板混凝土受拉开裂行为导致节点受剪承载力与刚度维持能力下降。③栓钉剪力集中分布下楼板混凝土纵向剪切机制。纵向剪力集中分布于有栓钉的狭长范围内，楼板横向钢筋配置不足时裂缝发展无法得到有效控制，楼板混凝土沿栓钉纵轴线或钢梁上翼缘纵向开裂，降低钢梁与楼板的整体工作性能。④受压区楼板的横向受拉机制。钢梁翼缘范围内楼板混凝土主压应力大致沿纵向分布，翼缘范围外主压应力偏离纵向而呈一定角度分布，受压区楼板同时承受横向拉力，柱角部形成放射状裂缝。

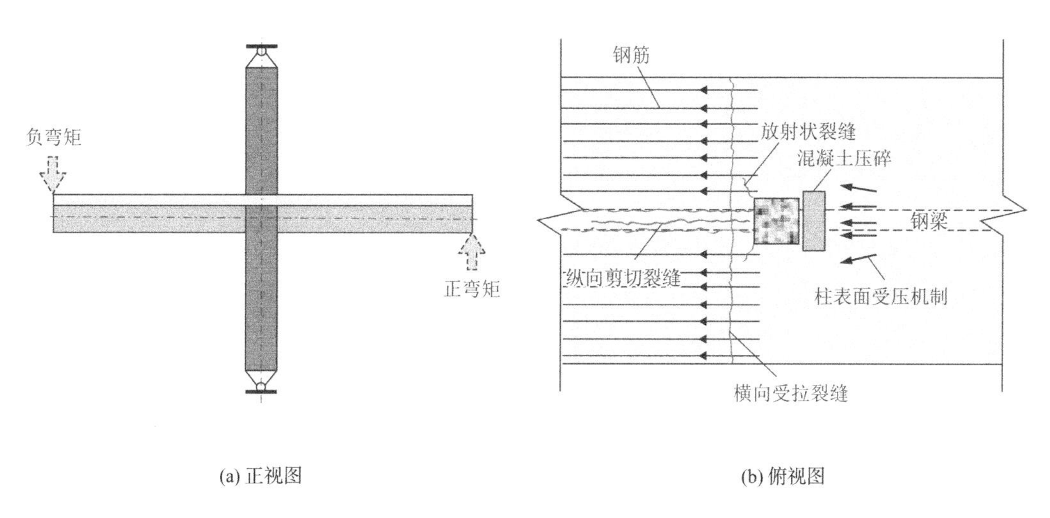

(a) 正视图　　(b) 俯视图

图 3.2-34　楼板作用机制示意

10. 应变分析

（1）柱纵筋和箍筋应变

当$R_{\mathrm{d}} = +1\%$、$+2\%$、-1%和-2%时，各试件节点核芯区内外柱纵筋应变分布如图 3.2-35 所示。柱纵筋应变从$R_{\mathrm{d}} = 1\%$～2%期间增长较慢，当$R_{\mathrm{d}} = 2\%$时，除试件 PRCS1 的一个测点外，其余试件节点核芯区外的柱纵筋均未达到屈服应变，基本处于弹性工作状态，$R_{\mathrm{d}} > 2\%$后虽屈服但应变未持续增长。节点核芯内的柱纵筋发展快于节点核芯区内柱纵筋，且在$R_{\mathrm{d}} = 2\%$时部分试件节点核芯区内柱纵筋已达到屈服应变，这是由于节点核芯区剪切变形使纵筋销栓作用增强，纵筋应变增长加快。

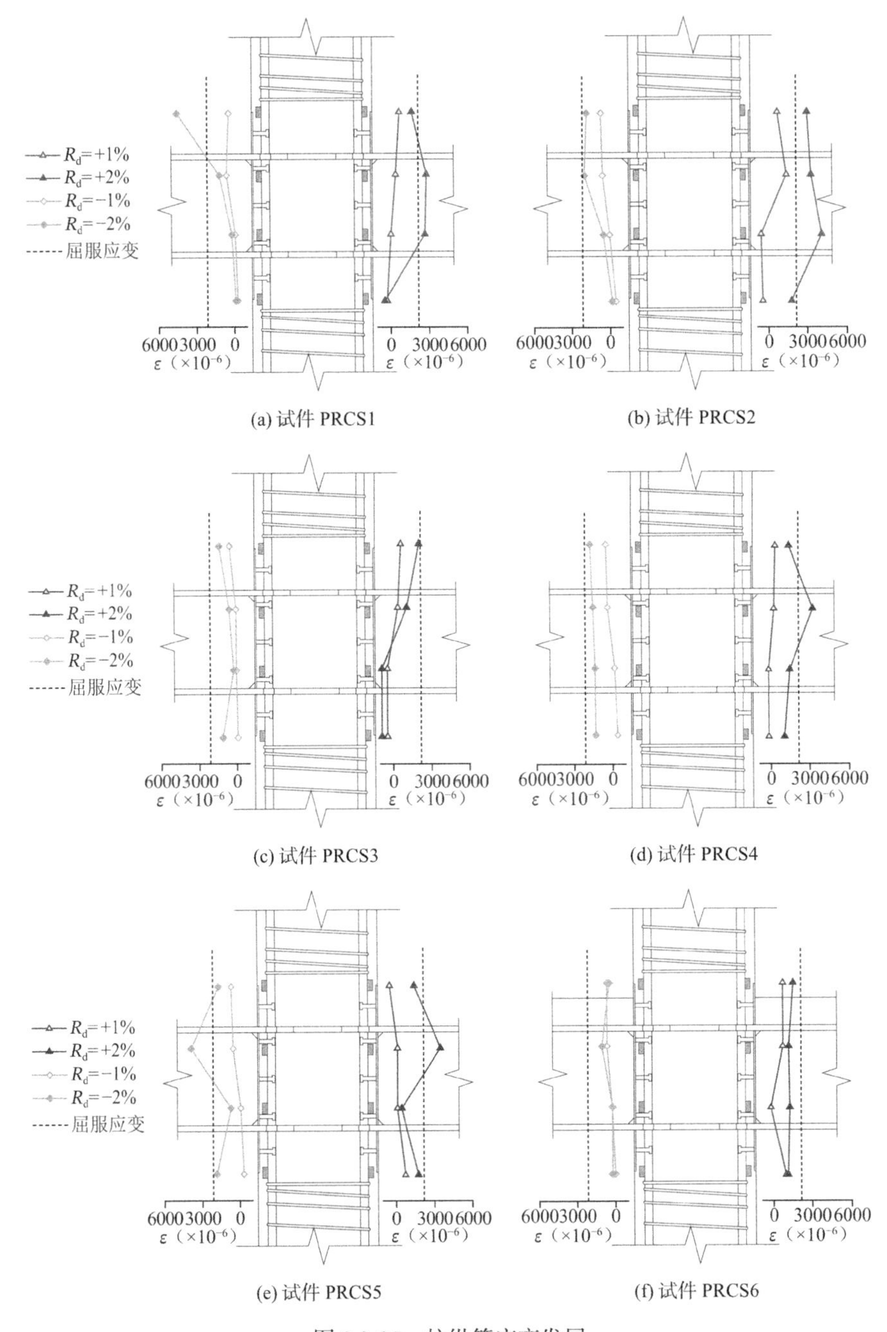

(a) 试件 PRCS1

(b) 试件 PRCS2

(c) 试件 PRCS3

(d) 试件 PRCS4

(e) 试件 PRCS5

(f) 试件 PRCS6

图 3.2-35　柱纵筋应变发展

当$R_d = +2\%$、$+6\%$、-2%和-6%时，各试件节点核芯区附近的柱箍筋应变发展如图 3.2-36 所示。R_d从 2%增加至 6%，柱箍筋应变发展较为缓慢；当$R_d = 6\%$时，除试件 PRCS5 的一个测点外，其余试件的柱箍筋均未达到屈服应变，处于弹性工作阶段。

综上，各试件节点核芯区外柱纵筋和节点核芯区附近柱箍筋应变发展较慢，节点核芯区内柱纵筋由于销栓作用其发展快于节点核芯区内柱纵筋；箍筋在加载过程中和节点核芯区外柱纵筋在$R_d \leqslant 2\%$时基本处于弹性状态，$R_d > 2\%$后节点核芯区外柱纵筋屈服但应变未持续增长，表明柱整体损伤程度较轻，实现了“强构件弱节点”的预期设计目标。

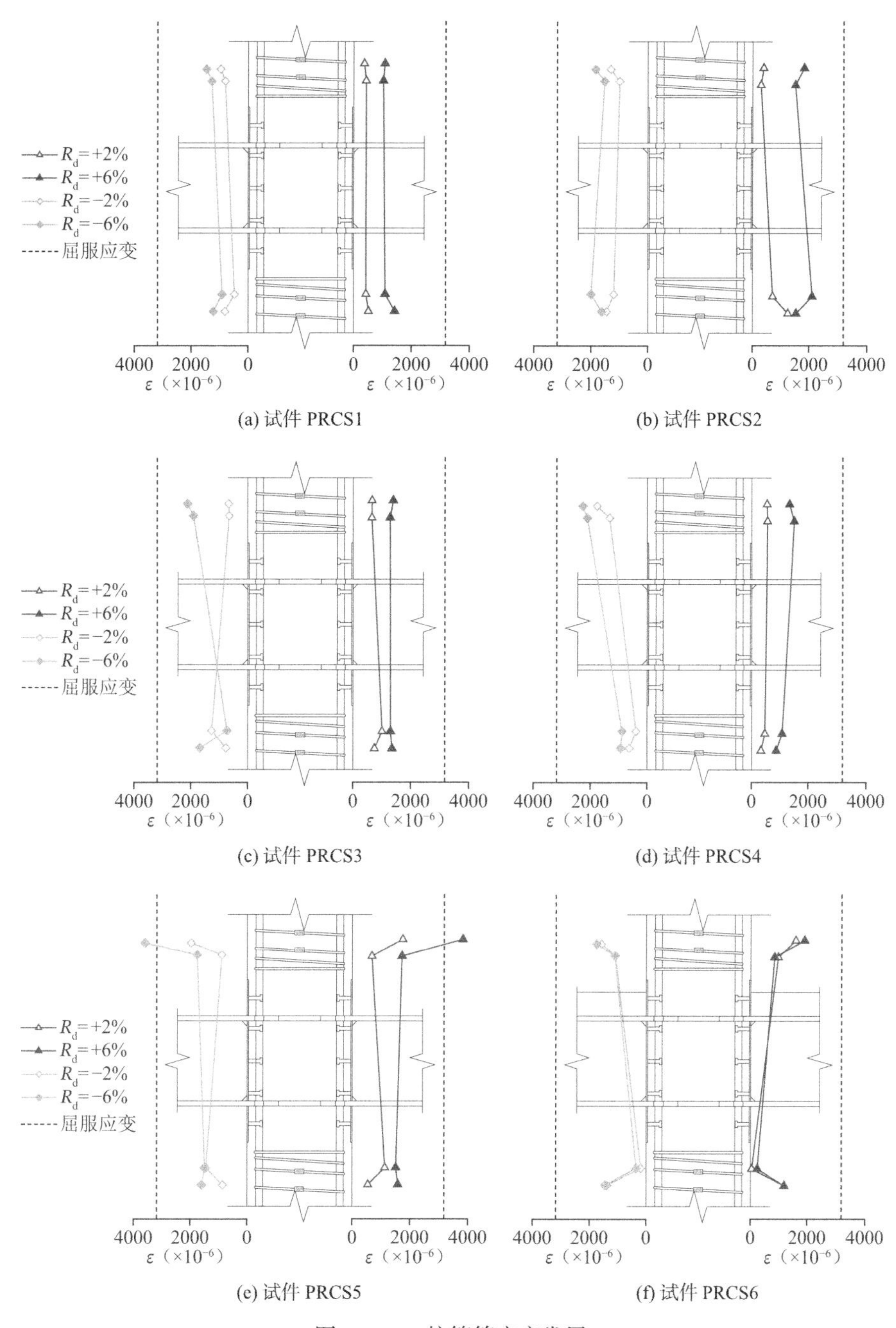

图 3.2-36 柱箍筋应变发展

（2）钢梁应变

选取东侧钢梁距柱表面较近的截面 A-A，观测试件 PRCS1～PRCS5 的钢梁截面应变沿高度发展，如图 3.2-37 所示。加载初期应变沿钢梁截面高度大致呈线性分布，基本符合平截面假定；随着加载位移增大，钢梁上下翼缘应变增加，腹板应变表现为非均匀分布，应变沿钢梁截面高度分布呈现出一定的非线性特征，中和轴位置上移，始终位于钢梁截面内且靠近上翼缘。钢梁翼缘应变发展较为缓慢且未超过屈服应变，钢梁基本处于弹性工作阶段，与试验现象吻合。

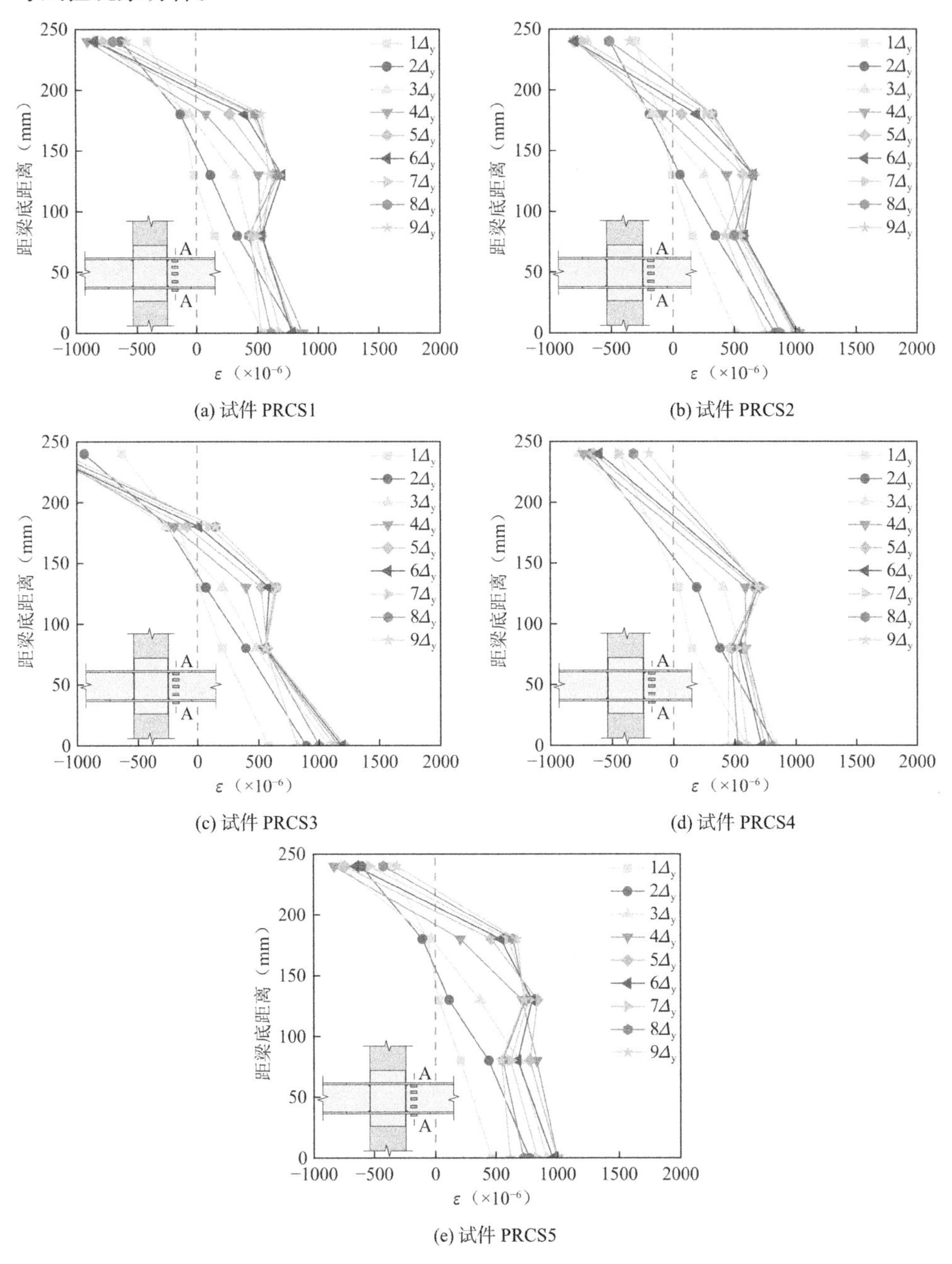

(a) 试件 PRCS1

(b) 试件 PRCS2

(c) 试件 PRCS3

(d) 试件 PRCS4

(e) 试件 PRCS5

图 3.2-37　钢梁截面应变沿高度分布

为分析钢梁端部扩翼的作用，选取$R_{\mathrm{d}} = +2\%$、$+6\%$、-2%和-6%时东侧钢梁上翼缘应变，得到试件 PRCS1～PRCS5 的翼缘应变分布如图 3.2-38 所示。可以看出，无论是钢梁翼缘受拉还是受压，在梁非扩翼部位的应变较大，在扩翼范围内，随着与柱面距离的缩短，扩翼宽度增加，梁翼缘应变呈逐渐较小趋势，表明梁端扩翼能够有效降低梁端部翼缘的应力水平，从而缓解梁柱连接处的应力集中现象。

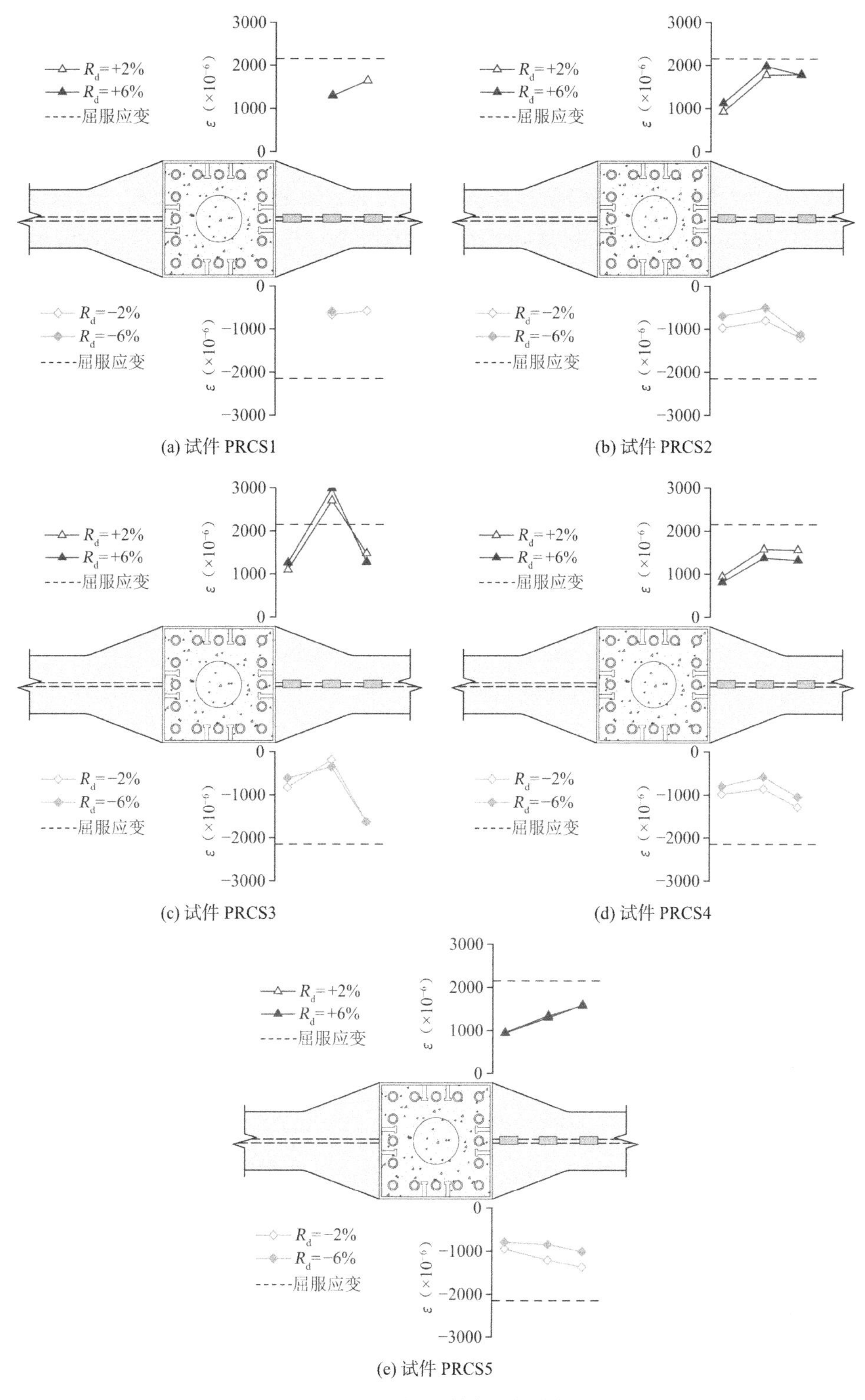

(a) 试件 PRCS1

(b) 试件 PRCS2

(c) 试件 PRCS3

(d) 试件 PRCS4

(e) 试件 PRCS5

图 3.2-38 钢梁翼缘应变分布

（3）钢板带应变

钢板带所在的高度范围内未配置箍筋，为分析钢板带对节点核芯区上下柱端混凝土的约束作用，在节点核芯区上下钢板带腹板布置了水平和竖向应变测点（图 3.2-11），得到各试件钢板带腹板水平和竖向应变发展如图 3.2-39 所示。由图可知：①钢板带水平测点总体以拉应变为主，上测点除试件 PRCS1 外均未达到屈服应变，下测点除试件 PRCS2 和试件 PRCS5 外也均未达到屈服应变，基本处于弹性工作阶段，为混凝土横向变形提供了有效约束。②钢板带厚度与节点核芯区钢管厚度相同，对比试件 PRCS1、PRCS2 和试件 PRCS3 可知，水平应变随钢板带厚度的增加而降低，增加钢板带厚度能够有效提高对混凝土的约束作用。③楼板约束了节点核芯区上端钢板带的平面外变形，相比于无楼板时，带楼板的钢板带水平应变显著减小。④除试件 PRCS5 上测点和试件 PRCS4 下测点外，其余试件钢板带竖向应变均未超过 0.001，增大柱轴压比钢板带竖向应变有所增加，且发展较快。

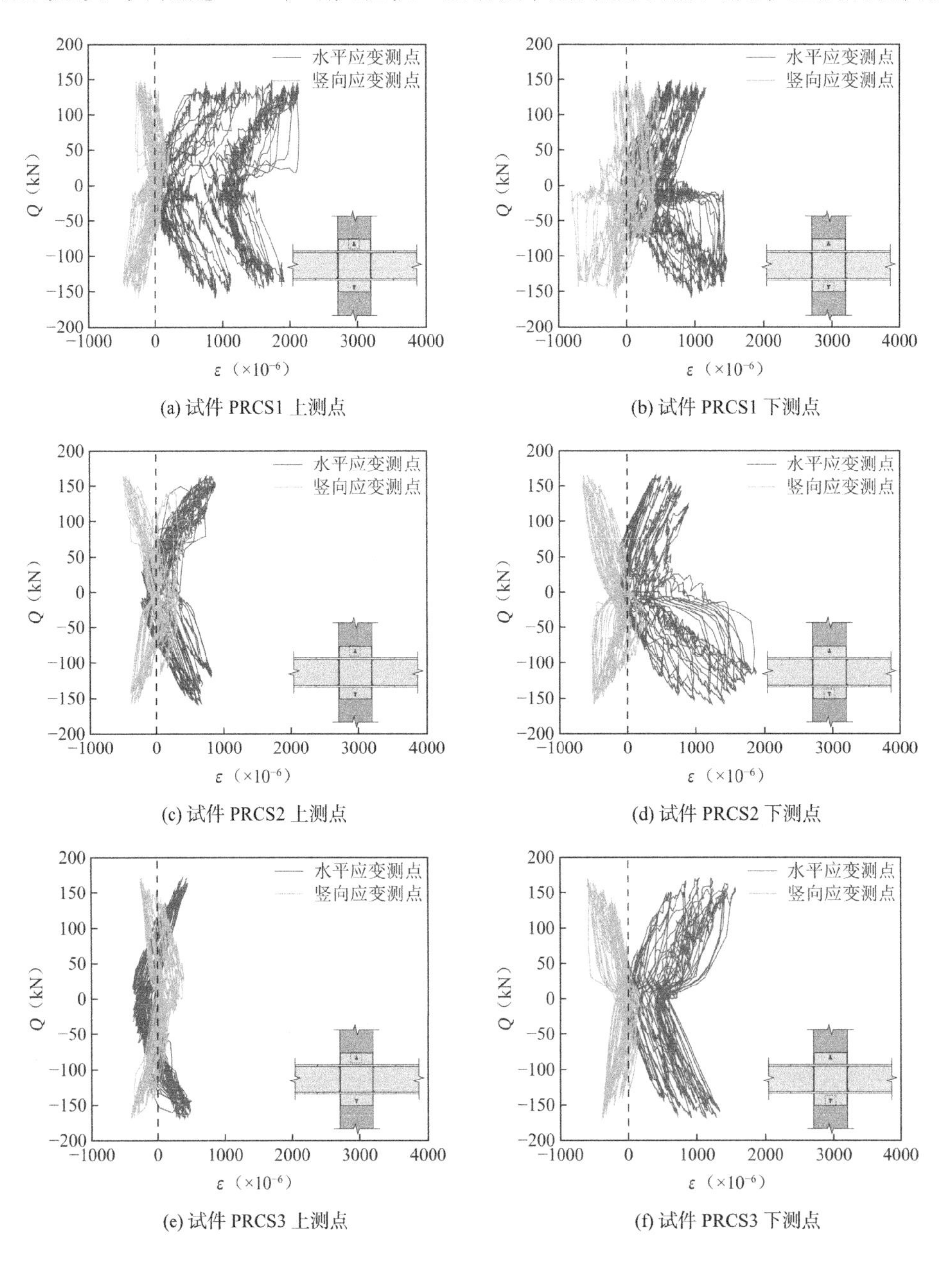

(a) 试件 PRCS1 上测点

(b) 试件 PRCS1 下测点

(c) 试件 PRCS2 上测点

(d) 试件 PRCS2 下测点

(e) 试件 PRCS3 上测点

(f) 试件 PRCS3 下测点

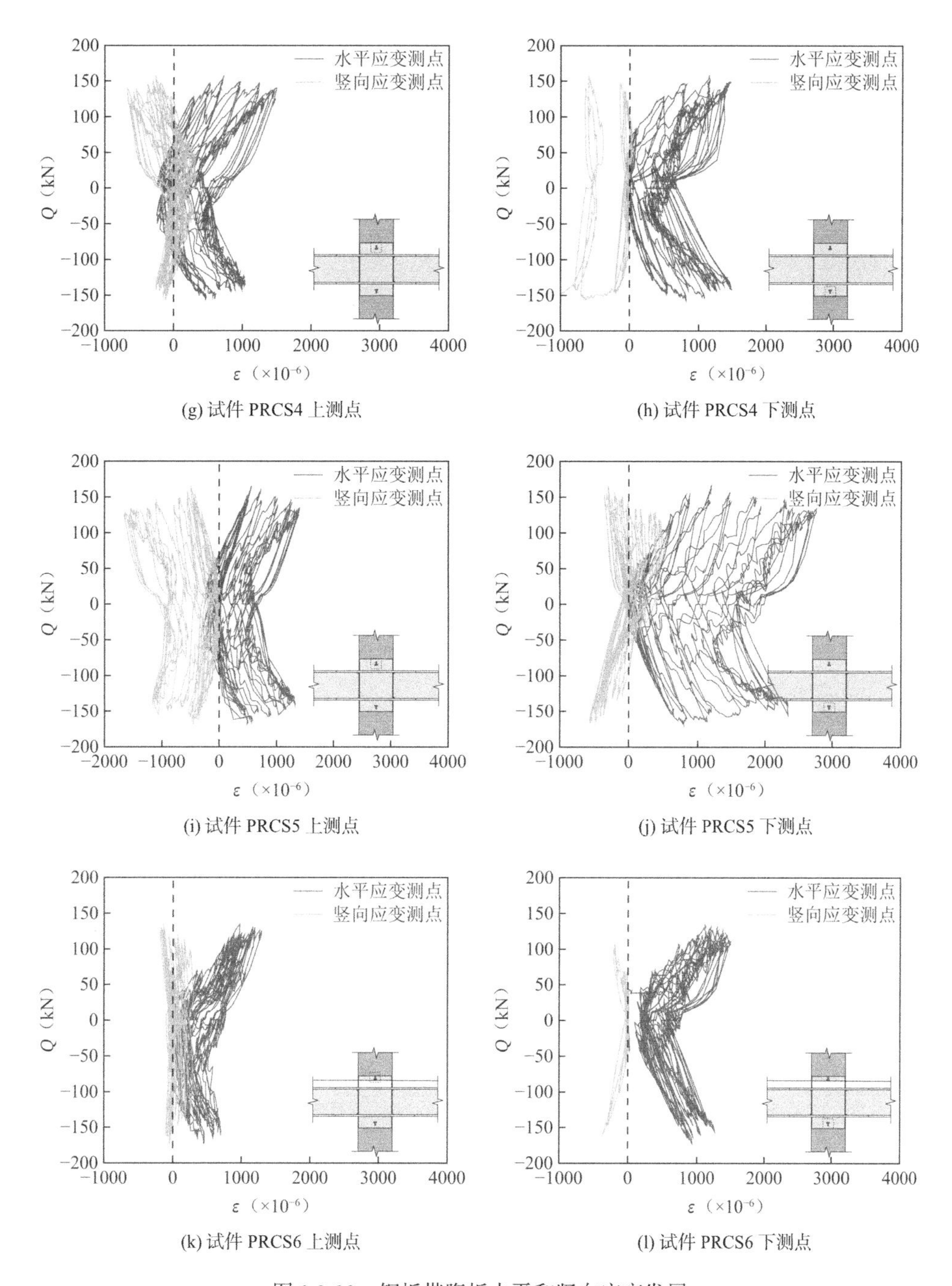

(g) 试件 PRCS4 上测点

(h) 试件 PRCS4 下测点

(i) 试件 PRCS5 上测点

(j) 试件 PRCS5 下测点

(k) 试件 PRCS6 上测点

(l) 试件 PRCS6 下测点

图 3.2-39 钢板带腹板水平和竖向应变发展

3.2.5 节点受剪承载力

1. 力学模型建立

根据以上对节点核芯区的工作机理分析，可知节点受剪承载力由核芯区钢管腹板拉力带、核芯区混凝土斜压杆和纵筋销栓作用三部分组成。其中，斜压杆模型除沿节点核芯区对角线方向形成的主斜压杆外，还考虑了钢管翼缘对核芯区混凝土约束的有利作用，形成的次斜压杆与主斜压杆共同抵抗节点剪力。节点核芯区柱纵筋连续，当核芯区混凝土出现斜裂缝时，剪切面错动时纵筋受剪发挥销栓作用抵抗节点核芯区剪力。纵筋对受剪承载力的影响除直接在横截面承受剪力（销栓作用）外，还能抑制斜裂缝发展，增大斜裂缝间交互面的剪力传递，增大纵筋配筋率能加大混凝土剪压区高度，从而提高受剪承载力[34]。本试验中为实现节点核芯区剪切破坏和“强柱弱梁”设计原则，柱纵筋配筋率达到 5.59%，类似地，在 RC 梁、柱受剪性能试验中，为保证试件发生剪切破坏，纵筋配筋率通常均较高，纵筋的销栓作用不可忽略，尤其是小剪跨比的情况。基于上述分析，建立适用于预制管组合柱-钢梁节点受剪计算模型如图 3.2-40 所示。

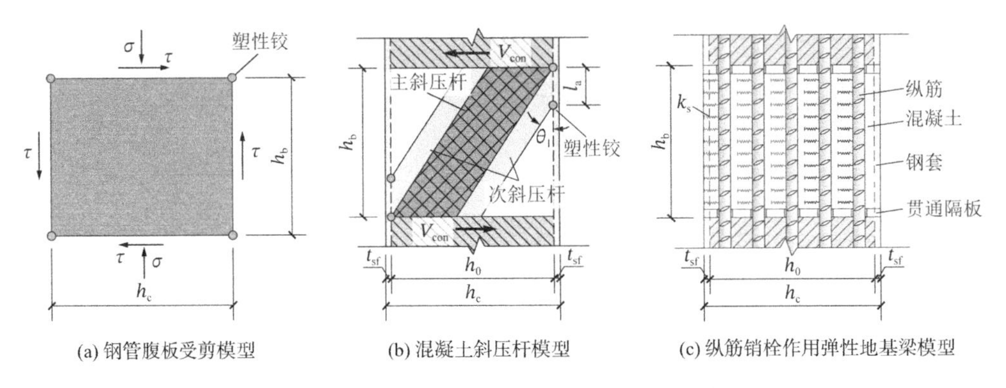

图 3.2-40　预制管组合柱-钢梁节点受剪计算模型

2. 节点受剪承载力计算

由以上分析可知，节点受剪承载力由核芯区钢管腹板、混凝土斜压杆和纵筋销栓作用三部分组成。因此，节点受剪承载力可表示为：

$$V_{pz,c} = V_{sw} + V_{con} + V_{dow} \tag{3.2-13}$$

式中：$V_{pz,c}$——节点受剪承载力；

V_{sw}——节点核芯区钢管腹板提供的受剪承载力；

V_{con}——节点核芯区混凝土提供的受剪承载力；

V_{dow}——节点核芯区纵筋销栓作用提供的受剪承载力。

节点核芯区钢管处于压剪复合作用应力状态，如图 3.2-40（a）所示。图中，σ为钢管腹板轴压应力，τ为钢管腹板剪应力。根据第四强度理论，当节点达到峰值荷载时，核芯区钢管腹板处于剪切流变状态，可得腹板受剪承载力为：

$$V_{sw} = A_{sw}\sqrt{f_{y,w}^2 - \sigma^2}/\sqrt{3} \tag{3.2-14}$$

式中：A_{sw}——钢管腹板截面面积；

$f_{y,w}$——钢管腹板屈服强度。

σ按钢管和混凝土强度比例分配，即：

$$\sigma = N\frac{A_{sw}f_{y,w} + A_{sf}f_{y,f}}{A_{sw}f_{y,w} + A_{sf}f_{y,f} + A_{core}f_{c,core}}\frac{1}{A_{sw} + A_{sf}} \tag{3.2-15}$$

式中：A_{sf}——钢管翼缘截面面积；

$f_{y,f}$——钢管翼缘屈服强度；

A_{core}——节点核芯区混凝土截面面积。

节点核芯区混凝土主要以斜压杆作用抵抗节点剪力，其提供的受剪承载力可取斜压杆强度的水平分量。考虑钢管翼缘对核芯区混凝土约束的有利作用，基于虚功原理可求得次斜压杆高度（l_a）[35]，即：

$$l_a = \frac{2}{\sin\theta_1}\sqrt{\frac{M_{fp}}{h_0 f_{c,core}}} \tag{3.2-16}$$

式中：h_0——节点核芯区混凝土截面高度，$h_0 = h_c - 2t_{sf}$；h_c为柱截面高度；t_{sf}为钢管翼缘厚度；

M_{fp}——钢管翼缘塑性极限弯矩，$M_{fp} = f_{y,f}(h_c t_{st}^2/4)$。

θ_1为斜压杆与柱纵轴之间的夹角，其表达式[35]为：

$$\theta_1 = \arctan\left(\sqrt{1+(h_b/h_c)^2} - h_b/h_c\right) \tag{3.2-17}$$

式中：h_b——钢梁截面高度。

因此，节点核芯区混凝土斜压杆提供的受剪承载力为：

$$V_{con} = \left(\frac{h_0}{2}\tan\theta_1 + 4\sqrt{\frac{M_{fp}}{h_0 f_{c,core}}}\sin\theta_1\right)h_0 f_{c,core} \tag{3.2-18}$$

纵筋销栓作用可采用弹性地基梁理论求解，计算模型如图 3.2-40（c）所示。弹性地基梁理论将纵筋等效为放置于弹性地基上的超静定梁，包裹纵筋的混凝土等效为数个与刚性支座相连的独立弹簧，当纵筋发生变形时，通过弹簧的受力和变形模拟混凝土对纵筋的支撑作用。

为确定地基弹簧刚度k_s，Moradi 等[36]根据单根钢筋销栓作用承载性能试验，提出了k_s的计算方法：

$$k_s = \begin{cases} 220 f_c^{0.85} & (\mathrm{DI} \leqslant 0.02) \\ \dfrac{220 f_c^{0.85}}{\left[1+3(\mathrm{DI}-0.02)^{0.8}\right]^4} & (\mathrm{DI} > 0.02) \end{cases} \tag{3.2-19}$$

式中：DI——考虑钢筋滑移的损伤指数，按 Soltani 和 Maekawa[37]建议的方法计算，见式(3.2-21)。

$$\mathrm{DI} = \left(1 + 150\frac{S}{d_b}\right)\cdot\frac{\delta_s}{d_b} \tag{3.2-20}$$

式中：S——纵筋在裂缝处的局部滑移，该值较小可取 0；

δ_s——纵筋剪切变形。根据弹性地基梁理论[38]，纵筋销栓作用产生的受剪承载力可表示为：

$$V_{\text{dow}}=\frac{k_{\text{s}}\delta_{\text{s}}}{\sqrt[4]{E_{\text{s}}\pi d_{\text{b}}^{4}}} \tag{3.2-21}$$

将式(3.2-20)代入式(3.2-22)并对δ_{s}求一阶导数，令其为零，见式(3.2-23)：

$$\frac{\mathrm{d}}{\mathrm{d}\delta_{\text{s}}}(V_{\text{dow}})=220f_{\text{c}}^{0.85}\sqrt[4]{E_{\text{s}}\pi d_{\text{b}}^{4}}\left\{\left[1+3\left(\frac{\delta_{\text{s}}}{d_{\text{b}}}-0.02\right)^{0.8}\right]^{4}-\frac{9.6\left[3\left(\frac{\delta_{\text{s}}}{d_{\text{b}}}-0.02\right)^{0.8}+1\right]^{3}}{d_{\text{b}}\left(\frac{\delta_{\text{s}}}{d_{\text{b}}}-0.02\right)^{0.2}}\right\}=0 \tag{3.2-22}$$

利用式(3.2-23)可求得销栓作用产生最大受剪承载力（$V_{\text{dow,max}}$）时$\delta_{\text{s}}=0.142d_{\text{b}}$，代入式(3.2-20)和式(3.2-22)可求得$V_{\text{dow,max}}$为：

$$V_{\text{dow,max}}=15.1f_{\text{c}}^{0.64}d_{\text{b}}^{2} \tag{3.2-23}$$

需要指出的是，基于单根钢筋试验得出的销栓力计算公式并不能采用直接叠加的方法推算多根钢筋的销栓力，其原因为斜裂缝首先发源于弯曲区段的受拉区边缘，剪压区混凝土斜裂缝发展相对较晚，剪切面错动产生的纵筋销栓作用有限，因此计算多根钢筋销栓作用提供的受剪承载力时应忽略受压区高度范围内的钢筋。基于内力平衡和应变协调的内力偶法，根据正截面应力应变关系，可求出节点核芯区受压区高度，如图 3.2-41 所示。图中，b为截面宽度，h为截面高度，h_0为截面有效高度，ε_{c}为受压区边缘混凝土压应变，ε_{s}为受拉区纵筋拉应变，σ_{s}和σ_{s}'分别纵筋拉应力和压应力，x为受压区高度，A_{s}'为受压区纵筋面积。

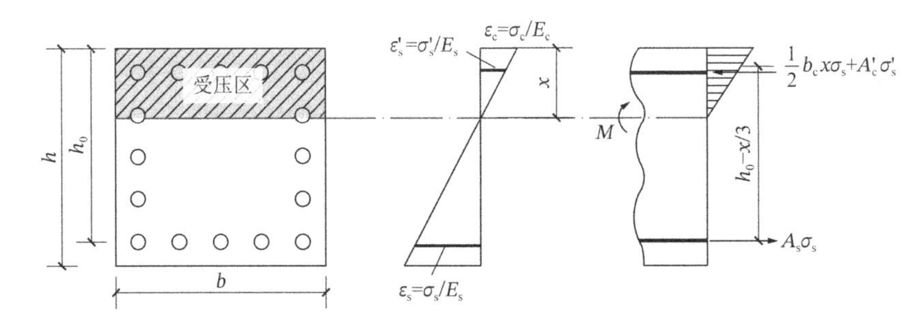

图 3.2-41 节点核芯区正截面应力应变图

根据力和弯矩平衡有：

$$\frac{1}{2}b_{\text{c}}x\sigma_{\text{c}}+A_{\text{s}}'\sigma_{\text{s}}'=A_{\text{s}}\sigma_{\text{s}} \tag{3.2-24}$$

$$M=A_{\text{s}}\sigma_{\text{s}}\left(h_0-\frac{x}{3}\right) \tag{3.2-25}$$

由应变协调条件可得：

$$\frac{\varepsilon_{\text{c}}+\varepsilon_{\text{s}}'}{\varepsilon_{\text{s}}}=\frac{\sigma_{\text{c}}/E_{\text{c}}+\varepsilon_{\text{s}}'/E_{\text{s}}}{\sigma_{\text{s}}/E_{\text{s}}}=\frac{n_{\text{E}}\sigma_{\text{c}}+\varepsilon_{\text{s}}'}{\sigma_{\text{s}}}=\frac{x}{h_0-x} \tag{3.2-26}$$

式中：ε_{s}'——受压区纵筋压应变；

n_{E}——钢材与混凝土弹性模量之比，即$n_{\mathrm{E}} = E_{\mathrm{s}}/E_{\mathrm{c}}$。

联立式(3.2-25)和式(3.2-27)，代入受拉纵筋配筋率$\rho = A_{\mathrm{s}}/(b_{\mathrm{c}}h_0)$和受压纵筋配筋率$\rho' = A'_{\mathrm{s}}/(b_{\mathrm{c}}h_0)$得：

$$x = \left[\sqrt{n_{\mathrm{E}}^2(\rho+\rho')^2 + 2n_{\mathrm{E}}\left(\rho + \rho'\frac{a'_{\mathrm{s}}}{h_0}\right)} - n_{\mathrm{E}}(\rho+\rho')\right]h_0 \tag{3.2-27}$$

式中：a'_{s}——受压钢筋合力点至截面受压边缘的距离。

根据式(3.2-28)计算得到各试件节点核芯区截面受压区高度（x）如图 3.2-42 所示。计算纵筋销栓作用时，受压区高度内的纵筋均不参与计算，故纵筋销栓作用提供的受剪承载力为：

$$V_{\mathrm{dow}} = 15.1 n_{\mathrm{b}} f_{\mathrm{c}}^{0.64} d_{\mathrm{b}}^2 \tag{3.2-28}$$

式中：n_{b}——受压区高度外的纵筋数量。

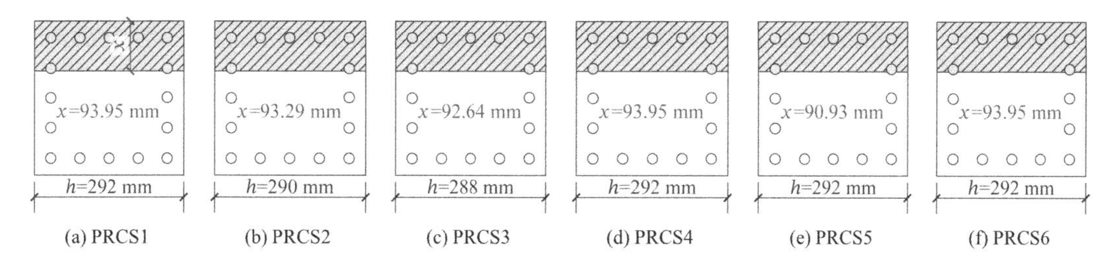

图 3.2-42　各试件节点核芯区截面受压区高度

综上，节点受剪承载力（$V_{\mathrm{pz,c}}$）计算公式为：

$$V_{\mathrm{pz,c}} = \frac{A_{\mathrm{sw}}\sqrt{f_{\mathrm{y,w}}^2 - \sigma^2}}{\sqrt{3}} + \left(\frac{h_0}{2}\tan\theta_1 + 4\sqrt{\frac{M_{\mathrm{fp}}}{h_0 f_{\mathrm{c,core}}}}\sin\theta_1\right)h_0 f_{\mathrm{c,core}} + 15.1 n_{\mathrm{b}} f_{\mathrm{c}}^{0.64} d_{\mathrm{b}}^2 \tag{3.2-29}$$

计算节点受剪屈服承载力（$V_{\mathrm{pz,yc}}$）时，采用 Fukumoto 等[35]基于回归分析得到的核芯区混凝土受剪屈服与峰值荷载比例系数（β_{c}）进行折减，$V_{\mathrm{pz,yc}}$计算公式为：

$$V_{\mathrm{pz,yc}} = \frac{A_{\mathrm{sw}}\sqrt{f_{\mathrm{y,w}}^2 - \sigma^2}}{\sqrt{3}} + \beta_{\mathrm{c}}\left(\frac{h_0}{2}\tan\theta_1 + 4\sqrt{\frac{M_{\mathrm{fp}}}{h_0 f_{\mathrm{c,core}}}}\sin\theta_1\right)h_0 f_{\mathrm{c,core}} + 15.1 n_{\mathrm{b}} f_{\mathrm{c}}^{0.64} d_{\mathrm{b}}^2 \tag{3.2-30}$$

$$\beta_{\mathrm{c}} = 0.425\frac{N}{N_0} - 1.13\frac{f_{\mathrm{c,core}}}{f_{\mathrm{y,w}}} + 0.650 \tag{3.2-31}$$

式中：N/N_0——柱轴压比，$N_0 = A_{\mathrm{sw}}f_{\mathrm{y,w}} + A_{\mathrm{sf}}f_{\mathrm{y,f}} + A_{\mathrm{core}}f_{\mathrm{c,core}}$。

按式(3.2-31)）和式(3.2-30)计算得到的节点屈服受剪承载力（$V_{\mathrm{pz,yc}}$）和峰值受剪承载力（$V_{\mathrm{pz,c}}$）与试验屈服和峰值受剪承载力（$V_{\mathrm{pz,ye}}$、$V_{\mathrm{pz,e}}$）结果及对比见表 3.2-10 和图 3.2-43。$V_{\mathrm{pz,yc}}/V_{\mathrm{pz,ye}}$的平均值和变异系数分别为 0.83 和 0.04，$V_{\mathrm{pz,c}}/V_{\mathrm{pz,e}}$的平均值和变异系数分别为 0.89 和 0.04，计算值与试验值吻合较好，离散性小且偏于安全。由于本书模型未考虑轴压

力对混凝土斜压杆机制的有利作用，当柱轴压比增大时，理论计算结果更偏于保守。

节点屈服和峰值受剪承载力理论与试验计算结果　　表 3.2-10

试件编号	PRCS1	PRCS2	PRCS3	PRCS4	PRCS5	PRCS6
$V_{pz,ye}$（kN）	1329.1	1552.9	1627.2	1472.1	1573.1	1392.3
$V_{pz,yc}$（kN）	1161.4	1283.1	1404.0	1177.1	1213.4	1161.4
$V_{pz,yc}/V_{pz,ye}$	0.87	0.83	0.86	0.80	0.77	0.83
Mean	**0.83**					
COV	**0.04**					
$V_{pz,e}$（kN）	1542.3	1614.5	1698.7	1569.9	1665.3	1534.0
$V_{pz,c}$（kN）	1344.9	1475.2	1603.8	1333.8	1444.2	1344.9
$V_{pz,c}/V_{pz,e}$	**0.87**	**0.91**	**0.94**	**0.85**	**0.87**	**0.88**
Mean	**0.89**					
COV	**0.04**					

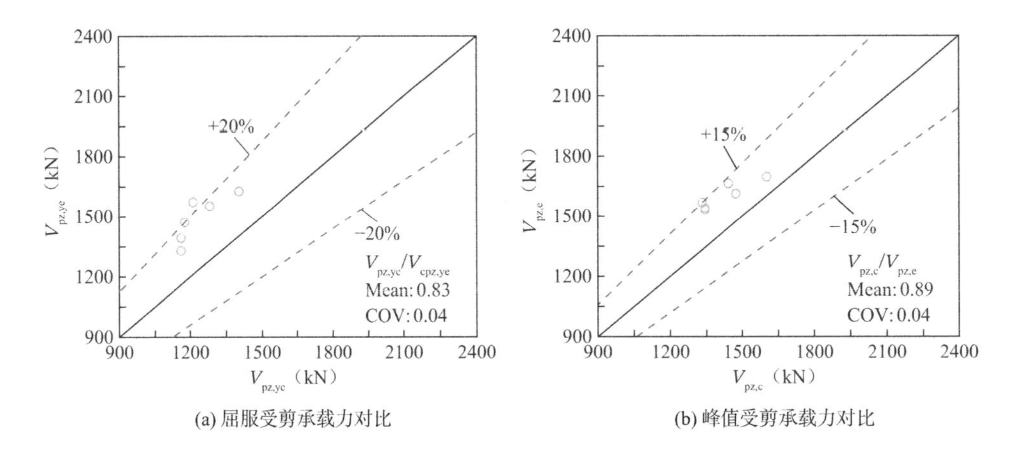

(a) 屈服受剪承载力对比　　(b) 峰值受剪承载力对比

图 3.2-43　节点屈服和峰值受剪承载力理论与试验结果对比

3.2.6 小结

（1）预制管组合柱-钢梁内隔板连接节点的破坏形态为节点核芯区钢管腹板向外鼓曲变形形成对角拉力带，节点核芯区混凝土完全破碎，剪切斜裂缝贯穿节点核芯区内部，栓钉发生错位变形，楼板破坏形态包括横向受拉裂缝、纵向剪切裂缝和靠近柱表面区域约 45° 方向斜裂缝以及楼板与柱壁受压接触和柱壁角部区域混凝土压碎现象。节点核芯区受剪承载力与其剪力设计值之比为 0.53～0.59，6 个试件最终破坏模式均为节点核芯区剪切破坏，并伴随节点上下柱端混凝土保护层的局部压碎剥落现象。

（2）峰值与屈服层剪力之比在 1.13～1.17 之间，节点在屈服后仍具有较好的承载能力。层间位移角小于 1/400 时柱身无裂缝，节点破坏时极限层间位移角为 5.91%～7.30%，塑性转角为 0.048～0.057rad，转角延性系数为 2.76～3.70，满足《建筑抗震设计规范》GB 50011—

2010 对 RC 框架、钢框架和多高层钢结构的变形要求。极限层间位移角和塑性转角呈正相关关系，由于等效屈服点计算方法依赖参数的不稳定性，转角延性系数不适用于评价节点延性，建议采用极限层间位移角和塑性转角作为节点延性评价指标。

（3）层剪力-层间位移角滞回曲线较饱满，呈典型的弓形，有一定捏缩现象。节点受剪承载力随钢套箍厚度的增加而增大，且最大变形能力和塑性变形能力提高；柱轴压比增加时节点受剪承载力随之增大，但最大变形能力、塑性变形能力和延性系数均降低；随着芯部混凝土强度等级的提高，节点受剪承载力显著增大，但最大变形能力、塑性变形能力和延性系数降低；不考虑楼板组合作用时，节点在正弯矩作用下转动能力和延性降低，承载力较不带楼板节点提高 21.8%，变形能力降低约 7.0%～8.6%，负弯矩作用下节点受剪承载力与不带楼板节点相差 15.5%，极限位移角、塑性转角和转角延性系数分别相差 8.0%、7.4% 和 0.6%。

（4）钢套箍厚度对节点整体等效刚度影响不超过 7.7%，增大柱轴压比和提高芯部混凝土强度，节点整体等效刚度随之增大。楼板使节点整体等效刚度在正弯矩作用下增大 29.1%，负弯矩作用下与不带楼板节点整体等效刚度相差 4.0%。节点核芯区剪切刚度随钢套箍厚度的增加和芯部混凝土强度等级的提高而增大，轴压比从 0.15 增加至 0.30，剪切刚度增大约 25%，楼板大幅提高了正弯矩作用下节点核芯区的剪切刚度，带楼板与不带楼板节点核芯区剪切刚度之比为 3.13。

（5）节点核芯区剪切转角在达到屈服点后发展较快，峰值点后迅速增长。达到峰值剪力时剪切转角在 0.0135～0.0321rad 之间，最终破坏时剪切转角为 0.0424～0.1586rad。增加钢套箍厚度和提高芯部混凝土强度能够有效减小节点核芯区剪切变形，而增大柱轴压比和楼板的存在加快了节点核芯区剪切变形发展。

（6）节点总耗能随钢套箍厚度的增加而增加，正则化累积耗能发展规律与总耗能一致，钢套箍厚度较大节点的等效黏滞阻尼较小。同一位移角水平下，柱轴压比较大节点的总耗能略大于轴压比较小节点，前者正则化累积耗能约为后者的 92.3%，且最终接近破坏时等效黏滞阻尼系数较小，增大柱轴压比降低了节点耗能能力。芯部混凝土强度等级提高和带楼板时对节点总耗能影响不大，但等效黏滞阻尼系数较小，降低了节点耗能能力。

（7）节点峰值点对应的等效黏滞阻尼系数为 0.121～0.159，介于 RC 梁柱节点和型钢混凝土梁柱节点之间，耗能能力良好。

（8）加载初期节点核芯区剪切变形和梁弯曲变形在总变形中占比接近，最终破坏时节点核芯区剪切变形占比达到 57.4%～87.1%，梁弯曲变形占比降至约 2%，柱弯曲变形占比约为 10%，节点刚体转动变形占比达到 30%，是导致节点上下端混凝土保护层压碎剥落的重要原因。节点核芯区剪切变形在总变形中占比随钢套箍厚度减小、柱轴压比增大和芯部混凝土强度降低而减小，节点刚体转动变形占比随钢套箍厚度增加、柱轴压比增大和芯部混凝土强度提高而增大，带楼板节点的节点核芯区剪切变形和节点刚体转动变形之和占比较不带楼板节点的增大约 5%。

（9）带楼板节点在负弯矩作用下钢梁上翼缘拉应变为正弯矩作用下下翼缘拉应变的 2～3 倍，塑性中和轴位于钢梁截面内；楼板混凝土靠近梁中线处的纵向拉应变始终大于远离梁中线的拉应变，楼板纵向钢筋应变大致沿梁中线对称分布，靠近梁中线附近的钢筋应变增长较快，二者沿横向分布不均匀，表现出明显的剪力滞效应。钢梁与楼板界面最大滑移量均值为 1.2mm，约为完全抗剪连接时的 4 倍，楼板未能充分发挥其组合作用。

（10）不考虑楼板组合作用和不带正交梁时，楼板对预制管组合柱-钢梁节点的影响有正弯矩作用下柱表面受压、负弯矩作用下楼板受拉、栓钉剪力集中分布下楼板混凝土纵向剪切以及受压区楼板的横向受力 4 种作用机制。

（11）节点核芯区钢管腹板角部剪应变始终大于中部；节点核芯区外的柱纵筋在层间位移角小于 2.0%时基本处于弹性工作阶段，大于 2.0%后虽屈服但应力未持续增长，柱箍筋和钢梁翼缘应变发展缓慢，在加载过程中基本处于弹性工作阶段。因此，梁柱整体损伤程度较低，实现了“强构件弱节点”的预期设计目标。

（12）有限元模型的破坏形态与试验现象吻合较好，较准确地模拟了试验骨架曲线的初始刚度和峰值荷载前的上升段，但未体现试验中节点达到峰值荷载后的骨架曲线下降段变化特征。

（13）采用隔板贯通连接的预制管组合柱-钢梁节点受力性能良好，节点核芯区钢管腹板屈服形成拉力带和核芯区混凝土斜压杆共同参与节点受剪。随梁端位移的增加，核芯区混凝土承担剪力逐步增加，钢管腹板承担剪力逐渐上升，达到峰值荷载后下降，最终节点核芯区破坏时混凝土发生剪压破坏、钢管腹板全截面屈服，发生较大的剪切变形。预制管和芯部混凝土、钢套翼缘和腹板区域相互作用力分布不均匀，钢板带受压处翼缘、钢套翼缘和腹板交界处及栓钉与钢套接触面相互作用力较大。

（14）考虑节点核芯区钢管腹板压剪复合受力作用、钢管翼缘约束对核芯区混凝土约束形成的主次斜压杆模型和基于弹性地基梁理论的纵筋销栓作用，建立了预制管组合柱-钢梁内隔板连接节点屈服和峰值受剪承载力计算方法。$V_{pz,yc}/V_{pz,ye}$的平均值和变异系数分别为 0.83 和 0.04，$V_{pz,c}/V_{pz,e}$的平均值和变异系数分别为 0.89 和 0.04，计算值与试验值吻合较好，离散性小且偏于安全。

3.3　预制管组合柱-钢梁内隔板连接节点抗震性能

受管桩模具限制，预制管组合柱中的节点钢套箍内置内隔板伸出长度有限，同时钢梁与柱体节点钢套箍连接部位存在应力集中现象，强震作用下节点隔板与钢梁翼缘焊接部位可能出现焊缝断裂破坏，从而影响节点的抗震性能。

为改善制作过程中模具工艺带来的焊接质量问题，进行了 3 个足尺的梁端翼缘采用不同加强方式的预制管组合柱-钢梁节点的拟静力试验，对其抗震性能开展研究，以期为混合框架在高烈度地震区的应用提供参考。

3.3.1　试验概况

1. 试件设计与制作

一榀多层多跨的框架在水平荷载作用下的弯矩如图 3.3-1（a）所示，选取框架梁和柱反弯点间的 T 形边节点为研究对象进行试验，研究其在往复荷载作用下的抗震性能。

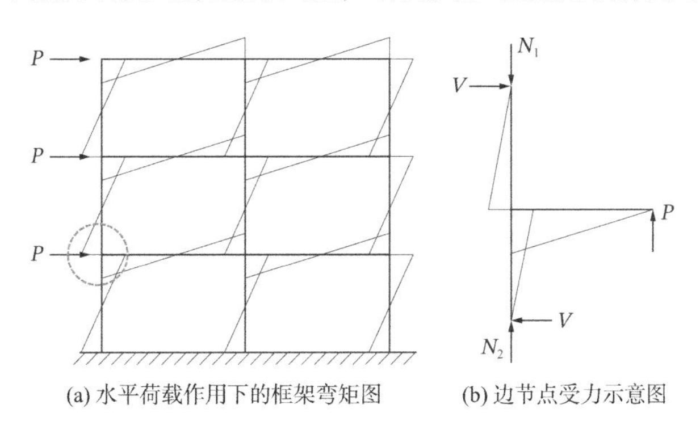

(a) 水平荷载作用下的框架弯矩图　　(b) 边节点受力示意图

图 3.3-1　试件模型选取示意图

设计并制作了 3 个预制管组合柱-钢梁节点足尺试件，编号分别为 NRCS、SRCS 和 CRSC，其中试件 NRCS 为普通栓焊型连接，试件 SRCS 采用梁端翼缘焊接侧板进行加强连接，试件 CRCS 通过圆弧过渡的方式放大翼缘实现节点加强连接。试件由钢梁、预制管组合柱构成，钢梁通过与钢套箍采用栓焊连接形式与预制管组合柱相连接，试件几何尺寸如图 3.3-2 所示。

预制管组合柱长度为 2780mm，梁端加载点距柱中心为 2000mm。柱截面尺寸为 500mm × 500mm，空心部分半径为 180mm，柱内配置 12 根纵筋，直径 18mm，箍筋直径 8mm，加密区间距 100mm，非加密区间距 200mm。预制管采用 C60 混凝土，芯部现浇混凝土为 C40。钢梁采用 H 型钢（H450mm × 150mm × 8mm × 14mm），钢材为 Q355B，钢梁腹板与钢套箍的连接采用 10.9S 级高强螺栓。

以实际工程为背景，节点采用“强节点、弱构件”设计原则，钢套箍厚度 10mm，内隔板厚度 18mm，上下内隔板延伸钢板带为 110mm，钢套箍内侧设置抗剪栓钉。

3 个预制管组合柱-钢梁节点参数如表 3.3-1 所示，参数变化为 H 型钢梁翼缘与钢套箍隔板的连接形式。其中常规栓焊型节点（NRCS）采用 H 型钢梁翼缘直接与钢套箍焊接连接，侧板加宽型节点（NRCS）在 H 型钢梁梁端翼缘两侧焊接与翼缘等厚的梯形钢板和钢套箍的隔板连接，圆弧扩翼型节点（CRCS）通过圆滑曲线过渡的方式扩大梁端翼缘与节点连接。图 3.3-3～图 3.3-5 为试件详图。

节点试件参数　　　　**表 3.3-1**

试件编号	节点类型	轴力/kN	试验轴压比	纵筋	箍筋	连接形式
NRCS	边节点	1500	0.1	12⌀18	⌀8@100	常规栓焊型
SRCS						侧板加宽型
CRCS						圆弧扩翼型

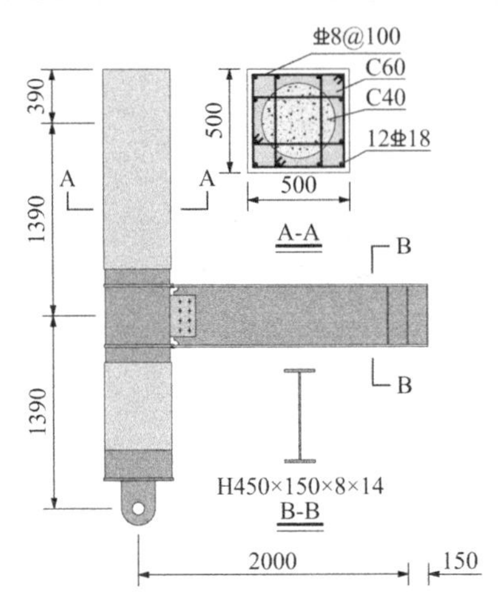

图 3.3-2　试件几何尺寸图

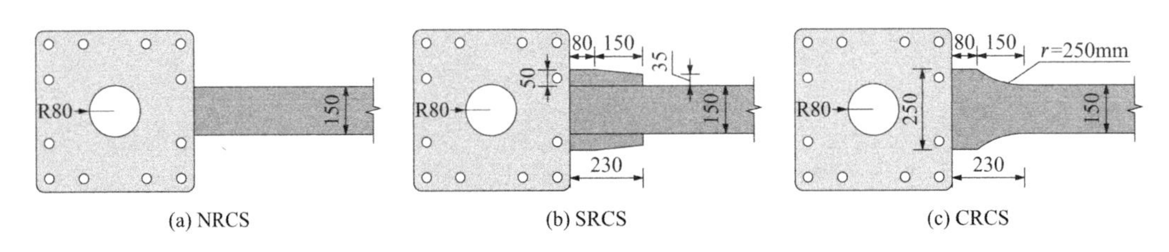

图 3.3-3　隔板-翼缘连接构造

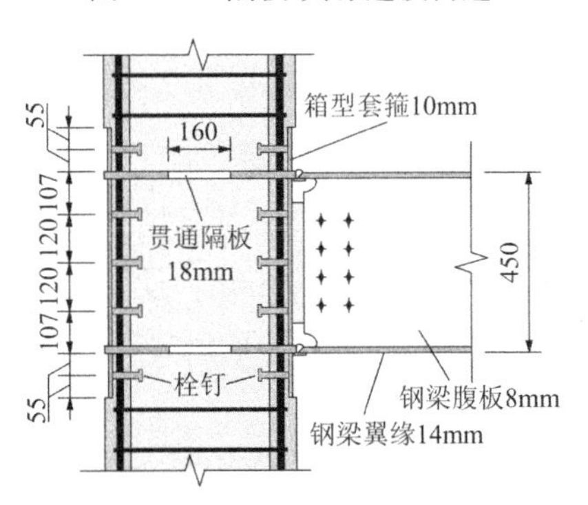

图 3.3-4　节点域剖面图

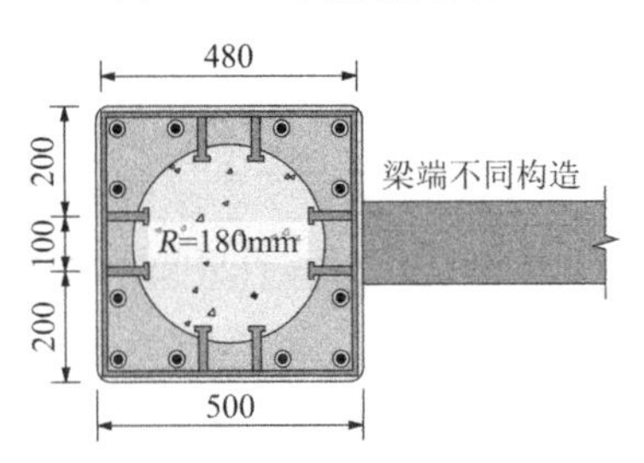

图 3.3-5　节点域平面图

试件加工中钢材采用激光切割，钢套箍腹板、翼缘和隔板采用全熔透焊缝连接。预制管组合柱采用离心工艺进行制作，预制管组合柱完成后浇筑芯部混凝土，制作流程如图 3.3-6 所示。

(a) 钢筋应变片粘贴

(b) 钢筋笼绑扎成型

(c) 浇筑混凝土

(d) 混凝土离心

(e) 混凝土管柱拆模

(f) 浇筑芯部混凝土

(g) 钢梁制作

(h) 试件组装

图 3.3-6 制作流程

2. 材料性能

钢材材性试验结果如表 3.3-2 所示。试件的混凝土强度规格有两种，预制管实测混凝土立方体抗压强度平均值为 76.83MPa，芯部现浇混凝土实测混凝土立方体抗压强度平均值为 57.52MPa。

钢材材性试验结果　　表 3.3-2

类型	d（t）（mm）	f_y（MPa）	f_u（MPa）	δ（%）
箍筋	8	485.0	668.3	32.0
纵筋	18	454.9	623.0	41.7
钢梁腹板	8	428.4	587.1	20.1
箱型套箍	10	445.3	525.3	25.6
钢梁翼缘	14	363.4	559.5	26.3
贯通隔板	18	366.6	512.4	29.7

注：d和t分别为钢筋直径和钢板厚度；f_y和f_u分别为屈服强度和抗拉强度；δ为伸长率。

3. 试验装置及加载方案

图 3.3-7 所示为试验加载装置及现场图。柱顶轴压力通过竖向千斤顶施加，梁端连接双向千斤顶进行往复荷载施加，在柱顶设置刚性杆，柱顶夹持梁焊接圆形钢棒模拟铰接，柱底采用铰支座连接。钢梁加载处使用侧向支撑以防止钢梁发生扭转破坏。加载采用荷载-位移控制，荷载控制每级荷载循环一次，位移控制每级荷载循环两次，荷载下降至峰值荷载的 85%以下时停止加载。

图 3.3-7　试验加载装置及现场

4. 量测方案

梁端施加的荷载由力传感器测得。梁端位移由位移计 T1 测得，位移计 T2 和 T3 用于监测试件的支座位移，位移计 T4 和 T5 用于监测柱的转动；位移计 T6 和 T7 用于测量节点的剪切变形，位移计 T8、T9、T10 和 T11 用于测量柱端弯曲变形和梁柱相对转角。位移计的布置如图 3.3-8 所示，试件钢梁翼缘和腹板等位置的应变片布置如图 3.3-9 所示。

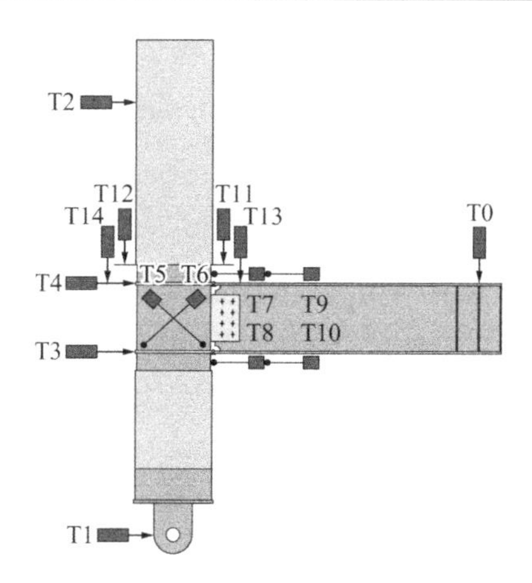

图 3.3-8 位移计布置图

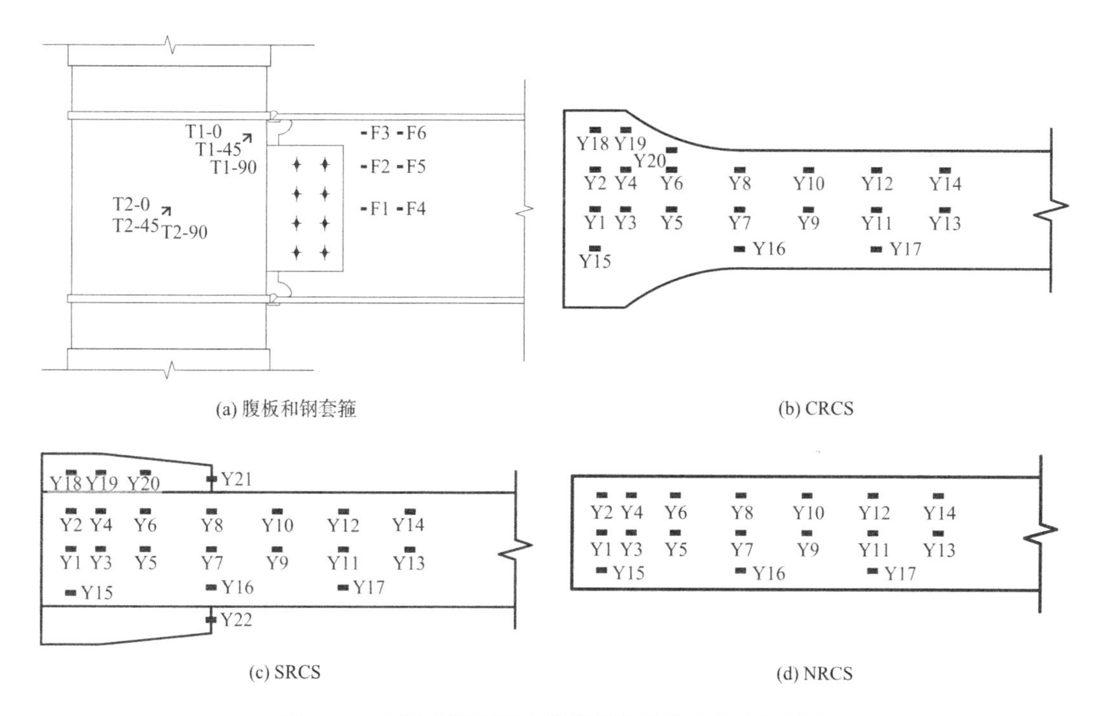

(a) 腹板和钢套箍　(b) CRCS

(c) SRCS　(d) NRCS

图 3.3-9 试件钢梁翼缘和腹板等位置的应变片布置图

3.3.2 试验现象及破坏模式

1. 试件 NRCS

NRCS 试件在整个荷载控制阶段，钢梁翼缘未出现明显变形，柱混凝土表面未出现裂缝，节点处于弹性状态。进入位移控制阶段后，加载位移在位移角为 0.3%内无明显现象。加载位移在位移角为 0.6%第一循环时，上下翼缘距柱 100mm 范围内发生涂料横向起皱，并在过焊孔处呈现 45°方向。加载位移在位移角为 0.9%第一循环时，涂料起皱现象进一步明显。加载至位移角为 1.2%第一循环时，上下翼缘在距柱面 150mm 范围内涂料起皱加剧。位移角为 1.5%时，起皱程度继续增加，同时钢梁上下翼缘过焊孔出现微小裂纹。

位移角为 1.8%第一循环时，达到正向峰值荷载 231.55kN，负向峰值荷载 233.50kN，上翼缘过焊孔处开裂不断扩大，开裂长度约 80mm，钢梁上翼缘与柱连接处发生轻微变形，钢梁腹板连接板与钢套箍产生焊缝轻微撕裂。

位移角为 2.1%第二循环时，上翼缘开裂长度扩展至 100mm，下翼缘宽度发生明显的收缩，下翼缘与隔板连接处焊缝出现轻微开裂，此时承载力迅速下降至峰值荷载的 85%以下，试验结束。整个加载过程中，未观察到离心预制混凝土管组合柱出现明显裂缝。试件 NRCS 在加载过程中的典型破坏形态及最终破坏模式如图 3.3-10 所示。

(a) 6Δ（36mm，位移角为 1.8%）

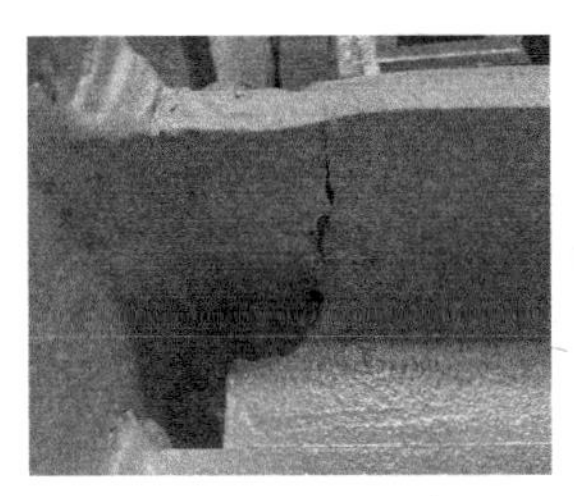

(b) 7Δ（42mm，位移角为 2.1%）

(c) 整体破坏模式

图 3.3-10　试件 NRCS 破坏形态及最终破坏模式

2. 试件 SRCS

SRCS 试件在整个荷载控制阶段，钢梁翼缘未出现明显变形，柱混凝土表面未出现裂缝，节点处于弹性状态。进入位移控制阶段，位移角为 0.3%和 0.6%内无明显现象。

位移角为 0.9%第一循环时，上下翼缘表面在侧板加宽截面突变处产生涂料横向起皱，同时在上下翼缘外表面过焊孔处出现呈 45°方向起皱。加载至位移角为 1.2%第一循环时，过焊孔处 45°方向起皱略增加，在距离柱端 280mm 处腹板上部出现微小起皱，同时向另一侧轻微凹陷。

位移角为 1.5%第一循环时，钢梁上下翼缘在截面突变处均出现微小的横向裂口，开裂长度约为 5mm。

位移角为 1.8%第二循环时，开裂深度增加至 10mm 左右，并随着加载位移的增加不断横向扩展。

位移角为 2.1%第一循环时，达到负向峰值荷载 359.44kN。

位移角为 2.4%第一循环时，达到正向峰值荷载 356.15kN，腹板上侧在距柱面 300mm 处明显内凹，上下翼缘截面突变处开裂严重，裂隙均从翼缘边缘延伸至腹板，呈现月牙形，长度约为 60mm，同时上下翼缘出现一定程度屈曲，第二次循环加载时峰值承载力出现下降。

位移角为 2.7%第一循环时，上下翼缘截面突变处开裂不断扩大，腹板上侧内凹加大，同时承载力逐渐下降至峰值荷载的 85%，试验结束。整个加载过程中，未观察到离心预制混凝土管组合柱出现明显裂缝。可以看出，侧板加宽型连接试件塑性铰位于距加强过渡段末端一定距离处，其翼缘和腹板的变形较小，最后破坏为加强侧板末端出现裂纹开裂。试件 SRCS 在加载过程中的典型破坏形态及最终破坏模式如图 3.3-11 所示。

 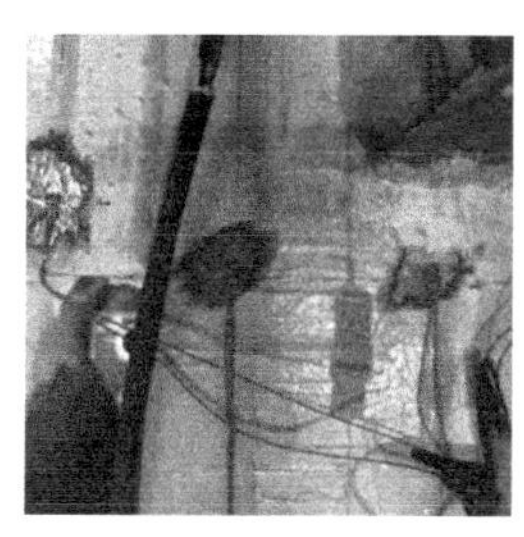

(a) 3Δ（18mm，位移角为 0.9%）

(b) 6Δ（36mm，位移角为 1.8%）

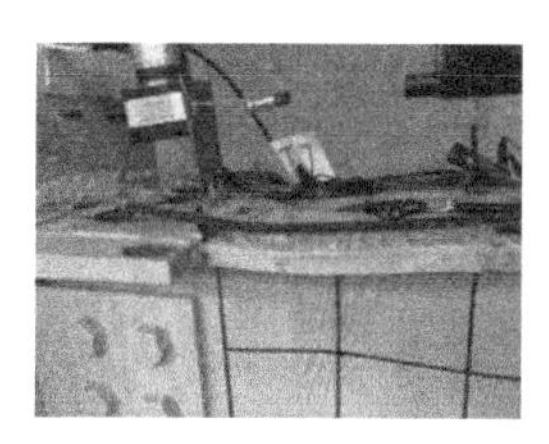 

(c) 9Δ（54mm，位移角为 2.7%）

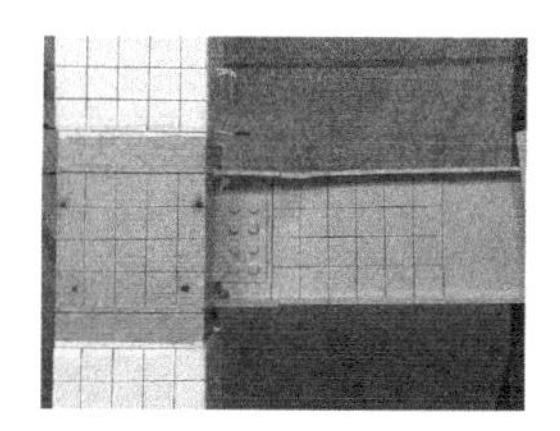

(d) 整体破坏模式

图 3.3-11 试件 SRCS 破坏形态及最终破坏模式

3. 试件 CRCS

CRCS 试件在整个荷载控制阶段，钢梁翼缘未出现明显变形，柱混凝土表面未出现裂缝，节点处于弹性状态。进入位移控制阶段，位移角为 0.3%、0.6%、0.9%内无明显现象。

位移角 1.2%第一循环时，在下翼缘圆弧过渡段起始处出现涂料轻微横向起皱，同时沿下翼缘过焊孔 45°方向出现起皱。腹板与上下翼缘连接段在圆弧过渡起始处有大面积的轻微起皱。

位移角为 1.5%第二循环时，腹板上侧和下侧距柱 290mm 处，出现竖向起皱。位移角为 1.8%第一循环时，下翼缘圆弧过渡段起始处和腹板起皱程度加大。位移角为 2.1%第二循环时，下翼缘圆弧过渡段起始处产生微小屈曲。

位移角为 2.4%第一循环时，达到正向峰值荷载 354.02kN，同时距柱面约 145mm 处下翼缘产生一定程度屈曲，下翼缘过焊孔处产生微小开裂，腹板与上翼缘连接处在圆弧过渡起始端发生凹曲。位移角为 2.7%第一循环时，达到负向峰值荷载 365.35kN，下翼缘出现屈曲加大，涂料起皮。

位移角为 3.3%第二循环时，下翼缘出现明显变形，沿过焊孔横向产生一定程度的扇形撕裂，涂料发生大面积脱离，同时腹板下侧内凹，承载力出现降低。

位移角为 3.6%第一循环时，试件承载力迅速下降，试验结束。整个加载过程中未观察到离心预制管组合柱出现明显裂缝。可以看出，圆弧扩翼型连接试件塑性发展较为充分，塑性铰位置位于圆弧过渡段末端。试件 CRCS 的上述典型阶段形态如图 3.3-12 所示。

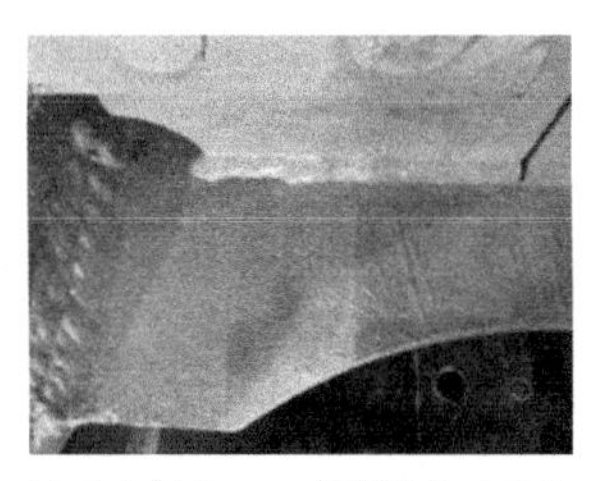

(a) 4Δ（24mm，位移角为 1.2%）

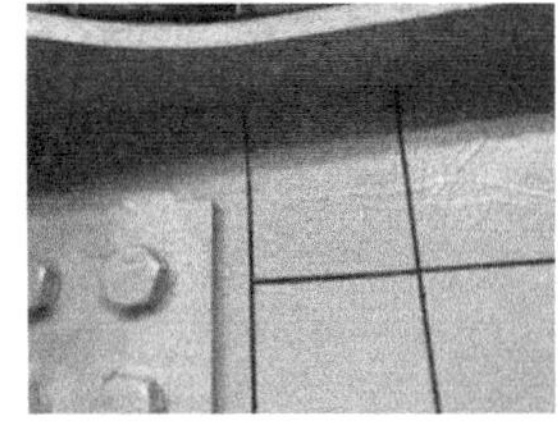

(b) 8Δ（48mm，位移角为 2.4%）

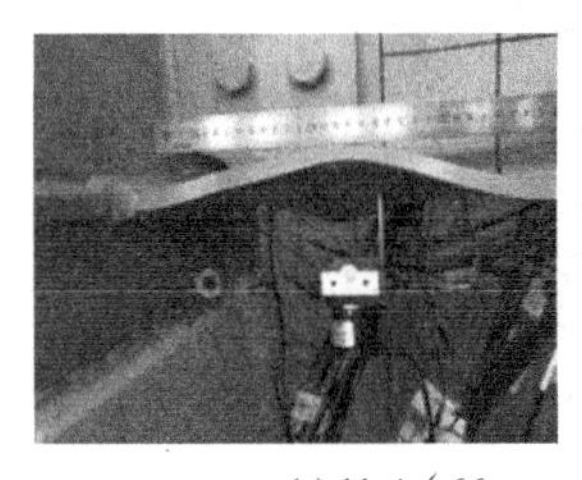

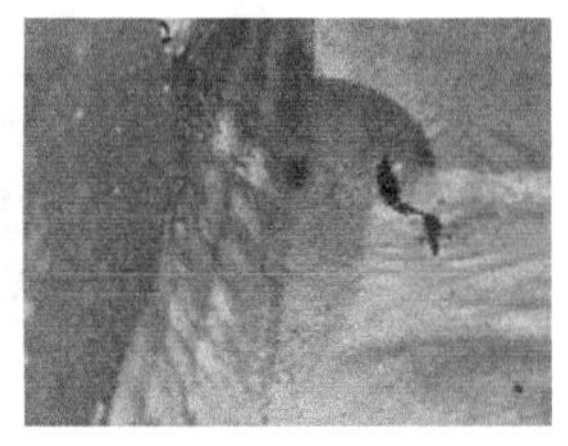

(c) 11Δ（66mm，位移角为 3.3%）

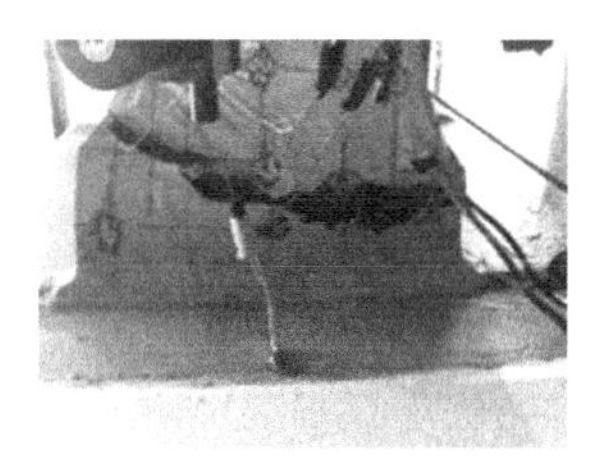
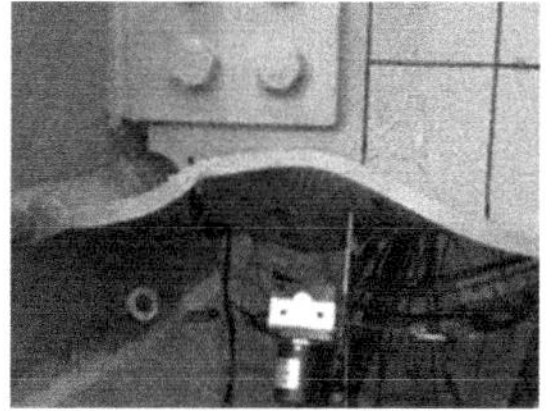

(d) 12Δ（72mm，位移角为 3.6%）

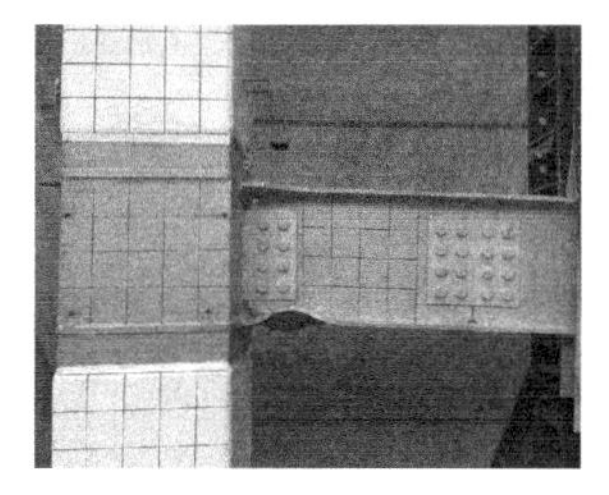

(e) 整体破坏模式

图 3.3-12 试件 CRCS 破坏形态

4. 节点核芯区

试验结束后，通过切开节点核芯区外部钢套箍分析破坏时内部混凝土的破坏形态，了解个钢套箍内混凝土工作性能，如图 3.3-13 所示。由图可知，节点核芯区内混凝土部分保持完好，处于弹性状态，各个试件在节点核芯区和钢套箍延伸范围内，均未出现与混凝土的分离和滑移，表明钢套箍与内部混凝土具有良好的整体协同工作性能。

图 3.3-13 试件节点核芯区形态

3.3.3 试验结果及分析

1. 滞回曲线

图 3.3-14 所示为各试件的滞回曲线。由图可知：

（1）试件 NRCS 的滞回曲线为扁长形，其滞回环面积较其他节点小，耗能能力较弱。试件 CRCS 和试件 SRCS 的滞回曲线整体饱满，形状为典型的梭形，具有较强的耗能能力，说明在梁柱节点处对钢梁翼缘加强能够有效提升节点耗能能力。

（2）在荷载控制阶段，各节点均处于弹性状态，滞回环的面积极小，加载曲线与卸载曲线基本重合，卸载后残余变形较少。进入位移控制阶段后，各节点滞回环面积开始明显增大，耗能显著增加。达到峰值荷载后，试件 NRCS 由于上下翼缘过焊孔的裂缝不断发展，承载力开始降低；试件 SRCS 截面突变处上下翼缘横向裂缝不断加大，同时伴随上翼缘屈曲和腹板上侧内凹，导致承载力下降；试件 CRCS 下翼缘发生明显屈曲和过焊孔处的横向撕裂，承载力逐渐减小。

（3）峰值荷载前，各节点承载力无明显退化，在同一级荷载和位移加载下，承载力和刚度基本相同。达到峰值荷载后，由于循环次数的增加，节点破坏处损伤积累明显，承载力退化逐渐显著。

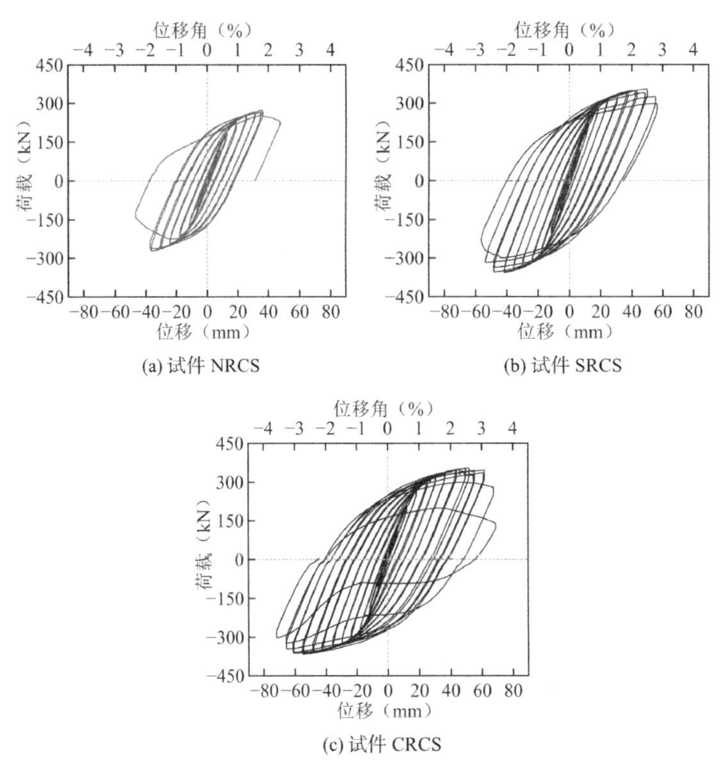

图 3.3-14　各试件滞回曲线

2. 骨架曲线

图 3.3-15 为试件 NRCS、试件 SRCS 和试件 CRCS 的骨架曲线对比图，各试件在反复荷载作用下经历了弹性阶段、弹塑性阶段和破坏阶段。通过对比可以发现：

（1）弹性阶段：屈服前，3 个试件骨架曲线基本为斜直线，呈线性关系。其中，试件 CRCS 和试件 SRCS 骨架曲线基本重合，试件 NRCS 各点位移略高于其他试件的位移。

（2）弹塑性阶段：此阶段荷载-位移关系由弹性阶段的直线逐渐转变为曲线，骨架曲线明显偏向位移轴，位移增速大于荷载增速。试件 NRCS 曲线低于其他节点，分析原因为各个节点的塑性发展位置不同，试件 NRCS 位于翼缘根部，试件 CRCS 位于圆弧过渡处，试件 SRCS 位于截面突变处，三者位置距柱距离依次增加，表现在曲线上为荷载依次增大。

（3）破坏阶段：试件 NRCS 由于翼缘与过焊孔处的微小裂缝迅速扩展，导致承载力快速降低。试件 SRCS 与 CRCS 相比，峰值承载力相差不大，但试件 SRCS 迅速降低，试件 CRCS 缓慢下降，这是由于变截面处应力较圆弧过渡处集中，发生破坏后裂缝迅速发展造成的。

综上，试件 CRCS 和 SRCS 较试件 NRCS 具有更高的承载力和更好的塑性变形能力，前者通过对翼缘进行扩大实现塑性铰外移从而提高承载力，后者 NRCS 由于过焊孔处应力集中，过早产生横向裂缝开裂，限制了节点塑性的进一步发展。

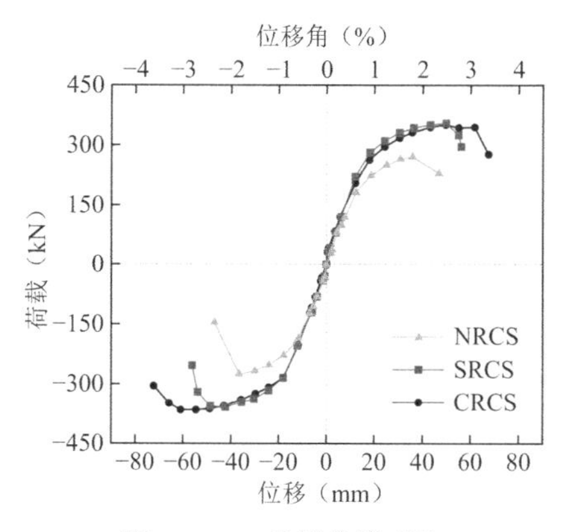

图 3.3-15 骨架曲线对比

3. 特征点荷载

按照 Park 法[14]确定屈服点，取峰值荷载的 85%为极限荷载，结果如表 3.3-3 所示，表中极限位移角（φ_u）为极限位移与钢梁加载点至柱中心线距离之比，即$\varphi_u = \Delta_u/L$。

由表 3.3-3 可知：在梁端加强翼缘的作用下，试件 SRCS 和 CRCS 的峰值荷载及峰值位移较试件 NRCS 分别提高 30.79%、31.48%和 26.75%、43.54%，同时极限荷载和极限位移有提高。虽然试件 CRCS 和 SRCS 极限荷载相差较小，但是前者极限位移较后者有明显提升，表明圆弧扩翼可以有效缓解变截面处应力集中，避免节点提前破坏，效果优于侧板加宽。

各试件特征点 **表 3.3-3**

试件编号	加载方向	P_y（kN）	Δ_y（mm）	P_{max}（kN）	Δ_{max}（mm）	P_u（kN）	Δ_u（mm）	μ	$\bar{\mu}$
NRCS	正向	234.12	20.54	272.41	35.70	231.55	46.53	2.27	2.14
	负向	234.37	19.74	274.71	36.72	233.50	39.94	2.02	
SRCS	正向	302.28	22.14	356.15	49.59	302.73	55.94	2.53	2.46
	负向	310.25	22.57	359.44	42.20	305.52	54.15	2.40	
CRCS	正向	297.42	24.05	354.02	49.41	300.92	65.53	2.72	2.90
	负向	304.67	23.13	365.35	54.54	310.55	71.36	3.09	

注：P_y和Δ_y分别为屈服荷载和屈服位移；P_{max}和Δ_{max}峰值荷载和峰值位移；P_u和Δ_u分别为极限荷载和极限位移；μ和$\bar{\mu}$分别为延性和延性平均值。

4. 延性

延性系数为极限位移与屈服位移的比值，试件 CRCS 延性系数（2.90）最大，试件 SRCS（2.46）次之，试件 NRCS（2.14）的最小。试件 SRCS 和 CRCS 的延性系数较试件 NRCS 分别提高 14.95%和 35.51%，可知加强翼缘能够有效改善节点变形能力，提高节点延性性能。

5. 刚度退化

图 3.3-16 为各试件的割线刚度与位移的关系曲线。加载初期，各试件割线刚度随位移增加而快速降低，刚度退化趋势差异较小。随着试件进入屈服阶段，退化速度逐渐减慢，其中试件 SRCS 和 CRCS 的割线刚度退化趋势基本相同，且均明显慢于试件 NRCS，说明加强翼缘可以有效降低刚度退化速度。

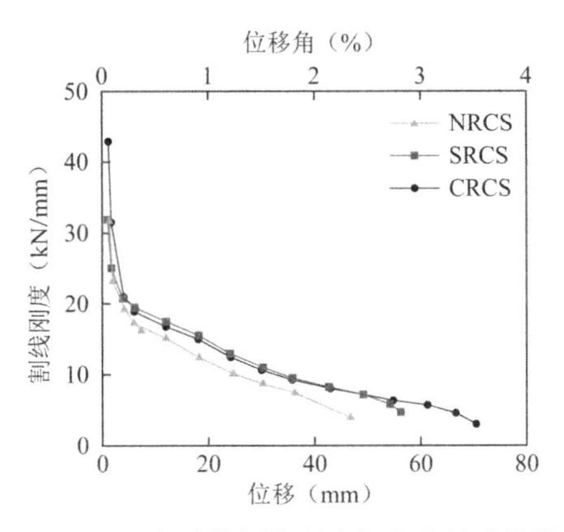

图 3.3-16　各试件割线刚度与位移关系曲线

6. 耗能性能

等效黏滞阻尼系数如图 3.3-17 所示，试件 SRCS 和 CRCS 的等效黏滞阻尼系数的发展曲线较为接近，其中试件 CRCS（0.36）略高于试件 SRCS（0.31），但均明显高于试件 NRCS（0.19）。而一般钢筋混凝土节点的等效黏滞阻尼系数为 0.1 左右，可以看出此类节点耗能能力优于钢筋混凝土节点。

各试件的累积耗能曲线如图 3.3-18 所示。加载初期，各试件累积耗能增长较慢，随着试件屈服，增长速度逐渐增加。在相同累积位移下，试件 SRCS 和 CRCS 的累积耗能接近，均高于试件 NRCS，其中试件 CRCS 最终累积耗能远高于其他节点。

综上，对梁端翼缘进行加强后，节点的延性和耗能能力有效得到了提升。同时圆弧扩翼型加强方式能够避免侧板加宽型方式在焊接侧板和变截面时产生的应力集中，所以三者的延性和耗能能力依次是试件 CRCS、SRCS 和 NRCS。

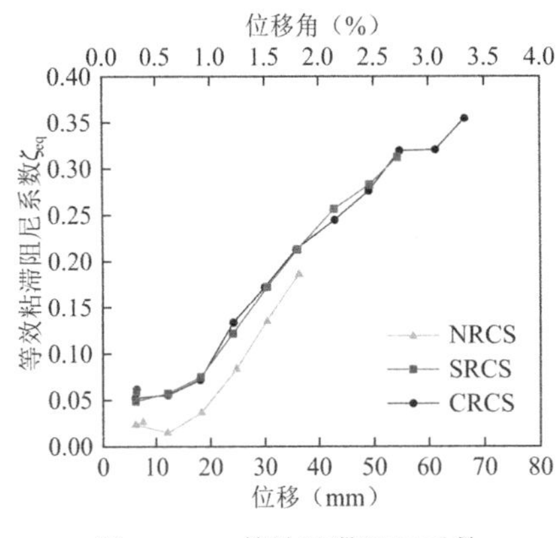

图 3.3-17　等效黏滞阻尼系数

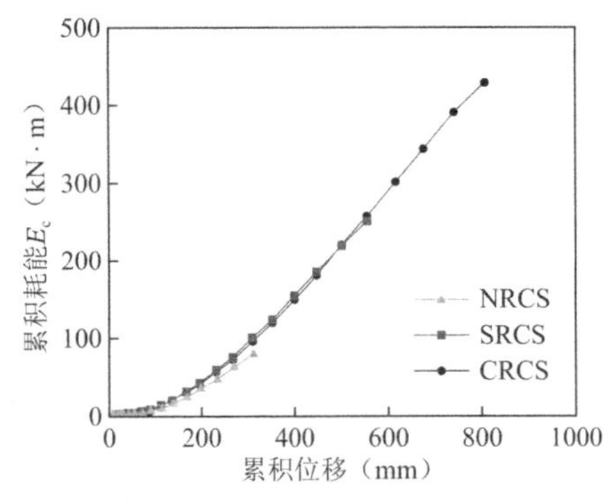

图 3.3-18　累积耗能

3.3.4 小结

（1）3 个预制管组合柱-钢梁节点均发生梁铰破坏机制，梁端翼缘加强型节点能实现塑性铰外移，缓解翼缘与贯通隔板变截面连接处的应力集中问题，避免柱面梁端焊缝发生脆性断裂。

（2）梁端翼缘加强型节点的滞回曲线整体饱满，形状为典型的梭形，具有较强的耗能能力。侧板加宽型节点和圆弧扩翼型节点的延性系数较常规栓焊型节点分别提高 14.95%和 35.51%，加强翼缘能够有效改善节点变形能力，提高节点延性。

（3）圆弧扩翼型节点的等效黏滞阻尼系数（0.36）略高于侧板加宽型节点（0.31），但均明显高于常规栓焊型节点（0.19），同时此类节点的耗能能力优于一般钢筋混凝土节点（0.1），表明预制管组合柱-钢梁节点具有较好的耗能能力。

（4）侧板加宽型节点和圆弧扩翼型节点的峰值荷载及峰值位移较常规栓焊型节点分别提高 30.79%、31.48%和 26.75%、43.54%，极限荷载和极限位移也得到了提高，说明采用梁端翼缘加强的形式可以具有更高的节点承载力。

（5）不同加强形式对节点承载力、刚度、延性和耗能能力有较大的影响。圆弧扩翼方式可以有效缓解变截面处应力集中，避免节点提前破坏，其承载能力和抗震性能显著优于侧板加宽方式。在高烈度地震区，建议预制管组合柱-钢梁装配式混合框架结构使用圆弧扩翼型连接。

参 考 文 献

[1] 毕继红, 王晖. 工程弹塑性力学[M]. 天津: 天津大学出版社, 2008.

[2] 唐九如. 钢筋混凝土框架节点抗震[M]. 南京: 东南大学出版社, 1989.

[3] 住房和城乡建设部. 钢结构设计标准: GB 50017—2017[S]. 北京: 中国建筑工业出版社, 2017.

[4] 住房和城乡建设部. 混凝土结构设计规范(2016 版): GB 50010—2010[S]. 北京: 中国建筑工业出版社, 2016.

[5] 住房和城乡建设部. 高层民用建筑钢结构技术规程: JGJ 99—2015[S]. 北京: 中国建筑工业出版社, 2015.

[6] 建设部. 普通混凝土力学性能试验方法标准: GB/T 50081—2002[S]. 北京: 中国建筑工业出版社, 2002.

[7] 国家质量监督检验检疫总局. 电弧螺柱用圆柱头焊钉: GB/T 10433—2002[S]. 北京: 中国标准出版社, 2004.

[8] 国家市场监督管理总局. 钢及钢产品 力学性能试验取样位置及试样制备: GB/T 2975—2018[S]. 北京: 中国质检出版社, 2018.

[9] 国家市场监督管理总局. 金属材料 拉伸试验 第 1 部分: 室温试验方法: GB/T 228.1—2021[S]. 北

京：中国标准出版社, 2021.

[10] 住房和城乡建设部. 建筑抗震试验规程: JGJ/T 101—2015[S]. 北京：中国建筑工业出版社, 2015.

[11] 金怀印, 薛伟辰, 杨晓, 等. 预应力型钢混凝土梁-钢管混凝土柱节点抗震性能试验研究[J]. 建筑结构学报, 2012, 33(8): 66-74.

[12] 程曦. 方钢管混凝土柱节点核芯区性能研究及机理分析[D]. 北京：清华大学, 2016.

[13] Chen X, Shi G. Cyclic tests on high strength steel flange-plate beam-to-column joints[J]. Engineering Structures, 2019, 186: 564-581.

[14] Park R. Evaluation of ductility of structures and structural assemblages from laboratory testing[J]. Bulletin of the New Zealand National Society for Earthquake Engineering, 1989, 22(3): 155-166.

[15] 陈惠发, AF 萨里普. Elasticity and plasticity(弹性与塑性力学)[M]. 北京：中国建筑工业出版社, 2005: 73-83.

[16] Ricles J M, Mao C, Lu L W, et al. Inelastic cyclic testing of welded unreinforced moment connections[J]. Journal of Structural Engineering, 2002, 128(4): 429-440.

[17] 陶慕轩. 钢 混凝土组合框架结构体系的楼板空间组合效应[D]. 北京：清华大学, 2012.

[18] 住房和城乡建设部. 建筑抗震设计规范: GB 50011—2010[S]. 北京：中国建筑工业出版社, 2010.

[19] Seismic provisions for structural steel buildings: ANSI/AISC 341-16[S]. Chicago: American Institute of Steel Construction. 2016.

[20] Eurocode 8—Design of structures for earthquake resistance—part 1: General rules, seismic actions and rules for buildings: EN 1998-1: 2004[S]. Brussels: European Committee for Standardization. 2004.

[21] SAC Joint Venture. FEMA-267 Report No. SAC-95-02 Interim guidelines: Evaluation, repair, modification and design of steel moment frames[S]. Federal Emergency Management Agency. 1995.

[22] Zhou X, Liu J, Cheng G, et al. New connection system for circular tubed reinforced concrete columns and steel beams[J]. Engineering Structures, 2020, 214: 110666.

[23] 过镇海, 时旭东. 钢筋混凝土原理与分析[M]. 北京：清华大学出版社, 2003.

[24] 冯鹏, 强翰霖, 叶列平. 材料、构件、结构的“屈服点”定义与讨论[J]. 工程力学, 2017, 34(3): 36-46.

[25] 胡方鑫, 施刚, 石永久, 等. 工厂加工制作的特殊构造梁柱节点抗震性能试验研究[J]. 建筑结构学报, 2014, 35(7): 34-43.

[26] 陶慕轩, 聂建国. 组合节点变形机制和破坏形态的定量评价[J]. 土木工程学报, 2016, 49(8): 61-68.

[27] Faella C, Piluso V, Rizzano G. Structural steel semirigid connections: Theory, Design, and Software[M]. CRC press, 1999.

[28] Alizadeh S, Attari N K A, Kazemi M T. Experimental investigation of RCS connections performance using self-consolidated concrete[J]. Journal of Constructional Steel Research, 2015, 114: 204-216.

[29] 韩林海, 李威, 王文达, 等. 现代组合结构和混合结构——试验、理论和方法[M]. 2 版. 北京：科学出版社, 2017.

[30] 李法雄, 聂建国. 钢-混凝土组合梁剪力滞效应弹性解析解[J]. 工程力学, 2011, 28(9): 1-8.

[31] Specification for structural steel buildings: ANSI/AISC 360-16[S]. Chicago: American Institute of Steel Construction. 2016.

[32] Eurocode 4. Design of composite steel and concrete structures. Part1-1. General rules and rules for buildings: EN 1994-1-1: 2004[S]. European Committee for Standardization, Brussels, Belgium, 2004.

[33] 李威. 圆钢管混凝土柱-钢梁外环板式框架节点抗震性能研究[D]. 北京: 清华大学, 2011.

[34] 赵国藩. 高等钢筋混凝土结构学[M]. 北京: 机械工业出版社, 2005: 238-240.

[35] Fukumoto T, Morita K. Elastoplastic behavior of panel zone in steel beam-to-concrete filled steel tube column moment connections[J]. Journal of Structural Engineering, 2005, 131(12): 1841-1853.

[36] Moradi A R, Soltani M, Tasnimi A A. A simplified constitutive model for dowel action across RC cracks[J]. Journal of Advanced Concrete Technology, 2012, 10: 264-277.

[37] Soltani M, Maekawa K. Path-dependent mechanical model for deformed reinforcing bars at RC interface under coupled cyclic shear and pullout tension[J]. Engineering Structures, 2008, 30(4): 1079-1091.

[38] Hetenyi M. Beams on elastic foundation: Theory with Applications in the Fields of Civil and Mechanical Engineering[M]. Michigan: the University of Michigan Press, 1946.

[39] 住房和城乡建设部. 混凝土异形柱结构技术规程: JGJ 149—2017[S]. 北京: 中国建筑工业出版社, 2017.

[40] 建设部. 型钢混凝土组合结构技术规程: JGJ 138—2001[S]. 北京: 中国建筑工业出版社, 2002.

[41] 刘辉. 高烈度区异形柱节点承载力提高措施[D]. 昆明: 昆明理工大学, 2016.

[42] Kamogowa N, Nakaoka A, Imanishi G, et al. Experimental study on beam-column joints of high rise R/C framed tube buildings[C]//Summaries of Technical Papers of Annual Meeting Architechtural Institute of Japan. Tokyo: AIJ, 2001, 21(2): 245-246.

第 4 章

预制管组合柱-钢梁混合框架抗震性能

混合结构由不同材料的结构构件组合而成，其目的在于充分发挥各种材料的特性，使不同材料组成的构件优势互补、共同工作。优化组合的混合结构能够充分发挥各组成构件的特性，同时使结构体系具有优越的力学性能和便捷装配的特性。预制管组合柱-钢梁混合框架结构较好地发挥了混凝土和钢各自的优点，具有良好的受力性能，但两种材料力学特性的差异也导致其受力机理复杂，如何合理认识各组成构件作用及保证各组成构件间的协同作用是装配式混合框架工程实践中亟需研究的关键问题。

在预制管组合柱-钢梁混合框架结构抗震性能和受力机理研究过程中，大比例尺整体结构模型的拟静力试验可以提供直观和全面的基础数据，对揭示地震损伤演化规律，建立、验证和发展抗震设计理论具有积极的作用。数值模拟弥补了结构试验人、物、财力耗费高和重复难等不足，通过破坏过程的动态跟踪可以反映结构的薄弱部位、破坏特征和破坏机理，为结构性能的评估提供理论依据。本章采用模型试验和数值模拟相结合的方法，通过2 个 1/2 缩尺 2 层 2 跨预制管组合柱-钢梁混合框架的低周反复加载试验，研究其破坏形态、滞回特性、变形性能和耗能能力，分析楼板对结构抗震性能的影响，并通过数值模拟分析结构的受力机理。通过本章试验研究和数值模拟，可全面考察预制管组合柱和梁柱节点在整体结构中的受力特征，综合反映结构体系的抗震性能，为建立预制管组合柱-钢梁混合框架结构抗震设计方法提供试验和理论依据。

4.1 试验概况

4.1.1 试件设计与制作

选取跨度 6m、层高 3.6m 的两跨七层预制管组合柱-钢梁混合框架的一榀横向框架底部两层子结构为试验原型（图 4.1-1），按 1/2 比例缩尺设计并制作了 2 个 2 层 2 跨混合框架模型试件，包括 1 个不带楼板的混合框架试件 PRCSF-N 和 1 个带楼板的混合框架试件 PRCSF-S。试件包含了框架各典型构件及各形式梁柱节点（边节点、中节点、顶层中节点及角节点），避免了小比例缩尺模型试验的“失真效应”[1]。

试件几何尺寸及构造如图 4.1-2 所示。试件层高 1.8m，跨度 3m。预制管组合柱截面尺寸为 300mm × 300mm，柱中空部分直径（d_c）为 180mm。柱纵筋采用 HRB400 级钢筋，布置为8Φ20，箍筋采用直径6mm的CRB600H级钢筋，箍筋加密区间距60mm，非加密区间距120mm，布置形式为双层四边形螺旋式。钢梁采用Q235钢，试件PRCSF-N的钢梁截面尺寸为$h_b \times b_f \times t_w \times t_f = 250mm \times 150mm \times 6mm \times 8mm$，试件PRCSF-S的钢梁截面尺寸为$h_b \times b_f \times t_w \times t_f = 200mm \times 100mm \times 6mm \times 8mm$。外伸牛腿长度为2倍钢梁截面高度，贯通隔板与外伸牛腿翼缘整体激光切割成型，隔板与牛腿翼缘变截面处圆弧过渡（半径$R = 20mm$），隔板厚度8mm，柱纵筋贯穿孔直径24mm，混凝土浇筑孔直径120mm。外伸牛腿翼缘和腹板与钢梁采用10.9级M20（试件PRCSF-N）和M16（试件PRCSF-S）大六角头摩擦型高强度螺栓双连接板连接，高强度螺栓按等强连接设计，连接板强度等级和厚度与相应的翼缘和腹板相同。梁柱节点钢套箍采用Q355钢，厚度8mm，钢套箍包括节点核心区钢管和上下钢板带，分别与贯通隔板采用全熔透焊缝连接。节点核芯区钢管内侧各设置6个4.6级直径10mm、长度40mm的栓钉，栓钉横向间距60mm，纵向间距为90mm（试件PRCSF-N）和65mm（试件PRCSF-S）。钢板带高100mm，每侧各设置2个直径10mm、长度40mm的栓钉，栓钉横向间距60mm。

试件中柱和边柱轴压比之比为2：1。试件PRCSF-N中柱和边柱试验轴压比分别为0.30和0.15，对应的设计轴压比分别为0.81和0.40，柱端所受轴压力分别为1313kN和656kN。试件PRCSF-S中柱和边柱试验轴压比分别为0.30和0.15，对应的设计轴压比分别为0.63和0.31，柱端所受轴压力分别为1030kN和515kN。试件PRCSF-N和PRCSF-S的柱梁线刚度比分别为4.73和1.31。柱梁受弯承载力比见表4.1-1。

柱梁受弯承载力比 **表4.1-1**

试件编号	二层西节点	二层中节点	二层东节点
PRCSF-N	1.37	0.83	1.37
PRCSF-S	1.38	0.80	1.38
试件编号	一层西节点	一层中节点	一层东节点
PRCSF-N	2.73	1.66	2.73
PRCSF-S	2.76	1.61	2.76

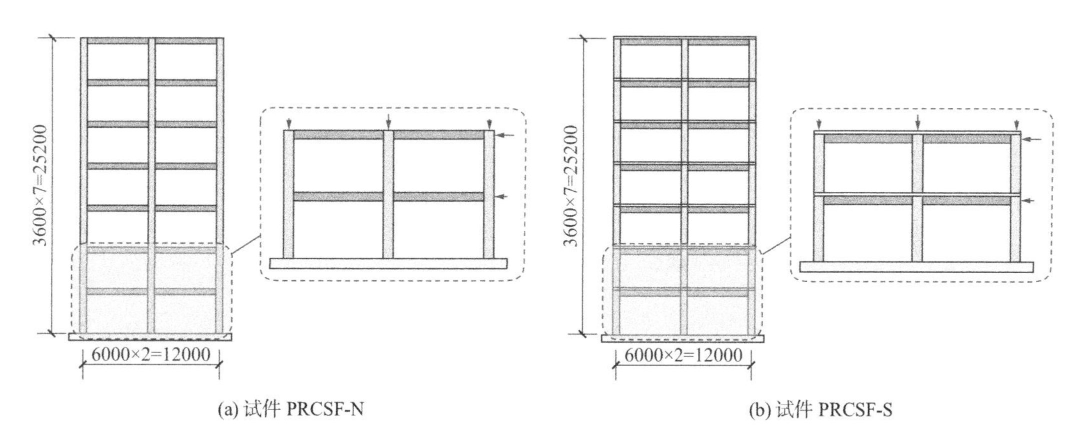

(a) 试件PRCSF-N　　(b) 试件PRCSF-S

图4.1-1 试验对象选取

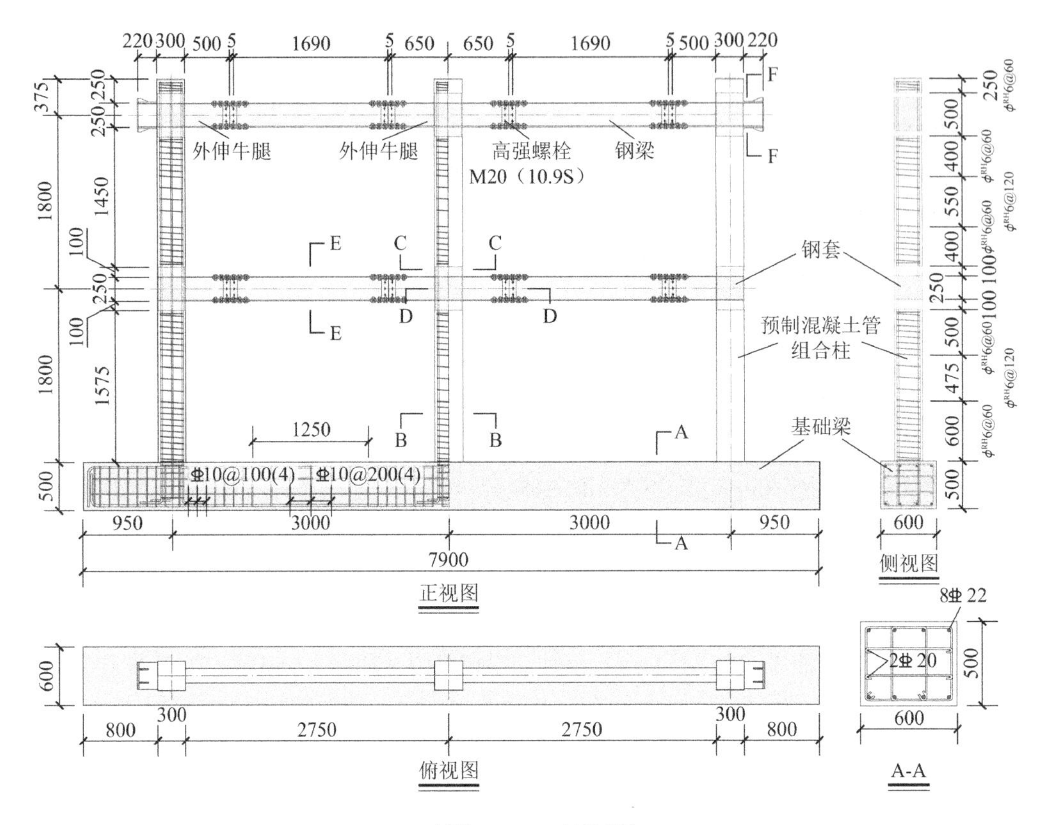

(a) 试件 PRCSF-N 整体结构

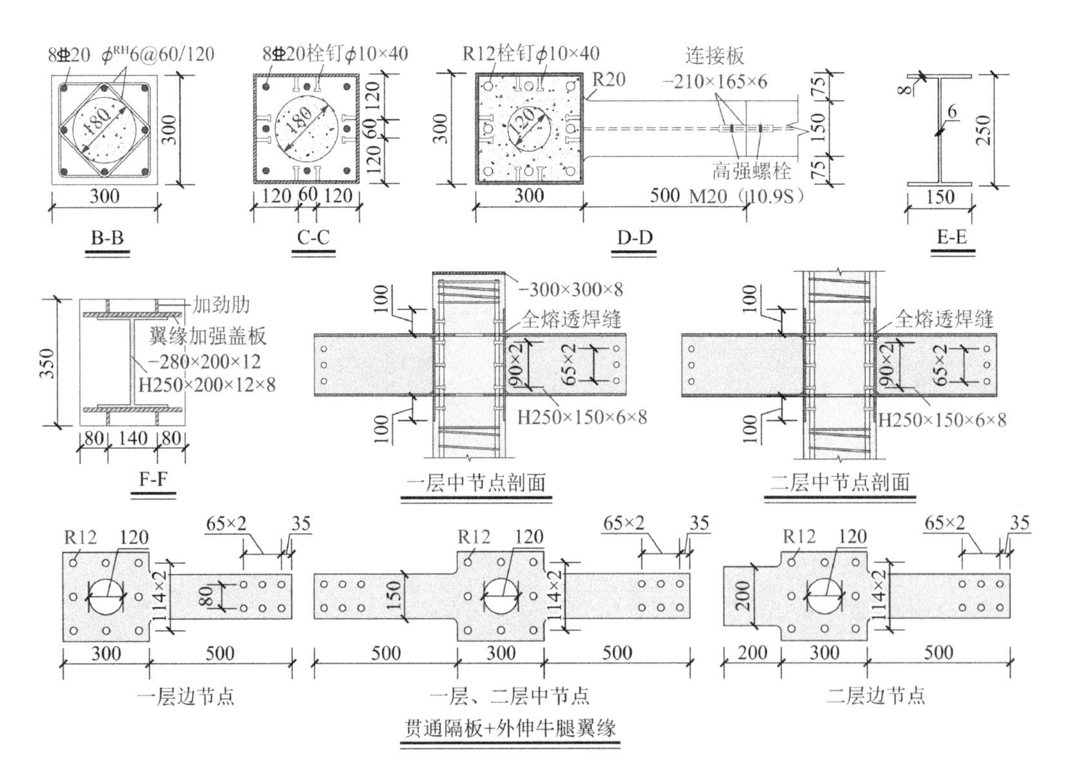

(b) 试件 PRCSF-N 柱、梁及节点

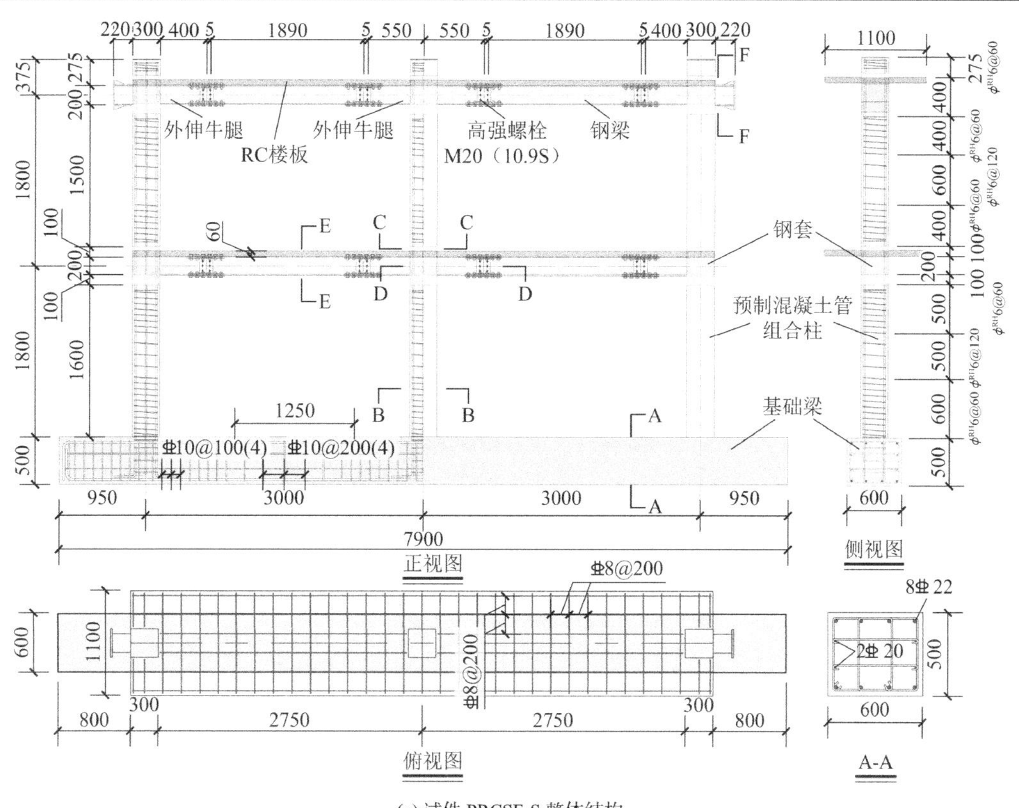

(c) 试件 PRCSF-S 整体结构

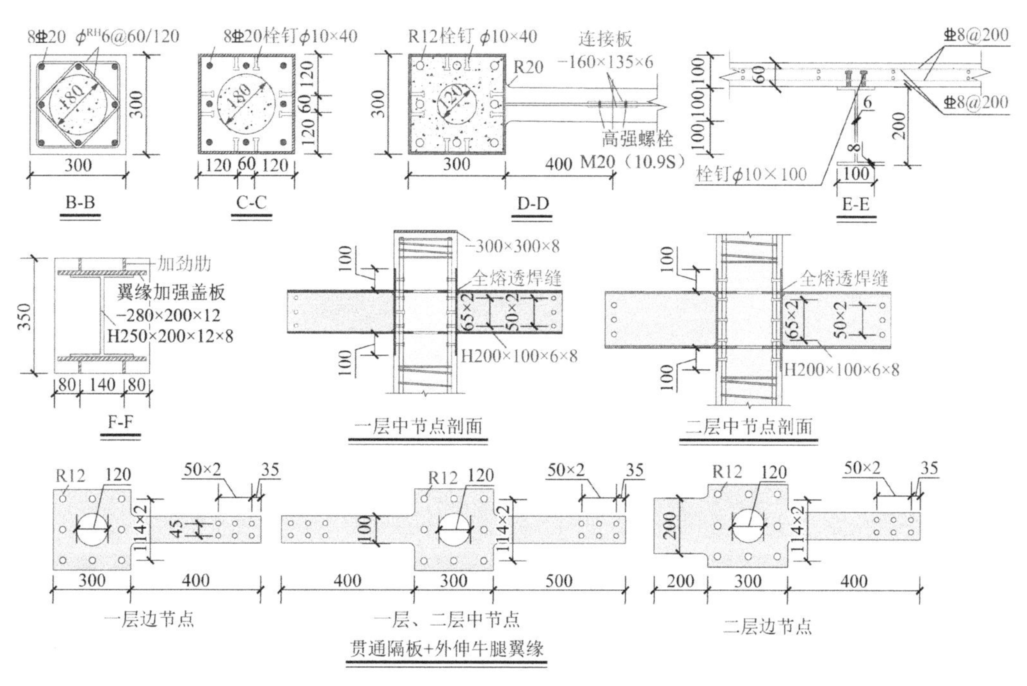

(d) 试件 PRCSF-S 柱、梁及节点

图 4.1-2　试件几何尺寸与构造

预制管组合柱采用抽芯法制作，抽芯模具为 PVC。预制管和芯部混凝土分两批浇筑。

钢结构加工、钢筋绑扎和预制管混凝土浇筑均在同一工厂完成，芯部混凝土、基础梁和楼板混凝土在实验室室外完成浇筑和试件组装；试件 PRCSF-N 的高强度螺栓施拧在实验室内完成，试件 PRCSF-S 的高强度螺栓施拧在实验室室外完成。钢梁采用焊接 H 型钢，钢套箍采用焊接方钢管，钢管壁板间、贯通隔板与钢套箍之间的连接采用全熔透焊缝。试件制作和安装流程如图 4.1-3 所示。

①钢构件制作

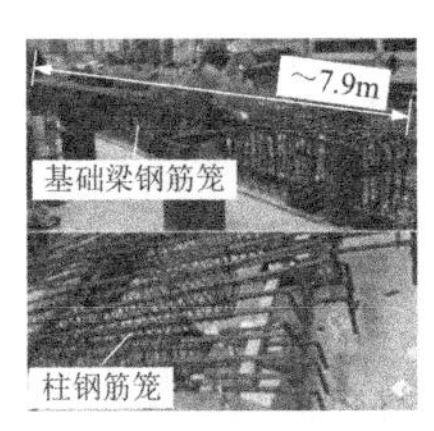

②绑扎钢筋笼

③预拼装、支模

④浇筑预制管混凝土

⑤预制管及钢构件制作完成

⑥实验室室外试件组装

⑦浇筑基础梁混凝土

⑧浇筑芯部混凝土

⑨试件运输至实验室内

⑩实验室内试件安装

(a) 试件 PRCSF-N

①钢构件制作

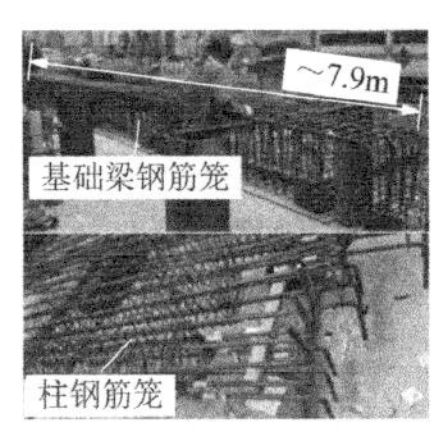

②绑扎钢筋笼

③预拼装、支模

④浇筑预制管混凝土

⑤预制管及钢构件制作完成

⑥实验室室外试件组装

⑦浇筑基础梁混凝土

⑧浇筑楼板和芯部混凝土

⑨试件运输至实验室内

⑩实验室内试件安装

(b) 试件 PRCSF-S

图 4.1-3　试件制作及安装流程

4.1.2　材料性能

1. 混凝土

基础梁和预制管混凝土强度等级为 C60，预制管混凝土自拌，混凝土配合比见表 4.1-2。基础梁和芯部混凝土均采用商品混凝土，芯部混凝土为 C30 自密实混凝土。自拌混凝土主要胶凝材料为 52.5 级普通硅酸盐水泥（试件 PRCSF-N）和 42.5 级普通硅酸盐水泥（试件 PRCSF-S）。为改善和易性，自拌混凝土中掺入高效减水剂。浇筑时各预留 6 个边长为 150mm 的标准立方体混凝土试块，与试件同条件养护。试验当天按规范[2]测得试件 PRCSF-N 的 C60（预制管）和 C30（芯部混凝土）混凝土立方体抗压强度平均值分别为 71.4MPa 和 35.0MPa，试件 PRCSF-S 的 C60（预制管）和 C30（芯部混凝土、楼板）混凝土立方体抗压强度平均值分别为 57.1MPa 和 35.3MPa。

混凝土配合比（kg/m³）　　表 4.1-2

水泥	粉煤灰	矿粉	中砂	碎石	水
533	55	55	583	1083	133

f_{cu}箱线图如图 4.1-4 所示。混凝土强度换算结果见表 4.1-3。

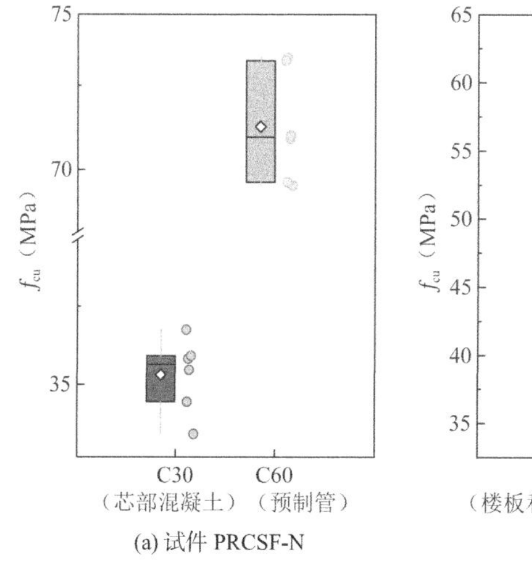

(a) 试件 PRCSF-N

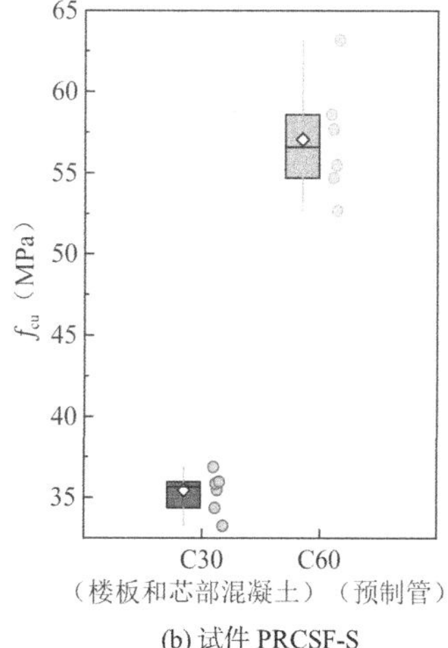

(b) 试件 PRCSF-S

图 4.1-4　混凝土立方体试块抗压强度箱线图

混凝土强度换算　　　　表 4.1-3

试件编号	强度等级	部位	f_{cu}（MPa）	f_c（MPa）	f_t（MPa）	E_c（MPa）
PRCSF-N	C30	芯部混凝土	35.0	26.6	2.79	30823
	C60	预制管	71.4	57.3	4.13	36964
PRCSF-S	C30	芯部混凝土、楼板	35.3	26.9	2.81	30876
	C60	预制管	57.1	44.2	3.65	34805

2. 钢材

栓钉由非热处理冷镦钢 ML15 加工而成，满足《电弧螺柱焊用圆柱头焊钉》GB/T 10433—2002[3]关于栓钉机械性能的要求。根据《钢及钢产品 力学性能试验取样位置及试样制备》GB/T 2975—2018[4]和《金属材料 拉伸试验 第 1 部分：室温试验方法》GB/T 228.1—2021[5]，加工钢材试样并进行拉伸试验（图 4.1-5），测得材性试验结果见表 4.1-4。

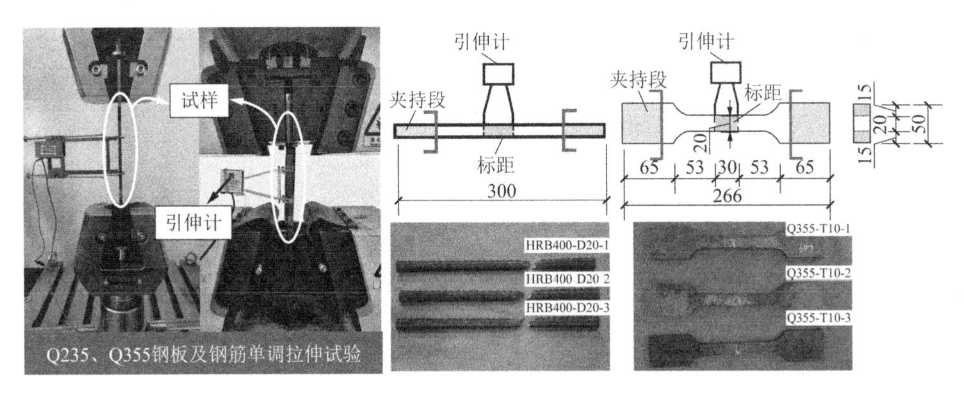

图 4.1-5　钢材力学性能试验

钢材力学性能　　　　表 4.1-4

部位	强度等级	d_b或t（mm）	f_y（MPa）	f_u（MPa）	δ（%）
柱纵筋	HRB400	20	444	619	26.0
柱箍筋	CRB600H	6	656	715	15.6
楼板钢筋	HRB400	8	465	620	25.5
钢套箍	Q355	8	416	589	25.8
钢梁腹板	Q235	6	343	467	25.3
钢梁翼缘	Q235	8	342	468	26.2

注：d_b为钢筋直径；t为钢板厚度；f_y、f_u为屈服强度、抗拉强度；δ为伸长率。

4.1.3　试验装置与加载制度

试验加载装置如图 4.1-6 所示。基础梁通过地锚螺栓和箱形钢压梁固定在刚性地板上，侧面设置限位钢梁约束试件水平滑移。中柱和边柱（西柱和东柱）柱顶分别通过 2000kN 和 1000kN 液压千斤顶分级施加至预设值，并在试验加载过程中保持恒定。液压千斤顶上方通过滑动装置与反力架横向相连，使试件能够在水平方向自由移动。2000kN 水平千斤顶东侧安装在反力墙上，西侧连接于加载夹具，4 根直径 40mm 的丝杠作为拉杆，对试件施加反复荷载。考虑到水平荷载按倒三角分布施加和仅二层施加时结果差别不大[6]，且加载设备受限，因此水平荷载采用在二层施加的方式。为防止试件发生面外失稳，在二层约 2/3 层高的柱两侧安装面外支撑，支撑与柱之间设置聚四氟乙烯板以减小摩擦。

1. 2000kN液压千斤顶　5. 2000kN竖向液压千斤顶　9. 限位钢梁
2. 加载夹具　6. 滑动装置　10. 电动油泵
3. 丝杠　7. 面外支撑　11. 手动油泵
4. 1000kN竖向液压千斤顶　8. 箱形钢压梁　12. 静态数据采集系统×4台

(a) 试件 PRCSF-N 加载现场

1. 2000kN液压千斤顶　5. 2000kN竖向液压千斤顶　9. 限位钢梁
2. 加载夹具　6. 滑动装置　10. 电动油泵
3. 丝杠　7. 面外支撑　11. 手动油泵
4. 1000kN竖向液压千斤顶　8. 箱形钢压梁　12. 静态数据采集系统×5台

(b) 试件 PRCSF-S 加载现场

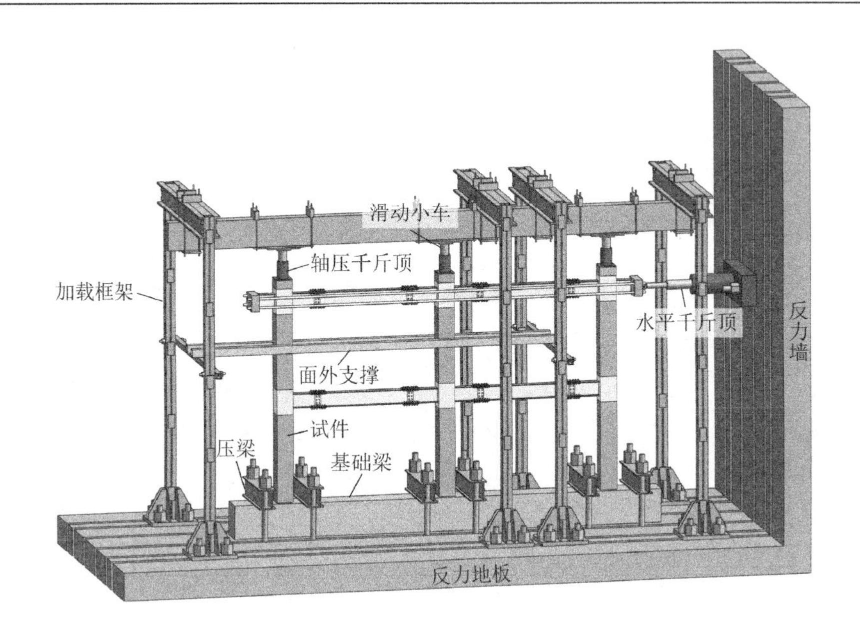

(c) 试件 PRCSF-N 加载示意图

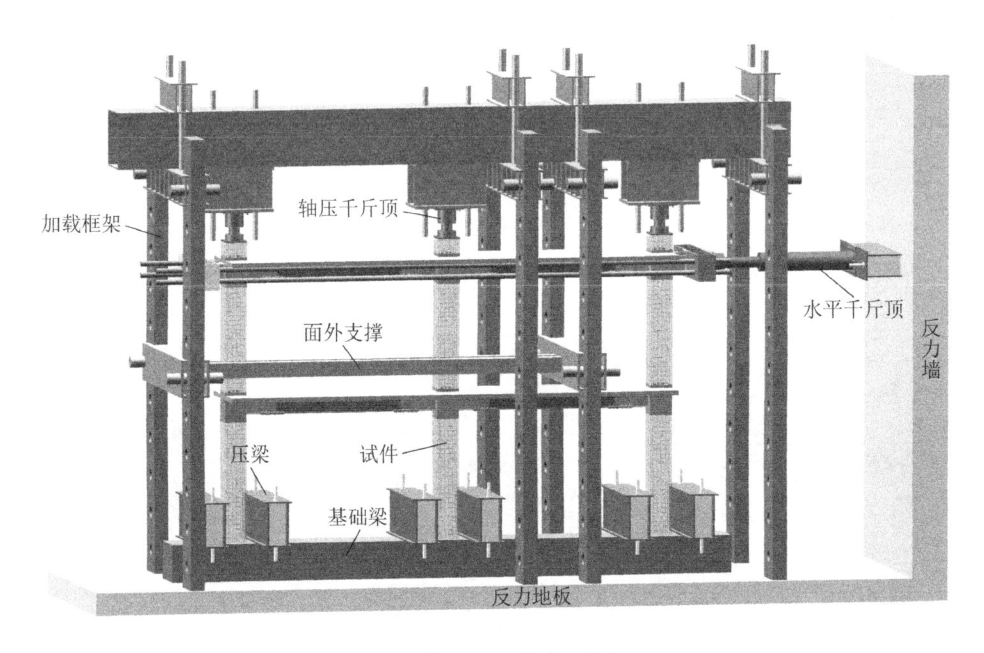

(d) 试件 PRCSF-S 加载示意图

图 4.1-6　试验加载装置

低周反复加载采用荷载-位移混合控制加载制度[7]，如图 4.1-7 所示。试件屈服前采用荷载控制，分 4 级加载，每级荷载增量 50kN，每级循环 1 次；试件屈服后采用位移控制，位移增量为屈服位移的整数倍，每级循环 2 次，直至试件承载力下降至峰值荷载的 85%以下时结束加载。试验加载速率为 1～2kN/s 或 0.5～1mm/s。规定水平千斤顶施加推力（西向）时为正向，施加拉力（东向）时为负向。

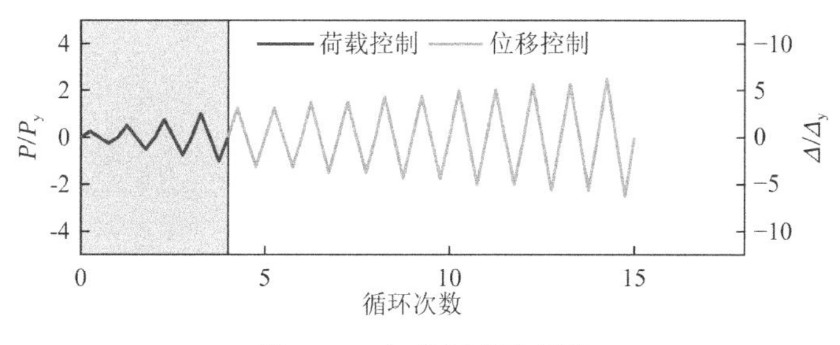

图 4.1-7 加载制度示意图

4.1.4 量测内容与测点布置

试验量测内容包括水平荷载、位移和关键部位应变分布，具体测量内容如下：（1）二层加载点荷载由力传感器测得，位移计 D1 和 D2 分别测量二层和一层水平位移；（2）位移计 D3 用于监测基础梁水平滑移，位移计 D4 和 D5 用于监测基础梁转动变形；（3）位移计 D20～D23、D46、D46、D30、D31 和 D54 测量梁柱间相对转角；（4）节点核心区交叉布置位移计测量节点核心区剪切变形；（5）位移计 D12 和 D13、D16 和 D17、D26 和 D27、D38 和 D39、D42 和 D43、D50 和 D51 测量柱弯曲变形；（6）位移计 D6 和 D7、D14 和 D15、D18 和 D19、D28 和 D29、D32 和 D33、D40 和 D41、D44 和 D45、D52 和 D53 测量柱弯曲变形和节点刚体变形；（7）位移计 D8 和 D9、D34 和 D35 测量一层柱底剪切变形；（8）倾角仪 IM1～IM6 示数包括柱变形和梁柱相对转动引起的变形。位移计和倾角仪布置方案如图 4.1-8 所示。

为研究加载过程中试件关键部位的应变发展，在一层柱底、靠近节点的柱纵筋、箍筋、钢梁翼缘和腹板、隔板表面均布置了应变片，节点核芯区钢管的中部和角部布置了应变花，钢板带表面布置了水平和竖向应变片。应变测点布置见图 4.1-9。此外，采用裂缝宽度观测仪测量混凝土裂缝宽度。

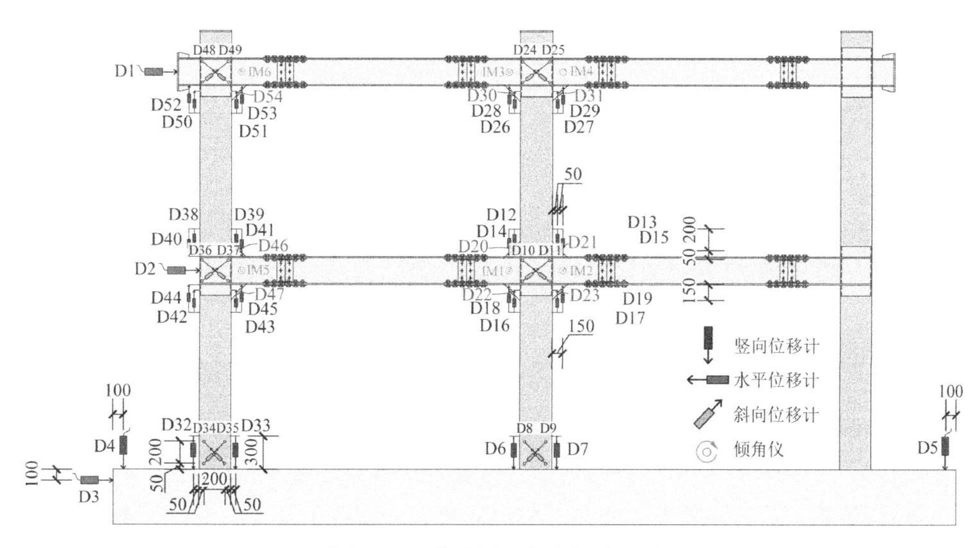

图 4.1-8 位移计和倾角仪布置图

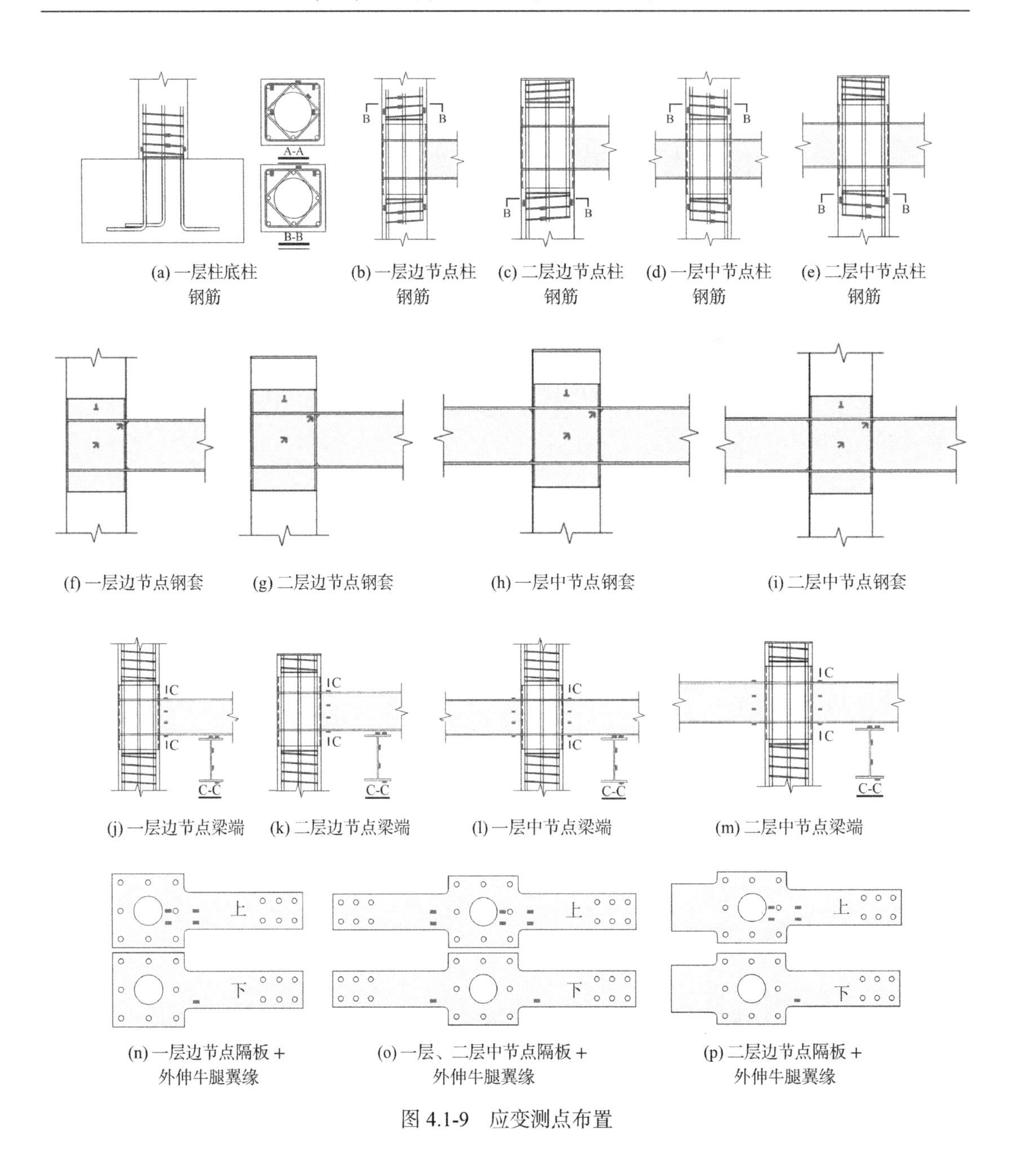

(a) 一层柱底柱钢筋　(b) 一层边节点柱钢筋　(c) 二层边节点柱钢筋　(d) 一层中节点柱钢筋　(e) 二层中节点柱钢筋

(f) 一层边节点钢套　(g) 二层边节点钢套　(h) 一层中节点钢套　(i) 二层中节点钢套

(j) 一层边节点梁端　(k) 二层边节点梁端　(l) 一层中节点梁端　(m) 二层中节点梁端

(n) 一层边节点隔板＋外伸牛腿翼缘　(o) 一层、二层中节点隔板＋外伸牛腿翼缘　(p) 二层边节点隔板＋外伸牛腿翼缘

图 4.1-9　应变测点布置

4.2　试验现象及破坏模式

4.2.1　框架的整体试验现象

图 4.2-1 和图 4.2-2 所示分别为试件 PRCSF-N 和试件 PRCSF-S 的整体破坏过程。定义顶点位移角(R_T)为加载点处水平位移与加载点到一层柱底高度之比，一层层间位移角(R_1)和二层层间位移角（ R_2 ）分别为一层和二层层间位移与层高之比。R_T与R_1、R_2的部分对应关系如表 4.2-1 所示。

(a) $R_{\mathrm{T}} = 0.14\%$

(b) $R_{\mathrm{T}} = 0.38\%$

(c) $R_{\mathrm{T}} = 0.83\%$

(d) $R_{\mathrm{T}} = 2.08\%$

(e) $R_{\mathrm{T}} = 2.92\%$

(f) $R_{\mathrm{T}} = 3.75\%$

图 4.2-1　试件 PRCSF-N 破坏过程

(a) $R_{\mathrm{T}} = 0.09\%$

(b) $R_{\mathrm{T}} = 0.36\%$

(c) $R_T = 0.84\%$

(d) $R_T = 2.08\%$

(e) $R_T = 2.94\%$

(f) $R_T = 3.76\%$

图 4.2-2　试件 PRCSF-S 破坏过程

R_T 与 R_1、R_2 的部分对应关系　　　　表 4.2-1

PRCSF-N	R_T	0.14%	0.38%	0.83%	2.08%	2.92%	3.75%
	R_1	0.10%	0.32%	0.73%	2.04%	2.87%	3.63%
	R_2	0.19%	0.42%	0.93%	2.09%	2.98%	3.87%
PRCSF-S	R_T	0.09%	0.36%	0.84%	2.08%	2.94%	3.76%
	R_1	0.08%	0.31%	0.80%	2.05%	3.00%	3.88%
	R_2	0.11%	0.36%	0.88%	2.12%	2.89%	3.64%

试件 PRCSF-N 随位移角增加开裂破坏过程如下：当加载至$R_T = 0.14\%$时，一层中柱和东柱柱底出现水平裂缝；当加载至$R_T = 0.38\%$时，一层西柱距基础梁顶面 730mm 高度范围出现若干条水平裂缝和斜裂缝，一层中柱水平裂缝和斜裂缝分布在距基础梁顶面 375mm 高度范围内，一层东柱柱底以水平裂缝为主，分布高度约为 460mm。当$R_T = 0.42\%$时，一层西柱混凝土裂缝宽度最大（$w_m = 0.12$mm），依据试验模型缩尺比 1/2，此时仍小于 RC 构件正常使用极限状态下的最大裂缝宽度限值 0.15mm[8]。当 $0.42\% < R_T < 1.67\%$时，一层柱新增若干条裂缝并不断延伸发展；一层西柱距基础梁顶面 350mm 高度范围内以水平弯曲裂缝和弯剪斜裂缝为主，350mm 高度范围外以负向斜裂缝为主；一层中柱柱身弯曲裂缝增加并逐渐沿斜向发展形成弯剪斜裂缝，在较大轴压和弯矩共同作用下，柱身斜裂缝与纵轴

线夹角较小；一层东柱水平裂缝数量增加并沿斜向发展，正负向裂缝基本对称，分布高度约为 700mm。当$R_T = 1.67\%$时，二层柱顶均出现弯剪斜裂缝，分布高度约为 350mm，二层中柱柱身中部出现若干条由于较大轴压力引起的竖向裂缝，并与纵轴线有较小角度的斜向发展趋势；一层中柱西侧根部混凝土轻微压碎。当顶点位移角达到框架结构弹塑性层间位移角限值 1/50（$R_T = 2.08\%$）时，R_1和R_2分别为 2.04%和 2.09%，试件达到峰值荷载，一层中柱柱底西侧根部混凝土压碎剥落，二层中柱柱顶与钢套箍接触处混凝土轻微剥落；一层西梁左端和东梁右端翼缘屈曲，二层西梁左端和东梁右端翼缘和腹板屈曲；柱身最大裂缝宽度约为正常使用极限状态下最大裂缝宽度限值的 2.7 倍。当$R_T = 2.08\%$～2.92%时，柱身基本无新增裂缝且发展缓慢，一层中柱根部混凝土压碎剥落，与钢套箍接触的二层中部柱顶和柱底混凝土轻微压碎，一层西柱和东柱根部混凝土轻微压碎；一、二层西梁左端和东梁右端翼缘和腹板局部屈曲变形显著，与中柱相邻的梁端翼缘屈曲逐渐明显。当加载至$R_T = 3.75\%$时，一层西柱和东柱根部混凝土压碎剥落，一层中柱根部混凝土压碎剥落，箍筋和纵筋外露但未屈曲，除一层和二层东梁左端仅翼缘屈曲外，其余梁端翼缘和腹板均发生严重屈曲，正负向荷载下降至峰值荷载的 85%以下，加载结束。

试件 PRCSF-S 随位移角加大开裂破坏过程如下：当加载至$R_T = 0.09\%$时，一层西柱和东柱柱底出现水平裂缝，一层西侧板底出现受拉裂缝。当加载至$R_T = 0.36\%$时，一层西柱和东柱柱底新增少量水平裂缝，一层中柱距基础梁顶面 350mm 高度范围出现 3 条水平裂缝。当$R_T = 0.42\%$时，一层中柱混凝土裂缝宽度最大（$w_m = 0.08$mm），依据试验模型缩尺比 1/2，此时仍小于 RC 构件正常使用极限状态下的最大裂缝宽度限值 0.15mm[8]。当$0.42\% < R_T < 1.67\%$时，一层柱新增若干条裂缝并不断延伸发展，楼板出现横向和纵向裂缝，横向裂缝不断延伸发展。$R_T = 0.84\%$时，一层楼板板顶出现纵向裂缝；一层西柱柱底以水平弯曲裂缝和弯剪斜裂缝为主，分布高度约为 1060mm；一层中柱柱身弯曲裂缝数量有所增加并逐渐沿斜向发展形成弯剪斜裂缝；一层东柱水平裂缝数量增加并沿斜向发展，正负向裂缝基本对称，分布高度约为 650mm。$R_T = 1.25\%$时，二层柱顶均出现弯剪斜裂缝，且二层中柱柱顶在较大轴压力和弯矩共同作用下，柱身出现若干与纵轴线夹角较小的斜裂缝。当顶点位移角达到框架结构弹塑性层间位移角限值 1/50（$R_T = 2.08\%$）时，R_1和R_2分别为 2.05%和 2.12%，试件接近峰值荷载，二层楼板板顶出现纵向裂缝，楼板横向裂缝宽度增大；一层西柱和中柱根部混凝土轻微压碎；一层西梁右端钢梁下翼缘轻微屈曲。当$R_T = 2.08\%$～2.94%时，柱身基本无新增裂缝且发展缓慢，一层西柱和东柱根部混凝土轻微压碎，一层中柱根部混凝土压碎剥落，二层中柱柱顶与钢套箍接触的混凝土轻微压碎；一层西梁左右端、东梁左端下翼缘首先发生屈曲，此后由于楼板的存在使得钢梁截面中和轴上移，钢梁下翼缘受拉需求提高，端部发生钢材断裂现象，随着梁柱相对转角的增大断裂范围由钢梁下翼缘延伸至腹板；同时，一层东梁右端和二层西梁右端、二层东梁左端钢梁下翼缘屈曲逐渐明显。当加载至$R_T = 3.76\%$时，一层西柱和东柱根部混凝土压碎剥落，一层中柱根部混凝土压碎剥落，一、二层梁端下翼缘均发生屈曲，部分梁端端部翼缘和腹板断裂，正负向荷载下降至峰值荷载的 85%以下，加载结束。

4.2.2 构件和节点的试验现象

1. 柱

图 4.2-3 所示为试件 PRCSF-N 和 PRCSF-S 一层柱底破坏过程。由图可知：（1）试件 PRCSF-N、PRCSF-S 一层西柱柱底弯曲和弯剪裂缝分别主要分布在距基础梁顶面 450mm 和 550mm 高度范围内；试件 PRCSF-N 的$R_\mathrm{T} \leqslant 1.25\%$时裂缝呈非对称分布，主要表现为负向加载裂缝数量较多且发展较快，这是由于基础梁制作时底面平整度不一，柱顶施加轴压力后，在水平反复荷载作用下试件受力不完全对称，$R_\mathrm{T} > 1.25\%$后柱身裂缝分布逐渐对称；试件 PRCSF-S 的裂缝分布较为对称；$R_\mathrm{T} > 2.08\%$后两个试件柱身裂缝基本不再增加，裂缝发展缓慢，R_T达到 2.08%时柱底混凝土轻微压碎剥落。（2）试件 PRCSF-N、PRCSF-S 一层中柱柱底弯曲和弯剪裂缝主要分布在距基础梁顶面 820mm 和 850mm 高度范围内；试件 PRCSF-N 的$R_\mathrm{T} \leqslant 0.42\%$时，柱身主要为水平弯曲裂缝和弯剪斜裂缝，$0.42\% < R_\mathrm{T} < 1.25\%$时后柱身新增与纵轴线夹角较小的斜裂缝；试件 PRCSF-S 的$R_\mathrm{T} < 1.25\%$时，柱身主要为水平弯曲裂缝和弯剪斜裂缝，$R_\mathrm{T} = 1.25\%$时柱身新增与纵轴线夹角较小的斜裂缝；两个试件的$R_\mathrm{T} > 2.08\%$后裂缝发展缓慢，柱底受压区混凝土逐渐压碎剥落，$R_\mathrm{T} = 3.75\%$时柱底混凝土剥落现象显著。（3）试件 PRCSF-N、PRCSF-S 一层东柱柱底弯曲和弯剪裂缝主要分布在距基础顶面 830mm 和 800mm 高度范围内；试件 PRCSF-N 的$R_\mathrm{T} \leqslant 0.83\%$时柱身主要为水平弯曲裂缝，基本呈对称分布，$R_\mathrm{T} > 0.83\%$后水平裂缝开始斜向发展并逐渐相交；试件 PRCSF-S 一层东柱柱底在$R_\mathrm{T} < 0.83\%$时西侧以水平弯曲裂缝为主，东侧以弯剪斜裂缝为主，$R_\mathrm{T} > 0.83\%$后西侧水平裂缝开始斜向发展并逐渐与东侧弯剪斜裂缝相交；$R_\mathrm{T} > 2.08\%$后两个试件裂缝发展基本稳定，柱底受压区混凝土逐渐压碎剥落，$R_\mathrm{T} = 3.75\%$时柱底混凝土轻微剥落。

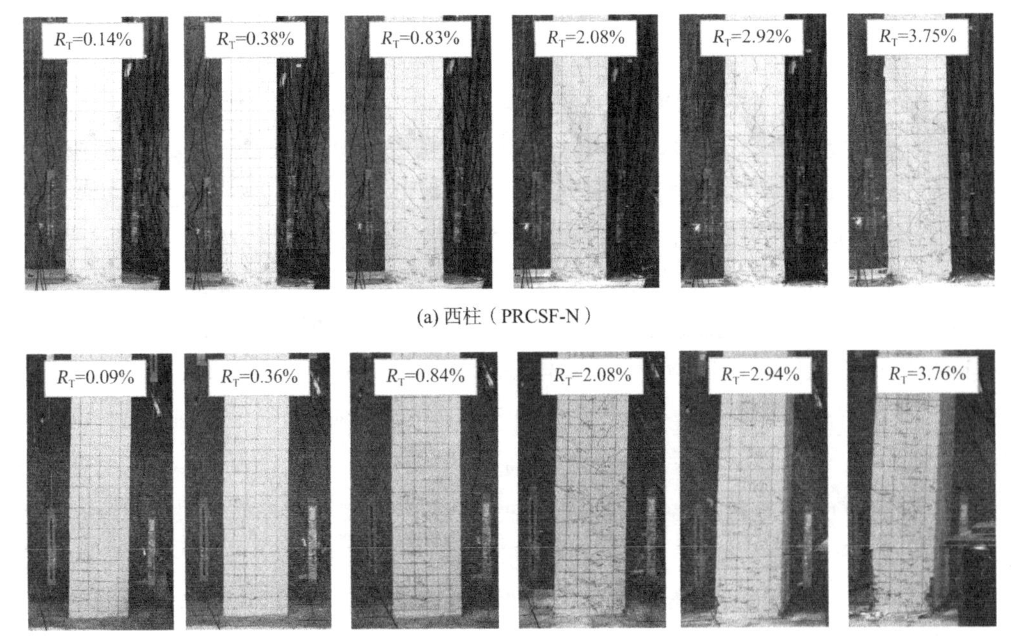

(a) 西柱（PRCSF-N）

(b) 西柱（PRCSF-S）

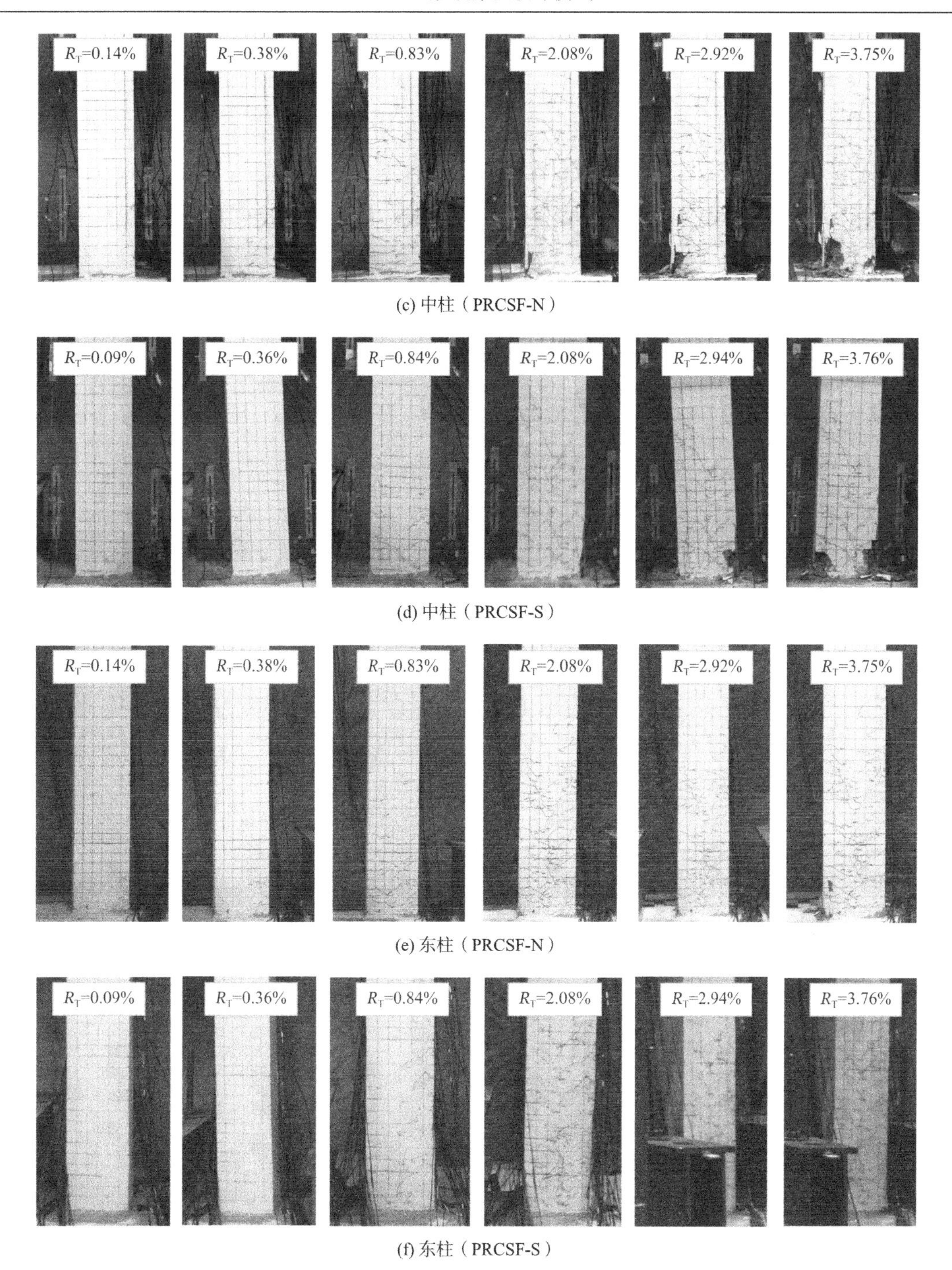

(c) 中柱（PRCSF-N）

(d) 中柱（PRCSF-S）

(e) 东柱（PRCSF-N）

(f) 东柱（PRCSF-S）

图 4.2-3　试件 PRCSF-N 和 PRCSF-S 一层柱底破坏过程

2. 梁和节点

图 4.2-4 所示为试件 PRCSF-N 和 PRCSF-S 梁和节点的破坏过程。由图可知：（1）钢梁屈曲均发生在$R_T > 2.0\%$之后，试件 PRCSF-N 开始主要表现为翼缘局部屈曲，随着顶点位移角不断增加，钢梁翼缘和腹板逐渐屈曲；试件 PRCSF-S 开始主要表现为钢梁下翼缘局部屈曲，随着顶点位移角增加，钢梁端部钢材断裂，断裂范围由下翼缘全截面延伸至腹板。

试件 PRCSF-N 屈曲现象最严重的为二层东西节点相邻的梁端，塑性铰长度约为 1.0 倍梁高，其次为一层东西节点相邻的梁端，局部屈曲长度约为 0.8～1.0 倍梁高，随后为一层和二层西梁右端，屈曲长度约为 0.6 倍梁高，一层和二层东梁左端则主要表现为翼缘屈曲；试件 PRCSF-S 的一层较二层钢梁屈曲和钢材断裂现象明显，梁端局部屈曲长度最大约为 0.5 倍梁高。（2）两个试件梁柱节点核心区未发生明显剪切变形，试件 PRCSF-N 一层中节点上端和二层中节点下端与钢套箍接触的混凝土轻微压碎，试件 PRCSF-S 二层中节点下端与钢套箍接触的混凝土轻微压碎。

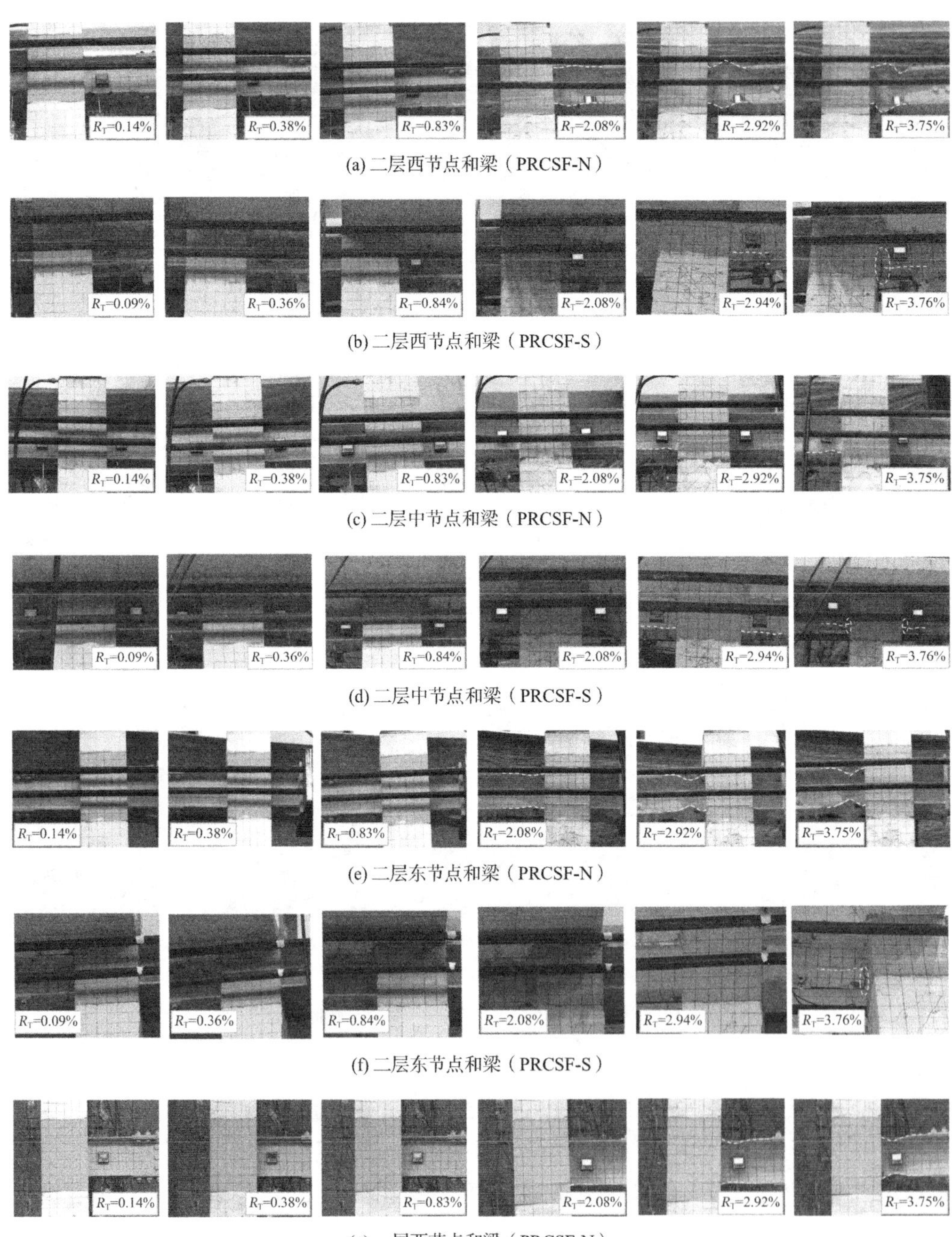

(a) 二层西节点和梁（PRCSF-N）

(b) 二层西节点和梁（PRCSF-S）

(c) 二层中节点和梁（PRCSF-N）

(d) 二层中节点和梁（PRCSF-S）

(e) 二层东节点和梁（PRCSF-N）

(f) 二层东节点和梁（PRCSF-S）

(g) 一层西节点和梁（PRCSF-N）

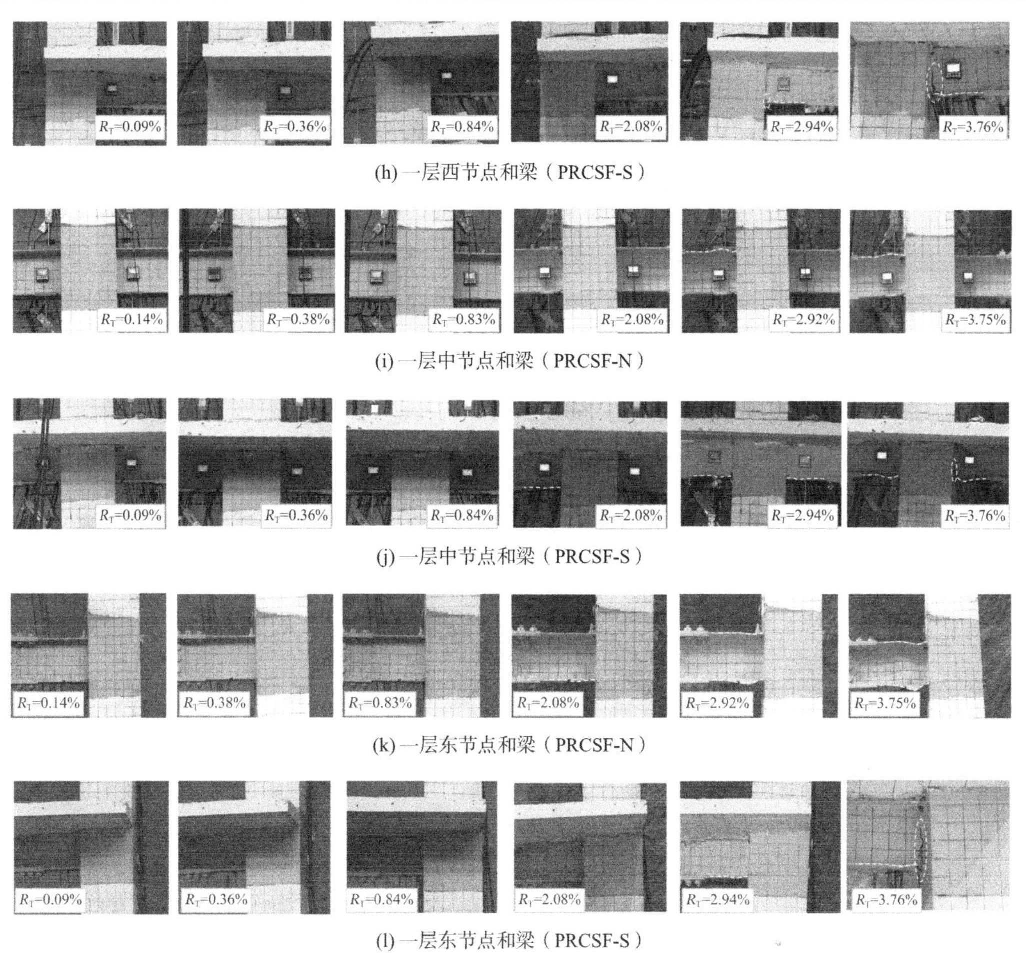

(h) 一层西节点和梁（PRCSF-S）

(i) 一层中节点和梁（PRCSF-N）

(j) 一层中节点和梁（PRCSF-S）

(k) 一层东节点和梁（PRCSF-N）

(l) 一层东节点和梁（PRCSF-S）

图 4.2-4 试件 PRCSF-N 和 PRCSF-S 梁和节点破坏过程

4.2.3 破坏模式

试件 PRCSF-N 最终破坏形态如图 4.2-5（a）所示。试件破坏时钢梁端部均发生屈曲现象，二层西梁左端和东梁右端翼缘与腹板严重屈曲，形成塑性铰，一层西梁左右端和东梁右端、二层西梁右端翼缘和腹板亦发生显著屈曲，一层和二层东梁左端主要表现为钢梁翼缘屈曲；一层西柱和东柱根部受压区混凝土轻微压碎剥落，剥落高度约 45～120mm，一层中柱根部混凝土大面积剥落，箍筋和纵筋外露，西侧和东侧混凝土剥落高度分别约为 395mm 和 200mm，平均高度为 1.0 倍柱截面高度，二层中柱底部和顶部与钢套箍接触处混凝土轻微压碎剥落。梁柱节点核芯区未发生明显的剪切变形。

试件 PRCSF-S 最终破坏形态如图 4.2-5（b）所示。试件破坏时钢梁端部下翼缘均发生屈曲现象，一、二层西梁左端、一层西梁右端、一层东梁两端的下翼缘和腹板均发生钢材断裂，二层东梁右端下翼缘发生钢材断裂；一层西柱和东柱根部受压区混凝土压碎剥落，剥落高度约 90～300mm，一层中柱根部混凝土大面积剥落，箍筋和纵筋外露，西侧和东侧混凝土剥落高度分别约为 150mm 和 200mm，平均高度为 0.58 倍柱截面高度，二层中柱顶部与钢套箍接触处混凝土轻微压碎剥落。梁柱节点核芯区未发生明显的剪切变形。

总体上，预制管组合柱-钢梁混合框架结构在罕遇地震作用下（$R_T = 2.0\%$）达到或接近峰值承载力，钢梁开始出现屈曲现象，柱损伤较轻，梁柱节点保持弹性。反复荷载作用下结构损伤主要集中于钢梁端部和一层柱底部，塑性铰出现顺序为钢梁先于预制管组合柱，试件整体屈服机制为梁铰机制。

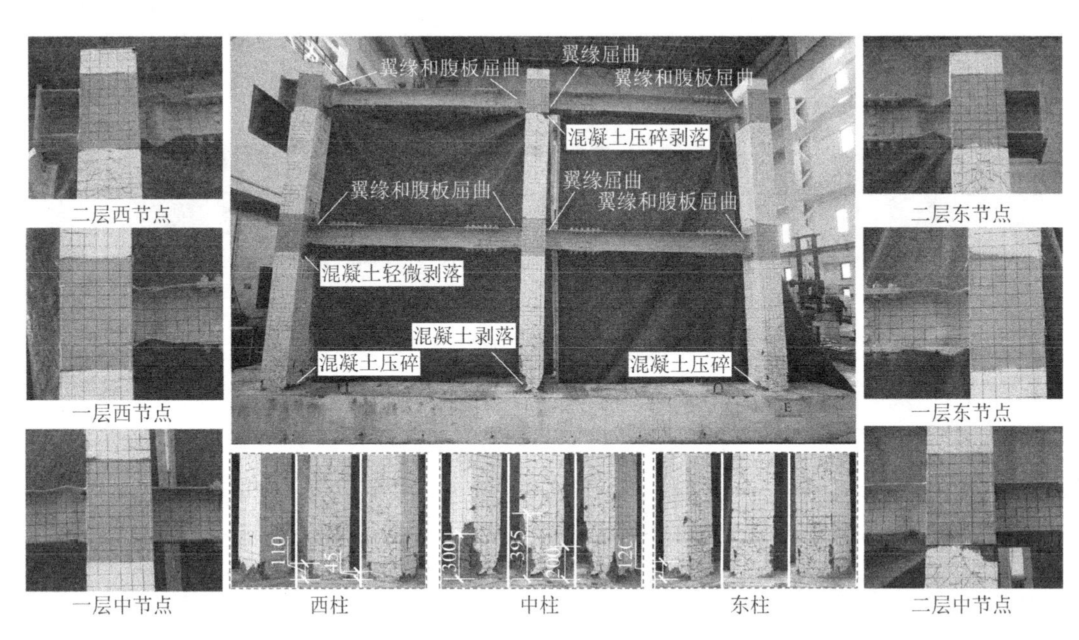

(a) 试件 PRCSF-N

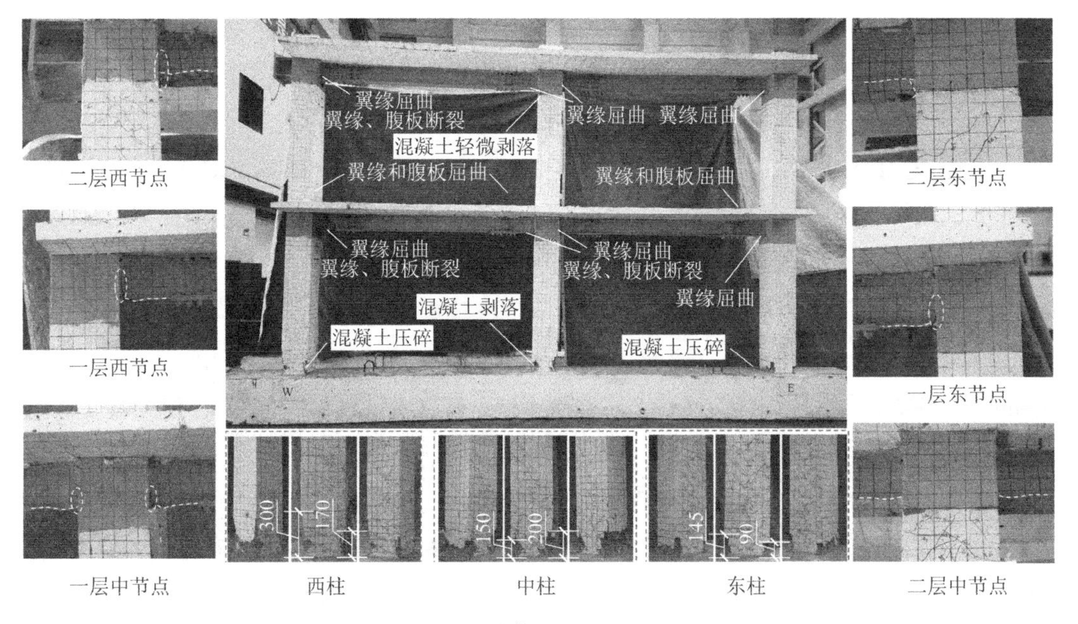

(b) 试件 PRCSF-S

图 4.2-5　最终破坏形态

4.3 框架整体受力性能

4.3.1 滞回曲线与骨架曲线

图 4.3-1 所示为试件的基底剪力-顶点位移（角）（Q_B-Δ_T、Q_B-R_T）、基底剪力-一层层间位移（角）（Q_B-Δ_{1F}、Q_B-R_1）和基底剪力-二层层间位移（角）（Q_B-Δ_{2F}、Q_B-R_2）滞回曲线，其中基底剪力（Q_B）等于水平千斤顶的荷载（P），顶点位移（Δ_T）等于加载点对应的位移（Δ）。图 4.3-1 中标出了开裂点、屈服点、峰值点和破坏点。开裂点为柱中出现第一条裂缝对应的点，破坏点为荷载下降至峰值承载力 85%时对应的点。从图 4.3-1 可知：（1）柱身混凝土开裂前，滞回曲线呈线性变化，加载和卸载刚度基本相同，卸载后残余变形较小；混凝土开裂后滞回曲线斜率减小，试件刚度逐渐降低，呈现弹塑性特征，达到屈服点时各钢梁端部翼缘和柱纵筋已首次超过屈服应变。（2）当各钢梁翼缘首次屈服（$R_T \approx 1.0\%$）后，滞回曲线斜率进一步减小，弹塑性特征愈加显著，滞回环面积逐渐增大，耗能能力提高，试件承载力随顶点位移的增加缓慢增长，同一加载级下承载力和刚度退化不显著。（3）当顶点位移角逐渐增加至 2.0%（试件 PRCSF-N）、1.5%（试件 PRCSF-S）时，各钢梁端部翼缘全部屈服，部分钢梁已发生局部屈曲，顶点位移角约为 2.0%时，一层中柱底部混凝土开始压碎，试件达到或接近峰值承载力。（4）峰值荷载后，两个试件的钢梁屈曲现象愈发明显，试件 PRCSF-S 钢梁下翼缘和腹板开始发生断裂现象，结构塑性变形迅速增大，一层柱底混凝土逐渐压碎剥落，试件承载力随顶点位移的增加逐渐降低，同一加载级下承载力和刚度无明显退化；当正向加载至顶点位移角$R_T = 3.49\%$（试件 PRCSF-N）、$R_T = 3.38\%$（试件 PRCSF-S）时试件达到破坏点。（5）一层和二层基底剪力-层间位移角滞回曲线具有一定的不对称性；由于一层边界约束较二层强，因此二层较一层层间变形大。（6）试件 PRCSF-N 滞回曲线呈梭形，无捏拢现象，滞回曲线饱满，表现出良好的耗能能力；试件 PRCSF-S 滞回曲线呈弓形，有一定的捏拢现象，滞回曲线饱满程度低于试件 PRCSF-N。

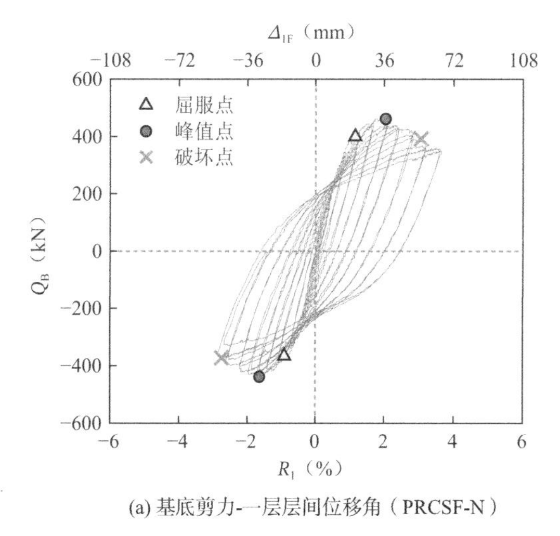

(a) 基底剪力-一层层间位移角（PRCSF-N）

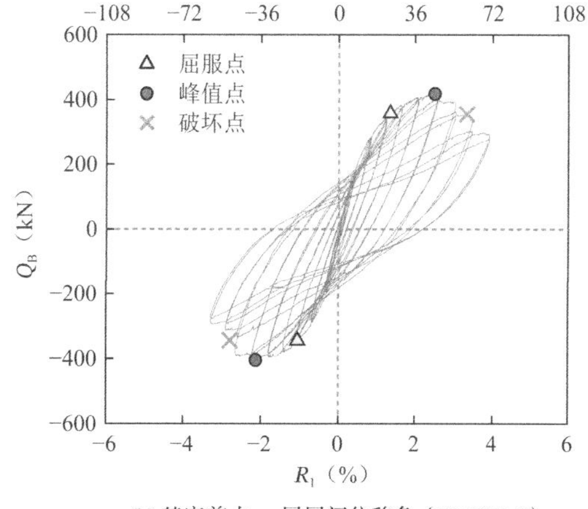

(b) 基底剪力-一层层间位移角（PRCSF-S）

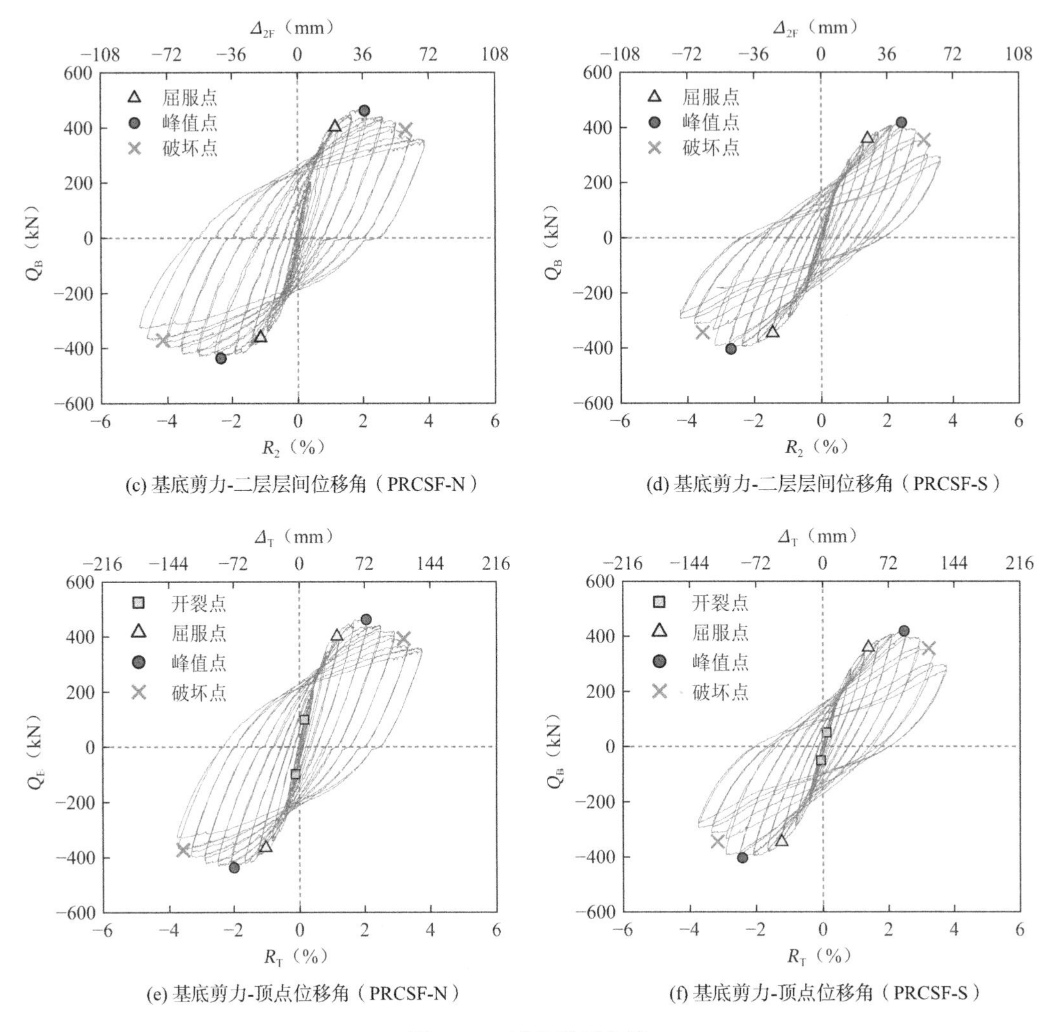

(c) 基底剪力-二层层间位移角（PRCSF-N）

(d) 基底剪力-二层层间位移角（PRCSF-S）

(e) 基底剪力-顶点位移角（PRCSF-N）

(f) 基底剪力-顶点位移角（PRCSF-S）

图 4.3-1　试件滞回曲线

图 4.3-2 给出了试件的骨架曲线。图中标出了顶点位移角和层间位移角为 ± 1/400 的值。试件主要性能指标列于表 4.3-1 中。其中，P_{cr}和R_{cr}分别为开裂荷载和对应的顶点位移角；P_y和R_y分别为屈服荷载和对应的顶点位移角，R_y采用“Park 法”[9]确定；P_m和R_m分别为峰值荷载和对应的顶点位移角；R_u为极限顶点位移角，定义为荷载降至峰值承载力 85% 时对应的顶点位移角；延性系数$\mu_{0.85}$为R_u和R_y之比；K_e为弹性抗侧刚度；R_p为最大塑性转角；$\sum R_p$为累积塑性转角；$\sum E_i/(P_y\Delta_y)$为正则化累积耗能指标，其中Δ_y为屈服位移。从图 4.3-2 和表 4.3-1 中可以看出：（1）$R_T < 1/400$ 时基本处于弹性受力状态，弹塑性特征不明显；（2）试件 PRCSF-N、PRCSF-S 的P_y分别为P_m的 85%和 86%，R_y均约为R_m的 1/2；（3）试件 PRCSF-N 达到峰值荷载时对应的顶点位移角与 1/50 接近，试件 PRCSF-S 达到峰值荷载时对应的顶点位移角为 1/50 的 1.22 倍；（4）试件 PRCSF-N、PRCSF-S 的平均极限位移角分别为$R_u = 3.62\%$（1/28）和 3.33%（1/30），远大于规范[10]规定的框架结构弹塑性层间位移角限值，延性系数分别为 3.34 和 2.55，具有较好的变形能力。

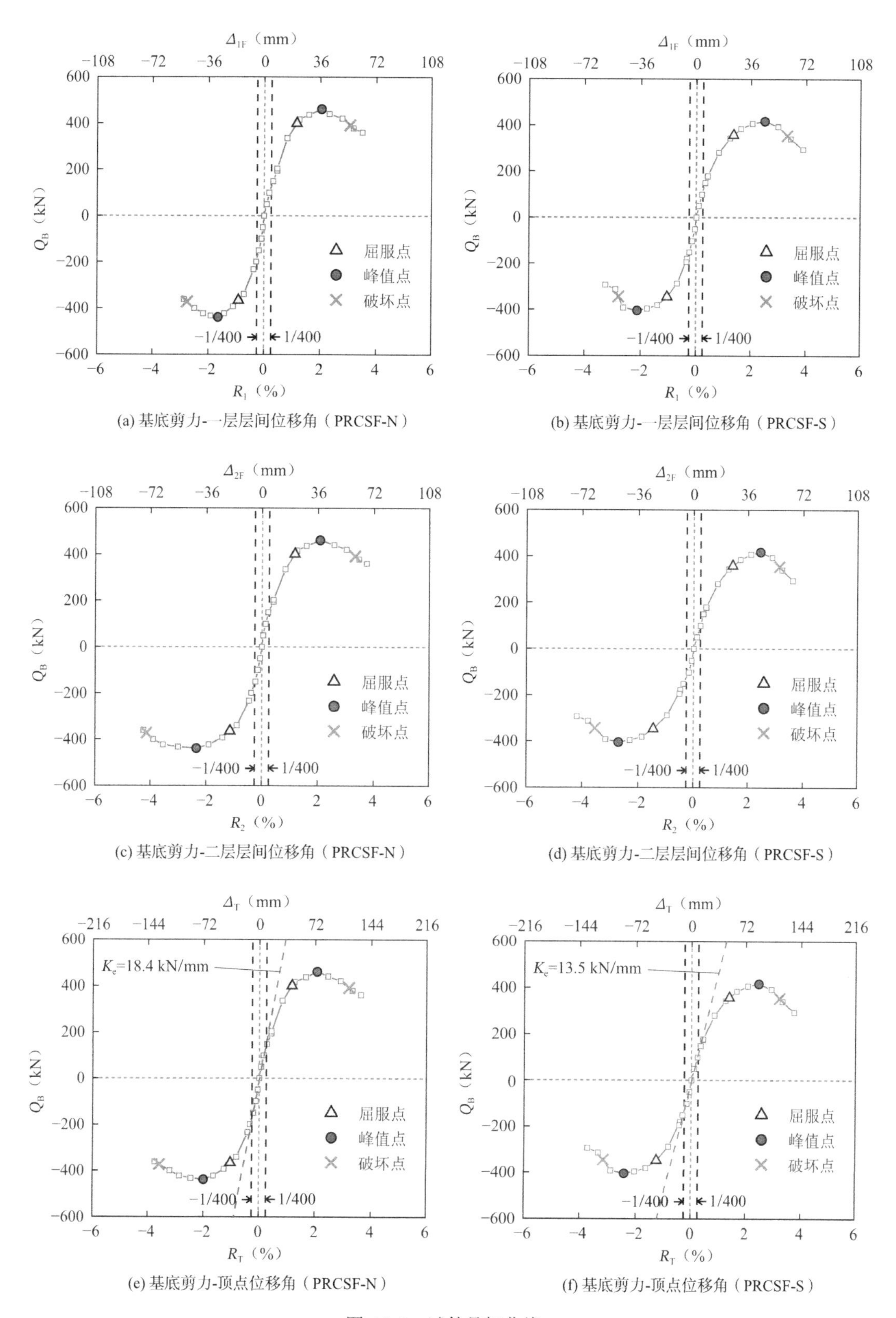

(a) 基底剪力-一层层间位移角（PRCSF-N）

(b) 基底剪力-一层层间位移角（PRCSF-S）

(c) 基底剪力-二层层间位移角（PRCSF-N）

(d) 基底剪力-二层层间位移角（PRCSF-S）

(e) 基底剪力-顶点位移角（PRCSF-N）

(f) 基底剪力-顶点位移角（PRCSF-S）

图 4.3-2　试件骨架曲线

试件主要性能指标　　　　表 4.3-1

加载方向	P_{cr}（kN）	R_{cr}（%）	P_y（kN）	P_y（%）	P_m（kN）	R_m（%）	R_u（%）	$\mu_{0.85}$	K_e（kN/mm）	R_p（%）	$\sum R_p$（%）	$\sum E_i/(P_y\Delta_y)$
试件 PRCSF-N												
正向	99.0	0.15	400.8	1.16	461.4	2.06	3.49	3.01				
负向	−198.7	−0.33	−365.0	−1.02	−438.4	−1.99	−3.74	3.67	18.4	2.42	34.5	47.2
平均	148.9	0.24	382.9	1.09	449.9	2.03	3.62	3.34				
试件 PRCSF-S												
正向	49.8	0.10	358.4	1.37	418.0	2.46	3.38	2.47				
负向	−50.8	−0.07	−345.9	−1.25	−404.5	−2.42	−3.29	2.62	13.5	2.03	31.2	29.6
平均	50.3	0.09	352.2	1.31	411.3	2.44	3.33	2.55				

4.3.2　抗侧刚度和承载能力

通过线性拟合Q_B-R_T骨架曲线上R_T在−0.3%～+0.3%以内的各峰值点数据，得到试件PRCSF-N 和试件 PRCSF-S 弹性抗侧刚度$K_e = 18.4$kN/mm 和 13.5kN/mm，标识于图 4.3-2（e）、图 4.3-2（f）中。

采用环线刚度（K_{ij}）[11]分析低周反复荷载作用下的刚度退化特性，图 4.3-3 给出了试件正负向环线刚度退化曲线。由图可知：（1）负向环线刚度大于正向环线刚度，这是因为初始正向加载使试件发生了损伤，导致其正向较负向刚度小；（2）钢梁翼缘屈服前刚度退化较快，随着顶点位移的增加刚度退化逐渐变缓；（3）柱纵筋屈服后刚度退化速率较为稳定；（4）$R_T > 2.0\%$后，刚度退化更趋缓慢，正负向刚度较为一致；（5）试件 PRCSF-N 和PRCSF-S 达到屈服点、峰值点和最终破坏时抗侧刚度均约为弹性抗侧刚度（K_e）的 1/2、1/3、1/7。

表 4.3-1 列出了试件的特征点荷载，图 4.3-4 所示为同级强度退化系数（λ_i）按屈服位移正则化的位移变化曲线。从表 4.3-1 和图 4.3-4 中可以看出：（1）试件 PRCSF-N、PRCSF-S 的P_y和P_m分别为P_{cr}的 2.6 倍和 3.0 倍、7.0 倍和 8.2 倍，试件具有较好的弹塑性承载能力；（2）λ_i总体上随加载级数的增加逐渐减小，试件 PRCSF-N 的λ_i在 0.91～1.03 之间，试件PRCSF-S 的λ_i在 0.89～1.02 之间，表明两试件在低周反复荷载作用下具有稳定的强度退化性能。

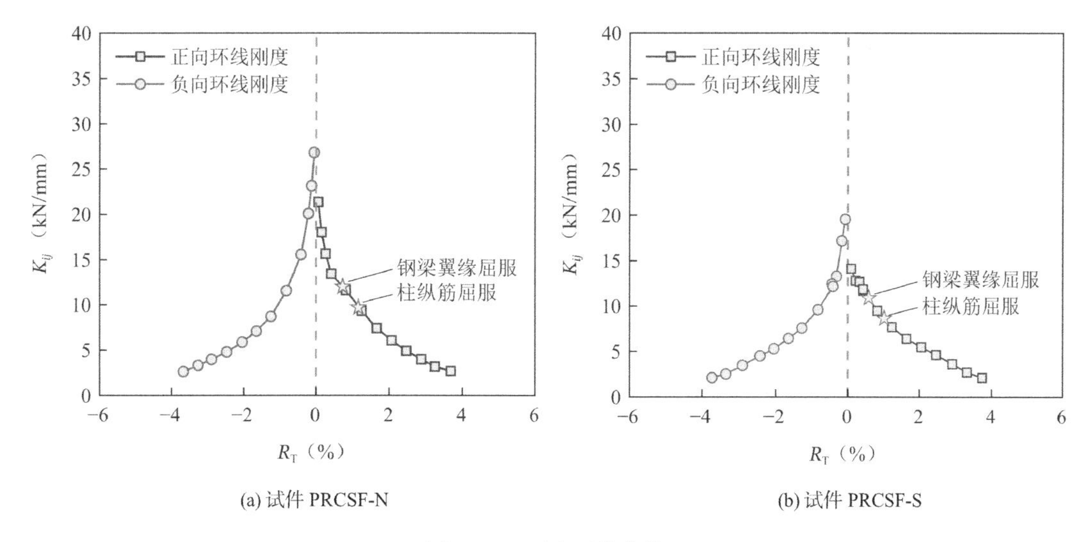

(a) 试件 PRCSF-N (b) 试件 PRCSF-S

图 4.3-3 刚度退化曲线

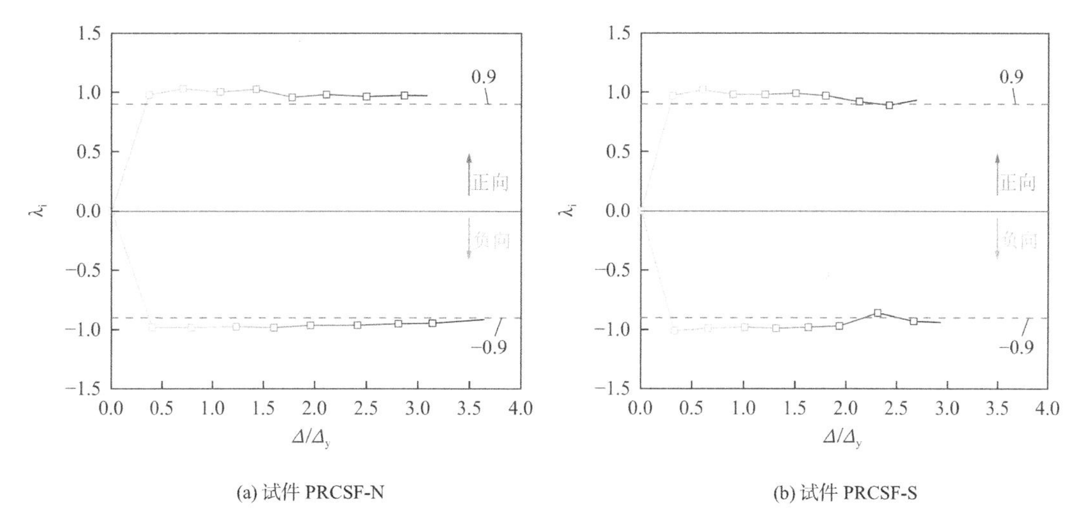

(a) 试件 PRCSF-N (b) 试件 PRCSF-S

图 4.3-4 同级强度退化系数曲线

4.3.3 变形性能

顶点塑性位移为Q_B-Δ_T滞回曲线中每半圈最大加载级在Δ_T轴截距的绝对值，最大塑性转角（R_p）为Q_B-R_T滞回曲线中一个循环最大加载级第一圈在R_T轴截距绝对值的平均值[12]。表 4.3-2 中给出的R_P为加载结束时的值。试件每半圈顶点塑性位移和顶点累积塑性位移发展如图 4.3-5 所示。由图 4.3-5 和表 4.3-2 可知：（1）$R_T \leqslant 0.4\%$时未产生明显的塑性位移，从$R_T = 1.25\%$开始塑性位移逐渐明显并随加载进程稳定增长，达到 1.67%后塑性位移增长较快；（2）试件 PRCSF-N 和 PRCSF-S 的$\sum R_p$分别为R_p的 14.3 倍和 15.4 倍，表明结构在低周反复荷载作用下具有良好的塑性变形能力和足够的安全度[13]。

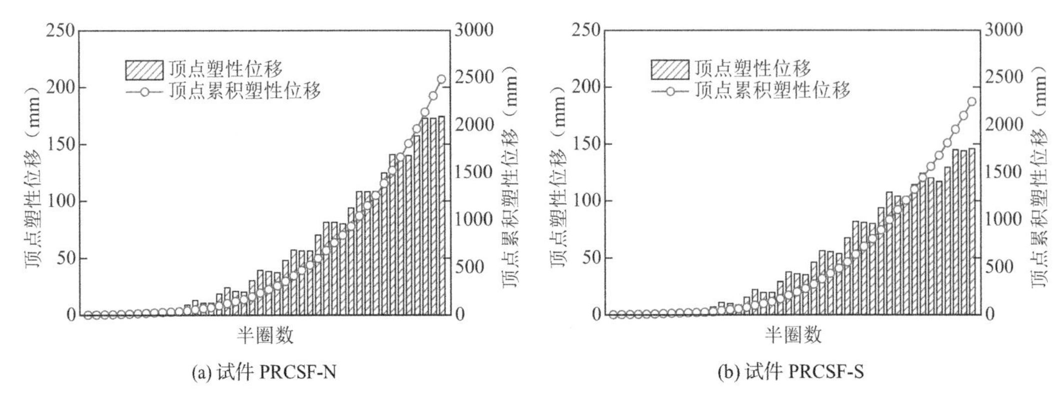

(a) 试件 PRCSF-N　　(b) 试件 PRCSF-S

图 4.3-5　顶点塑性位移和顶点累积塑性位移

为判断结构随加载幅值增大是否会形成薄弱层，统计每半圈一层和二层层间位移之比如图 4.3-6 所示。整个加载过程中试件 PRCSF-N、PRCSF-S 一层和二层层间位移比平均值约为 46%∶54%和 40%∶60%，这是因为一层柱脚与基础梁之间接近刚接，较二层柱脚约束作用强，使得一层层间抗侧刚度大于二层。试件 PRCSF-N、PRCSF-S 一层层间位移比分别保持在 36%～59%和 40%～52%，二层层间位移比分别保持在 41%～64%和 48%～60%，加载过程中各层层间位移比未出现突然波动，结构变形均匀无薄弱层。

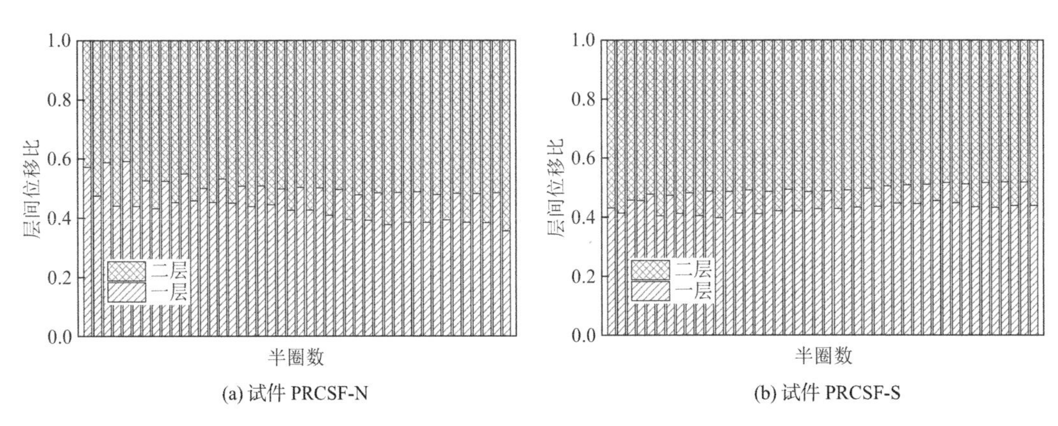

(a) 试件 PRCSF-N　　(b) 试件 PRCSF-S

图 4.3-6　各层层间位移比

4.3.4　耗能能力

对Q_B-Δ_T滞回曲线单圈进行积分，得到试件单圈耗能和累积耗能如图 4.3-7 所示。根据屈服荷载和屈服位移计算得到正则化累积耗能指标（$\sum E_i/(P_y\Delta_y)$）结果见表 4.3-1。不同顶点位移角下等效黏滞阻尼系数（ζ_{eq}）列于表 4.3-2。由图表可知：（1）$R_T < 0.83\%$时弹塑性特征不明显，累积耗能和等效黏滞阻尼系数均较小；（2）试件屈服（$R_T \approx 1.0\%$）后，单圈耗能、累积耗能和等效黏滞阻尼系数随加载幅值的增大快速增加；（3）试件达到或接近峰值承载力（$R_T \approx 2.0\%$）后累积耗能仍持续稳定增加，最终破坏时，试件 PRCSF-N 和 PRCSF-S 的ζ_{eq}分别为 0.285 和 0.184，相比罕遇地震作用（$R_T = 2.0\%$）时其增幅分别为 56.6%和 16.5%，结构具有较好的耗能能力。

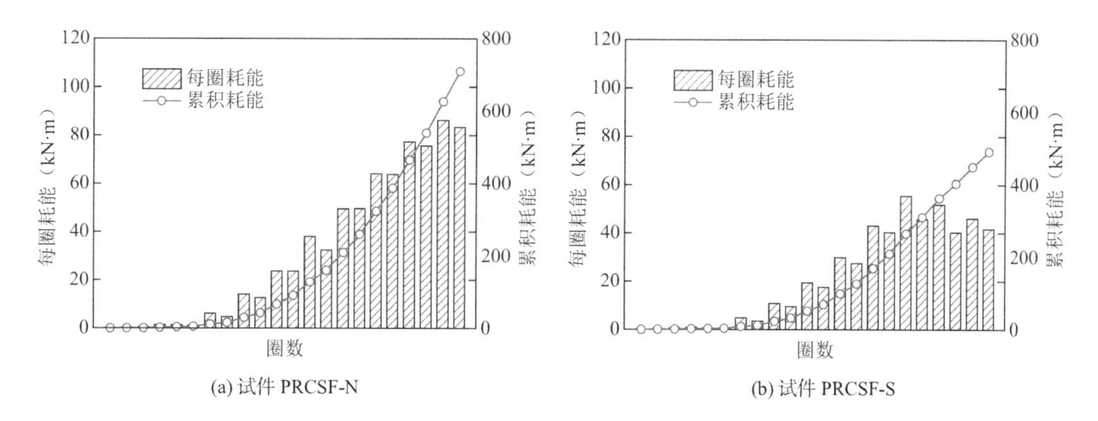

(a) 试件 PRCSF-N　(b) 试件 PRCSF-S

图 4.3-7　每圈耗能和累积耗能

不同顶点位移角下等效黏滞阻尼系数　**表 4.3-2**

PRCSF-N	R_T	0.5%	1.0%（屈服）	1.5%	2.0%（峰值）	3.0%	3.6%（破坏）
	ζ_{eq}	0.068	0.096	0.137	0.182	0.250	0.285
PRCSF-S	R_T	0.5%	1.3%（屈服）	1.5%	2.4%（峰值）	3.0%	3.3%（破坏）
	ζ_{eq}	0.052	0.103	0.122	0.185	0.202	0.184

4.3.5 构件和节点的受力性能

1. 构件的受力性能

（1）柱

根据各层柱底和柱顶位移计数据，可计算得到柱弯曲变形转角（θ_f）和剪切变形转角（θ_s），以一层中柱柱底为例，θ_f和θ_s的表达式为：

$$\theta_f = \frac{\Delta_6 - \Delta_7}{\delta_{67}} \tag{4.3-1}$$

$$\theta_s = \frac{(\Delta_8 - \Delta_9)d_8}{2\delta_{89}h_8} \tag{4.3-2}$$

式中：Δ_6、Δ_7、Δ_8、Δ_9——位移计 D6、D7、D8 和 D9 的测量值；

δ_{67}、δ_{89}——位移计 D6、D7 和位移计 D8、D9 的水平距离；

d_8、h_8——位移计 D8 固定测点位置的宽度和高度。

图 4.3-8 所示为一、二层西柱和中柱柱顶和柱底变形转角-顶点位移角曲线。由于剪切变形测量位移计数据波动较大，试件 PRCSF-N 仅给出一层西柱底的剪切变形转角曲线，见图 4.3-8（i），试件 PRCSF-S 仅给出一层中柱底的剪切变形转角曲线，见图 4.3-8（l）。由图可知，柱端弯曲变形主要集中在一层柱底，各部位弯曲变形转角均不超过 0.004rad，柱端剪切变形转角不大于 0.004rad，占顶点位移比较小。

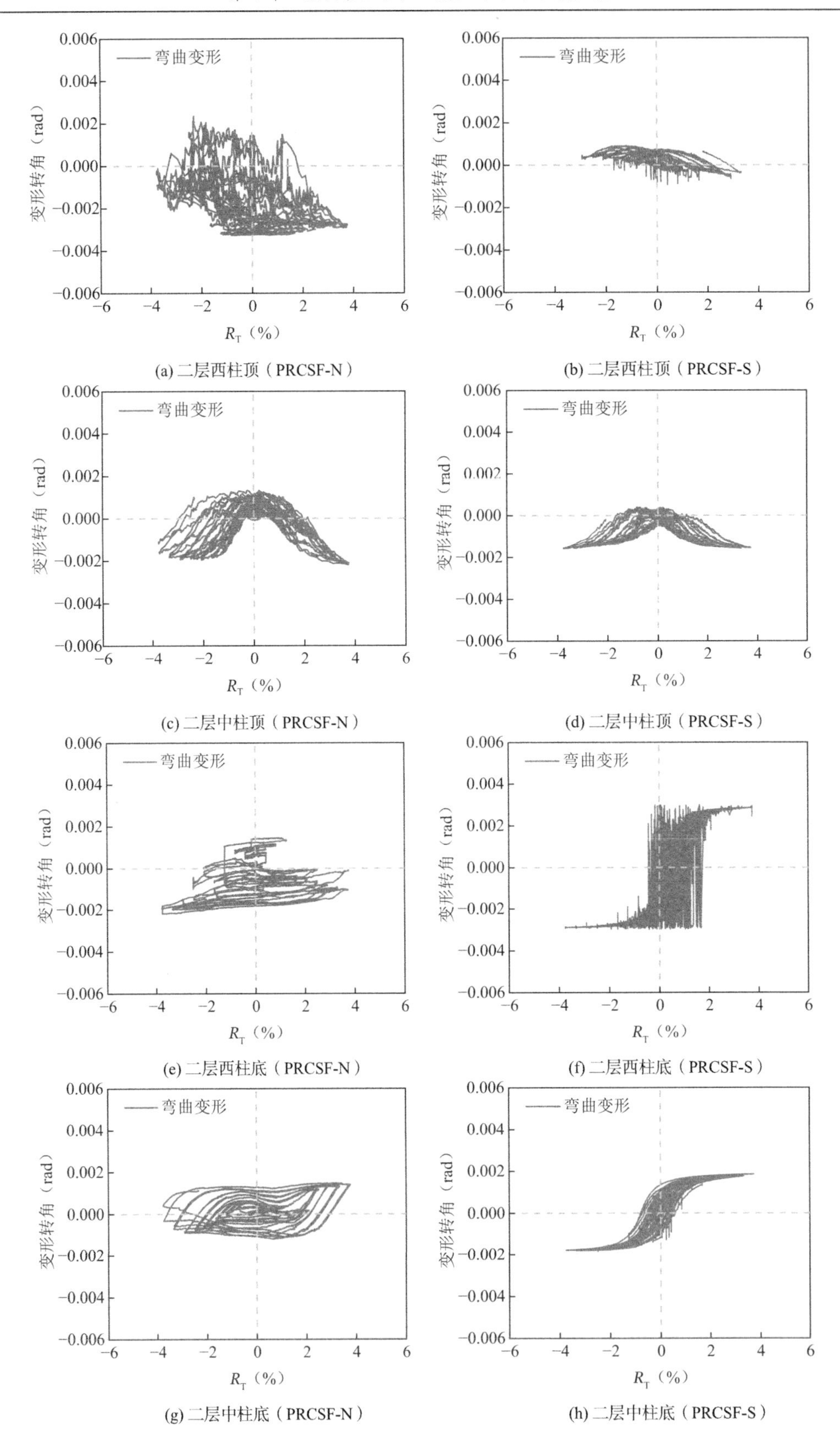

(a) 二层西柱顶（PRCSF-N）

(b) 二层西柱顶（PRCSF-S）

(c) 二层中柱顶（PRCSF-N）

(d) 二层中柱顶（PRCSF-S）

(e) 二层西柱底（PRCSF-N）

(f) 二层西柱底（PRCSF-S）

(g) 二层中柱底（PRCSF-N）

(h) 二层中柱底（PRCSF-S）

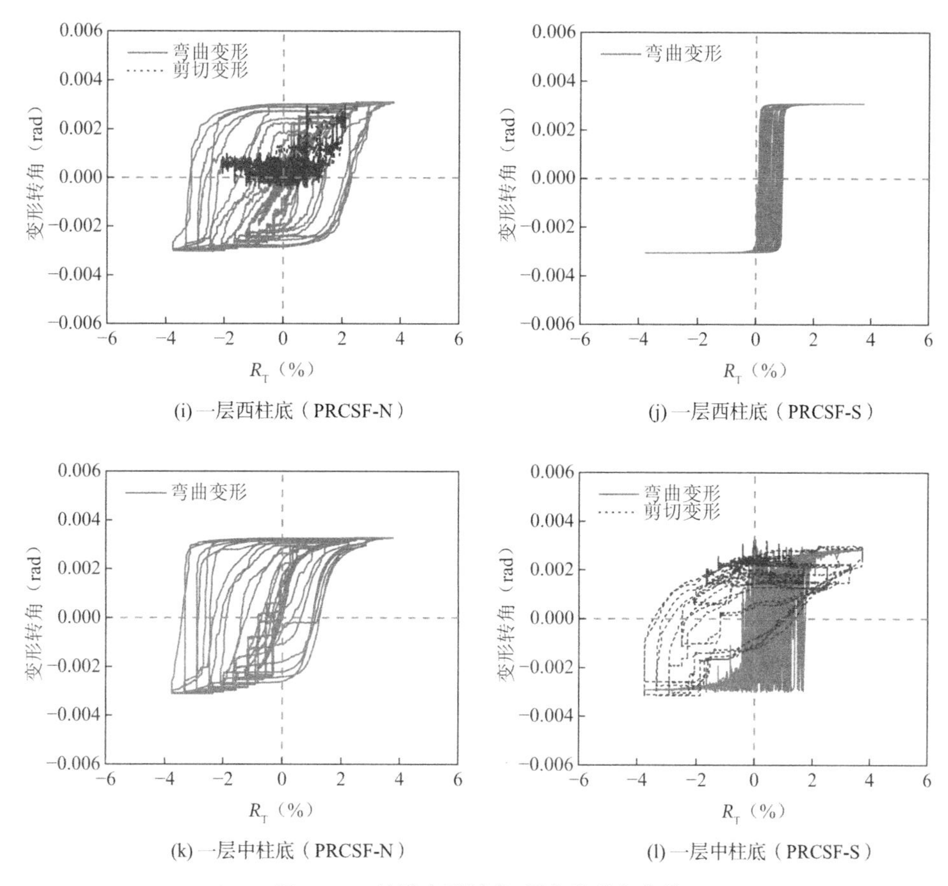

图 4.3-8　柱端变形转角-顶点位移角曲线

梁柱节点附近柱端纵筋应变发展如图 4.3-9 所示。柱纵筋应变较大处位于一层柱底，中柱较边柱纵筋应变发展快，且达到或接近峰值荷载后应变快速增长超过屈服应变，与柱端弯曲变形结果和中柱较边柱混凝土剥落现象明显的试验现象相吻合。与一层柱底纵筋相比，一层柱顶和二层柱底纵筋应变发展缓慢，且未超过屈服应变；二层中柱顶纵筋应变发展慢于一层中柱底，但明显快于二层西柱和东柱柱顶纵筋。

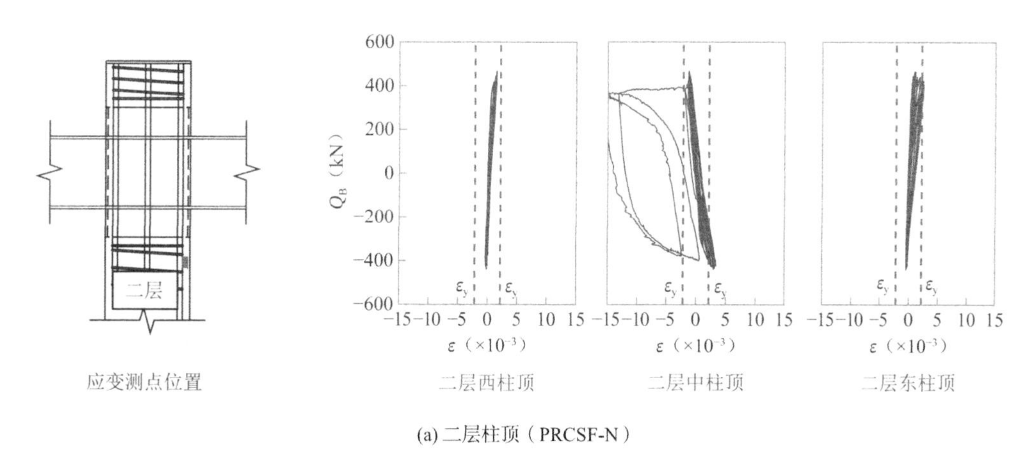

(a) 二层柱顶（PRCSF-N）

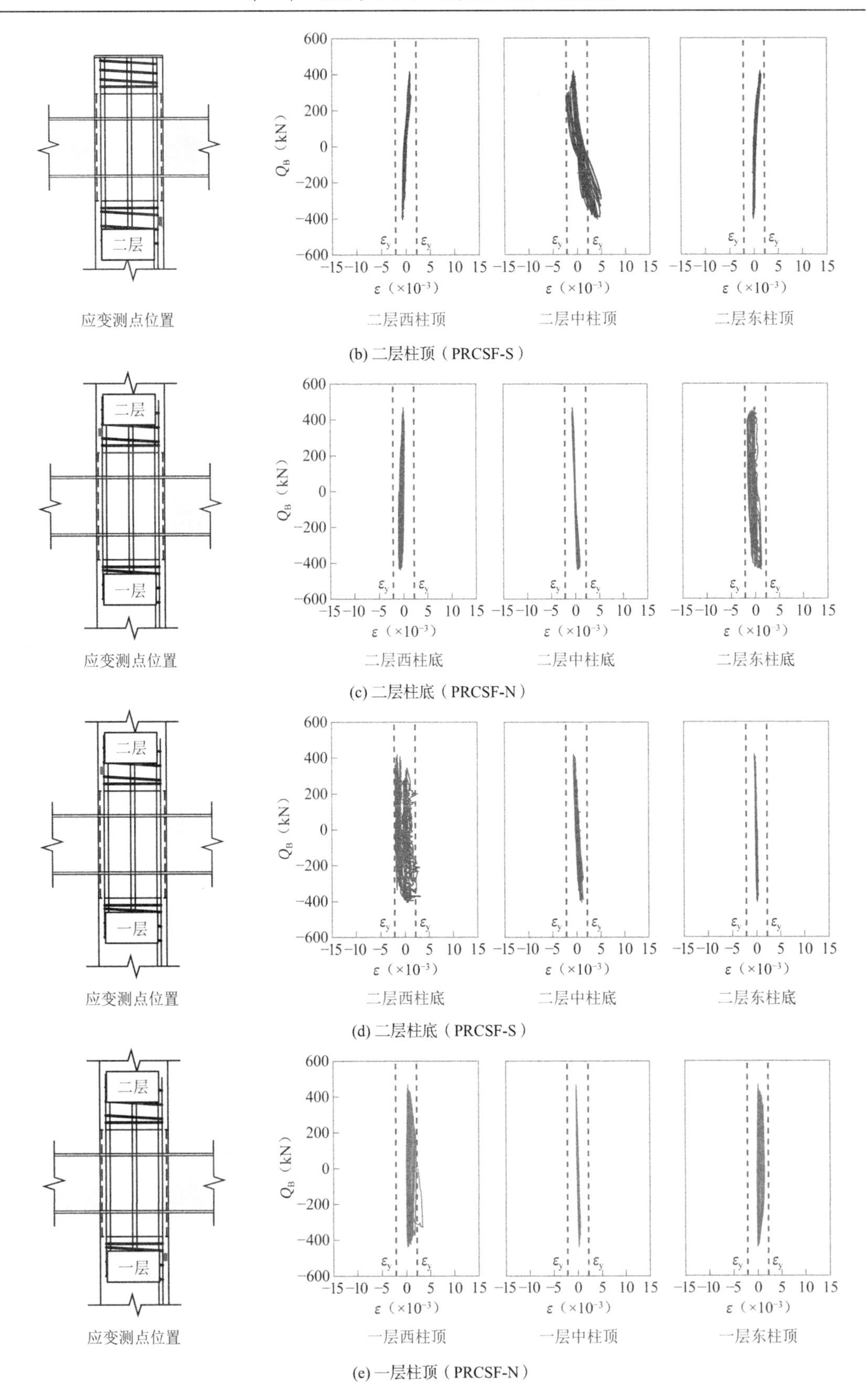

(b) 二层柱顶（PRCSF-S）

(c) 二层柱底（PRCSF-N）

(d) 二层柱底（PRCSF-S）

(e) 一层柱顶（PRCSF-N）

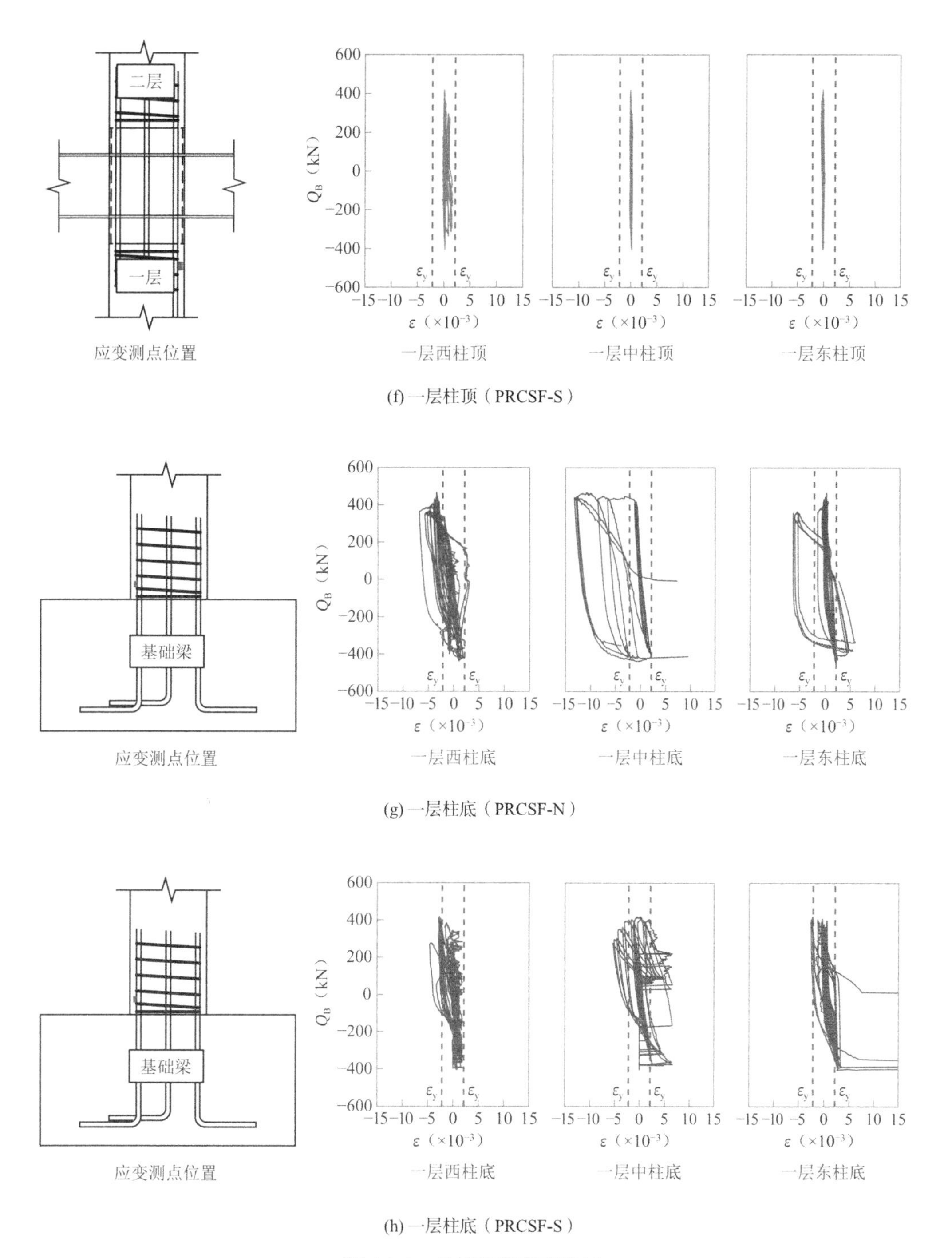

(f) 一层柱顶（PRCSF-S）

(g) 一层柱底（PRCSF-N）

(h) 一层柱底（PRCSF-S）

图 4.3-9 柱端纵筋应变发展

图 4.3-10 所示为梁柱节点附近柱端箍筋应变发展。在整个试验过程中，柱箍筋应变发展缓慢，试件 PRCSF-N 一层中柱底和二层中柱顶箍筋应变发展较快，但所有箍筋测点应变均未达到屈服应变，试件 PRCSF-S 仅一层西柱底箍筋达到屈服应变，其余箍筋测点均未达到屈服应变，箍筋始终处于弹性工作状态。

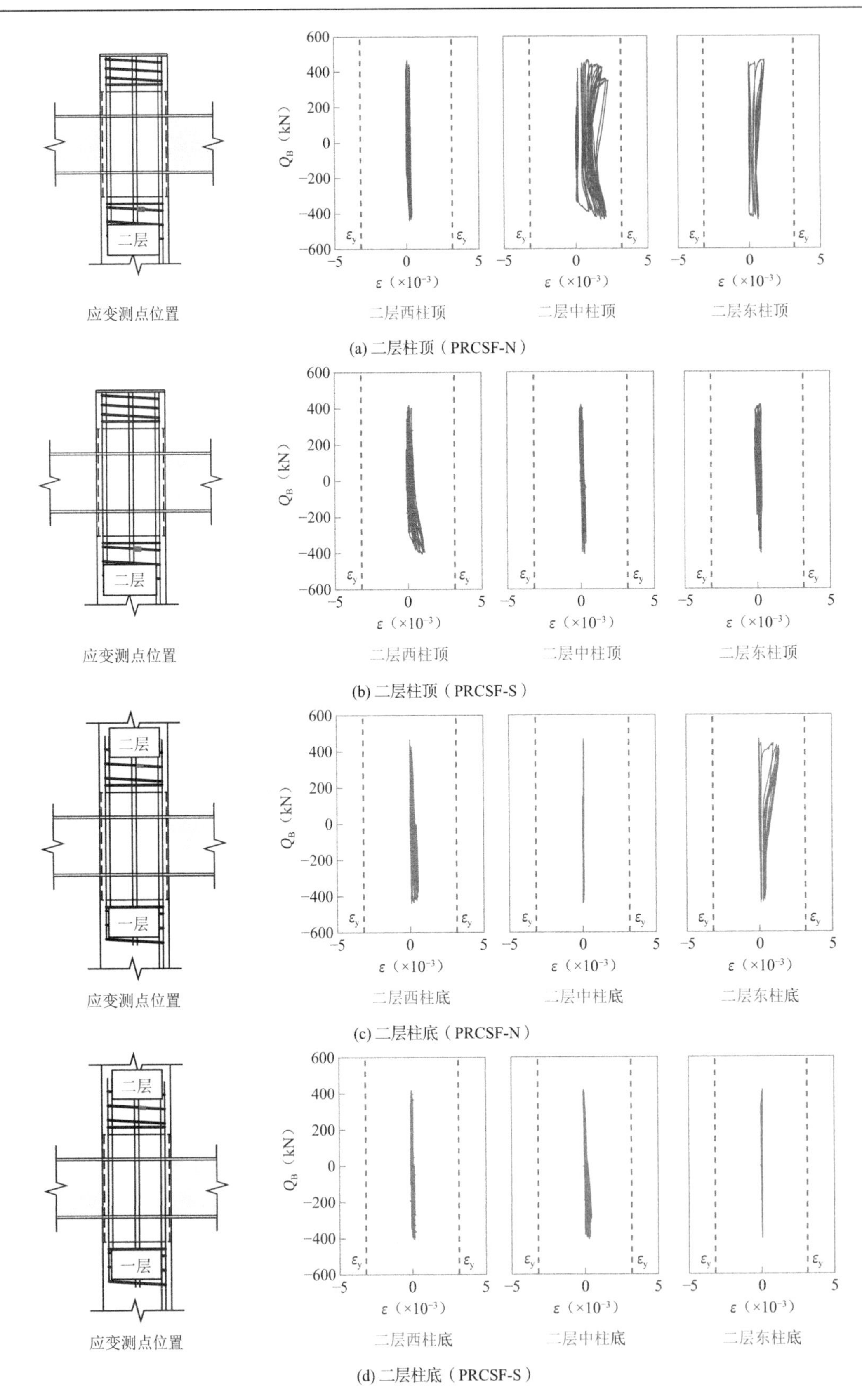

(a) 二层柱顶（PRCSF-N）

(b) 二层柱顶（PRCSF-S）

(c) 二层柱底（PRCSF-N）

(d) 二层柱底（PRCSF-S）

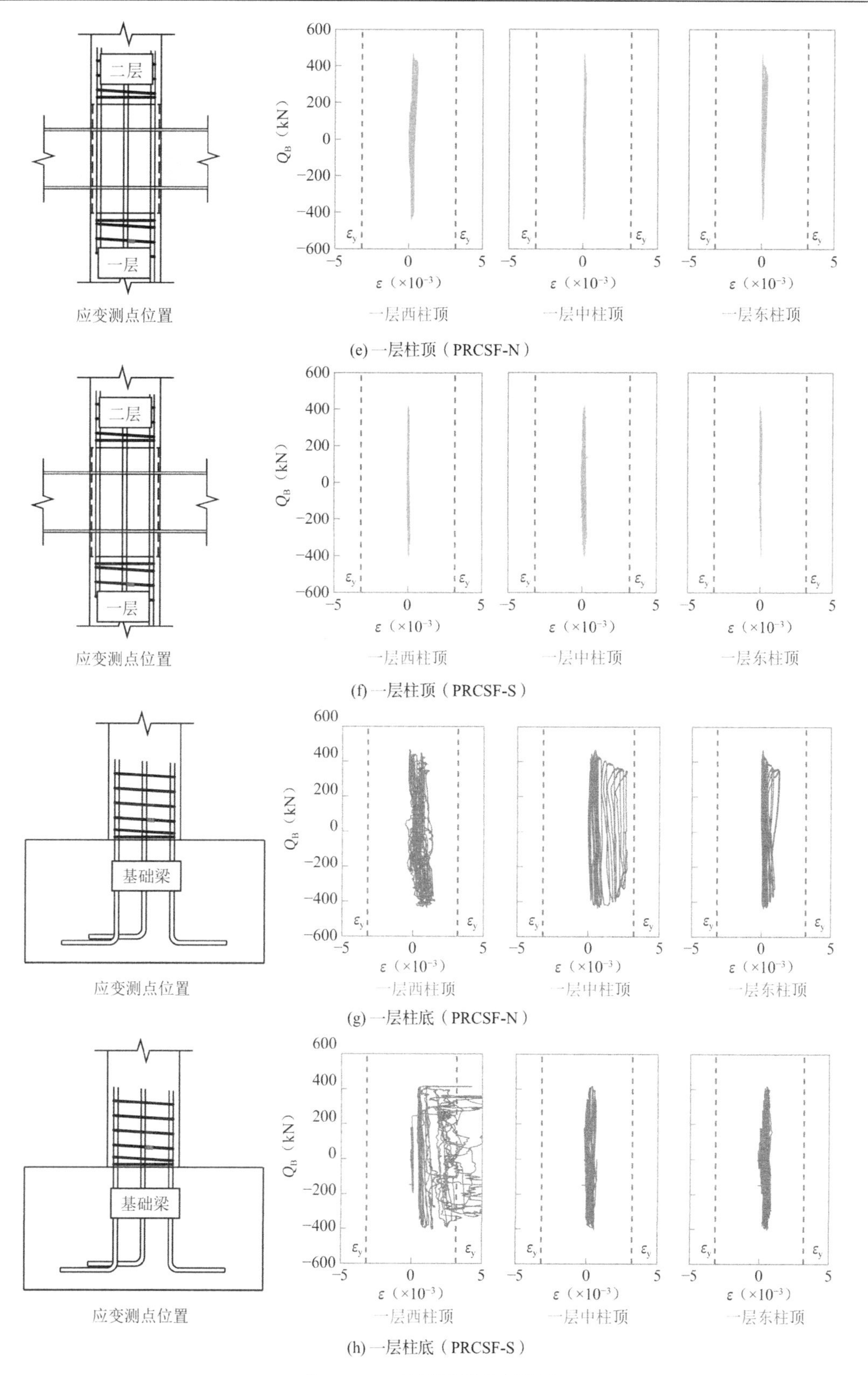

(e) 一层柱顶（PRCSF-N）

(f) 一层柱顶（PRCSF-S）

(g) 一层柱底（PRCSF-N）

(h) 一层柱底（PRCSF-S）

图 4.3-10 柱端箍筋应变发展

（2）梁

为分析钢梁翼缘应变发展和贯通隔板的受力状态，选取$R_{\mathrm{T}}=0.25\%$、0.5%、1.0%、1.5%、2.0%、3.0%和 3.5%时各梁端翼缘和贯通隔板应变，以钢材受拉为基准选取正向或负向顶点位移角，并按屈服应变对应变进行正则化处理，得到应变分布如图 4.3-11 所示。由图可以看出：①边节点附近梁端翼缘应变发展较中节点附近梁端翼缘快；②当顶点位移角为 1.0%时，梁端翼缘均已达到或超过屈服应变，此后应变快速增长，当试件达到或接近峰值荷载时，梁端翼缘应变约为屈服应变的 4～8 倍，此后钢梁翼缘局部屈曲现象愈发明显，屈曲发生在梁根部的应变测点仍随加载幅值继续增长，屈曲发生在梁根部一定距离时根部翼缘应变有所减小；③贯通隔板应变发展较慢，部分测点在加载后期超过屈服应变，试件 PRCSF-N 二层中节点、一层西梁左端和一层东梁右端贯通隔板则始终处于弹性工作状态，试件 PRCSF-S 的贯通隔板始终处于弹性工作状态。

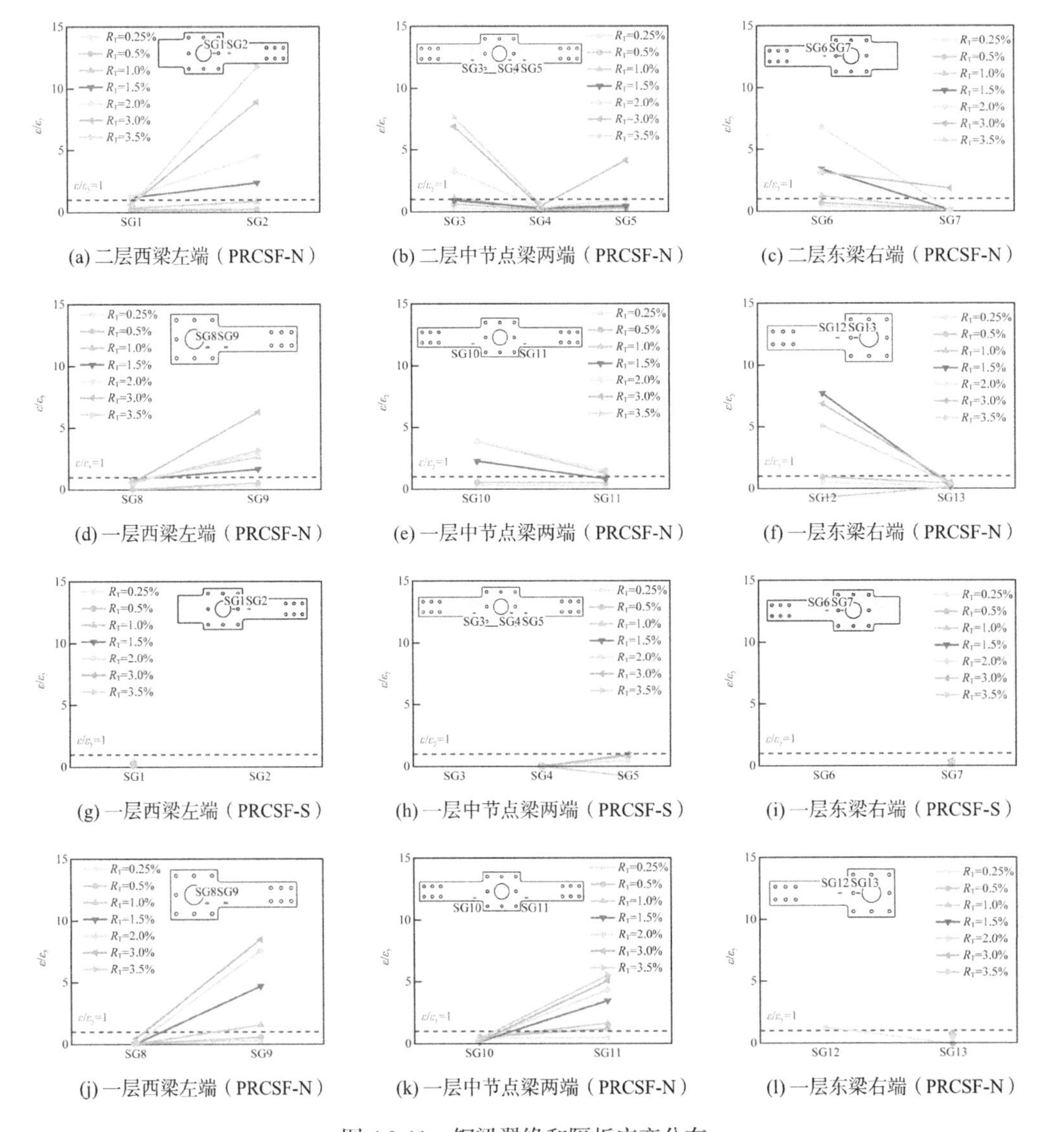

(a) 二层西梁左端（PRCSF-N）　(b) 二层中节点梁两端（PRCSF-N）　(c) 二层东梁右端（PRCSF-N）

(d) 一层西梁左端（PRCSF-N）　(e) 一层中节点梁两端（PRCSF-N）　(f) 一层东梁右端（PRCSF-N）

(g) 一层西梁左端（PRCSF-S）　(h) 一层中节点梁两端（PRCSF-S）　(i) 一层东梁右端（PRCSF-S）

(j) 一层西梁左端（PRCSF-N）　(k) 一层中节点梁两端（PRCSF-N）　(l) 一层东梁右端（PRCSF-N）

图 4.3-11　钢梁翼缘和隔板应变分布

2. 节点的受力性能

在节点核芯区钢管腹板中部和角部布置三向应变花，用于分析其受力状态和测量剪切变形。节点核芯区钢管复杂应力状态，根据应力强度概念，可根据应变花测量数据计算出两个主应力（$\sigma_{1,2}$），根据 Von Mises 屈服准则可计算得到等效应力（σ_{eq}）:

$$\sigma_{1,2}=\frac{E_{\text{s}}}{2}\left[\frac{\varepsilon_0+\varepsilon_{90}}{1-\upsilon_{\text{s}}}\pm\frac{\sqrt{2}}{1+\upsilon_{\text{s}}}\sqrt{(\varepsilon_0-\varepsilon_{45})^2+(\varepsilon_{45}-\varepsilon_{90})^2}\right] \tag{4.3-3}$$

$$\sigma_{\text{eq}}=\sqrt{\sigma_1^2+\sigma_2^2-\sigma_1\sigma_2} \tag{4.3-4}$$

各节点核芯区钢管腹板应变测点基底剪力-正则化等效应力（Q_{B}-$\sigma_{\text{eq}}/f_{\text{y}}$）曲线如图 4.3-12 所示。基底剪力-节点核芯区剪应变（Q_{B}-γ）曲线如图 4.3-13 所示。由图可知：（1）中节点钢管腹板等效应力较边节点大，且发展较快；（2）节点核芯区钢管腹板中部与角部等效应力分布不均匀；（3）各节点正则化等效应力（$\sigma_{\text{eq}}/f_{\text{y}}$）均小于 1.0，节点核芯区剪应变（$\gamma$）均小于 0.002rad，节点始终处于弹性工作状态。

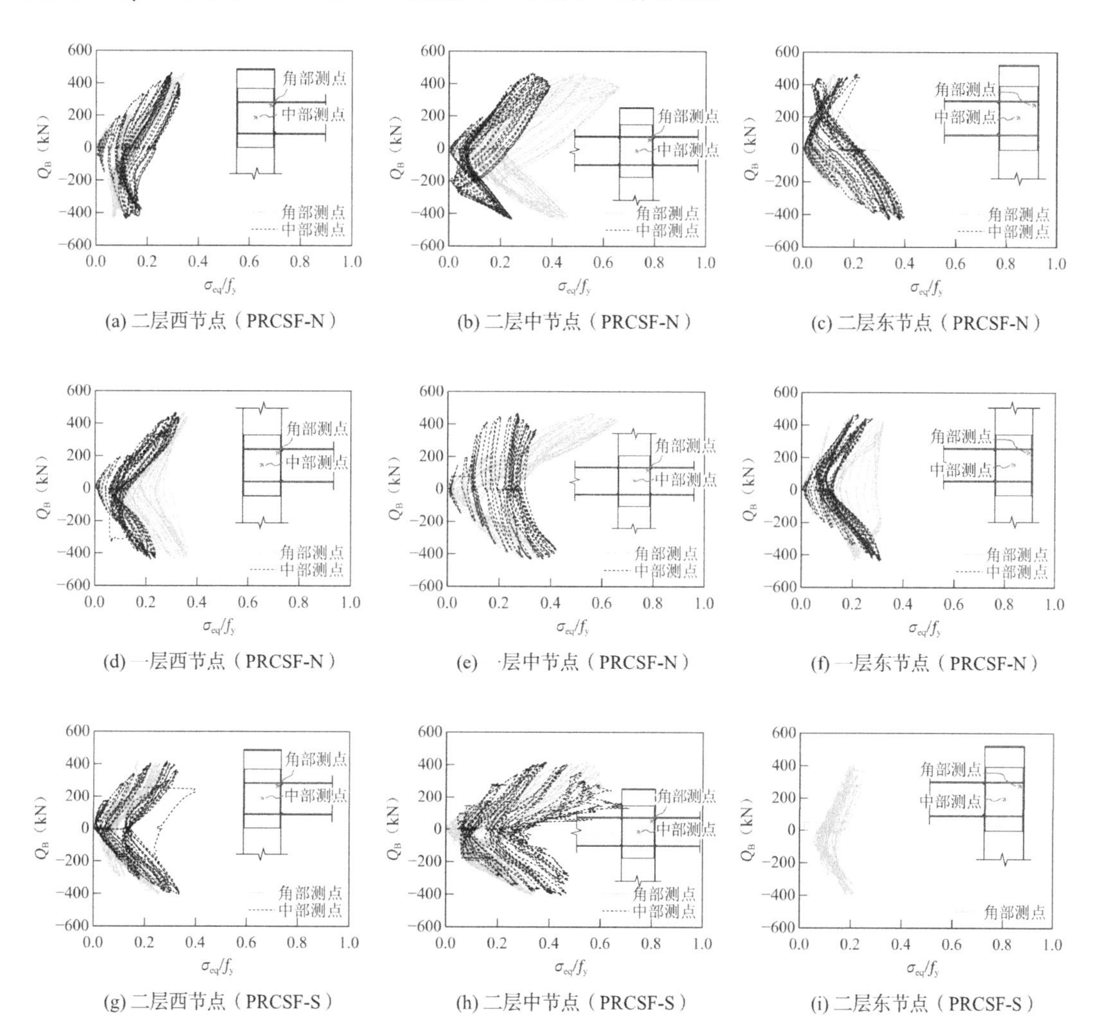

(a) 二层西节点（PRCSF-N） (b) 二层中节点（PRCSF-N） (c) 二层东节点（PRCSF-N）

(d) 一层西节点（PRCSF-N） (e) 一层中节点（PRCSF-N） (f) 一层东节点（PRCSF-N）

(g) 二层西节点（PRCSF-S） (h) 二层中节点（PRCSF-S） (i) 二层东节点（PRCSF-S）

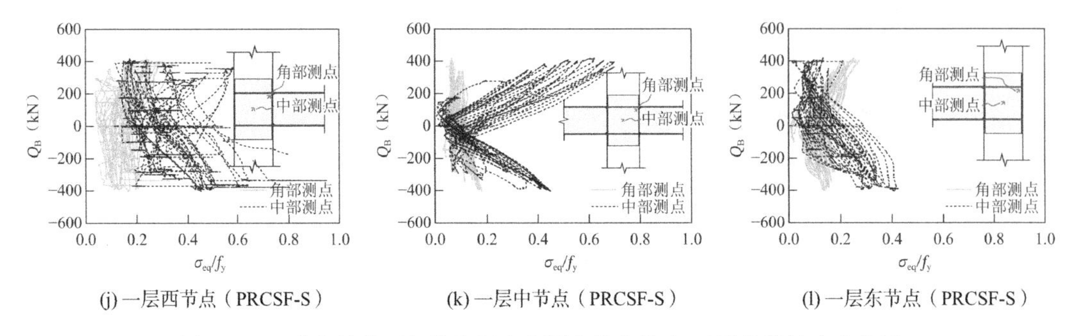

(j) 一层西节点（PRCSF-S）　(k) 一层中节点（PRCSF-S）　(l) 一层东节点（PRCSF-S）

图 4.3-12　节点核芯区钢管腹板应变测点基底剪力-正则化等效应力曲线

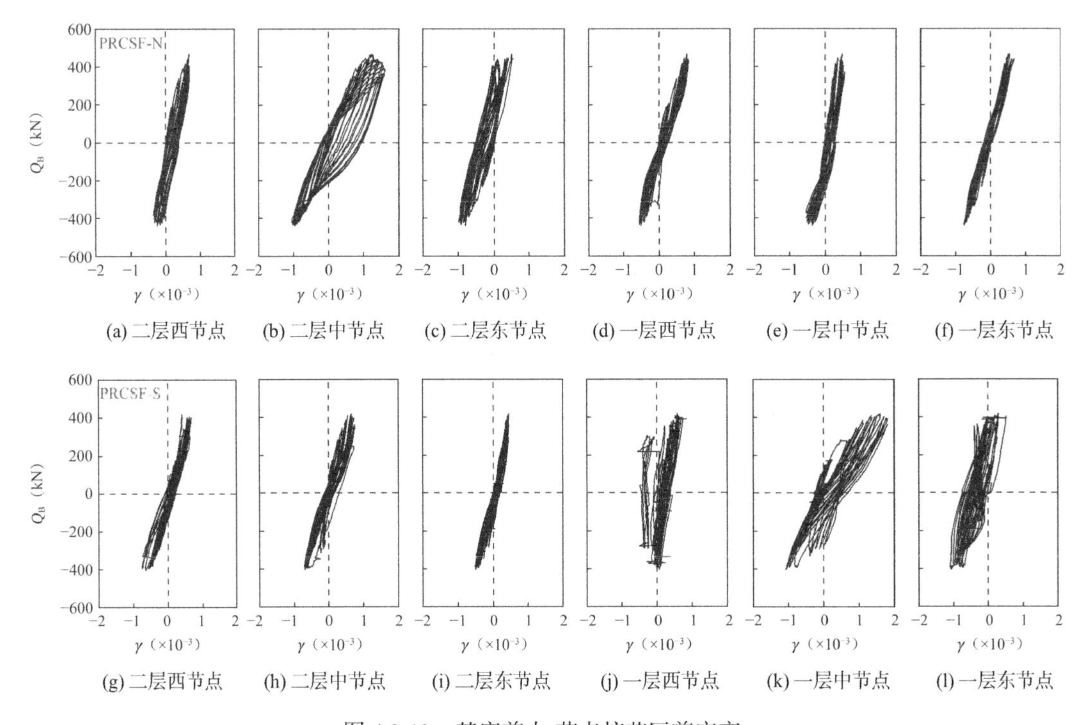

(a) 二层西节点　(b) 二层中节点　(c) 二层东节点　(d) 一层西节点　(e) 一层中节点　(f) 一层东节点

(g) 二层西节点　(h) 二层中节点　(i) 二层东节点　(j) 一层西节点　(k) 一层中节点　(l) 一层东节点

图 4.3-13　基底剪力-节点核芯区剪应变

3. 结构的塑性发展次序

统计试件中柱端部纵筋首次屈服、柱脚混凝土压碎、梁端翼缘首次屈服和全部屈服时的顶点位移角如图 4.3-14、图 4.3-15 所示。由图可知：（1）试件 PRCSF-N、PRCSF-S 梁端翼缘分别在$R_T = 0.54\%$～0.84%和 0.65%～0.84%期间率先屈服；（2）柱脚纵筋在顶点位移角超过 0.8%以后屈服，随后试件 PRCSF-N、PRCSF-S 中柱柱顶纵筋分别在$R_T = -1.66\%$和-1.15%时首次达到屈服；（3）试件 PRCSF-N 一层西柱柱顶和二层西柱柱底纵筋屈服时顶点位移角已超过 2.5%，试件进入峰值后阶段；（4）试件 PRCSF-N 二层东柱柱底纵筋屈服时试件已超过破坏点，试件 PRCSF-S 二层除西柱底在$R_T = -1.26\%$时达到屈服外，其余柱底纵筋均未屈服；（5）试件 PRCSF-N 和 PRCSF-S 一层梁端翼缘在$R_T = 0.72\%$～0.82%和 0.79%～1.08%期间率先全部屈服，二层梁端翼缘全部屈服时顶点位移角分别在 1.25%～1.49%和 1.22%～1.49%之间；（6）试件 PRCSF-N 钢梁翼缘出现局部屈曲时试件达到峰值荷载，此时顶点位移角约为 2.0%，同时中柱柱底和柱顶混凝土开始压碎，边柱混凝土压碎时试件已进入峰值后阶段；试件 PRCSF-S 钢梁下翼缘屈曲时顶点位移角亦约为 2.0%，此时尚未达到峰值荷载；（7）钢套箍在整个加载过程中未屈服，处于弹性工作状态。

综上，预制管组合柱-钢梁混合框架在低周反复荷载作用下梁、柱端先后屈服耗能，节点始终处于弹性状态，结构具有稳定的屈服机制和塑性耗能机制。

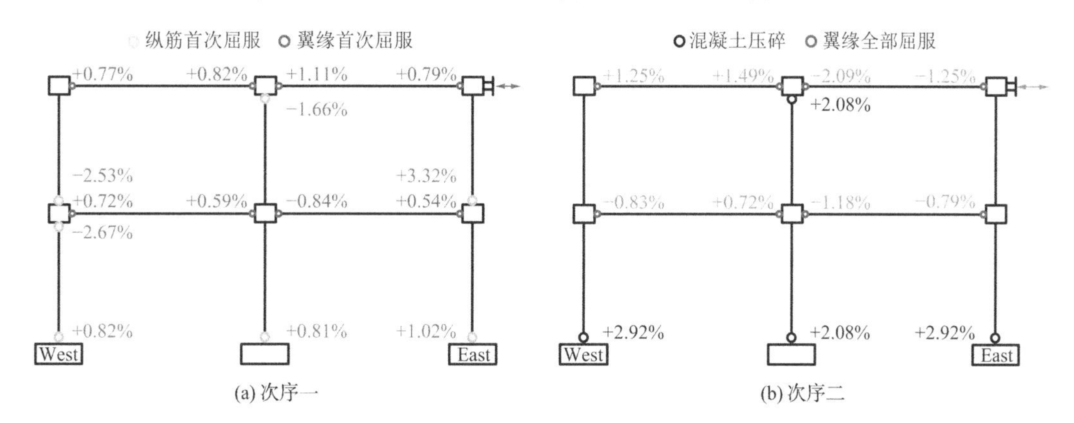

(a) 次序一　　(b) 次序二

图 4.3-14　PRCSF-N 结构塑性发展次序（顶点位移角）

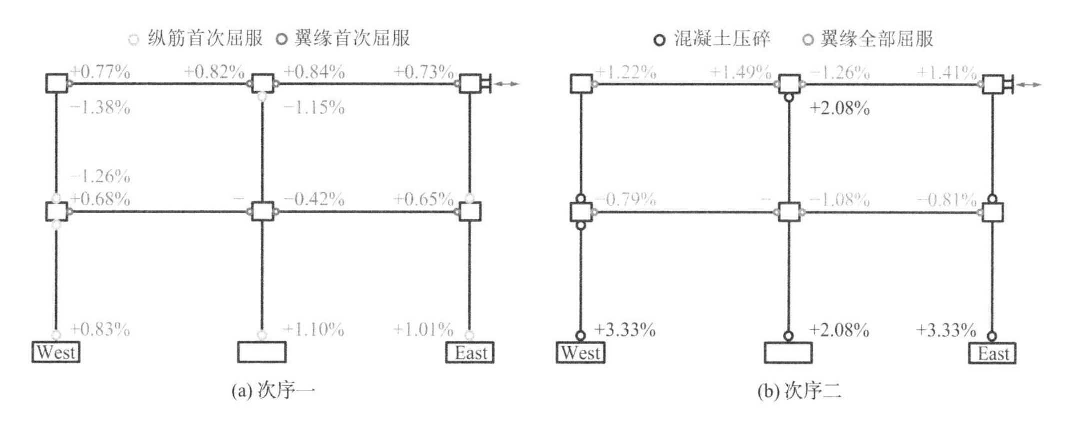

(a) 次序一　　(b) 次序二

图 4.3-15　PRCSF-S 结构塑性发展次序（顶点位移角）

4.4　小结

本章通过 2 个 1/2 缩尺 2 层 2 跨预制管组合柱-钢梁混合框架试件的低周反复加载试验和数值模拟，分析了整体结构的破坏形态、滞回特性、变形能力和耗能能力及其全过程工作机理。主要结论如下：

（1）预制管组合柱-钢梁混合框架在顶点位移角小于 1/400 时基本处于弹性受力状态；罕遇地震作用下（顶点位移角 2.0%）达到或接近峰值承载力，钢梁开始出现局部屈曲，柱损伤较轻，梁柱节点保持弹性。

（2）反复荷载作用下梁、柱端先后屈服耗能，节点始终处于弹性工作状态。结构损伤主要集中于钢梁端部和一层柱底部。不带楼板的混合框架试件 PRCSF-N 最终破坏时梁端出现屈曲形成塑性铰，柱脚混凝土压碎剥落，中柱纵筋和箍筋外露；考虑楼板组合作用的混合框架试件 PRCSF-S 最终破坏时梁端下翼缘屈曲、钢材断裂，柱脚混凝土压碎剥落，中柱纵筋和箍筋外露。

（3）试件 PRCSF-N 滞回曲线呈梭形，无捏拢现象，极限位移角为 3.62%（1/28），最大塑性转角为 2.42%，顶点累积塑性转角为最大塑性转角的 14.3 倍，转角延性系数为 3.34，具有良好的变形性能和耗能能力，并具有稳定的屈服机制。试件 PRCSF-S 滞回曲线呈弓形，有一定捏拢现象，极限位移角为 3.33%（1/30），最大塑性转角为 2.03%，顶点累积塑性转角为最大塑性转角的 15.4 倍，转角延性系数为 2.55，具有良好的变形性能和耗能能力。

（4）二层层间变形较一层大，试件 PRCSF-N、PRCSF-S 一层和二层层间位移比分别约为 47%：53%和 40%：60%；试件 PRCSF-N 一层、二层层间位移比分别保持在 38%～59%和 41%～62%，试件 PRCSF-S 一层、二层层间位移比分别保持在 40%～52%和 48%～60%。加载过程中未出现各层层间位移比的突然波动，结构变形均匀无薄弱层。

（5）预制管组合柱-钢梁混合框架刚度和强度退化稳定，达到屈服点、峰值点和最终破坏时抗侧刚度分别约为弹性抗侧刚度的 1/2、1/3 和 1/7。

（6）柱端弯曲变形主要集中在一层柱底。中柱纵筋应变发展较边柱快，应变快速增长主要在峰值荷载后阶段；中柱柱底和柱顶箍筋应变发展较快，除试件 PRCSF-S 一层西柱柱底箍筋外均未达到屈服应变。顶点位移角超过 1.0%后钢梁翼缘应变快速增长，贯通隔板应变发展总体较慢。节点核芯区钢管腹板中部和角部存在等效应力分布不均匀现象，其等效应力均未超过屈服应力，节点核芯区剪应变小于 0.002rad，节点始终处于弹性工作状态。

参考文献

[1] 顾祥林. 混凝土结构破坏过程仿真分析[M]. 北京: 科学出版社, 2020.

[2] 建设部. 普通混凝土力学性能试验方法标准: GB/T 50081—2002[S]. 北京: 中国建筑工业出版社, 2003.

[3] 国家质量监督检验检疫总局. 电弧螺柱用圆柱头焊钉: GB/T 10433—2002[S]. 北京: 中国标准出版社, 2004.

[4] 国家市场监督管理总局. 钢及钢产品 力学性能试验取样位置及试样制备: GB/T 2975—2018[S]. 北京: 中国质检出版社, 2018.

[5] 国家市场监督管理总局. 金属材料 拉伸试验 第 1 部分: 室温试验方法: GB/T 228.1—2021[S]. 北京: 中国标准出版社, 2021.

[6] 张望喜, 刘睿, 谢宏涛, 等. 考虑土与结构相互作用的钢筋混凝土框架子结构抗震性能试验研究[J]. 建筑结构学报, 2021, 42(5): 72-81.

[7] 住房和城乡建设部. 建筑抗震试验规程: JGJ/T 101—2015[S]. 北京: 中国建筑工业出版社, 2015.

[8] 住房和城乡建设部. 混凝土结构设计规范(2016 版): GB 50010—2010[S]. 北京: 中国建筑工业出版社, 2010.

[9] Park R. Evaluation of ductility of structures and structural assemblages from laboratory testing[J]. Bulletin of the New Zealand National Society for Earthquake Engineering, 1989, 22(3): 155-166.

[10] 住房和城乡建设部. 建筑抗震设计规范: GB 50011—2010[S]. 北京: 中国建筑工业出版社, 2010.

[11] 唐九如. 钢筋混凝土框架节点抗震[M]. 南京: 东南大学出版社, 1989.

[12] 胡方鑫, 施刚, 石永久, 等. 工厂加工制作的特殊构造梁柱节点抗震性能试验研究[J]. 建筑结构学报, 2014, 35(7): 34-43.

[13] Nakashima M, Suita K, Morisako K, et al. Tests of welded beam-column subassemblies I: global behavior[J]. Journal of Structural Engineering, 1998, 124(11): 1236-1244.

第 5 章

预制柱-钢梁混合框架设计

前面各章对构件、节点和整体结构的力学与抗震性能的试验和理论研究结果表明，装配式混合框架具有良好的抗震性能，经合理设计后可实现预期的“强柱弱梁”破坏机制。本章根据试验和理论研究成果，并结合工程实践，给出预制柱-钢梁混合框架的设计控制指标。鉴于工程应用尚少，有待进一步总结经验，提出的设计控制指标仅供广大工程技术人员参考应用，特殊情况尚需进一步研究论证。

5.1 结构抗震设计

预制柱-钢梁混合框架应重视抗震概念设计，建筑方案设计宜选择规则性良好的建筑形体，结构布置宜连续、均匀，平立面布置应符合现行国家标准《建筑抗震设计规范》GB 50011[1]的有关规定。同时，应避免因部分结构或构件的破坏而导致整个结构丧失承受重力荷载、风荷载和地震作用的能力，对可能出现的薄弱部位，应采取有效措施予以加强。

5.1.1 最大适用高度及抗震等级

考虑到预制柱（预制管组合柱或预制混凝土柱）的生产工艺，以及运输、吊装和施工的可行性、便捷性与经济性，预制柱-钢梁混合框架可适用于抗震设防烈度为 6～8 度地区的低多层建筑。当设置偏心支撑时，结构可用于中高层建筑。预制柱-钢梁框架结构的房屋最大适用高度应符合表 5.1-1 的规定，最大高宽比应符合表 5.1-2 的规定。

最大适用高度（单位：m） **表 5.1-1**

结构类型	抗震设防烈度			
	6 度	7 度	8 度（0.2*g*）	8 度（0.3*g*）
混合框架结构	50	35	25	20
混合框架-偏心支撑结构	70	60	45	40

最大高宽比 **表 5.1-2**

结构类型	抗震设防烈度	
	6 度、7 度	8 度
混合框架结构	4	3
混合框架-偏心支撑结构	6	5

抗震设计时应根据抗震设防类别、抗震设防烈度和房屋高度采用不同的抗震等级，并应符合相应的计算和构造措施要求。标准设防类建筑的抗震等级应符合表 5.1-3 的规定。建筑场地为Ⅲ、Ⅳ类时，对设计基本地震加速度为 0.15g和 0.30g的地区，宜分别按抗震设防烈度 8 度（0.20g）和比 8 度（0.30g）更高的抗震设防类别建筑的要求采取抗震构造措施。

混合框架抗震等级　　　　**表 5.1-3**

结构类型		抗震设防烈度						
		6 度		7 度			8 度	
混合框架结构	高度（m）	≤ 24	> 24	≤ 24	> 24		≤ 24	> 24
	框架	四	三	三	二		二	一
混合框架-偏心支撑结构	高度（m）	≤ 45	> 45	≤ 24	> 24 且 ≤ 45	> 45	≤ 24	> 24
	框架	四	三	三	二	一	二	一
	偏心支撑框架	三		二	一		一	

5.1.2　位移角限值控制

在正常使用条件下，预制柱-钢梁混合框架应具有足够的刚度，避免产生过大的位移而影响结构的承载能力、稳定性和使用要求。为保证预制柱-钢梁混合框架具有必要的刚度，应对其楼层位移加以控制。侧向位移控制实际上是对构件截面大小，刚度大小的一个宏观指标。在正常情况下，限制混合框架层间位移角的主要目的：一是保证主体结构基本处于弹性受力状态；二是保证填充墙板、隔墙和幕墙等非结构构件的完好，避免产生明显损伤。混合框架结构层间位移角限值的确定一般根据已有的相关试验资料经统计分析后确定。根据对相关试验结果的统计[2-11]，混合框架正常使用时的层间位移角为 1/402～1/333，混合框架结构的层间位移角不超过 1/400 时，预制柱基本处于弹性受力状态。

参考《高层建筑钢-混凝土混合结构设计规程》CECS 230—2008[12]规定混合框架结构在风荷载和多遇地震作用下的最大弹性层间位移角不宜大于 1/400，本书建议弹性层间位移角不宜大于 1/450。在风荷载和多遇地震作用下，混合框架结构的最大弹性层间位移角不宜大于表 5.1-4 的限值。对混合框架-偏心支撑结构，参考国家现行标准《建筑抗震设计规范》GB 50011[1]以及《高层建筑混凝土结构技术规程》JGJ 3[13]的有关规定，其弹性层间位移角限值按混合框架和混合框架-偏心支撑结构内插确定，根据底层框架部分承担的地震倾覆力矩占结构总地震倾覆力矩比例的不同，弹性层间位移角限值可根据表 5.1-4 和表 5.1-5 确定。

结构弹性层间位移角限值　　　　**表 5.1-4**

结构类型	混合框架结构	混合框架-偏心支撑结构	
		$M_d \leqslant 50\%$	$50\% < M_d < 100\%$
位移角限值	1/450	1/800	内插确定

注：M_d为在规定水平力作用下，底层框架部分承担的地震倾覆力矩占结构总地震倾覆力矩的比例。

混合框架-偏心支撑结构弹性层间位移角限值　　表 5.1-5

底层框架部分承担的地震倾覆力矩占结构总地震倾覆力矩的比例M_d	位移角限值
≤ 50%	1/800
55%	1/742
60%	1/692
65%	1/649
70%	1/610
75%	1/576
80%	1/545
85%	1/518
90%	1/493
95%	1/471
100%	1/450

试验研究表明，混合框架结构在层间位移角 1/50 时达到峰值荷载，结构的荷载-位移曲线未进入下降段，当整体结构承载力下降至峰值荷载的 85%时，整体结构最大弹塑性位移角可达到 1/30～1/25，整体具有较好的抗震性能，能够实现“大震不倒”的抗震设计目标。参考《高层建筑钢-混凝土混合结构设计规程》CECS 230—2008[12]的有关规定，同时结合试验研究成果，在罕遇地震作用下，偏于安全地确定混合框架结构的弹塑性层间位移角限值取 1/50，对混合框架-偏心支撑结构，其弹塑性层间位移角限值不应大于 1/100。

5.1.3 “强柱弱梁”设计

框架结构屈服机制深刻影响抗地震倒塌能力，国内外大量试验研究表明，梁屈服机制有良好的内力重分布性能和耗能能力，极限变形大和延性良好，而柱屈服机制容易引发结构倒塌，本书体系应满足“强柱弱梁”抗震设计原则。就概念设计而言，“强柱弱梁”指的是节点处柱端实际受弯承载力（考虑轴向荷载）大于梁端实际受弯承载力，而实际上由于楼板作用和材料超强等因素，精确的计算仍难以保证“强柱弱梁”的真正实现。

根据钢筋混凝土框架和钢框架“强柱弱梁”相关要求，本书建议结构实现“强柱弱梁”宜采用如下方法：

一、二、三、四级混合框架的梁柱节点处，除顶层节点和柱轴压比小于 0.15 的节点外，由梁端设计抗震受弯承载力确定柱端弯矩设计值时：

$$\sum M_c > \eta_c \sum W_{pb} f_{yb} \tag{5.1-1}$$

为确定柱端弯矩增大系数η_c取值，利用第 4 章混合框架有限元模型，改变柱梁受弯承载力比，得到顶点位移角为 1/50 和 1/20 时不同η_c下的结构破坏形态如图 5.1-1 所示。由图可见：当$\eta_c=1.1$ 时梁端塑性发展程度较浅，位移角 1/50 时钢梁仍未屈服，柱受拉塑性损伤较大，结构整体变形以柱弯曲变形为主，破坏模式为柱端破坏；当$\eta_c=1.2$ 时梁端塑性发展较为充分，最终破坏时梁端翼缘屈服，腹板部分进入屈服状态，柱受拉塑性损伤较$\eta_c=1.1$ 时减小，基本实现梁屈服机制；η_c从 1.3 增加至 1.4，梁端塑性发展程度加深，柱损伤变化不大，可实现“强柱弱梁”屈服机制。根据混合框架试验结果，中柱设计轴压比为 0.81，接近三级框架的轴压比限值 0.85，超过一级框架的轴压比限值 0.65，$\eta_c=1.66$ 时整体结构保持良好的变形和耗能能力。需注意的是，式(5.1-1)和上述有限元分析未考虑楼板作用和钢材力学性能影响（钢材采用弹塑性本构）。为此，考虑钢材材料硬化系数 1.1、实际与名义屈服强度之比（超强系数）1.1[14]，楼板钢筋标准值与材料值的比值 1.1[1]，以及楼板对钢梁受弯承载力的增大系数 1.2（1.2 来自文献[15]、[16]的相关试验和理论数据，本书第 4 章节点试验中该系数为 1.22），因此柱端弯矩增大系数不小于 $1.1\times1.1\times1.1\times1.2=1.597$。当楼板通过抗剪连接件与钢梁整体受力，即形成钢-混凝土组合梁时，柱端弯矩增大系数不小于 $1.1\times1.1\times1.1=1.331$，与美国 ASCE-2015[17]和日本指南[18]给出强柱弱梁系数限值 1.4 较为接近。

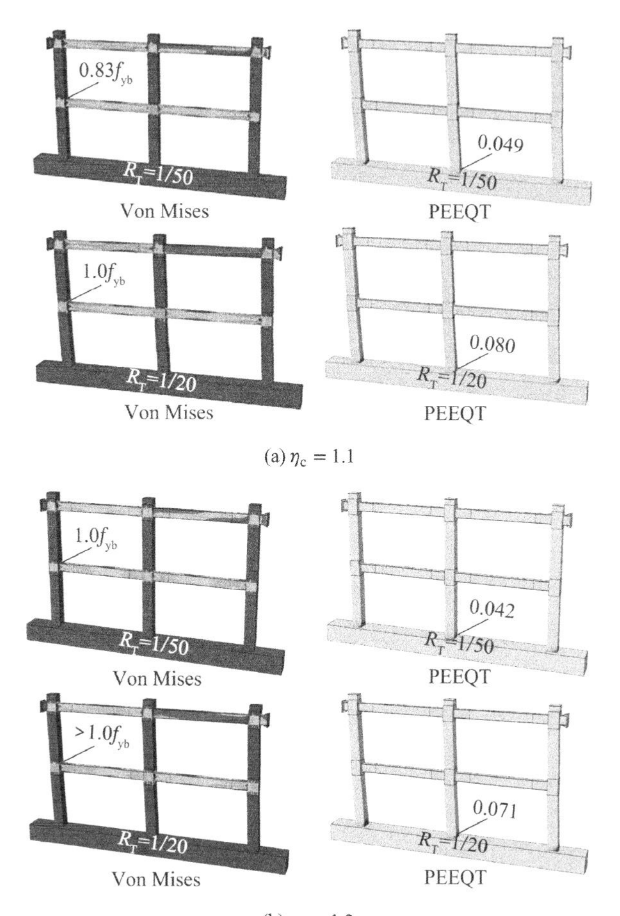

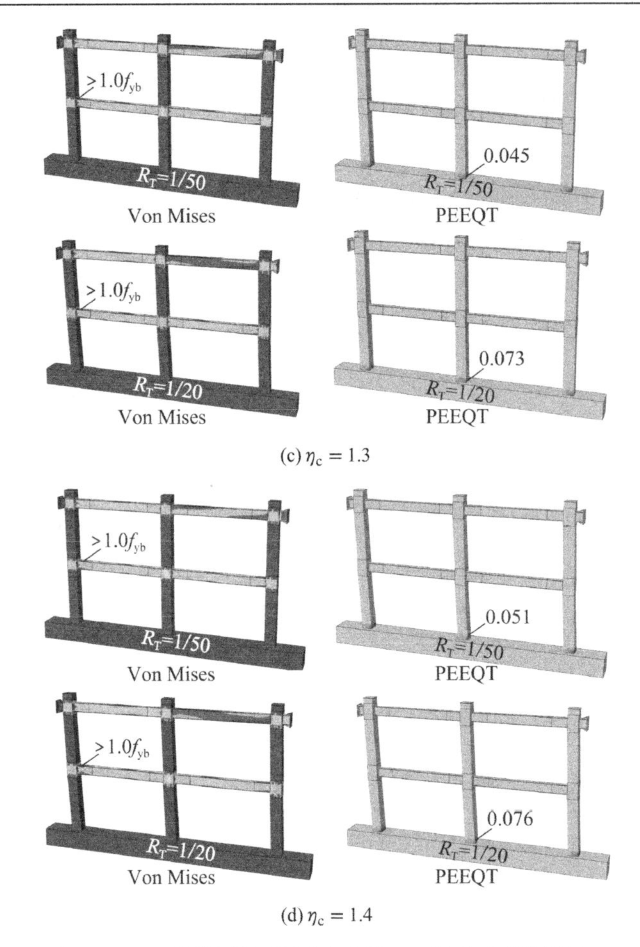

(c) $\eta_c = 1.3$

(d) $\eta_c = 1.4$

图 5.1-1　不同柱端弯矩增大系数η_c下结构的破坏形态

综上，根据有限元参数分析与理论分析，当按实配钢筋和材料标准值验算“强柱弱梁”时，对于一级混合框架结构应符合式(5.1-2)的要求，对于其他情况，可采用柱端弯矩增大系数的方法验算“强柱弱梁”，应符合式(5.1-3)的要求。

对于一级混合框架结构：

$$\sum M_c = 1.4\sum M_{bua} \tag{5.1-2}$$

其他情况：

$$\sum M_c = \eta_c\sum M_b \tag{5.1-3}$$

式中：$\sum M_c$——节点上、下柱端截面顺时针或逆时针方向组合弯矩设计值之和；上、下柱端的弯矩设计值，可按弹性分析的弯矩比例进行分配；

$\sum M_b$——节点左、右梁端截面逆时针或顺时针方向组合弯矩设计值之和；当抗震等级为一级且节点左、右梁端弯矩均为负弯矩时，绝对值较小的弯矩应取零；

$\sum M_{bua}$——节点左、右梁端逆时针或顺时针方向钢梁或钢-混凝土组合梁的正截面抗震受弯承载力所对应的弯矩值之和，可根据实际配筋面积（计入钢梁有效翼缘宽度范围内的楼板钢筋）和材料强度标准值并考虑承载力抗震调整系数计算；

η_c——柱端弯矩增大系数；对混合框架结构，二、三、四级分别取1.6、1.5和1.3；对混合框架-偏心支撑结构中的混合框架，一、二、三、四级分别取1.5、1.4、1.2和1.1。

此外，试验研究表明，混合框架结构的底层柱下端，在强震下不能避免出现塑性铰。为了提高抗震安全度，需要将混合框架结构底层柱下端弯矩设计值乘以增大系数，以加强底层柱下端的实际受弯承载力，推迟塑性铰的出现。抗震设计时，一、二、三、四级混合框架结构的底层柱底截面的弯矩设计值，建议分别采用考虑地震作用组合的弯矩值与增大系数1.7、1.5、1.3、1.2的乘积。底层框架柱纵向钢筋应按上、下端的不利情况配置。

5.1.4 "强节点"设计

根据混合框架节点和整体结构的试验结果可知，加载全过程节点核芯区剪切转角较小，一般不超过 0.002rad，因此层间位移计算时可不考虑节点核芯区剪切变形的影响。对一级混合框架结构，建议满足式(5.1-4)的要求，二、三级混合框架梁柱节点核芯区剪力设计值（V_j）按式(5.1-5)确定。

$$V_j = \frac{1.15\sum M_{bua}}{h_b - t_f}\left(1 - \frac{h_b - t_f}{H_c - h_b}\right) \tag{5.1-4}$$

$$V_j = \frac{\eta_{jb}\sum M_b}{h_b - t_f}\left(1 - \frac{h_b - t_f}{H_c - h_b}\right) \tag{5.1-5}$$

式中：V_j——梁柱节点核芯区的剪力设计值（N）；

η_{jb}——强节点系数，对于框架结构，一级宜取1.5，二级宜取1.35，三级宜取1.2，四级宜取1.1；对于混合框架-偏心支撑结构中框架，一级宜取1.35，二级宜取1.2，三级宜取1.1，四级宜取1.05；

$\sum M_b$——节点左右梁端逆时针或顺时针方向组合弯矩设计值之和（N·mm），一级框架节点左右梁端均为负弯矩时，绝对值较小的弯矩应取零；

$\sum M_{bua}$——节点左右梁端逆时针或顺时针方向实配的正截面抗震受弯承载力对应的弯矩之和（N·mm），可按梁实际截面和材料强度标准值确定；

h_b——梁高度（mm），节点两侧梁高度不等时可采用平均值；

t_f——钢梁翼缘厚度（mm）；

H_c——柱的计算高度（mm），可采用节点上、下柱反弯点之间的距离。

为确定强节点系数$\eta_{j,b}$的值，通过建立不同$\eta_{j,b}$的节点分析模型，得到层间位移角1/20时的节点破坏形态如图5.1-2所示。由图可见：当$\eta_{j,b} \geqslant 1.2$时节点破坏主要集中在梁端变截面处，钢套箍未屈服，可实现"强节点弱构件"，节点试验结果也表明，节点核芯区发生剪切破坏时极限层间位移角5.91%～7.30%远大于规范[1]要求。

参考《建筑抗震设计规范》GB 50011—2010[1]和《钢管约束混凝土结构技术标准》

JGJ/T 471—2019[19]关于梁柱节点核芯区截面抗震验算的相关规定，建议抗震等级为一、二、三级混合框架强节点系数可分别取 1.5、1.35、1.2。

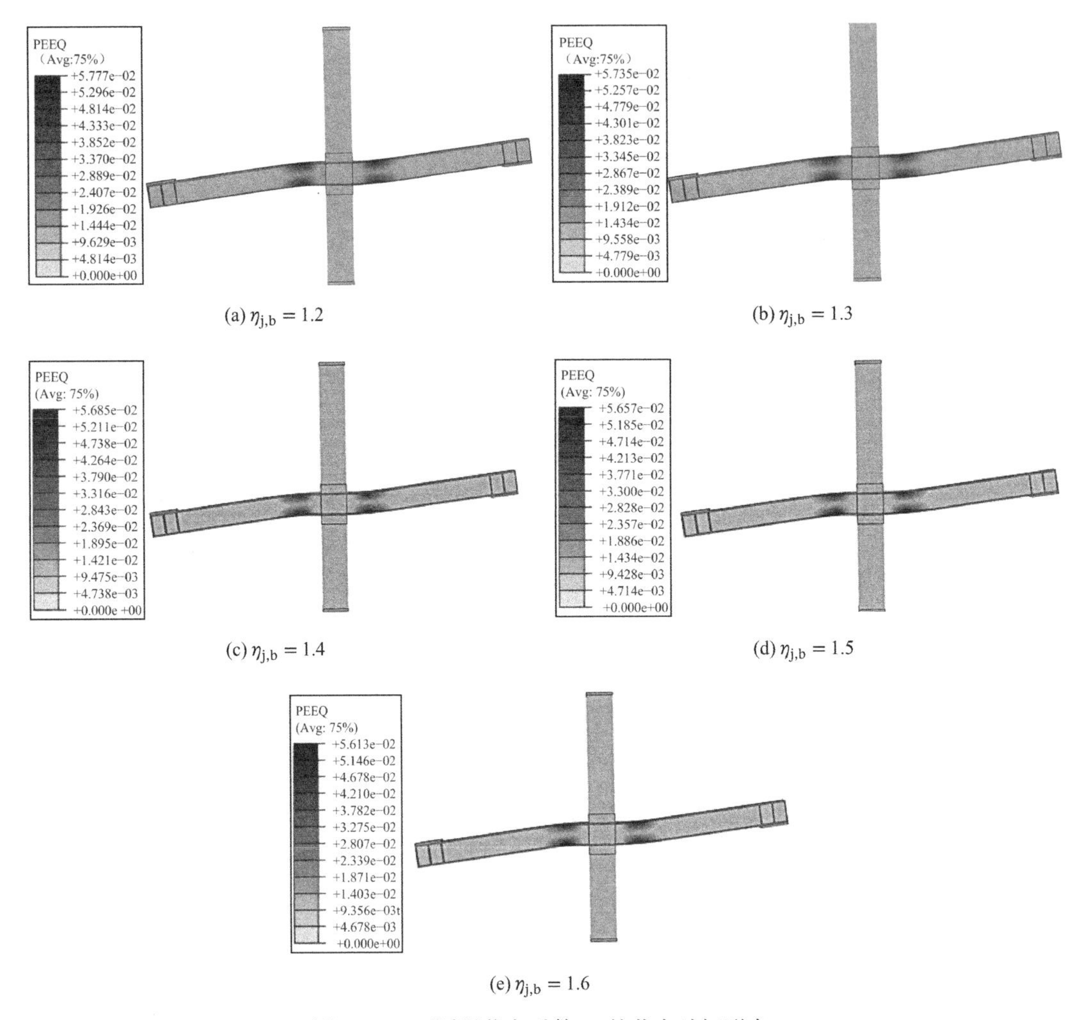

(a) $\eta_{j,b} = 1.2$　　(b) $\eta_{j,b} = 1.3$

(c) $\eta_{j,b} = 1.4$　　(d) $\eta_{j,b} = 1.5$

(e) $\eta_{j,b} = 1.6$

图 5.1-2　不同强节点系数$\eta_{j,b}$的节点破坏形态

5.1.5　梁柱节点核芯区受剪承载力验算

根据试验和理论研究成果，在实际工程项目应用中，钢梁与预制柱的刚性连接建议采用柱贯通型节点（图 5.1-3），节点区的钢套箍增强了对节点核芯区混凝土的约束作用，更易实现“强节点”的抗震设计理念。大量的试验和理论分析结果表明，该类型节点的受剪承载力较高，节点域剪切变形较小，在极限位移下，梁柱节点可保持无损伤状态，具有良好的受力和抗震性能。

该类型节点的受力机理主要为节点核芯区钢套箍腹板“剪力墙”机构和混凝土斜压杆机构的综合作用，节点核芯区受剪承载力等于节点核芯区钢套箍腹板和混凝土受剪承载力之和；由于钢套箍仅在节点区设置，竖向轴压力对节点承载力影响不明显，节点受剪承载力计算时可偏于安全地不考虑轴压力对承载力的增大作用。

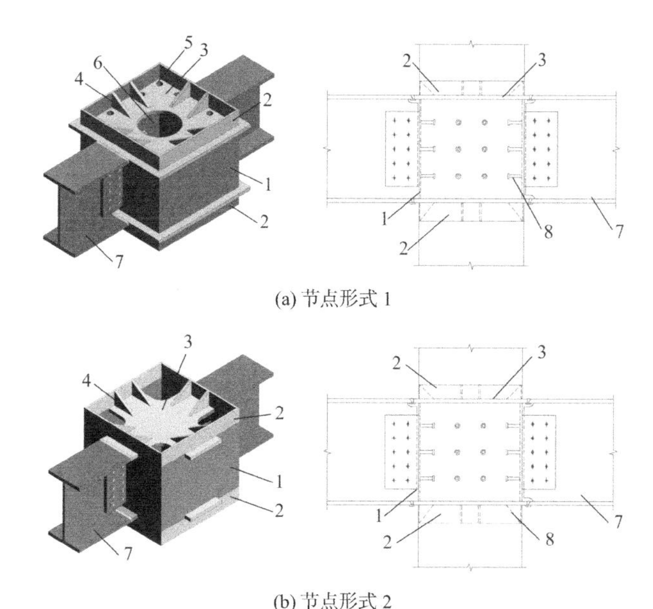

(a) 节点形式 1

(b) 节点形式 2

1—节点核芯区钢套箍；2—节点区外伸钢套箍；3—内隔板；4—加劲肋；5—柱纵筋贯穿孔；6—浇筑孔；7—钢梁；8—栓钉

图 5.1-3　柱贯通型节点

对钢梁与预制柱的柱贯通型节点，节点核芯区的抗震受剪承载力可按式(5.1-6)验算。

$$V_{\mathrm{j}} \leqslant \frac{1}{\gamma_{\mathrm{RE}}}\left(0.15\alpha_{\mathrm{j}} f_{\mathrm{c}} b_{\mathrm{j}} h_{\mathrm{j}} + 0.8 h_{\mathrm{j}} t_{\mathrm{j}} f_{\mathrm{jt}}\right) \tag{5.1-6}$$

式中：V_{j}——梁柱节点核芯区的剪力设计值（N）；

γ_{RE}——承载力抗震调整系数，可取 0.85；

α_{j}——节点位置影响系数，中柱节点取 1.0，边柱节点取 0.7，顶层柱角节点取 0.4；

f_{c}——混凝土轴心抗压强度设计值（N/mm^2）；

f_{jt}——节点核芯区钢套箍抗拉强度设计值（N/mm^2）；

t_{j}——节点核芯区钢套箍厚度（mm）；

b_{j}——节点核芯区的截面宽度，可取验算方向的柱截面宽度b_{c}（mm）；

h_{j}——节点核芯区的截面高度，可取验算方向的柱截面高度h_{c}（mm）。

5.2　计算分析

预制柱-钢梁混合框架结构满足装配整体性要求，可以采用现行的结构设计软件进行分析，在整体结构弹性分析计算时，梁柱节点可按刚性节点考虑；弹性分析时，结构阻尼比可取为 0.04，弹塑性分析时，结构阻尼比可取 0.05；风振舒适度验算时，阻尼比可取 0.01～0.02。

带楼板和不带楼板的节点和框架试验结果有较大差别，梁端受负弯矩作用时，与梁平行的楼板中一定宽度范围内的板纵筋参与受拉；梁端受正弯矩作用时，楼板在一定范围内参与受压。楼板这种作用在框架中节点和端节点均存在，但其影响作用不同。整体弹性分析时，当钢梁混凝土楼板与钢梁间有可靠连接时，可计入楼板对钢梁刚度的增大作用。仅一侧有楼板时钢梁增大系数可取 1.2，两侧有楼板时可取 1.5。弹塑性分析时，不考虑楼板对钢梁刚度的增大作用。当考虑楼板组合作用，形成钢-混凝土组合梁时，其承载力、刚度、挠度、裂缝、界面纵向抗剪计算与验算以及抗震构造措施应满足现行国家标准《钢结构设计标准》GB 50017[14]的有关规定。

对混合框架-偏心支撑结构，在规定水平力作用下，结构底层框架部分承担的地震倾覆力矩与结构总地震倾覆力矩的比值不同，结构性能有较大差别。在结构设计时，应据此比值确定该结构相应的适用高度和构造措施，计算模型及分析均按混合框架-偏心支撑结构进行实际输入和计算分析。

当框架部分承担的地震倾覆力矩占结构总地震倾覆力矩的比例不大于 50%时，混合框架部分和偏心支撑框架部分或剪力墙之间的刚度匹配较为合理，属于典型的混合框架-偏心支撑结构或混合框架-钢筋混凝土剪力墙结构。

当框架部分承担的地震倾覆力矩占结构总地震倾覆力矩的比例大于 50%但不大于 80%时，意味着结构中偏心支撑框架的数量偏少，框架承担较大的地震作用，此时框架部分的抗震等级和轴压比按混合框架结构的规定执行，偏心支撑框架部分的抗震等级和轴压比按混合框架-偏心支撑结构的规定采用，其最大适用高度不宜再按混合框架-偏心支撑结构的要求执行，但可比混合框架结构的要求适当提高，提高的幅度可视偏心支撑框架部分承担的地震倾覆力矩来确定。

当框架部分承担的地震倾覆力矩占结构总地震倾覆力矩的比例大于 80%时，意味着结构中偏心支撑框架的数量极少，此时框架部分的抗震等级和轴压比应按混合框架结构的规定执行，偏心支撑框架部分的抗震等级和轴压比按混合框架-偏心支撑结构的规定采用，其最大适用高度宜按混合框架结构采用。对采用弱支撑的混合框架-偏心支撑结构，考虑到偏心支撑做为第一道防线的作用较弱，为保证其在地震下的抗震性能，混合框架部分承担的地震作用应按混合框架结构和混合框架-偏心支撑结构两种模型计算，并宜取二者的较大值进行包络设计。

按照多道防线的概念设计要求，混合框架-偏心支撑结构中，带偏心支撑的框架是第一道防线，在设防地震、罕遇地震下偏心支撑框架先屈服，塑性内力重分布使得框架部分按侧向刚度分配的剪力会比多遇地震下加大，为保证作为第二道防线的框架具有一定的抗侧力能力，需要对框架部分承担的剪力予以适当调整，以形成双重抗侧力体系。因此，框架部分的剪力调整不小于结构总地震剪力的 25%和框架部分计算最大层剪力 1.8 倍二者的较小值。

5.3 构造要求

5.3.1 预制柱

预制柱可采用预制管组合柱或预制混凝土柱，其中预制管组合柱是由预制混凝土管和芯部后浇混凝土组合而成并共同受力的预制柱（图 5.3-1）。试验结果表明，在地震作用下，预制混凝土管和芯部混凝土具有良好的共同工作性能，其抗震性能与现浇混凝土柱基本一致。设计的预制混凝土管为外方内圆截面时，空腔部分直径与柱宽的比值不宜大于 0.75，且管壁最薄处厚度不应小于 100mm；预制混凝土管为圆环形截面时，管壁厚度不应小于 100mm。为更好地确保预制混凝土管和芯部混凝土的共同工作性能，预制混凝土组合柱箍筋宜采用复合箍筋，且每个方向的箍筋应至少有两肢穿过内部空腔，穿过内部空腔的箍筋直径不宜小于 8mm。

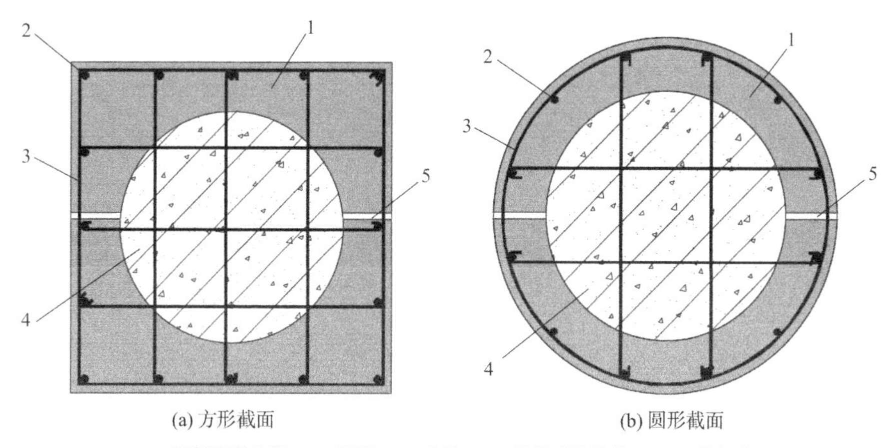

(a) 方形截面　　(b) 圆形截面

1—预制混凝土管；2—纵筋；3—箍筋；4—芯部后浇混凝土；5—排气孔

图 5.3-1　预制混凝土管组合柱示意

预制混凝土管可采用充气法、离心法等成熟工艺制作。当采用离心法工艺制作时，应根据设计要求编制离心工艺制作方案，并通过试验确定合理的离心工艺参数进行样品试制，经检验合格后方可实施。预制混凝土管内后浇混凝土宜采用微膨胀混凝土，其混凝土等级宜与预制混凝土管的混凝土强度等级相同，不宜低于 C35，不应超过 C60。当预制混凝土管组合柱采用多节柱时，多节柱构件高度不宜超过 15m 或三层。芯部混凝土宜采用导管浇筑法，也可采用立式手工浇筑法。芯部混凝土浇筑施工前应根据设计要求进行混凝土配合比设计和必要的浇筑工艺试验，并在此基础上制定浇筑工艺和各项技术措施。芯部混凝土宜连续浇筑，当必须间歇时，间歇时间不得超过混凝土的终凝时间。从顶部管口浇筑混凝土时，为保障下部空气排出，预制管在每层柱底区域管壁预留排气孔。

预制柱纵向受力钢筋宜采用 HRB400 和 HBR500 级钢筋，直径不宜小于 20mm；纵向受力钢筋的间距不宜大于 200mm 且不应大于 400mm。预制柱纵向受力钢筋可集中于四角配置且宜对称布置。当柱纵向受力钢筋的净距大于 300mm 时，可附加配置直径不小于 14mm 的纵向构造钢筋，纵向构造钢筋在节点区可采用套筒与内隔板或钢梁翼缘连接。

抗震设计时，限制框架柱的轴压比主要是为了保证柱的延性要求。对不同结构体系中的框架柱提出了不同的轴压比限值，详见表 5.3-1，对于Ⅳ类场地较高的高层建筑，其轴压比应适当减小。

柱轴压比限值　　　　**表 5.3-1**

结构类型	抗震等级			
	一	二	三	四
混合框架结构	0.65	0.75	0.85	0.90
混合框架-偏心支撑结构	0.75	0.85	0.90	0.95

注：1. 轴压比指柱考虑地震作用组合的轴压力设计值与柱全截面面积和混凝土轴心抗压强度设计值乘积的比值；
2. 表内数值适用于混凝土强度等级不高于 C60 的柱；
3. 表内数值适用于剪跨比大于 2 的柱；剪跨比不大于 2 但不小于 1.5 的柱，其轴压比限值应比表中数值减小 0.05；剪跨比小于 1.5 的柱，其轴压比限值应专门研究并采取特殊构造措施；
4. 当沿柱全高采用井字复合箍，箍筋间距不大于 100mm、肢距不大于 200mm、直径不小于 12mm，或当沿柱全高采用复合螺旋箍，箍筋螺距不大于 100mm、肢距不大于 200mm、直径不小于 12mm，或当沿全高采用连续复合螺旋箍，且螺距不大于 80mm、肢距不大于 200mm、直径不小于 10mm 时，轴压比限值可增加 0.10；
5. 调整后的柱轴压比限值不应大于 1.05。

5.3.2 梁柱节点

钢梁与预制柱的刚性连接采用柱贯通型节点，抗震设计时应按本书第 5.1 节对框架节点核芯区进行抗震验算，此外还应满足相应的构造要求。梁柱节点处的钢套箍外表面与柱外表面宜平齐，节点钢套箍厚度应满足表 5.3-2 的要求。

节点钢套箍厚度　　　　**表 5.3-2**

项次	抗震等级		
	一级	二级	三、四级
节点核芯区钢套箍	$\geqslant L_c/100$，且$\geqslant$12mm	$\geqslant L_c/110$，且$\geqslant$10mm	$\geqslant L_c/130$，且$\geqslant$8mm
节点区外伸钢套箍	$\geqslant L_c/110$，且$\geqslant$10mm	$\geqslant L_c/130$，且$\geqslant$8mm	$\geqslant L_c/150$，且$\geqslant$6mm

注：L_c为柱长边尺寸，圆形柱时为柱直径。

试验结果表明，节点区钢套箍伸出高度的增加可减少柱身裂缝，有效减轻节点上下柱端混凝土的损伤。因此，结合试验和理论分析，建议节点区外伸钢套箍伸出高度（h_d）（图 5.3-2）不宜小于 100mm。

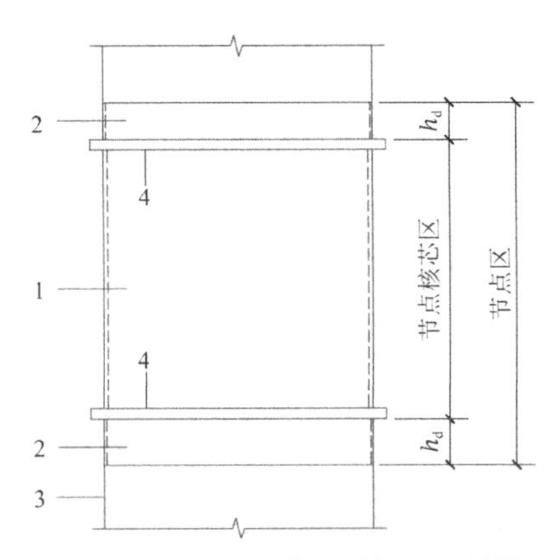

1—节点核芯区钢套箍；2—节点区外伸钢套箍；3—预制柱；4—内隔板

图 5.3-2　节点钢套箍示意图

节点核芯区钢套箍内部设置栓钉，一是可以提高钢套箍和内部混凝土的共同工作性能，二是可以传递梁端剪力，使梁端剪力可靠地传至预制柱中，因此节点核芯区钢套箍内部栓钉除应满足按梁端剪力计算确定外，还应满足一定的构造要求，以确保节点核芯区在地震作用下具有较好的受力性能。柱贯通型节点中，梁端剪力可按下式验算：

$$V_{bj} < V_{sh} \tag{5.3-1}$$

$$V_{sh} = n_s N_{vs} \tag{5.3-2}$$

$$N_{vs} = 0.43 A_s \sqrt{E_c f_c} \leqslant 0.7 A_s f_{su} \tag{5.3-3}$$

式中：V_{bj}——与柱相交的框架梁端剪力设计值（N）；

V_{sh}——梁端剪力最大允许值（N）；

n_s——钢套箍内侧栓钉的个数；

N_{vs}——单个栓钉的受剪承载力设计值（N）；

A_s——栓钉截面面积（mm^2）；

E_c——节点核芯区混凝土的弹性模量（N/mm^2）；

f_c——混凝土抗压强度设计值（N/mm^2）

f_{su}——栓钉极限抗拉强度设计值，需满足现行国家标准《电弧螺柱焊用圆柱头焊钉》GB/T 10433 的有关规定（N/mm^2）。

节点核芯区钢套箍内部栓钉的设置（图 5.3-3）还应符合：（1）钢套箍内部栓钉每侧数量不应少于 4 个，总个数不应少于 16 个，栓钉直径不应小于 16mm；（2）栓钉与内隔板表面的距离（d_{s1}）不应小于 50mm，栓钉与钢套箍内表面的距离（d_{s2}）不应小于 80mm；栓钉与柱纵筋间的水平净距离不应小于 20mm；栓钉长度不应小于其杆径的 4 倍；栓钉的竖向间距（s_v）不应小于杆径的 6 倍，水平间距（s_h）不应小于杆径的 4 倍。

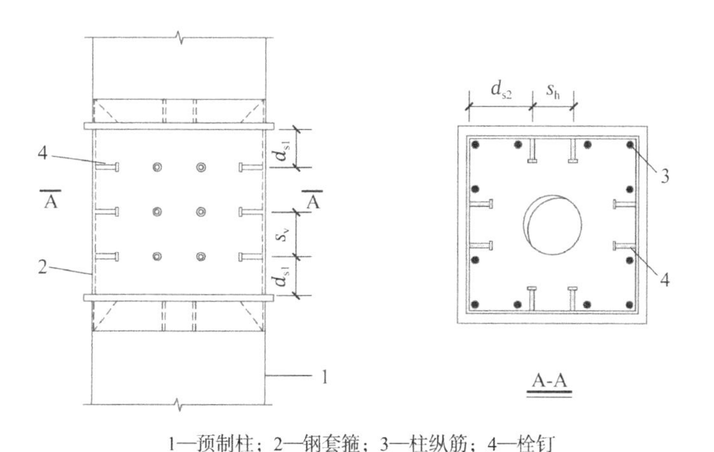

1—预制柱；2—钢套箍；3—柱纵筋；4—栓钉

图 5.3-3 钢套箍内部栓钉构造

对柱贯通型节点，内隔板与钢梁翼缘的连接应采用坡口全熔透焊缝，并应设置衬板和引弧板；现场焊接时，梁下翼缘焊接用的衬板在翼缘施焊完毕后，宜将衬板割除再补焊焊根，以确保梁柱节点连接质量。预制柱纵筋应贯通节点区内隔板，内隔板上设置的混凝土浇筑孔孔径不应小于 150mm，不宜大于 200mm。试验和理论分析结果表明，梁端翼缘加强型节点（图 5.3-4）能实现塑性铰外移，缓解翼缘与贯通隔板变截面连接处的应力集中问题，避免柱面梁端焊缝发生脆性断裂，翼缘局部加宽型节点和翼缘扩翼型节点的延性系数较常规栓焊型节点分别提高约 15%和 35%，加强翼缘能够有效改善节点变形能力，提高节点延性。因此，建议内隔板与钢梁翼缘的连接采用梁翼缘扩翼式或梁翼缘局部加宽式等加强型连接形式。

对梁翼缘扩翼式连接［图 5.3-4（a）］，图中尺寸应按下列公式确定：

$$l_a = (0.50 \sim 0.75)b_f \tag{5.3-4}$$

$$l_b = (0.30 \sim 0.45)h_b \tag{5.3-5}$$

$$b_{wf} = (0.15 \sim 0.25)b_f \tag{5.3-6}$$

$$R = \frac{l_b^2 + b_{wf}^2}{2b_{wf}} \tag{5.3-7}$$

式中：h_b——梁高度（mm）；

b_f——梁翼缘宽度（mm）；

R——梁翼缘扩翼半径（mm）。

对梁翼缘局部加宽式连接［图 5.3-4（b）］，图中尺寸应按下列公式确定：

$$l_b = (0.50 \sim 0.75)h_b \tag{5.3-8}$$

$$b_s = (1/4 \sim 1/3)b_f \tag{5.3-9}$$

$$b_{ss} = 2t_f + 6 \tag{5.3-10}$$

$$t_s = t_f \tag{5.3-11}$$

式中：h_b——梁高度（mm）；

b_f——梁翼缘宽度（mm）；

t_f——梁翼缘厚度（mm）；

t_s——局部加宽板厚度（mm）。

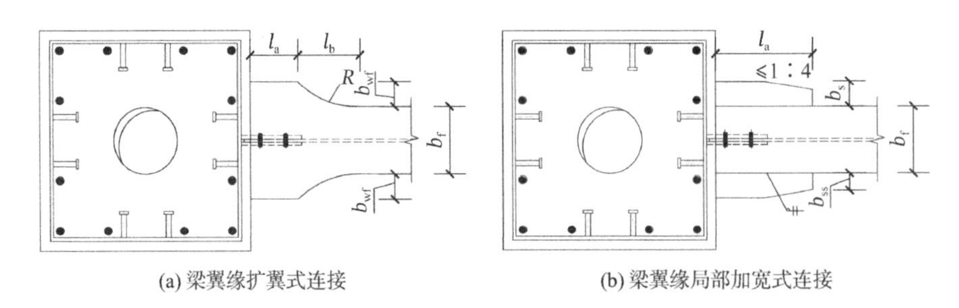

(a) 梁翼缘扩翼式连接　　(b) 梁翼缘局部加宽式连接

图 5.3-4　钢梁翼缘加强型连接形式

当预制柱两侧的梁高不等时，可采用图 5.3-5 的连接构造。对连接构造一［图 5.3-5（a）］，腋部翼缘的坡度不应大于 1：3，端部水平段不应小于 150mm，且应满足腹板螺栓安装空间的要求。对连接构造二［图 5.3-5（b）］，节点区内隔板的间距不应小于 200mm。

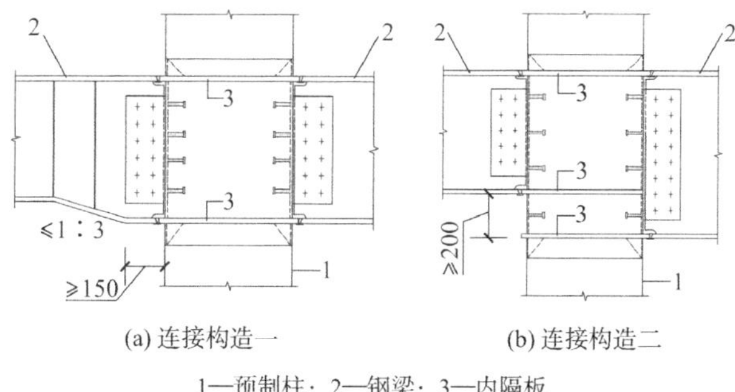

(a) 连接构造一　　(b) 连接构造二

1—预制柱；2—钢梁；3—内隔板

图 5.3-5　节点两侧梁高不等时的构造

5.4　防火与防腐蚀

预制柱-钢梁混合框架结构中的梁、柱、支撑和楼板等应进行防火设计。结构各构件的耐火极限应符合现行国家标准《建筑设计防火规范》GB 50016[20]的有关规定。梁柱连接节点中钢套箍的耐火极限不应低于柱的耐火极限要求。节点处钢套箍宜采用非膨胀型防火涂料或有效耐火隔热的措施。

钢构件的表面处理、除锈方法、除锈等级的确定、涂料品种的选择、涂层结构和涂层厚度应符合设计要求和现行国家标准《钢结构工程施工质量验收标准》GB 50205[21]、行业标准《建筑钢结构防腐蚀技术规程》JGJ/T 251[22]的有关规定。钢结构防腐蚀设计年限可划分为低（2～5 年）、中（5～15 年）、高（15 年以上）三种情况。对较重要或涂层维护成本较高的工程，可根据实际需要增加涂层厚度及保护措施以延长防腐涂装体系的使用年限。

钢结构涂装时，钢构件高强螺栓连接范围的接触面，钢套箍封闭区及外包混凝土区，现场焊接部位的各方向 100mm 范围，以及与混凝土直接接触的构件表面不得涂装，其余部位均应按设计要求进行涂装。安装后，对外露钢结构以及运输及施工过程中涂层有损伤的部位应进行补涂。

参 考 文 献

[1] 住房和城乡建设部. 建筑抗震设计规范: GB 50011—2010 [S]. 北京: 中国建筑工业出版社, 2010.

[2] Iizuka S, Kasamatsu T, Noguchi H. Study on the aseismic performances of mixed fram structures [J]. Journal of Structural and Construction Engineering, Architectural Institute of Japan, 1997, 62(497): 189-196.

[3] Baba N, Nishimura Y. Seismic behavior of RC column to S beam moment frames [C]// Tokyo: Architectural Institute of Japan, 1999: 61-64.

[4] Yamamoto T, Ohtaki T, Ozawa J. An experiment on elasto-plastic behavior of a full-scale three-story two-bay composite frame structure consisting of reinforced concrete columns and steel beams [J]. Joural of Architectural and Building Science, 2000, 6(10): 111-116.

[5] Chen C H, Lai W C, et al. Pseudo-dynamic test of full-scale RCS frame: part I-design, construction, testing [J]. Structures, 2004: 1-15.

[6] Men J J, Zhang Y, Guo Z. Experimental research on seismic behavior of a novel composite RCS frame [J]. Steel and Composite Structures, 2015, 18(4): 971-983.

[7] Zhang X Z, Zhang J W, Gong X J, et al. Seismic performance of prefabricated high-strength concrete tube column–steel beam joints. Advances in Structural Engineering. 2018, 21(5): 658-674.

[8] Zhang S H, Zhang X Z, Xu S B, et al. Seismic behavior of normal-strength concrete-filled precast high-strength concrete centrifugal tube columns. Advances in Structural Engineering. 2020, 23(4): 614-629.

[9] 章少华. 离心预制混凝土管组合方柱及梁柱节点受力性能研究[D]. 天津: 天津大学, 2019.

[10] 李星乾. 预制混凝土管组合柱-钢梁混合框架抗震性能与设计方法[D]. 天津: 天津大学, 2023.

[11] 章少华, 张锡治, 张天鹤, 等. 预制混凝土管组合柱-钢梁连接节点抗震性能试验研究[J]. 建筑结构学报, 2022, 43(7): 143-155.

[12] 中国工程建设标准化协会. 高层建筑钢-混凝土混合结构设计规程: CECS 230: 2008[S]. 北京: 中国计划出版社, 2008.

[13] 住房和城乡建设部. 高层建筑混凝土结构技术规程: JGJ 3—2010[S]. 北京: 中国建筑工业出版社, 2010.

[14] 住房和城乡建设部. 钢结构设计标准: GB 50017—2017[S]. 北京: 中国建筑工业出版社, 2017.

[15] 门进杰, 熊礼全, 雷梦珂, 等. 楼板对钢筋混凝土柱-钢梁空间组合体抗震性能影响研究[J]. 建筑结构学报, 2019, 40(12): 69-77.

[16] 陶慕轩. 钢-混凝土组合框架结构体系的楼板空间组合效应[D]. 北京: 清华大学, 2012.

[17] Kathuria D, Miyamoto International Inc, Yoshikawa H, Nishimoto S, Kawamoto S, Taisei Corp., Deierlein GG. Design of composite RCS special moment frames. Report No. 189[R]. The John A. Blume Earthquake Engineering Center, Stanford University; 2015.

[18] Nishiyama I, Kuramoto H, Noguchi H. Guidelines: seismic design of composite reinforced concrete and steel buildings[J]. Journal of Structural Engineering, 2004, 130(2): 336-342.

[19] 住房和城乡建设部. 钢管约束混凝土结构技术标准: JGJ/T 471—2019[S]. 北京: 中国建筑工业出版社, 2019.

[20] 住房和城乡建设部. 建筑设计防火规范: GB 50016—2014[S]. 北京: 中国计划出版社, 2014.

[21] 住房和城乡建设部. 钢结构工程施工质量验收标准: GB 50205—2020[S]. 北京: 中国计划出版社, 2020.

[22] 住房和城乡建设部. 建筑钢结构防腐蚀技术规程: JGJ/T 251—2011[S]. 北京: 中国建筑工业出版社, 2011.

第 6 章

工程实例

6.1 工程实例一

6.1.1 工程概况

某工程职工食堂项目位于天津市静海区，项目建筑总平面图及建筑效果图分别如图 6.1-1 和图 6.1-2 所示。该项目建筑面积 2000m²，无地下室，地上 2 层，首层层高 5.1 m，二层层高 5.1m，室内外高差 0.45m，主体结构总高度 10.6m，平面尺寸为：长 33.6m，宽 25.2m。项目采用预制混凝土柱-钢梁混合框架结构体系。

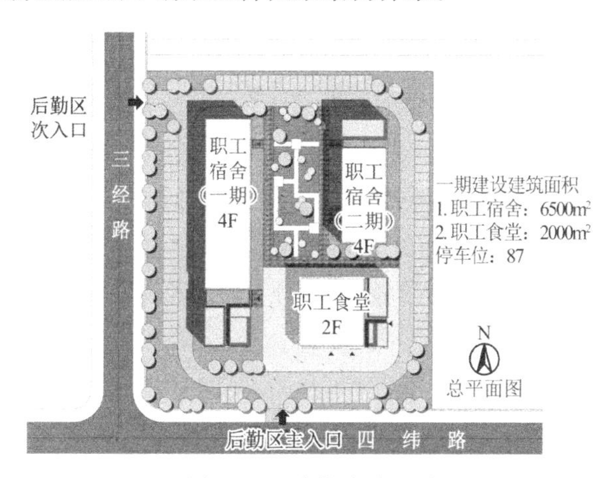

图 6.1-1　建筑总平面图

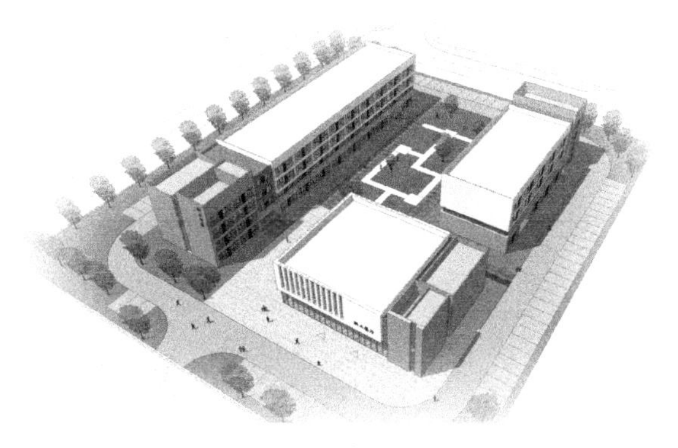

图 6.1-2　建筑效果图

6.1.2　设计条件及主要参数

本项目所处区域抗震设防烈度为 7 度，设计基本地震加速度值为 0.15g，设计地震分组为第二组，建筑场地类别为Ⅲ类，特征周期为 0.55s。建筑物抗震设防类别为标准设防类，设计工作年限为 50 年，框架抗震等级为三级，抗震构造措施等级为二级。基本雪压和基本风压按 50 年重现期考虑，基本雪压$s_0 = 0.40\text{kN/m}^2$，基本风压$\omega_0 = 0.50\text{kN/m}^2$，地面粗糙度类别为 B 类，风荷载体型系数取 1.3。多遇地震和罕遇地震下水平地震影响系数最大值分别为 0.12 和 0.72，多遇地震和罕遇地震下地震加速度峰值分别为 55cm/s^2 和 310cm/s^2。结构阻尼比取 0.04。

6.1.3　结构体系与装配式建筑评价

本项目采用预制混凝土柱-钢梁混合框架结构体系，其中预制混凝土柱采用多层连续预制混凝土柱，框架梁及次梁采用钢梁，楼板采用免支撑的钢筋桁架楼承板，楼梯采用钢楼梯。

预制混凝土柱截面为 600mm × 600mm，框架梁主要截面采用 H550mm × 250mm × 12mm × 18mm，HN550mm × 200mm × 10mm × 16mm，次梁主要采用 HN500mm × 152mm × 9mm × 16mm；楼板混凝土厚度为 110mm。预制混凝土柱混凝土强度等级为 C45，楼板混凝土强度等级为 C30。钢材采用 Q355B，钢筋主要采用 HRB400 级钢筋。

按《装配式建筑评价标准》GB/T 51129—2017 进行装配式建筑评分，其中主体结构竖向构件采用预制混凝土柱，水平构件采用钢梁和钢筋桁架楼承板，应用比例均为 100%，该部分评价分值为 50 分。地上围护墙采用外挂 ALC 条板，应用比例 100%，非承重内隔墙采用 ALC 内隔墙，应用比例 100%，该部分评价分值为 10 分。采用全装修、集成卫生间和管线分离，该部分评价分值为 16 分。总分为 76 分，装配率为 76%。

根据装配式建筑评价等级划分标准：装配率为 60%～75%，A 级装配式建筑；装配率为 76%～90%，AA 级装配式建筑；装配率为 91%及以上，AAA 级装配式建筑。因此，该项目装配式建筑评价等级达到了 AA 级装配式建筑的标准。

6.1.4　多遇地震整体结构弹性分析

采用美国 CSI 公司的 ETABS 软件进行整体结构的计算分析，整体结构计算模型如图 6.1-3 所示。计算模型中梁和柱采用杆单元模拟，楼板采用壳单元模拟，结构阻尼比取 0.04。

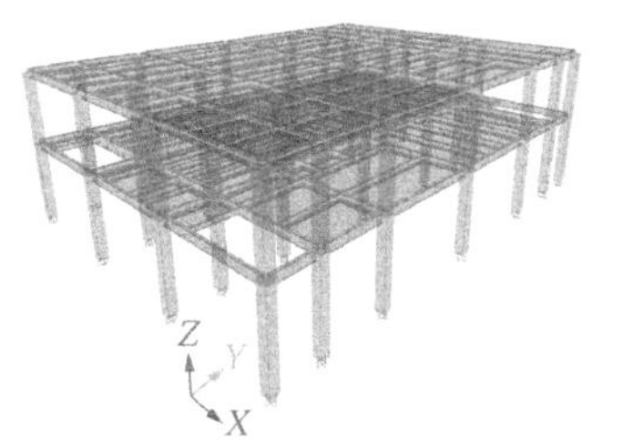

图 6.1-3　整体结构计算模型

1. 周期与振型

整体结构的前三阶周期和振型详见表 6.1-1 和图 6.1-4。由图表可知，结构整体刚度适宜，前两阶振型以平动为主，第 3 阶振型为扭转振型，结构周期比为 0.87，具有较好的抗扭刚度。

周期与振型 **表 6.1-1**

振型	周期（s）	分量（$X:Y:Z$）
1	0.6126	0.98 : 0.00 : 0.02
2	0.5565	0.00 : 1.00 : 0.00
3	0.5304	0.03 : 0.00 : 0.97

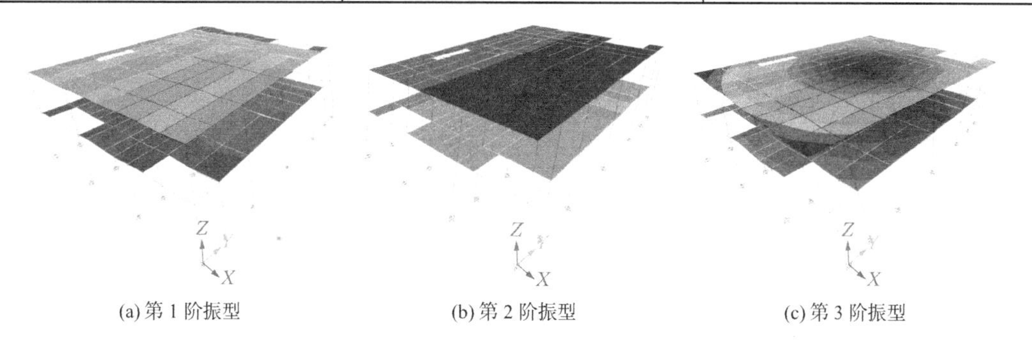

(a) 第 1 阶振型　(b) 第 2 阶振型　(c) 第 3 阶振型

图 6.1-4　整体结构前三阶振型图

2. 楼层刚度及承载力分布

表 6.1-2 和表 6.1-3 分别给出了整体结构各层的楼层刚度和楼层承载力。由表可知：（1）结构刚度沿竖向均匀分布，刚度比均大于 1.0，满足规范要求，结构不存在软弱层；（2）结构承载力沿竖向均匀分布，承载力比均大于 1.0，满足规范要求，结构不存在薄弱层。

楼层刚度及刚度比 **表 6.1-2**

楼层	楼层刚度（kN/m）		刚度比	
	X向	Y向	X向	Y向
2	242559.6	317066.9	1.0	1.0
1	362913.5	424225.9	2.1	1.9

楼层受剪承载力及承载力比 **表 6.1-3**

楼层	楼层受剪承载力（kN）		承载力比	
	X向	Y向	X向	Y向
2	5287.2	5052.7	1.0	1.0
1	8346.7	8130.3	1.6	1.6

3. 位移角和位移比

结构在风荷载和地震作用下各层最大层间位移角详见表 6.1-4，结构最大位移比详见表 6.1-5。由表可知，结构在风荷载作用下的层间位移角较小，在地震作用下最大层间位移角为 1/614，均满足位移角限值 1/450 的要求。结构最大位移比 1.16，小于 1.20，结构具有较好的抗扭性能。

最大层间位移角　　表 6.1-4

楼层	风荷载		地震作用	
	X向	Y向	X向	Y向
2	1/5438	1/9260	1/614	1/898
1	1/5496	1/7926	1/649	1/835

结构最大位移比　　表 6.1-5

项次	地震作用					
	X	$X+5\%$	$X-5\%$	Y	$Y+5\%$	$Y-5\%$
最大层位移比	1.04	1.08	1.16	1.00	1.08	1.07
最大层间位移比	1.05	1.08	1.16	1.01	1.09	1.07
所在楼层	1	1	2	2	2	2

4. 整体稳定性

结构刚重比详见表 6.1-6，由表可知，结构两个方向的刚重比均大于 20，结构整体稳定验算满足规范要求，且可以不用考虑重力二阶效应的影响。

结构刚重比　　表 6.1-6

楼层	X向刚重比	Y向刚重比
2	88.9	116.3
1	65.2	76.2

5. 钢梁应力比

钢梁应力比结果如图 6.1-5 所示，由图可知，钢梁应力比最大为 0.933，满足规范要求。

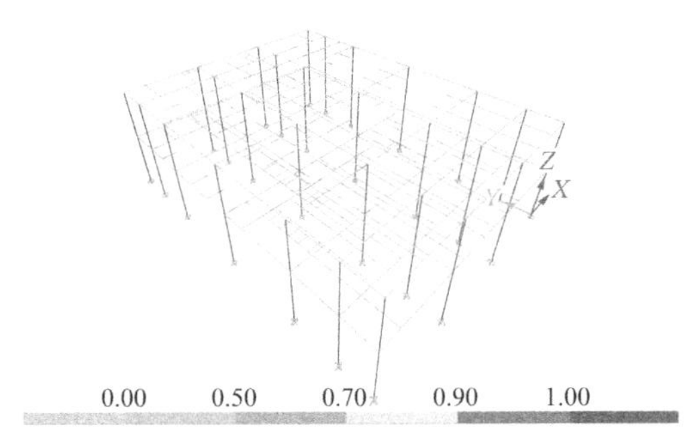

图 6.1-5　钢梁应力比结果

6.1.5　罕遇地震结构静力推覆分析

采用静力推覆法（Pushover 法）对整体结构进行罕遇地震下的弹塑性分析，以期得到整体结构在罕遇地震下的最大弹塑性层间位移角，确保结构实现大震不倒的抗震设计要求。图 6.1-6 为结构在两个方向的静力推覆分析结果。根据计算结果，X向性能点（能力谱与需求谱的交点）对应的弹塑性层间位移角为 1/110，出现在首层；Y向性能点对应的弹塑性层间位移角为 1/126，出现在首层，两个方向的弹塑性层间位移角均小于弹塑性层间位移角 1/50 限值，整体结构满足“大震不倒”的抗震设计要求。此外，结构在两个方向的能力谱曲线在穿过需求谱曲线后呈继续上升状态，结构还具备继续承载的能力，抗震性能较好。

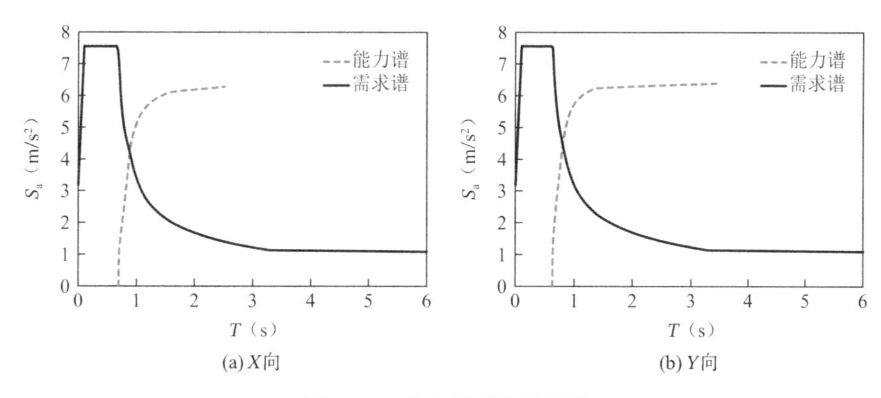

图 6.1-6 静力推覆分析结果

6.1.6 梁柱连接节点设计

本项目梁柱节点采用柱贯通型连接节点构造，梁柱连接节点示意图如图 6.1-7 所示。节点钢构件在工厂制作，并与预制混凝土柱浇筑成整体。钢套箍可对节点核芯区混凝土形成有效约束，提高节点的受剪承载力。通过节点钢构件的连接板，楼层钢梁可便捷地与预制柱进行装配连接。

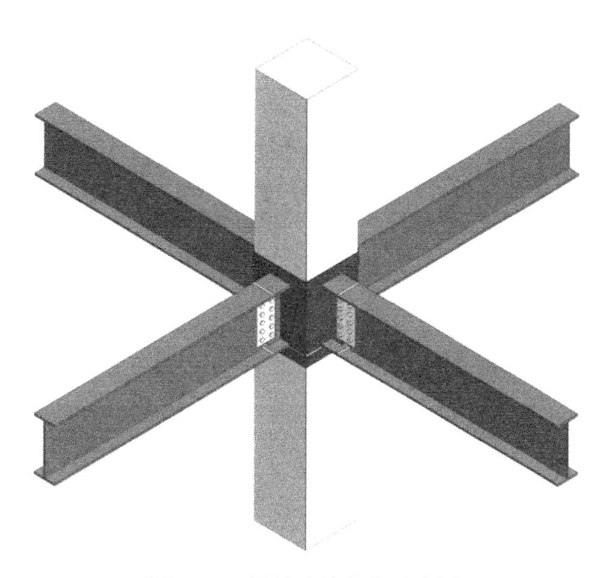

图 6.1-7 梁柱连接节点示意图

1. 节点受剪承载力计算

节点核芯区受剪承载力按第 5 章相关公式计算。对中节点，柱截面为 600mm × 600mm，钢套箍壁厚为 8mm 时，节点核芯区受剪承载力为 2718kN，柱截面为 650mm × 650mm，钢套箍壁厚为 10mm 时，节点核芯区受剪承载力为 3439kN；对边节点，柱截面为

600mm × 600mm，钢套箍壁厚为 8mm 时，节点核芯区受剪承载力为 2316kN，柱截面为 600mm × 600mm，钢套箍壁厚为 10mm 时，节点核芯区受剪承载力为 2660kN。

2. 节点受剪承载力验算

表 6.1-7 给出了结构首层梁柱节点受剪承载力验算结果，由表可知，各梁柱节点受剪承载力验算满足要求且有较大的安全度。

结构首层梁柱节点受剪承载力验算结果　　表 6.1-7

节点编号	类型		节点剪力设计值		节点受剪承载力		Q_{px}/V_{jx}	Q_{py}/V_{jy}
	X向	Y向	V_{jx}（kN）	V_{jy}（kN）	Q_{px}（kN）	Q_{py}（kN）		
1	边节点	边节点	640.8	699.4	2316	2316	3.61	3.31
2	中节点	边节点	796.6	861.1	2718	2316	3.41	2.69
3	中节点	边节点	774.9	738.6	2718	2316	3.51	3.14
4	边节点	边节点	757.1	809.6	2316	2316	3.06	2.86
5	边节点	中节点	738.7	1238.2	2316	2718	3.14	2.20
6	中节点	中节点	1036.3	1329.2	3439	3439	3.32	2.59
7	中节点	中节点	899.2	1272.7	3439	3439	3.82	2.70
8	边节点	中节点	879.1	1243.4	2660	3439	3.03	2.77
9	边节点	中节点	1222.4	1227.7	2316	2718	1.89	2.21
10	中节点	中节点	1062.1	1387.0	3439	3439	3.24	2.48
11	中节点	中节点	1077.7	1428.8	3439	3439	3.19	2.41
12	边节点	中节点	1152.5	1274.7	2660	3439	2.31	2.70
13	边节点	中节点	1193.6	1009.2	2316	2718	1.94	2.69
14	中节点	中节点	1245.7	1148.0	3439	3439	2.76	3.00
15	中节点	中节点	988.8	1484.0	3439	3439	3.48	2.32
16	边节点	中节点	929.4	979.0	2660	3439	2.86	3.51
17	边节点	中节点	898.9	1306.0	2316	2718	2.58	2.08
18	中节点	中节点	1354.6	1478.3	2718	2718	2.01	1.84
19	中节点	中节点	1324.8	1359.7	2718	2718	2.05	2.00
20	边节点	中节点	895.8	1147.8	2316	2718	2.59	2.37
21	边节点	中节点	1274.8	1238.4	2316	2718	1.82	2.19
22	中节点	中节点	1739.5	1375.7	2718	2718	1.56	1.98
23	中节点	中节点	1711.1	1388.0	2718	2718	1.59	1.96
24	边节点	中节点	1321.0	1275.5	2316	2718	1.75	2.13
25	边节点	边节点	1081.2	693.5	2316	2316	2.14	3.34
26	中节点	边节点	1434.4	849.6	2718	2316	1.89	2.73
27	中节点	边节点	1333.6	796.5	2718	2316	2.04	2.91
28	边节点	边节点	1251.2	776.7	2316	2316	1.85	2.98

6.1.7 典型施工照片

本项目预制混凝土柱构件连续 2 层预制，在楼层处连续不断开，有效地保证了框架节点的现场装配连接质量，既提高了施工效率又节省造价。通过合理设计楼承板规格，在标准化设计的基础上，实现了楼板免支撑施工。本项目采用保温装饰围护一体化外墙板、管线分离等技术，通过标准设计和全过程、全系统管控，统筹规划技术的协同性、管理的系统性和资源的匹配性，提高建造质量效率和效益，符合新型建筑工业化发展要求，有助于建筑行业向绿色低碳和高质量发展转型升级，促进我国“碳达峰、碳中和”目标的实现。

本项目在构件生产加工、现场装配安装、围护结构施工、全装修等关键施工阶段的典型施工照片如图 6.1-8～图 6.1-13 所示。

图 6.1-8　多层连续预制混凝土柱构件

图 6.1-9　预制混凝土柱吊装安装

图 6.1-10　钢梁安装

图 6.1-11　楼板钢筋桁架楼承板安装及混凝土浇筑

图 6.1-12　围护结构安装

图 6.1-13　竣工后实景照片

6.2 工程实例二

6.2.1 工程概况

某工程技术培训基地学员宿舍项目位于河南省驻马店市，项目建筑效果如图 6.2-1 所示。学员宿舍采用预制混凝土柱-钢梁混合框架 + 偏心支撑结构体系。学员宿舍建筑面积约 5000m^2，无地下室，地上 5 层，首层层高 3.9m，二层至五层层高 3.6m，室内外高差 0.3m，主体结构总高度 18.6m。建筑平面尺寸为：长 57.7m，宽 19.8m。

图 6.2-1 建筑效果图

6.2.2 设计条件及主要参数

本项目所处区域抗震设防烈度为 6 度，设计基本地震加速度值为 0.05g，设计地震分组为第一组，建筑场地类别为Ⅲ类，特征周期为 0.45s。建筑物抗震设防类别为标准设防类，设计工作年限为 50 年，框架及支撑抗震等级为四级，抗震构造措施等级为四级。基本雪压和基本风压按 50 年重现期考虑，基本雪压$s_0 = 0.45\text{kN/m}^2$，基本风压$\omega_0 = 0.40\text{kN/m}^2$，地面粗糙度类别为 B 类，风荷载体型系数取 1.3。多遇地震和罕遇地震下水平地震影响系数最大值分别为 0.04 和 0.28，多遇地震和罕遇地震下地震加速度峰值分别为 18cm/s^2 和 125cm/s^2。结构阻尼比取 0.04。

6.2.3 结构体系与装配式建筑评价

本项目设计中基于预制部品部件标准化理念，以提高装配式建筑质量、施工效率，缩短建造周期，节约资源和降低建造成本。学员宿舍采用预制混凝土柱-钢梁混合框架 + 偏心支撑结构体系，其中预制混凝土柱采用离心工艺生产的多层连续预制混凝土管柱，现场吊装后芯内现浇混凝土形成混凝土组合柱；框架梁及次梁采用 H 型钢梁，楼板采用免支撑的可拆卸钢筋桁架楼承板，楼梯采用钢楼梯。

预制混凝土柱截面为 500mm × 500mm，钢支撑采用箱形截面，主要截面为□200mm × 200mm × 14mm，框架梁主要截面采用 H450mm × 200mm × 10mm × 16mm，HN450mm × 151mm × 8mm × 14mm，次梁主要采用 HN450mm × 151mm × 8mm × 14mm；楼板厚度为 110mm。预制混凝土柱外部预制管混凝土强度等级为 C60，芯部混凝土强度等级为 C30，楼板混凝土强度等级为 C30。钢材采用 Q355B，钢筋主要采用 HRB400 级钢筋。

按《装配式建筑评价标准》GB/T 51129—2017 进行装配式建筑评分，其中主体结构竖向构件采用预制混凝土柱和钢支撑，水平构件采用钢梁和钢筋桁架楼承板，应用比例均为 100%，该部分评价分值为 50 分。围护墙采用 ALC 条板和标准化单元幕墙，应用比例 100%，非承重内隔墙采用 ALC 墙板，应用比例 100%，该部分评价分值为 10 分。采用全装修、干式工法楼地面、集成卫生间和管线分离，该部分评价分值为 24 分。总分为 84 分，装配率为 89.4%。

根据装配式建筑评价等级划分标准：装配率为 60%～75%，A 级装配式建筑；装配率为 76%～90%，AA 级装配式建筑；装配率为 91%及以上，AAA 级装配式建筑。因此，该项目装配式建筑评价等级达到了 AA 级装配式建筑的标准。

6.2.4　多遇地震整体结构弹性分析

采用美国 CSI 公司的 ETABS 软件进行整体结构的计算分析，整体结构计算模型如图 6.2-2 所示。计算模型中梁、柱及支撑采用杆单元模拟，楼板采用壳单元模拟，结构阻尼比取 0.04。

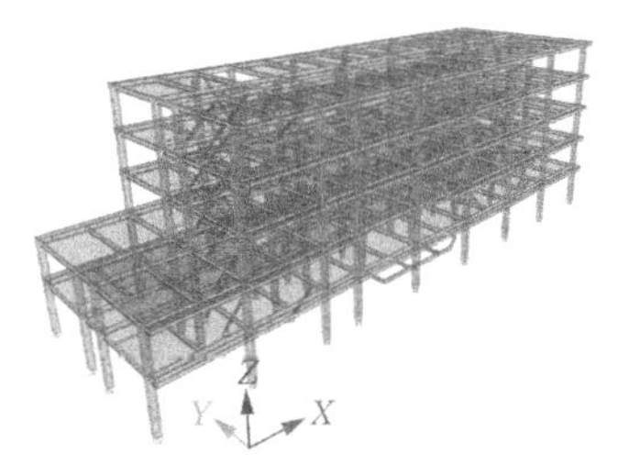

图 6.2-2　整体结构计算模型

1. 周期与振型

整体结构的前三阶周期和振型详见表 6.2-1 和图 6.2-3。由图表可知，结构的整体刚度适宜，前两阶振型以平动为主，第 3 阶振型为扭转振型，结构周期比为 0.89，具有较好的抗扭刚度。

周期与振型　　　　表 6.2-1

振型	周期（s）	分量（$X:Y:Z$）
1	0.9313	0.00：0.96：0.04
2	0.9248	1.00：0.00：0.00
3	0.8273	0.00：0.04：0.96

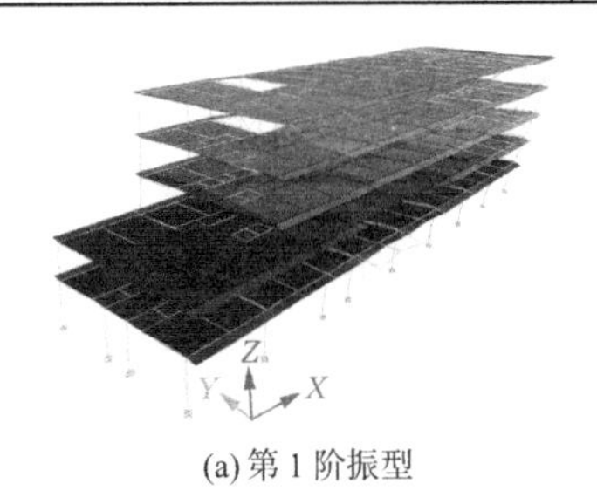

(a) 第 1 阶振型

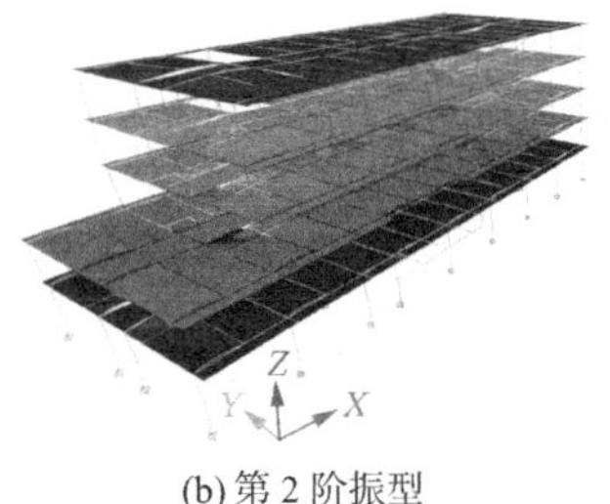

(b) 第 2 阶振型

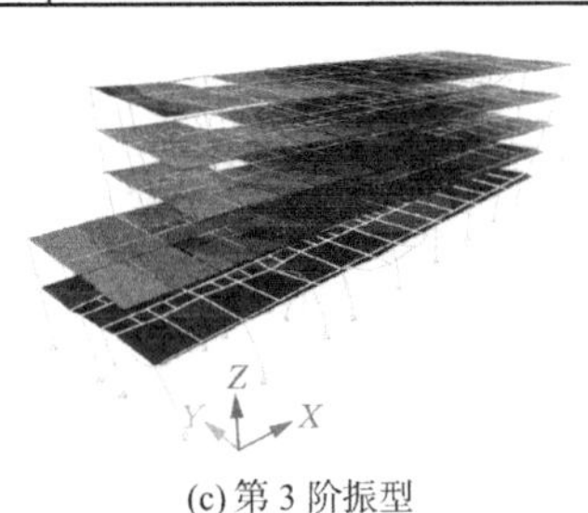

(c) 第 3 阶振型

图 6.2-3　整体结构前三阶振型图

2. 楼层刚度及承载力分布

表 6.2-2 和表 6.2-3 分别给出了整体结构各层的楼层刚度和楼层受剪承载力。由表可知：（1）结构刚度沿竖向均匀分布，刚度比均大于 1.0，满足规范要求，结构不存在软弱层；（2）结构承载力沿竖向均匀分布，承载力比首层最小为 0.95，其他楼层均大于 1.0，满足规

范要求，结构不存在薄弱层。

楼层刚度及刚度比 **表 6.2-2**

楼层	楼层刚度（kN/m）		刚度比	
	X向	Y向	X向	Y向
5	390105.4	391953.7	1.00	1.00
4	483451.7	486946.5	1.77	1.77
3	511435.4	517581.7	1.46	1.47
2	572015.2	569812.4	1.55	1.53
1	719006.5	655962.4	1.72	1.56

楼层受剪承载力及承载力比 **表 6.2-3**

楼层	楼层受剪承载力（kN）		承载力比	
	X向	Y向	X向	Y向
5	5604.4	5185.4	1.00	1.00
4	6791.9	6744.5	1.21	1.30
3	8022.5	8007.4	1.18	1.19
2	9776.6	9546.1	1.22	1.19
1	9296.1	9304.4	0.95	0.97

3. 位移角和位移比

结构在风荷载和地震作用下各层最大层间位移角详见表 6.2-4，结构最大位移比详见表 6.2-5。由表可知，结构在风荷载作用下的层间位移角较小，在地震作用下最大层间位移角为 1/1460，均满足位移角限值 1/742（按表 5.1-4 和表 5.1-5 插值确定）的要求。结构最大位移比 1.32，小于 1.50，满足规范要求。

最大层间位移角 **表 6.2-4**

楼层	风荷载		地震作用	
	X向	Y向	X向	Y向
5	1/9999	1/9999	1/3471	1/3213
4	1/9999	1/9999	1/2360	1/2152
3	1/9999	1/9999	1/1878	1/1673
2	1/9461	1/9999	1/1750	1/1460
1	1/7145	1/9999	1/2377	1/1794

楼层最大位移比 **表 6.2-5**

项次	地震作用					
	X	X + 5%	X − 5%	Y	Y + 5%	Y − 5%
最大层位移比	1.00	1.03	1.03	1.10	1.32	1.14
最大层间位移比	1.00	1.03	1.03	1.10	1.32	1.18
所在楼层	1	1	5	1	1	4

4. 整体稳定性

结构X向刚重比为 7.595，Y向刚重比为 7.519，结构两个方向的刚重比均大于 2.7，结构整体稳定验算满足规范要求，且可以不用考虑重力二阶效应的影响。

5. 框架承担地震倾覆力矩与地震层剪力调整

在规定的水平力作用下，底层框架部分承担的地震倾覆力矩与总地震倾覆力矩的比值在两个方向分别为：X向 55.7%，Y向 55.2%，框架部分具有适宜的刚度。表 6.2-6 给出了结构框架部分的剪力调整系数，对混合框架-偏心支撑结构体系，框架部分按刚度分配计算得到的地震层剪力乘以调整系数，调整系数取结构总地震剪力的 25%和框架部分计算最大层剪力 1.8 倍二者的较小值。

框架部分剪力调整系数　表 6.2-6

楼层	X向	Y向
5	1.01	1.11
4	1.00	1.00
3	1.00	1.00
2	1.00	1.00
1	1.00	1.00

6.2.5　罕遇地震下结构的静力推覆分析

采用静力推覆法（Pushover 法）对整体结构进行罕遇地震下的弹塑性分析，以期得到整体结构在罕遇地震下的最大弹塑性层间位移角，确保结构实现“大震不倒”的抗震设计要求。图 6.2-4 为结构在两个方向的静力推覆分析结果。根据计算结果，X向性能点（能力谱与需求谱的交点）对应的弹塑性层间位移角为 1/370，出现在二层，Y向性能点对应的弹塑性层间位移角为 1/385，出现在首层，两个方向的弹塑性层间位移角均小于弹塑性层间位移角 1/100 限值，整体结构满足“大震不倒”的抗震设计要求。此外，结构在两个方向的能力谱曲线在穿过需求谱曲线后呈继续上升状态，结构还具备继续承载的能力，抗震性能较好。

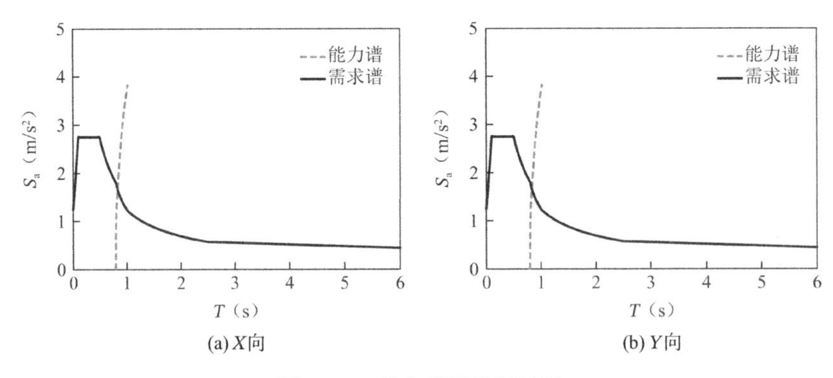

图 6.2-4　静力推覆分析结果

6.2.6 梁柱连接节点设计

本项目梁柱节点采用柱贯通型连接节点构造，梁柱连接节点示意图如图 6.1-6 所示。节点钢构件在工厂制作，并与预制混凝土柱浇筑成整体。钢套箍可对节点核芯区混凝土形成有效约束，提高节点的受剪承载力。通过节点钢构件的连接板，楼层钢梁可便捷地与预制柱进行装配连接。

1. 节点受剪承载力计算

节点核芯区受剪承载力按第 5 章相关公式计算。对中节点，柱截面为 500mm × 500mm，钢套箍壁厚为 10mm 时，节点核芯区受剪承载力为 2350kN；对边节点，柱截面为 500mm × 500mm，钢套箍壁厚为 10mm 时，节点核芯区受剪承载力为 2190kN。

2. 节点受剪承载力验算

表 6.2-7 给出了结构首层梁柱节点受剪承载力验算结果，由表可知，各梁柱节点受剪承载力验算满足要求，且有较大的安全度。

结构首层梁柱节点受剪承载力验算结果 表 6.2-7

节点编号	类型		节点剪力设计值		节点受剪承载力		Q_{px}/V_{jx}	Q_{py}/V_{jy}
	X向	Y向	V_{jx}（kN）	V_{jy}（kN）	Q_{px}（kN）	Q_{py}（kN）		
1	边节点	边节点	671.5	250	2190.0	2190.0	3.3	8.8
2	边节点	中节点	654	427.9	2190.0	2350.0	3.6	5.5
3	边节点	中节点	898.4	337.5	2190.0	2350.0	2.6	7.0
4	边节点	边节点	668.7	262.2	2190.0	2190.0	3.3	8.4
5	中节点	边节点	310	341.3	2350.0	2190.0	7.1	6.4
6	中节点	中节点	444.1	470.4	2350.0	2350.0	5.3	5.0
7	中节点	中节点	446	467.8	2350.0	2350.0	5.3	5.0
8	中节点	边节点	317.5	326.9	2350.0	2190.0	6.9	6.7
9	中节点	边节点	724.5	344.8	2350.0	2190.0	3.0	6.4
10	中节点	中节点	724	684.8	2350.0	2350.0	3.2	3.4
11	中节点	中节点	723	669.3	2350.0	2350.0	3.3	3.5
12	中节点	边节点	548.7	402.3	2350.0	2190.0	4.0	5.4
13	中节点	边节点	525.7	317.9	2350.0	2190.0	4.2	6.9
14	中节点	中节点	683.1	524.2	2350.0	2350.0	3.4	4.5
15	中节点	中节点	580.4	570	2350.0	2350.0	4.0	4.1
16	中节点	边节点	619.8	433.5	2350.0	2190.0	3.5	5.1
17	中节点	边节点	200.7	298.7	2350.0	2190.0	10.9	7.3
18	中节点	中节点	299.7	543.5	2350.0	2350.0	7.8	4.3

续表

节点编号	类型		节点剪力设计值		节点受剪承载力		Q_{px}/V_{jx}	Q_{py}/V_{jy}
	X向	Y向	V_{jx}（kN）	V_{jy}（kN）	Q_{px}（kN）	Q_{py}（kN）		
19	中节点	中节点	319.9	557.1	2350.0	2350.0	7.3	4.2
20	中节点	边节点	332.2	390.1	2350.0	2190.0	6.6	5.6
21	中节点	边节点	311.8	389.7	2350.0	2190.0	7.0	5.6
22	中节点	中节点	295.2	627.4	2350.0	2350.0	8.0	3.7
23	中节点	中节点	297.9	645.9	2350.0	2350.0	7.9	3.6
24	中节点	边节点	314.2	418.7	2350.0	2190.0	7.0	5.2
25	中节点	边节点	303.3	417.9	2350.0	2190.0	7.2	5.2
26	中节点	中节点	639.5	482.2	2350.0	2350.0	3.7	4.9
27	中节点	中节点	638.4	487.3	2350.0	2350.0	3.7	4.8
28	中节点	边节点	306.9	452.6	2350.0	2190.0	7.1	4.8
29	中节点	边节点	332.4	448.2	2350.0	2190.0	6.6	4.9
30	中节点	中节点	346.2	758.8	2350.0	2350.0	6.8	3.1
31	中节点	中节点	371.4	804.4	2350.0	2350.0	6.3	2.9
32	中节点	边节点	369.4	488.5	2350.0	2190.0	5.9	4.5
33	边节点	边节点	661.5	376.9	2190.0	2190.0	3.3	5.8
34	边节点	中节点	644.7	689.3	2190.0	2350.0	3.6	3.4
35	边节点	中节点	671	739.9	2190.0	2350.0	3.5	3.2
36	边节点	边节点	567	439.1	2190.0	2190.0	3.9	5.0

6.2.7　典型施工照片

本项目预制柱构件仅采用一种规格，通过研发的梁柱节点区钢套箍连接技术，实现了基于离心工艺生产的多层连续预制混凝土管组合柱，构件标准化程度100%。预制柱构件生产在现有管桩厂生产，模具采用现有的标准化模具，模具利用率大幅提升，工厂现有的全机械化、自动化和智能化设备提高了生产效率和构件质量，生产成本有效降低。预制柱构件空心率约40%，单柱最大长度13.58m，最大重量不超5t（同体积实心柱为8.6t），降低了运输和吊装成本，整体造价得到有效控制，综合效益提高显著。

本项目下部三层预制混凝土柱构件连续预制，自基础至三层楼板以上1.5m处，预制柱高度约13m；上部结构连续2层预制，各预制柱在楼层处连续不断开，有效地保证了框架节点的现场装配连接质量，既提高了施工效率又节省造价。通过合理设计楼承板规格，在标准化设计的基础上，实现了楼板免支撑施工。

本项目实现了预制构件工厂标准化制作，制作工艺简单，机械化施工，装配便捷，质量可靠，同时项目采用预制非承重围护墙、预制内隔墙、全装修、干式工法楼地面、集成卫生间和管线分离等技术，实现了全专业装配式建造。

本项目在构件生产加工、现场装配安装、围护结构施工、全装修等关键施工阶段的典型施工照片如图 6.2-5～图 6.2-12 所示。

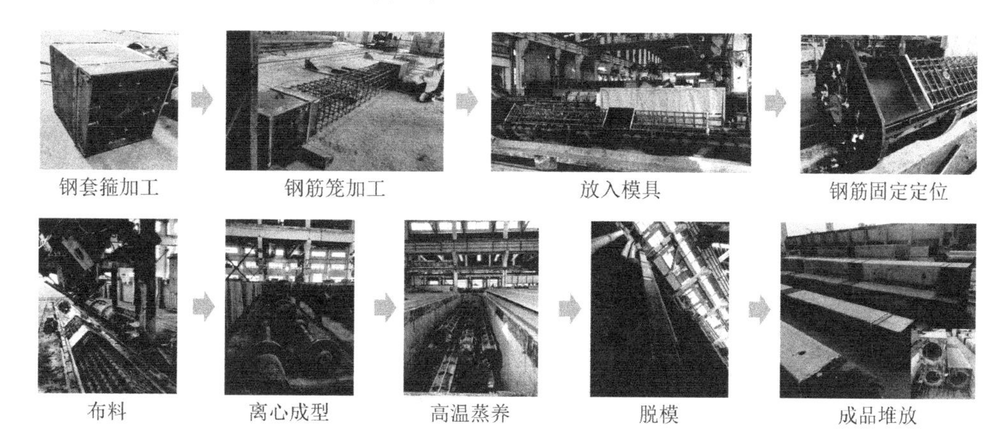

图 6.2-5　离心工艺生产的多层连续预制柱生产流程

图 6.2-6　预制柱吊装以及预制柱与杯口基础连接

图 6.2-7　钢梁安装以及钢筋桁架楼承板安装

图 6.2-8　楼板混凝土浇筑以及预制柱-柱连接

图 6.2-9　主体结构完成后效果

图 6.2-10　标准化单元幕墙及内隔墙安装

图 6.2-11　竣工后室内效果

图 6.2-12 竣工后实景照片

6.3 工程实例三

6.3.1 工程概况

某工程人才公寓项目位于河北省石家庄市无极县，项目建筑效果图如图 6.3-1 所示。人才公寓采用预制混凝土柱-钢梁混合框架 + 偏心支撑结构体系。人才公寓建筑面积约 7000m²，无地下室，地上 6 层，首层层高 5.1m，二层 4.0m，三层至六层层高 3.5m，室内外高差 0.45m，主体结构总高度 23.55m。建筑平面尺寸为：长 60.9m，宽 17.2m。

图 6.3-1 建筑效果图

6.3.2 设计条件及主要参数

本项目所处区域抗震设防烈度为 7 度，设计基本地震加速度值为 0.10g，设计地震分组为第二组，建筑场地类别为Ⅲ类，特征周期为 0.55s。建筑物抗震设防类别为标准设防类，设计工作年限为 50 年，框架及支撑抗震等级为三级，抗震构造措施等级为三级。基本雪压和基本风压按 50 年重现期考虑，基本雪压$s_0 = 0.30\text{kN/m}^2$，基本风压$\omega_0 = 0.35\text{kN/m}^2$，地面粗糙度类别为 B 类，风荷载体型系数取 1.3。多遇地震和罕遇地震下水平地震影响系数最大值分别为 0.08 和 0.50，多遇地震和罕遇地震下地震加速度峰值分别为 35cm/s² 和 220cm/s²。结构阻尼比取 0.04。

6.3.3　结构体系与装配式建筑评价

本项目设计中基于预制部品部件标准化理念，以提高装配式建筑质量、施工效率，缩短建造周期，节约资源和降低建造成本。人才公寓采用预制混凝土柱-钢梁混合框架 + 偏心支撑结构体系，其中预制混凝土柱采用多层连续预制混凝土柱，框架梁及次梁采用钢梁，楼板采用免支撑的可拆卸钢筋桁架楼承板，楼梯采用钢楼梯。

预制混凝土柱主要截面为 700mm × 700mm 和 600mm × 600mm，钢支撑采用箱形截面，主要截面为□350mm × 300mm × 18mm 和□250mm × 250mm × 12mm，框架梁主要截面采用 H500mm × 250mm × 12mm × 20mm，H500mm × 200mm × 10mm × 16mm，次梁主要采用 H500mm × 152mm × 9mm × 16mm；楼板厚度为 120mm。预制混凝土柱混凝土强度等级为 C45，楼板混凝土强度等级为 C30。钢材采用 Q355B，钢筋主要采用 HRB400 级。

按《装配式建筑评价标准》GB/T 51129—2017 进行装配式建筑评分，其中主体结构竖向构件采用预制混凝土柱和钢支撑，水平构件采用钢梁和钢筋桁架楼承板，应用比例均为 100%，该部分评价分值为 50 分。地上围护墙采用 ALC 条板，应用比例 100%，非承重内隔墙采用 ALC 墙板，应用比例 100%，该部分评价分值为 10 分。采用全装修、集成卫生间和管线分离，该部分评价分值为 16 分。总分为 76 分，装配率为 80.9%。

根据装配式建筑评价等级划分标准：装配率为 60%～75%，A 级装配式建筑；装配率为 76%～90%，AA 级装配式建筑；装配率为 91%及以上，AAA 级装配式建筑。因此，该项目装配式建筑评价等级达到了 AA 级装配式建筑的标准。

6.3.4　多遇地震整体结构弹性分析

采用美国 CSI 公司的 ETABS 软件进行整体结构的计算分析，整体结构计算模型如图 6.3-2 所示。计算模型中梁、柱和支撑采用杆单元模拟，楼板采用壳单元模拟，结构阻尼比取 0.04。

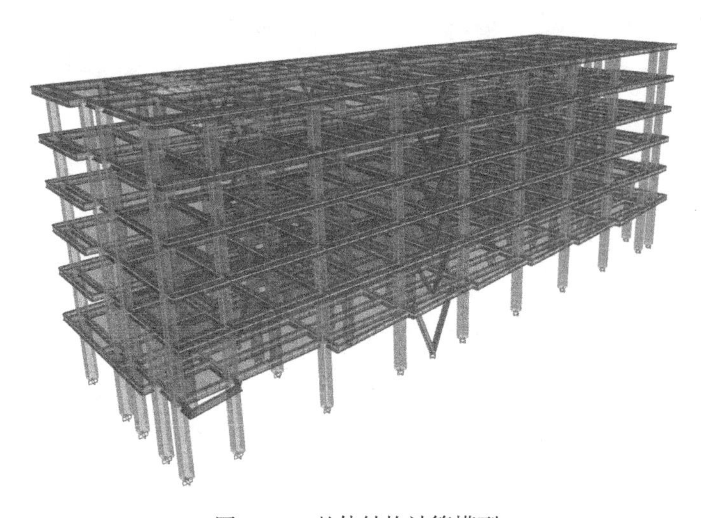

图 6.3-2　整体结构计算模型

1. 周期与振型

整体结构的前三阶周期和振型详见表 6.3-1 和图 6.3-3。由图表可知，结构的整体刚度适宜，前两阶振型以平动为主，第 3 阶振型为扭转振型，结构周期比为 0.84，具有较好的抗扭刚度。

周期与振型　　表 6.3-1

振型	周期（s）	分量（X : Y : Z）
1	1.0490	100 : 0.00 : 0.00
2	0.9943	0.00 : 0.98 : 0.02
3	0.8858	0.00 : 0.02 : 0.98

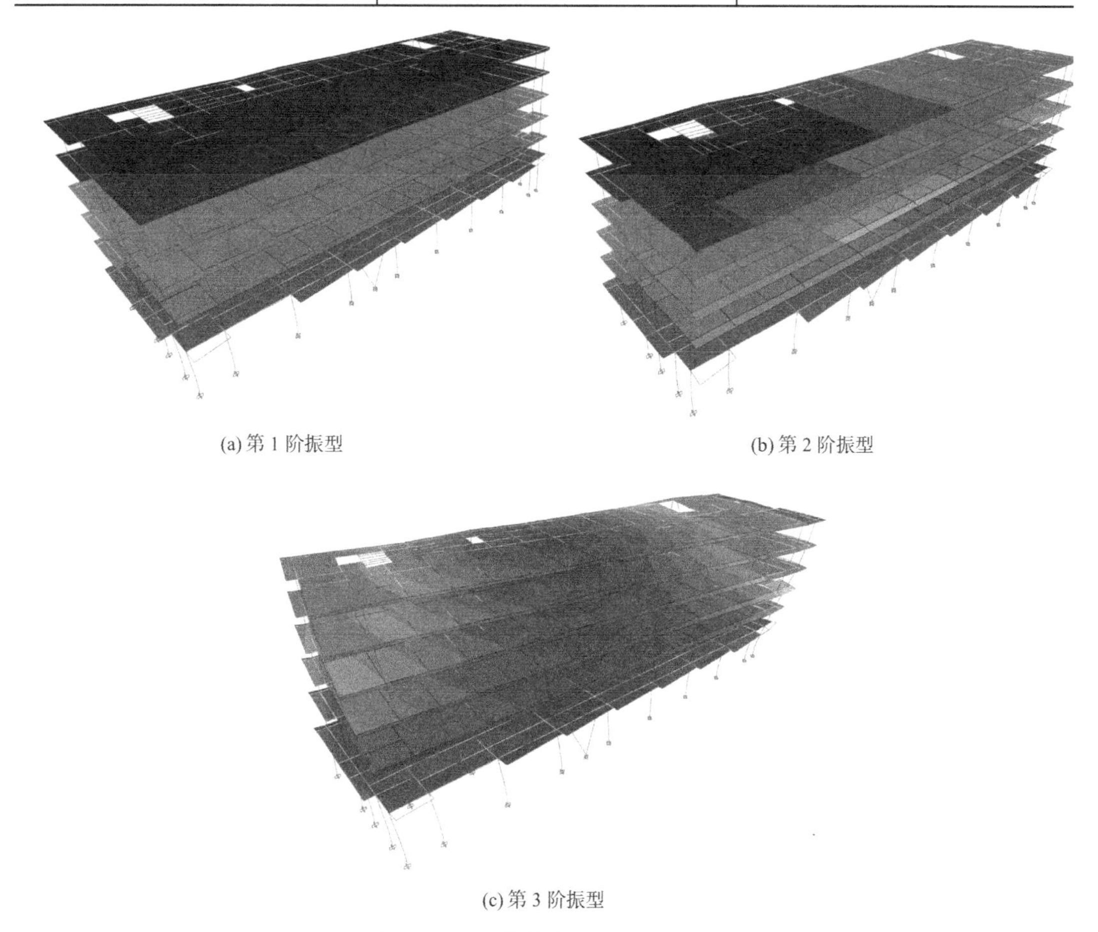

(a) 第 1 阶振型　　(b) 第 2 阶振型

(c) 第 3 阶振型

图 6.3-3　整体结构前三阶振型图

2. 楼层刚度及承载力分布

表 6.3-2 和表 6.3-3 分别给出了整体结构各层的楼层刚度和楼层受剪承载力。由表可知：（1）结构刚度沿竖向均匀分布，刚度比均大于 1.0，满足规范要求，结构不存在软弱层；（2）结构承载力沿竖向均匀分布，除首层承载力比为 0.88 外，其他层承载力比均大于 1.0，满足规范要求，结构不存在薄弱层。

楼层刚度及刚度比　　表 6.3-2

楼层	楼层刚度（kN/m）		刚度比	
	X向	Y向	X向	Y向
6	720275.2	766715.8	1.00	1.00
5	828292.3	915140.0	1.64	1.71
4	864102.0	978214.1	1.40	1.45
3	915328.5	1037509.3	1.42	1.46
2	1048702.2	1150570.5	1.51	1.47
1	1122852.2	1215408.2	1.49	1.44

楼层受剪承载力及承载力比　　表 6.3-3

楼层	楼层受剪承载力（kN）		承载力比	
	X向	Y向	X向	Y向
6	10201	11118	1.00	1.00
5	12871	13373	1.26	1.20
4	15288	15829	1.19	1.18
3	17487	18123	1.14	1.14
2	23523	24145	1.35	1.33
1	20766	21901	0.88	0.91

3. 位移角和位移比

结构在风荷载和地震作用下各层最大层间位移角详见表 6.3-4，结构最大位移比详见表 6.3-5。由表可知，结构在风荷载作用下的层间位移角较小；在地震作用下，X向最大层间位移角为 1/721，满足位移角限值 1/533（按表 5.1-4 和表 5.1-5 插值确定）的要求，Y向最大层间位移角为 1/680，满足位移角限值 1/576（按表 5.1-4 和表 5.1-5 插值确定）的要求。结构最大位移比 1.27，小于 1.50，满足规范要求。

最大层间位移角　　表 6.3-4

楼层	风荷载		地震作用	
	X向	Y向	X向	Y向
6	1/9999	1/9712	1/1550	1/1366
5	1/9999	1/6600	1/1032	1/942
4	1/9999	1/5097	1/812	1/761
3	1/9999	1/4332	1/721	1/680
2	1/9999	1/4643	1/812	1/752
1	1/9999	1/5945	1/1118	1/1017

楼层最大位移比 表 6.3-5

项次	地震作用					
	X	$X+5\%$	$X-5\%$	Y	$Y+5\%$	$Y-5\%$
最大层位移比	1.00	1.01	1.02	1.05	1.15	1.25
最大层间位移比	1.00	1.02	1.02	1.06	1.15	1.27
所在楼层	2	6	2	6	3	6

4. 整体稳定性

结构X向刚重比为 6.674，Y向刚重比为 7.391，结构两个方向的刚重比均大于 2.7，结构整体稳定验算满足规范要求，且可以不用考虑重力二阶效应的影响。

5. 框架承担地震倾覆力矩与地震层剪力调整

在规定的水平力作用下，底层框架部分承担的地震倾覆力矩与总地震倾覆力矩的比值在两个方向分别为：X向 82.2%，Y向 75.0%，框架部分较强，支撑较弱，属于弱支撑，因此，设计中混合框架部分承担的地震作用，按混合框架结构和混合框架-偏心支撑结构两种模型计算、包络设计。表 6.3-6 给出了结构框架部分的剪力调整系数，对混合框架-偏心支撑结构体系，框架部分按刚度分配计算得到的地震层剪力乘以调整系数，调整系数取结构总地震剪力的 25%和框架部分计算最大层剪力 1.8 倍二者的较小值。

框架部分剪力调整系数 表 6.3-6

楼层	X向	Y向
5	1.00	1.06
4	1.00	1.00
3	1.00	1.00
2	1.00	1.00
1	1.00	1.00

6.3.5 罕遇地震整体结构静力推覆分析

采用静力推覆法（Pushover 法）对整体结构进行罕遇地震下的弹塑性分析，以期得到整体结构在罕遇地震下的最大弹塑性层间位移角，确保结构实现“大震不倒”的抗震设计要求。图 6.3-4 为结构在两个方向的静力推覆分析结果。根据计算结果，X向性能点（能力谱与需求谱的交点）对应的弹塑性层间位移角为 1/159，出现在三层，Y向性能点对应的弹塑性层间位移角为 1/176，出现在三层，两个方向的弹塑性层间位移角均小于弹塑性层间位移角 1/100 限值，整体结构满足“大震不倒”的抗震设计要求。此外，结构在两个方向的能力谱曲线在穿过需求谱曲线后呈继续上升状态，结构还具备继续承载的能力，抗震性能较好。

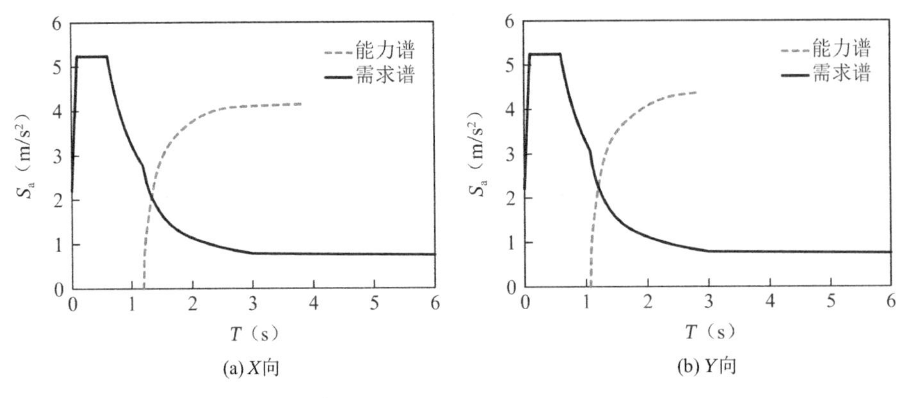

图 6.3-4 静力推覆分析结果

6.3.6 梁柱连接节点设计

本项目梁柱节点采用柱贯通型连接节点构造，梁柱连接节点示意图如图 6.1-6 所示。节点钢构件在工厂制作，并与预制混凝土柱浇筑成整体。钢套箍可对节点核芯区混凝土形成有效约束，提高节点的受剪承载力。通过节点钢构件的连接板，楼层钢梁可便捷地与预制柱进行装配连接。

1. 节点受剪承载力计算

节点核芯区受剪承载力按第 5 章相关公式计算。对中节点，柱截面为 700mm × 700mm，钢套箍壁厚为 10mm 时，节点核芯区受剪承载力为 3834kN，柱截面为 600mm × 600mm，钢套箍壁厚为 8mm 时，节点核芯区受剪承载力 2718kN；对边节点，柱截面为 700mm × 700mm，钢套箍壁厚为 10mm 时，节点核芯区受剪承载力为 3287kN，柱截面为 600mm × 600mm，钢套箍壁厚为 8mm 时，节点核芯区受剪承载力为 2316kN。

2. 节点受剪承载力验算

表 6.3-7 给出了结构首层的梁柱节点受剪承载力验算结果，由表可知，各梁柱节点受剪承载力验算满足要求，且有较大的安全度。

结构首层梁柱节点受剪承载力验算结果 **表 6.3-7**

节点编号	类型		节点剪力设计值		节点受剪承载力		Q_{px}/V_{jx}	Q_{py}/V_{jy}
	X向	Y向	V_{jx}（kN）	V_{jy}（kN）	Q_{px}（kN）	Q_{py}（kN）		
1	边节点	边节点	776.7	953.3	3287	3287	4.71	3.84
2	边节点	中节点	729.5	1746.1	3287	3834	5.02	2.45
3	边节点	边节点	838.7	929.4	3287	3287	4.36	3.94
4	中节点	边节点	1397.9	1548.0	3834	3287	3.06	2.36
5	中节点	中节点	1418.1	2231.6	3834	3834	3.02	1.92
6	中节点	中节点	1471.9	1501.7	3834	3834	2.91	2.85
7	中节点	边节点	1578.4	650.9	3834	3287	2.71	5.62
8	中节点	边节点	861.8	1813.7	3834	3287	4.97	2.02

续表

节点编号	类型		节点剪力设计值		节点受剪承载力		Q_{px}/V_{jx}	Q_{py}/V_{jy}
	X向	Y向	V_{jx}（kN）	V_{jy}（kN）	Q_{px}（kN）	Q_{py}（kN）		
9	中节点	中节点	900.7	2630.0	3834	3834	4.75	1.63
10	中节点	中节点	906.4	2217.2	3834	3834	4.72	1.93
11	中节点	边节点	2011.3	1643.9	3834	3287	2.13	2.23
12	中节点	中节点	899.8	2415.4	3834	3834	4.76	1.77
13	中节点	中节点	1040.6	1579.2	3834	3834	4.11	2.71
14	中节点	边节点	1934.2	787.5	3834	3287	2.21	4.65
15	中节点	边节点	2087.5	1608.4	3834	3287	2.05	2.28
16	中节点	中节点	903.8	2297.8	3834	3834	4.74	1.86
17	中节点	中节点	897.5	1291.9	3834	3834	4.77	3.31
18	中节点	边节点	2128.5	535.2	3834	3287	2.01	6.84
19	中节点	边节点	890.7	1589.2	3834	3287	4.81	2.3
20	中节点	中节点	905.6	2261.5	3834	3834	4.73	1.89
21	中节点	中节点	904.5	1249.4	3834	3834	4.73	3.43
22	中节点	边节点	892.3	511.9	3834	3287	4.8	7.15
23	中节点	边节点	912.7	1581.8	3834	3287	4.69	2.31
24	中节点	中节点	908.7	2265.5	3834	3834	4.71	1.89
25	中节点	中节点	965.3	1134.5	3834	3834	4.43	3.77
26	中节点	边节点	1129.3	564.7	3834	3287	3.79	6.48
27	中节点	边节点	906.3	1573.4	3834	3287	4.72	2.33
28	中节点	中节点	910.8	2328.1	3834	3834	4.7	1.84
29	中节点	中节点	939.7	1839.3	3834	3834	4.55	2.33
30	中节点	边节点	1295.4	1098.5	3834	3287	3.3	3.33
31	中节点	中节点	1360.1	1727.6	3834	3834	3.15	2.48
32	中节点	中节点	1510.1	1207.4	3834	3834	2.83	3.54
33	中节点	边节点	1496.9	583.6	3834	3287	2.86	6.27
34	边节点	边节点	817.5	777.8	3287	3287	4.48	4.71
35	边节点	中节点	697.9	1222.3	3287	3834	5.24	3.5
36	边节点	边节点	715.8	626.7	3287	3287	5.11	5.84
37	边节点	中节点	742.8	1734.4	3287	3834	4.93	2.47
38	边节点	中节点	702.4	1400.6	3287	3834	5.21	3.06
39	边节点	中节点	505.9	1643.2	3287	3834	7.23	2.6
40	边节点	中节点	587.2	1254.7	3287	3834	6.23	3.41
41	中节点	边节点	809.2	1641.6	3834	3287	5.29	2.23
42	边节点	边节点	704.3	1397.8	3834	3287	6.08	2.62

6.3.7 相关设计图纸

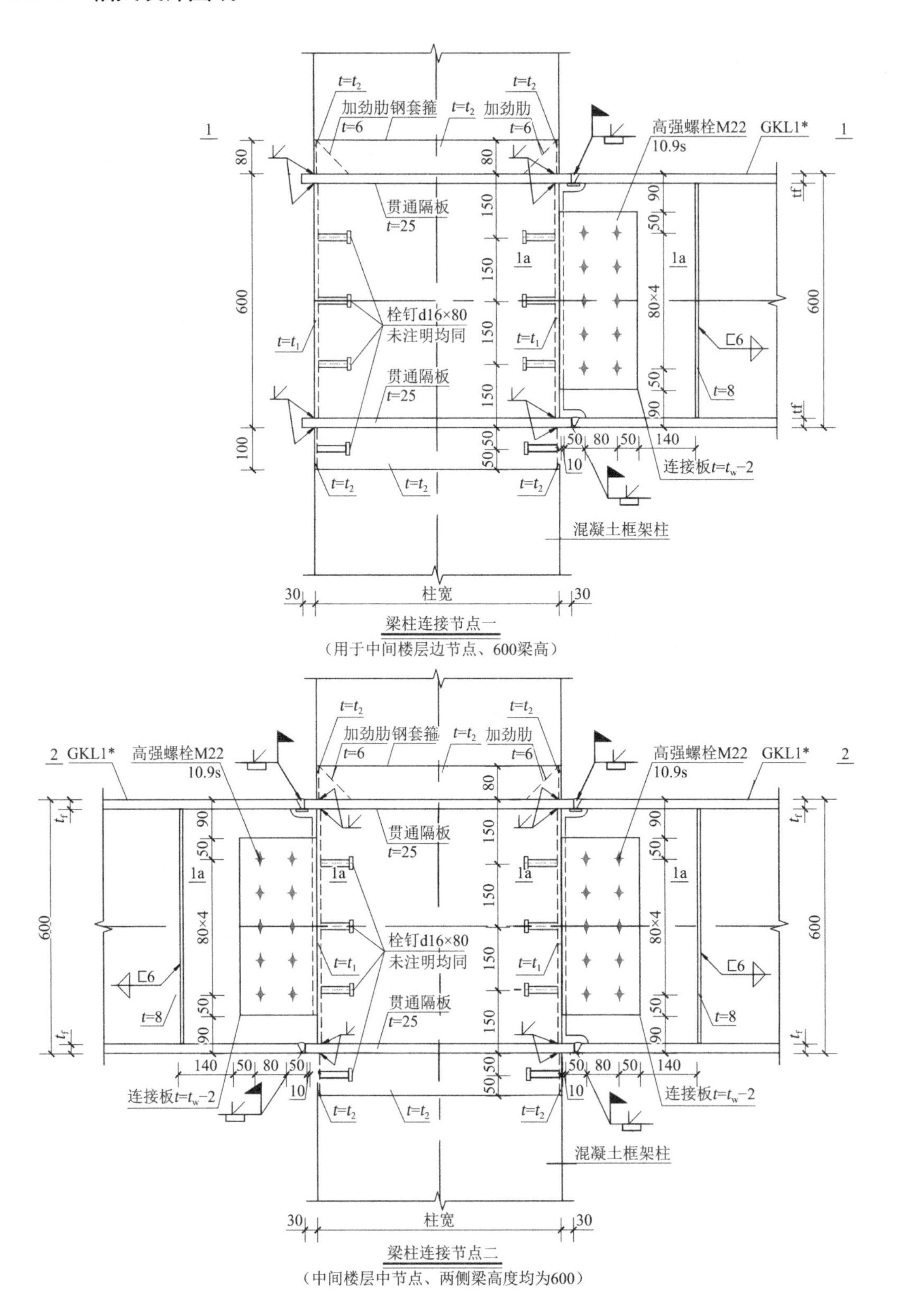

梁柱连接节点一

（用于中间楼层边节点、600梁高）

梁柱连接节点二

（中间楼层中节点、两侧梁高度均为600）

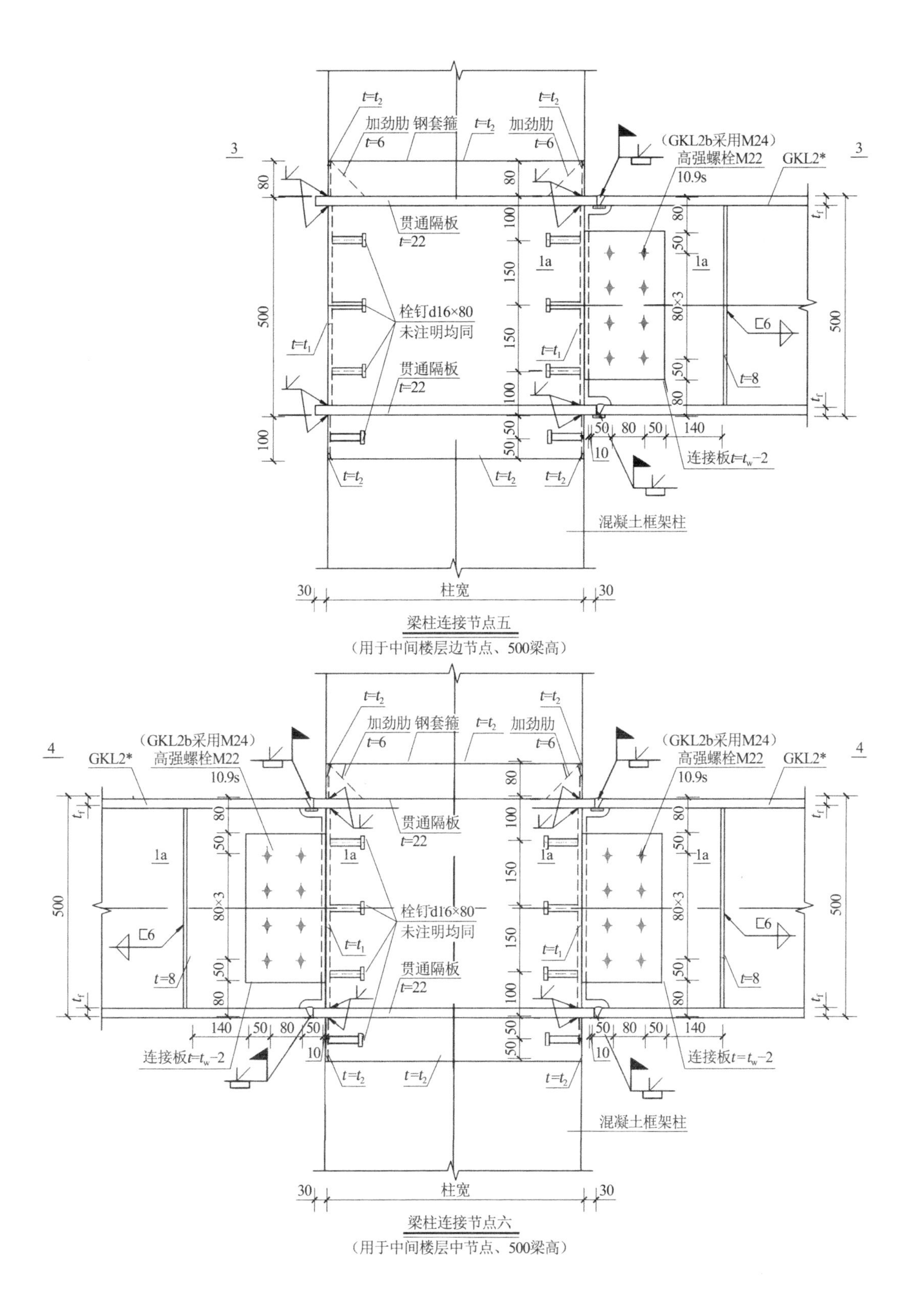

梁柱连接节点五
（用于中间楼层边节点、500梁高）

梁柱连接节点六
（用于中间楼层中节点、500梁高）

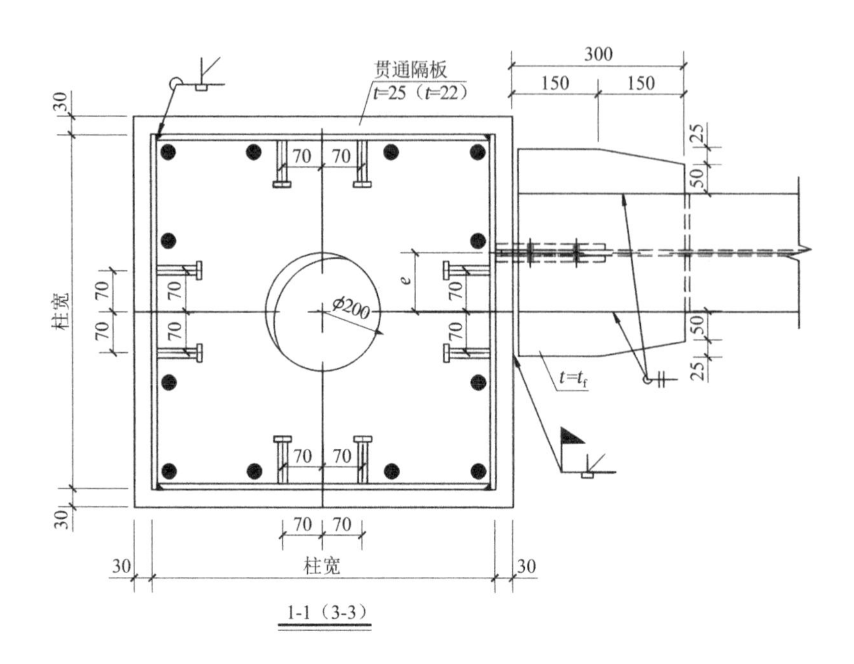

1-1（3-3）

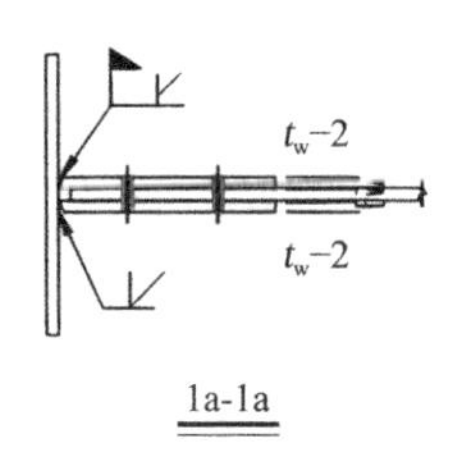

1a-1a

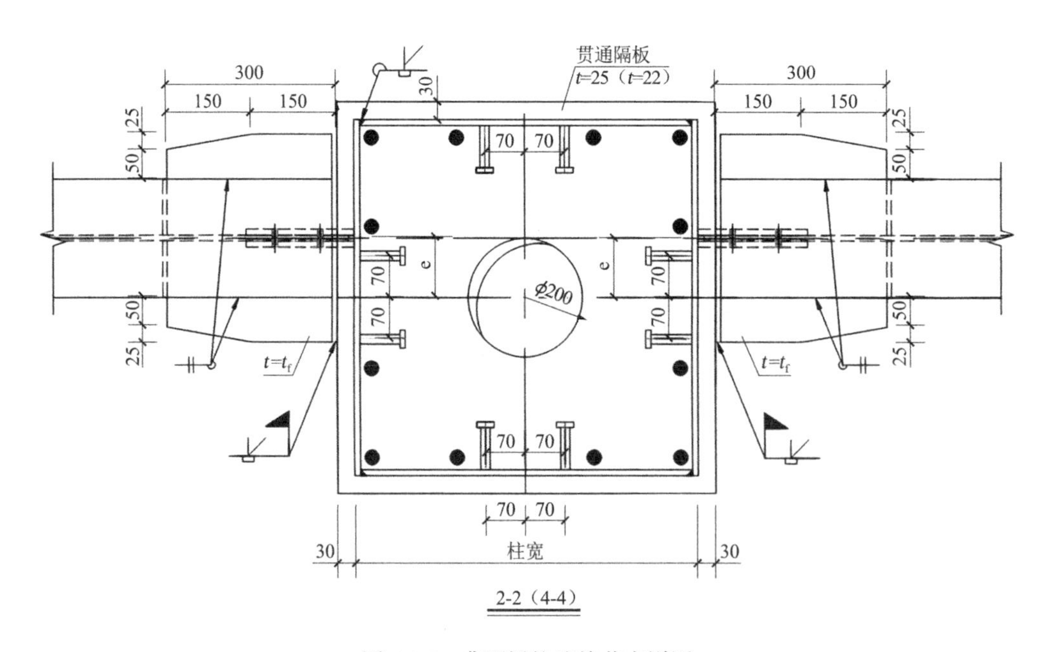

2-2（4-4）

图 6.3-5　典型梁柱连接节点详图

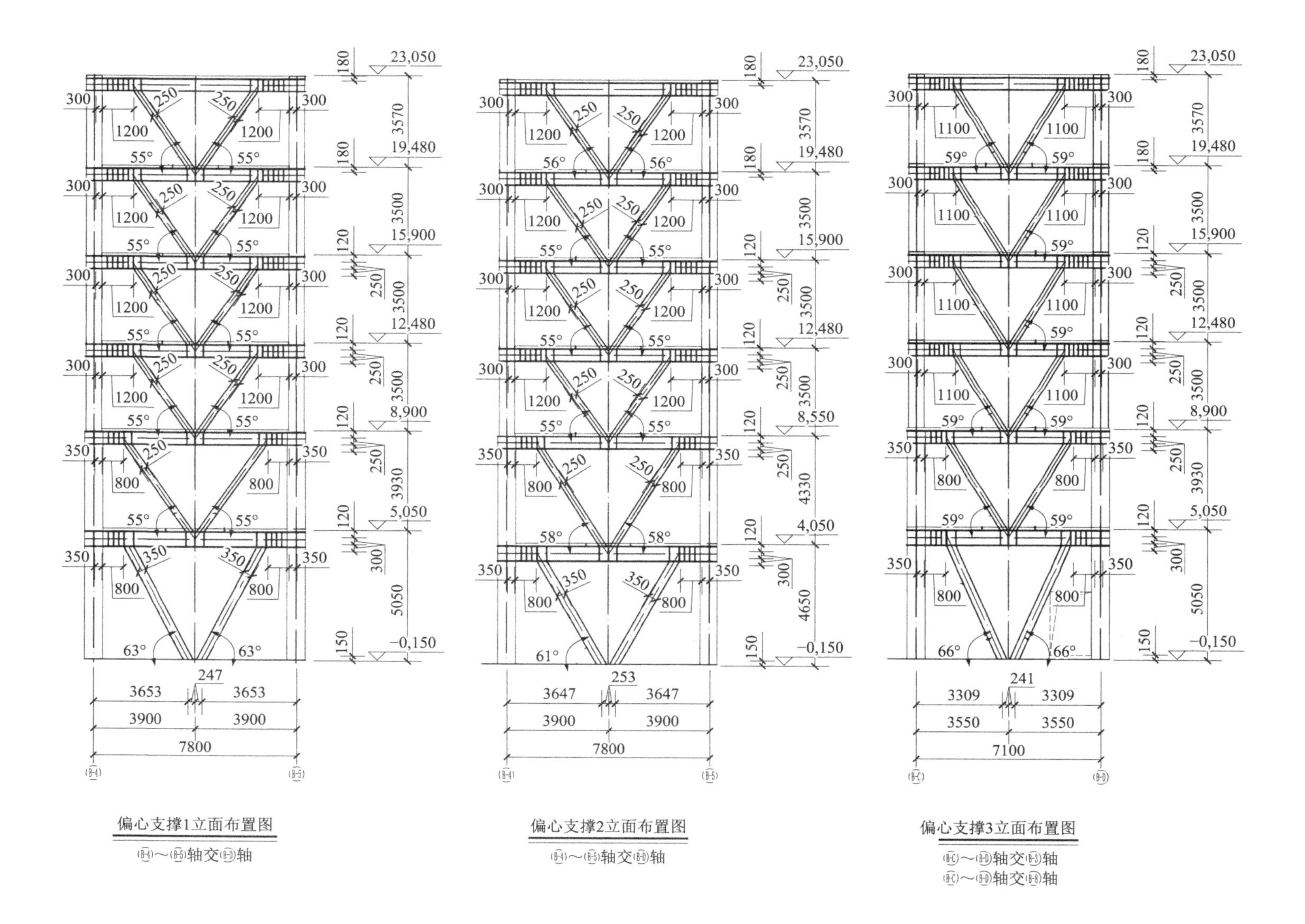

偏心支撑1立面布置图

(B-4)～(B-5)轴交(B-D)轴

偏心支撑2立面布置图

(B-4)～(B-5)轴交(B-D)轴

偏心支撑3立面布置图

(B-C)～(B-D)轴交(B-3)轴

(B-C)～(B-D)轴交(B-8)轴

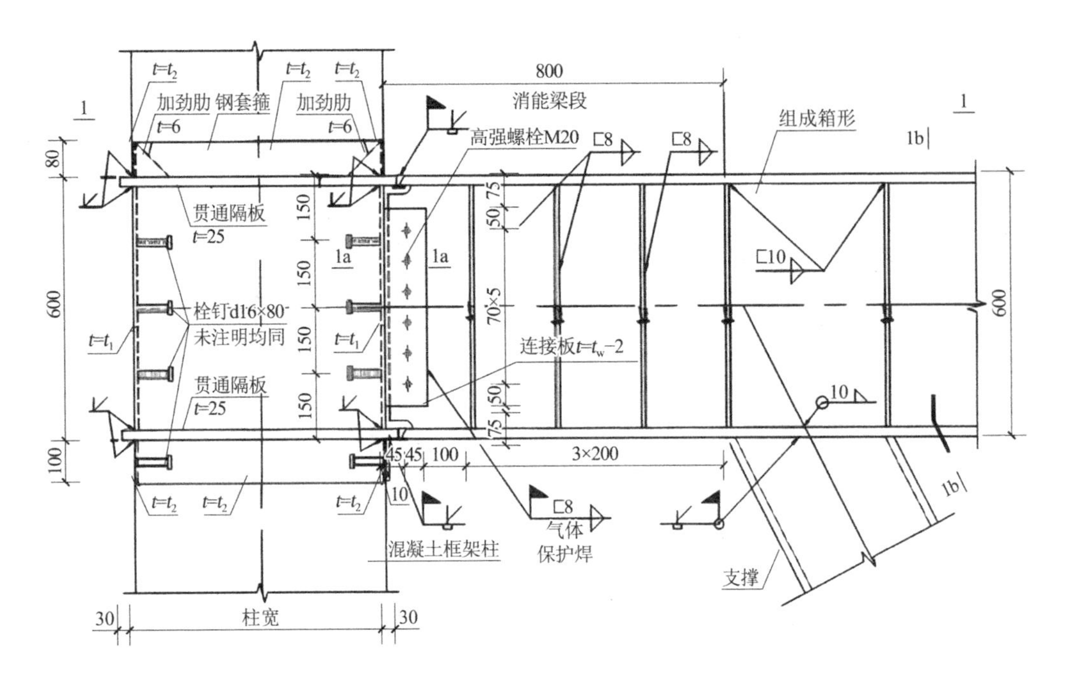

偏心支撑处梁柱刚性连接做法一
（用于偏心支撑1、2、3在一层顶处）

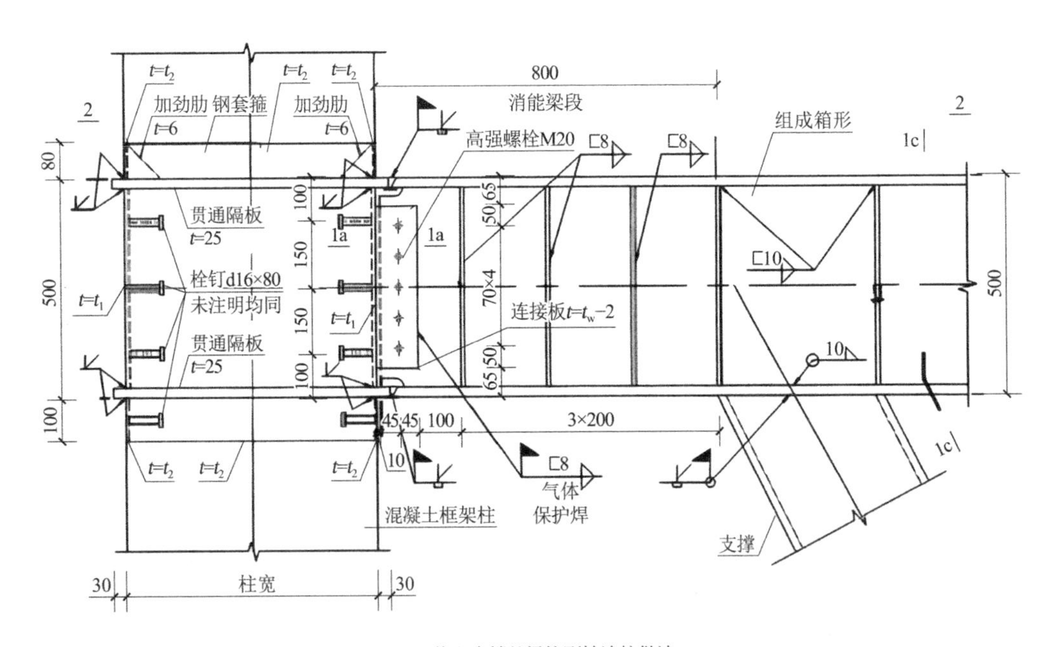

偏心支撑处梁柱刚性连接做法二
（用于偏心支撑1、2、3在二层顶处）

图 6.3-6　偏心支撑立面图及节点详图